普通高等教育农业农村部"十三五"规划教材
全国高等农林院校"十三五"规划教材

种子加工与贮藏

第二版

麻 浩 主编

中国农业出版社

>>> 内容提要

　　本书由国内 17 所高校、研究所和公司从事种子专业课程教学、研究以及设备生产的一线教师和工程师，在吸收国内外种子加工与贮藏科技新理论、新技术和新设备，结合自身多年从事种子加工与贮藏教学和科研积累的基础上，专为我国农林院校种子专业本科生所编写的教材。全书共分 14 章，包括绪论、种子的物理特性、种子清选精选原理和技术、种子干燥的原理和方法、种子处理、种子包装、种子加工流程与设备配置、种子贮藏生理、种子仓库及其配套设备、种子贮藏期间的变化、种子贮藏期间的管理、种子贮藏期间的仓虫与鼠类控制、种子贮藏的应用技术、主要作物种子贮藏技术。全书内容丰富、系统全面、新颖实用，注重理论与技术的有机结合以及新技术、新设备和新工艺的介绍。

　　本书可作为高等农业院校种子专业本科生教材，也可作为高校教师和广大种子科技工作者的参考书。

第二版编写人员

主　编　麻　浩
副主编　张海清　舒英杰　佘跃辉　何丽萍　马　庆
　　　　许如银　余四斌
编　者　安徽农业大学　张文明
　　　　安徽科技学院　舒英杰　时侠清
　　　　河南科技学院　刘明久　赵新亮
　　　　湖南农业大学　张海清　陈光辉
　　　　华南农业大学　汪国平
　　　　华中农业大学　余四斌　洪登峰
　　　　南京农业大学　麻　浩
　　　　内蒙古农业大学　马　庆
　　　　农业部规划设计研究院　陈海军　王希卓
　　　　青岛农业大学　兰进好
　　　　山西农业大学　杨小环　王　敏
　　　　四川农业大学　佘跃辉　石海春
　　　　天津农学院　向春阳　曹高燚
　　　　无锡耐特机电技术有限公司　张晓传
　　　　新疆农业大学　石书兵
　　　　扬州大学　许如银
　　　　云南农业大学　何丽萍　刘雅婷

第一版编写人员

主　编　麻　浩（南京农业大学）

孙庆泉（山东农业大学）

副主编　陈光辉（湖南农业大学）

康志钰（云南农业大学）

佘跃辉（四川农业大学）

郭世华（内蒙古农业大学）

编　者　麻　浩（南京农业大学）

孙庆泉（山东农业大学）

陈光辉（湖南农业大学）

康志钰（云南农业大学）

佘跃辉（四川农业大学）

郭世华（内蒙古农业大学）

张海清（湖南农业大学）

石海春（四川农业大学）

马金虎（山西农业大学）

杨小环（山西农业大学）

第二版前言

　　伴随着国际种子科学的发展潮流，我国种业和种子科学正值腾飞时期，作为种子学的一个重要分支——"种子加工与贮藏"已在种子处理、加工流程、包装及其配套设备等方面都有了研究和应用新进展。为了跟上潮流，结合我国种子科学技术现代化和种子产业发展的要求，同时为了满足新时期下种子本科专业课程建设的需要，2013年在中国农业出版社的支持下，主要编者决定对本教材的第一版内容进行调整、修订、补充和扩充，第二版编写的指导思想与第一版基本相同，力求反映种子加工与贮藏领域的新进展。如第四章"种子处理"加入了大量国内外的研究和应用新进展，第五章"种子包装"加入了"种子计量包装"一节，第六章"种子加工流程及设备配置"加入了"种子加工中心建设的基本原则"一节等。同时对第一版的部分章节的内容进行了重新归类和调整，力求章节内和章节间内容的合理性和连贯性。第二版参编学校和参编人员也进行了扩充，由国内17所高校、研究所和公司从事种子专业课程教学、研究以及设备生产的一线教师和工程师参与编写，使得再版教材更加切合教学和实际应用。全书共分14章，编写分工如下：绪论，麻浩；第一章，兰进好、张文明；第二章，陈海军、陈光辉；第三章，许如银、王敏；第四章，何丽萍、杨小环；第五章，余四斌、洪登峰、张晓传；第六章，陈海军、王希卓；第七章，佘跃辉、张文明；第八章，向春阳、曹高燚；第九章，舒英杰、刘雅婷、石书兵；第十章，佘跃辉、刘明久、赵新亮；第十一章，马庆；第十二章，张海清、陈光辉；第十三章，水稻、小麦：时侠清、石书兵，玉米、向日葵：马庆，高粱和小杂粮：王敏，油菜：石海春，棉花、花生：张文明，大豆：舒英杰，蔬菜：汪国平，马铃薯：王希卓，甘薯：石海春。最后由麻浩、舒英杰和张海清统稿。在编写上，力求突出农作物种子加工与贮藏的科学性、系统性和新颖性。本书既可作为高等农业院校种子科学相关专业的教材，也可作为种子科技工作者及农业技术人员的参考书。

　　本教材的第一版是2007年出版的，一晃八年过去了。没有中国农业出版社的大力支持，没有参编第一版的同仁们的辛勤耕作，没有全国同行和学生们的鼓励和建议，就不可能有这第二版的出版。在第二版出版之际，我们对已辞世的同仁表示沉痛的怀念，对因故不能再担负再版写作的同仁表示深切谢意。

由于编写时间仓促和限于编者的水平，内容上难免存在不足之处和各种错误、问题，望读者们见谅并敬请随时指正，以便加以修正。

在相关学校、研发机构有关领导的关心和大力支持下，编写人员经过 1 年多的辛勤努力，完成了该书的编写工作。在此对他们以及所有给予本教材编写工作以关心、支持和帮助的领导、专家、同行表示衷心的感谢。

编　者

2016 年 12 月

注：该教材于 2017 年 12 月被评为农业部（现名农业农村部）"十三五"规划教材〔农科（教育）函〔2017〕第 379 号〕。

第一版前言

　　种子加工与贮藏是种子学的一个重要分支，是系统介绍种子加工和贮藏的理论、技术、设备、贮藏期种子生命活动规律及其调控的一门应用科学。

　　种子加工的最初形式是简单的种子处理。约在公元前 30 年汉代《尹都尉书》和《氾胜之书》中就有关于谷物药剂拌种和浸种处理方法的记载，其中《氾胜之书》记载的"溲种法"，也称"附子渍种"，即在播种前约 20 天，用马骨煮出清汁，泡上含有毒性的中草药附子，加进蚕粪和羊粪，搅成稠汁浸种，播种以后可以防止害虫咬食种子，这是世界上种子处理的最早记载。明代《天工开物·麦工》曾记载："陕洛之间，忧虫蚀者，或以砒霜拌种子"。公元 1 世纪古罗马自然学家普林尼（Pliny）对种子保存年限和选择方法作了阐述，他用酒和松针相混合制成杀虫剂——氢氰酸，并用其处理种子，这是国外较早应用化学药品防止贮藏种子生虫的种子处理文字记载。一般认为 Mathieu Tillet（1750）是第一个用实验证实种子处理成功的人，他用盐和石灰处理被污染的小麦种子，减弱了腥黑穗病的感染率。1755 年，法国植物学家 Mdu Tiuet 建议使用碱液和石灰对小麦种子进行化学处理。50 年后，瑞士植物学家 Prevost 又提出使用硫酸铜来处理种子。从 20 世纪中叶开始，世界种子加工技术发展迅速。从最简单的世界第一台商业拌种机开始，发展到今天的大型种子加工生产流水线，这期间有很多先进的科技成果被应用到种子加工领域，使种子加工质量不断地提高。

　　种子贮藏是种子科学中最古老、历史最悠久的一部分。从远古时候人类开始从游牧狩猎转为定居即建立原始农业，从事野生植物的迁地栽培和周期性耕种之时，种子贮藏就伴随着人类的农业活动而应运而生。我国浙江余姚河姆渡遗址发现了大量农业工具和杆栏式仓房、大量炭化稻粒，距今已有 7000 年左右，这是我国已发现的最早仓房遗迹。我国西安出土的 5000 多年前半坡村遗址中发现有贮粮地窖，盛有许多炭化粟粒，这是我国迄今发现最早的地下贮粮设施。公元前 1 世纪瓦罗（M. T. Varro）所撰《论农业》中，就主张最好的穗子一定要单独脱粒，以便获得最好的播种用种；并提到作物种子不要让其日久失效、不要混杂，不要拿错。

　　随着世界农业生产的快速发展，种子加工与贮藏在农业可持续发展和现代化中的作用日趋重要。特别是近年来，伴随着种子科学技术的发展，种子加工与贮藏的理论、技术和相关设备也得到了丰富和发展，形成了较为完整的理论和技术体系。

种子加工与贮藏是种子本科专业重要的必修课，在种子专业的知识结构中占有十分重要的地位。通过该课程的学习，使学生全面掌握作物种子加工与贮藏的理论和技术，熟悉相关设备，能独立完成各类作物种子的加工与贮藏工作。

根据国内外种子加工与贮藏发展的方向，结合我国种子科学技术现代化和种子产业发展的要求，同时为了满足种子本科专业课程建设的需要，2006 年 4 月 22 日，在中国农业出版社支持下，在湖南农业大学（长沙）召开了《种子加工与贮藏》教材的编写会议。7 所大学负责种子专业教学的教师参加了会议。会上讨论了编写大纲，分配和落实了编写任务。全书共分 14 章，编写分工如下：绪论，麻浩；第 1、8 章，康志钰；第 2、5 章，陈光辉；第 3、9 章，郭世华；第 4 章，杨小环；第 6、11 章，孙庆泉；第 7、10 章，佘跃辉；第 12 章，张海清；第 13 章第 1 节，陈光辉、杨小环、孙庆泉、马金虎，第 2 节，陈光辉、马金虎、佘跃辉、孙庆泉，第 3、4 节，马金虎，第 5 节，孙庆泉、石海春。在编写上力求突出农作物种子加工与贮藏的科学性、系统性和新颖性。本书既可作为高等农林院校种子科学相关专业的教材，也可作为种子科技工作者及农业技术人员的参考书。

由于编写时间仓促和限于编者的水平，内容上难免存在不足之处，敬请指正。

在中国农业出版社、南京农业大学、山东农业大学和湖南农业大学有关领导的关心和大力支持下，编写人员经过大半年的辛勤努力，完成了该书的编写工作。对他们以及所有给予本教材编写工作以关心、支持和帮助的领导、专家、同行表示衷心的感谢。

编　者

2007 年 2 月

目　录

>>> 绪 论

第一节 种子加工与贮藏在农业生产中的重要性

国以农为本,农以种为先。种子是农业生产的基础,它不仅是特殊的、不可替代的农业生产资料,也是各项农业技术的载体,成为最重要的农业资源和农业可持续发展的重要保障因素。高质量的种子是农业增产的关键因素,是推动种子产业化的根本保障。可以说,种子的科技水平在一定程度和意义上代表了农业的科技水平,种子商品化的程度代表了农业生产发展的水平。

种子从播种到种子成熟被收获,这一阶段是在田间度过的;而种子从收获到下一次播种,这段时期是在种仓内度过的。种子在种仓内的时间往往比田间阶段的时间更长,若是供歉收年份所用的备荒种或是品种资源,则在种仓或保存库里存放的时间会更长。由于种子是有生命活动的有机体,在其完成由收获到再播种的贮藏过程中,不断地进行新陈代谢活动,并因时刻受到外界环境条件的影响,其自身内在品质发生着各种变化,会影响到种子的播种品质和活力,从而影响其种用价值和商品价值。

种子加工是指从收获到播种前对种子所采取的各种处理,包括种子清选、精选分级、种子干燥、种子包衣、种子引发和种子包装等一系列工序。入库种子质量的高低往往取决于种子加工处理水平。而种子贮藏是指从入库到出库前所采取的各种贮藏管理措施和技术,包括种子入库前的准备、种子仓库的要求、种子堆放的方式、贮藏时期的检查、病虫鼠害的预防和防治、微生物的控制等一系列工序。种子加工与贮藏的目的是提高种子质量和商品特性,保证种子安全贮藏,促进田间成苗,从而最终提高作物产量。由此可见,种子加工与贮藏工作是农业生产不可缺少的一个组成部分,如何做好种子加工与贮藏工作已成为发展农业生产的重要任务之一。

众所周知,生产上的良种是指优良品种的优质种子,而优质的种子必须是纯净一致以及具备净、饱、壮、健、干等方面的播种品质。要保障种子纯度和播种品质,除了加强种子生产田间管理措施外,还要在种子加工、贮藏期的管理上下工夫,即在种子加工与贮藏上努力减少种子数量、生活力和活力的损失,这与田间增产具有同等重要的意义。良好的加工技术、贮藏条件以及科学的加工与贮藏管理方法可以延长种子寿命,提高种子的播种品质,保持种子的活力,为作物增产打下良好的基础。反之,如果种子加工与贮藏工作没做好,轻则使种子生活力、活力下降,发芽力降低到不能作为种用,重则整仓种子发热、霉烂、生虫,不能转商,给生产上播种带来困难,给农业生产带来不可弥补的损失,也不能为人畜食用,使经济上遭受重大损失。特别是杂交种子，价格较高，如加工、贮藏不当则损失更大。

种子加工与贮藏的意义在于：

1. 是提高农作物单位面积产量最经济、最有效的增产措施之一　加工和安全贮藏后的种子出苗整齐、苗全苗壮、分蘖多、成穗多，一般可增产 5%～10%。

2. 可减少播种量和保管费用　种子经加工与安全贮藏后，可有效保持种子的优良种性，净度可提高 2%～3%，千粒重提高 2～3g，发芽率提高 5%～10%，使种子质量明显提高，可减少保管费用和播种量，节约种子，降低成本；可防止种子数量发生意外的减少。种子安全贮藏可为扩种、备荒提供种子，为种子经营提供物质保证。

3. 可提供不同级别的商品种子，有效地防止种子经营中伪劣种子的流通　按不同的用途及销售市场，分级加工成不同等级要求的种子，并实行标准化包装、销售，提高种子的商品性，从而防止伪劣种子鱼目混珠，坑害农民。

4. 加工后的种子适用于田间机械化作业，从而提高劳动效率，减轻劳动强度　种子经加工处理后，籽粒饱满、大小均匀，适于机械化播种，且可减少田间杂草；作物生长整齐，成熟一致，从而可大大减少田间管理的劳动量。

5. 能减少农药和肥料的污染，促进农业的可持续发展　种子经加工可去掉大部分含病虫害的籽粒，且在种子包衣过程中，溶药肥于包衣剂中，缓慢释放，可为幼苗提供良好的生长环境，因此可减少化肥和农药的施用量。而且种子包衣这种用肥方式相当于由外向型施药转向内向型施药，有利于环境保护和不断促进农业的可持续发展。

6. 是加快发展现代化种业的重要一环　加工的种子不仅提升种用价值，也会使种子增值。因而《中华人民共和国种子法》（2013 年）明确规定"销售的种子应当加工、分级、包装。但是，不能加工、包装的除外。"

7. 能保障农业生产安全　国家建立种子贮备制度，其目的就是发生灾害时供生产种用之需，保障农业生产安全。

可见种子加工与贮藏已成为种子产业化的重要技术环节，对农业生产发展具有十分重要的作用和意义。

第二节　种子加工与贮藏的发展概况

一、国外种子加工与贮藏的发展概况

大量的史料表明，种子与人类的历史和文化紧密联系。1950 年，布雷伍德（R. J. Braidwood）带领的考古队在伊拉克北部发现了公元前 7000 年的莫耶遗址，证实当时那里曾种植小麦和大麦、扁豆和豌豆，但当时的种子近于野生种。约公元前 5 世纪形成的希伯来文学基本汇集、后纳入基督教《旧约》宗教典籍的材料中，多处载有关于种子的内容。《圣经·旧约》"创世纪"写有"求你给我们种子，使我们得以存活，不至死亡，土地也不至荒凉"等，从一定程度上反映那时民众从事农业生产中在种子方面的认识。国外有关古代农业的著作佚失较多，仅 Columella 就曾提到过 50 余种，其中迦太基人 Mago（公元前 4—前 3 世纪）的著作在众多学者中享有"卓越声誉"。Mago 的著作用腓力基文写了大约 25 卷，Cicero 在他的《自然史》中曾提到并引用了多达 8 次。Mago 的著作现已失存，非常令人惋惜，但从后人引用他的著作的一些内容可知，他之所以有如此高的声誉，不仅仅是因为他记载了迦太基高度发达的农业，还因为他的著作中写到了关于种子处理、发芽的有关知识，涉及杏仁、核桃和柚的种子如何发芽，以及如何预浸种子的问题。Mago 曾提到扁桃（*Amygdalus communis*）种子在下种之前应在稀粪中浸泡 3d 或在播前用蜂蜜兑成糖水浸泡，这是国外有关种子处理的最早记载。公元前 1 世纪瓦罗（M. T. Varro）所撰《论农业》中，曾将植物繁衍归纳为四种方式，主张最好的穗子一定要单独脱粒，以便获得最好的播种用种子，并提到作物种子不要让其日久失效，不要混杂，不要拿错。公元 1 世纪古罗马自然学家普林尼（Pliny）对种子保存年限和选择方法作了阐述，他用酒和松针相混合制成杀虫剂——氢氰酸，并用其处理种子，是最早应用化学药品防止贮藏中的种子生虫的。一般认为 Mathieu Tillet（1750）是第一个用实验证实种子处理成功的人，他用盐和石灰处理被污染的小麦种子，减弱了腥黑穗病的感染率。1755 年，法国植物学家 Mdu Tiuet 建议使用碱液和石灰对小麦种子进行化学处理。50 年后，瑞士植物学家 Prevost 又提出使用硫酸铜来处理种子。这些都是国外较早的有关种子处理的记载，也可以说是现代种子处理和包衣的雏形。可见，国外种子处理已有 2 000 多年的历史。

国外有关种子贮藏的记载不多，较早而有特色的是地下贮藏。塞浦路斯在东罗马帝国时代（公元 395 年）就建有贮粮地窖，但都很原始。例如在索马里农户用的地窖，一般深 1.8m、宽 1.5～1.8m，约可贮玉米 2t；最大的深及宽均为 3.6m，可贮 20t 玉米。地面上的窖口较窄，直径约为 0.6m，呈长颈形。地窖挖好后，窖壁用水冲刷涂光，而后生火烘干。粮食进窖，装满为止。窖口先铺一层竹子、禾秆，上盖干牛粪，再堆土，用块大石头压实，一般贮藏 9～12 个月，有的贮藏几年质量仍很好。几百年前，中东地区就利用地窖贮藏粮食，在地中海附近一些地区，粮食地下贮藏也颇盛行。

种子加工与贮藏是种子学的一个重要分支。1869 年奥地利科学家 Nobbe 首创种子检验室，开展种子净度和发芽率等项目的检验。他在总结前人的经验和自己的研究成果的基础上，于 1876 年在德国首次出版了种子科技方面的巨著《种子学手册》，而被推崇为种子学的创始人。在他的影响下，许多国家建立起了种子检验的专门机构，推动了种子科学发展成为农业科学的一门重要分支科学。此后，许多杰出的科学家对种子科学的发展作出了引人注目的贡献。在种子加工与贮藏方面，如 De Vries（1891）揭示了后熟与温度的关系，Haberlandt（1874）等对种子寿命进行了长期的研究，获得了许多规律性的认识。国外从 19 世纪 30～40 年代开始有关于种子贮藏方面的书刊问世。1832 年法国 Aug. Pyr. De Candolle 在他的《蔬菜生理学》一书中，列入了"种子保存"这一章。他指出，如果将种子贮藏在隔热、防潮和避免氧气影响的条件下，种子的寿命就可延长。Dupont 编著的《种子手册》（1966）中记载，17 世纪人们就用盐水处理小麦种子以减轻黑穗病和腥黑穗病的侵染。在 19 世纪 30 年代至少有 3、4 本用法文和德文写的有关种子贮藏方面的书；1840—1875 年间，每 10 年出版的著作较 30 年代略少，但内容的深度有所增加。大约从 1875 年起至今，发表的有关种子贮藏方面的研究报告数量激增，有关种子贮藏的文献已不可能由一个人来进行文字综述。在此期间，除了在种子贮藏方面增添实用知识外，科研工作者对测定种子寿命也很感兴趣。

20 世纪是种子科学迅猛发展并推动世界各国种子工作及农业生产前进的重要时期。1931 年国际种子检验协会（ISTA）颁发了世界上第一部国际种子检验规程，促进了国际种子的贸易和交流。1934 年日本科学家近藤万太郎的《农林种子学》问世，对种子界的影响很大。在 20 世纪中叶后，涉及种子加工与贮藏方向的重要著作不少，如原苏联科学家柯兹米娜（Н. П. Коэьмина）的《种子学》、什马尔科（В. С. Щмалько）的《种子贮藏原理》、鲁契金（В. Н. Ручкин）的《农产品贮藏与加工原理》、美国朱斯梯士（O. L. Justice）和巴士（L. N. Bass）合著的《种子贮藏原理与实践》等，这些著作对种子科学尤其是种子加工与贮藏的普及和发展起到了积极的作用。1980 年，国际种子检验协会（ISTA）设立了种子贮藏委员会，下分 7 个工作组：气调贮藏、运输中生活力的保持、老化的生理学、长期贮藏对种子遗传完整性和行为的影响、顽拗型种子的贮藏、种源地对种子寿命的影响、贮藏真菌对种子寿命的影响。1974 年成立的国际植物遗传资源委员会（IBPGR），其使命是鼓励、支持和开展各种活动，以加强全世界植物遗传资源的保存和利用工作，并在中国设有办事处。1994年 IBPGR 改组为国际植物遗传资源研究所（IPGRI）。目前，全世界已有 38 个基础种质库，分布于不同的地区，76 个国家具有中、短期种子贮藏设施，而其中有 56 个国家具备长期保存种子的条件。这些国际机构与组织对推动世界各国种子科技和种子贮藏工作发展发挥了重要的作用。

　　国外发达国家的种子加工业，起源于 18～19 世纪产业革命及种子产业的快速发展。产业革命是以动力机代替人的体力劳动，以物理学、化学等多门科学知识的重大进展为基础，引起了生产部门的一系列变革，种子加工业就是这场变革的产物。种子加工机械化带动了种子产业化，引发了种子产业革命。种子产业革命的具体表现形式，先是引进机器，进而发展为使用大机器的大规模工业生产，即建立种子加工厂。赛勒斯·H·麦考密克在 1831 年制造出了收割机，打谷机的发展几乎与收割机同时起步，19 世纪 30 年代，美国生产的打谷机就有数百种，这时的打谷机功能单一，只能打谷。19 世纪 40 年代后，匹特公司和凯恩公司开始制造和出售集打谷、去秸和扬场三道工程于一体的打谷机。其实，早在 1836 年海勒姆·穆尔和丁·哈斯考尔两人就研制出了谷物联合收割机，并获得了专利。但这种机器长期无人问津，迟至 19 世纪 70、80 年代才在农业生产中获得大范围应用。据说，联合收割机当时难以在生产上推广应用的一个重要原因是它太笨重，机器的自重达 15t，需要很大的动力。直至 19 世纪 90 年代出现了蒸汽动力联合收割机。19 世纪 60 年代，德国、丹麦、美国等国家开始生产风筛式和窝眼筒式清选机，其后从简易式发展为复式，从单机发展为加工机组和成套设备。20 世纪 80 年代后，世界进入所谓"知识爆炸时代"，电子信息科学、生物科学、化学物理技术等迅速发展，为现代种子加工机械的发展提供了基础，推动现代种子加工机械向智能化、个性化、差异化方向发展。自 20 世纪 80 年代后，种子加工机械普遍采用了计算机控制等现代技术。种子加工厂的建造始于 20 世纪 40 年代的美国和法国。世界农业发达地区，如北美、西欧等都非常重视种子加工业，在高水平种子加工机械与种子处理技术的支持下，商品种子的精加工率达到 100%。世界著名的种子加工设备生产厂商有丹麦的 Cimbria、Westrup 公司，奥地利的 Heid 公司（成立于 1881 年），德国的 Petkus 公司（成立于 1852年），意大利的 Ballarini 公司（成立于 1883 年），法国的 Ceres 公司，美国的 Cripppen、Oliver、Gustafson、Carter-Day 公司等。

　　从种子处理技术来看，早在 1866 年，美国人 Blessing 就提出了用面糊处理棉花种子，使棉花种子大粒化，以免因棉花籽粒太小而不好掌握种子的播种量。1926 年美国的Thornton 和 Ganulee 首先提出种子包衣问题。20 世纪 30 年代，英国的 Ger-mains 公司成功地研制出了禾谷类作物用种衣剂。1941 年，美国的缅因州利用小粒蔬菜种子和花卉种子的包衣种子，以便进行机械播种。至 20 世纪中叶，国外种子处理技术发展迅速。第二次世界大战末期，美国加得森公司创始人发明了商业拌种机，随后又研制出系列种子处理设备，使种子药剂处理开始进入工业时代。1950 年，F. W. Burgesser 曾做了一个包衣种子的发芽试验，起初发现包衣种子的发芽势降低了（可能是种子包衣剂中使用了黏着剂的缘故），但随后通过技术改进，解决了种子包衣后影响发芽的问题。1951 年 Yampda 试验采用一种含有二氧化钙的种子丸化涂料涂于种子表面，提高了直接播种涝地中的水稻出苗率，解决了水涝地作物生长不良的缺氧症问题。此后，日本许多科学家都采用二氧化钙种子丸化涂料来提高水稻种子萌发率和出苗数。日本已将这项技术用于商业中，菲律宾也使用了这项技术。20世纪 60～70 年代，随着世界农药工业的蓬勃发展，用于种子处理的杀虫剂和杀菌剂大量面世。同时，随着 20 世纪 60 年代欧洲育苗业的兴起，为了便于控制作物的株行距，种植者要求种子单粒化、高质量、一粒一苗，一些国家又研制出专用种子处理剂和种衣剂，从而促进了种子包衣的迅速商业化。1976 年，美国的 McGinnis 进行了小麦包衣种子田间试验，获得了良好的效果。1978 年，美国得克萨斯试验站研制出一种用山梨糖和黏着剂等配制而成的种衣剂，用于处理棉花种子，有效地防治了棉花立枯病，真正将种子包衣剂与田间苗期综合治理等有机地结合到一起。

近年来，在各国科学家的共同努力下，种子加工与贮藏科学的发展达到了更高的阶段。在种子生命活动及劣变过程中的亚细胞结构变化和分子生物学、种子活力的测定、种子寿命的预测、顽拗型种子的贮藏、种子的超干贮藏和超低温贮藏、核心种质的构建和保存等方面的研究均达到了一定的深度。许多种子学家已为世界各国所熟知，若干研究机构已成为对种子学的发展具有突出贡献并具权威性的单位，如我国的中国农科院国家作物种质库，英国的里丁（Reading）大学农学系英国皇家植物园邱园（Kew）种质库，美国马里兰州贝尔茨维尔的国家种子研究实验室、康奈尔大学的博伊斯·汤普林（Boyce Thompson）植物研究所和园艺系、艾奥瓦州立大学种子科学中心、俄亥俄州立大学农学系和柯林斯堡的国家种子贮藏实验室，以色列的耶路撒冷希伯来大学，日本的山口大学农学院，法国默东的收获后蔬菜器官生理实验室，加拿大卡尔加里大学生物系的植物生理研究组，马来西亚的马来大学农学系等。国际种子检验协会（ISTA）、美国官方种子分析家协会（AOSA）和国际种质资源研究所对推动世界各国种子科技和种子工作的开展也都发挥了极为重要的作用。从 20 世纪中叶开始，世界种子加工技术发展迅速。从最简单的世界第一台商业拌种机开始，发展到今天的大型种子加工生产流水线，这期间有很多先进的科技成果被应用到加工领域，才使种子加工质量得到不断提高。

二、我国种子加工与贮藏的发展概况

我国是一个农业古国，又是世界上最大的植物起源中心之一。我国古代光辉灿烂的文化，是与我们祖先能利用种子建立世界上最早的古代农业分不开的。在我国古代，从游牧狩猎转为定居即建立原始农业之时，人们要从事野生植物的迁地栽培和周期性耕种等农事活动，自然会遇到播种、采种和保存工作中的许多问题。考古发现，在距今7 885±480 年的新石器时代，我国就出现了收获农具石镰，公元前 5000 年左右出现了石刀。在山西沁水下川文化遗址出土了距今17 000年以前的种子（粮食）脱壳工具的石磨盘。浙江余姚河姆渡遗址发现大量农业工具和"杆栏式"仓房、大量炭化稻粒，距今已有7 000年左右，这是我国已发现的最早仓房遗迹。从我国西安出土的半坡村遗址中发现有5 000多年前的贮粮地窖，盛有许多炭化粟粒，这是我国迄今发现最早的地下贮粮设施。夏商周时期出现了收获农具铜镰、铚，谷物加工工具杵臼。东周出现了种子脱粒工具连枷。西汉出现了铍镰、钩镰，与脱粒有关的农具竹耙、木耙，以及种子（粮食）脱壳机械脚踏碓、畜力碓、水碓、碾。在西汉、东汉时期，中国在种子加工方面开始使用畜力、水力，尤其是水力机械结构已有了三大类型，即杠杆式、水轮—轴组合式、水轮—齿轮—轴组合式；出现了扬扇（风扇车、扇车），其功能是将通过舂、碾后的糠、麸，或经过脱粒、晾晒后的秕粒、草等杂质除去，是最早的纯净种子的加工机械。宋元时期中国古代传统的种子收获、加工机械已经成熟，这一时期种子（粮食）收获、脱粒加工机械有铚、艾、镰、粟竖、锲、竹（木）耙、权、麦笼、麦绰、麦钐、脱粒床等，杠杆式脱粒收获机械有水轮—轴组合式脱粒收获机械有推镰、连枷等；种子（粮食）脱壳、纯净种子的加工机械有杴、箕、筛、杵臼等，杠杆式的有踏碓、堋碓、槽碓，水轮—轴组合式的有扬扇、石碾、辊辗、水碾、水碓等。但明清时期（公元1368—1911年）种子收获加工机械无重大革新、变化。

我国古书中论及种子的著作颇丰。早在2 400多年前的古书《周礼》中就有种子方面的论述。西汉末年的《氾胜之书》与北魏的《齐民要术》是根据我国当时黄河中游流域农业生产而写成的实践综述，包括有农、林、牧、副等方面的内容，其中关于作物采种、留种技术及保藏种子的方法都有十分宝贵的记载。在《氾胜之书》中记有豆类与麦类的采种经验。例如，"麦种，候熟可获，择穗大疆（强）者，斩、束、立场中之高燥处，曝使极燥无令有白鱼，有辄扬治之"。关于麦种的虫害防治则采用"取干艾杂藏之，麦一石，艾一把，藏以瓦器竹器"。说明我国古人在2 000多年以前就已创造了药物保存种子和防病灭虫的方法。该书"溲种篇"记述有以某类药用植物的液汁及动物内脏、骨骼的发酵物拌种播种，达到防治苗期病虫害的目的；利用清水漂去瘦瘪粒，是较早广泛应用的种子清选方法之一。另外还记述有将种子裹上粪肥以作种肥之用，可看成目前广泛应用的种子"丸化"技术的萌芽。该书还明确地提出了"种，伤湿郁热，则生虫也"，把湿度列为影响种子贮藏的主要因素之一。这种见解与现代种子生理学的认识是一致的。种子水分高、环境湿度大以及高温不通风是造成种子生活力下降、霉烂变质的主要原因。科学试验证明，安全贮藏的首要条件，就是把种子水分控制在每种作物种子特定的安全指标之下，辅以低温和干燥的环境条件，这样种子就能长期贮藏。《齐民要术》中对于防虫则采用日晒后趁热入仓，即"窖麦法，必须日曝令干，及热埋之"。这个方法经过20世纪50年代我国科研与粮食保管单位共同验证，它不但防治虫害，而且有利于保持种用和食用品质，对于保管小麦种子尤为适宜，至今仍在应用。对保藏种子的适宜条件也有所记述，例如当时已知板栗不耐干燥，需与湿沙混藏，并且要防冻。"栗，初熟，出壳，即于屋里埋著湿土中。埋必须深，勿令冻澈。若路远者，以韦（皮革）囊盛之。停二日以上，见乃日者，则不复生矣；至春二月，悉芽生而种之。"实际上已提出了顽拗型种子的贮藏问题。《王祯农书》则说"将种前二十许日取出。晒之令燥，种之"，明代的《农政全书·树艺·蔬部》载"凡种蔬菜，必先燥曝其子"，都强调了在播种前要进行晒种。我国历代都有总结农业生产，记载有关种子贮藏与加工技术的书籍，除了前已述及之外，比较著名的还有唐代的《四时纂要》、元代的《农桑衣食撮要》等。可见我国农业技术的发展过程，许多技术和成果是很值得我们用科学方法去总结与应用的。

中华人民共和国成立前，我国的种子产业没有从粮食部门中独立出来，在种子的加工与贮藏方面可以说摸索到了一些经验。中华人民共和国成立后，农业生产迅速发展，种子工作和相应的学科受到重视而逐步加强，促进了种子学学科的建立。自 20 世纪 50 年代以来，由叶常丰先生领导的浙江农业大学种子教研组对主要禾谷类作物和油菜种子的休眠萌发生理、贮藏特性及品种鉴定进行了系统的研究，中山大学生物系的傅家瑞先生等对一些水生植物和农作物种子的萌发生理、种子活力和贮藏生理进行了研究，上海植物生理研究所赵同芳先生对稻麦种子的贮藏休眠生理、抗菌剂"401"保持贮藏种子品质和防止穗发芽等方面进行了研究，这些都为丰富我国种子加工与贮藏的理论与实践作出了较大的贡献。1953 年，在浙江农学院（浙江农业大学前身）创设了我国的种子学课程，作为种子研究生的一门重点课程，1955 年又开始作为该校农学专业本科生的必修课。叶常丰先生是这门课程的创始人。由于我国种子工作发展的需要，他主编的（该校种子教研组集体编写）种子科学类教材（《种子学》《种子贮藏与检验》《作物种子学》）成为全国种子工作者的必需参考书和在职进修干部的课本，20 世纪 70 年代种子学课程被规定为全国农业院校农学专业学生必修的选修课。至今，种子学的普遍设置与发展，对推进我国种子工作和农业生产发挥了重要的作用。

虽然我国在几千年前就已经开始种子处理和较原始的种子包衣实践，但现代种子处理、包衣技术研究起步较晚。在 20 世纪 50 年代以后，山东农学院的蒋先明、陆仁清、王增贵、王根庆等以黄瓜、谷种、玉米种子等为材料，进行了一系列干热处理、射线处理的研究；1965 年，赵同芳应用抗菌剂"401"处理种子，这些都是我国较早进行种子处理的科学研究。1976 年轻工业部甜菜糖业研究所对甜菜种子包衣进行了研究，1978 年沈阳化工研究院进行了甲拌磷与多菌灵（或五氯硝基苯）为有效组分混配开发种衣剂的探讨研究。

严格来讲，20 世纪 80 年代以前我国基本没有自己的种子加工产业，近代种子加工业近乎空白。由于在 20 世纪 50 年代末期以前，我国农民主要采用自留种和相互串换的方式获取种子，种子产业化较晚，所以种子加工、处理技术发展较慢。1960 年以前，我国种子加工一直沿用传统的手工工具，20 世纪 50 年代末，曾从苏联、匈牙利引进种子加工样机，由沈阳农具厂和开封机械厂仿制了部分种子清选机，但种子加工破碎率高，清选效果较差，推广数量很少。1978 年农业部召开了第一次全国种子"四化一供"工作会议，在吉林的公主岭、内蒙古的通辽、黑龙江的绥化、北京的通县利用政府拨款引进建立了种子加工成套设备。20 世纪 80 年代是我国种子加工机械从开始起步走上蓬勃发展的阶段。我国利用世界银行贷款和地方配套资金在吉林省原种场、吉林洮南等地区引进建立了一批种子加工成套设备，这些设备的引进使我国的种子加工工艺与设备有了很大的提高，并起到了示范作用。我国种子加工业在引进和研究发达国家样机设备的同时，参考国外技术、结合中国国情开始了种子加工设备的研制，逐步从单机能力提高到成套设备的研制生产。经过短短十余年的发展，我国种子加工科研、生产工作就从设备引进、仿制、消化、吸收为主，进入到自主开发研制、生产推广的快速发展时期。但至 20 世纪 90 年代末，我国种子企业仍大部分使用单机加工，进入21 世纪之后，我国的种子加工机械的应用由单机阶段发展到成套设备、流水线加工阶段。国内种子企业的多元化、制种基地的区域化继续促进我国种子加工中心建设由过去的小规模、通用型走向大规模、专业化，推动种子加工设备向大型、专业化方向发展。在种子精选及处理设备方面我国研究开发出了"先进适用种子精选分级加工技术"，冲破我国种子加工机械在低水平上重复仿制国外产品的局面，在种子加工的技术性能方面已接近和达到国际一流水平；"介电式种子清选技术"利用种子自身的电负性差异，将种子按活力分级清选，从技术上实现了种子的精细分级加工要求。在提高种子活力等内在品质质量的技术方面，开发出了"电场处理种子技术"，通过物理的方法激发种子酶活性，提高种子发芽率。在种子干燥技术研究方面，有关单位对我国小型谷物干燥机数量少和水稻种子的干燥特点，研制成功了"作物籽粒产地干燥技术-5HSG系列低温循环式谷物干燥机"，该机械在技术上处于国内领先水平，达到国外20世纪90年代同类产品的先进水平，满足了我国不同稻作区不同经营规模的水稻干燥要求。我国的种子包衣机械开发较晚，主要分为以下几种：按搅拌方式分搅拌杆式和滚筒式两种，按药剂雾化方式分高速旋转甩盘雾化式和压缩空气雾化式两种。与风筛清选机、重力式清选机相比，国产包衣机与国外产品的差距要大一些。至21世纪初基本上还都是断续给料、药杯联动供液的早一代种子包衣机，新型结构包衣机的开发较晚，还需要在设计、制造、配套产品的推广等环节上下一番工夫。围绕包衣机存在的问题，进行了技术革新和改进，先后制定了《种子包衣技术条件》和《种子包衣机械试验方法》等国家标准。

20世纪70年代中期以前，我国在种质资源保存方面的设施仍比较落后，主要的保存方法有三种：一是普通、简易的方法，如用酒坛、陶缸底层加生石灰，上面加盖密封保存，或者用干燥器，用硅胶、氯化钙、生石灰、五氧化二磷等作干燥剂保存。二是利用干燥寒冷地区建立自然种质库，如西宁的自然库等。利用当地的自然条件进行种子贮藏。但由于库房温度、湿度没有加以控制，随着季节的变化，仍难以长期保持种子活力，延长种子的贮存寿命。三是通过建立种质保存圃，南方每隔1～2年、北方每隔2～3年更新种植1次，从而达到对种质资源的保存。在种子库房建设方面，我国种子库的主要结构形式有房式仓、拱形仓、土圆仓、地下仓和机械化圆筒仓等。1978年以来，在中国农业科学院和广西等地建立了高标准的品种资源库。20世纪90年代，尤其是进入21世纪以来，许多省、地、市种业部门和一些大型的种子公司相继兴建了一批新型恒温恒湿种子仓库，用于储藏原种、自交系、杂交种等价值较高的种子。我国的种子仓库建设，虽然20世纪80年代就开始了钢结构组合式种子库房建设，温控、通风、除湿、计算机、电子设备等也开始应用，但由于建设成本和维护成本较高，目前我国应用最广泛的种子库房形式仍然是起源于前苏联的房式仓库。

从20世纪80年代初开始，欧、美种子加工企业经历了兼并、重组与产品创新阶段，经过市场的洗礼，企业总数减少，实力增强。种子加工设备向系列化、大型化、智能化发展。中国的种子加工业经历了从引进、仿制、消化、吸收到自行开发研制的过程。经过三十多年的快速发展，从目前来看，我国种子加工、贮藏技术虽与先进国家还有一定差距，但发展较快，已开发出具有中国特色的种子加工设备及种子处理、包衣技术。

我国1953年才在农业部下设立种子站，开始种子技术方面的培训工作。20世纪50年代开始，我国大力贯彻推行"自选、自繁、自留、自用，辅之以必要的调剂"（"四自一辅"）的种子工作方针，各地纷纷建立种子仓库，但以民房改建的简易仓居多，条件较差。1978年根据国家有关加强种子工作的精神，各地先后建立了各级种子公司，并在以往"四自一辅"方针的基础上，总结过去长期实践经验，提出了种子工作"四化一供"，即"种子生产专门化、种子加工机械化、种子质量标准化、品种布局区域化，并以县为单位组织统一供种"。这期间种子仓库的建造大量增加，质量也得到了提高，而且不少地方还建立了低温库和种子加工厂，使种子贮藏的年限得到延长，种子加工水平得到了提高。1995年我国提出创建"种子工程"。实施种子工程的目的是为了改变当时我国种子工作的落后状况，加速建设我国现代化种子产业，提高我国良种的综合生产力、推广覆盖率和市场占有率，提高种子的商品质量和科技含量，促进农业和农村经济持续、快速、健康地发展。实施种子工程的目标是建立起适应社会主义市场经济体制的现代化种子产业发展体制和法制管理体制，实现"五化"，即种子生产专业化、育繁推一体化、种子商品化、管理规范化、种子集团企业化。种子工程的主要内容包括良种引育、生产繁殖、加工包装、推广销售及宏观管理五大系统，以及种质资源收集和利用、新品种引育、区试、审定、原种（亲本）繁殖、种子生产、收购和运输、贮藏、精选、包衣、包装、标牌、检验、销售、售后服务 15 个环节。提出了实施"种子工程"必须坚持"以种子加工、包装为突破口，抓中间带两头"，即从种子加工、包装和标牌统供环节入手，实现"中间突破"，带动育种科研和良种生产、推广。其突破点的关键在于抓好提高种子的"三率"，即统一供种率、精选率、包衣率。面对新世纪国际种业迅猛的发展形势以及我国种业面临的困境和挑战，为提升我国农业科技创新水平，增强农作物种业竞争力，满足建设现代农业的需要，加快推进现代农作物种业发展，2011 年 5 月 9 日的《国务院关于加快推进现代农作物种业发展的意见》[国发（2011）8 号]确立了"以科学发展观为指导，推进体制改革和机制创新，完善法律法规，整合农作物种业资源，加大政策扶持，增加农作物种业投入，强化市场监管，快速提升我国农作物种业科技创新能力、企业竞争能力、供种保障能力和市场监管能力，构建以产业为主导、企业为主体、基地为依托、产学研相结合、'育繁推一体化'的现代农作物种业体系，全面提升我国农作物种业发展水平"的指导思想，成为加快推进我国现代农作物种业蓬勃发展的指导性意见。该意见明确了加快推进我国现代农作物种业发展的重点任务是：①强化农作物种业基础性公益性研究；②加强农作物种业人才培养；③建立商业化育种体系；④推动种子企业兼并重组；⑤加强种子生产基地建设；⑥完善种子储备调控制度；⑦严格品种审定和保护；⑧强化市场监督管理；⑨加强农作物种业国际合作交流。并配套了相关政策措施：①制定现代农作物种业发展规划；②加大对企业育种投入；③实施新一轮种子工程；④创新成果评价和转化机制；⑤鼓励科技资源向企业流动；⑥实施种子企业税收优惠政策；⑦完善种子生产收储政策。

我国还制定了一系列与种子相关的规程和法规。1989 年国务院颁布了《中华人民共和国种子管理条例》，1991 年提出了实施细则。2000 年 7 月 8 日中华人民共和国第九届全国人民代表大会常务委员会通过了《中华人民共和国种子法》（以下简称《种子法》），并于同年12 月 1 日起施行，国务院发布的种子管理条例同时废止。《种子法》提出"国家建立种子贮备制度，主要用于发生灾害时的生产需要，保障农业生产安全。对贮备的种子应当定期检验和更新"。同时在《种子法》中将"具有能够正确识别所经营的种子、检验种子质量、掌握种子贮藏保管技术的人员"和"具有与经营种子的种类、数量相适应的营业场所及加工、包装、贮藏保管设施和检验种子质量的仪器设备"作为申请领取种子经营许可证的个人和单位应当具备的条件。《种子法》还明确规定"销售的种子应当加工、分级、包装。但是，不能加工、包装的除外""大包装或者进口种子可以分装；实行分装的，应当注明分装单位，并对种子质量负责""种子的生产、加工、包装、检验、贮藏等质量管理办法和行业标准，由国务院农业、林业行政主管部门制定。农业、林业行政主管部门负责对种子质量的监督""农业、林业行政主管部门可以委托种子质量检验机构对种子质量进行检验。承担种子质量检验的机构应当具备相应的检测条件和能力，并经省级以上人民政府有关主管部门考核合格"，从而在法律上对种子加工与贮藏提出了更高的要求。

2004年8月28日第十届全国人民代表大会常务委员会第十一次会议通过了《全国人民代表大会常务委员会关于修改〈中华人民共和国种子法〉的决定》，对《中华人民共和国种子法》作了第一次修正，修正内容包括：①第十七条第二款修改为："应当审定的林木品种未经审定通过的，不得作为良种经营、推广，但生产确需使用的，应当经林木品种审定委员会认定。"②第三十三条修改为："未经省、自治区、直辖市人民政府林业行政主管部门批准，不得收购珍贵树木种子和本级人民政府规定限制收购的林木种子。"

2013年6月29日第十二届全国人民代表大会常务委员会第三次会议又对《中华人民共和国种子法》进行了第二次修正：删去第四十五条第三项。增加一款，作为第二款："农作物种子检验员应当经省级以上人民政府农业行政主管部门考核合格；林木种子检验员应当经省、自治区、直辖市人民政府林业行政主管部门考核合格。"

可见，种子加工与贮藏是提高种子质量水平、推动种子产业化、促进种植业和林业的发展的重要内容，能为种子工作提供科学的理论依据和先进的实用技术。随着现代科学技术的进步，种子加工与贮藏对我国农业的持续发展必将会发挥更大的作用。

第三节　种子加工与贮藏研究的内容和任务

种子加工与贮藏是研究种子加工与贮藏原理和技术以及加工和贮藏过程中种子生命活动规律的一门应用科学。

种子加工与贮藏是种子科学中一门十分重要的应用科学，直接涉及种子寿命的保持和种子衰老的机理，同时，它是指导种子加工和安全贮藏工作的理论基础，而且与农业生产有着密切的关系。因此，种子加工与贮藏在理论上和生产实践上都具有十分重要的作用。

种子加工与贮藏的研究内容包括种子物理特性、贮藏生理；种子清选精选原理和技术，种子干燥，种子处理，种子加工流程与设备，种子包装，典型种子加工中心建设，种子加工新技术；种子仓库及其配套设备，种子的入库和堆放，种子贮藏期间的变化和管理，种子仓库害虫和鼠类控制以及微生物防治；主要农作物种子的贮藏技术以及种子贮藏新技术等。

种子加工与贮藏研究的任务包括如下几个方面：

（1）根据种子的形态特征、理化特性、水分特征、呼吸代谢和活力特征，结合加工机械的特性，阐明种子加工的原理，研究加工新技术和新设备，从而为种子的合理和安全加工技术提供理论依据和实用技术，提高种子净度、发芽率、品种纯度、种子活力，降低种子水分，提高种子的耐藏性、抗逆性以及种用价值和商品特性。

（2）根据种子的形态结构、理化特性、生命活动和寿命特点，阐明种子在贮藏期间的生命活动变化规律以及与贮藏环境条件的相互关系，探索不同种类种子的最佳贮藏条件和最佳技术，创造优良的环境，使种子的生活力和活力保持在尽可能高的水平，使种子数量的损失降到最低的限度，为农业生产提供高质量的种子，为植物育种家提供丰富的种质资源。

因此，种子加工与贮藏是种子产业化体系的重要环节，它直接为农业生产服务。它的建立和发展与其他学科有着密切的联系，如种子生理学、植物学、植物生理学、育种学、遗传学、生物化学、生物统计学、昆虫学、微生物学、农业机械等学科，甚至还与物理学、建筑学的知识有关。

思　考　题

1. 种子加工与贮藏在农业生产中的重要性体现在哪些方面？
2. 种子加工与贮藏的研究内容和任务是什么？

>>> 第一章 种子的物理特性

种子的物理特性是指种子本身所具有的或者在移动、堆放过程中所反映出来的各种物理属性。种子的物理特性是种子加工与贮藏的基础，对种子加工原理与方法、贮藏技术和条件的确定具有决定性意义。本章主要介绍种子容重、相对密度、千粒重、密度、孔隙度、散落性、自动分级、导热性、热容量、吸附性、吸湿性和平衡水分等种子物理特性的概念、特点及其在种子加工与贮藏中的应用，为种子科学加工和安全贮藏奠定理论基础。

种子的物理特性（physical property）是指种子本身所具有的或者种子堆在移动和堆放过程中所反映出来的多种物理属性，主要包括容重（volume weight）、相对密度（relative density）、千粒重（weight per 1 000 seeds）、密度（density）、孔隙度（porosity）、散落性（flow movement）、自动分级（auto-grading）、导热性（thermal conductivity）、热容量（thermal capacity）、吸附性（absorbability）、吸湿性（hygroscopicity）和平衡水分（balance water）等。种子的物理特性与种子的形态特征及生理生化特性一样，主要取决于作物品种的遗传特性，但在一定程度上也会受到环境条件的影响。例如在农作物生育期间，遭受不良气候条件的影响、受到旱涝病虫的侵袭、施肥不足、收获失时、收前遭遇冻害或收获后未能及时干燥等，都可能不同程度地影响种子的物理特性，其中最常见的变化是千粒重下降、相对密度变小和硬度降低等，而在气候良好与栽培精细的条件下，则将出现相反的情况。

种子的物理特性与种子化学成分往往密切相关，如小麦种子含蛋白质越高，则其硬度与透明度越大；油质种子含油分越多，则相对密度越小；一般种子水分越低，则相对密度越大，散落性也越大。

种子的物理特性与种子加工贮藏有着密切的关系，它不仅能在一定程度上较好地反映种子在加工和贮藏过程中个体和群体的变化状况，而且还可以为种子质量的鉴定、清选分级以及加工处理机械的设计和选择等提供依据。在建造种子仓库时，对于仓库的设计、选材以及种子机械设备的装配等，都应该从种子物理特性方面进行周密考虑。例如散落性好的种子，在进行机械化清选和输送过程中比较方便有利，但对种子仓库的牢固性具有较高的要求。因此，深入了解农作物种子的物理特性，对做好种子加工与贮藏工作具有十分重要的指导意义。

第一节　种子的容重、相对密度和千粒重

一、种子的容重

(一) 种子容重的概念

种子的容重 (volume weight) 是指单位容积内种子的绝对质量，单位为克/升 (g/L)。种子容重的大小受多种因素的影响，如种子颗粒大小、形状、整齐度、表面特性、内部组织结构、化学成分 (特别是水分和脂肪) 以及混杂物的种类和数量等。凡颗粒细小、参差不齐、外形圆滑、内部充实、组织结构致密、水分及油分含量低、淀粉和蛋白质含量高，并混有各种沉重的杂质 (如泥沙等)，则容重较大；反之容重较小。主要农作物种子的容重见表1-1。

表 1-1　主要农作物种子的容重

(毕辛华, 1993)

作物种类	容重 (g/L)	作物种类	容重 (g/L)
稻谷	460~600	大豆	725~760
玉米	725~750	豌豆	800
小米	610	蚕豆	705
高粱	740	油菜	635~680
荞麦	550	蓖麻	495
小麦	651~765	紫云英	700
大麦	455~485	苕子	740~790
裸大麦	600~650		

由于种子容重所涉及的因素较为复杂，测定容重时必须作全面的考虑，否则可能得出与实际情况相反的评价。例如原来品质优良的种子，可能因收获后清理不够细致，混有许多轻型杂质而降低容重；瘦小皱瘪的种子，因水分较高，容重就会增大；油料作物种子脂肪含量特别高，容重反而较低。诸如此类的特殊情况，都应在测定时逐一加以分析，以免得出错误结论。

水稻种子因带有稃壳，表面又覆有稃毛，因此其充实饱满度不一定能从容重反映出来，一般不将水稻种子的容重作为检验项目。

一般情况下，种子水分越低，则容重越大，这与绝对质量有相反的趋势。但当种子水分超过一定限度，或发育不正常的种子，这种关系就不明显。油菜籽虽含有丰富的油脂，但其体积因水分不同而有显著变化，即水分越少，籽粒的体积越小，其绝对质量下降，而容重增大 (表1-2)。

表 1-2　油菜籽的容重和千粒重与水分的关系

(颜启传, 2001)

容重 (g/L)	千粒重 (g)	水分 (%)
672.5	3.15	17.1

（续）

容重（g/L）	千粒重（g）	水分（%）
673.5	2.98	16.2
674.9	2.86	14.4
675.0	2.81	13.6
678.1	2.75	10.2
681.1	2.71	8.8
682.3	2.65	6.3
684.9	2.61	4.8

　　种子容重与水分之间的关系因具体情况而有差异。当种子水分增加时，往往引起某些物理特性的改变。首先是种子体积膨大，其次是种皮的皱褶逐步消失而变得丰满光滑，同时，种子在湿润的条件下，其摩擦系数显著增大，这些变化都在不同程度上影响容重，而使种子容重与水分之间呈负相关的趋势。而燕麦等带有稃壳的种子则表现为另一种情况，即种子水分增加，容重开始时下降，以后又随着水分增多而逐渐回升。这主要是由于稃壳与果皮之间的空隙里所残留的气体被排出并为水所填充，种子的相对密度加大，因而影响到容重。

　　（二）种子容重测定的必要性

　　1. 容重是大部分作物种子品质的重要指标之一　　容重与种子饱满度、充实度、干燥度成正相关，而与均匀度成负相关。一般来说，容重大则种子充实饱满，出苗壮实而整齐。但容重还受其他因素的影响，如种子形状、化学成分、表面特征及夹杂物种类和数量等，使容重不能完全表明种子的品质。

　　2. 容重还是粮食品质的重要指标　　通常大麦、小麦等种子，容重大则出粉率高。所以粮食部门收购小麦、大麦、玉米、大豆等粮食时均测定容重，作为粮食分级定价的依据，而种子的分级定价是在粮食的分级和定价基础上进行的，因此种子检验部门也有必要测定容重。小麦、玉米等作物的品种审定试验有收获后测定容重的要求。

　　3. 容重是计算仓容和运输所需车厢数的必要依据　　某一作物一定质量种子的仓容是根据仓库容积和该作物的种子容重计算而得到的，运输所需车厢数亦由种子容重推算而得，因此，种子入仓或运输前也有必要测定种子容重。

　　（三）种子容重的测定

　　容重测定一般适用于麦类、玉米、高粱、粟和豆类等种子。目前国内外通用的容重器（volume-weight instrument）是排气式容重器。这类容重器的容器筒有三种型号，最大者为20L，国际上用于测定出口粮食的容重；其次为1L，用于一般粮食和种子的容重测定；最小者为1/4L，用于小粒粮食或种子的容重测定。其中以1L容器筒的容重器使用最为广泛。排气式容重器又因称重部分不同分为两种类型，一种是国际上通用的排气式容重器，其称重是采用等臂杠杆天平，称重不方便。另一种是国产的61-71型容重器，称重是采用不等臂的秤杆，称重方便。现将61-71型容重器的构造和操作方法简介如下。

　　1. 61-71型容重器的构造　　该容重器主要由两大部分组成，即容器筒部分和称重部分，详见图1-1。

2. 操作方法

（1）仪器安装。从箱内取出各部件，放平容重器底座的箱子，将秤杆支架装在箱盖的固定位置上，并装好秤杆。

（2）零点校正。于容器筒内放入排气砣，挂于秤钩上，将游砣置于秤杆零点，调节至平衡。

（3）将容器筒安装在箱盖上面的容器座上，并将插片插入其缝口内，再把排气砣放在插片上，然后套上空筒。

（4）将不少于 1L 的种子倒入漏斗筒内，置于空筒上，用左手食指打开漏斗开关，使种子落入空筒内。

（5）用左手握牢容器，右手迅速拉出插片，这时排气砣落到容器筒底部，种子也随着落入容器筒内，再把插片立即插回。

（6）取下漏斗筒，从容器座上取下容器筒连同空筒，用手指按住插片，倒去插片上多余的种子，然后取下空筒，再倒净留下的少量种子。

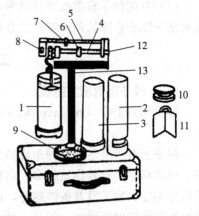

图 1-1 61-71 型容重器

1. 容器筒　2. 漏斗筒　3. 空筒　4. 粗秤杆
5. 细秤杆　6. 大游砣　7. 小游砣　8. 调节
螺丝　9. 容器座　10. 排气砣　11. 插片
12. 平衡指板　13. 支柱

（毕辛华，1993）

（7）拔去插片，将容器筒连同种子挂于秤钩进行称重，精确度为 0.5g。

（8）每个样品重复测定两次，容许差距为 5g/L。如在容许差距内，则求两次重复的平均值。否则须再测一次，取其中最接近的两次数值，求其平均值。

3. 注意事项

（1）在测定容重前需先除去种子中的各种大小杂质，因为杂质会影响容重测定结果的一致性和正确性。

（2）容重测定的全过程应按操作程序进行，以免造成差错。

（3）测定时，应将容重器放在不受振动的操作台上，并在测定过程中要严防仪器振动，以免影响容器筒内种子的孔隙度，而使容重测定结果产生误差。

（四）种子容重与种子加工贮藏的关系

种子容重与种子加工、贮藏、运输等有着密切的关系，具体表现在以下几个方面：

（1）通过精选、干燥等加工措施，可以明显提高种子容重，增加该作物产量。如河北省正定县小麦种子精选经验证明，精选后种子的容重（787g/L）比原来未精选种子的容重（773g/L）提高了 14g/L，平均每 667m² 增产 9.8%。

（2）通过测定种子容重，可推知种子在贮藏期间的变化，即能推知贮藏期间的管理措施是否得当。

（3）在贮藏、运输过程中，可根据容重推算一定容积内的种子质量，或一定质量的种子所需的仓容和运输时所需车厢数目，计算时可应用下列公式：

$$贮运种子所需容积（m^3）=\frac{种子质量（kg）}{种子容重（g/L）}$$

上式中必须用对应的单位，如种子质量为千克（kg），容重为每升克数（g/L），得出的贮运种子所需容积为立方米（m³）。

（4）利用种子容重可以计算种子仓库的侧压力，进而指导仓库的建材选择和构造设计，或者估测既有仓库的种子安全贮存量。

二、种子的相对密度

（一）种子相对密度的概念

种子相对密度（relative density）是指一定绝对体积的种子质量与同体积水的质量之比。

种子相对密度是作物种子成熟度和饱满度的重要指标之一。大多数作物的种子成熟越充分，内部积累的营养物质越多，则籽粒越充实，相对密度就越大（表 1-3）。但油料作物种子恰好相反，种子发育条件越好，成熟度越高，则相对密度越小，因为油质种子所含油脂随成熟度和饱满度而增加。因此，种子相对密度不仅是一个衡量种子品质的指标，在某种情况下，还可作为种子成熟度的间接指标。

种子相对密度的大小还与种子的类别、化学成分、解剖学结构、水分大小等因素有关。就不同作物或同一作物的不同品种而言，种子相对密度因形态构造（有无附属物）、细胞组织的致密程度和化学成分的不同而有很大差异（表 1-4）。含蛋白质和淀粉多、组织结构致密的种子则相对密度大，含油脂多、组织结构疏松的种子则相对密度小；种子中存在有气室和大量水分时，相对密度也会显著降低。

表 1-3　不同成熟期主要作物种子的相对密度
（孙庆泉，2001）

作物种类	不同成熟期种子的相对密度		
	乳熟期	蜡熟期	完熟期
小麦	1.150	1.240	1.330
黑麦	1.110	1.170	1.260
大麦	1.050	1.140	1.230
豌豆	1.150	1.250	1.370
菜豆	1.135	1.210	1.320
其他豆类	1.150	1.240	1.350

表 1-4　主要农作物种子的相对密度
（颜启传，2001）

作物种类	相对密度	作物种类	相对密度
稻谷	1.04～1.18	大豆	1.14～1.28
玉米	1.11～1.22	豌豆	1.32～1.40
小米	1.00～1.22	蚕豆	1.10～1.38
高粱	1.14～1.28	油菜	1.11～1.18
荞麦	1.00～1.15	蓖麻	0.92
小麦	1.20～1.53	紫云英	1.18～1.34
大麦	0.96～1.11	苕子	1.35
裸大麦	1.20～1.37		

种子在高温高湿条件下，经长期贮藏，由于连续不断的呼吸作用，消耗掉一部分贮藏营

养物质，可使相对密度逐渐下降。

（二）种子相对密度的测定

测定种子相对密度的方法有几种，其中最简便的方法是排水法和比重瓶法。

1. 排水法 用有精细刻度的 5～10ml 的小量筒，内装 50％酒精（或水）约 1/3，记下酒精（或水）所达到的刻度，然后称适当质量（一般为 3～5g）的净种子样品，小心放入量筒中，再观察酒精平面升高的刻度，即为该种子样品的体积，代入下式，求出相对密度。

$$种子相对密度 = \frac{种子质量（g）}{种子体积（ml）}$$

该法比较粗放，如要求更精细些，可以用比重瓶法测定。

2. 比重瓶法 其操作程序如下：

（1）称净种子样品 2～3g（精确到毫克）（W_1）。

（2）将二甲苯（也可用甲苯或 50％酒精）装入比重瓶，到标线为止，如有多余用吸水纸吸去。如果比重瓶配有磨口瓶塞，则将二甲苯装满到瓶塞处，再将溢出的揩干。

（3）将装好二甲苯的比重瓶称重（W_2）。

（4）倒出一部分二甲苯，将已称好的种子（W_1）投入比重瓶中，再用二甲苯装满到比重瓶的标线，用吸水纸吸去多余的二甲苯。投入后，注意种子表面应不附着气泡，否则会影响结果的准确性。

（5）将装好二甲苯和种子的比重瓶称重（W_3）。

（6）应用下式计算出种子相对密度（S）。

$$S = \frac{W_1}{W_2 + W_1 - W_3} \times G$$

式中，G 代表二甲苯的相对密度，在 15℃时为 0.863。利用二甲苯操作时，必须在通风橱内进行。如用其他药液代替二甲苯，需查出该药液在测定种子相对密度时的温度条件下的相对密度。

（三）种子相对密度与种子加工贮藏的关系

种子的相对密度与种子加工贮藏有着密切的关系。如在种子加工贮藏过程中可以利用种子的相对密度进行清选分级；可以利用种子相对密度与容重的关系计算种子堆的密度，即：

$$种子堆密度 = \frac{种子容重（g/L）}{种子相对密度（g/L）\times 10} \times 100\%$$

种子的相对密度与容重在一般情况下成直线正相关，可应用回归方程式从一种特性的测定数值推算另一特性的估计数值。图 1-2 表明小麦籽粒的相对密度与容重呈直线相关的趋势。

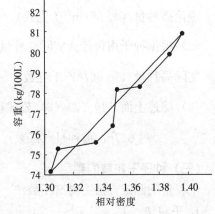

图 1-2 小麦籽粒的容重与相对密度的关系
（孙群等，2008）

三、种子的千粒重

（一）种子千粒重的概念

种子千粒重（weight per 1 000 seeds）通常是指自然干燥状态的 1 000 粒种子的质量。

在农作物种子检验规程中是指国家标准规定水分的1 000粒种子的质量，单位为克（g）。

（二）千粒重测定的必要性

1. 千粒重是衡量种子播种品质和活力的重要指标之一 种子千粒重大，其内部的贮藏物质就多，发芽迅速整齐，出苗率高，幼苗健壮，能保证田间的成苗率，为作物高产打下良好的基础。在农业生产上有"七分靠苗，三分靠管"一说，可见千粒重对保证壮苗进而获得高产的重要作用。需要注意的是，用种子的千粒重衡量不同来源的同一作物品种种子的播种品质具有重要参考价值，但不宜用千粒重作为评定不同作物种子播种品质优劣的标准。

2. 千粒重是种子多项品质的综合评价指标，测定方便 种子千粒重与种子饱满度、充实度、均匀度、籽粒大小成正相关。如果分别测定这四项品质指标较为麻烦，饱满度需用量筒测量其体积，充实度则需用比重计测量相对密度，均匀度需用一套筛子来测得，种子大小则需用长、宽测量器测量其长度、宽度和厚度。而测定千粒重则简单得多。

3. 千粒重是正确计算种子播种量的必要依据 计算播种量的另两个因素是种子用价和田间栽培密度。同一作物不同品种的千粒重不同，则其播种量也应有所差异。种子用价是指种子样品中真正可以利用的种子数占样品数量的百分率，是净度和发芽率的综合指标，种子用价（%）＝净度×发芽率。

计算播种量的公式和步骤如下：

（1）从千粒重换算成每千克种子粒数：

$$每千克种子粒数 = \frac{1\ 000\ （克数）}{千粒重\ （g）} \times 1\ 000$$

（2）根据规定密度（每667m²苗数），求理论播种量：

$$理论播种量（每667m²\ 千克数）= \frac{每667m²\ 规定苗数}{每千克种子粒数}$$

（3）根据种子用价计算实际播种量：

$$实际播种量（每667m²\ 千克数）= \frac{理论播种量 \times 理论用价}{实际用价}$$

（4）综述上面（1）（2）（3）公式得出每667m²播种量如下：

$$每667m²\ 播种量（kg）= \frac{每667m²\ 规定苗数 \times 千粒重 \times 理论用价}{1\ 000 \times 实际用价 \times 1\ 000}$$

（三）种子千粒重的测定

千粒重的测定方法主要有千粒法、百粒法和全量法。

1. 千粒法

（1）数取试样。从经过净度分析，已除去杂质的净种子中数取试样。先将种子混合均匀，然后随机数取试样2份。大粒种子每份试样为500粒，中、小粒种子每份试样为1 000粒，两次重复。数粒方法可用电子自动数粒仪、真空数种器、数粒板等进行，也可用镊子、小刮板进行手工数种。在用数粒板数种时，应注意种子大小与数种板上孔的大小相吻合。

（2）称重。在种子千粒重测定中，称重的精确度因样品质量而异，见表1-5。

表 1-5 试样称重的精确度

(GB/T 3543.3《农作物种子检验规程》，1995)

试样质量（g）	<1.000 0	1.000~9.999	10.00~99.99	100.0~999.9	≥1 000
小数位数	4	3	2	1	0

按精确度的要求，选用适宜的天平称重。如两份重复的差数与平均数之比不超过 5%时，取两份试样的平均质量即为千粒重。若超过容许差距时，应再分析第 3 份试样，直至达到要求，取差距小的两份试样计算平均质量，即为千粒重。

大粒种子如试样数量为 500 粒，则需折算成千粒重。即将两份试样的平均质量乘以 2，求得种子千粒重。

2. 百粒法 按国际种子检验规程，从经过净度分析的净种子中分取试验样品，每份试样 100 粒种子，8 次重复，分别称重，其精确度同千粒法，然后按下列公式计算方差、标准差及变异系数。

$$方差 = \frac{n(\sum x^2) - (\sum x)^2}{n(n-1)}$$

式中：x——每重复的质量，g；

n——重复次数。

$$标准差（s）= \sqrt{方差}$$

$$变异系数 = \frac{s}{\bar{x}} \times 100\%$$

式中：$\bar{x}$——100 粒种子的平均质量，g。

根据规定，不带稃壳种子的变异系数不得超过 4.0，带稃壳种子的变异系数不得超过 6.0。如变异系数超过上述限度，则需再测 8 个重复，并计算 16 个重复的标准差。凡与这 16 份试样质量平均数之差超过 2 倍标准差的重复略去不计，计算其余各试样的平均值，乘以 10 即为千粒重。

例：现有一批小麦种子，取试样 8 份，各 100 粒，分别称其质量为 3.65g、3.58g、3.40g、3.50g、3.30g、3.32g、3.25g、3.55g，试求方差、标准差、变异系数及千粒重。

已知：x 分别为 3.65、3.58、3.40、3.50、3.30、3.32、3.25、3.55，$n=8$，求得：

$$\sum x^2 = 3.65^2 + 3.58^2 + \cdots + 3.55^2 = 95.0263$$

$$(\sum x)^2 = (3.65 + 3.58 + \cdots + 3.55)^2 = 27.55^2 = 759.0025$$

$$\bar{x} = \frac{\sum x}{n} = \frac{27.55}{8} = 3.44375$$

将以上各数代入方差公式，得：

$$方差 = \frac{n\sum x^2 - (\sum x)^2}{n(n-1)} = \frac{8 \times 95.0263 - 759.0025}{8 \times 7} = 0.0215696$$

$$标准差(s) = \sqrt{方差} = \sqrt{0.0215696} = 0.1496$$

$$变异系数(\%) = \frac{s}{\bar{x}} \times 100 = \frac{0.1496}{3.44375} \times 100 = 4.344$$

小麦为不带稃壳种子，变异系数不得超过 4，现实测变异系数为 4.344，已超过规定限度，故应再测 8 份重复，并计算 16 份重复的标准差。

如再测得 100 粒种子的 8 次重复的质量分别为 3.45g、3.35g、3.55g、3.30g、3.40g、3.60g、3.50g、3.55g，试求 16 份重复的标准差。

$$\sum x^2 = 3.65^2 + 3.58^2 + \cdots + 3.55^2 + 3.45^2 + 3.35^2 + \cdots + 3.55^2 = 191.016\,3$$

$$(\sum x)^2 = (3.65 + 3.58 + \cdots + 3.55 + 3.45 + 3.35 + \cdots + 3.55)^2 = 55.25^2 = 3\,052.562\,5$$

代入方差公式，得：

$$方差 = \frac{n\sum x^2 - (\sum x)^2}{n(n-1)} = \frac{16 \times 191.016\,3 - 3\,052.562\,5}{16 \times 15} = 0.015\,4$$

$$标准差(s) = \sqrt{方差} = \sqrt{0.015\,4} = 0.124$$

求得 16 份重复的平均数为：

$$\bar{x} = \frac{\sum x}{n} = \frac{55.25}{16} = 3.453$$

求出 16 份试样的质量与平均数的差距，均未超过 2 倍标准差，即：0.124×2＝0.248。

因此可用 16 次重复的平均质量 3.453 求得千粒重：

$$千粒重 = 3.453 \times 10 = 34.53\ (g)$$

3. 全量法 全量法即将整个试验样品通过数粒仪，记下计数器上所示的种子数，计数后将试验样品称重（g），或称取一定质量的种子全部计数，然后按下列公式计算出每 1 000 粒种子的质量：

$$千粒重（g）= \frac{W}{n} \times 1\,000$$

式中：W——试样的质量，g；

n——该试样的种子总粒数。

例：现有经净度分析后的油菜净种子 3.958g，用数粒仪数得其粒数为 1 533 粒，求其千粒重。

已知：$W = 3.958$g，$n = 1\,533$粒。

$$千粒重 = \frac{W}{n} \times 1\,000 = \frac{3.958}{1\,533} \times 1\,000 = 2.582(g)$$

（四）规定水分千粒重的换算

不同批次的自然干燥种子的水分并不一致，特别是不同地区和不同季节收获的种子，其水分的差异更大。为了便于比较，就必须将实测千粒重换算成标准水分的千粒重。换算时可按国家颁布的种子分级标准所规定的水分来折算。其换算公式如下：

$$规定水分的种子千粒重（g）= 实测千粒重（g）\times \frac{1-实测水分（\%）}{1-规定水分（\%）}$$

例：现有籼稻种子广陆矮 4 号，实测水分为 15%，其千粒重为 26g，求规定水分的种子千粒重。

按国家种子分级标准规定，籼稻种子水分不高于 13%，则可按上述公式进行换算。

$$规定水分的种子千粒重 = 26 \times \frac{1-0.15}{1-0.13} = 25.4\ (g)$$

如果规定水分为 0，则可计算出绝对干燥种子千粒重（简称绝干千粒重）。

第二节　种子堆的密度和孔隙度

一、种子堆密度和孔隙度的概念

装在容器中的种子及固体杂质在容器中占有一定容积，但是种子及固体杂质本身实际占有的体积只是其中一部分，其余则是种子间隙。种子堆的体积是由种子堆固体成分（包括种子和固体杂质）体积与种子堆固体成分间的空隙体积所构成。种子堆的密度（density）是指种子和固体杂质的体积占种子堆总体积的百分率。种子堆的孔隙度（porosity）是指种子堆空隙体积占种子堆总体积的百分率。

$$种子堆的密度 = \frac{种子和固体杂质所占实际体积}{种子堆总体积} \times 100\%$$

$$种子堆的孔隙度 = \frac{种子堆总体积 - 种子和固体杂质所占实际体积}{种子堆总体积} \times 100\%$$

种子堆的密度与孔隙度是两个互为消长的物理特性，即密度大，孔隙度就小；密度小，孔隙度就大。两者之和恒为 100%。

二、种子堆密度和孔隙度的影响因素

种子堆密度和孔隙度的大小受很多因素影响。各种作物种子的密度和孔隙度相差悬殊，同一作物的不同品种间差异亦很大，这主要决定于种子颗粒的大小、均匀度、种子形状、种皮松紧程度、表面光糙度、内部细胞结构、化学组成，以及是否带有稃壳或其他附属物等。一般凡带有稃壳和果皮的种子，如稻谷、皮大麦、燕麦、黍稷、向日葵等，种子堆密度都比较小，而孔隙度则相应比较大。几种常见作物种子堆密度和孔隙度见表 1-6。

此外，种子堆密度和孔隙度还与种子水分、入仓条件及堆积厚度等有关。如种粒大而完整、表面有茸毛的种子，其孔隙度大，密度小；种粒细小而破碎粒多、表面光滑的种子，其孔隙度小，密度大。种子堆中混有较多大而轻的杂质时，孔隙度增大，密度减小；混有较多细而小的杂质时，孔隙度减小，密度增加。经常踩踏的种子堆表面和长年受挤压的种子堆底层，以及长期贮藏的高大种子堆，孔隙度都会明显地减小，密度增加。此外，种子吸湿膨胀、互相挤压，种子堆的孔隙度也会明显变小，如秋后仓库"结顶"的形成，就是种子吸湿膨胀、孔隙度变小的结果。

表 1-6　几种作物种子堆的密度和孔隙度

（颜启传，2001）

作物	密度（%）	孔隙度（%）	作物	密度（%）	孔隙度（%）
稻谷	35～50	50～65	玉米	45～65	35～55
小麦	55～65	35～45	黍稷	50～70	30～50
大麦	45～55	45～55	荞麦	40～50	50～60
燕麦	30～50	50～70	亚麻	55～65	35～45
黑麦	55～65	35～45	向日葵	20～40	60～80

三、种子堆密度和孔隙度在加工与贮藏中的应用

（一）种子堆密度和孔隙度的测定

测定种子堆的密度，首先要测定种子的绝对质量（即千粒重）、绝对体积（即千粒种子的实际体积）及容重，然后代入下式即得：

$$种子堆密度 = \frac{种子绝对体积 \times 容重}{种子绝对质量} \times 100\%$$

由前述已知种子相对密度为种子绝对质量与种子绝对体积的比值，因此上式亦可写成：

$$种子堆密度 = \frac{种子容重}{种子相对密度} \times 100\%$$

计算时须注意种子容重的单位，上式中容重应为每 100L 种子的质量（kg），如容重单位为克/升（g/L），则需将上式改为：

$$种子堆密度 = \frac{种子容重}{种子相对密度 \times 10} \times 100\%$$

在一个装满种子的容器中，除种子所占的实际体积外，其余均为孔隙，因此种子的孔隙度即为：

$$孔隙度 = 100\% - 密度$$

从上述计算种子堆密度的公式来看，种子堆密度与种子容重成正比，而与种子相对密度成反比，似乎种子相对密度越大，则种子堆密度越小，二者变化的趋势是相反的。事实上，它们之间的关系并非这样简单，因为种子相对密度可以影响种子容重。种子相对密度大，容重亦往往相应增大，种子堆密度也随之提高。例如玉米种子的相对密度一般比稻谷稍大，而其容重则远远地超过稻谷，因而玉米种子堆的密度一般也较稻谷为高。

（二）种子堆密度和孔隙度在加工和贮藏中的应用

种子堆的密度和孔隙度与种子加工、贮藏的关系主要表现在以下几个方面：

（1）种子堆的孔隙是保证种子堆内气体与外界气体交换的必要条件，是维持种子进行正常生命活动所必需的内在环境。孔隙度大则有利于种子堆内温度、湿度的散发，有利于种子安全贮藏；相反，种子堆密度大则不利于种子堆内温度、湿度的散发，容易发生种子"发热"现象，进而引起种子霉变，不利于安全贮藏。

（2）种子干燥时可根据种子堆内孔隙度的大小，计算机械干燥种子时的通风量和气体交换次数，以保证通风干燥效果。

（3）种子贮藏期间，可根据孔隙度大小和所含空气量，计算种子在孔隙中获取氧气的保证率。

例：某小麦种子的孔隙度为 48.2%，种子的呼吸强度（需氧量）为 0.67ml/（kg·24h），容重为 790g/L，问在密闭条件下，1 000L 小麦种子孔隙中的氧能够供种子呼吸用多少天？

根据已知条件，该批小麦种子的孔隙度为 48.2%，即 1 000L（1m³）小麦种子中有 482L 的孔隙。

已知空气中约含有 1/5 的氧气，则 1 000L 小麦种子中的氧气量为 482 × 1/5 = 96.4（L）。

小麦种子的容重为 790g/L，则 1 000L 容积内有小麦种子 790kg。

已知小麦的呼吸强度为 0.67ml/（kg·24h），则 1 000L 小麦一天所用的氧气量为：

$$790×0.67＝529.3（ml）$$

小麦孔隙中的氧能供种子呼吸的天数为：

$$\frac{96.4×1\,000}{529.3}＝182（d）$$

由此可知该种子堆中的氧气可供小麦种子呼吸使用 182d。但种子堆中的氧气消耗量还与种子水分和呼吸强度有关，一般种子水分越高，呼吸强度越大，氧气能使用的天数就越少（表 1-7）。

（4）孔隙度大的种子堆，气体容易进出种子堆，有利于药剂熏杀仓虫，杀虫效果好，毒气散发快。

表 1-7 小麦种子孔隙中获得氧的保证率

（孙庆泉，2002）

种子水分（%）	1kg 种子在一昼夜吸收的氧气量（ml）	氧可供给的天数（d）
14.40	0.67	179.00
16.00	2.84	42.30
17.60	52.81	2.30
19.20	74.66	1.60
21.20	142.33	0.80

第三节 种子堆的散落性和自动分级

一、种子堆的散落性

（一）种子堆散落性的概念

对于每一单粒作物种子而言，是一小团干缩的凝胶，其形状固定，非遇强大外力，不易发生变化。但作为一个群体的一大批种子，各籽粒相互间的排列位置，稍受外力就会发生变动，同时又存在一定的摩擦力。因此，就种子群体而言，它具有一定程度的流动性。当种子堆从高处落下或向低处移动时，会形成一股流水状，称为种子流，种子堆流散开来的这种特性就称为种子堆的散落性（flow movement）。

种子堆的散落性大小一般用种子的静止角和自流角来表示。

当种子从一定高度自然落在一个平面上，达到相当数量时，就会形成一个圆锥体。由于各种作物种子的散落性不一致，其形成的圆锥体亦因之而有差别。例如豌豆的散落性较好，而稻谷的散落性较差，前者所形成的圆锥体比较矮而其底部比较大，即圆锥体的斜面与底部直径所成的夹角比较小，后者形成的圆锥体比较高而底部比较小，即圆锥体的斜面与底面直径所成的夹角比较大。因此，圆锥体的斜面与底部直径所成的夹角可作为衡量种子散落性好与差的指标，这个角度即称为种子的静止角（angle of repose）或自然倾斜角（图 1-3），即种粒在不受任何限制和帮助下，由高处自然落到水平面上所形成的圆锥体的斜面与锥底平面构成的夹角。注意，特定条件下某种子静止角是一个具体数值。

种子停留在圆锥体的斜面上之所以不继续向下滚动而呈静止状态，是由于种子颗粒间存在着一定大小的摩擦力，摩擦力越大，则散落性越小，而静止角越大。种子在圆锥体的斜面上由于重力作用而产生一个与斜面平行的分力，其方向与摩擦力相反。一粒种子在圆锥体的斜面上是保持静止状态还是继续滚动，完全取决于这个分力与摩擦力的合力。如该分力等于或小于种子颗粒间的摩擦力，则种子停留在斜面上静止不动；如该分力大于摩擦力，则种子沿斜面继续向下滚动，直到两个力达到平衡为止。

表示种子堆散落性的另一指标是自流角（angle of auto-flowing）。将种子摊放在其他物体的平面上，然后将平面的一端向上慢慢抬起形成一斜面，斜面与水平面所成的角（即斜面的陡度）随之逐渐增大，达到一定程度时，种子在斜面上开始滚动时的角度和绝大多数种子滚落完时的角度，即为种子的自流角，记作∠1～∠2，见图1-4。注意，特定条件下某类种子的自流角是一个范围值。

散落性小　　　　散落性大

图1-3　种子静止角示意图

（颜启传，2001）

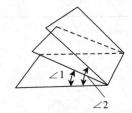

∠1

∠2

图1-4　种子自流角示意图

（董海洲，1997）

（二）影响种子散落性的因素

种子散落性的好与差，与种子的形态特征、夹杂物、水分、收获后的处理和贮藏条件等有密切关系。凡种子的颗粒比较大，形状近球形且表面光滑的，散落性较好，如豌豆种子、油菜种子等；凡因收获或清选方法不当而混有各种轻的夹杂物（如碎茎叶、秤壳或颖壳、断芒、虫尸等），或因种子收获、加工过程中用力过猛而致使种子损伤、脱皮、压扁、破裂等情况，则散落性大为降低。主要作物种子的静止角见表1-8。

表 1-8　主要作物种子的静止角及其变异幅度

（董海洲，1997）

作物	静止角（°）	变异幅度（°）	作物	静止角（°）	变异幅度（°）
稻谷	35.0～55.3	20.3	大豆	25.0～36.5	11.5
小麦	27.0～38.0	11.0	豌豆	21.5～30.5	9.0
大麦	31.0～44.5	13.5	蚕豆	35.5～42.7	7.2
玉米	28.5～34.5	6.0	油菜籽	20.5～27.6	7.1
小米	21.5～30.5	9.1	芝麻	24.7～30.5	5.8

种子的水分越高，则颗粒间的摩擦力越大，其散落性也相应减小。种子水分与静止角有呈正相关的趋势（表1-9）。由表1-9可知，测定种子静止角时，必须同时考虑种子的水分；而同品种的种子，则大致可从静止角的大小估计其水分。

表 1-9 种子水分与静止角、散落性的关系

(毕辛华，1993)

项目	稻谷	小麦	玉米	大豆	散落性
水分（％）	13.7	12.5	14.2	11.2	大
静止角（°）	36.4	31.0	32.0	23.3	
水分（％）	18.5	17.6	20.1	17.7	小
静止角（°）	44.3	37.1	35.7	25.4	

种子堆中夹杂物含量高，会增大种子的摩擦力，使静止角增大，散落性减小（表 1-10）。

表 1-10 不同含杂物种子的静止角

(孙庆泉，2002)

种子种类	含杂量（％）	静止角（°）
小麦	2.40	36.0
	0.00	32.0
玉米	0.42	33.0
	0.00	32.0
大豆	1.20	34.0
	0.00	31.0

种子自流角也在一定程度上受种子水分、净度及完整度等种子本身特性的影响。此外，还在很大程度上取决于测定平面的材料（表 1-11），材料不同，则种子与其摩擦系数不同。因此，在测定时应在有关因素比较一致的情况下进行。

表 1-11 几种作物种子的静止角和自流角

(颜启传，2001)

作物	静止角（°）	自流角（°）			
		薄铁皮	粗糙三合板	涂磁漆三合板	平板玻璃
籼谷	36～39	26～32	33～43	22～32	26～31
粳谷	40～41	26～31	35～47	20～27	27～31
玉米	31～32	24～36	27～36	18～24	22～31
小麦	34～35	22～29	26～35	17～23	24～30
大麦	36～40	21～27	29～37	18～24	25～31
裸大麦	38～40	21～26	30～41	19～23	26～30
大豆	31～32	14～22	16～23	11～17	13～17
豌豆	26～29	12～20	21～26	12～20	13～18

种子的散落性会因除芒机、碾种机或其他机械处理而发生变化。一般经过处理后，由于种子表面的附着物大部分脱除，比较光滑，因而散落性增大。

（三）静止角的测定

静止角的测定可采用多种简易方法。通常用一个长方形的玻璃器皿，内装种子样品约1/3，将玻璃器皿慢慢向一侧横倒（即转动 90°的角），使其中所装种子成一斜面，然后用半径较大的量角器测得该斜面与水平面所成的角度，即为静止角（图 1-5）。另一种方法是取漏斗一个，安装在一定高度，种子样品通过漏斗落于一个水平面上，形成一个圆锥体，再用特制的量角器测得圆锥体的斜度，即为静止角（图 1-6）。

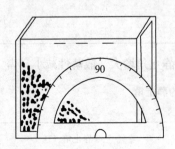

图 1-5　用长方形玻璃皿测定静止角
（颜启传，2001）

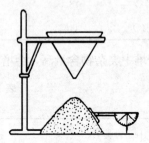

图 1-6　静止角的测定
（颜启传，2001）

测定静止角时，每个样品最好重复多次，记录其变异幅度，同时附带说明种子的净度和水分，以便与其他结果比较。有时由于取样方法、操作技术的微小差异，往往不易获得一致的结果。因此，必须注意在有关因素比较一致的情况下测定。

（四）种子堆散落性与种子加工贮藏的关系

虽然不能测得一个精确的种子静止角与自流角的数值，但在种子加工贮藏中其仍有一定的实践意义。

种子在贮藏过程中，散落性也会逐渐发生变化，种子散落性可作为贮藏稳定状态变化的一种反映，有良好散落性的种子一般贮藏比较安全。如果贮藏条件不适当，导致种子回潮、发热霉变或发生大量仓虫，散落性就会显著降低。尤其是经过发热霉变的种子，严重时成团结块，致种子完全失去散落性。因此定期检查种子散落性的变化情况，可大致预测种子贮藏的稳定性，以便及时采取有效措施，防止意外损失。在种子堆散落性变差时，必须采取倒仓、晾晒和通风等有效措施加以处理，以免造成严重损失。

种子散落性还与种子堆对仓壁的侧压力有关。散落性好的种子，对仓壁产生的侧压力也大。因此，在建造种子仓库时，就要根据种子散落性估计仓壁所承受的侧压力大小，作为选择建筑材料与构造类型的依据。侧压力的数值可用下式求得：

$$P = \frac{1}{2}m \cdot h^2 \cdot \tan^2\left(45° - \frac{\alpha}{2}\right)$$

式中：P——每米宽度仓壁上所承受的侧压力，N/m；

　　　m——种子容重，g/L 或 kg/m³；

　　　h——种子堆积高度，m；

　　　α——种子静止角，°。

假定建造一座贮藏小麦种子的仓库，已测得小麦的静止角为 30°～34°，容重为750kg/m³，在仓库中堆积高度以 2m 为最大限度，则可应用上式求出仓壁所承受的侧压力 $P = 500$N/m（因静止角小，侧压力大，所以 α 取 30°），表明该仓库的仓壁在每米宽度上将承受 500N 左右的侧压力。几种作物种子不同堆高的侧压力参考值见表1-12。

表1-12 几种主要作物种子不同堆高的侧压力

（孙庆泉，2002）

作物种类	静止角（°）		容重（kg/m³）		计算时所取数值		不同堆高的侧压力（N/m）					
	最小	最大	最小	最大	α	m	1.5m	2m	2.5m	3m	3.5m	4m
籼稻	34	45	550	588	34	590	188	334	521	751	1 022	1 334
小麦	23	38	687	781	23	780	377	671	1 048	1 509	2 054	2 638
玉米	30	40	675	807	30	810	301	535	835	1 203	1 637	2 138
大麦	28	45	503	610	28	610	247	439	686	988	1 345	1 757
大豆	24	32	658	762	24	760	359	638	998	1 436	1 955	2 554
豌豆	21.5	28	664	795	21	800	425	756	1 181	1 697	2 309	3 022
蚕豆	35.5	43	607	835	35	840	256	455	711	1 024	1 394	1 821
油菜籽	20.5	28	635	680	20	680	375	667	1 039	1 500	2 042	2 667
芝麻	24.7	31	575	601	24	600	285	502	791	1 139	1 550	2 024

散落性还是确定自流设备角度的依据，在种子清选、输送及保管过程中，常利用散落性以提高工作效率，保证安全，减少损耗。如自流淌筛的倾斜角应调节到稍大于种子的静止角，使种子能顺利地流过筛面，收到自动筛选除杂的效果；用输送机运送种子时，其坡度应调节到略小于种子的静止角，以免种子发生倒流。

此外，在种子保管过程中，特别是入库初期，应经常观察种子散落性有无变化，如有下降趋势，则可能是回潮、结露、出汗以至发热霉变的预兆，应该做进一步的检查，并及时采取措施，以防造成意外损失。

二、种子堆的自动分级

（一）种子堆自动分级的概念

种子堆的自动分级（auto-grading）是指种子堆在移动或散落的过程中，不同性质的组成部分（种粒、杂质等）发生重新分配而聚集在不同部位的现象。

自动分级是在散落性的基础上形成的。这是因为种子堆是一个复杂的群体，其中有许多不同性质的组成部分：有饱满的种子，有瘦秕的种子；有完整的种子，也有破碎粒及各种杂质。当种子堆移动时，其中各组成部分都受到外界环境条件和本身物理特性的综合作用而发生重新分配，即性质相近似的组成部分趋向聚集于相同部位，而失去它们在整个种子堆里原来的均匀性，在品质上和成分上增加了差异程度。

（二）种子堆自动分级的影响因素

种子堆移动时发生自动分级现象的原因，主要是由于种子堆的各个组成部分具有不同的散落性；而散落性的差异是由各个组成部分的摩擦力不等和所受外力不同的影响所致。种子堆的自动分级还受其他复杂因素的影响，如种子堆移动的方式、落点的高低、种子流动速度以及仓库的类型等。通常用人力搬运倒入仓库的种子，落点较低而随机分散，一般不发生自动分级现象。严重的自动分级现象往往发生在大型机械化仓库中，种子数量多、移动距离大、落点比较高、散落速度快，极易引起种子堆各组成部分强烈的重新分配。显而易见，种子的净度和整齐度越低，则发生自动分级的可能性越大。当种子流从高处向下散落形成一个圆锥形的种子堆时，充实饱满的籽粒和沉重的杂质大多数集中于圆锥形的顶端部分或滚到斜面中部，而瘦小皱瘪的籽粒和轻浮的杂质则多分散在圆锥体的四周而积集于基部。从种子堆圆锥体的顶端、斜面上及基部分别取样，并分析样品的成分，算出每种成分所占百分率，则可明显看出这种自动分级对种子堆所产生的高度异质性影响（表1-13）。

从表1-13可见，落在种子堆基部靠近仓壁的种子品质最差，其容重和绝对质量均显著降低。破碎种子和尘土则大多数聚集在种子堆的顶部和基部，斜面中部较少。而轻的杂质、不饱满种子与杂草种子则大部分散落在基部，即仓壁的四周边缘，因而使这部分种子容重大大降低。在小型仓库中，种子进仓时落点低，种子流动距离短，受空气的浮力作用小，轻杂质由于本身滑动的可能性小，就容易积聚在种子堆的顶端，而滑动性较大的大型杂质和大粒杂草种子，则随饱满种子一起冲到种子堆的基部，这种自动分级现象在散落性较大的小麦、玉米、大豆等种子中更为明显。

表1-13　种子装入圆筒仓内的自动分级
（颜启传，2001）

从种子堆上取样的部位	容重 (g/L)	绝对质量 (g)	破碎粒 (%)	不饱满粒 (%)	杂草种子 (%)	有机杂质 (%)	轻杂质 (%)	尘土 (%)
顶　　部	704.1	16.7	1.84	0.09	0.32	0.14	0.15	0.75
斜面中部	708.5	16.9	1.57	0.11	0.21	0.04	0.36	0.32
仓壁基部	667.5	15.2	2.20	0.47	1.01	0.65	2.14	0.69

当种子从仓库中流出时，同样会发生自动分级现象。种子堆中央部分比较饱满充实的种子首先出来，而靠近仓壁的瘦小种子和细轻杂质后出来，结果因出仓先后不同而致种子品质发生很大差异。

在运输过程中，用输送带搬运种子，或用汽车、火车长距离运输种子，由于不断振动的影响，就会按其组成部分的不同特性发生自动分级现象，结果使饱满度较差的种子、带稃壳的种子、经虫蚀而内部有孔洞的种子以及轻浮粗大的夹杂物都集拢到表面。

自动分级使种子堆各个组成部分的分布均匀性降低，某些部分积聚许多杂草种子、瘪粒、破碎粒和各种杂质，吸湿性增强，常引起回潮发热以及仓虫和微生物的活动，从而影响种子的安全贮藏。灰杂集中部位，孔隙度变小，熏蒸时药剂不易渗透，而且这些部位吸附性强，孔隙间的有效浓度较低，因此会降低熏蒸杀虫效果。

由于发生自动分级而使种子堆差异性增大，在很大程度上影响种子检验结果的正确性。因此必须改进取样技术，以免从中抽得完全缺乏代表性的样品。在操作时，应严格遵守技术规程，选择适宜的取样部位，增加点数，分层取样，使种子堆内各组成部分有同等被取样的机会，这样，检验的结果就能反映出种子品质的真实情况。

（三）种子堆自动分级与种子加工贮藏的关系

自动分级对种子加工贮藏的影响主要表现在：使种子堆内各组成部分的均匀性降低，某些部位聚积过多的杂草种子、瘪粒、破碎粒和各种杂质，吸湿性增强，引起回潮发热以及仓虫和微生物的活动，妨碍种子的安全贮藏；同时也在很大程度上影响种子取样的代表性和检验结果的正确性。另外，在自动分级严重的情况下，还会使种子堆的孔隙度大小不一，影响药剂熏蒸效果。

从生产的角度来看，自动分级也有其有利的一面，许多清选工具和方法就是利用种子自动分级特性而设计的。例如用簸箕或畚斗簸去除种子中所混杂的空瘪粒和轻质细小杂质，利用筛子的旋转运动或前后摇摆而将相对密度不同的种子和杂质分离，或利用垂直螺旋式清选机以及各种斜面清选机进行种子清选分级，都是根据种子自动分级的特性设计的。同时在种子清选分级工作中，还可利用种子自动分级特性来提高工作效率。

总之，在生产上要彻底防止由于种子自动分级所造成的各种不利因素，首先必须从提高进仓清选工作的技术水平、除尽杂质、淘汰不饱满或不完整的籽粒着手，使种子群体基本上达到纯净和整齐一致，以杜绝发生自动分级的可能性。其次在贮藏保管业务上，如遇大型仓库，可在仓顶安装一个金属锥形器，使种子流中比较大而重的组成部分落下时不致集中于一点而是分散到四周，轻而小的组成部分能靠近中心落下，以抵消由于自动分级所产生的不均匀性。另外，可在圆筒仓出口处的内部上方安装一个锥形罩，当仓内种子移动时，中心部分会带动周围部分同时流出，使各部分种子混合起来，不致因流出先后而导致种子品质差异悬殊。

第四节　种子堆的导热性和热容量

一、种子堆的导热性和热容量

（一）种子堆的导热性

1. 种子堆导热性的概念　种子堆的导热性（thermal conductivity）是指种子堆传递热量的性能。种子本身是浓缩的胶体，具有一定的导热性能，但种子堆却是热的不良导体。热量在种子堆内的传递方式主要有两种：一是靠籽粒间彼此直接接触的相互影响而使热量逐渐转移，其进行速度非常缓慢（传导传热）；二是靠籽粒间隙里气体的流动而使热量转移（对流传热）。一般情况下，由于种子堆内的阻力很大，气体流动不可能很快，因此热量的传导也受到很大限制。在某些情况下，种子颗粒本身在很快移动（如通过烘干机时），或空气在种子堆里以高速度连续对流（如进行强烈通风），则热量的传导过程就会发生剧烈变化，同时传导速度也大大加快。种子的导热性差，在生产上会带来两种相反的作用。在贮藏期间，如果种子本身温度比较低，由于导热不良，就不易受外界气温上升的影响，可保持比较长期的低温状态，对安全贮藏有利。但在外界气温较低而种子温度较高的情况下，由于导热很慢，种子不能迅速冷却，以致长期处在高温条件下，持续进行旺盛的生理代谢作用，促使生活力迅速减退和丧失，这就成为种子贮藏的不利因素。因此，农作物种子经干燥后，必须经过一个冷却过程，并使种子的残留水分进一步散发。

2. 种子堆导热性的影响因素　种子堆导热性的强弱通常用导热率来表示。种子堆导热率是指单位时间内通过单位面积静止种子堆的热量。它决定于种子的特性、水分的高低、堆装所受压力以及不同部位的温差等条件。在一定时间内，通过种子堆的热量随种子堆的表层与深层温差的不同而不同。各层之间温差越大，则通过种子堆的热量越多，导热率也越大。

导热率的大小还决定于种子的导热系数。种子的导热系数是指 1m 厚的种子堆，当表层和底层的温差相差 1℃ 时，在每小时内通过该种子堆每平方米表层面积的热量，其单位为

kJ/（m·h·℃）。作物种子的导热系数一般都比较小，大多数在0.42～0.92kJ/（m·h·℃）之间，并随种温和水分的增减而增减（表1-14）。

表1-14　几种作物种子的导热系数
（颜启传，2001）

作物种类	种温（℃）	水分（%）	导热系数［kJ/（m·h·℃）］
小麦	20.0	22.8	0.828
小麦	16.6	17.8	0.548
小麦	10.0	17.5	0.385
大麦	17.5	18.6	0.640
燕麦	18.0	17.7	0.498
黑麦	16.7	11.7	0.724
黍	18.0	11.9	0.602

一般作物种子的导热系数介于水与空气之间，在20℃时，空气的导热系数为0.088 kJ/（m·h·℃），而水的导热系数为2.134kJ/（m·h·℃）。可见在相同温度条件下，水的导热系数远远大于空气的导热系数。因此，当仓库的类型和结构相同，贮藏的种子数量相近时，在不通风的密闭条件下，种子水分越高，则热的传导越快。

种子堆的导热性还与种子堆的孔隙度有关，孔隙度大的，传热慢，即干燥而疏松的种子堆不易受外界高温的影响，种温比较稳定；反之，孔隙度小、紧密而潮湿的种子堆则容易受外界环境温度变化的影响，种温波动较大。这种现象在春、夏季种子贮藏中表现尤为明显。

3. 导热量的计算　在实际生产过程中，导热量的大小取决于多种因素，除前述的导热系数外，还有温差、传热面积、导热厚度和传热时间等。根据以上各种因素与导热量的关系，确定了导热量的基本方程式为：

$$Q = \lambda \cdot \frac{T_1 - T_2}{h} \cdot S \cdot t$$

式中：Q——导热量，kJ；

$\quad\quad T_1$——种子高温表面的温度，℃；

$\quad\quad T_2$——种子低温表面的温度，℃；

$\quad\quad h$——传热种子堆高度，m；

$\quad\quad S$——传热表面的面积，m^2；

$\quad\quad \lambda$——导热系数，kJ/（m·h·℃）；

$\quad\quad t$——传递热量的时间，h。

从导热量的公式可以看出，在一定时间内通过种子堆的热量与温差、传热时间和表面积成正比，与种子堆的高度成反比。因此，在种温低于周围环境温度时，缩小种子堆的表面积、增加种子堆高度，可使种子保持较长期的低温状态。相反，在种温高于周围环境温度时，扩大种子堆的表面积、降低种子堆高度，可促进种子堆的热量散失，降低种温。

（二）种子堆的热容量

1. 种子堆热容量的概念　种子堆的热容量（thermal capacity）是指1kg种子温度升高1℃时所需的热量，其单位为kJ/（kg·℃）。种子热容量的大小决定于种子的化学成分（包括水分）及各种成分的比率。种子中主要化学成分的热容量见表 1-15。绝对干燥的作物种子的热容量大多数在 1.67kJ/（kg·℃）左右，几种作物绝对干燥种子的热容量见表 1-16。

表 1-15 种子中主要化学成分的热容量 ［kJ/（kg·℃）］

（毕辛华，1993）

干淀粉	油脂	干纤维	水
1.548	2.050	1.340	4.184

表 1-16 几种作物绝对干燥种子的热容量 ［kJ/（kg·℃）］

（毕辛华，1993）

小麦和黑麦	向日葵	亚麻	大麻	蓖麻
1.548	1.640	1.660	1.550	1.840

从表 1-15 可知，水的热容量较一般种子的干物质热容量要高出 1 倍以上，因此水分越高的种子，其热容量亦越大。

2. 种子堆热容量的计算 种子堆的热容量是种子干物质热容量与水分热容量之和。如果已经测知种子干物质的热容量和所含的水分，则按下式可计算出它的热容量：

$$C = \frac{C_0(100 - V) + V}{100}$$

式中：C——含有一定水分的种子的热容量；

　　　C_0——种子绝对干燥时的热容量；

　　　V——种子水分，%。

例如已测得小麦种子的水分为 10%，则其热容量为：

$$C = \frac{1.548 \times (100 - 10) + 10}{100} = 1.493 \ [kJ/（kg·℃）]$$

从上式推算所得的热容量，只能表示大致情况，因各种作物种子的组成成分比较复杂，对热容量都有一定影响。根据实际测定，当种子水分为 14% 时，小麦的热容量为 1.673 6 kJ/(kg·℃)，燕麦为 2.133 84～2.384 88kJ/(kg·℃)，黑麦为 1.840 96～2.008 32 kJ/(kg·℃)。

当种子干物质的热容量和所含水分的数据缺乏时，可应用量热器直接测定种子的热容量，其步骤如下：在一定温度条件下，将一定量的水注入量热器，然后将一定量的种子样品加热到一定温度，亦投入量热器中，等种子在水中热量充分交换而达到平衡时，观察量热器中水的温度比原来升高几度，再将平衡前后的温差折算成单位质量的水与种子的温差比率，即为种子的热容量。其计算公式如下：

$$C = \frac{B(T_3 - T_2)}{S(T_1 - T_3)}$$

式中：C——种子的热容量；

　　　B——水的质量，g；

　　　S——种子的质量，g；

　　　T_1——加热后的种温，℃；

　　　T_2——原来的水温，℃；

T_3——种子放入后达到平衡时的水温，℃。

二、种子堆的导热性和热容量在加工与贮藏中的应用

（一）种子堆导热性与种子贮藏的关系

种子是热的不良导体，导热性差。生产上往往可以利用种子的导热性比较差这个特性，使它成为有利因素，如在高温潮湿的气候条件下所收获的种子，须加强通风，使种子温度和水分逐步下降，直到冬季可达到稳定状态。翌春气温上升，空气湿度增大，则将仓库保持密闭，直到炎夏，种子仍能保持接近冬季的低温，因而可以避免夏季高温影响而确保贮藏安全。

在大型仓库中，如进仓的种子温度高低相差悬殊，由于种子的导热性差，往往经过相当长的时间仍存在较大的温差，不能使各部分达到平衡，于是种子堆温度较高部分的水分将以水汽状态逐渐转移到温度较低的部分而吸附在种子表面，使种子回潮，引起强烈的呼吸以至发热霉变。因此，种子入库时，不但要考虑水分是否符合规定标准，同时还须注意种温是否基本一致，以防由于种子堆内温度不一致，产生局部高温而引起水分转移，使局部种子吸湿回潮，发热霉变，招致意外损失。

（二）种子堆热容量与种子贮藏的关系

了解种子的热容量，可推算一批种子在秋冬季节贮藏期间放出的热量，并可根据热容量、导热率和当地的月平均温度来预测种子冷却速度。通常一座能容 25 万 kg 种子的中型仓库，种温从进仓时的 20℃以上降到冬季的 10℃以下时，放出的总热量达数百万千焦。同样，在春夏季种温随气温上升，亦需吸收大量的热量。因此，在前一种情况下，须装通风设备以加速降温；在后一种情况下，须密闭仓库以减缓升温。这样可保持种子长期处在比较低的温度条件下，抑制其生理代谢作用而达到安全贮藏的目的。

刚收获的作物种子，水分较高，热容量亦较大，如直接进行烘干，则升高到一定温度时种子所需的热量亦大，即消耗燃料亦多，而且不可能一次完成烘干的操作过程；如加温太高，会导致种子死亡。因此，种子收获后，放在田间或晒场上进行预干，是最经济而稳妥的办法。

第五节 种子的吸附性、吸湿性及平衡水分

一、种子的吸附性

（一）种子吸附性的概念

种子的吸附性（absorbability）是指种子吸附各种气体、异味或水汽的性能。种子吸附这些气体、异味或水汽的过程统称为吸附作用。种子胶体具有多孔性的毛细管结构，在种子的表面和毛细管的内壁可以吸附其他物质的气体分子。当种子与挥发性的农药、化肥、汽油、煤油、樟脑等物质贮藏在一起时，种子的表面和内部会逐渐吸附此类物质的气体分子，分子的浓度越高和贮藏的时间越长，则吸附量越大。不同种子吸附性的差异主要决定于种子内部毛细管内壁的吸附能力，因为毛细管内壁的总有效表面积比种子本身外部的表面积超过20 倍左右。种子在一定条件下能吸附气体分子的能力称为吸附容量，而在单位时间内能被吸附的气体数量称为吸附速率。

吸附作用通常因吸附的深度不同分为三种形式,即吸附、吸收和毛细管凝结或化学吸附。当一种物质的气体分子凝集在种子胶体的表面,称为吸附;其后,气体分子进入毛细管内部而被吸着,称为吸收;再进一步,气体分子在毛细管内达到饱和状态开始凝结而被吸收,则称为毛细管凝结。但就种子来说,这三种形式都可能存在,而且很难严格地加以区分。

在一定条件下,被种子吸附的气体分子亦能从种子表面或毛细管内部释放出来而散发到周围空气中去,这一过程是吸附作用的逆转,称为解吸作用。一个种子堆在整个贮藏过程中,所有种子对周围环境中的各种气体都在不断地进行吸附作用和解吸作用。如果条件固定不变,这两个相反的作用可达到平衡状态,即在单位时间内吸附和解吸的气体数量相等。当种子移置于另一环境中,则种子内部的气体或液体分子就开始向外扩散,或者相反,由外部向种子内部扩散。如果种子贮藏在密闭条件下,经过一定时间就可达到新的平衡。

种子堆里的吸附与解吸过程主要是靠气体扩散作用来进行的。首先是种子堆周围的气体由外部扩散到种子堆的内部,充满在种子的间隙中,一部分气体分子就吸附在种子颗粒的表面,另有一部分气体分子扩散到毛细管内部而吸附在内壁上,达到一定限度时,气体开始凝结成为液态,转变为液态扩散;最后有一部分气体分子渗透到细胞内部而与胶体微粒密切结合在一起,甚至与种子内部的有机物质起化学反应,形成一种不可逆的状态,即所谓化学吸附。若被吸附的气体可以被可逆地完全解吸出来,则称为物理吸附。

(二)影响种子吸附性的因素

农作物种子吸附性的强弱取决于多种因素,主要包括以下几个方面:

1. 种子的形态结构 种子的形态结构包括种子表面粗糙、皱缩的程度和组织结构。凡组织结构疏松的,吸附力较强;表面光滑、坚实,或被有蜡质的,吸附力较弱。几种作物种子在20℃下对CO_2的吸附量见表1-17。

表 1-17 几种作物种子在 20℃ 下对 CO_2 的吸附量 $[ml/(kg \cdot h)]$

(孙庆泉,2002)

作物种类	稻谷	小麦	花生	玉米	大豆	赤豆
对CO_2的吸附量	86	75	550	170	440	64

2. 吸附面的大小 种子有效面积越大,吸附力越强。当其他条件相同时,籽粒越小,比表面积越大,其吸附性比大粒种子为强。此外,胚部较大的和表面露出较多的种子,其吸附性也较强。

3. 气体浓度 环境中气体的浓度越高,则种子内部与外部的气体压力相差也越大,因而加速其吸附。

4. 气体的化学性质 凡是容易凝结的气体,以及化学性质较为活泼的气体,一般都易被吸附。

5. 温度 吸附是放热过程,当气体被吸附于吸附剂(种子)表面的同时,伴随放出一定的热量,称为吸附热。解吸则是吸热过程,当气体从吸附剂表面脱离时,需吸收一定的热量。在气体浓度不变的条件下,温度下降,放热过程加强,有利于吸附的进行,促使吸附量增加;温度上升,吸热过程加强,有利于解吸的进行,吸附量减少。熏蒸后在低温下散发毒气较为困难，原因就在于此。

（三）种子吸附性与种子贮藏的关系

种子在贮藏过程中，不可避免地会与某些气体和异味物质接触，如二氧化碳、水蒸气和杀虫剂等。对这些气体的吸附，应通过贮藏技术加以控制和调节。对其他一些有毒的气体和物质，如汽油、煤油、毒物等，气体的吸附应绝对禁止，因为这些气体的吸附，轻则使种子发芽力下降，重则造成种子死亡。总之，种子仓库中要严禁存放易挥发的有毒物质。在种子贮运过程中，也要对贮藏环境和运输工具进行检查、清洗、隔离以及采取其他措施，避免种子污染。

二、种子的吸湿性

（一）种子吸湿性的概念

种子的吸湿性（hygroscopicity）是指种子对水汽吸附的性能。它是吸附性的一种特殊表现。种子吸湿性的强弱主要与种子的化学成分和细胞结构有关。种子含亲水胶体较多的，其吸湿性较强；含油脂较多的，其吸湿性较弱。此外，禾谷类作物种子的胚部因含有较多的亲水胶体物质，其吸湿性大于胚乳部分。

贮藏中的种子时刻都在进行着水汽的吸附和解吸作用，随时影响着种子水分的稳定性。因此了解种子的吸湿性对指导种子安全贮藏有着重要的意义。如在潮湿多雨的季节，种子吸湿强烈，体内自由水增多，细胞体积增大，籽粒内部生理生化过程趋向旺盛，往往会引起种子发热变质，特别是禾谷类作物种子的胚部，更易吸湿回潮产生霉变。所以此时应严格控制种子的吸湿，防止发热霉变。反之，在高温干燥的季节里，种子会失水干燥，此时对高水分的种子进行晾晒或通风，则能起到降水干燥的作用。

（二）种子中水分的存在状态

水分是种子生理代谢作用的介质。在种子发育、成熟、发芽以及收获后的不同时期，种子的物理特性和生化变化都与水分的状态及含量有着密切的关系。

种子中的水分有两种状态，即游离水（自由水）和结合水（束缚水）。游离水具有一般水的性质，可作为溶剂，0℃能结冰，容易从种子中蒸发出去；而结合水却牢固地与种子中的亲水胶体（主要是蛋白质、糖类及磷脂等）结合在一起，不容易蒸发，不具有溶剂的性能，低温下不会结冰，并具有另一种折光率。

种子对水汽的吸附和解吸过程都是通过水汽的扩散作用而不断地进行着。首先是水分子以水汽状态从种子外部经过毛细管扩散到内部去，其中一部分水分子被吸附在毛细管的有效表面，或进一步渗入组织细胞内部与胶体微粒密切结合，就是种子的结合水（束缚水）。当外部水汽继续向内扩散，使毛细管中的水汽压力逐渐加大，结果水汽凝结成水，称为液化过程。外部的汽态水分子继续扩散进去，直到毛细管内部充满游离状态的水分子，即为游离水。这些水分子在种子中可以自由移动，所以也称自由水。当种子含自由水较多时，细胞体积膨大，种子外形饱满，内部的生理过程趋于旺盛，往往引起种子的发热变质。种子收获后遇到潮湿多雨季节，空气中的湿度接近饱和状态，就容易发生这种情况。

种子的生命活动必须在游离水存在的状况下才能旺盛进行。当种子水分减少至不存在游离水时，种子中的酶（首先是水解酶）就呈钝化状态，种子的新陈代谢降至很微弱的程度。当游离水出现以后，酶就由钝化状态转变为活化状态，这个转折点的种子水分（即种子的结合水达到饱和程度并将出现游离水时的水分）称为临界水分。在一定温度条件下，种子中出现游离水以后，种子就不耐贮藏，种子的活力和生活力就会很快降低和丧失，而在临界水分以下，则一般认为可以安全贮藏，因此临界水分也称为安全贮藏水分，其因作物种类的不同而不同（表1-18）。禾谷类种子的安全贮藏水分一般在12%～14%，油料作物种子为8%～10%甚至更低，取决于其含油量。安全贮藏水分还因温度不同而异，各地区应规定不同标准。南方温度高，禾谷类种子的安全贮藏水分应在13%以下，北方的安全贮藏水分可略高于南方。

表 1-18 几种作物种子的安全贮藏水分

（孙庆泉，2002）

作物种子	安全贮藏水分（%）	作物种子	安全贮藏水分（%）
籼稻	13.5	花生	10.0
粳稻	14.5	向日葵	10.0
小麦	13.0	棉籽	9.5
大麦	13.0	菜籽	9.0
玉米	14.0	蓖麻	8.5
高粱、粟	13.5	芝麻	7.5
蚕豆	12.5	桐籽	9.0
大豆	12.0	柏籽	9.5

种子水分不同，其生命活动的强度和特点有明显差异，同时还通过对仓虫、微生物的作用影响到安全贮藏。当潮湿种子摊放在比较干燥的环境中，由于外界水汽压力比种子内部低，水分子就从种子内部向外扩散，直到自由水全部释放出去。有时遇到高温干燥的天气，即使是束缚水也会被释放一部分，结果种子水分可达到安全贮藏水分以下，这种情况在盛夏和早秋季节或干旱地区是经常发生的。当种子水分超过12%～14%时，使用熏蒸剂杀虫，会损害种子发芽力，且种子表面和内部的真菌开始生长；当种子水分超过18%～20%时，贮藏种子将会"发热"；而当种子水分超过40%～60%时（在贮藏过程中，常因漏雨、渗水或结露等原因引起局部水分增高），种子会发生发芽现象。

三、种子平衡水分规律

（一）种子的平衡水分及其影响因素

种子对水汽的吸附与解吸过程与对其他气体分子的吸附与解吸过程类似。当吸附过程占优势时，种子水分增高；当解吸过程占优势时，种子水分降低。如果将种子放在固定不变的温湿度条件下，经过相当时间后，种子水分就基本上稳定不变，亦即达到平衡状态，种子对水汽的吸附和解吸以同等的速率进行。种子平衡水分（balance water）就是指种子对水分的吸附和解吸达到动态平衡时的种子水分。种子的平衡水分是衡量种子吸湿性动态变化的主要指标之一。当种子水分随着吸湿和散湿过程的变化而发生变化时，种子平衡水分也随之作出相应的变化（升高或降低）。

据研究，在相同的温度和相对湿度条件下，同一种种子吸湿增加水分和解吸降低水分这两种情况下的平衡水分不同。种子吸湿达到平衡水分状态始终低于解吸达到平衡水分状态，这种现象称为吸附滞后效应。种子贮藏过程中，如干种子吸湿回潮，水分升高，以后即使大气湿度恢复到原来水平，种子解吸水汽，但最后种子水分也不能回复到原有水平。这一问题在生产上值得注意。

由于种子具有吸湿性，所以能将种子水分调节到与任一相对湿度达到平衡时的水分（表1-19、表1-20）。

表 1-19 不同空气相对湿度下大田作物种子的近似平衡水分（%，室温 25℃）

（毕辛华，1993）

作物	相对湿度						
	15	30	45	60	75	90	100
水稻	6.8	9.0	10.7	12.6	14.4	18.1	23.6
硬粒小麦	6.6	8.5	10.0	11.5	14.1	19.3	26.6
普通小麦	6.3	8.6	10.6	11.9	14.6	19.7	25.6
大麦	6.0	8.4	10.0	12.1	14.4	19.5	26.8
燕麦	5.7	8.0	9.6	11.8	13.8	18.5	24.1
黑麦	7.0	8.7	10.5	12.2	14.8	20.6	26.7
高粱	6.4	8.6	10.5	12.0	15.2	18.8	21.9
玉米	6.4	8.4	10.5	12.9	14.8	19.1	23.8
荞麦	6.7	9.1	10.8	12.7	15.0	19.1	24.5
大豆	4.3	6.5	7.4	9.3	13.1	18.8	—
亚麻	4.4	5.6	6.3	7.9	10.0	15.2	21.4

表 1-20 不同空气相对湿度下蔬菜作物种子的近似平衡水分（%，室温 25℃）

（毕辛华，1993）

作物	相对湿度					
	10	20	30	45	60	75
蚕豆	4.2	5.6	7.2	9.3	11.1	14.5
利马豆	4.6	6.6	7.7	9.2	11.0	13.8
食荚菜豆	3.0	4.8	6.8	9.4	12.0	15.0
甜菜	2.1	4.0	5.8	7.6	9.4	11.2
结球甘蓝	3.2	4.6	5.4	6.4	7.6	9.6
大白菜	2.4	3.4	4.6	6.3	7.8	9.4
胡萝卜	4.5	5.9	6.8	7.9	9.2	11.6
芹菜	5.8	7.0	7.8	9.0	10.4	12.4
甜玉米	3.8	5.8	7.0	9.0	10.6	12.8
黄瓜	2.6	4.3	5.6	7.1	8.4	10.1
茄子	3.1	4.9	6.3	8.0	9.8	11.9
莴苣	2.8	4.2	5.1	5.9	7.1	9.6
芥菜	1.8	3.2	4.6	6.3	7.8	9.4
洋葱	4.6	6.8	8.0	9.5	11.2	13.4

（续）

作物	相对湿度					
	10	20	30	45	60	75
大葱	3.4	5.1	6.9	9.4	11.8	14.0
豌豆	5.4	7.3	8.6	10.1	11.9	15.0
辣椒	2.8	4.5	6.0	7.8	9.2	11.0
萝卜	2.6	3.8	5.1	6.8	8.3	10.2
菠菜	4.6	6.5	7.8	9.5	11.1	13.2
南瓜	3.0	4.3	5.6	7.4	9.0	10.8
番茄	3.2	5.0	6.3	7.8	9.2	11.1
芜菁	2.6	4.0	5.1	6.3	7.4	9.0
西瓜	3.0	4.8	6.1	7.6	8.8	10.4

在一定的温度条件下，如果以空气相对湿度为横坐标，以种子平衡水分为纵坐标，将不同空气相对湿度下的种子平衡水分描绘在坐标图上，就会得到一条曲线，即为该温度条件下种子吸湿平衡曲线（图1-7），简称吸湿曲线，可用以表示在任一空气相对湿度条件下的种子水分。吸湿曲线是一条S形曲线，由三个明显的阶段组成，这三个阶段表明水分吸收和解吸的不同情况。阶段Ⅰ表明种子胶体与水分十分牢固地结合在一起，这种水分一般不能从种子中蒸发出去，即结合水。阶段Ⅱ的情况，对大多数种子来说，是直线，表明相对湿度与种子水分之间的平衡关系。阶段Ⅱ中靠上端的水分接近于游离水，与种子胶体结合得比较松散，通过干燥容易从种子中蒸发出去；而靠下端的水分则与种子胶体紧密结合，很难把它除去。阶段Ⅲ

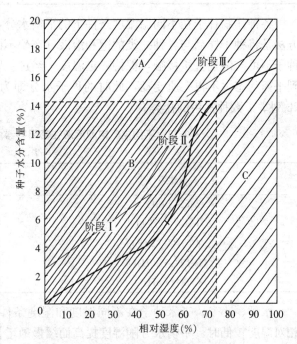

图1-7　种子吸湿平衡曲线
A. 种子贮藏不安全　B. 种子贮藏安全　C. 仅限于短期贮藏
（L. O. 考布莱德, 1987）

的水分与种子胶体之间几乎不存在结合力，可以说是呈游离态存在于细胞和组织的间隙中。阶段Ⅱ的上端和阶段Ⅲ的水分状况在种子贮藏期间能促进种子的劣变和生活力丧失，在后者的情况下尤为明显。

种子的平衡水分因作物、品种及环境条件不同而有显著差异，其影响因素包括空气湿度、温度以及种子的化学组成。

1. 湿度　种子水分随空气相对湿度改变而变化，在一定温度条件下，空气相对湿度越高，种子的平衡水分也越高。例如在25℃时，水稻种子在相对湿度60％、75％和90％时，平衡水分分别为12.6％、14.4％和18.1％（表1-19）。

2. 温度　温度对平衡水分有一定程度的影响，因此大多数吸湿平衡曲线在25℃条件下测定。在相同的相对湿度条件下，气温越低，种子的平衡水分越高，反之则越低。因为空气中水汽的绝对含量虽在低温条件下较少，但空气的保湿量在低温条件下明显较低，不利于种子中的水分子进入空气中。据研究，在一定范围内，温度每升高10℃，每千克空气中达到饱和的水汽量约增加1倍（表1-21）。但总的来说，温度对种子平衡水分的影响远较湿度为小。

表 1-21　温度与空气中饱和水汽含量的关系

（毕辛华，1993）

温度（℃）	每千克干空气中饱和状态时的水汽含量（g）
0	3.8
10	7.6
20	14.8
30	26.4

各种作物种子在不同温湿度条件下的平衡水分，可用各种盐类的饱和溶液来测定。测定方法是将种子样品与各种盐类的饱和溶液（产生不同的相对湿度）同置于密闭容器中，注意种子不可与溶剂直接接触，保持一定温度，经过一段时间，当种子水分与容器内的蒸气压达到平衡状态，不再有所变动，此时的种子水分即为该温度和湿度条件下的平衡水分。表1-22列举了数种常用的盐类。

表 1-22　不同盐类饱和溶液在密闭容器内产生的空气相对湿度（%）

（毕辛华，1993）

盐类	饱和溶液在20℃所产生的空气相对湿度（%）
$ZnCl_2 \cdot 15H_2O$	10
$CaCl_2 \cdot 6H_2O$	32
$Na_2Cr_2O_7 \cdot 2H_2O$	52
$Na_2CO_3 \cdot 10H_2O$	75
$CaSO_4 \cdot 5H_2O$	93

水稻、小麦、玉米种子在不同温度和湿度条件下的平衡水分见表1-23。总的来说，在相对湿度较低时，平衡水分随湿度提高而缓慢地增长，而在相对湿度较高时，平衡水分随湿度提高而急剧增长。因此在相对湿度较高的情况下，要特别注意种子的吸湿返潮问题。

表 1-23　不同温湿度条件下的种子平衡水分

（孙庆泉，2001）

种子种类	温度（℃）	相对湿度（%）							
		20	30	40	50	60	70	80	90
水稻	30	7.1	8.5	10.0	10.9	11.9	13.1	14.7	17.1
	25	7.4	8.8	10.2	11.2	12.2	13.4	14.9	17.3
	20	7.5	9.1	10.4	11.4	12.5	13.7	15.2	17.8
	15	7.8	9.3	10.5	11.6	12.7	13.9	15.6	18.0
	10	7.9	9.5	10.7	11.8	12.9	14.1	16.0	18.4
	5	8.0	9.7	10.9	12.1	13.1	14.3	16.3	18.8
	0	8.2	9.9	11.1	12.3	13.3	14.5	16.6	19.2

（续）

种子种类	温度（℃）	相对湿度（%）							
		20	30	40	50	60	70	80	90
小麦	30	7.4	8.9	10.2	11.4	12.5	14.1	15.7	19.3
	25	7.6	9.0	10.3	11.7	12.8	14.2	15.9	19.7
	20	7.8	9.2	10.7	11.8	13.1	14.3	16.0	20.0
	15	8.1	9.4	10.7	11.9	13.1	14.5	16.2	20.3
	10	8.3	9.7	10.9	12.0	13.2	14.6	16.4	20.5
	5	8.7	10.9	11.0	12.1	13.2	14.8	16.6	20.8
	0	8.9	10.3	11.3	12.5	13.9	15.3	17.8	21.3
玉米	30	7.9	9.0	11.1	11.2	12.4	13.9	15.9	18.3
	25	8.0	9.2	10.4	11.5	12.7	14.3	15.6	18.6
	20	8.2	9.4	10.7	11.9	13.2	14.9	16.9	19.2
	15	8.5	9.7	10.9	12.1	13.3	15.1	17.0	19.4
	10	8.8	10.0	11.1	12.3	13.5	15.4	17.2	19.6
	5	9.5	10.3	11.4	12.5	13.6	15.6	17.4	19.9
	0	9.4	10.5	11.6	12.7	13.8	15.6	17.6	20.1

3. 种子化学物质的亲水性　种子化学物质的分子组成中含有大量的亲水基，蛋白质、糖类等分子中均含有这类极性基，因此各种种子均具有亲水性。蛋白质分子中含有两种极性基，故亲水性最强；脂肪分子中不含极性基，所以表现疏水性。基于上述原因，蛋白质和淀粉含量高的种子比油分含量高的种子容易吸湿，在相同的温湿度条件下具有较高的平衡水分，如禾谷类种子和蚕豆种子比大豆、向日葵等种子具有较高的平衡水分。

种子的部位不同，其亲水基的含量有明显差异，因而不同部位的水分显然有别。胚部含有较多的亲水基而更易吸收和保持水分，因此，胚部的水分远远超过其他部位的水分。如玉米种子水分为 24.2% 时，胚部水分为 27.8%；而当种子水分达 29.5% 时，胚部水分高达39.4%。这是胚部较其他部位容易变质的一个重要原因。

（二）种子平衡水分规律

平衡水分是衡量种子吸湿性动态变化的主要指标。一般的变化规律是温度不变时，平衡水分与外界相对湿度呈正比；相对湿度不变，平衡水分与温度呈反比；温湿度均不变，平衡水分因作物种类而异，油分含量高的种子平衡水分低。

自然条件下，种子实际水分与当时条件下的平衡水分常有一定差距，可依此进行仓储管理。如种子水分高于平衡水分时，就需要及时采取通风、晾晒等措施。

思　考　题

1. 种子的常见物理特性有哪些？

2. 试述种子容重、相对密度和千粒重的测定方法。

3. 种子堆的密度和孔隙度与种子加工和贮藏的关系如何？

4. 种子散落性和自动分级在种子加工和贮藏过程中如何应用？

5. 根据种子堆的导热性，在种子贮藏中应注意哪些问题？

6. 什么是种子平衡水分？其影响因素有哪些？平衡水分有何规律？

>>> 第二章 种子清选精选的原理和技术

种子清选（cleaning）和精选（choice）是种子从收获至包衣、包装前所采取的必要的加工环节。种子清选和精选，主要是根据各类种子的物理特性，将种子物料中的植物碎片、异作物种子、杂草种子、泥石等非目的物剔除出去，得到外形尺寸基本均匀一致，饱满健壮的种子籽粒。本章主要介绍种子清选与精选的基本原理和技术方法。

第一节 种子清选精选的作用
一、种子清选精选的目的和意义

（一）种子清选精选的目的

种子成熟后，只是具备了成为种子的基本条件，还要进行必要的加工处理，如针对不同作物种子采取的脱粒、脱壳、刷种、除芒等预处理工序，才能使其为后续的清选和精选创造条件。一般来说，脱粒是使聚集的籽粒得到有效的分离，如玉米果穗脱粒，小麦、水稻脱粒等；脱壳是使籽粒从豆荚中剥离出来，如豆类、油菜等；刷种是除去种子表面的毛刺或绒毛，以提高种子的流动性；除芒是将带芒的水稻或大麦种子顶尖上的芒去掉，以防止种子结团、种子与杂质交织在一起，影响种子物料的正常清选。

种子清选就是对预处理后的种子原料进行清理，清除混入种子原料中的秆茎、颖叶、碎芯和损伤种子的碎片、异作物种子、杂草种子、泥沙、石块、空瘪粒等掺杂物，以提高种子的纯度与净度，并为种子精选和贮藏做好准备。

种子精选是对种子籽粒进行全方位分选，涉及籽粒长度和密度分选，剔除混入种子中的异作物或异品种种子以及不饱满的、虫蛀或劣变的种子，使种子外形尺寸基本均匀一致，饱满健壮，种子净度、发芽率等综合指标得到明显提高，满足种子商品化要求。

种子分级是对精选后的籽粒根据其主要用途所采取的处理过程。种子分级主要涉及按籽粒宽度、厚度和长度三个尺寸分级。种子分级的目的是满足该种作物精量播种或单粒播种的要求，便于对作物进行苗期管理，确保作物增产。

（二）种子清选精选的意义

种子从收获至干燥、包装和贮藏前，必须进行有效的预处理、清选和精选。有的种子，如有附属物的种子，在清选前还需进行附属物的清除，以利于后续的清选与精选，这种程序通常称为种子调剂（seed conditioning）。从田间收获的种子，往往含有各种废料、干叶、杂草种子、异作物种子和害虫等杂质，如果种子中含有绿叶、断茎、杂草和其他高水分含量物质，就会影响有效干燥、包装和安全贮藏。因此，对收获后的种子原料进行清选和精选是十分必要的。

二、种子清选精选工作的原则、程序和人员素质要求

（一）种子清选精选工作的原则
种子清选精选工作应当遵循下列原则：
（1）依据不同种子特性，选用合适的种子预处理、清选与精选技术。
（2）控制种子损失到最低限度，提高加工效率。
（3）清除霉烂、破裂、破碎、虫蛀或其他损伤及低质量的种子，提高种子质量。
（4）降低种子加工成本，节约种子加工费用。

（二）种子清选精选的程序和素质要求
种子清选精选分级工作需通过多个分离工序才能完成，每个工序应针对不同的种子种类、杂质种类及其特性，选用适宜的机械设备，将机器技术参数调整至最佳状态，才能实现种子与杂质的有效分离，获得理想的种子质量，以达到国家种子质量标准和满足市场的要求。

同时，有效的种子清选精选还需要熟练掌握种子加工设备操作的技术人员。他们不仅要掌握种子科学和种子加工基础知识，而且还要具备解决种子加工过程中各种问题的能力。

第二节　种子尺寸特性分选
一、种子的尺寸特性及其分离原理和技术

（一）种子的形状和大小
种子的尺寸特性通常以长度（l）、宽度（b）和厚度（a）三个尺寸来表示（图 2-1）。各种种子的长、宽、厚之间的关系主要有如下四种情况：

$l>b>a$，为扁长形种子。如水稻、小麦、大麦等种子。
$l>b=a$，为圆柱形种子。如大豆、赤豆等种子。
$l=b>a$，为扁圆形种子。如菜豆、野豌豆等种子。
$l=b=a$，为球形种子。如豌豆、白菜、油菜等种子。

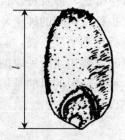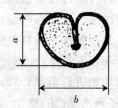

图 2-1　小麦种子的形状
（颜启传等，2001）

对于长度、宽度、厚度这三个尺寸，种子与杂质之间会有一定的差异，不同品种的种子也会存在差异。当其中一个差异较为明显时，便可按照这个尺寸进行分选。如果三个尺寸差

异均较大，可以按三个外形尺寸中的任何一种尺寸进行分选，也可以按两个或三个尺寸组合进行分选，以达到比较理想的分选效果。

对于同一个品种来说，其种子的长度、宽度和厚度也是存在差异的，在一定的尺寸范围内呈正态分布。而其中的混杂物（如杂草种子）也有其相应的尺寸及变化范围。因此，在选用筛子及确定筛孔规格前，必须要了解种子与混杂物的尺寸分布曲线。在制作分布曲线时，先数出一定数量的种子样品，测量不同长度（或宽度，或厚度）的种子数占种子总数的百分比，以此百分比为纵坐标，以长度（或宽度，或厚度）为横坐标绘制曲线，即可以绘制成种子某一指定尺寸变化曲线。图 2-2 为大麦种子的长度变化曲线。

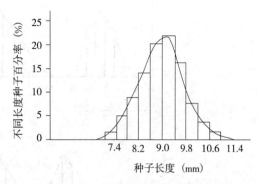

图 2-2　大麦种子的长度变化曲线
(谷铁城等，2001)

对于任何一批需要清选的种子，其中会含有混杂物、好种子以及杂草种子。根据种子与杂质的尺寸差异，可分为五种类型（图 2-3）：

Ⅰ. 混杂物的尺寸小于种子的最小尺寸 l_{min}。

Ⅱ. 混杂物的尺寸大于种子的最大尺寸 l_{max}。

Ⅲ. 混杂物的最大尺寸 l'_{max} 大于种子的最小尺寸 l_{min}。

Ⅳ. 混杂物的最小尺寸 l''_{min} 小于种子的最大尺寸 l_{max}。

Ⅴ. 混杂物和种子的尺寸分布全部重叠。

由图 2-3 可以看出，在Ⅰ、Ⅱ两种情况下，可以很容易地将种子与混杂物分离开；在Ⅲ、Ⅳ两种情况下，也可以将种子与混杂物分离，但是效果不如前两种情况，需要根据分选后种子质量的要求来选择筛孔规格；在Ⅴ情况下，种子与混杂物的尺寸相似，如果按种子外形尺寸分选则无法清除杂质。也就是说，用筛分的方法对种子外形尺寸进行分选时，只能除去与种子外形尺寸差异较大的大杂和小杂，而与种子尺寸相近的杂质则无法清除，必须采用其他方式进行清除。

（二）种子筛的种类和筛孔形状

1. 筛子的种类　目前常用的种子清选用筛，按其制造方法不同，可分为冲孔筛、编织筛和鱼鳞筛等几类（图 2-4）。

（1）冲孔筛。冲孔筛（stamped sieve）是在镀锌板上冲出排列有规律的、有一定形状与大小的筛孔；筛板的厚度一般决定于筛孔的大小，筛孔尺寸小的筛板薄一些，筛孔尺寸大的筛板厚一些，目的是保持筛面的刚性与强度。如冲制筛板的镀锌板过厚，筛选时筛孔易堵塞，一般使用的筛板材料厚度为 0.3～2.0mm。冲孔筛面具有坚固、耐磨、不易变形的特点，适用于清理大型杂质及种粒分级，但筛面的有效筛理面积较小。

（2）编织筛。编织筛（wire gauze sieve）是由坚实的钢丝编织而成，其筛孔的形状有方形、长方形、菱形三种（图 2-4）。编织筛钢丝的粗细根据筛孔大小而定，一般直径为 0.3～0.7mm。编织筛因钢丝易于移动，筛孔容易变形；与冲孔筛相比，筛面坚固性较差，但有效筛理面积大，籽粒容易穿过，适于清理细小杂质。菱形孔的编织筛主要用于进料斗上作过

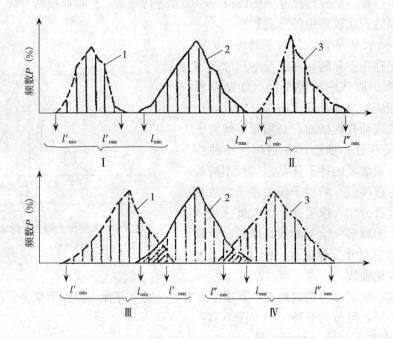

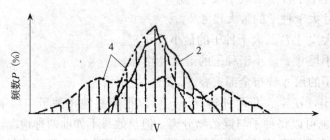

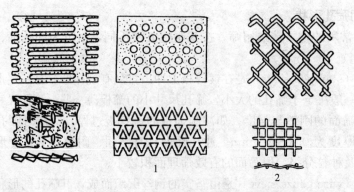

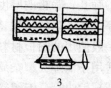

图 2-3　种子和混杂物尺寸的分布

1. 小夹杂物　2. 谷物　3. 大夹杂物　4. 草籽

（谷铁城等，2001）

图 2-4　筛子的种类

1. 冲孔筛　2. 编织筛　3. 可调鱼鳞筛

（颜启传，2001）

滤防护网使用。编织筛也可用于圆筛和溜筛。

（3）可调鱼鳞筛。可调鱼鳞筛（adjustable sieve）是用薄镀锌板制成。这种筛子在清选机上使用较少，多用于联合收割机的清种室上筛。鱼鳞筛孔可调，使用方便，但精度不高。

2. 筛孔的形状 一般常用冲孔筛面的筛孔有圆孔、长孔和三角形孔等（图 2-5）。

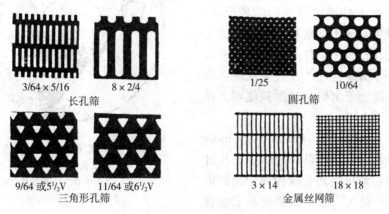

3/64×5/16　　8×2/4　　　　　1/25　　　　10/64
长孔筛　　　　　　　　　　　圆孔筛

9/64 或5$\frac{1}{2}$V　　11/64 或6$\frac{1}{2}$V　　3×14　　　18×18
三角形孔筛　　　　　　　　金属丝网筛

图 2-5　种子清选筛孔类型
（颜启传，2001）

（三）种子分选原理

根据种子的尺寸特性，可选用不同类型和规格的筛孔，实现种子与夹杂物的分离，也可以把不同宽度和厚度的种子进行分级。

1. 圆孔筛 按种子宽度分离需要选择圆孔筛。圆孔筛的筛孔只有一个量度，就是筛孔直径。筛面上的种子层有一定的厚度，当筛子运动时有垂直方向的分向量，种子可以竖起来通过筛孔，这说明筛孔对种子的长度不起限制作用。对于麦类作物种子，它的厚度小于宽度，筛孔对种子厚度也不起作用。所以对于圆孔筛来说，它只能限制种子的宽度。种子宽度大于筛孔直径的，留在筛面上；种子宽度小于筛孔直径的，则通过筛孔落下（图 2-6）。

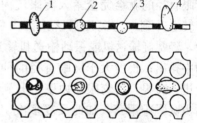

图 2-6　圆孔筛清选种子的原理
1～3. 种子宽度小于筛孔直径（能通过筛孔）
4. 种子宽度大于筛孔直径（不能通过筛孔）
（颜启传，2001）

2. 长孔筛 按种子厚度分离需要选用长孔筛。长孔筛的筛孔有长和宽两个量度，由于筛孔的长度大于种子长度（一般为种子长度的 2 倍左右），所以筛孔对种子的宽度和厚度起限制作用。对于麦类作物种子来说，其宽度大于厚度，种子可以侧立起来以厚度方向通过筛孔落下，因此种子的长度和宽度不起作用，只按种子厚度分离。种子厚度大于筛孔宽度的留在筛面上，种子厚度小于筛孔宽度的则通过筛孔落下（图 2-7）。这种筛子工作时，只需使种子侧立，不需竖起，种子作平移运动即可。因此，这种筛子可用于不同饱满度种子的分离。

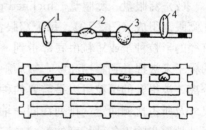

图 2-7　长孔筛清选种子的原理
1～3. 种子厚度小于筛孔宽度（能通过筛孔）
4. 种子厚度大于筛孔宽度（不能通过筛孔）
（颜启传，2001）

3. 窝眼筒和窝眼盘　按种子长度分离需要选用窝眼筒或窝眼盘。窝眼制作方法有两种，一种是在较厚的金属板表面钻出窝眼坑，另一种是在较薄的金属板上冲压窝眼。钻成的窝眼坑有圆柱形和圆锥形两种形状，而冲压的窝眼可制成不同规格的形状。窝眼筒或窝眼盘工作过程中，种子与窝眼充分接触，其长度小于窝眼直径的就会完全落入窝眼坑内，而长度大于窝眼直径的只能部分落入窝眼坑中（图2-8）。

（1）窝眼筒。窝眼筒（inclined cylinder separator）是利用专用机具对较薄金属板冲压窝眼后，由卷圆机将其卷成内侧为窝眼的圆筒形状。窝眼筒可以水平或稍倾斜安装在机架上，筒内安装有金属板制成的U形槽，槽内一般安装有螺旋输送机或振动输送机（图2-9）。机器工作时，窝眼筒本身做旋转运动，圆筒内种子与窝眼充分接触，长度小于窝眼直径的就会完全落入窝眼坑内，随窝眼旋转上升到一定高度后落入筒内的U形槽中，经螺旋输送机或振动输送机输送从U形槽中排出；长度大于窝眼直径的种子不能完全进入窝眼，沿窝眼筒内壁上升到一定高度后由窝眼中滑落，如此反复多次，最终沿窝眼筒内侧轴向排出。实际应用中，利用窝眼筒可以将长度小于种子长度的夹杂物（如草籽等）分离出去，也可以将长度大于种子长度的夹杂物（如大麦等）分离出去。

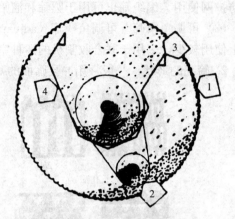

图2-8　窝眼筒的构造及分选作用
1. 种子落入窝眼筒壁　2. 收集调节
3. 分选调节　4. 螺旋输送机
（颜启传，2001）

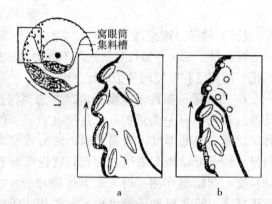

图2-9　窝眼筒的分离示意图
a. 清除长粒　b. 清除短粒
（颜启传，2001）

（2）窝眼盘。窝眼盘（inclined plate separator）是由一系列装在同一根水平转轴上的冲孔窝眼盘组成（图2-10）。每个窝眼盘的两面都有许多窝眼，回转的窝眼盘把长度小于窝眼直径的半粒种子或短粒由底部带到一定高度后，抛入出口处的斜槽中，而长度大于窝眼直径的种子未被提升到斜槽高度，被倾斜叶片沿轴向推向出口一侧排出，从而实现种子与短杂的分离。被提升的短粒可以是需要的种子，也可以是短混杂物，这要根据种子与混合物的长度尺寸及所占比例而定。排列在同一轴上的窝眼盘，其窝眼尺寸可以是渐次增加的，以便有选择性地逐步除去各种长度的籽粒或按长度尺寸进行分级。如果所有窝眼盘的窝眼直径都采用同一窝眼尺寸，则主要用于增大长粒与短粒的分离能力。

窝眼盘的窝眼形状有三种，每种有几种不同尺寸。R形窝眼有一个水平提升面，对于提升纵向断裂的种子及细长的种子时效果较好。U形窝眼的提升面呈圆形，对于提升圆形种子时可以取得令人满意的效果。这两种窝眼主要适用于宽度为2.5～6mm的较小颗粒。方

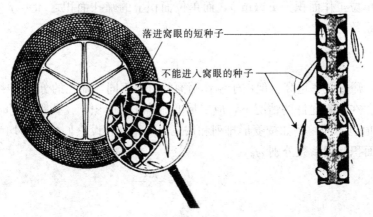

落进窝眼的短种子

不能进入窝眼的种子

图 2-10　窝眼盘的构造及分选作用

（颜启传，2001）

形窝眼的尺寸较大，主要适用于宽度为 6～13mm 的籽粒。

4. 筛孔尺寸的选择　筛孔尺寸选择的正确与否，对大杂、小杂的除净率和种子的获选率有较大的影响，应根据种子和杂质的尺寸分布、成品净度要求及获选率要求进行综合选择。通常下筛只允许小杂质通过，用于除去物料中的小杂，而让好种子留在筛面上。当下筛的筛孔尺寸偏大时，小杂除去量多，有利于种子质量的提高，但小颗粒种子淘汰量也会相应增加。中筛主要用于除去大颗粒杂质，让好种子通过筛孔，而大颗粒杂质留在筛面上，直至筛片尾部排出。中筛筛孔越小，大颗粒杂质除净率越高，有利于成品种子质量的提高，但较大颗粒种子会留在筛面上，导致获选率下降。上筛主要用于除去特大杂质，便于种子物料在筛面上分布均匀与流动。

根据杂质的特性，同一层筛可采用一种孔形或几种孔形，如加工大豆用的下筛，若以半粒豆杂质为主，可以改用长孔筛或长孔与圆孔筛组合使用，分选效果更为理想。

值得提出的是，种子尺寸越接近筛孔尺寸，其通过筛孔的机会越少，二者尺寸相等时，种子无法通过筛孔。因此，选择筛孔尺寸时，应比被筛物分界尺寸稍大些为宜。几种常用种子的筛孔选取范围参见表 2-1。

表 2-1　几种作物种子筛孔尺寸的选取范围（mm）

（谷铁城等，2001）

作物	上筛	中筛	下筛
玉米	$\Phi13～13.5$	$\Phi11～12$	$\Phi5.5～6.0$
水稻	$L4.0～4.5$	$L3.2～3.8$	$L1.7～2.0$
小麦	$L5.0～5.5$	$L3.6～4.0$	$L1.9～2.2$
大豆	$\Phi9.0～9.5$	$\Phi8.0～8.5$	$\Phi4.5～5.0$
油菜	$\Phi4.0～4.5$	$\Phi2.8～3.0$	$\Phi1.2～1.5$

注：表中 Φ 表示圆孔筛，L 表示长孔筛。

5. 筛孔的布置　筛孔的布置对种子通过性有很大影响。种子通过筛孔的可能性是随着筛面上筛孔面积之和的增加而增加的。

设筛子的单位工作面积为 F（m^2），而单位面积上的筛孔面积之和为 f（m^2），则相对有效面积利用系数为：

$$\mu = \frac{f}{F}$$

μ 值越大，筛分效率越高。但由于制作筛面的材料不同，筛孔的分布和密度会受到一定的限制，因此，在材料允许的情况下，应尽量增加筛孔的面积。在孔距相同时，孔的排列形式不同，其 μ 值也不同。例如按菱形排列和按正方形排列，设它们的孔距均为 t，筛孔直径为 d，则有效面积利用系数分别为：

$$\mu(菱) = \frac{f}{F} = \frac{\pi d^2}{2\sqrt{3}\,t^2}$$

$$\mu(方) = \frac{f}{F} = \frac{\pi d^2}{4t^2}$$

$$\frac{\mu(菱)}{\mu(方)} = \frac{\pi d^2/(2\sqrt{3}\,t^2)}{\pi d^2/(4t^2)} = 1.155$$

即菱形排列的圆孔筛比正方形排列的圆孔筛有效面积利用系数提高 15% 以上。按菱形排列，通常 $\mu=0.4\sim0.5$。

生产实践证明，菱形排列的圆孔筛用长轴作为种子流动方向，比用短轴作为种子流动方向能提高筛分效率和筛选质量。

（四）平面筛

1. 平面筛的工作原理　筛子的任务主要是使种子物料在筛面上均匀地移动，其中小于筛孔的部分通过筛孔，而大于筛孔的部分则阻留在筛面上，使其沿筛面倾斜方向移动直至从排料口流出，以完成大小物料的分离。分离的方式可以使所要保留的种子由筛孔漏下，而将较大夹杂物留在筛面上；也可以使小于种子的细小夹杂物，如草籽、泥沙等由筛孔漏下，而将所要保留的种子留在筛面上。这两种分离方式的选择依工作要求而定。

不论采用何种方式筛选，必须保证被筛物料在筛面上移动，使物料有更多的机会从筛孔通过，被阻留在筛面上的夹杂物（或种子）沿筛面流出。

平面筛的筛体一般用吊杆悬起或支起，借助曲柄连杆机构使筛体实现往复摆动。

筛体的摆动形式分为纵向和横向两种。纵向摆动，被筛物料沿筛面由纵向上下移动，下移较上移的距离大，最终使筛面上的物料逐渐移出筛外。这种形式被筛物料在筛面上的停留时间相对较短，所以筛分效率较高，但分离效果较差。横向摆动，被筛物料在筛面上作之字形移动，与纵向摆动相比，分离效果较好，但筛分效率较低。目前平面筛的筛体多采用纵向摆动。

在筛体做往复摆动中，如不考虑空气的阻力，筛面上的被筛物料将受到被筛物本身重力、由筛体加速度所产生的惯性力、筛面对被筛物的反作用力和被筛物料与筛面之间的摩擦力四个力的作用。通过调节曲柄转速改变筛体振动频率，可以改变这四个作用力的大小，从而改变被筛物在筛面上运动的方向和方式。

（1）被筛物沿筛面向上移动。当被筛物惯性力和重力向上分量之和大于筛面对被筛物的摩擦力时，被筛物就相对于筛面而向上移动。

（2）被筛物沿筛面向下移动。当被筛物惯性力和重力向下分量之和小于筛面对被筛物的摩擦力时，被筛物就相对于筛面而向下移动。

（3）被筛物抛离筛面。当曲柄转速过大，作用于被筛物的惯性力沿垂直于筛面方向的向上分力大于被筛物的重力沿垂直于筛面方向的分力时（此时反力为0），则被筛物被抛离筛面。

为使被筛物在筛面上得到充分的清选，应使被筛物在筛面上作上下交替的移动，这样可以提高筛子的分离效果，也可以缩短筛理时间。

2. 平面筛的清选质量和生产率　平面筛的清选质量一般用分离完全度表示：

$$\varepsilon = \frac{G_1}{G_2}$$

式中：ε——筛子的分离完全度；

G_1——清选机上过筛的种子及夹杂物的质量；

G_2——实验室中过筛（同一尺寸的筛孔）的种子及夹杂物的质量。

筛子的分离完全度ε随种子及夹杂物的物理机械性质、筛子尺寸、筛孔形状和分布、筛体的运动性质（振动频率、倾斜角度）等的变化而变化。

筛子的分离完全度与被筛物流过筛面的振动频率有关。如筛面的振动频率过高，则被筛物跃过筛孔，使部分筛孔失去分离作用，同时被筛物在筛面上停留的时间缩短，因此，会减少物料通过筛孔的机会。如果筛面的振动频率偏低，虽然物料在筛面上停留的时间延长，但筛体筛分效率降低。所以筛体振动频率受到预定的清选效率限制。被筛物在筛面上移动速度的快慢，与曲柄的转速、筛体的倾斜角度以及被筛物与筛面间的摩擦力有关。

（五）圆筒筛

圆筒筛是将冲制的平面筛卷制成一个封闭的圆筒形。圆筒壁上有圆孔或长方形孔（图2-11）。圆筒筛工作时，需要清选的种子物料从进口端喂入，随着圆筒的转动，一方面物料在圆筒筛面上滑动，另一方面沿圆筒轴向缓慢地向出口端移动，进行筛选。其中大于筛孔尺寸的种子留在圆筒筛内，沿轴向逐渐从出口端排出，而小于筛孔尺寸的种子由筛孔漏出，实现籽粒大小分离。

圆筒筛可以根据种子分级要求，沿轴向做成两段或三段，自进料端至

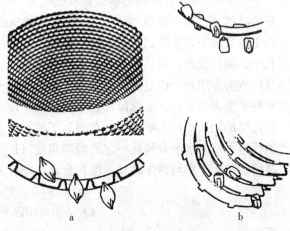

图2-11　圆筒筛的基本结构
a. 圆孔圆筒筛　b. 长孔圆筒筛
（颜启传等，2001）

出料端，各段筛孔尺寸逐步增大。这样当种子通过圆筒筛时，即可将种子分成二级或三级。

圆筒筛分为长孔、圆孔两种。其中圆孔筛进行长粒种子筛选时，种子需直立，或者有60°以上的倾角才能使其漏出，而且圆孔筛不宜筛选圆粒种子，因为半粒大豆很难用圆孔筛分离出去。为了克服上述缺点，目前采用如图2-11所示的结构形式，它能使种子很快地直立起来，较顺利地通过圆孔。

圆筒筛工作过程中，种子物料与筛孔接触的机会越多，分离效果越好。

种子物料在圆筒筛内的每个运动周期中，可能发生四种情况。一是相对静止，这时种子靠摩擦力随筛面上升；二是相对滑动，种子靠自重克服摩擦力的作用沿筛面向下滑动；三是自由运动，种子离开筛面自由下落；四是分离，小于筛孔的种子通过筛孔落下。

圆筒筛筛体转速过高，种子在离心力的作用下，将紧紧地贴在圆筒筛的内壁上，形成长久的相对静止，这就失去了圆筒筛的分离作用。因此，当种子随圆筒筛转到极限位置时，其重力必须要大于它的离心力，即：

$$mr\omega^2 < mg$$

式中：r——圆筒筛的半径，m；

    ω——圆筒筛的角速度，rad/s；

    m——种子的质量，kg；

    g——种子的重力系数。

将上式化简后得：

$$r\omega^2 < g$$

由上式可推导出圆筒筛的临界转速：

$$r\left(\frac{\pi n}{30}\right)^2 < g$$

$$n < \frac{30}{\pi}\sqrt{g/r} \approx n_k$$

式中：n——圆筒筛的转速，r/min；

    n_k——圆筒筛的临界转速，r/min。

圆筒筛的半径 r 一般为 200～1 000mm，转速在 30～50r/min。

由于圆筒筛的转速受到限制，生产率不高，在使用中受到影响。但它与平面筛相比，有以下几个方面的优点：一是种子一次通过圆筒筛可以分成多级；二是圆筒筛旋转，种子除受到本身的重力作用外，还受到离心力的作用，有利于种子通过筛孔，分离效果较好，尤其是对小粒种子更为显著；三是圆筒筛做旋转运动，传动简单，易于平衡，便于清理筛子。

圆筒筛的轴线可以水平安装，有时为了增加种子沿轴向的运动速度，提高生产率，圆筒筛的轴线也可以与水平安装成一定的倾斜角度（1°～5°）。

圆筒筛的生产率与筛体旋转速度和分离面积有关，即：

$$Q_1 = 3\ 600FV_{\text{末}}\gamma_1$$

$$Q_2 = 3\ 600KLV_{\text{末}}\gamma_2$$

所以：

$$Q = Q_1 + Q_2$$

式中：Q——圆筒筛生产率，kg/h；

    Q_1——单位时间内由圆筒筛末端流出的种子质量，kg/h；

    Q_2——单位时间内通过筛孔的种子质量，kg/h；

    F——圆筒筛末端种子层断面积（垂直于圆筒筛轴线），m²；

    $V_{\text{末}}$——圆筒筛末端种子沿轴线的运动速度，m/s；

    L——圆筒筛的长度，m；

    K——系数；

    γ_1、γ_2——由圆筒筛末端流出的和通过筛孔的种子容重，kg/m³。

（六）影响平面筛筛选质量的主要因素

1. 孔形及尺寸的正确选取 因种子的形状、尺寸，混杂物的形状、尺寸及清选要求不同，即使同一品种的种子，也可能因产地或生产年份的不同而使所需要的筛孔尺寸要求不同。

2. 筛子的制造质量 筛孔的排列与种子相对的运动方向、筛子的平面度和光滑程度及尺寸公差都会影响筛选质量。

3. 喂料的均匀性 喂入筛面的种子是否连续、均匀以及种子在筛面宽度方向上分布的均匀性都会影响筛选质量。

4. 料层的厚度 通常筛面上料层厚度控制在 $5\sim10\text{mm}$（种子厚度的 2 倍左右）。料层太厚筛选不彻底，料层太薄发挥不出应有的筛选潜能。

5. 筛子的尺寸与负荷 筛子的宽度、长度和生产能力与清选质量直接相关，通常单位筛宽负荷能力 Q_b 为 $10\sim40\text{kg}/（\text{cm}\cdot\text{h}）$ 或筛面负荷能力 Q_s 为 $1\,000\sim2\,500\text{kg}/（\text{m}^2\cdot\text{h}）$；一般小型机具取小值，大型机器取大值；用于种子预清时，生产能力可以增加 $100\%\sim300\%$。筛面的长宽比（L/B）为 $1:2$。用于清选不同作物种子时，筛面负荷能力可按折算系数计算。折算系数，小麦为 1，常规水稻为 0.7，玉米为 0.8，油菜为 0.5，胡萝卜为 0.1。筛宽负荷能力或筛面负荷能力主要作为利用筛理的清选和精选机械工作时负荷参考。

不同作物的单位负荷能力＝通常单位筛宽或筛面负荷能力×折算系数

筛子长度合理时，既能满足种子清选加工要求，又能节省机器制造成本，减轻机器质量。

6. 筛面倾角 通常上筛取 $2°\sim7°$，下筛取 $7°\sim12°$。流动性好的种子取小值，流动性差的种子取大值。预清时，上筛取 $5°\sim10°$，下筛取 $10°\sim15°$。

7. 振动方向角 筛面振动方向角 β 的大小，直接影响到种子在筛面上受到的作用力。β 增加则对种子的上滑或下滑都不利；β 过大则种子跳起，不利于筛选。通常 β 取 $3°\sim20°$。

8. 摩擦系数 种子与筛面之间的摩擦系数 ϕ 增加，不利于种子在筛面上的运动；但是，当筛子材料与被筛选种子品种确定后，相对摩擦系数为定值。不同种子对金属筛面的摩擦系数，小麦为 0.36，豌豆为 0.14，水稻为 0.4。筛面的平整度、筛孔毛刺等对摩擦系数的影响也很大，在筛体中安装筛片时要求光面向上，使用一段时间的旧筛片在产量和质量上都要高于新筛片 $10\%\sim20\%$。

9. 振幅与频率 通常筛子的振幅 $\gamma\omega^2$ 为 $10\sim20\text{m}^2/\text{s}$。振动频率 N（单位为次/min）可通过下式计算：

$$N=(40\sim50/\pi)\times\left[g/\gamma\omega^2\times\text{tg}(\varphi+\alpha)\right]^{-1/2}$$

式中：g——种子重力系数；

$\quad\gamma\omega^2$——振幅；

$\quad\varphi$——摩擦角；

$\quad\alpha$——筛面倾角。

从受力分析可知，振幅增加时有利于种子在筛面的上下滑移。当振幅 $\gamma\omega^2$ 增加到一定数值时，种子跳起，离开筛面，减少种子穿过筛孔的机会，同时振动增大，又会影响机器的寿命。

种子在筛面上的平均运动速度通常为 $0.25\sim0.35\text{m/s}$，速度过低会影响筛子的生产率，速度过高会影响筛选质量。种子在筛面上运动速度的高低与筛面倾角、摩擦系数、振幅及振动频率等有关。

（七）正确选用筛孔的技术

由于清选的种子种类和品种不同，种子外形尺寸也有差异。为了对清选种子实现有效的分离，清选前必须对欲清选种子样品的最大、最小尺寸，夹杂物的种类和大小尺寸有较清楚的了解，这就需要预先根据种子尺寸的分布曲线和复合图来选择筛子的种类和筛孔规格大小。

1. 分布曲线的制作 先取一定数量的种子样品，测量每粒种子的大小尺寸。然后以种子的尺寸为横坐标，每种尺寸的粒数或百分数为纵坐标绘制成曲线，即为种子某尺寸分布曲线图（图 2-12）。如试验结果表明，小麦种子厚度大于 2.3mm 时种子活力强，出苗整齐，那么就需要选用宽度大于 2.3mm 的长孔筛。

2. 复合图的制作 首先测出种子样品两种尺寸（宽度和长度），然后按图 2-13 绘制成两种尺寸的复合图。从复合图中就可以确定获选百分率、筛孔类型和规格大小。

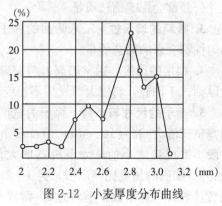

图 2-12　小麦厚度分布曲线
（颜启传，2001）

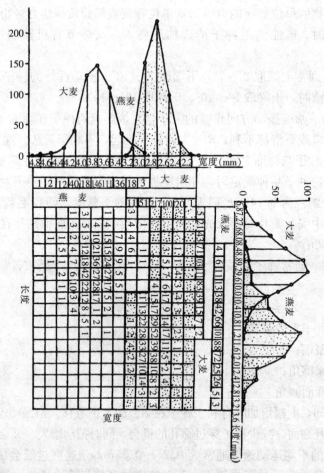

图 2-13　大麦及燕麦长度和宽度复合图

（颜启传，2001）

筛选清杂效率用 Y 表示：

$$Y = \frac{a-b}{a} \times 100\%$$

式中：a、b——入机前、清选后种子中的含杂量。

二、利用种子的形状和孔洞的分离方法

（一）利用种子特殊形状的分离方法

在农业种子和杂草种子中存在一些特殊形状的种子，可以根据种子的形状和尺寸的大小来选用不同形状和规格的筛孔进行分离，如荞麦、蓼属和小酸模等种子的形状为三角形，可以选用三角形筛孔从小麦中分离蓼属杂草种子，从牧草种子中分离小酸模种子，从而达到提高种子净度的目的。

（二）利用种子孔洞的分离方法

有些作物种子，如绿豆、豌豆和蚕豆等种子，容易遭受豆象蛀食，导致种子表面出现孔洞。这些带有孔洞的种子，一般种胚受到严重损伤，以致不能长成正常幼苗，失去种用价值，有必要将这些带孔洞的种子除去。可以采用针式滚筒进行分离。针式滚筒内壁满布一定间隔的尖针，当无蛀孔和有蛀孔的种子喂入滚筒进入底部，在滚筒转动时，有蛀孔种子的蛀孔套入针尖，随滚筒转动带上升，当升到一定高度时，因种子的自重和金属丝刷的刷下而落入集料槽内，并被槽内螺旋输送机排出；而无蛀孔种子则沿滚筒内移向排料端流出，以达到有孔洞和无孔洞籽粒的分离。

第三节 种子空气动力学分选

一、种子的空气动力学特性和分离方法

（一）种子的空气动力学特性

在自然界中，任何一个物体都受到重力的作用；任何一个处在气流中的种子或杂物，除受本身的重力外，还承受气流的作用力，重力大而迎风面小的，对气流产生的阻力就小，反之则大（表2-2）。而气流对种子和杂物压力的大小，又取决于种子和杂物与气流方向成垂直平面上的投影面积、气流速度、空气密度以及它们的大小、形状和表面状况。种子空气动力学特性分选是根据种子和杂物对气流产生的阻力大小进行分离。

这种分选方法是按照种子和混杂物与气流相对运动时受到的作用力进行分离的。种子与气流相对运动时受到的作用力 P 可用下列公式表示：

$$P = k\rho F v^2$$

式中：k——阻力系数（表2-2）；

ρ——空气的密度，kg/m^3；

F——种子在垂直于相对速度方向上的最大截面积（迎风面积），m^2；

v——种子对气流的相对运动速度，m/s。

如果种子处在上升的气流中，当 $P > G$（种子的重力）时，种子向上运动；当 $P < G$ 时，种子落下；当 $P = G$ 时，种子即飘浮在气流中，达到平衡状态，此时的气流速度等于飘浮速度（v_p）。飘浮速度是指种子在垂直气流的作用下，当气流对种子的作用力等于种子

本身的重力而使种子保持飘浮状态时气流所具有的速度（也称临界速度），可用来表示种子的空气动力学特性。

表 2-2　作物种子的阻力系数及飘浮速度
（颜启传，2001）

作物名称	阻力系数 k	飘浮速度（m/s）
小麦	0.184～0.265	8.9～11.5
大麦	0.191～0.272	8.4～10.8
玉米	0.162～0.236	12.5～14.0
黍	0.045～0.078	9.8～11.8
豌豆	0.190～0.229	15.5～17.5

在气流清选过程中，飘浮速度是一个重要因素，它与种子的质量、形状、位置和表面特性有关。当种子的飘浮速度低于气流速度时，种子跟随气流方向运动；当种子的飘浮速度高于气流速度时，种子靠自重落下；当飘浮速度等于气流速度时，物料呈现悬浮状态。不同作物的种子之间、种子与杂质之间其飘浮速度是不相同的（表 2-3），种子气流清选就是采用低于种子的飘浮速度而高于种子中轻杂的飘浮速度的气流速度，使轻杂沿着气流方向运动，而种子则靠重力落下，从而实现将种子与轻杂分离的目的。

表 2-3　不同物料的漂浮速度
（谷铁城等，2001）

物料	漂浮速度（m/s）	物料	漂浮速度（m/s）
籼稻	7.8～9.0	小麦	8.4～10.3
粳稻	7.7～9.5	麦壳	1.0～1.5
籼米	8.1～9.6	麦穗	5.0～7.0
粳米	11.3～12.6	小麦瘦秕粒	5.5～7.6
谷壳	2.8～3.5	麦颖壳及碎茎秆	0.67～3.10
颖壳	0.6～5.0	玉米	11～12.2
稗子（有芒）	3.0～4.5	绿豆	11～12.2
稗子（无芒）	5.0～6.0	赤豆	11.8～12.5
并肩石	10～15	豌豆	12.5～13.8
轻质杂草	4.5～5.6	燕麦颖壳及碎茎秆	0.7～3.9
燕麦种子	8.4		

在轻杂、种子和重杂三者之间，若飘浮速度的分布无重叠或有少量的部分重叠，则利用风选就能达到比较理想的分选效果；若重叠量大，则风选效果差或无法分选。

（二）分离方法

在现实生活中，人们借助风力进行清选的例子很多，如用翘板将谷物沿顺风方向抛向空中，谷物经过上升与下落的过程，借助风力的作用，轻杂质落在较远处，而饱满的种子则落在较近处。自然风力较大时，直接用手扬谷，也是这个道理。目前利用空气动力分离种子的方式有如下几种：

1. 垂直气流　垂直气流分离，一般配合筛子进行，其工作原理如图 2-14 所示。当种子沿筛面下滑时，受到向上气流的作用，由于轻种子和轻杂物的临界速度小于气流速度，便随气流一起上升运动，到气道上端，断面扩大，气流速度降低，轻种子和轻杂物落入沉积室中，而质量较大的种子则沿筛面 2 下滑，从而起到种子与轻杂质分离的目的。

2. 倾斜气流　根据种子本身的重力和所受气流压力的大小而将种子分离（图 2-15）。在同一气流压力作用下，轻种子和轻杂物被吹得远些，重的种子就近落下。

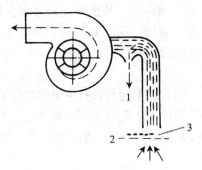

图 2-14　垂直气流清选
1. 轻杂质　2. 筛网　3. 谷粒
（颜启传，2001）

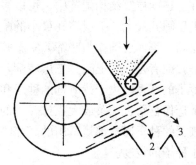

图 2-15　倾斜气流清选
1. 喂料斗　2. 谷粒　3. 轻杂质
（颜启传，2001）

3. 平行气流　目前农村使用的木风车就属此类。它一般只能用作清理轻杂物和瘪谷，不能起到种子分级的作用。

4. 将种子抛扔进行分离　目前使用的带式扬场机属于这类分离机械（图 2-16）。当种子从喂料斗中下落到传动带上，种子借助惯性向前抛出，轻质种子或迎风面大的杂物所受气流阻力较大，落在近处；重质和迎风面小的，则受气流阻力较小，落在远处。这种分离也只能作初步分级，不能达到精选的目的。

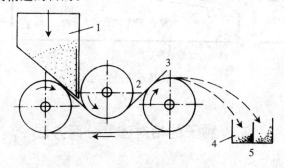

图 2-16　带式扬场机工作示意图
1. 喂料斗　2. 滚筒　3. 皮带　4. 轻的种子　5. 重的种子
（颜启传，2001）

（三）空气筛选机

空气筛选机是利用种子的空气动力学特性和种子尺寸特性，将空气流和筛子组合在一起的种子清选装置。这是目前使用最广泛的清选机。

空气筛选机有多种构造、尺寸和式样，如从小型的、一个风扇、单筛的机子，到大型的、多个风扇、6 个或 8 个筛子并有几个气室的机子。图 2-17 所示为一种典型的空气筛选机。这种机器有 4 个筛子，种子从料斗中喂入，这在许多种子清选厂中都可见到。种子靠重力从喂料斗自行流入喂送器，喂送器定时地把（喂入的）混合物送入空气流中，气流先去除掉轻的颖糠类物质，剩下的较重籽粒散布在最上面的第一层筛面上，通过此筛将外形尺寸较大的物质去除。穿过第一层筛面筛孔落下的籽粒在第二层筛面上流动，在此筛上种子将按大小进行粗分级，较大籽粒留在筛面上，较小籽粒穿过筛孔落到第三层筛面上，第三层筛又一次对籽粒进行精筛选，并使好种子落到第四层筛面上，进行最后一次筛选，好种子流出第四层筛后，便通过一股气流，使较重的、好的种子掉落下来，而轻的种子及颖糠被升举而除去。

在上述四层筛结构配置中，可以采取三种配置方式；第一种，按照筛孔尺寸依次排布，采取上层筛孔最大，下层筛孔最小的配置方式；第二种，将第一层筛和第三层筛作为上筛，第二层筛、第四层筛作为底筛，实施筛片串联，用于提高筛选质量；第三种，三层上筛、一层底筛，或者是一层上筛、三层底筛，满足筛选需要。

筛子的选择取决于待清选的种子和待消除的杂质。圆孔形上筛与长孔形下筛组合通常适用于清选像苜蓿、油菜或大豆这一类的圆粒种子。长孔筛用作上筛和下筛，对燕麦、黑麦这一类细长的种子通常都是适用的。当筛孔的形状与需要清选的籽粒选定后，实际发生的分离取决于种子的粒度。

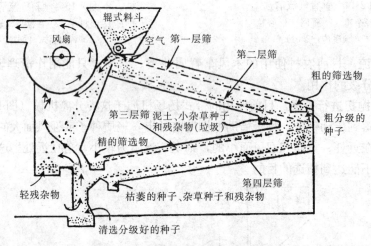

图 2-17　空气筛种子清选机示意图

（颜启传，2001）

二、种子的相对密度分离方法

（一）相对密度分离

种子的相对密度因作物种类、饱满度、水分以及病虫害程度的不同而有差异；种子与杂质之间的相对密度差异越大，分离效果越明显。试验证明，在机械振动或气流的作用下，种子颗粒会按物理特性（密度、粒径）的差异，在垂直方向自动调整位置，形成有序排列。当粒径相似而密度不同时，振动和气流作用会使密度较大的种子颗粒沉于底层，密度较小的处于上层；当密度相同而粒径不同时，气流作用使粒径大的颗粒分布于底层，粒径小的颗粒分布于上层。如图 2-18，主要是根据种子密度或相对密度的差异进行分离的。其分离过程一般通过两个步骤来实现。首先，使种子混合物形成若干层密度不同的水平层；然后使这些层彼此滑移，互相分离（图 2-18a）。

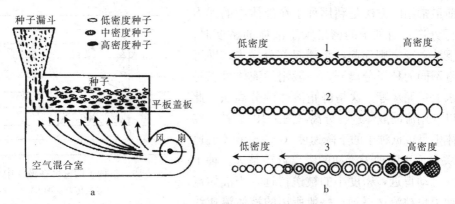

图 2-18　种子相对密度分离原理示意图
a. 相对密度分离器的剖面图　b. 种子的相对密度分选
1. 大小相同，密度不同　2. 密度相同，大小不同　3. 密度、大小均不同
（颜启传等，2001）

　　这种分离的关键部分是一块多气孔的平板（盖板）、一台使空气通过平板的风扇以及能使平板振动或倾斜的装置。当分离器运转时，种子混合物从漏斗中均匀地引到平板的后部，平板既可从后向前下倾，又可从左向右上倾，低压空气通过平板后，吹入到种子堆中去，使种子堆形成浅薄的流动层。密度较低的颗粒浮起来形成顶层，而密度较高的颗粒沉入与平板相接触的底层，中等密度的颗粒就处于中间层的位置。

　　平板的振动使密度较高的颗粒顺着斜面向上作侧向移动，同时悬浮着的低密度的颗粒在自身重力的影响下向下作侧向移动。当种子混合物由平板的喂入处传送到卸种处时，连续不断的分级便发生了。密度较低的颗粒在平板的较低一侧分离，密度较高的颗粒在平板的较高一侧分离。这种振动分级器就可以根据要求分选出许多种级别密度不同的种子。

　　尽管种子的密度是影响分离的主要因素，然而种子籽粒的大小也是一个重要的因素。为了使密度不同的籽粒能恰当地分层，对种子混合物必须预先进行筛选，使所有的籽粒能达到大小一致，考虑到大小、密度因素，便可以得出应用在相对密度分离器上的三条一般规则（图 2-18b）：①籽粒大小相同、密度不同的种子可以按密度分离。②密度相同、籽粒大小不同的种子可以按大小分离。③密度、大小均不相同的种子，很难实现分离。

　　平板覆盖物选用何种材料，视待清选种子的大小而定。密集编织物对小粒种子最适用，而大粒种子应该用粗糙的编织物。几种常用的平板覆盖材料有亚麻布、各种编织物、塑料、冲有小孔的金属板、金属丝网编织筛等。覆盖物承托在平板框架上，起空气室室顶的作用，帮助升起的气流均衡地通过种子堆。

　　操作调整包括喂料速度、气流速度、平板倾斜角、平板振动时的振动频率等几个方面。喂料速度应尽可能保持恒定，因为即使微小的速度变化也会影响分离效果。气流速度的增加会使种子向平板低侧移动。平板卸料端倾斜角的增加也会使种子堆向低侧转移。增加平板由前向后的倾斜角度，会相应增加种子堆离开平台的速度，因此会减少种子层的厚度。平板振动频率的增加将导致种子向平板高侧移动。所有这些调整是紧密联系的，必须恰当地配合。

（二）根据种子的密度差异进行液体分离

种子的密度因作物种类、饱满度、水分以及受病虫害危害程度的不同而有差异；种子与杂质之间的密度差异越大，其分离效果越显著。

目前最常用的方法是利用种子在液体中的浮力不同进行分离，当种子的密度大于液体的密度时，种子就下沉；反之则浮起，将浮起部分捞去，即可将轻、重不同的种子分离开。一般用的液体可以是水、盐水、黄泥水等。这是静止液体的分离法。此外还可以利用流动液体进行分离（图 2-19）。种子在流动液体中是根据种子的下降速度（c）与液体流速（C）的关系而决定种子流动的距离近还是远。种子密度大的流动得近，密度小的被送得远，当液体流速快时种子也被流送得远。一般所用的液体流速约

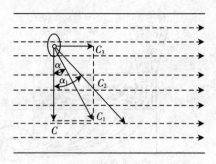

图 2-19 按种子的密度在液体中分离
（颜启传，2001）

为 50cm/s。采用液体相对密度法分离后的种子，如果生产上不是立即用来播种，应及时洗净并将表面水分去除。

第四节 种子表面特性分离方法

一、种子的表面特性分离方法

（一）种子的表面特性

种子的表面特性分离方法是根据种子表面形状、表面粗糙程度等不同以及与其接触表面摩擦系数的差异进行分离的。一粒质量为 G 的种子，放置在倾角为 α 的斜面上，它与斜面的摩擦角为 φ（图 2-20），则摩擦力 F 为：

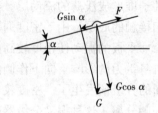

图 2-20 种子下滑条件
（颜启传，2001）

$$F = G \times \cos\alpha \times \tan\varphi$$

当种子重力在斜面方向上的分力大于种子与斜面间的摩擦力时，种子下滑：

$$G \times \sin\alpha > G \times \cos\alpha \times \tan\varphi$$

即：

$$\tan\alpha > \tan\varphi$$

反之，则种子向上移动，这样就可以将表面粗糙与光滑的种子分离开。

种子表面的粗糙程度不一样，摩擦角也不同。表面粗糙的种子摩擦角大，表面光滑的种子摩擦角小。种子分离主要是根据种子表面特性的不同来进行的。表 2-4 列出了几种作物种子在光滑的铁皮表面移动时的摩擦角。

表 2-4 种子与光滑铁皮间的摩擦角

（颜启传等，2001）

种子种类	摩擦角	种子种类	摩擦角
大　麦	17°	水　稻	17°40′
黑　麦	17°30′	棉　花	22°50′
小　麦	16°30′	亚　麻	17°30′
燕　麦	17°30′		

（二）常用分离机具和方法

目前按种子表面特性分离最常用的分离机具是皮带分选机（图 2-21）。采用这种方法，一般可以剔除圆粒种子中的半粒、石块和泥块等，也能分离未成熟和破损的种子。例如清除豆类种子中的菟丝子和老鹳草种子，可以把种子倾倒在一张向上移动的帆布上，随着帆布向上转动，半粒、石块和泥块等被带向上，而光滑的豆类种子则向倾斜方向滚落到底部。另外，应根据分离的要求和被分离物料状况采用不同性质的斜面。对形状不同的种子，可以选择光滑的斜面；对表面状况不同的种子，可以采用粗糙不同的斜面。斜面的倾斜角度与分离效果密切相关，若需要分离物料的自流角与种子的自流角有显著差异，则分离效果明显。

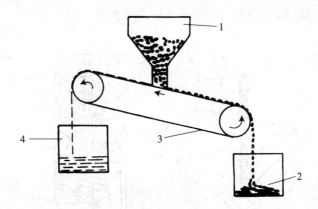

图 2-21　按种子表面光滑程度分离器
1. 种子漏斗　2. 圆的或光滑的种子　3. 粗帆布皮带　4. 表面扁平或粗糙的种子
（颜启传，2001）

此外，也可以利用磁力分离机对表面粗糙程度不同的种子进行分离。一般表面粗糙的种子可黏附磁粉，当采用磁力分离机进行分选时，首先将种子混合物与磁粉一起在磁性滚筒中搅拌，光滑的种子不粘或粘有少量磁粉，当混合料由搅拌输送器出口排到磁性滚筒表面时，不粘或粘有少量磁粉的种子沿滚筒表面可以自由地落下，而杂质或表面粗糙并粘有磁粉的种子则被吸收在滚筒表面，随滚筒转到下方时被刷子刷落（图 2-22）。这种分离机一般都装有2～3 个滚筒，以提高分选效果。

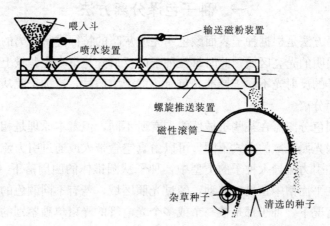

图 2-22　磁性分离机
（颜启传，2001）

二、种子的弹性特性分离方法

利用种子弹性特性的分离方法，是根据不同种子的弹力和表面形状的差异进行分离的。螺旋分离机（图 2-23）就是利用种子的表面弹力特性分离大豆种子中混入的水稻和麦类种子以及压伤压扁的大豆籽粒。由于大豆种子籽粒饱满、弹力大，相应跳跃能力较大，弹跳得较远；而混入的水稻、麦类和压扁种粒弹力较小，跳跃距离也小；将大豆种子与混入的水稻、麦类或压扁的大豆种子混合物沿着钢板制成的螺旋分离器滑道下流动时，籽粒饱满的大豆种子跳跃到外面滑道，进入弹力大的种子盛接盘，而水稻、麦类或压扁种粒跳跃入内滑道，滑入弹力较小的盛接盘，这样使混合种子得以分离。

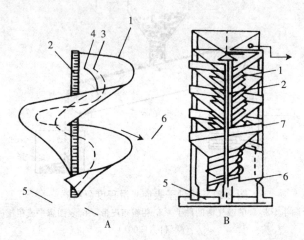

图 2-23　螺旋分离机
A. 摩擦作用原理　B. 机器基本结构
1. 螺旋槽　2. 轴　3、6. 球形种子　4. 非球形种子　5. 非球形种子出口　7. 档槽
（颜启传，2001）

第五节　种子光电特性分选

一、种子色泽分离方法

种子色泽分离方法是根据种子表面颜色明亮或灰暗的特征进行分离的。将需要分离的种子物料通过一段照明的光亮区域，此时每粒种子的反射光与事先在背景上选择好的标准光色进行比较。当种子的反射光不同于标准光色时，即产生信号，这种子就从混合群体中被排斥落入另一个管道而分离。

各种类型的颜色分离器在某些机械性能上有所不同，但基本原理是相同的。有的分离机械在输送种子进入光照区域的方式不同，可以由真空管带入或通过引力流导入种子，由快速气流吹出种子。在引力流导入种子的类型中，种子从圆锥体的四周落下（图 2-24）。另一种是在管道中种子在平面槽中鱼贯地移动，经过光照区域，若有不同颜色的种子即被快速气流吹出。在所有的情况下，种子都是被一个或多个光电管的光束单独鉴别的，而不至于直接影响到邻近的种子。目前这种光电色泽分离机已被广泛使用。例如，棉花种子加工厂用于剔除成熟度较差的棉种，水稻种子加工厂用于剔除患有黑粉病的种子等。

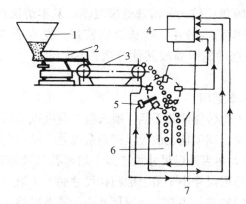

图 2-24　光电色泽种子分离机图解
1. 种子漏斗　2. 振动器　3. 输送器　4. 放大器　5. 气流喷口　6. 优良种子　7. 异色种子
（国际种子检验协会会刊 vol. 34，1969）

二、种子负电性分离方法

　　一般种子不带负电。当种子产生劣变后，负电性增加，因此负电性高的种子活力低，而不带负电或负电性低的种子则活力高。现已据此设计出种子静电分离器。当种子物料通过电场时，凡是带负电的籽粒被正极吸引到一侧而落下，低活力的种子被剔除，达到选出高活力种子的目的。

　　目前利用种子负电性分离的设备有静电转筒分离机和电晕放电箱两种。

　　静电转筒分离机的工作原理：当种子物料从漏斗经阀门进入静电转筒时，由于转筒带有正电荷而电极带负电荷，则在转筒之间形成电场。在种子物料通过该电场时，其受电场的作用决定于种子带电性和强度，一般正常、高活力的种子带电量低，而劣变种子带负电荷多。当一批种子经过电极转筒时，带电荷少的正常、高活力种子落入盛接器，而带负电荷多的劣变、低活力种子则与带正电荷的转筒表面相吸附，经毛刷刷下，落入盛接器，从而实现不同活力种子分离的目的。

　　电晕放电箱的工作原理：当带有不同电荷的种子进入电晕放电箱的电场时，在电场作用下发生的偏向不同，带电荷少的正常、高活力种子落入盛接器，而带负电荷多的劣变、低活力种子则被正极吸引落入另一盛接器，从而将不同活力的种子分离。该法可用于从小粒混杂种子、发过芽的种子或劣变种子中分离出好的种子。

第六节　常用种子清选设备

一、风筛清选机

　　风筛清选机就是将风选与筛选装置有机地结合在一起组成的机器，主要利用种子的空气动力学特性进行风选，清除种子中的颖壳、灰尘；利用种子的尺寸特性进行筛选，清除种子中的大杂、小杂。目前，加工能力在 5t/h 以下的风筛清选机一般由 1 个风选系统和 3～4 层筛片组合而成的筛选系统组成；加工能力较高的风筛清选机由具有前、后独立的风选系统和多层筛片并联组成的筛选系统，加工能力 5～60t/h。

　　风筛清选机又分为预清机、基本清选机和复式清选机。通常预清机由 1 个风选系统和

2 层筛片组成，并且筛面倾角比较大，清选效果较差；基本清选机由 1 个或 2 个风选系统和 3 层以上筛片组成，筛面角度较小，清选效果较好；复式清选机是在基本清选机的基础上，又配置了按长度分选的窝眼筒或其他分选原理的部件，实现种子外形尺寸的全面分选。

（一）风筛清选机的基本结构

基本清选机主要由喂入轮转速调节手柄、喂入辊、前吸风道调节阀、主风门、后吸风道调节阀、后吸风道杂余绞龙、调风板、前吸风道杂余绞龙、风压平衡调节阀、后吸风道等组成，如图 2-25 所示。图中大杂为外形尺寸大于最上层筛孔尺寸而遗留在筛面上并由相应排料口排出的物料；中杂为外形尺寸小于最上层筛孔尺寸而大于第二层筛孔尺寸并遗留在第二筛面上由相应排料口排出的物料；小杂为外形尺寸小于最下层筛孔尺寸，穿过筛孔后通过溜板向相应排料口排出的物料。

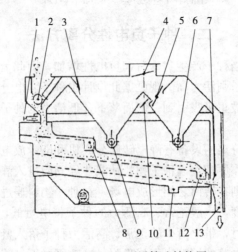

图 2-25　5X-4.0 型风筛选结构图

1. 喂入轮转速调节手柄　2. 喂入辊　3. 前吸风道调节阀　4. 主风门　5. 后吸风道调节阀　6. 后吸风道杂余绞龙
7. 调风板　8. 大杂　9. 前吸风道杂余绞龙　10. 风压平衡调节阀　11. 小杂　12. 中杂　13. 后吸风道

（谷铁城等，2001）

（二）主要组成部分的作用

1. 喂入轮转速调节手柄　根据需要清选种子原料的基本情况，调节喂料辊转速来调整喂料速度，以达到最佳的喂料效果。

2. 喂入辊　阻止喂料斗中的种子原料直接进入机器，促使喂料斗中的原料沿喂料辊长度方向均匀分布，提高机器的风选、筛选性能；通过调整喂入辊转速实现对料斗中种子原料的有效控制。

3. 前吸风道调节阀　前吸风道主要对进入机器的种子原料进行风选，清除其中的灰尘、颖壳等杂质；前吸风道调节阀控制前吸风道风门开度的大小，调节前吸风道内的风速，满足前吸风道风选的需要。

4. 主风门　根据种子清选工作的需要，控制机器除尘管道中风门开度的大小，调节除尘管道内风速，满足机器风选的需要。

5. 后吸风道调节阀　控制后吸风道风门开度的大小，调节后吸风道内的风速，满足后吸风道风选的需要。

6. 后吸风道杂余绞龙　将沉积在后吸风道沉降室中的杂质强制排出机器。

7. 调风板　控制后吸风道风门开度的大小，调节后吸风道内的风速，满足后吸风道风选的需要。

8. 前吸风道杂余绞龙　将沉积在前吸风道沉降室中的杂质强制排出机器。

9. 风压平衡调节阀　根据机器风选需要调整前、后吸风压风量配比。

10. 后吸风道　后吸风道主要对清选后的种子进一步风选，清除其中较轻的虫蛀、霉变籽粒。

(三) 工作原理

如图 2-25 所示，根据待选种子的物理特性，选好各层筛片并安装在筛箱中，启动机器，在喂料辊的旋转作用下，喂料斗中的种子物料由喂料辊槽一侧开始下落，通过前吸风道风口落到第一层筛面上；物料下落过程中，上升气流将其中的尘土和轻杂带走，送入前沉降室，由于沉降室截面突然增大，气流速度降低，使尘土和轻杂下落，由轻杂螺旋输送机排出。没有被气流带走而落到第一层筛筛面上的种子，因绝大多数物料外形尺寸小于第一层筛筛孔尺寸，在筛面往复振动的过程中，穿过第一层筛落到第二层筛筛面上；其中，大于第一层筛筛孔尺寸的较大杂质沿筛面运动到大杂出口排出机外；而落到第二层筛筛面上的种子，其尺寸小于第二层筛筛孔的，穿过筛孔，落到第三层筛上，大于第二层筛筛孔的杂质或大粒沿筛面运动到中杂出口排出机外；落到第三层筛上的种子，尺寸小于筛孔的小杂，穿过筛孔，落到筛板下面的滑板上，在筛箱的往复运动过程中，运动到小杂出口排出机外；第三层筛筛面上的好种子则沿筛面运动到好种出口排出。

筛选过的种子在沿第三层筛筛面运动过程中，途经后吸风道时，在自下而上穿过小筛进入后吸风道形成的强气流作用下，漂浮速度低于气流速度的病弱、虫蛀、未成熟等较轻籽粒或杂质通过风道进入后沉降室，逐步沉降到底部，由螺旋输送机排出机外。好种子则沿筛面运动至端部排出。

工作过程中根据清选效果或实际需要调整喂入量、前后吸风道风量、总风量以及风压平衡调节阀，以达到更好的清选效果。在更换种子品种时，要将机器内外清理干净，以免残留种子造成种子混杂。具体要求：对不同粒度或不同品种的种子，要更换筛片和小筛，同时将清筛用橡胶球在筛体中按要求分布，以保证清筛效果和种子加工质量。

二、圆筒筛分级机

目前，常用的播种机主要有机械式精量播种机和气吸式播种机。机械式精量播种机要求种子籽粒大小均匀，并按播种机所配置的不同播种穴盘尺寸分成不同的尺寸组，以保证每个孔眼中落入 1 粒种子，提高播种质量。国外发达国家通常在进行玉米种子分级时，要求将种子按照外形尺寸分为 6 级、8 级甚至 12 级。随着科学技术的不断发展和农机贡献率的迅速提高，气吸式播种机越来越广泛地用于玉米播种领域，因此对玉米种子的分级要求逐步放宽，通常把种子分成 2 级、3 级或 4 级即可达到要求。

(一) 圆筒筛分级机的组成

圆筒筛分级机主要由筒盖、清筛辊、圆筒筛组合、进料斗、传动装置、机架、排料斗、吸尘口等组成 (图 2-26)。

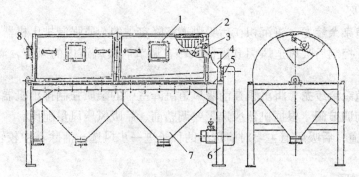

图 2-26　中心轴传动式圆筒筛分级机
1. 筒盖　2. 清筛辊　3. 圆筒筛组合　4. 进料斗　5. 传动装置　6. 机架　7. 排料斗　8. 吸尘口
（谷铁城等，2001）

（二）主要部件的作用

1. 筒盖　主要对机器进行密封，防止筛分过程中粉尘外溢。

2. 清筛辊　对堵塞的筛孔进行清理，提高筛分效率。清筛辊主要采用橡胶辊或尼龙刷辊两种形式。依靠自重紧贴在筛筒外缘，工作过程中，通过筛筒转动带动清筛辊转动，将卡在筛孔中的种子或杂物推回到筛筒内。

3. 圆筒筛组合　由多个冲孔筛片卷制后拼装而成；依据种子清选或分级功能的不同，将筛孔尺寸相同的圆筒进行组合，或将筛孔尺寸由小至大排列的圆筒进行组合，制成以筛筒中心线为回转中心的筛筒，满足不同种子清选或分级的需要。

4. 进料斗　将需要筛分或分级的种子原料连续送入筛筒内部。

5. 传动装置　为圆筒筛正常运转提供动力。

6. 机架　对圆筒筛正常运行提供支撑，确保圆筒筛平稳运行。

7. 排料斗　将分级后各级别的籽粒及时排出机器。

8. 吸尘口　对筛分过程中产生的粉尘进行收集并经除尘管道排至除尘器中便于处理。

（三）工作原理

圆筒筛分级机的主体是一个封闭式的圆筒形柱状筛，通常根据种子分级要求来选择圆孔筛或长孔筛。圆筒筛分级机筛孔与风筛清选机筛孔的主要区别是：圆筒筛分级机中所配置的圆孔筛要冲成凹窝形，长孔筛要压成波纹形（见图 2-11 圆筒筛的基本结构），以增加筛筒的刚性并提高分级效果。圆筒筛分级机按传动方式可划分为中心轴传动方式和摩擦轮传动方式，按筛筒类型可划分为冲孔式和鼠笼式两种。目前最常用的圆筒筛分级机是以中心轴进行传动的冲孔式圆筒筛。

工作原理：将种子由进料斗喂入，在重力作用下，种子籽粒落到圆筒筛的起始段。由于筛筒本身安装有一定的倾斜度（喂入端较高，排料端较低），随着筛筒的转动，种子在筛筒中边翻动边沿着筛筒轴向移动，使尺寸小于第一级筛孔的小粒穿过筛孔，而尺寸大于第一级筛孔的籽粒留在筛面上，沿着筛面继续翻动并轴向移动，进入筛孔尺寸较大的第二级筛筒；在第二级筛筒中，尺寸小于筛孔尺寸的籽粒穿过筛孔。以此类推，外形尺寸最大的籽粒从筛筒尾端排出，从而实现种子按籽粒大小分级。

（四）分级效果的主要影响因素

1. 筛筒转速　对于任何一台圆筒筛分级机而言，针对籽粒外形尺寸的大小，筛筒转速都有一定的合理范围。若转速过高，种子在离心力的作用下，将紧压在筛筒的内壁上，使籽粒与筛片之间相对滑动较少，降低籽粒穿过筛孔的机会；若筛筒转速太低，籽粒本身的翻动不彻底，分级效果也会受到影响，降低机器的生产能力。因此，圆筒筛分级机的基本工作条件是应保证种子重力大于离心力。目前国内圆筒筛分级机采用的筛筒转速在 $30\sim55r/min$ 之间。为了提高圆筒筛本身的分级质量，克服被清选物料之间的不同表面特性，要求筛筒的转速可以在一定范围内调节，以保证其线速度在 $0.8\sim1.5m/s$ 范围内。

2. 筛筒倾角　为了保证籽粒在分级过程中实现轴向移动，通常在装配筛筒时，使筛筒中心线与水平线之间形成一定的倾斜度，以保证入料端较高，实现籽粒在筛筒内部的轴向移动。筛筒倾角的大小直接影响籽粒在筛筒内的轴向移动速度。倾角太大，籽粒在筛筒中轴向移动的速度加快，生产率相应增加，但分级质量会下降；倾角过小，籽粒在筛筒中轴向移动的速度降低，可以提高分级质量，但生产率会下降。因此，当筛筒长度一定时，筛筒的倾角就确定了，通常筛筒的倾角为 $1°\sim3°$。

3. 筛面负荷　筛面负荷是指单位面积上的筛选能力，一般取值范围为 $500\sim1\,000kg/m^2$（按小麦种子计），滚筒直径小时取小值。国内常用的圆筒筛直径有 $300mm$、$400mm$、$500mm$、$600mm$、$700mm$ 和 $800mm$，筛筒长度与直径之比（L/D）为 $2\sim5$。筛筒直径大，籽粒与筛面接触的面积大，分选效率高；如果筛筒直径尺寸过大，将会导致机器成本价格的增高。因此，合理设计筛孔形状，有利于提高筛面的单位负荷能力，提高分级效率。目前，圆筒筛分级机多采用波纹形长孔筛和凹窝形圆孔筛，使种子在筛分过程中能够直立起来，顺利通过筛孔，提高种子分级质量与工作效率。

筛孔形状与尺寸选用的基本原则：根据被分离种子的质量及分级要求，按种子宽度分级时选用圆孔筛，按种子厚度分级时选用长孔筛；对于筛孔的具体尺寸，应根据种子籽粒本身指定的尺寸范围与分级要求来确定。

三、窝眼筒清选机

窝眼筒清选机也称为窝眼滚筒分选机，是按种子长度进行分选的清选设备，根据种子与杂质的长度差异，确定合适的窝眼直径，将种子原料中的长、短杂质清除出去，如清除水稻种子中的米粒，小麦种子中的野豌豆，混入小麦种子中的野燕麦等。窝眼清选与平面筛清选相比，生产效率略低。

（一）窝眼筒清选机的组成

窝眼筒清选机主要由吸尘口、后幅盘、窝眼筒、短物料螺旋输送器及传动轴、集料槽、前幅盘、进料斗、传动装置、机架、集料槽调节装置、排料装置等组成，如图 2-27 所示。

（二）主要部件的作用

1. 吸尘口　对窝眼筒分选过程中产生的粉尘进行收集，并经除尘管道排至除尘器中，便于处理。

2. 后幅盘　将多个窝眼片后幅盘、前幅盘组合成窝眼筒，并为窝眼筒正常运转提供动力。

3. 窝眼筒　根据种子长度尺寸要求，清除比种子尺寸短或长的杂质，使分选后的种子长度基本均匀一致。

窝眼筒有整体式和组合式两种形式：整体式窝眼筒直径较小，刚性好，在分选小粒种子

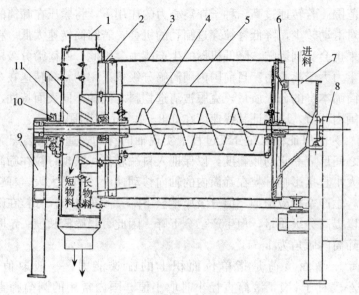

图 2-27   窝眼筒清选机结构图

1. 吸尘口 2. 后幅盘 3. 窝眼筒 4. 短物料螺旋输送器及传动轴 5. 集料槽 6. 前幅盘
7. 进料斗 8. 传动装置 9. 机架 10. 集料槽调节装置 11. 排料装置

(谷铁城等，2001)

时不会产生漏种，但是加工能力较低；组合式窝眼筒采用两个或多个圆弧形窝眼板拼成圆筒，用螺栓固定在幅盘上，这样在更换窝眼筒时比较方便，但是拼装工作中会存在一定的误差，在分选小粒种子时容易产生漏种。

4. 短物料螺旋输送器及传动轴   将集料槽中的物料连续均匀输送出去。

5. 集料槽   用于收集长度小于窝眼直径的短物料，实现物料长短分离。集料槽采用 U 形结构，沿滚筒长度方向安装在窝眼筒中央位置，接收从窝眼中坠落下来的较短籽粒。集料槽有两种形式，一种是在集料槽中安装螺旋输送机，将槽中的物料从前端向末端输送并排出；另一种是采用无底集料槽，在底部沿滚筒长度方向安装振动输送机，将振动槽中的物料排出。

6. 前幅盘   与后幅盘配合使用，将多个窝眼片通过前、后幅盘组合成窝眼筒，并为窝眼筒正常运转提供动力。

7. 进料斗   将需要长度分选的种子原料连续送入窝眼筒内部。

8. 传动装置   为窝眼筒正常运转提供动力。

9. 机架   对窝眼筒正常运行提供支撑，确保窝眼筒平稳运行。

10. 集料槽调节装置   用于调节集料槽接料位置的高低或清理集料槽。对于窝眼筒清选机来说，集料槽接料边在筒内位置的高低对分选效果有直接影响，接料边在窝眼筒内的位置越低，落到集料槽中的籽粒越多；接料边在筒内的位置越高，落到集料槽中的籽粒就越少。完成种子分选后或更换种子品种时，可以将集料槽在窝眼筒内翻转 180°，以便进行清理。

11. 排料装置   将按长短分级后的籽粒及时排出机器。

（三）工作过程

窝眼筒清选机工作时，滚筒做旋转运动，当喂入到筒内的籽粒转到窝眼筒底部时，长度小于窝眼直径的种子（或杂质、草籽）完全陷入窝眼内，随旋转的筒体上升到一定高度时，靠自重而落到集料槽内，被槽内输送机排出；对于长度大于窝眼直径的物料，只能部分陷入窝眼中，随筒体旋转到一定高度时，沿筒内壁向下滑动，最后从排料端流出。例如，采用窝眼筒清选机淘汰长杂时，好种子与短杂经窝眼带起落入集料槽排出，而长杂则沿窝眼筒轴向移动从排料口排出，从而将好种子与长杂充分分开（图2-9）。

（四）籽粒在窝眼筒内的运动分析

籽粒在窝眼筒内随滚筒运动过程中，受到重力、滚筒的离心力和籽粒与筒壁之间摩擦力的作用，当籽粒处在筒内较低处时，籽粒与筒壁之间没有相对运动；随着滚筒的转动，籽粒上升到一定高度时籽粒与筒壁之间产生相对运动，籽粒开始向下滑动。如图2-28所示，假设长籽粒开始下滑点的径向连线与铅垂面的夹角 β 为下滑角，φ 为摩擦角，ω 为角速度，r 为半径。

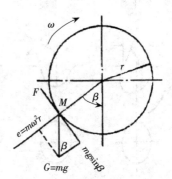

图2-28 长种子下滑角度
（谷铁城等，2001）

当摩擦力 $F \leqslant mg\sin\beta$ 时开始下滑，即：

$$mg\sin\beta \geqslant (mr\omega^2 + mg\cos\beta)\tan\varphi$$

整理后得到：

$$\beta \geqslant arc\sin[(r\omega^2/g)\sin\varphi] + \varphi$$

可见，当 φ 增加时，β 也相应增加；当 $r\omega^2$ 增加，β 也加大。

（五）影响分选质量的主要因素

1. 转速 窝眼筒的工作效率取决于单位时间内籽粒与窝眼接触的次数。提高滚筒转速，生产能力随之提高；若生产能力不变，提高滚筒转速，增加了籽粒与窝眼的接触机会，分选效果会更加理想。但是在实际工作中，窝眼筒的转速会受到一定的限制，当窝眼内的籽粒随滚筒转至一定高度时，只有籽粒本身重力大于离心力时才具备下落的条件，因此要求：

$$mr\omega^2 \leqslant mg$$

通常取 $r\omega^2 = 4$ (m/s^2) 较理想，即：

$$n = \frac{19}{\sqrt{r}}(r/\min)$$

式中：r——窝眼筒半径，m。

试验表明，用窝眼筒清除短杂时，提高滚筒转速有利于提高短杂除净率，但不利于提高获选率。

2. 滚筒倾角 在窝眼筒分选种子时，只有滚筒轴心线与水平面倾斜一定的角度，筒中籽粒才能随着滚筒的转动，从进料端逐步向出料端移动。因此，滚筒倾角的大小不仅影响种子在筒中的移动速度，而且影响种子的分选质量，但没有转速那么敏感。试验表明，在喂料速度和集料槽角度相同的情况下，对于清除短杂而言，滚筒倾角越大，物料在筒中的移动速度越快，获选率越高，而除杂率则降低。滚筒倾角小则相反，但滚筒倾角过小不仅获选率降低，除杂率也会有所下降，主要原因是物料在滚筒中流通不畅，产生淤积，降低了短籽粒与窝眼接触的概率。因此，滚筒倾角以 $1.5°\sim3.5°$ 为宜。

3. 窝眼的形状与尺寸 窝眼的形状、尺寸是决定窝眼筒分选质量的主要因素。采用窝眼筒清选种子时，要求窝眼既能稳定可靠地承托与容纳需要分离的物料，又能使窝眼筒中长度大于窝眼直径的物料顺利沿筒壁向下滑动，长度小于窝眼直径的物料在一定高度时顺利下落到集料槽中，提高窝眼的利用率，这就要求窝眼的形状不能是正半球形，而应该是不规则的几何体，如斜锥台形或斜圆柱形，既要便于加工成型，降低生产成本，又能满足不同种子的加工要求（图 2-29）。

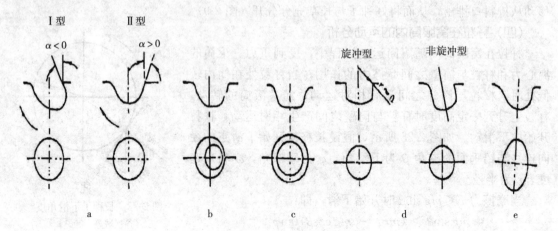

图 2-29　窝眼形状
a. 近似半球形　b. 球台形　c. 锥台形　d. 圆柱形　e. 异形
（谷铁城等，2001）

窝眼本身的直径尺寸及偏差是否一致，直接影响种子的分选质量。对于任何一种种子来说，只有选择的窝眼尺寸大小均匀一致，才能使杂质与种子有明确的尺寸界限，提高分选效果。窝眼中物料的下滑速度不仅与滑出角度的大小有关，而且与窝眼的排列方式有关。滑出角度小，不利于短物料流出，短物料上升的高度越高，越便于分离；窝眼的排列方式及单位面积内窝眼的数量与种子清选质量和生产效率有关，实际应用过程中，窝眼的排列方式多采用棱形排列，而种子分选质量随着单位面积内窝眼数量的增加而提高。窝眼形状与窝眼筒旋转方向选择的正确与否，直接影响到种子分选质量。

因此，在选用窝眼孔尺寸时，应根据被加工物料的种类、长度范围、含杂情况和加工质量要求进行确定。先取一定数量的待加工物料样品，测出种子与杂质的长度，分别绘制出长度分布图，根据实际需要确定窝眼孔直径尺寸。根据国内主要作物种子情况提供几组参考数值：淘汰小麦中短杂时选用的窝眼孔直径为 4.5～5.5mm，淘汰小麦中长杂时选用的窝眼孔直径为 8.0～9.0mm；淘汰水稻中短杂时选用的窝眼孔直径为 5.6～6.3mm，淘汰水稻中长杂时选用的窝眼孔直径为 8.5～9.0mm；淘汰胡萝卜种子中长杂时选用的窝眼孔直径为 4.0mm。

4. 集料槽的位置　理论上说，窝眼筒内集料槽集料边的高度应高于长谷粒起滑点而低于短谷粒下落点，并且可以在一定范围内进行调节。当淘汰短杂时，升高集料边高度，会降低除杂率而提高获选率。因此，在种子加工时，应该根据物料尺寸特性和加工质量要求来调整集料边的高度位置，以取得满意的结果。通常集料槽斜面与水平面的夹角为 30°～40°。

5. 窝眼筒的结构尺寸　大量试验表明，在喂入量不变的情况下，增大窝眼筒的直径或增加窝眼筒的长度，有利于提高种子分选质量。在分选质量要求相同的前提下，增大窝眼筒的直径或增加窝眼筒的长度，可以提高机器的生产能力。鉴于目前种子加工设备生产能力的限制，窝眼筒的直径与长度不能无限制的增大，在满足种子分选质量指标的前提下，窝眼筒的长度和直径之比（L/D）以 2～5 为宜。生产能力与窝眼筒的直径也存在一定的关系，试验结果表明，窝眼筒单位面积（筒壁表面）负荷能力为 400～800kg/（$m^2 \cdot h$），且直径大取大值。当利用窝眼筒淘汰小麦种子中的短杂时，窝眼筒直径（D）、长度（L）与生产能力（Q）之间的关系如表 2-5 所示。

表 2-5　窝眼筒直径（D）、长度（L）与生产能力（Q）之间的关系

（谷铁城等，2001）

D（mm）	400	400	500	600	600	700
L（mm）	750	1 500	1 500	1 500	2 250	3 000
Q（kg/h）	500	1 000	1 500	2 000	3 000	5 000

（六）窝眼筒的组合形式

1. 淘汰长杂与淘汰短杂的组合　窝眼筒主要用于种子长度分选，根据窝眼直径的尺寸不同，机器所起的作用也不同，既可以淘汰短杂，也可以淘汰长杂。种子加工中普遍采用淘汰长杂与淘汰短杂相组合，以取得最佳的分选效果。通常，窝眼筒是相互平行配置的滚筒串联作业，如 3 个窝眼滚筒采用品字形配置形式，物料先通过上面第一个滚筒淘汰短杂，然后由下面两个并联的滚筒淘汰长杂。而丹麦 Damas 公司生产的窝眼筒虽然也采用品字形配置形式，分选方式却不同，首先通过第一个滚筒将物料按长度尺寸分为两部分，然后通过下面一个窝眼直径较小的滚筒淘汰短杂，通过窝眼直径较大的滚筒淘汰长杂；最后，将窝眼直径较小滚筒中的长粒与窝眼直径较大滚筒中的短粒汇集到一起。国内种子加工设备生产商学习借鉴德国 Petkus 公司技术，采用上、下两个单独的窝眼筒，上面窝眼筒用于淘汰短杂，下面窝眼筒用于淘汰长杂。由于窝眼筒淘汰长杂时的生产率远远低于淘汰短杂时的生产率，因此，在选用时应特别注意淘汰对象与机器的匹配性。

2. 主要清选与辅助清选的组合　在主要窝眼筒的下面配置较小的窝眼筒，对选出的长杂或短杂进行二次分选，以便将其中较好的籽粒回收，必要时，也可以对物料的主流进行再次分选，以提高种子获选率。

3. 并联与串并联组合　为了提高窝眼筒的生产能力，可以将多台窝眼筒串联、并联，达到同时淘汰长杂、短杂或对部分淘汰物料进行回选的目的。

4. 窝眼筒与圆筒筛组合　为了简化机器结构，提高机器的适应能力，在丹麦和意大利等国家的种子加工设备生产商研制出将圆筒筛套在窝眼筒外，对长度分选后的物料再进行宽度或厚度尺寸分选，这样可以节省机器占据的空间，提高机器的分选性能。

四、重力式清选机

重力式清选机是利用种子在台面振动与气流状态下产生偏析，物料颗粒形成有序的层化现象进行清选与重力分级，从而将种子物料中的重杂质与轻杂质分离出来。通常，重力式清选机台面振动频率、底部鼓风量及台面纵向、横向倾角均可调，并带有频率显示器和角度指示器，是种子加工中非常重要的主机之一。

根据重力式清选机台面形状的不同可以分为三角台面和矩形台面。三角台面上重杂的工作行程长，因而分离重杂的效果较好，如淘汰蔬菜种子中的泥土或石子颗粒等；矩形台面上轻杂的工作行程长，分离轻杂质的效果较好，如淘汰谷物种子中的虫蛀粒或发芽、霉变籽粒等。

重力式清选机主要用于清除混在种子中与好种子形状、外形尺寸和表面特征上非常相近而密度不同的不良种子或掺杂物。如虫蛀的种子，在外形尺寸上与好种子完全相同，但其内部结构受到虫害，单粒比好种子轻得多；变质的、发霉的或腐烂的种子，其外形尺寸与好种子相同，但其密度小；再有，小粒的草类种子中混有胚芽不成熟甚至是空的、瘪的或无生命的籽粒，而且均有外壳或外颖包裹着，就外形尺寸而言，与好种子极其相似，这一类的杂质通过尺寸分选以及风筛清选机、磁力清选机、绒辊清选机等设备均不能有效地将其清除，而利用好种子与杂质或坏种子之间密度上的差异，用重力式清选机就可以获得理想的分选效果。

（一）三角形台面机型的基本结构

三角形台面重力式清选机主要由以下部件组成：吸风箱、风量调节机构、一台或多台风机、振动框架、喂料斗、除尘口、导料板、振动台架、工作台面、偏心调节机构、电机、机座、风机电机和无级变速装置等（图 2-30）。

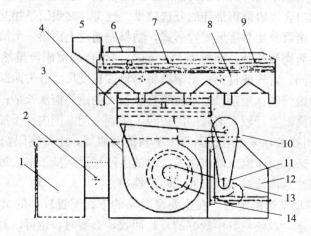

图 2-30　5TZ-1500 型通用重力式清选机

1. 吸风箱　2. 风量调节机构　3. 风机　4. 振动框架　5. 喂料斗　6. 除尘口
7. 导料板　8. 振动台架　9. 工作台面　10. 偏心调节机构　11. 电机
12. 机座　13. 风机电机　14. 无级变速装置

（谷铁城，2001）

（二）主要组成部分的作用

1. 吸风箱　对外界空气进入风机前进行过滤，防止较大颗粒的轻杂质进入风室，堵塞工作台面的孔板，影响机器分选效果。

2. 风量调节机构　根据不同种子分选的需要，通过手轮、手把或连杆来开启或关闭风机的进风口，控制风机的风量。

3. 风机　风机安装在工作台面下方，通过风量调节机构，可以调节并控制风机的风量与风压，满足不同种子的分选要求。如果底部有多台风机组成，每台风机的风量都可以单独调节与控制。对于负压式重力式清选机来说，其工作原理与正压式重力式清选机完全相同，主要差异在于风源通过工作台上方的吸风罩进行吸风，并且整个工作台面被封闭在罩内。

4. 振动框架　与振动台架一起组成工作台面底座，为工作台面正常工作提供动力源。振动框架的纵向、横向倾角均可调。

5. 喂料斗　机器进料口，为机器提供原料的过渡性容器，排料口处安装插板，用于控制物料流量的大小。机器工作过程中应保持喂料连续、均匀、稳定。

6. 除尘口　一般重力式清选机设有两个除尘口，一个是进料除尘口，主要对喂料下落过程中的灰尘进行收集并清除；另一个是工作台面上的吸风罩，主要对机器工作过程中产生的灰尘进行收集，由除尘管道送入除尘器进行清除。

7. 导料板　在工作台面倾角、振动频率及底部鼓风量基本稳定的情况下，通过控制导料板开度的大小，控制种子分选质量和工作台面上物料的排料速度。

8. 振动台架　通过弹簧板或树脂板与机座上部的振动框架连接，上部用于固定工作台面；由曲柄连杆机构与无级变速装置连接，并为工作台面实现往复振动提供激振源。

9. 工作台面　工作台面是实现种子与杂质分层与分离的核心部件。台面的作用是支撑清选的种子层，并借助于穿过台面气流和台面振动力的共同作用，使种子与杂质分层并迅速分离。工作台面有三种类型，分别是亚麻布面、方钢丝编织筛（不同的目数）或铜丝网编织筛。加工小粒种子时应该选择亚麻布面或铜丝网编织筛（30目），加工小麦、水稻等中等粒度种子时应该选择12～14目方钢丝编织筛，加工玉米等大粒种子时应该选择8～10目方钢丝编织筛。

10. 偏心调节机构　根据不同种子加工需要，通过调整偏心的大小来调整机器工作台面振动幅度。

11. 电机　工作台面的动力源。

12. 机座　机座是重力式清选机的主要部件，机器安装就位后，通过地脚螺栓将机座固定在坚固、平整的基础上，以免在机器工作过程中产生振动，影响机器的分选效果。机器的其他部件与附属系统通过不同的连接方式安装在机座上，实现机器各系统的正常工作，如工作台面的振动频率以及倾角调节等。

13. 风机电机　机器分选过程中风机动力源。

14. 无级变速装置　根据不同种子加工需要，调整工作台面的振动频率，使其按一定规律作往复运动。

（三）工作过程

分别打开振动框架纵向和横向倾角锁紧螺母，将工作台面调整至合适的倾角位置后，拧紧螺母，保证台面振动时不能有松动现象。启动机器，调整底部风机风门，待工作台面正常运行后，适当打开喂料斗控制闸板，使物料流出；调整电磁振动给料机振动频率，使物料层铺满工作台面，轻重种子开始分层、分离，好种子向台面高处移动，轻杂质向台面移动；调整台面振动频率，直到好种子顺利从排料端排出。

重力式清选机工作台面的突出作用是使种子按籽粒的质量分层以及轻重种子之间的分离。随着物料的连续均匀喂入和穿过台面的气流与台面振动力的共同作用，使分层区在台面上逐步扩展，实现种子与杂质的有效分层，轻籽粒漂浮在上面，向台面较低的位置移动，而较重籽粒在下方，顺着台面的振动方向，向台面较高的位置移动，直至完全分离。由于物料是随着台面的振动在台面上边分层与边分离的，因此，当种子与杂质混合物的差异较大时，分层越容易，分层区所占的面积就越小；反之，如果被分选的种子与杂质混合物的差异较小时，分层越困难，分离速度越缓慢，生产效率越低。

为了充分发挥重力式清选机的分层、分离作用，要求种子进入重力式清选机之前，必须通过风筛清选机或分级机进行处理，缩小种子外形尺寸的差异，并使其能按相对密度分层、分离得更彻底，得到外形尺寸基本均匀一致、饱满健壮、质量较高的种子。

（四）参数调整

重力式清选机工作过程中，有5个重要参数可以调节，分别是喂入量、风机风量、台面振动频率、台面横向倾角和纵向倾角，5个参数之间相互影响，必须保证所有参数之间协调一致，才能提高机器的清选作用。

1. 喂入量　喂入量是重力式清选机的一个重要调节参数，只有连续、均匀、稳定的喂料速度，才能保证工作台面上的种子层均匀布满台面。当喂入量改变时会引起种子层厚度发生变化，从而影响机器的分选效果。因此，重力式清选机必须配置能容纳一定数量种子的缓冲仓，缓冲仓排料口安装电磁振动给料机，来保证种子原料的均匀喂入。

2. 底部风机风量控制　风机风量控制是一个主要调节参数，它能使操作者在允许范围内调整穿过工作台面气流的速度和压力，使台面上的种子流分层并分离。由于矩形台面的重力式清选机底部安装多台风机供风，因此，对其风量应采取分段调节的方式，靠近喂料口处分层区风量应适当调大，而混合区、分离区风量应依次调小。

3. 横向倾角　一般将重力式清选机左右方向定位横向，且喂料口处于较低位置而好种子出料端处于较高位置，台面左右倾角称为横向倾角。横向倾角给工作台面提供一个倾斜面，使分层后的物料在台面上向各自卸料端流动。轻质物料漂浮在最上层，并在后面物料的推动下向工作台面的低边移动；而籽粒饱满的好种子则位于最下层，在工作台面的往复振动作用下向工作台的高边方向移动，实现轻重种子分离。

4. 纵向倾角　重力式清选机前后方向定位纵向，且喂料口处于较高位置，而排轻杂口处于较低位置，台面前后倾角称为纵向倾角。工作台面纵向倾角控制种子通过台面的速度，即控制物料在工作台面上的停留时间。当被清选种子与杂质的相对密度差异较小时，应适当减少喂入量，调小纵向倾角，使工作台面相对平坦，以保证种子在工作台面上停留较长的时间，使种子与杂质能够充分分离。试验结果表明，物料在工作台面上停留时间越长，清选效果越明显。当被清选种子与杂质有较大的相对密度差异时，分层和分离效果明显，可以适当加大喂入量，增大纵向倾角，加快种子的流动速度和提高生产率。

5. 工作台面振动频率　工作台面振动频率是指单位时间内工作台面的振动次数。使籽粒较重的种子从喂料口到排料边流动的同时逐步向高边运动，当提高台面振动频率时，好种子向高边运动的速度加快，卸料位置上移，能提高机器的生产能力；降低台面振动频率时，好种子在工作台面上的运动速度减慢，并从较低的位置卸料。

对喂入量、底部风机风量、横向倾角、纵向倾角、振动频率这5个参数中任何一个参数的调节都会影响物料的分层、分离和物料在工作台面上的运动速度。当1个参数改变时，其余4个参数的作用也会相应改变，因此，所有参数的调节要相互匹配平衡，以达到最佳的分选效果和更高的生产能力。

思 考 题

1. 简述种子清选、精选的目的和意义。
2. 简述种子按宽度、厚度、长度分选的基本原理。

3. 简述平面筛、圆筒筛的工作原理。

4. 试述影响平面筛筛选质量的主要因素。

5. 简述种子处在上升的气流中所处的状态。

6. 种子分级的目的和方法是什么？

7. 种子色选的原理是什么？

8. 简述风筛清选机、圆筒筛分级机、窝眼筒清选机、重力式清选机的基本组成和工作原理。

9. 如何根据种子尺寸特性来选择种子筛型？

10. 考核种子质量的主要内容是什么？

>>> # 第三章　种子干燥的原理和方法

一般情况下，种子水分在安全水分以下即可安全贮藏。就正常种子而言，水分越低，越有利于种子的安全贮藏。高水分种子呼吸作用强、耐贮性差，如贮藏管理方法不当，种子水分和温度快速增加，引起种子发热、生虫和霉变，并在短期内失去种用价值。种子干燥（seed drying）就是通过降低种子周围空气的相对湿度，使种子水分产生的水蒸气压大于种子周围空气的水蒸气压，迫使种子内部水分不断向外表面扩散和表面水分不断蒸发，从而降低种子水分，确保安全贮藏。种子干燥除受温度、相对湿度、气流速度、干燥介质以及种子的接触状况等外部因素的影响，还与种子本身的生理状况、化学成分和种子水分有关。种子干燥主要有自然干燥、对流干燥（机械通风干燥和热空气干燥）、红外线辐射干燥、干燥剂干燥、微波干燥、传导干燥和冷冻干燥等方法。

第一节　种子干燥的目的和必要性

一、种子干燥的目的

新收获的种子水分较高，有时可高达 25%～45%。收获时种子的水分又受其他因素的影响，如早晨收割时，谷物种子水分增加 3%～5%；潮湿天气收割时，谷物种子水分为 20%～22%；雨天收割时为 30% 以上。高水分种子呼吸强度大，放出的热量和水汽多，种子易发热霉变；或者很快耗尽种子堆中的氧气，而因厌氧呼吸所产生的酒精中毒；或者遇到零下低温受冻害，导致种子的活力降低、耐贮性下降，在短期内便失去种用价值。在种子水分的安全水分范围内，种子水分每降低 1% 就能将其寿命延长 1 倍，而如果水分超出了安全水分，种子的劣变速度和活力丧失的速度就会加快。因此，种子成熟后应及时收获、干燥，使其水分降低到包装和贮藏的安全水分标准范围内，以保持种子旺盛的发芽力和较高的活力，提高种子耐贮性。总之，种子干燥的目的就是在于降低种子水分，尽量减弱其生命代谢活动，较长时间保持种子活力，提高种子的耐贮性，确保种子的安全贮藏与运输。此外，种子干燥还有杀死仓虫、消灭或抑制微生物活动、促进种子后熟、减少运输压力的作用。

二、种子干燥的必要性

1. 防虫蛀、防霉变和防冻害　据研究，当种子水分在 8%～9% 范围内，种子仓虫开始活动繁殖而蛀食种子；种子水分在 12%～14% 范围内，种子表（里）面将会有真菌生长而霉变；种子水分在 18% 以上，种子易发热变质或受冻死亡；种子水分在 40%～60% 时，种子将发芽。由此可知，对新收获、水分高达 25%～35% 的种子，必须及时采用适当的干燥方法，将种子水分降低到安全水平，确保种子的发芽力和活力。

2. 确保安全包装、安全贮藏和安全运输　种子是活的生物有机体，每时每刻都进行着呼吸作用。其呼吸强度随水分和温度的增高而加强，同时释放出大量的水分和热量，容易引起种子的发热霉变，并且在氧气耗尽时，将转变为厌氧呼吸而产生酒精毒害种子。因此，只有通过干燥，将种子水分降低到安全水平才能确保安全包装、安全贮藏和安全运输，并保持其生活力和活力，直到销售和播种。此外，从运输设备合理利用方面看，运输潮湿的种子必须增添车厢的容积及其他运输工具。运输每 100 万 t 水分为 24%～25% 的谷物较之运输相同数量而水分为 14% 左右的谷物需要增加额外的车厢 8～9 个。

3. 保持包衣和药剂处理种子的活力　种子包衣和药剂处理过程，包衣剂和处理药剂一般为液体，在包衣和药剂处理过程中，种子吸水回潮而使水分增加，这不仅会使种子呼吸强度增加，易发生劣变，药液渗透到种子内部还会伤害种子胚根，影响种子正常发芽和成苗。因此，在种子包衣过程和药剂处理后应该及时干燥，才能保持其发芽力和活力。

4. 提高繁种、制种的种子质量　随着种子产业化进程的加快，种子干燥在种子生产上的重要性日益体现。因繁种、制种的成本明显高于大田粮食生产成本，种子收获期如遇到连续阴雨，种子生产单位如没有干燥设备，种子往往因发热、发霉、发芽而失去种用价值，不但给制种单位带来经济损失，而且会影响下一季粮食生产种子的供给。因此，与繁种和制种规模配套的种子干燥设备是保证种子质量和种子生产单位效益的重要基础条件。

第二节　影响种子干燥的因素

影响种子干燥的因素包括外部因素和内部因素，外部因素主要包括干燥介质（空气或加热空气）、温度、湿度、气流速度及其与种子的接触状况，内部因素包括种子本身的大小、种皮结构、生理状态和化学成分等。

一、外部因素

（一）温度

温度是影响种子干燥的主要因素之一。干燥环境下的温度高，一方面具有降低空气相对湿度、增加空气持水能力的作用，另一方面能使种子水分迅速蒸发。在相同的相对湿度情况下，温度高时干燥的潜在能力大。在气温较高、相对湿度较大的天气里对种子进行干燥，要比同样湿度但气温较低的天气里进行干燥，有较高的干燥潜在能力。所以应尽量避免在气温较低的情况下对种子进行干燥。但干燥介质的温度也不宜过高，因为温度过高会产生以下不利影响：其一，当干燥介质的温度提高到种子表面的水分蒸发速度大于内部扩散速度时，干燥过程受内部扩散控制，属于降速干燥阶段，而降速干燥阶段的延长对干燥不利；其二，温度过高会使种子出现破裂、爆腰等现象，当温度超过种子允许受热温度时，种子的发芽率会明显降低，对种子的质量影响较大。

干燥介质温度的高低，还与介质和种子接触的时间长短有关。对于接触时间很短的干燥过程，可采用较高温度的介质；而对于接触时间较长的干燥过程，则应采用较低温度的介质。

（二）相对湿度

在温度不变的条件下，干燥环境中的相对湿度决定了种子的干燥速度和降水量。如空气相对湿度小，对水分一定的种子，其干燥的推动力大，干燥速度和降水量就越大；反之则小。同时，空气的相对湿度也决定了干燥后种子的最终水分。但是在相同温度下，干燥介质的相对湿度越小，其相应的湿球温度越低，种子表面温度也越低，因而也会使种子内部水分扩散速度降低。所以仅仅通过降低相对湿度以强化干燥过程的做法，常常会使外部蒸发速度大于内部扩散速度，造成种子爆腰裂皮；相反，当种子外部蒸发速度大于内部扩散速度时，若适当提高干燥介质的相对湿度，可使外部蒸发速度适当降低，内部扩散速度则相应增大，从而使整个种子干燥过程加快。

（三）气流速度

种子干燥过程中，会产生吸附在种子表面的浮游状气膜层，阻止种子表面水分的蒸发。因此，必须用流动的空气将其逐走，使种子表面水分继续蒸发。增大干燥介质的流速能使干燥过程强化，但不是成正比地强化。当流速增大到一定数值后，其影响相对地减小。当种子水分较高时，在相同的干燥时间内，空气流速大则种子干燥速度较快；当干燥过程进入降速阶段后，内部扩散速度控制干燥过程，此时空气流速的增加对干燥过程的影响不明显。此外，空气流速过高，会加大风机功率和热能的损耗。所以在提高气流速度的同时，要考虑热能的充分利用和风机功率保持在合理的范围，减少种子的干燥成本。

（四）干燥介质与种子的接触状况

干燥介质与种子的接触有三种状况，即气流掠过种子层表面、气流穿过种子层和种子颗粒悬浮于气流之中。其中第三种接触状况最佳，因为种子颗粒完全被介质所包围，从种子中蒸发出的水分立即被干燥介质接收，干燥速度最快。第二种接触状况的干燥速度次之，第一种最慢。在实际干燥中多为第二、三种接触状况。

二、内部因素

（一）种子的生理状态

刚收获的种子，大部分处在后熟阶段，新陈代谢旺盛，水分较高（表 3-1），此时种子胚芽和毛细管还未完全定型，最容易受损坏和萎缩。对这类种子进行干燥时宜缓慢，或先低温后高温进行二次干燥。如果温度过高，干燥速度过快，会破坏种子内部毛细管结构，引起种子表面硬化，而内部水分不能通过毛细管向外蒸发。种子持续高温还会使种子体积膨胀或胚乳变松软，从而使生活力下降，甚至丧失发芽能力。

表 3-1　谷物种子收获时与安全贮藏期的水分范围（％）

（毕辛华，1993）

谷物种类	收获时最高水分	收获时一般水分	收获时最适水分（损耗最低）	安全贮藏水分	
				1 年	5 年
水稻	30	16～25	25～27	12～14	10～12
小麦	38	9～17	18～20	13～14	11～12

（续）

谷物种类	收获时最高水分	收获时一般水分	收获时最适水分（损耗最低）	安全贮藏水分	
				1 年	5 年
大麦	30	10~18	18~20	13	11
玉米	35	14~30	28~32	13	10~11
高粱	35	10~20	30~35	12~13	10~11
燕麦	32	10~18	15~20	14	11
黑麦	25	12~18	16~20	13	11

（二）种子的化学成分

种子的化学成分不同，其组织结构差异较大，种子水分与干物质的结合及其吸湿和散湿性能都不同，因而其干燥特性及干燥时间也会有差别。

1. 粉质种子 如水稻、小麦、玉米等种子，其胚乳主要由淀粉组成，组织结构疏松，毛细管粗大，传湿力强，容易干燥，可采用相对较高的温度进行干燥，干燥效果也较好。

2. 蛋白质种子 如大豆、蚕豆、菜豆等种子，其子叶中含有大量的蛋白质，组织结构紧密，毛细管较细，传湿力弱，但种皮却很疏松易失水。干燥时，若采用较高的温度和气流速度，子叶内水分蒸发缓慢，而种皮失水过快，则会使其水分脱节，易造成种皮破裂，不易贮藏，而且高温使得蛋白质变性而凝固，影响种子的生命力。所以对这类种子干燥时，尽量采用低温进行慢速干燥。生产上干燥大豆种子往往带荚暴晒，当种子充分干燥后再脱粒。

3. 油质种子 如油菜等种子，其子叶中含有大量的脂肪，是不亲水性物质，其余大部分为蛋白质。这类种子的水分比上述两类种子更容易散发，并且有很好的生理耐热性，因此可用相对较高的温度进行干燥。但油菜籽种皮疏松易破，热容量低，在高温条件下易失去油分，这是干燥过程中必须考虑的，要注意控制干燥时间。生产中油菜种子应带荚干燥，减少翻动次数，既能防止油分损失，又能保持籽粒的完整。

（三）种子大小及种层厚度

除生理状态和化学成分外，种子籽粒大小不同，吸热量也不一致。大粒种子需热量多，小粒则少。因此，种子颗粒越小，种层越薄，干燥越容易，反之干燥较难。

（四）种子水分

种子水分越高，与一定干燥条件下的平衡水分差异越大，水分进入空气的速度越快，干燥速度越快。随着种子水分降低，干燥速度减慢。因此，种子干燥速度取决于种子水分比（或水分比率）。

种子水分比是指某一特定的干燥时间内，种子干燥结束时的水分（M）和平衡水分（M_e）的差与种子的原始水分（M_0）和平衡水分（M_e）的差之比。可用下式表示：

$$MCR = \frac{M - M_e}{M_0 - M_e}$$

式中：MCR——种子水分比；

M——种子干燥后的水分（干基）；

M_0——种子原始水分（干基）；

M_e——种子平衡水分（干基）。

如果种子水分为湿基，即用湿重百分率表示，需将其换算为干基，即：

$$M_D = \frac{100 \times M_w}{100 - M_w}$$

式中：M_D——种子水分（干基）；

M_w——种子水分（湿基）。

所谓湿基表示法（M_w）是以种子（湿物体）质量 G 作为 100％，种子中水分质量 W 在种子中所占的质量百分数，即：

$$M_w = \frac{W}{G} \times 100\% = \frac{W}{G_{\mp} + W} \times 100\%$$

所谓干基表示法（M_D）是以种子绝对干物质质量 $G_{\mp}$ 为基准，以种子中水分质量对种子绝对干物质质量之比的百分数表示，即：

$$M_D = \frac{W}{G_{\mp}} \times 100\%$$

第三节　种子干燥的原理和方法

一、种子干燥的原理

种子干燥是通过干燥介质给种子加热，利用种子内部水分不断向外表面扩散和表面水分不断蒸发来实现的。种子表面水分的蒸发速度，取决于空气中水蒸气分压与种子表面水蒸气分压之差，二者的压力差越大则种子表面水分的蒸发速度就越快，干燥作用就越明显。

种子是活的有机体，又是一团凝胶，具有吸湿和散湿特性。在一定的空气条件下，当空气中的水蒸气压大于种子内部水蒸气压时，种子就会从空气中吸收水分，直到种子水分的蒸汽压与该条件下空气相对湿度所产生的蒸汽压达到平衡为止；反之，种子水分向空气中散失，直到种子内外蒸汽压达到平衡为止。但在这种平衡状态下，不能起到干燥的作用。只有当种子水分高于当时的平衡值时，水分才会从种子内部不断散发出来，使种子逐渐失去水分而干燥。

图 3-1 是在温度为 15℃时测得的种子水分与空气相对湿度、温度的关系，可用于与此温度相近的情况。如果用湿度计测得种子的水分，又用空气湿度计测得当时大气的相对湿度，可找出图 3-1a 上的对应点。如测得空气相对湿度为 80％，种子水分为 18％，查得图上的 A 点。此 A 点处在曲线之上方（吸湿区），故用冷风（空气不加热）通风干燥是可能的，但不能干燥种子至水分 16.2％以下（即空气相对湿度 80％与曲线的交点值）。若空气相对湿度为 90％，种子水分为 18％，查得图上之 B 点，处在曲线的下方（干燥区），要用冷风干燥种子就是不可能的，甚至是有害的。因为在此种情况下，应加热空气降低其湿度，方能用于种子的通风干燥。

例如，干燥后种子水分需限制在 14％～16％，从图 3-1a 查得当种子水分为 14％时，其空气相对湿度对应值（平衡值）为 65％。测得实际空气相对湿度为 86％，气温为 20℃，故用作干燥的空气应加热。从图 3-1b 查得 A 点，从 A 点作与曲线平行的曲线，此曲线与横坐标 65％的垂线交于 B 点，再由 B 点作横坐标平行线与纵坐标的交点，为空气温度 24.5℃。

这说明，空气需从 20℃加热到 24.5℃，才有可能将种子干燥到水分为 14％~16％。因此空气的温度对空气的干燥能力有重大影响。如温度为 21℃、相对湿度为 60％的空气，对水分20％的种子的干燥能力，要比温度为 10℃同样相对湿度的空气干燥能力高出 40％。因为气温越高，在饱和状态下含的水蒸气越多，而且气体体积也膨胀了。因此一个温暖的天气比同样相对湿度的冷天气有较高的干燥潜力。人工加热空气有降低空气相对湿度的作用，因而可以提高干燥能力。

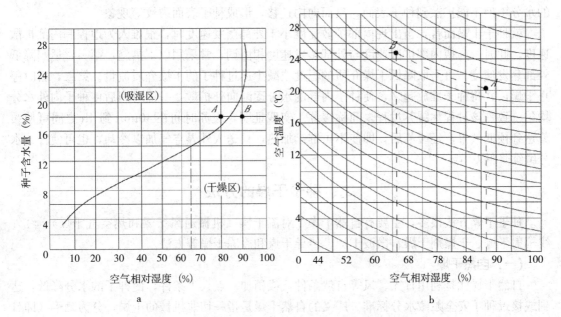

图 3-1　种子水分与空气相对湿度、温度的关系图
a. 确定种子的平衡水分　b. 空气的加热程度
（庞声海，1983）

种子干燥就是利用或改变空气蒸汽压，使种子水分不断向外散发的过程，即种子吸热和排湿的过程。具体分为两个过程，首先，种子内部的水分以气态或液态的形式沿毛细管扩散到种子表面；其次，由种子表面蒸发到干燥介质中。这两步在种子干燥过程中是同时发生的，但两者的速度不一定时时相等。当扩散速度大于蒸发速度时，蒸发速度的快慢对于干燥过程起着控制作用，称为外部汽化控制；当蒸发速度大于扩散速度时，扩散速度的快慢控制干燥过程，称为内部汽化控制。合理的干燥工艺应该是使内部扩散速度等于或接近于外部蒸发速度。对于小颗粒种子，干燥时内部扩散速度一般大于外部蒸发速度，属于外部控制干燥，此时，要想提高干燥速度则应设法提高外部蒸发速度；对于颗粒较大的种子，内部扩散速度一般小于外部蒸发速度（特别是水分较小时），此时，设法加快内部扩散速度成为提高干燥速度的关键，如果再提高外部蒸发速度，不仅对种子干燥速度的增加无明显作用，反而会引起种子爆腰、变形，从而影响种子发芽率。

种子内部水分的移动现象称为内扩散。内扩散又分为湿扩散和热扩散。

1. 湿扩散　种子干燥过程中，表面水分蒸发，破坏了种子水分平衡，使其表面水分小于内部水分，形成了湿度梯度，从而引起水分向含量低的方向移动，这种现象称为湿扩散。

2. 热扩散　种子受热后，表面温度高于内部温度，形成温度梯度。由于存在温度梯度，水分随热流方向由高温处移向低温处，这种现象称为热扩散。

温度梯度与湿度梯度方向一致时，种子中水分热扩散与湿扩散方向一致，可加速种子干燥而不影响干燥效果和质量。如温度梯度和湿度梯度方向相反，使种子中水分热扩散和湿扩散也以相反方向移动时，影响干燥速度。当种子的加热温度较低，种子体积较小时，对水分向外移动影响不大；当加热温度较高，热扩散比湿扩散进行得强烈时，种子内部水分向外移动的速度往往低于种子表面水分蒸发的速度，从而影响干燥质量；严重的情况下，种子内部的水分不但不能扩散到种子表面，反而向内迁移，形成种子表面裂纹等现象。

就种子干燥而言，当出现内部扩散速度小于外部蒸发速度时，很难人为地控制内部扩散速度。此时，为使内部扩散速度与外部蒸发速度相协调，常采用以下措施：第一，适当降低外部蒸发速度。可采取降低干燥介质的温度或减少通过种子的干燥介质流量。第二，暂时停止干燥，并将种子堆放起来，使种子内部的水分逐渐向外扩散，一段时间后使种子内外水分均匀一致，该过程称缓苏过程，简称缓苏。实践证明，缓苏时间在 40min 到 4h 之间可使缓苏达到预期效果，经缓苏后，即使不再继续加热，只送入外界空气加以冷却，也可使种子水分继续降低 0.5%～1%。

二、种子干燥的方法

种子干燥方法很多，主要有自然干燥、对流干燥（机械通风干燥和热空气干燥）、红外线辐射干燥、干燥剂干燥、微波干燥、传导干燥和冷冻干燥等方法。

（一）自然干燥

自然干燥就是利用日光、风等自然条件，或稍加一点人工条件，使种子的水分降低，达到或接近种子安全贮藏水分标准。广义的自然干燥是指一切非机械的干燥，分为晒干（即日光干燥）和阴干。自然干燥可以降低能源消耗，防止种子在烘干前受冻而降低发芽率，可以加快种子降水速度，促进种子早日收贮入库，降低种子的加工成本。

一般情况下，水稻、小麦、高粱、大豆等作物种子采取自然干燥可以达到安全水分。玉米种子完全依靠自然干燥往往达不到安全水分，可以用机械烘干作为补充措施。

1. 自然干燥的原理 自然干燥是目前我国普遍采用的节约能源、廉价安全的种子干燥方法。晒干干燥的原理是种子在日光下晾晒时，种子内的水分向两个方向转移：一方面，水分受热蒸发向上，散发到空气中；另一方面，由于表层种子受热较多，温度较高，而底层受热较少，温度较低，因而在种子层中产生了温度陡差，使种子中的水分由表层向底层移动，因而造成表层与底层种子水分在同一时间内相差 3%～5%。为了防止上层干、底层湿的现象，在晾晒时种子摊的厚度不可过厚，一般以 5～20cm 为宜，其中大粒种子可摊铺 15～20cm 厚，玉米、大豆、蚕豆等中粒种子可摊铺 10～15cm 厚，水稻、小麦等小粒种子可摊铺 5～10cm 厚。种子干燥降水速度与空气温度、空气相对湿度、种子形态结构和铺垫物有关，如果阳光充足、风力较大时还可以厚些。另外，晒种子最好摊成波浪形，形成种子垄，增加种子层的表面积，这样晒种比平摊降水快，并经常翻动，使上下层干燥均匀。

但应注意，在南方炎夏高温天气，中午或下午水泥晒场或柏油场地晒种时，因表面温度太高，易伤害种子。

阴干干燥法是将种子置于阴凉通风处，使种子慢慢失去水分，从而达到干燥种子的目的。有的种子要求有较高的安全水分（如树木中的栎类、板栗、油茶、油桐等种子），如果使其干燥或很快脱水，则容易丧失生命力；有的种子种皮薄、粒小、成熟后代谢作用仍旺盛（如杨、柳、榆、桑、桦、杜仲等林木种子）；以及经过水洗从肉质果中取出的种子和大多数中草药种子都需阴干。

2. 自然干燥的方法　自然干燥分脱粒前自然干燥和脱粒后自然干燥，干燥的方法也不相同。

（1）脱粒前自然干燥。脱粒前的种子干燥可以在田间进行，也可在场院、晾晒棚、晒架、挂藏室等处进行，利用日光暴晒或自然风干等办法降低种子的水分。田间晾晒的优点是场地宽广，处理得当会使种子或果实充分受到日光和流动空气（风）的作用降低水分。如玉米果穗在收割前可采用"站秆扒皮"的方法晾晒；高粱收割后可用刀削下穗头晒在高秆垛码上面；小麦、水稻可捆紧竖起，穗向上堆放晒干；大豆可在收割时放成小铺子晾晒。这些方法主要是利用成熟到收获这段较短的时间，使种子水分降低到一定程度。对一些暂时不能脱粒或数量较少又无人工干燥条件的种子，可采用搭晾晒棚、挂藏室、晾晒架等方法，将植株捆成捆挂起来。实践中总结出来的最好的自然降水法是高茬晾晒，高茬晾晒即在收割玉米秆时留茬高 50cm 左右，将需晾晒玉米果穗扒皮拴成挂，挂在玉米秆茬子上，每株玉米秆茬挂 6～10 个玉米果穗。

（2）脱粒后自然干燥。即籽粒的自然晾晒。这种方法古老、简单，还可利用日光中紫外线的杀菌作用。此外，晾种还可以促进种子的成熟，提高发芽率。晾晒种子是在晴天有太阳光时将种子堆放在晒场（场院）上，选择晒场要求地势高燥、四周空旷、阳光充足、空气流通。晒场常见的有土晒场和水泥晒场两种，水泥晒场由于场面较干燥和场面温度易于升高，晒种的速度快，容易清理，晾晒效果优于土晒场。但水泥晒场修建成本高，一般生产单位不易修建，而在种子公司、科研单位或良种场，均应设立水泥晒场。水泥晒场面积可大可小，一般根据本单位晒种子数量大小而定，经验数值是 66.7kg/m²。水泥晒场一般可按一定距离（面积）修成鱼脊形（中间高两边低），晒场四周应设排水沟，以免积存雨水影响晒种。晒种时提前清理晒场，进行清场预晒，使其增温，其次要注意薄摊勤翻。

3. 自然干燥的应用　在我国北方秋冬干燥季节，大气相对湿度很低，一般在 5％以下。由于刚收获的种子水分在 25％以上，其平衡水分大大高于室外空气的相对湿度，种子水分会不断向外扩散失水而达到干燥的目的。但这种干燥方法的干燥时间较长，受外界大气湿度、温度和风速等因素的影响以及秋冬寒潮的冻害。因此这种自然干燥方法在北方应注意防冻，而在南方潮湿地带不能应用。

以谷物种子为例，种子水分在 35％～45％（玉米种子水分为 30％～35％）时，达到生理和功能成熟，此时种子的发芽能力和活力最高，所以种子在成熟后收割越快，质量越高。但由于我国北方地区 10 月上旬经常出现气温降至 0℃以下的天气，且近年来种子生产繁育基地相对集中，烘干设备不足，在短时间内不能将种子全部进行干燥，高水分的种子晾晒不及时，很容易发热变质。如果在 10 月上旬前水分未下降到 20％以下，遇到低温将冻坏种子胚芽而造成种子发芽率降低。实践表明，要保证种子安全，必须"适时早收，高茬晾晒，边晒边烘，以烘为主"。

（二）对流干燥

1. 机械通风干燥

（1）通风干燥的目的。对新收获水分较高的种子，因遇到天气阴雨或没有热空气干燥机械时，可利用送风机将外界凉冷干燥空气吹入种子堆中，把种子堆间隙的水汽和呼吸热量带走，以达到避免热量积聚导致种子发热变质，使种子变干和降温的目的。这是一种暂时防止潮湿种子发热变质，抑制微生物生长的干燥方法。

（2）通风干燥的条件和限制。通风干燥是利用外界的空气作为干燥介质，因此，种子降水程度受外界空气相对湿度所影响。一般只有当外界空气相对湿度低于70%时，采用通风干燥是最为经济和有效的方法。但在南方潮湿地区或北方雨天，因为外界大气湿度不可能很低，因而不可能将种子水分降低到当时大气相对湿度的平衡水分。当种子的持水率与空气的吸水率达到平衡时，种子既不向空气中散发水分，又不从空气中吸收水分。假设种子水分为17%，这时种子水分与相对湿度为78%、温度为4.5℃的空气水分平衡。如果这时空气的相对湿度超过78%，就不能进行干燥（表3-2）。此外，达到平衡的相对湿度是随种子水分的减少而变低。因此，当种子水分为15%时，空气的相对湿度必须低于68%，否则无法进行干燥。同样，平衡相对湿度是随着温度的上升而增高，水分为16%的种子也不可能在相对湿度为73%、温度为4.5℃的空气中得到干燥。

从种子水分与空气相对湿度的平衡关系，可以表明自然风干燥必须辅之以人工加热的原因。所以，当采用自然风干燥，使种子水分下降到15%左右时可以暂停鼓风，待空气相对湿度低于70%时再鼓风，使种子得到进一步干燥。70%相对湿度是在常温自然风干燥下与水分为15%的种子达到平衡水分时的相对湿度。如果相对湿度超过70%时，开动鼓风不仅起不到干燥作用，反而会使种子从空气中吸收水分。所以，这种方法只能用于刚采收潮湿种子的暂时性安全保存。

表 3-2　不同水分的种子在不同温度下的平衡相对湿度（%）

（毕辛华，1993）

温度（℃）	种子水分（%）					
	17	16	15	14	13	12
4.5	78	73	68	61	54	47
15.5	83	79	74	68	61	53
25.0	85	81	77	71	65	58

（3）通风干燥方法。这种干燥方法较为简便，只要有一个鼓风机就能进行通风干燥工作（图3-2）。实际经验推荐，通风干燥时可按种子水分的不同，分别采用表3-3的最低空气流速。

由于种子层厚度对空气流速会有阻力。一般认为，空气流速大于 $9m^3/min$ 时，只会增加电力消耗而不能增加种子的干燥速度，是不经济的。因此通风干燥效果还与种子堆高厚度和进入种子堆的风量有关。堆高厚度小，进风量大，干燥效果明显，种子干燥速度也快；反之则慢。

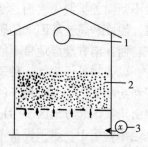

图 3-2　通风干燥法
1. 排风口　2. 种子　3. 鼓风机
（毕辛华，1993）

2. 加热对流干燥　加热对流干燥是使经过加热的干燥介质流过种子表面，从而加速种子干燥速度的方法。此时，干燥介质不但以对流方式将热量传递给待干燥的种子，起载热体的作用，而且还要把从种子中蒸发出来的水蒸气及时带走，又起着载湿体的作用。加热对流干燥速度比自然通风干燥速度快，目前仍是种子干燥的主要方法。

表 3-3 各类种子常温通风干燥作业的推荐工作参数

(毕辛华, 1993)

推荐通风干燥工作参数	种子堆最大厚度（m）	在上述厚度时所需的最低风量 [m³/(m³·min)]	机械常温通风将种子干燥至安全水分时空气的最大允许相对湿度（%）	推荐通风干燥工作参数	种子堆最大厚度（m）	在上述厚度时所需的最低风量 [m³/(m³·min)]	机械常温通风将种子干燥至安全水分时空气的最大允许相对湿度（%）
稻谷种子干燥前水分 25%	1.2	3.24	60	高粱种子干燥前水分 25%	1.2	—	60
20%	1.8	2.40		20%	1.2	3.24	
18%	2.4	1.62		18%	1.8	2.40	
16%	3.0	0.78		16%	2.4	1.62	
小麦种子干燥前水分 20%	1.2	2.40	60	大麦种子干燥前水分 20%	1.2	2.40	60
18%	1.8	1.62		18%	1.8	1.62	
16%	2.4	0.78		16%	2.4	0.78	
玉米种子干燥前水分 30%	1.2	—	60	大豆种子干燥前水分 25%	1.2	—	65
25%	1.5	4.02		20%	1.8	3.24	
20%	1.8	2.40		18%	2.4	2.40	
18%	2.4	1.62		16%	3.0	1.62	

干燥介质对种子生活力的影响主要取决于热空气的温度，以及种子的成熟度、水分和受热时间的长短。种温太高容易杀死胚芽。在不同的平衡相对湿度下，各种谷物干燥的临界温度是不同的（表 3-4）。种子成熟度差且水分较高时，最易丧失生活力。不同种类的种子，其耐热能力不同，为了确保种子具有较强的生活力，Harrington（1972）指出，谷物、甜菜及牧草种子干燥的最高温度为 45℃，大部分蔬菜种子为 35℃。

表 3-4 小粒禾谷类作物种子在不同平衡相对湿度下的临界种温（℃）

(毕辛华, 1993)

作物种类	相对湿度（%）			
	60	70	80	90
小麦	62.8	61.7	58.3	52.2
玉米	51.7	50.6	47.8	46.1
黑麦	53.3	50.0	45.0	40.6
燕麦	58.9	55.0	50.0	

注：生活力的降低小于 5%。

（1）加热对流干燥的几种类型。根据种子的运动方式，加热对流干燥可分为以下几种类型：

①种子固定床式：种子固定床式的最基本特点是种子层静止不动，干燥介质做相对运动，种子烘干后一次卸出。固定床式干燥的基本原理是种子堆放在干燥仓内，热空气从仓底送入，穿过粮层，带走种子的水分，从而达到种子干燥的目的。干燥仓可同时作为通风仓、降温仓和贮存仓。干燥所消耗能源主要有煤、燃气、木材及太阳能。现有的固定床式干燥机主要有 5HD—25Y 型种子干燥机、5HJ—0.5 型种子干燥机、5HD—25F 型种子干燥机。

种子静止（无搅拌装置）的固定床式干燥机烘干种子是分层的，下部先干燥，逐层向上推进，形成厚度不大的烘干区域，烘干区域通常为200～400mm。这种干燥法所用机具结构简单，使用成本低，但干燥时种子颗粒间彼此的接触点不变，与气流接触的有效面积小，干燥速度慢，干燥不均匀。为提高固定床式干燥机的干燥性能，通常需配置搅拌装置。

②种子移动床式：种子与干燥介质接触后实现湿热交换，同时靠重力或机械方法自上而下流动，以增加与介质的接触面积，因而干燥较为均匀。图3-3是种子移动床式干燥示意图，气流通过百叶窗进入种子层，种子下落时，由于有百叶窗板，能产生交错位移。图3-3b中的气流由筛网进入种子层，种子在由筛网围成的柱体中下落，中间有换向板，使里、外层交换。图3-3c、d中种子由筛网进入干燥机，气流从盒式进气管进入后，穿过种子层，由盒式排气管排出。由于盒式进气管、排气管交错排列，使种子下落过程中不断混合并变更相互位置。

在种子移动床式干燥中，根据气流与种子的相对运动方式不同，对流干燥又可分为横流式、逆流式和并流式三种（图3-4）。

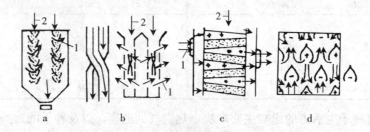

图3-3　种子移动床式干燥
1. 干燥介质　2. 物料流向
a. 百叶窗式　b. 筛网式　c. 盒式管（纵剖面）　d. 盒式管（横剖面）
（孙庆泉，2001）

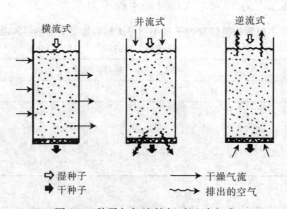

图3-4　种子与气流的相对运动方式
（孙庆泉，2001）

横流式是指种子流向与气流运动方向互相垂直。该方式干燥后的种子水分不匀，靠近气流入口的种子降水多，而靠近气流出口的种子则降水少。横流循环种子干燥机常采用缓苏烘干法干燥种子。缓苏烘干就是热空气（38～48℃）短时间内通过一部分谷层，干燥种壳部分的水分，然后将干后种子短时间贮存，再将缓苏后的种子加热干燥，如此反复进行，直到种子水分达到要求为止的干燥方法。干燥时间与贮存时间的比例一般为1：10左右。由于种子在较低的热风温度下缓慢进行水分蒸发，爆腰率小，发芽率基本不受影响。

逆流式是指种子流向与气流运动方向相反。用这种方式干燥种子，最热的气流遇到的是较干的种子，如果种子层不移动，最下层的种子最先达到平衡水分，并逐渐向上扩展；如果种子层移动，干燥不匀的问题可以得到改善。这种方式气流的出口温度不高，应注意废气的结露问题。

并流式是指种子流向与气流运动方向相同，此时，最热的气流遇到的是最潮湿和温度最低的种子，因此气流温度下降很快，种子水分快速蒸发，但温度却升高不多。种子过了初始干燥区后，便进入缓慢干燥区，温度逐渐升高并继续干燥，气流的相对湿度较高，种子通过这一干燥区时，对种子有缓苏作用，即在不加温的情况下，种子内部的水分向表面扩散，达到种子内、外水分均匀一致。此外，此方式最干的种子所在区的气流温度不高，种子不会出现爆腰和热损伤。

③种子流化床式：所谓流化是指种子颗粒被气流吹起呈悬浮状态，种粒相互分离并作上下前后运动。流化干燥就是在干燥介质作用下使种子处于流化状态进行干燥。图3-5为种子流化床式干燥示意图，气流以一定的速度通过种子层，使种子吹起并悬浮在气流中激烈翻动、纵向沸腾，在向出料口移动过程中得到干燥。该方式的特点是种子与干燥介质接触面积较大，传热效果好，温度分布均匀，干燥速度快，停留时间短，不易使种子过热，但必须在出机后进行缓苏，且不宜干燥初始含水率低的种子。

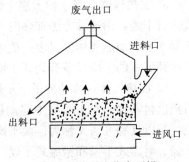

图 3-5　种子流化床干燥
（孙庆泉，2001）

④种子循环式：为了强化干燥过程并提高干燥均匀性，可使种子在干燥时进行循环流动（图3-6）。在干燥机中，已干燥的种子经扫仓螺旋推进器和下螺旋推运器送到升运仓内，与上部潮湿的种子混合。如此不断循环，直到全仓种子都被干燥到规定的水分后，再全部卸出。这种干燥方法可使水分不同的种子彼此间也发生湿热交换，从而加快干燥速度。但该装置比较复杂，能耗也较大。

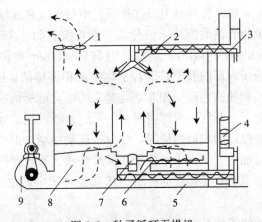

图 3-6　种子循环干燥机
1. 排风机　2. 均分器　3. 上螺旋推运器　4. 升运器
5. 下螺旋推运器　6. 扫仓螺旋推运器　7. 箱体　8. 通风仓板　9. 风机
（孙庆泉，2001）

加热对流干燥种子应注意：①切忌种子与加热器直接接触，以免种子被烤焦、灼伤而影响生活力。②严格控制种温，大多数作物种子烘干温度应掌握在 43℃，并随种子水分的下降可适当提高烘干温度，如水稻种子的水分在 17% 以上时，种温掌握在 43~44℃；小麦种子温度一般不宜超过 46℃。③经烘干后的种子需冷却到常温后才能入仓。

（2）介质加温的方法。在加热干燥时对介质进行加温，以降低介质的相对湿度，提高介质的持水能力，并使介质作为载热体向种粒提供蒸发水分所需的热量。根据加温程度和作业快慢可分为低温慢速干燥法和高温快速干燥法。

①低温慢速干燥法：所用的气流温度一般仅高于大气温度 8℃ 以下，采用较低的气流流量，一般 $1m^3$ 种子可采用 $6m^3/min$ 以下的气流量。干燥时间较长，多用于仓内干燥。

②高温快速干燥法：用较高的温度和较大的气流量对种子进行干燥，可分为加热气体对静止种子层干燥和对移动种子层干燥两种。

a. 加热气体对静止种子层干燥：种子静止不动，加热气体通过静止的种子层以对流方式进行干燥，用这种方法加热时气体温度不宜太高。根据干燥机类型、种子原始水分和不同干燥季节，加热气体的温度一般可高于大气温度 11~25℃，但最高温度不宜超过 43℃。属于这种形式的干燥设备有袋式干燥机、箱式干燥机及现在常用的热气流烘干室等。

b. 加热气体对移动种子层干燥：在干燥过程中为了使种子能均匀受热，提高生产率和节约燃料，种子在干燥机中移动连续作业。潮湿种子不断加入干燥机，经干燥后又连续排出，所以这种方法又称为连续干燥。根据加热气流流动方向与种子移动方向配合，分顺流式干燥、对流式干燥和错流式干燥三种形式，属于这种形式的烘干设备有滚筒式干燥机、百叶窗式干燥机、风槽式干燥机、输送带式干燥机，这些干燥机气体温度较高。各种干燥设备结构不同，对温湿度要求也不一致，如风槽式干燥机在干燥水分低于 20% 的种子时，一般加热气体的温度以 43~60℃ 为宜，这时种子出机温度为 38~40℃，如果种子水分高，应采用几次干燥。

（三）红外线辐射干燥

红外线是一种电磁波，在波谱中占有较宽的波段，介于可见光和微波之间，波长范围是 $0.76~100\mu m$。红外线按电磁波长可分为近红外线、中红外线和远红外线三种，目前还没有统一的划分标准，如按吸收光谱的方法来区分，一般将波长为 $0.76~1.5\mu m$ 的称为近红外线，波长为 $1.5~5.6\mu m$ 的称为中红外线，波长为 $5.6~100\mu m$ 的称为远红外线。

从物质的结构看，分子内部的原子是以若干化学键相连接的；而用力学的观点来分析，分子是由具有质量的原子和使这些原子相互结合起来的结合键所构成的。这些原子都以一定的固有频率运动着，当分子受到红外线辐射时，如果红外线的振动频率与原子固有的运动频率相等时，就会发生与共振运动相似的情况，使分子运动加剧，由一个能级跃迁到另一个能级，而使被照射物体升温加热。又由于水分子在远红外线区有较宽的吸收带，所以红外线将其电磁能量传给与辐射源没有直接接触的种子，从而使种子中的水分运动加剧，升温蒸发，达到干燥种子的目的。

红外线辐射干燥种子的方法具有升温快、质量高、投资少和易控制等优点。红外线有一定的穿透能力（透热深度约等于波长），当种子被红外线照射时，其表面及内部同时加热，此时由于种子表面的水分不断蒸发而使种子表面温度降低，所以种子内部温度比表面温度要高，种子水分的热扩散方向是由内向外。另外，种子在干燥过程中，水分的湿扩散方向总是由内向外的。因此，当种子接受红外辐射时，种子内部水分的湿扩散和热扩散方向一致，加速了水分的汽化，提高了种子的干燥速度。用远红外线干燥种子，只要温度控制适当（种温低于45℃），不会影响种子的质量。此外，红外线还具有杀虫、灭菌的作用，可以防止种子霉变和虫蛀。

（四）干燥剂干燥

1. 干燥剂干燥法的特点　干燥剂干燥是一种将种子与干燥剂按一定比例封入密闭容器内，利用干燥剂的吸湿能力，不断吸收种子扩散出来的水分，使种子变干，直至达到平衡水分为止的干燥方法，可使种子水分降到相当于相对湿度25％以下的平衡水分。其主要特点是：

（1）干燥安全。利用干燥剂干燥，只要干燥剂用量比例合理，完全可以人为控制种子干燥的水分程度，确保种子活力的安全。

（2）人为控制干燥水平。先设定干燥后种子水分水平，再根据不同干燥剂的吸水能力（吸水量），计算种子与干燥剂的比例，从而达到种子干燥的目的。

（3）适用于少量种子干燥。这种干燥法主要适用于少量种质资源和科学研究种子的保存。

2. 干燥剂的种类和性能　当前使用的干燥剂主要有氯化锂、变色硅胶、氯化钙、活性氧化铝、生石灰和五氧化二磷等。

（1）氯化锂。氯化锂（LiCl）为中性盐类，固体，在冷水中溶解度可达45％的质量浓度，吸湿能力很强；化学性质稳定，一般不分解、不蒸发，可回收再生重复使用，对人体无毒害。氯化锂一般用于大规模除湿机装置，将其微粒保持与气流充分接触来干燥空气，每小时可输送17 000m³以上的干燥空气。可使干燥室内相对湿度最低降到30％以下的平衡水分，能达到低温低湿干燥的要求。

（2）变色硅胶。变色硅胶（$SiO_2 \cdot nH_2O$）为玻璃状半透明颗粒，无味、无臭、无害、无腐蚀性和不会燃烧；化学性质稳定，不溶解于水，直接接触水便成碎粒不再吸湿。硅胶的吸湿能力随空气相对湿度不同而不同，最大吸湿量可达自身质量的40％（表3-5）。吸湿后硅胶在150～200℃以下加热脱水后干燥性能不变，仍可重复使用；但烘干温度超过250℃时，则开裂粉碎丧失吸湿能力。一般的硅胶不能辨别其是否还有吸湿能力，使用不便，常在普通硅胶内掺入氯化锂或氯化钴成为变色硅胶。干燥的变色硅胶呈深蓝色，随着逐渐吸湿而呈粉红色，当相对湿度达到40％～50％时会变色。

表3-5　不同相对湿度条件下硅胶的平衡水分

（毕辛华，1993）

相对湿度（％）	水分（％）	相对湿度（％）	水分（％）
0	0.0	55	31.5
5	2.5	60	33.0
10	5.0	65	34.0
15	7.5	70	35.0
20	10.0	75	36.0
25	12.5	80	37.0

（续）

相对湿度（%）	水分（%）	相对湿度（%）	水分（%）
30	15.0	85	38.0
35	18.0	90	39.0
40	22.0	95	39.5
45	26.0	100	40.0
50	28.0		

（3）生石灰。生石灰（CaO）通常是固体，吸湿后分解成粉末状的氢氧化钙：$CaO + H_2O \rightarrow Ca(OH)_2$，失去吸湿作用，不能重复使用，一般每千克生石灰吸水 0.25kg。生石灰具有价廉、容易取材、吸湿能力较硅胶强等优点，但其吸湿能力因品质不同而有差异，使用时需要注意。

（4）氯化钙。氯化钙（$CaCl_2$）通常是白色片剂或粉末，吸湿后呈疏松多孔的块状或粉末。加热后水分蒸发，冷却后可继续使用。一般每千克氯化钙吸水 0.7～0.8kg。吸湿性基本上与生石灰相同或略强。

（5）五氧化二磷。五氧化二磷（P_2O_5）为白色粉末，吸湿性能极强，能很快潮解，有腐蚀性。潮解的五氧化二磷通过干燥，蒸发其中的水分，仍可重复使用。

3. 干燥剂的用量和比例　干燥剂的用量因干燥剂种类、保存时间、密封时种子的水分不同而异。

硅胶的使用量取决于种子的质量、原始水分和需干燥到某相对湿度时的种子平衡水分。例如把质量为 500g、水分为 13.5% 的小麦，干燥到 30% 相对湿度的平衡水分（8.5%），需放硅胶量可按下列方法计算。

$$小麦种子需除去的水分 = （种子原始水分 - \frac{30\%相对湿度的}{种子平衡水分}）\times 种子质量$$
$$= (13.5\% - 8.5\%) \times 500$$
$$= 25.0（g）$$

依据表 3-5，30% 相对湿度下硅胶平衡水分为 15%。因此，

$$需要硅胶 = 小麦种子需除去的水分 \div 30\%相对湿度下硅胶吸水量$$
$$= 25.0 \div 0.15 = 166.7（g）$$

小麦试验结果表明，生石灰、硅胶和氯化钙三种干燥剂的用量和吸湿能力，到达一定程度时即使加大用量和延长吸湿时间至 20d，种子水分几乎不再下降（表 3-6）。由此可见，如果按比例投放干燥剂，种子质量一定，不必过多放入干燥剂，一般以种子与干燥剂用量为1：2即可，以免造成浪费。在长期采用干燥剂贮藏过程中，种子水分随干燥贮藏时间延长而逐渐降低，但越来越缓慢。支巨振采用 3 种作物（水稻、大豆、大白菜）种子、4 种干燥剂（五氧化二磷、生石灰、氯化钙和硅胶）、4 种比例（种子与干燥剂的质量比为1：5、1：3、1：1 和 1：0.5）进行长期的吸湿贮藏试验，结果表明不同作物在不同情况下失水速率存在明显差异，小粒的大白菜种子失水最为快速。

表 3-6 不同比例的干燥剂对小麦种子水分的影响

(毕辛华，1993)

干燥剂种类	干燥剂与种子之比	种子水分（%）	干燥天数及种子水分（%）				备注
			7d	12d	16d	20d	
生石灰	1：0.5	12.8	12.1	8.3	12.1	11.4	生石灰处理的种子干燥到第16天水分有回升现象
	1：1	12.8	11.6	8.4	11.3	10.9	
	1：2	12.8	10.7	7.6	10.2	9.5	
	1：4	12.8	9.9	7.8	9.1	8.6	
变色硅胶	1：0.5	12.8	9.1	11.5	8.6	8.3	变色硅胶处理时，1：0.5、1：4两个处理干燥到第12天水分有回升现象
	1：1	12.8	—	10.5	7.6	7.2	
	1：2	12.8	—	10.2	7.3	6.8	
	1：4	12.8	8.4	8.5	7.2	6.7	
无水氯化钙	1：0.5	12.8	8.7	7.2	6.7	6.4	
	1：1	12.8	8.0	7.2	6.5	6.2	
	1：2	12.8	7.6	7.1	6.4	6.2	
	1：4	12.8	7.5	7.1	6.2	6.2	

（五）微波干燥

微波与无线电波、红外线、可见光等同属于电磁波，它们之间的区别在于频率不同。微波通常是指频率在 300～300 000MHz 之间的电磁波，低于 300MHz 的电磁波是通常的无线电波，高于 300 000MHz 的电磁波依次分别属于红外线、可见光等。微波的波长范围是 1mm～1m，由于微波的波长与通常无线电波波长相比极为微小，故称为微波。

1. 微波干燥的原理 一般物质按其导电性质大致可分为两类。第一类是良导体，微波在良导体的表面会产生全反射，极少吸收，所以良导体不能用微波直接加热。第二类是非导体，又可细分为非吸收性介质和吸收性介质两种。非吸收性介质，微波在其表面发生部分反射，其余部分透入介质内部继续传播，但这种内部传播很少被吸收，热效应极微，故非吸收性介质也不适宜于用微波加热。吸收性介质，微波在其中传播时显著地被吸收而产生热，即具有明显的热效应，这类吸收性介质最宜于用微波加热。各种介质对微波的吸收能力各有不同，但水能强烈地吸收微波，含水物质一般都是吸收性介质，可以用微波来加热升温。

当种子置于微波场中时，由于微波以每秒几亿次的高频周期地改变外加电场的方向，使种子中的极性分子——水分子迅速摆动，产生显著的热效应。此热效应使种子温度上升，加速水分汽化而使种子干燥。

2. 微波干燥的特点 在微波干燥过程中，由于种子的表面与周围介质之间发生热交换和湿交换，使种子表面耗掉一部分热，因而种子表面温度的升高慢于种子内部，结果使种子内部的温度高于种子表面的温度，不会造成外焦现象。水分从种子内的中心层移向表面所经过的距离只是接触干燥方法的一半，即水分的移动距离只等于种子本身厚度的一半，故干燥速度较快。用这种方法干燥种子，还会提高种子的发芽率和使种子消毒，但该干燥方法投资大、成本高，故应用不是很广泛。

3. 微波对种子干燥的作用

（1）干燥速度快，干燥时间短。一般来说，作物种子常规热风干燥的单位降水率应在每小时 1％ 以下，而微波干燥的单位降水率是常规热风干燥的几倍，甚至几十倍。因此，微波干燥时间仅是常规热风干燥时间的几十分之一，大大缩短了干燥时间。这是因为常规加热法热源在外部，种子内部的温度升高是由表及里，主要依靠热传导，由于介质均为不良导体，故传热很慢，种子温度随着加热时间的延长，形成"外高内低"的热度梯度；种子外层水分蒸发很快，湿度变小，而内部水分多，湿度大，形成"内高外低"的湿度梯度；即温度和湿度的方向不一致，阻碍了种子内部水分的蒸发，延长了干燥时间。微波干燥加热的热源在内部，表里一起热，时间短，由于外部易散热，往往内部温度比外部高，这种"内高外低"的温度分布和"内高外低"的湿度梯度相一致，可促进内部水分迅速扩散到表面而蒸发，使干燥时间大大缩短。

（2）种子质量好。微波可透入被加热种子内部，使种子表面与内部的温度同时升高，故加热均匀，表里一致。与传统干燥相比，不仅加热效率高、时间短，而且处理温度低，较好地保持种子中原有物质成分不被破坏，并具有独特的杀菌、杀虫作用，有利于保持种子质量，延长种子贮藏期和提高发芽率。微波在细菌和害虫的膜断面层的电位分布影响细胞膜周围离子和电子的浓度，改变了细胞膜的通透性，使其营养不良、新陈代谢失常、生长发育受阻而死亡。从生化角度讲，细菌和害虫正常生长的 DNA 和 RNA 是由若干氢键紧密连接而成的卷曲大分子，微波会导致氢键松弛、断裂和重组，诱发染色体畸变甚至断裂。

（3）热能效率高。由于微波干燥速度快、时间短，干燥设备本身不耗热，热能绝大部分都作用在物料上，故热能利用率高，一般可节电 30％～50％。

（4）易于自动控制，设备体积小。通过调整输出功率，种子的加热情况可以随时改变，便于连接生产和实现自动化控制，提高劳动生产率，改善劳动条件。试验研究表明，微波干燥农作物种子过程中，需选择合适的功率（一般为 100W）和单位质量功耗，否则会由于干燥热量供给过大引起种子降水速率过快，造成种子爆腰率增加（如水稻）、淀粉糊化程度过高（如小麦）或蛋白质急剧变性（如油菜）等现象，严重地影响种子的发芽率和种用价值。

微波干燥以其独特的加热特点和干燥机理，在农作物种子干燥方面有十分广阔的应用前景，如与热风干燥结合起来，可进一步提高干燥过程的效率和经济性。用微波干燥农作物种子在国内目前应用较少，规模亦小，随着微波设备和技术的不断完善和宣传推广，微波干燥将会得到进一步推广应用。

（六）传导干燥

传导干燥法（conduction drying）也称为接触干燥法，是指种子水分汽化所需的热量，是从与种子直接接触的热表面得到的。为了保证种子干燥质量，干燥时热表面的温度不能过高，否则种子容易失去发芽能力；但若温度太低，又会影响干燥速度。当种子层很薄或种子很潮湿，则采用传导干燥较为适宜。例如在热炕上烘干种子，在蒸汽式烘干机中种子边运动边与蒸汽管接触而被烘干均属于此法。但这种方法的缺点是干燥慢而不均匀，温湿度不易控制，成本较高。

（七）冷冻干燥

冷冻干燥也称冰冻干燥（freeze-drying），这一方法是使种子在冰点以下的温度产生冻结，即利用升华作用以除去水分，从而达到干燥的目的。

1. 冷冻干燥的原理　水分的状态分固态、液态和气态三相，当在水的三相冰点以下的温度、压力范围内，冰与水汽能够保持平衡，而在这种条件下，对冰加热即可以直接升华为水蒸气；由于冰的温度能够保持在对应于外界压力下的一定温度，因而能顺次升华为水蒸气。在低温状况下除去种子水分时，种子的物理变化与化学变化是很小的，如再加水给冷冻种子，就可以立即复原。因此，利用冷冻干燥法可使种子保持良好的品质。

2. 冷冻干燥的方法　通常有常规冷冻干燥法和快速冷冻干燥法两种。常规冷冻干燥法是将种子放在涂有聚四氟乙烯的铝盒内，铝盒体积为 254mm×38mm×25mm，然后将置有种子的铝盒放在预冷到 -10～-20℃的冷冻架上。快速冷冻干燥法是将种子放在液态氮中冷冻，再放在盘中，置于 -20～-10℃的架上。然后将箱内压强降至 40Pa 左右，将架子温度升高到 25～30℃给种子微微加热，由于压力减小，种子内部的冰通过升华作用慢慢变少。升华作用是一个吸热过程，需要供给少许热量。如果箱内压力维持在冰生物水蒸气压以下，则升华的水蒸气会结冰，并阻碍种子中冰的融解。随着种子中冰量减少，升华作用也减弱，种子堆的温度逐渐升高到与架子的温度相同。

3. 冷冻干燥的应用　冷冻干燥原理早在 19 世纪初期已经提出，直到 20 世纪初才得到应用。在种子方面研究冷冻干燥保存较早的是 Woodstock，他在 1976 年报道了采用冷冻干燥改进种子耐贮性的研究，确定了洋葱、辣椒和欧芹种子冷冻干燥的适宜时间，洋葱和欧芹以 1d 为宜，辣椒以 2d 为宜。表现出干燥损伤的水分因作物而不同，欧芹种子水分为 2.4% 时就表现出干燥损伤，而洋葱水分为 2.1%、辣椒水分为 1.3% 时，均未表现干燥损伤。试验表明，冷冻干燥对种子贮藏在高温条件下有良好效果，并可在中温或低温条件下延长贮藏时间。1983 年 Woodstock 等又报道应用冷冻干燥进行长期贮藏，表明冷冻干燥后其长期贮藏性明显增加，尤其对洋葱的干燥效果更好。经冷冻干燥的种子贮藏后，发芽率的下降并不太明显（表 3-7）。

表 3-7　冷冻干燥对洋葱、辣椒和欧芹种子长期贮藏性的作用
（种子在氟石干燥剂上于 40℃经 2 夜，然后于环境温度下保存的时间）
（Woodstock，1983）

种子处理		种子水分（%）			发芽率（%±SD）				
		0	1	8	0	1	2	8	
								正常幼苗	不正常幼苗
洋葱	−	9.0	5.7	1.1	90±4	34±4	4±2	0±0	9±6
	+	4.1	2.1	0.6	85±5	85±2	79±3	79±3	8±1
辣椒	−	7.4	—	—	88±1	0±0	0±0	0±0	0±0
	+	3.2	1.5	1.0	90±5	78±5	79±4	15±1	4±5
欧芹	−	9.9	5.1	1.9	76±8	64±8	53±1	0±0	0±0
	+	5.1	2.9	1.6	81±4	74±5	46±6	0±0	0±0

冷冻干燥这一方法，可以使种子不通过加热将自由水和多层束缚水选择性地除去，而留下单层束缚水，将种子水分降低到通常空气干燥方法不可能获得的水平以下，而使种子干燥损伤明显降低，增加了种子的耐贮性，因此这种方法不仅适用于种质资源的保存，而且在当前已有大规模的冷冻设备用于食品冷冻干燥的情况下，也可应用这些设备进行大规模的种子干燥。

第四节　种子干燥过程

一、种子干燥的特性

（一）种子的传湿力

1. 种子的传湿力　种子是一种吸湿的生物胶体。种子在低温潮湿的环境中能吸收水汽，在高温干燥的环境中能散出水汽，种子这种吸收或散出水汽的能力称为种子的传湿力。

2. 影响传湿力的因素　种子传湿力的强弱主要决定于种子本身的化学组成、细胞结构以及外界温度。如果种子内部结构疏松、毛细管较粗、细胞间隙较大、种子含淀粉多和外界温度高时，传湿力就强，反之则弱。根据这个道理，一般说禾谷类种子的传湿力比含蛋白质多的豆类种子相对要强，软粒小麦种子传湿力比硬粒小麦强。

3. 传湿力与种子干燥的关系　传湿力强的种子，干燥起来比较容易；相反，传湿力弱的种子，干燥起来比较慢。在干燥过程中，一定要根据种子的传湿力强弱来选择干燥条件。传湿力强的种子要选择较高的温度干燥，干燥介质的相对湿度要低些，并可进行较大风量鼓风；传湿力弱的种子则相反。

（二）种子干燥的介质

1. 种子干燥介质　要使种子干燥，必须使种子受热，将种子中的水汽化后排走，从而达到干燥的目的。单靠种子本身是不能完成这一过程的，需要一种物质与种子接触，把热量带给种子，使种子受热，并带走种子中汽化出来的水分，这种物质称为干燥介质。常用的干燥介质为空气、加热空气、煤气（烟道气和空气的混合体）。

2. 干燥介质对水分的影响　为了防止种子发热变质、受冻、自热和发芽等，首要问题是降低种子水分。影响种子干燥的条件是介质的温度、相对湿度和介质流动速度。

种粒中的水分是以液态和气态存在的，液态水分排走必须经过汽化，汽化所需的热量和排走汽化出的水分，需要介质与种子接触来完成。干燥介质与种子接触时，将热量传给种子，使种子升温，促使其水分汽化，然后将部分水分带走。干燥介质在这里起着载热体和载湿体的双重作用。

种粒水分在汽化过程中，其表面形成蒸汽层。若围绕种粒表面的气体介质是静止不动的，则该蒸汽层逐渐达到该温度下的饱和状态，汽化作用停止。所以，如果使围绕谷粒表面的气体介质流动，新鲜的气体可将已饱和的原气体介质逐渐驱走，而取代其位置，继续承受由种子中水分所形成的蒸汽，则汽化作用继续进行。因此，要想使种粒干燥，降低水分，与其接触的气体介质应是流动的，并需设法提高该气体介质的载湿能力，即提高它达到饱和状态时的水汽含量。

如何提高空气在饱和状态下的水汽量？在一定的气压下，每立方米空气内水蒸气最高含量与温度有关，温度越高则饱和湿度越大。因为温度提高，气体体积增大，所以它继续承受水蒸气量也加大，饱和湿度也要加大，相对湿度就要降低（相对湿度＝绝对湿度/饱和湿度）。一般情况下，空气温度每升高1℃，相对湿度可下降4%～5%，同时种子中空气的平衡湿度也要降低。这是因为：相对湿度小为种子水分汽化和放出水分创造了条件；饱和湿度增大，不仅增加了空气接受水分的能力，而且能促使种子中水分迅速汽化。

因此，提高介质的温度，是降低种子水分的重要手段。可以说用任何方法加热空气，空气原有的水分虽然没变，但持水能力却逐渐增加。热风干燥就是利用空气的这一特性，从而加速干燥进程，提高干燥效果。

（三）空气在种子干燥过程中的作用

种子干燥过程中，一方面对种子进行加热，促使其自由水汽化；另一方面要将汽化的水蒸气排走，这一过程需要用空气作介质进行传热和带走水蒸气。利用对流原理对种子进行干燥时，空气介质起着载热体和载湿体的作用；利用传导和辐射原理进行干燥时，空气介质起载湿体的作用。掌握空气与种子干燥有关的性能，对保证种子干燥质量有重要意义。

1. 空气的重度与比容 单位体积空气的质量称为重度，用符号 γ 表示：

$$\gamma = \frac{G}{V}$$

式中：γ——空气的重度，kg/m^3；

　　　G——空气的质量，kg；

　　　V——空气的体积，m^3。

单位质量空气所占有的体积称为比容，用符号 U 表示：

$$U = \frac{V}{G}$$

式中：U——空气的比容，m^3/kg；

　　　V——空气的体积，m^3；

　　　G——空气的质量，kg。

2. 空气的压力 空气作用于单位面积上的垂直力称为压强。在工程上，习惯将压强称为压力。在干燥风机和气力输送中，一般所说的"压力"均指在单位面积上承受的力而言。

空气的总压力等于干空气和水蒸气分压力之和，即：

$$P = P_g + P_s$$

式中：P_g——干空气的分压力；

　　　P_s——水蒸气的分压力。

空气中的水蒸气占有与空气相同的体积，水蒸气的温度等于空气的温度。空气中水蒸气含量越多，其分压力越大；反过来，水蒸气分压力的大小也直接反映了水蒸气数量的多少，它是衡量空气湿度的一个指标。种子干燥中，要经常用到这个参数。

种子干燥是在大气压下工作的。由于大气压力不同，空气的一些性质也不同。所以，在种子干燥时应注意大气压变化的影响。

3. 空气的湿度 自然界中的空气总是含有水蒸气的，从烘干技术角度来看，空气是气体和水蒸气的机械混合物，称为湿气体。湿度是表明空气中含有水蒸气多少的一个状态参数，通常用绝对湿度和相对湿度来表示。

（1）绝对湿度。每立方米的空气中所含水蒸气的质量即空气的绝对湿度，单位是 kg/m^3 或 g/m^3。这个数值越大，说明单位体积内水蒸气越多，湿度也越大。

空气中能够容纳水汽量的能力随着温度的增高而加大，但在一定温度下，每立方米空气所能容纳的水汽量是有限度的。当空气达到饱和状态时，水汽含量的最大值称为饱和水汽量，又称为饱和湿度。表 3-8 为不同温度下的空气饱和湿度。

（2）相对湿度。空气的相对湿度，就是在同温同压下，空气的绝对湿度和该空气达到饱和状态时的绝对湿度之比值的百分率，它表示空气中水汽含量接近饱和状态的程度。

$$相对湿度 = \frac{绝对湿度}{饱和湿度} \times 100\%$$

相对湿度可以直接表示空气的干湿程度。相对湿度越低，表示空气越干燥；相对湿度越高，表示空气越潮湿。一般习惯用湿度这个名词表示相对湿度。

影响相对湿度变化的因素是：①空气中实际含水汽量（绝对湿度）的多少。②温度的高低。温度越高，相对湿度越低（因为温度高，饱和湿度大）。

从上式可以看出，相对湿度小时，必须是绝对湿度小，或者饱和湿度大。这两种情况都表明达到饱和程度还差很远，还有很大的"潜力"承受从外界来的水蒸气，这对研究干燥种子的空气介质来说，是一个很重要的参数。相对湿度越低则干燥种子越迅速，所以它是决定干燥种子是否可以采用自然通风或辅助加热干燥的重要参数。干燥种子时干燥介质的相对湿度不能超过60%。

表 3-8 空气的饱和湿度

（颜启传，2001）

温度 （℃）	饱和水汽量 （g/m³）	温度 （℃）	饱和水汽量 （g/m³）	温度 （℃）	饱和水汽量 （g/m³）	温度 （℃）	饱和水汽量 （g/m³）
−20	1.087	−3	3.926	14	11.961	31	31.702
−19	1.170	−2	4.211	15	12.712	32	33.446
−18	1.269	−1	4.513	16	13.504	33	35.272
−17	1.375	0	4.835	17	14.338	34	37.183
−16	1.489	1	5.176	18	15.217	35	39.183
−15	1.611	2	5.538	19	16.143	36	41.274
−14	1.882	3	5.922	20	17.117	37	43.461
−13	1.942	4	6.330	21	18.142	38	45.746
−12	2.032	5	6.768	22	19.220	39	48.133
−11	2.192	6	7.217	23	20.353	40	50.625
−10	2.363	7	7.703	24	21.544	41	53.8
−9	2.548	8	8.215	25	22.795	42	56.7
−8	2.741	9	8.858	26	24.108	43	59.3
−7	2.949	10	9.329	27	25.486	44	62.3
−6	3.171	11	9.934	28	26.931	45	65.4
−5	3.407	12	10.574	29	28.447	50	83.2
−4	3.658	13	11.249	30	30.036	100	597.4

二、种子干燥特性曲线与干燥阶段

（一）种子干燥特性曲线

种子干燥特性曲线是指介质温度、相对湿度、种层厚度和介质穿过种层的速度等条件不变的情况下，把种子水分、种子表面温度等的变化随着时间变化的关系分别用图线来表示所得的曲线。种子干燥特性曲线包括干燥曲线、温度曲线和干燥速度曲线。这些曲线是根据实验数据做出的，反过来又对干燥过程起指导作用。

1. 干燥曲线和温度曲线　在干燥过程中，种子含水率（wg）（干基）与干燥时间（t）的关系曲线称为干燥曲线。种子表面温度（Q）与干燥时间（t）的关系曲线称为温度曲线。这两条曲线的制作方法是：在恒定的干燥条件下，即干燥介质的温度、相对湿度、流速及与种子的接触方式在整个干燥过程中保持恒定，将实验过程中各时间间隔（Δt）内种子含水率的变化（Δwg）及种子表面温度（Q）记录下来，然后根据实验数据做出如图 3-7 所示的干燥曲线及温度曲线。根据干燥曲线，可查出将种子干燥至某一含水率所需的干燥时间；根据温度曲线，可看出种子表面温度随时间变化的情况，以防止种子因干燥温度过高而造成发芽力降低的情况出现。

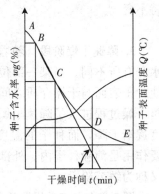

图 3-7　干燥曲线与温度曲线
（孙庆泉，2001）

2. 干燥速度曲线　干燥速度（u）是指单位时间内种子含水率的变化。干燥速度的变化是函数 $wg = f(t)$ 的一次导数，在干燥曲线上任一点的切线斜率就表示在该点的干燥速度 u，即：

$$u = \tan\sigma = dwg / dt$$

种子干燥速度与种子含水率之间的关系曲线称为干燥速度曲线。干燥速度可由干燥曲线通过图解法求出。在干燥曲线上任一点切线的斜率，即切线与水平线之间的夹角（β）的正切值即为此时的干燥速度（u）。根据种子含水率（wg）和干燥速率（u）就可做出干燥速度曲线（图 3-8）。根据干燥速度曲线可查出不同含水率所对应的干燥速率。

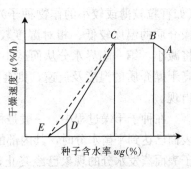

图 3-8　干燥速度曲线
（孙庆泉，2001）

（二）种子干燥阶段

种子干燥过程可分为四个阶段，即预热阶段、恒速干燥阶段、降速干燥阶段及冷却阶段。

1. 预热阶段　种子一开始受热，温度呈线性上升，而种子的水分还没有下降或降低很少，这个短时间称为种子的预热阶段，如图 3-8 中的 AB 线段所示。在这个阶段，干燥介质供给种子的热量主要用来提高种子的温度，只有部分热量使水分蒸发。预热阶段的长短取决于种子的初始温度、一次干燥种子的数量及干燥条件（如干燥介质的温度、流速等）。随着种子温度的提高，种子表面的水蒸气压不断增大，使干燥速度加快。当干燥介质供给种子的热量正好等于水分蒸发所需的热量时，谷物温度不再升高，干燥速度也不再变化，此时干燥过程进入恒速干燥阶段。

2. 恒速干燥阶段　恒速干燥阶段如图 3-8 中的 BC 线段所示。在这个阶段，种子从内部扩散到表面的水分大于或等于从表面蒸发的水分，其表面温度等于干燥介质的湿球温度，干燥介质的温度与种子表面温度之差为定值。在此过程中，由于种子表面始终保持湿润，其表面水蒸气压等于湿球温度下的饱和蒸汽压，从种子表面蒸发水分就像在水面蒸发一样。在恒速干燥阶段，种子表面水蒸气分压处于与种子温度相适应的饱和状态，所有传给种子的热量都用于水分的汽化，种子温度保持不变，甚至略有下降。种子干燥速度达到了最大值，且保持不变。

$$u_{max} = \tan\sigma_{max} = (\mathrm{d}wg/\mathrm{d}t)_{max}$$

3. 降速干燥阶段　随着干燥过程的进行，种子的水分逐渐下降，不同干燥部位种子水分有所不同。当某一部位的种子水分降低到平衡水分之后，其表面的水蒸气压将下降，使种子表面与干燥介质之间的水蒸气压之差减小，从而使种子的平均干燥速度减慢，于是干燥过程进入了降速干燥阶段，如图 3-8 中的 CDE 线段所示。在这一阶段中，干燥速度逐渐下降，而种子的温度则逐渐上升。停止供热使种子保湿（数小时）的过程，其主要作用是消除种子内、外部之间的热应力，减少爆腰损失。该阶段的干燥速度稍有降低，又称为缓苏阶段。

图 3-8 中恒速干燥阶段与降速干燥阶段的交点 C 称为第一临界点，与该点对应的种子平均水分称为第一临界水分。当第一临界点出现时，由于不同干燥部位种子水分不均匀，有的部位水分达到了平衡水分，有的部位高于平衡水分，因此，第一临界水分将大于平衡水分。在干燥过程中，不同位置的种子水分越不均匀，种子表面和内部的水分相差就越大，第一临界水分和平衡水分之差也就越大。

第一临界点出现的迟早不仅与种子的平衡水分有关，也与种子的形状及大小、种子厚度、干燥介质的状况和数量有关。当水分从种子内部扩散到种子表面的扩散速度越大（如籽粒较薄或较小的作物种子），水分从种子表面蒸发到干燥介质中的速度越慢（如干燥介质的温度较低、相对湿度较大、干燥介质流速较小）时，种子内部与表面的水分差将减小，第一临界水分从而减小（但不会小于平衡水分）；反之，若增大干燥速度，即提高干燥介质的温度及流速，则会使种子表面水分蒸发速度提高，从而使第一临界点提前出现。

在种子干燥过程中，一般是种子内部的水分比种子表面的水分高，也就是说，当种子的表面已达到平衡水分时，其内部的水分却还比平衡水分高。当种子表面达到平衡水分时，种子表面蒸发水分的现象已经终止，此时便出现了干燥过程的第二临界点，如图 3-8 中的 D 点所示。此后，种子水分的蒸发更加困难，干燥速度进一步下降。当种子各部分的水分都达到平衡水分后，干燥速度等于零，种子的温度被提高到干燥介质的温度。

降速干燥阶段的干燥速度取决于种子内部水分向外扩散的速度。种子的化学组成和结构不同，种子内部水分的扩散速度不同，降速干燥阶段曲线的形状及第二临界点的位置则也有所不同。

4. 冷却阶段　冷却阶段是对干燥后的种子进行通风冷却，使种子温度下降到常温或较低温度。该阶段的种子水分基本上不再变化，干燥速度降到基本等于零。

（三）干燥过程中的温度变化

就温度而言，由曲线分析可知，在预热阶段中，种子温度由于干燥介质的作用急剧上升，达到种子表面水分大量汽化的程度；随后进入恒速干燥阶段，种子表面水分由于大量汽化，则温度有所下降；在降速干燥阶段，由于汽化逐渐减少，使消耗在水分汽化的热量减少，剩余的热量促进种子本身的温度升高，种子与介质的温差逐渐变小，直到干燥速度等于零。汽化停止时，种子的温度就接近干燥介质的温度。当种子温度与介质温度相等或接近时，种子干燥完毕。因此，温度控制器也是一种很好的水分控制器。

假如用高温或者比较高的温度长时间干燥种子，种子内部水分向外移动的速度大大低于表面水分汽化的速度时，易引起表皮干裂，即通常所说的爆腰现象，所以必须掌握干燥的温度和时间，干燥温度一般在38～43℃。

目前，避免产生表皮干裂的方法是：①低温干燥；②缓慢冷却加热后的种子；③一次降水幅度要有一定限度，并有缓苏期；④对热风干燥应设有恒温控制装置。

（四）干燥时间

干燥所用时间的长短，影响着干燥质量，与生产率也有关。但影响它的因素极为复杂，最好在实际工作中，在相近的条件下进行试验查定。一般来说水分在25％时，降水不宜过快。实践证明，籽粒干燥降水以每小时1％左右为宜，玉米、高粱果穗干燥降水在每小时0.5％左右为宜。

（五）种子干燥曲线的应用

1. 提高干燥介质（空气）的温度，可减少时间 t，即高温快速干燥，但过高的温度又对种子造成伤害　研究表明，当种子温度达50℃时，发芽率开始下降。因而对每一种作物种子进行干燥时，都不能超过允许的温度值。对于谷物种子来说，允许的温度（T）可按下式计算：

$$T = \frac{2\,350}{0.37(100 - \omega) + \omega} + 20 - 10\lg t$$

式中：ω——种子水分；

t——种子干燥时间；

0.37——谷物种子中干物质热容量。

从上式可以看出，种子水分（ω）越大，允许的干燥温度越小，即当被干燥的种子水分高时，种温应低些。那种不管种子在仓内或干燥前的含水情况，统统用同一温度进行干燥处理的做法是不合理的；反之如果一开始就用较高温度干燥，然后不降低温度的做法更是错误的。

2. 要尽量缩短 AB 段，利用 BC 段，避免进入 CDE 段　从干燥速度曲线（图3-8）可知，在整个干燥过程中，恒速干燥阶段的速度最大，所以要充分利用 BC 段，避免（缩短）CDE 段。当达到临界水分以后，应停止加热，进行自然散湿。但也不能在 C 点以前停止加热，否则达不到干燥要求，又得进行第二次干燥。而第二次加热时，又必须经历 AB 段预热，AB 段降水少，热耗高于 BC 段，会增加能耗。

3. 加热干燥种子时，种子水分达到入仓标准时必须立即停止干燥，否则会出现过度干燥　种子与粮食不同，不仅要保持不霉烂变质，更主要的是保持种子的生活力。过度干燥往往会破坏种子中的结晶水，而该水分一旦破坏，种子也就失去了生活力。

第五节　常用干燥设备

种子干燥设备具有生产率高、不受天气影响和确保种子发芽率等优点，已经越来越引起人们的重视，并得到广泛应用。种子干燥设备必须具备低温干燥、精确控温和防止混种等基本要求，确保种子的纯度和发芽率达到国家标准。常用的干燥设备应包括下列部分：①干燥室和场地。用来存放待干燥的种子。②通风机。将干燥介质输送进种堆中以干燥种子。③加热器。将干燥介质加热或种子加热，以提高种子温度，从而提高种子的降水速度。④翻动装置。使种子翻动以达到均匀加热、均匀干燥的目的。⑤缓苏降温装置。使受热种子温度下降，并使种堆各部分的水分均匀一致。⑥输送与循环设备。用作种子的进出和使种子再次循环干燥。在干燥系统中，可以根据实际情况选用其中的几部分或全部。

一、仓式干燥装置及通风贮仓

仓式干燥（storehouse drying）装置通常是利用干燥热空气对仓内种子进行干燥的设备。通风贮仓一般是以常温干燥空气对仓内种子进行通风降湿的设施。这两种设施互相配合，组成仓式干燥装置及通风贮仓，是广泛应用的一种种子干燥设备。

（一）仓式干燥装置

目前使用的仓式种子干燥装置主要包括以下三种类型。

1. 整批全仓干燥　整批全仓干燥就是将全仓湿种子整批进行干燥，其结构见图 3-9。仓内放置的种子层可达 5m 深，干燥所用的通风强度较低，干燥区上移速度较为缓慢，若干燥时间过长则容易引起上层种子发芽或霉变，因此使用该设备所干燥的种子，其初始水分不能过高（湿基水分在 20% 以下）。实际上，整批全仓式干燥只限于晴朗季节收获且水分较低的小麦、稻谷等小粒种子，或用于干燥深秋收获的玉米种子。

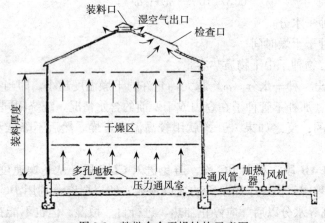

图 3-9　整批全仓干燥结构示意图
（董海洲，1997）

整批全仓干燥所使用的热空气是通过加热器加热，并配合鼓风机将热空气输送进种仓中。加热器提供的热量可使空气温度提高 3~11℃。通过提高空气温度以减小进入种堆的空气相对湿度。若空气温度升高到超过气温 11℃ 以上时，常会引起明显的"过干"现象，但这可保证整套干燥系统的干燥能力。

在使用整批全仓干燥设备干燥种子时，要按照大气温度、湿度确定干燥空气的加热温度和加热后热空气的相对湿度，要核定将被干燥处理种子的初始水分，还要在干燥作业过程中经常检查全仓种子的温度和水分变化，清楚种子干燥带的位置，让风机连续运转，直至干燥带移至外层或通过全仓种子为止。

整批全仓干燥方法的管理较简单，热能利用充分，种子不会过热，种子不会出现裂纹。其缺点是管理周期偏长。

2. 分层全仓干燥　分层全仓干燥就是将种子分批分层入仓，然后立即进行干燥。干燥过程中，在种子层中形成一干燥带，干燥带随着干燥进程的持续而上移。在第一层种子的干燥带到达上层即干燥接近完成时，再将第二层湿种子加入。每层湿种子的加入是周期性的，有时每天加一次或数天加一次，总之使湿种子在干燥带移至上层时入仓。种子加满仓之后，干燥工作仍然继续进行，直至干燥带贯通全仓种子为止。最先入仓的第一层种子具有最高的初始水分，此时种子层较薄，因此种子层的通风量最大；最后入仓的末层种子一般具有最低的初始水分，此时种子层最厚，因此干燥过程的通风量最小，这也是分层全仓干燥的主要特点。

分层干燥必须有计划地进行，必须掌握收获时的种子水分、空气的干燥状况、干燥仓仓容、热空气通风干燥能力及风力的大小、干燥带的移动速度等。干燥时要妥善安排种子层厚度和进仓计划，务必使种子干燥带的前锋在种子发生霉变之前便已抵达，以保证各层种子不至发霉。该干燥方法与整仓干燥方法相比较，可允许在种子水分较高时即开始入仓干燥，干燥时间也短，但其干燥管理却要相对复杂得多。

3. 整仓分批干燥 整仓分批干燥就是用小型的干燥仓将种子整批进行干燥，然后将已干燥的种子转移至另一种仓进行缓苏降温或贮藏。这种方法就是利用大量加热空气通过种子层，可以获得快速干燥的效果。该干燥方法的种子层厚度通常只有 1m 左右，热风温度为 54~71℃，通风强度每吨种子为 455~945m³/h，干燥时间视种子的初始水分而定，一般为 10~30.5h。整批种子在仓内一次性干燥至所要求的最终水分为止，然后将种子转入贮存仓。整仓分批干燥由于种子层较薄，加之热空气温度较高，热空气相对湿度较低，所以干燥带形成以后将很快逐渐向上移动，干燥带以下种子将出现"过干"现象并处于与干燥介质平衡状态。为避免整批种子过干，当干燥带前锋移至整仓种子平均水分并达到要求的水分时，干燥工作即告结束。

用这种干燥方法干燥的种子，批次中存在较大的水差，即在干燥刚刚结束时各种子层间存在着较大的水分差异，具体表现为底层水分最低并有时出现过干现象，上层水分最高。这种水分不均现象，在贮存仓缓苏通风降温过程中可以部分消除，在以后的种子贮存期间，高水分将逐渐扩散，过干种子也将吸收水分，使种子水分差异进一步缩小。为了防止水差过大，一般在种子入仓后都尽可能使种子面保持平整，使种子层厚度一致，这种做法旨在尽量保证种子干燥的均匀。

整仓分批干燥法应用较广，因为各种尺寸（直径 5.49~14.63m）的圆筒仓都可以应用这种干燥方法，3.5~15kW 的风机及加热器的机组可以在这些圆仓中配合使用，且干燥种子层深度可根据每日不同收获量与收获计划灵活掌握，在收获季节终了时干燥仓可改为分层干燥方式。英美国家普遍采用。整仓分批干燥过程中，每批种子从上层至下层的水分梯度变化较大，因而种子出仓时干湿相混，必须在贮藏仓或缓苏仓通风降温 1~2h，这样会使水分不均的情况得到一定程度的改善。整仓分批干燥法的缺点是，在干燥过程中种子装卸、转移至少要两次，劳动强度较大；在种子"过干"情况下出仓再入仓容易损伤种子。

上面介绍的三种仓式干燥方法都存在种子干燥不均匀或"过干"的问题，尚需要改进。装有循环装置的仓式干燥机（barn drying machine）就此问题进行了改进，干燥不均的情况得到明显改善。

仓式循环干燥机适用于谷物种子的干燥。种子堆放在由波纹金属板或其他材料制成的圆仓内，仓内地板为筛网或穿孔金属板，地板下面的空间为空气压力室，气流透过地板进入种子堆，湿空气从仓顶出气口排出。仓的顶部有进料口，其下设有均分器。均分器可以是固定的导向装置或旋转的抛散装置，也可用水平均布螺旋推运器。在固定床仓内，当种子层较厚时，为使种子层干燥均匀，有时装上一垂直螺旋输送器，用以搅拌种子层。垂直螺旋输送器既有自转又有公转，其作用遍及全仓。干燥后根据需要可关掉热源，鼓入常温空气，对种子进行冷却。卸种时，由布置在地板上的扫仓螺旋输送器将种子扫入地板下面的卸种输送器，然后送出仓外。种子搅拌装置和循环装置就是试图改善干燥不均匀或"过干"的一种设施。搅拌装置使仓底干种子移至种子上层，同时使上层种子向下移动，种子通过搅拌得到混合，从而达到均匀干燥的目的。使用搅拌装置后，圆仓内自下而上种子水分的范围缩小；由于种子受到搅拌，透过种子层的通风量增加，干燥速度加快，而且允许每批种子厚度增加到2～2.5m。种子循环装置可将靠近仓底多孔板上的种子（水分已经降低到一定程度）移出并输送至种子层表面。最理想的情况是使种子移出或循环速度等于干燥带透过种子层的速度。其实，由于循环装置将下层种子移出，这实质上相当于将干燥带保持在静止状态，只是将湿种子不断地通过循环装置输送至该位置接受干燥。当全部种子经过一个完整的循环过程后（即全部种子都经过循环装置转移一遍），这批种子的干燥便已完成或接近完成。

循环干燥过程与传统的整批分仓干燥过程相比有很大改进，且具有以下特点：①种子不至于过干，也可以在较高的初始水分下开始干燥；②高水分种子在短时间内与最热的空气接触，有利于提高干燥效率；③由于不存在"过干"现象，种子在装卸转移过程中的破损率降低。

（二）常温通风降湿设施

常温通风降湿设施主要是以较低的通风强度，使用不加热（常温）空气对仓储种子进行通风降湿，以维持种子干燥度的设备。通风的目的主要是：①防止种子水分增加，使贮存种子各处的温度保持均匀一致；②降低种温，以抑制霉菌生长及仓虫活动；③排除不良气体；④将熏蒸杀虫剂散布于种子层内以杀除仓虫。

常温通风降湿作业一般只适用于已经达到入仓水分标准的种子，可以有效防止水分的增加或种温的升高。在通风过程中，种子的水分也将有所下降（一般下降0.1%～0.5%）。常温通风降湿设施不宜使用于原始水分超过20%的种子，因为其干燥过程过于缓慢，干燥时间过长，容易造成高水分种子在干燥期间因种温提高而发霉、发芽。

常温通风降湿设备的使用必须考虑当时空气相对湿度和温度。若空气相对湿度大于种子在某温度下的平衡水分所对应的平衡相对湿度，则种子在通风过程中将会自动吸湿；反之，若空气相对湿度远低于种子在某温度下的平衡水分所对应的平衡相对湿度，通风时间过长将引起种子过干，造成不必要的能量损失和种子损失。

关于常温通风设备的风量比，国内有关研究资料表明，种子温度下降10℃左右，通风8～10h，风量比为42.8～100m³/（h·t）；国外有关资料推荐通风时间为40～160h，风量比为6.6m³/（h·t）。

1. 通风降湿降温仓 目前使用的通风降温仓（图3-10）可配合种子干燥设备对贮存的种子进行降温，也可作为间歇干燥的缓苏仓使用。通风降温仓主要由通风机、通风管道和贮种仓组成。通风降温面积为32m²（8m×4m）。通风管道一般开设在地面之下，在上述面积范围内设置两条地下通风道。两通风道间距应不超过种子层高度，槽宽为200mm，槽深为200～400mm，地下通道通向槽外与通风机连接，风道上盖有10目的铁丝网或筛板。风机流量约7 000m³/h，全压力为980Pa，转速为1 500 r/min，动力约 5kW。种子层厚度为2m，每仓可容纳种子量40t，通风时间一般为5~8h，经通风后种温不高于气温3℃。

2. 圆筒仓通风降湿降温设备 在圆筒仓中，增设地下通风道和风机后便可组成圆筒仓通风降湿降温设备。该设备的通风道设置在地下，可作环形布置或开叉式布置（图3-11）。在风道末端设置通风管，风管是方形截面。也可以用袋装种子砌筑成通风道，通风道上面用透气较好的竹席或硬板覆盖。为增加通风性能，还可以在通风道末端各竖立长1m、内径300mm的通风用竹管。

3. 单管通风设备 单管通风（monotube ventilation）设备是一种可移动的简单通风设备（图3-12）。风机与一根通风管相连，再与电动机连接而成。单管通风设备的风机风量为570~1 500 m³/h，全压力为735~1 670 Pa，电动机功率为0.35~1.4kW，风机转速为2 800~2 900 r/min，通风管内径为75~100mm，用壁厚约2mm的钢管制成。管身为两段，上段长约1.5m，下段长约2m，在风管下段末端约0.5m长度范围内开有2~4mm孔径的圆孔作通风之用。风管末端制成锥状，以便插入种子层。该设备结构简单、使用方便、价格较低、通风效果好、管理费

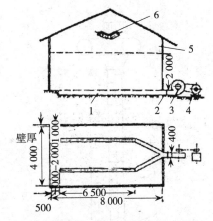

图 3-10 通风降湿降温仓结构示意图（单位：mm）
1. 地下风道 2. 风管 3. 通风机 4. 电动机
5. 排气窗口 6. 仓顶皮带输送机 7. 铁丝网 8. 筛板
（孙庆泉，2001）

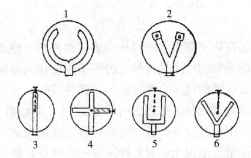

图 3-11 圆筒仓通风降湿降温设备风道布置
1. 环形 2. 开叉 3. 条形 4. 十字形 5. U形 6. 叉形
（孙庆泉，2001）

用低。在较大的贮存仓中，可将若干单管通风设备联合使用。一台 0.35kW、570m³/h 的单管通风设备可对 12.5~20.0m² 仓面积或 28~40t 种子进行通风降湿降温之用。

4. 径向通风仓 径向通风仓（radial ventilation storage）是利用不加热空气对散落性好的种子进行干燥的设备（图3-13）。它由木板仓壁、中心通风管、活塞式阀门、混合卸种装置、分离筒和风机等组成。径向通风仓属于整批全仓式干燥通风设备，既可用作种子干燥设备，也可以用作通风降温设施。在工作过程中，种子静止不动，用风机将不加热空气压入中心通风管，经气孔径向穿过种子层，从仓壁的通气孔散发出去，一部分空气穿过种子层从仓的顶部散发出去。

木板仓壁是用带有百叶窗式通气孔的金属板条和木板分段制成，各段用弧形角铁连接，弧形角铁的曲率半径有各种规格，以适应不同容量的径向通风仓需要。木板仓壁具有隔热、吸收和散出水分的特点，所以种子散出的水分不易在内壁上形成水珠，从而降低了近仓内壁种子吸湿加温变质的风险。一般木板占仓壁面积的70%左右。混合卸种装置是由很多间隔

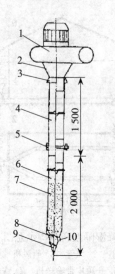

图 3-12 单管通风设备（单位：mm）

1. 通风机 2. 喇叭形管 3. 橡皮垫 4. 上风管
5. 螺孔部分 6. 下风管 7. 气孔
8. 锥形头钻孔部分 9. 锥形头布钻 10. 螺旋桨叶

（孙庆泉，2001）

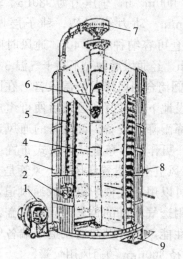

图 3-13 径向通风仓

1. 风机 2. 观察孔 3. 木板仓壁 4. 中心通风管
5. 混合卸种装置 6. 活塞式阀门 7. 分离筒
8. 金属板条 9. 固定桩

（孙庆泉，2001）

安装在两个侧板上的栏板构成，栏板与仓壁有一定间隙，与径向通风仓种子出口相通。混合卸种装置的作用是迫使仓内种子逐层均匀地卸出，滚动的种子层很薄，这样既能使种子流动时对仓壁的侧压力保持最小，卸种流畅，又能使靠近中心通风管比较干燥的种子与靠近仓壁比较潮湿的种子在卸出时尽量混匀。中心通风管有足够的通风面积，其中间装有活塞式阀门，用以改变中心通风管的有效长度，来适应径向通风仓不同容量的需要。径向通风仓具有干燥批量范围大和安装拆卸方便的优点，缺点是干燥度不均匀，降水率较小。

二、成批循环式热风干燥机

成批循环式热风干燥机（for-loop batching dry machine）是在 20 世纪 70 年代开发并广泛推广使用的。循环干燥机主要由供热装置、种温自动控制装置和主机三部分组成（图 3-14）。主机部分的结构主要包括干燥箱（缓苏段、干燥段）、定时排种机构、输送绞龙、提升器、卸种装置、风扇、清种机构和传动装置等。在干燥箱的干燥段内，由 8 张平行排列的孔板将干燥段分为 2 个热风室、4 个种子通道和 3 个废气室，热风室和废气室之间为种子通道。种子通道下端分别设有 4 个定时排种轮。热风室与热风炉相通，废气室与风扇相通。经热风炉加热的空气在吸风机的作用下，被吸入干燥段的热风室，并透过种层。在干燥段内，热空气与种子较充分的接触，使种子吸收热量并蒸发出水分，由热气流带走，经废气室从吸引风扇排出机外。受热获得干燥的种子由排种轮定时排至干燥箱下部，经下绞龙、提升器运到干燥箱顶部的上绞龙，再从上绞龙出种口均匀地散布在缓苏段内进行缓苏。缓苏段的种子在自重作用下，从上到下缓慢地移至干燥段，如此不断地循环直至种子水分达标为止。该类型干燥机采用较低的热风温度（50～60℃），种子加热与缓苏在同一机体内进行，采用较短的加热时间（6～11min）、较长的缓苏时间（60min 左右），不断循环，直到降至所要求的水分标准为止。

成批循环式干燥机工作时，种子经料斗、提升器送入干燥箱体，由排种机构将种子排给输送绞龙，输送绞龙又送给斗式提升器，种子自顶部下落到若干个干燥段，靠自重向下流动。种子进入干燥段的瞬间至第二次进入干燥段的瞬间为一个循环。热风自热风室连续横向穿过干燥段的薄种层，使种子加热升温蒸发水分，通过种子层的废气由风机排出机外，这样周而复始地实现循环干燥，直至种子的水分符合入仓标准为止。种子通过缓苏段，内部水分逐渐向外移动，为下一循环的升温降水创造条件。

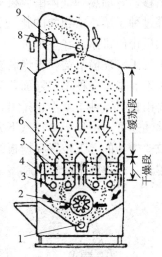

图 3-14 5HZ—3.2 型循环式种子干燥机
1. 出种螺旋推进器 2. 吸引风扇 3. 排种槽轮
4. 烘干段 5. 热风室 6. 废气通道 7. 缓苏段
8. 均布螺旋推进器 9. 斗式提升机
(孙庆泉，2001)

成批循环式干燥设备的工艺合理，能保证干燥质量，不影响种子的发芽率，因此是一种较理想的种子干燥机。目前我国研制的这类干燥机主要有 5HZ—3.2 型谷物种子干燥机和 5H—3.2 型干燥机等。5HZ—3.2 型循环式干燥机属间接加热型，热风温度为 54~57℃，生产率为 200~369kg/h，最大容量为 3.2t，吸引风扇属双级轴流型，每小时降水率为 0.6%~1%，该机通常使用的机内热风温度为 45~65℃，最高出机种温为 35~43℃。

三、塔式干燥机

塔式干燥机（tower drying machine）是一种种子与空气对流传热、连续干燥的装置。塔式干燥机的最大优点是内部容积大、烘干时间长，可以大幅度降水（一次干燥降水幅度可达 5%~6%），适用于需要大幅度降水的小麦、玉米种子。这种干燥机在干燥水分小于 20% 的种子时，加热气体的温度一般约 70℃ 为宜，这时种子出机温度为 38~40℃，如果种子水分较高则应采取多次干燥的方法。由于塔式干燥机的结构复杂、造价较高，并且种子易受高温损伤，故使用时应特别注意选择合适的技术参数。

由于塔式干燥机内部角状气道的形状、尺寸、排列方法、进气道和排气道的布置等不同，故又可分为整体式和组合式两种类型。

整体式塔式干燥机使用较多的是五角形气道、平行排列、隔层进出气（图 3-15）。其塔身为整体式，多为砖、水泥结构，保温性能好。五角形气道以一定排列方式固定在塔的两侧壁上，一端封闭，另一端开口，开口在进气侧的是进气角状管，开口在排气侧的是排气角状管。种子从烘干塔的顶部溜管进入，多余的种子从回种管流出。进入烘干塔的种子，先经过贮种段，然后到烘干段被热空气烘干，再经过隔离段到达冷却段，经过冷却的种子进入排种段后被排出。

组合式塔式干燥机采用全金属结构（图 3-16）。组合式类型的结构便于系列化生产，各系列组合箱的长和高相等，但宽度可根据使用者的具体要求组合确定。组合箱为矩形，横向开底的风管道分层排列，每层风管由几条管道组成，进气层与排气层交替排列。为了有助于气流的均匀分布，各管道截面是由大变小，即沿长度方向有一定的锥度。侧壁采用刚度大的钢板，设有百叶窗。侧壁上装有易装卸的门。干燥过程中，种子靠其自重在进、排气管间自上而下移动。加热的气体由风机吸入干燥装置，经加热气体分配室和进气管，从进气管底溢出，穿过种子层，由相邻的排气管吸入废气室，再经风机排出。种子干燥后进入冷却室冷却，然后排出机体。在整个种子干燥过程中，干燥装置中的气体压力低于大气压力，所以没有尘土飞出，环境清洁。干燥装置有少许漏气，会造成加热气体的部分损失。顶部的进、排气管决不能暴露在种子层外面，为此在干燥装置的顶部装有流量控制装置，当种子的喂入量小于排出量时，种子就停止排出，直到干燥机顶部又流满种子器时再自动运转。种子自上而下的移动速度，由位于冷却室下方的排出装置控制，它是一个往复振动的栅板，由偏心机驱动，改变槽斗的上下位置和栅板的振幅就可以改变种子的流动速度。种子排出越慢，干燥的时间越长，去掉的水分也就越多。

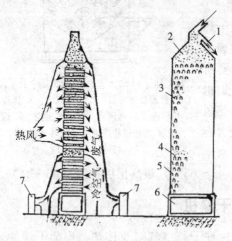

图 3-15　整体式塔式干燥机
1.回种管　2.贮种段　3.烘干段　4.隔离段
5.冷却段　6.排种段　7.风机
（孙庆泉，2001）

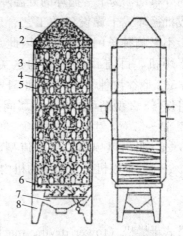

图 3-16　组合式塔式干燥机
1.种子　2.限位器　3.进气管道
4.排气管道　5.干燥箱体　6.调整口
7.振动排种装置　8.机座
（孙庆泉，2001）

四、滚筒式干燥机

滚筒式干燥机（cylinder drying machine）是利用煤气混合气对种子进行干燥的机械，其结构包括炉子、空气混合室、滚筒和风机等部分（图3-17）。干燥室为一回转滚筒，由传动齿轮带动，转速为 $0.5\sim0.8r/min$，滚筒直径约 1m，长度约为直径的 3.5 倍，滚筒内部装有提升用的叶片。工作时，滚筒以 $0.5\sim0.8r/min$ 的速度旋转，筒内的叶片将种子带起，并随滚筒转到一定高度后落下。混合气在滚筒内与种子接触，加热种子，蒸发水分。滚筒的出口端有一吸风机，用于吸走废气。滚筒与水平面成一倾角，斜度为 $1/15\sim1/$

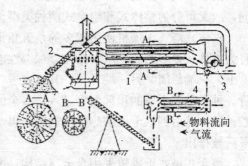

图 3-17　滚筒式干燥机
1.干燥滚筒　2.加热炉　3.风机　4.干燥机
（孙庆泉，2001）

50，调节此角的大小可以改变种子在滚筒内的流动速度，这种结构一般可使种子充满滚筒容积的 15%～20%。有的滚筒式干燥机后面还接着一个结构类似的冷却滚筒，经过干燥的种子进入冷却滚筒内缓苏，冷却后再排出机外。我国生产上使用的滚筒式干燥机一般不使用冷却滚筒和缓苏仓，主要是基于节约能耗和降低制作成本的考虑。

滚筒式干燥机属于快速干燥装置，种子在滚筒内的干燥时间较短，只有 1～2min，种温升高很快，当种温达到 55℃时便从滚筒出口输出。实践表明，干燥处理后的种子再经过缓苏和通风降温，不仅可以使种温下降，而且还可以使种子水分再下降 1%～1.5%。

五、玉米穗干燥室

玉米穗干燥室（corn ear drying room）的结构如图 3-18 所示。在玉米穗干燥室的整体结构中，主风道位于干燥室中央，两侧是干燥室，干燥室的孔状通风底板倾斜安置，其斜度以玉米穗能自动下滑为宜。底板下压力通风室用活门与主风道相通。干燥室外侧，每个干燥室上装有上料活门、卸料活门和槽式输送器。干燥时，风机将加热空气从主风道送入，经活门进入压力通风室，然后穿过孔状通风底板对玉米穗进行干燥。干燥后打开卸料活门，玉米穗滑落到槽式输送器上，运至脱粒机脱粒。脱粒后的玉米种子送入种子暂时贮仓。玉米干燥室属间歇式干燥系统，采用燃油加热器，加热气体温度可高些，但不能影响种子发芽率，干燥室的气体流量为 15m³/（m³·min），堆放深度不宜超过 3m。

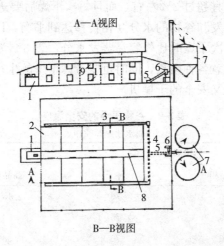

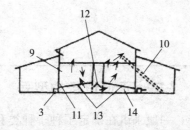

图 3-18　玉米穗干燥室

1. 加热器与风机　2. 干燥室　3. 槽式输送器　4. 横向输送器　5. 刮板式输送器 6. 脱粒机　7. 种粒存放室

8. 主风道　9. 上料活门　10. 刮板式输送器　11. 卸料活门　12. 活门　13. 通风底板　14. 压力通风室

（孙庆泉，2001）

第六节　干燥设备的技术参数

一、干燥设备的总体要求

在选择种子干燥设备时，必须考虑两个因素，一是经济，二是安全。经济效果的好坏，主要取决于所采用的燃料在当地的价格，以及干燥设备的热利用率高低等。一般单位热耗值（按环境温度 20℃、相对湿度 70％）应该满足直接加热 1kg 水小于或等于 5 500kJ，间接加热 1kg 水小于或等于 8 000kJ。这些将直接影响到种子烘干后的成本。安全问题一般要突出两个方面，一是机械设备的安全，二是工艺性能的安全。所谓机械设备安全，是指干燥机本身在运行过程中的稳定性以及谷物种子的损伤率。一般情况下，干燥设备的工作可靠度应不低于 95％，使用寿命不低于 10 年，种子的发芽率和发芽势不得降低，破损率增值小于或等于 0.3％，且干燥后种皮色泽不变。通常机械安全比较容易做到，而生产工艺性能安全则比较难以掌握。由工艺性能影响的主要因素有干燥时采用的热空气温度、种子与热空气接触的时间、种子的水分、干燥速度、一次干燥降水幅度、气流流量及分配的均匀性等。尤其对稻谷种子干燥，应特别注意工艺性安全的程度，掌握不好容易使谷物种子龟裂（即爆腰），使种子的发芽率降低。因此采用热空气干燥谷物种子除按照所要求的温度及干燥速度进行干燥外，每次干燥的降水幅度不能太大，也就是说不能一次将谷物从较高的水分降至安全水分。一般每次干燥的降水幅度不宜超过 2％左右，而且每次干燥后要进行堆放缓苏 10h 以上。堆中谷物内的水分向外表层散发和谷物的水分互相转移达到平衡，以消除谷物中的内应力，减少爆腰的可能性，可使下一次干燥时比较容易蒸发水分。表 3-9 为谷物干燥的安全温度。总之，在选用干燥机时必须注意各种因素，同时也要考虑干燥的生产规模和安装、维修及操作的方便性，才能选好既经济又安全的干燥机。

表 3-9　谷物干燥的安全温度

（曲永祯，2002）

谷物种类	热风温度（℃）		干燥谷物温度（℃）	
	商品粮	种子	商品粮	种子
小麦	90	70	45	38
黑麦	95	75	53	38
大麦	70	70	38	38
饲料大麦	100	70	60	38
燕麦	100	70	60	38
饲料玉米	100	70	60	38

二、干燥设备的型号

对于干燥设备型号的选择，一般来讲在确定了种子种类和数量、降水幅度和作业周期，就可以选择相应的型号。但由于各设备厂家在标定型号时执行的标准不统一，其含义差别也很大。具体型号要根据不同设备厂家来定。

（一）玉米果穗干燥

玉米果穗干燥设备的型号是以每批装积容量为主参数进行标定的。常用的有每批 30t、

60t、100t、200t 和 400t 几个型号，特殊需要时可以通过改变干燥室容积或数量派生变形系列。通过计算装积容量、粒穗比和降水速率，就可以选择相应的型号。玉米果穗干燥降水速率的参考值是：从 30% 降至 18% 为 0.25%～0.30%，从 18% 降至 14% 为 0.15%～0.20%。

（二）籽粒干燥

分批式干燥选型方法与玉米果穗干燥基本相同，不同之处在于籽粒干燥周期较短，因此非干燥作业（装卸料及点火）占用时间比例很大，在计算时要扣除这部分时间。大多数情况下，连续式干燥应用最为广泛，其选型也稍为复杂一些。目前，各厂家在标定型号时，有以生产率为主参数的，也有以处理量为主参数的；关联参数降水幅度有 5%、4% 或 1%；还有的干燥机其实际干燥能力与标定型号不符，所有这些都给建设单位的设备选型带来了困难。最近颁布的国家标准 GB/T 16714 对干燥机型号做了统一规定：主参数是生产率（t/h），关联参数降水幅度定为 5%，代表作物是小麦（对通用型而言）。如果要选择的干燥机型号与国标不统一或担心其干燥能力不能达到标定要求，可参考下面的公式和数据进行判定。

1. 生产率和处理量的关系　生产率是单位时间内出机的干种子质量，而处理量是单位时间进机的湿种子质量。其数学关系如下：

$$P = P_1 \times \frac{1-(M_1-M_2)}{100-M_2}$$

式中：P——生产率，t/h；

　　　P_1——处理量，t/h；

　　　M_1——干燥前种子水分；

　　　M_2——干燥后种子水分。

2. 作物种类的换算　对于专用型干燥机而言，其标定的型号就是针对该类作物的。而对于通用型干燥机，不同作物其生产率不同，有的差别很大。如稻谷，由于其容重低，允许的降水速率慢，所以其生产率一般只相当于玉米的 50%～60%。

3. 干燥机容料量的测定　判定干燥机生产率能否达到设计要求的直接办法就是测算其容料量。干燥机要达到某一生产率指标，必须具有相应的有效容积。其计算的经验公式如下：

$$G = P(M_1-M_2)r$$

式中：G——干燥段（可包括冷却段）的容料量，t；

　　　r——被干燥物的允许降水速率，玉米为 0.8%～1.2%，稻谷为 0.5%～0.8%。

例：有 6t 玉米种子（粒），初始水分为 25%，在 10h 内需要干燥到 15%，平均每小时降水率为 1%，求干燥机的干燥段容料量和平均每小时的干燥生产率是多少？

解：每小时的处理量为：

$$P_1 = \frac{6t}{10h} = 0.6(t/h)$$

则每小时生产率 $P = 0.6 \times \dfrac{1-(25-15)}{100-15} = 0.53(t/h)$。

干燥机的干燥段容料量 $G = 0.53 \times (25-15) \times 0.01 = 0.053t$。

三、燃料、加热方式及耗热量

种子干燥以往使用的燃料有烟煤、无烟煤及柴油，因煤炭运输问题、污染及成本问题，现在很少利用；柴油也因价格不断上涨，烘干成本太大，正在逐步减少。因粗糠来源比较广泛、成本低，正成为烘干的主要燃料。粗糠主要来源于作物的秸秆及稻壳等。加热方式有直接加热和间接加热两种。一般无烟煤和柴油多采用直接加热，而烟煤和粗糠采用间接加热。

在选择燃料和加热方式时要考虑：①对种子的污染；②设备投资；③使用成本；④取材是否方便及是否便于操作。

一般情况下，干燥机直接加热干燥谷物时，每蒸发 1kg 水的平均耗热量为4 800～5 200 kJ。但干燥玉米穗时，耗热量却大大超过这个数值，这并不是耗热量本身在变化，而是由于在干燥玉米粒的同时，玉米芯的水分也同时在蒸发，故玉米穗的干燥耗热量中已经包含了玉米芯的水分蒸发所耗用的热量，一般为10 000～12 000kJ。

例：有5t谷物种子，其初始水分为25％，要求在10h内干燥到15％，求干燥机每小时耗热量及需煤量。

解：根据已知条件，设 $T=5t=5\,000kg$，$M_1=25\%$，$M_2=15\%$，则5t谷物的总降水量：

$$W=T\times\frac{M_1-M_2}{100-M_2}=5\,000\times\frac{25-15}{100-15}=588.2(kg)$$

每小时要求的降水量：

$$W=\frac{588.2}{10}=58.82(kg/h)$$

故每小时干燥机的最低耗热量（每千克水耗热4 800kJ）：

$$Q=58.82\times4800=282.336(kJ)$$

若采用的燃料为煤，设煤的发热值为28 800kJ/kg，需煤量：

$$B=\frac{282.336}{28\,800}=9.8(kg)$$

当然在具体确定干燥机的耗热量时，还要稍大于上述数值，以留有一定的余量。另外，若采用间接加热干燥时，应在以上所计算的耗热量基础上增加约30％的热量，才能满足干燥的要求，因为间接加热除加热器散热面积增加外，烟气将带走一些热量。

四、风机风量和风压

(一) 风量的确定

每立方米玉米穗每分钟需要 8～12m³ 的空气，而粒状谷物干燥时的单位通风量比玉米穗大，为 18～25m³。如果已知干燥机内的谷物种类和容积，就可以根据单位通风量估计出单位时间干燥机、室、仓所需要的通风量。

例：一个烘干机的烘干段容积为 7.14m³，将用来烘干粒状谷物，求烘干机每小时需要的通风量。

解：已知粒状谷物的单位通风量为每立方米谷物每分钟需 18～25m³ 的空气，则干燥机每小时的通风量：

$$Q=7.14\times18（25）\times60=7\,711（10\,710）（m^3/h）$$

实际应用中，还应考虑热空气的温度对燃烧情况的利用、风门的调整等因素。若热空气的温度超过种子温度或种子的耐温限度，则应将风门进口开大而将燃料量减少；若热风温度低，则应关小风门的进口，以尽量提高热空气的温度，因为提高温度比提高气流量对干燥速度的影响大。当然仅温度高而空气量不能满足要求时，干燥速度也不会快，因为空气量不足而难于将介质容纳的大量水汽带到空气中去。因此在选用时对热量和风量均应留有余量，以防外界温度变化能得到补偿。

（二）风压的估计

所谓风压是指在干燥过程中，气流在通过种子时所受到的阻力。由于在种子堆积中气流通过的速度很慢，故所呈现的阻力主要是静压，因此在确定风压时应以静压为基准来选择风机。根据一般经验，按照前面所提供的单位通风量数据，玉米穗堆积高度为 3m 左右时，静压值为 700Pa 左右；粒状种子堆高为 0.5m 左右时，其静压值为 500Pa。当然，在实际应用时还要加上通风风槽和加热器等对气流的阻力。另外，种子堆积不宜太高，也就是说静压不能太大，否则功率消耗太大。

（三）通风机的选择

常用的通风机有两种类型，一种是轴流式通风机，另一种是离心式通风机。决定选择哪种风机时，其选择的根据主要是风量、风压。一般来说，轴流式通风机风量较大，风压较小；离心式通风机则与轴流式通风机相反，风压高，而风量相对比较小。所以在选择时应根据风机样本或风机目录所列出的数据，查找出要求的风量、风压最接近的而又略大于基本要求的风量与风压数值，而且还要确定风机的转向。

目前干燥设备上所用的通风机都属于离心式通风机。

离心式通风机可分为：低压，压力在 980Pa 以下；中压，压力在 980～2 900Pa；高压，压力在2 940～14 700Pa。

种子干燥加工常用的是低压和中压的离心式通风机，而高压的离心式通风机只有在气流式干燥机和输送中才应用。

低压通风机的号码相当于以 dm 来表示的通风机的叶轮直径。如 5 号通风机的叶轮直径即为 5dm 或 500mm。中压通风机的叶轮直径比低压通风机的叶轮直径大 10%。

离心式通风机的构造很简单，是由叶轮、螺旋形机壳、轴等组成。

通风机叶轮的叶片数量，通常有 6～64 片不等。叶片的形状主要有前弯、后弯和直叶三种。前弯叶片在同样条件下，能产生较高的压力，是常用的一种。但是由于前弯叶片的叶道较短，叶道断面积较大，气流容易产生涡流。而后弯叶片的叶道狭长，叶道断面逐渐增大，气流被增压及加速过程比较平稳。在同样的风量、风压下，后弯叶片通风机的噪声小，涡流损失小，效率也比其他叶片型为高，且电机不易过载，稳定性较好，所以目前具 4～72 片叶轮等风机均采用后弯叶片，为高效中低压离心式通风机。它的缺点是叶轮尺寸比较大，且较易积灰。

我国目前在谷物干燥或谷物清选上基本都采用中压通风机，而低压通风机一般用于对粮堆进行机械通风或干燥设备的冷却室方面。

离心式通风机的风送能力（m³/h）能够造成压头和真空度的大小，取决于叶轮的圆周速度和通风机的结构。

叶轮圆周速度可按下式计算：

$$v = \pi D n / 60$$

式中：D——叶轮外径，m；

n——叶轮转速，r/min。

如果叶轮直径一定，则其圆周速度与转速成正比。

种子干燥设备的干燥强度大小与穿过种层的气流速度有很大关系，而对于一定结构的干燥设备，其干燥室内穿过种层的气流则直接取决于通风机的送风量。因此，增大送风量就能提高干燥设备的生产能力。

对于在干燥设备一定的热风系统内工作的离心式通风机，提高通风机叶轮的转速就能增大风量，因此在这种情况下，通风机产生的送风量、压力、需用功率与其叶轮转速存在的比例关系，通常称为通风机的比例定律：

（1）通风机所产生的通风量与叶轮转速呈正比，即：

$$Q_1/Q_2 = n_1/n_2$$

（2）通风机所产生的压力与其叶轮转速的平方呈正比，即：

$$H_1/H_2 = n_1^2/n_2^2$$

（3）通风机所需要的功率与其叶轮转速的立方呈正比，即：

$$N_1/N_2 = n_1^3/n_2^3$$

应强调指出，提高风机转速时，必须重新计算它的功率，以免原配电动机过载；同时还必须考虑叶轮的力学强度，以免存在叶片脱落、飞出的危险。

（四）干燥时间的估算

在干燥作业时，由于种子的初始水分不相同，为减少干燥过程中对水分的测定次数，有必要对干燥时间进行估算。估算方法是在进行一次试干燥后，求得干燥机每蒸发 1kg 水的平均耗热量后，便可根据以下公式求出各种不同水分的种子干燥到要求水分的时间：

$$干燥时间 = \frac{总降水量}{小时降水量} \quad (h)$$

其中，

$$总降水量 = 每批种子质量 \times \frac{初始水分 - 干燥水分}{100 - 干燥水分} \quad (kg/批)$$

$$小时降水量 = \frac{加热器小时发热量}{种子每蒸发 1kg 水的耗热量} \quad (kg/h)$$

五、国内外主要干燥设备的技术参数

（一）国外主要干燥设备的技术参数

1. 横流式谷物干燥机 湿谷物从贮粮段靠重力向下流至干燥段，加热的空气由热风室受迫横向穿过粮柱，在冷却段有冷风横向穿过粮层。粮柱的厚度一段为 0.25～0.45m。干燥段料柱高度为 3～30m，冷却段高度为 1～10m。根据谷物类型和对品质的要求确定热风温度，横流式干燥机一段有两个风机，即热风机和冷风机，热风风量为 15～30m³/min 或 83～140m³/min，静压较低，为 0.5～1.2kPa。

2. 顺流式谷物干燥机 在顺流式谷物干燥机中热风和谷物的流动方向相同，最热的空气首先与最湿的物料接触，故可以使用较高的热风温度。干燥机内设有筛网，谷物依靠重力向下流动。谷床厚度一般为 0.6～0.9m，一个单级的顺流干燥机一般均有一个热风机和一个冷风机，废气直接排入大气，干燥段风量一般为 30～45m³/min，冷却段风量为 15～23m³/min，由于谷床较厚，气流阻力大，静压一般为 1.8～3.8kPa。国际上生产顺流式谷物干燥机的厂家有美国的 York 公司和加拿大的 Westlaken 公司（表 3-10）。

表 3-10 美国顺流式谷物干燥机作业性能参数

（谷铁城，2001）

干燥机参数	试验 1	试验 2	试验 3
环境温度（℃）	1.1	0.6	1.7
环境相对湿度（%）	75～95	77～94	73～97
谷物温度（℃）	8.9	15.0	21.1
初水分（%湿重）	26.2	26.5	24.5
热风温度（℃）	141.7～111.1～80.4	141.7～111.1～80.4	141.7～111.1～80.4
终水分（%湿重）	15.5	14.8	17.4
出机粮温（℃）	23.3	24.4	26.1
入机粮容重（kg/m³）	643.48	652.46	647.33
出机粮容重（kg/m³）	669.12	664.00	669.12
生产率（湿谷，t/h）	35.35	31.76	55.70
生产率（干谷，t/h）	30.86	27.4	50.92
热耗（kJ/h）	16 758 150	17 851 236	14 163 662
电耗（kJ/h）	63 413	63 413	63 413
去水量（kg）	4 491.4	4 360.7	4 794.9
单位热耗（kJ/kg）	3 731.2	4 093.7	2 953.9
单位能耗（kJ/kg）	3 745.3	4 108.2	2 967.1
破碎敏感性增量（%）	3.8	9.5	-0.5

3. 逆流式谷物干燥机 在逆流式谷物干燥机中，热风和谷物的流动方向相反，最热的空气首先与最干的谷物接触。谷物温度接近热风温度，故使用的热风温度不可太高。低温潮湿的谷物则与温度较低的湿空气接触，因而易产生饱和现象。在烘干高水分谷物时谷层温度有一个最佳值，由于谷物和热风运动轨迹平行，所有谷物在流动过程中受到相同的干燥处理。一般由一个圆仓和多孔底板组成。湿谷由仓顶喂入，底板上设有扫仓螺旋装置，螺旋除自转外还绕谷仓中心公转，将物料自仓底输送到中心卸除。国际上采用的逆流干燥仓有 Shivvers、Sukup、Stormore、Behlen 和山本等。

4. 混流式谷物干燥机 混流式谷物干燥机在国际上应用较为广泛。其特点是通用性好，电耗低，干燥质量好。内部排列有多层角状盒，其形状、大小、数目和排列方式对干燥机的性能、物料品质和干燥均匀性有重要影响。通用的角状盒截面形状是五角形，也有三角形、菱形，角状盒斜面上带有通气孔，角状盒垂直面做成百叶窗式。从截面形式来讲，有等截面和变截面。混流式干燥机中应有最广泛的是五角形角状盒，其结构简单，容易制造，安装方便。俄罗斯、丹麦、瑞典和法国的干燥机多采用五角形角状盒。通常角状盒用 0.8～1.5mm 的薄钢板制成。布置角状盒要注意使物料流动顺利和受热均匀。国际上生产大型混流式干燥机的公司和厂家很多，主要有丹麦的 Cimbria、加拿大的 Vertec、法国的 Law、英国的 Carier、德国的 Stela 和瑞典的 Swegma，俄罗斯生产的谷物干燥机大多都是混流式（表 3-11）。

表 3-11　国外主要混流式种子干燥机性能参数

（谷铁城，2001）

型号	Cimbria（丹麦）	Law-denis（法国）	Carier（英国）	Svegma（瑞典）	Allmet（英国）	Bentall（英国）	CP（俄罗斯）
生产率（%）	25	20	20	20	20	20	16
降水率（%）	4	5	5	5	5	5	6
单位蒸发量（kg/h）	100	100	100	100	100	100	96
总功率（kW）		38	29	24.75	23.9	26.85	40
单位热耗（kJ/kg）	4 198					3 182	4 976
单位电耗（kW·h/kg）		0.032	0.025	0.021	0.020	0.023	0.035
干燥机高度（m）	13.7	8.68		8.215	6.98	8.03	11.30
干燥机塔数	1	2	1		2	2	1
标准段数	8	8			14	10	
角状管总排数	32	32			28	40	55
每排角状管数	5	3			4	10	16
角状管总数	160	96			112	400	880
热风风量（m³/h）	67 200					84 940	60 700

5. 圆筒内循环式谷物干燥机　圆筒内循环移动式干燥机结构简单，质量轻，生产率高。比如一个直径 2.4m、高 5m 左右、质量 1 500kg 的干燥机，每小时可烘玉米 2t（降水 5%）；一天（20h）可干燥 40t；每 15min 种子就完成一个循环；循环 20 次就可以降水 10% 以上。部分发达国家主要圆筒形内循环式干燥机的技术参数见表 3-12。

表 3-12　国外主要圆筒形循环式干燥机参数性能

（谷铁城，2001）

型号	GT-380（美国）	Master Junior（英国）	Moridge 8330（美国）	Mecmar 9/90（意大利）	Opico 380s（英国）	Lely550（英国）	Gsi620-B（美国）	Agrex AG100（德国）	Law Denis 8290（法国）
立式螺旋直径（cm）	30.48	30.48	25.4	35.56	30.48	25.4	30.48	32	30
立式螺旋转速（r/min）	275	240		225	275				
每循环所需时间（min）	10~12	20	8~10	8~10	10~12	10~12	12~12		

（续）

型号	GT-380（美国）	Master Junior（英国）	Moridge 8330（美国）	Mecmar 9/90（意大利）	Opico 380s（英国）	Lely550（英国）	Gsi620-B（美国）	Agrex AG100（德国）	Law Denis 8290（法国）
每小时循环次数	5～6	3	6～7	6～7	5～6	5～6	5～6		
粮层厚度（cm）	45.7	48	45.7	51.5	45.7	47.5	45.7		42
喂料螺旋直径（cm）	20.32	15.24		19.99	20.32		17.78	20	20
圆筒外径（m）	2.4	2.5	2.4	2.5	2.4	1.98	2.4	2.4	2.5
圆筒高度（m）	4.1	4.7～5.5	4.26	5.4	5.6	3.56		4.0	4.1
风机类型	轴流式	离心式	双级轴流式	大型离心式	轴流式	轴流式	轴流式	轴流式	
风机转速（r/min）	2 600	2 500	2 200～2 400	1 350	2 600		2 350		
风机叶轮直径（cm）	66.04	66.04	55.88	72	66.04	55.88	73.66		
风量（m³/h）	20 376	16 000	16 980	35 000	20 376			18 000	17 700
生产率（t/h）	6	6～10	5.87	8.5	8.9	2.5		2.1	90/24
降水幅度（%）	20.5～15.5	20～15	20～15	20～15	20～15	20～15		20～14	20～14
装机容量（m³）	11.5	9～15	10.08	12.5		6.5			10.5
油炉发热量（104kJ）	230	210	210	251	230	105	314	210	200
总功率（kW）	14.7	22	18.4	29	14.7	11	18.4	16.2	14.7
机器质量（kg）	1 520	2 100～2 300	1 250	2 700	1 520	1 105	1 950	2 700	
装料时间(min)	50.8(t/h)	30		10～12	50(t/h)	12～20			
卸料时间(min)	50.8(t/h)	15		9	60(t/h)	36(t/h)			
筛筒孔径(mm)	2.4/1.3	2.0/1.5	1.3～2.4	1.5～3			1.6	2.5～1.5	1.3

6. 方形批循环式水稻干燥机　目前日本、韩国及一些东南亚国家主要使用方形循环式干燥机干燥稻谷，其特点是大风量薄层干燥、间歇式加热、干燥加缓苏，且缓苏的时间较长，其目的是减少稻谷在干燥过程中的爆腰现象。日本主要干燥机生产厂家（金子、山本、静冈）开发的远红外线与热风组合式水稻干燥机，利用油炉产生的烟道气产生远红外线对粮食加热。其特点是降水率提高，在环境温度20℃、相对湿度70%时，干燥速率最大可达1.2%而不影响品质；风量为传统干燥机的70%；能耗低，可节电40%，节油15%。表3-13为部分国家和地区主要方形批循环式水稻干燥机技术参数性能。

表 3-13　主要方形批循环式水稻干燥机参数性能

（谷铁城，2001）

型号与厂家	PRP60 中国台湾省三久	EL-580R 日本金子	SV6000 日本静冈	NCD60 韩国新兴	HSD60 韩国韩晟	5HSG60 中国三发发	NCD-60GX 日本山本	SJC-36S 中国台湾省老三久
装机容量(kW)	6 000	5 850	6 000	6 000	6 000	6 000	6 000	6 000

（续）

型号与厂家	PRP60 中国台湾省三久	EL-580R 日本金子	SV6000 日本静冈	NCD60 韩国新兴	HSD60 韩国韩晟	5HSG60 中国三发发	NCD-60GX 日本山本	SJC-36S 中国台湾省老三久
				外形尺寸				
长度(mm)	3 270	3 510	2 990	2 940	3 330	3 500	2 905	3 212
宽度(mm)	1 941	1 970	1 600	1 570	1 655	2 167	1 570	1 725
高度(mm)	5 281	5 500	5 840	5 315	5 980	5 600	5 685	5 580
燃料类型	煤油、0号柴油	JISI 号煤油	JISI 号煤油	轻柴油		轻柴油	煤油	高级柴油
油箱容量（L）			95		180		95	90
耗油量	9.0	2.5~9.0	1.8~7.0	8.8	4.16~2.08	7~10	2.2~9	3.4~6.8
电功率（kW）	3.9	提升 0.75 除尘 0.06 主风机 3.7	循环 0.12 提升 0.65 除尘 0.25 主风机 0.65 扬谷器 0.75	风机 1.87	4.0	提升 0.55 风机 1.5 下绞龙 0.25 总功率 2.37	提升 0.6 排尘 0.1 风机 1.5 下绞龙 0.3 总功率 2.68	提升 0.75 除尘 0.25 主风机 1.5 底座 0.5
循环时间（min）	65			55~60	97	60		76
装料时间（min）	30	35~44	43	30~40	34~40	23.5	30~35	50
卸料时间（min）	41	39~43	55	30~40	40~47	33	30~35	55
降水率（%/h）	0.6~1.0	0.4~0.8	0.7~1.0	0.7~0.9	0.7~1.0	0.6~1.2	0.7~0.9	0.6~1.0
机器质量（kg）		1 350	1 380		1 425	1 050~1 250	1 270	
缓苏比		9.25	5.0			11		3.75
热风温度（℃）		30~50				55~65		
单位热耗（kJ/kg）						4 200~5 040		

（二）我国干燥设备技术参数

我国干燥设备机型庞杂，没有形成专业化的生产厂家。主要谷物干燥机技术参数见表3-14。

表3-14 我国主要谷物干燥机性能

（谷铁城，2001）

干燥机类型	初水分（%）	终水分（%）	热风温度（℃）	生产率（t/h）	单位热耗（kJ/kg）
Adaaa	25.5	15.5	78	1.6	4 400
Belt-o-Matic 320（循环式）	32.5	14.6	116	1.6	4 693
GTY380（循环式）	25.5	15.5	110	1.9	4 100

（续）

干燥机类型	初水分（%）	终水分（%）	热风温度（℃）	生产率（t/h）	单位热耗（kJ/kg）
Belt-o-Matic 320（循环式）	32	15.1	126	2.0	4 081
Moridge8400（循环式）	25.5	15.5	142	2.2	3 700
Drymore redbird（横流）	25.5	15.5	105	2.6	4 200
Super-B-AS-600C（横流）	25.5	15.5	109	3.2	3 600
Superb S500C（横流）	25.5	15.5	97	4.8	3 500
M-C665EM（横流）	25.5	14.3		5.1	5 486
Blount 1060（横流）	23.6	13.8	108	8.7	3 831
Hart-CarterHC-66（横流）	28	13.1	98	19.9	5 000
Superb Optimum 100（横流）	20.4	13.6	110	25.0	4 881
Farrell-Rose 4500	28.4	14.4	23~105	28.6	5 799
Dorasere Welding Co.	26.1	14.8	72	37.9	5 801
Fallon 1500	26	14.5	95	40	4 760
Farrel-Rose 4500（顺流）	24.4	15.1	102	44.9	5 056
Bird（顺流）	21.7	14.9	157.8	7.2	3 684
Farrel-Rose CCF-3（顺流）	25.7	15.9	142.2~111.1	39.1	3 724
Vertec VT-5600（混流）	25.5	15.5	97	5.3	4 400
Vertec VT-6000（混流）	25.6	15.6	90~100	6.4	4 628
Vertec VT-6600（混流）	25.0	17	107~143	9.9	4 872

思 考 题

1. 影响种子干燥的因素有哪些？
2. 试述种子干燥的方法。
3. 种子干燥过程分为几个阶段？并说明各阶段的主要特点。
4. 简述塔式干燥机的工作原理。

>>> 第四章 种子处理

种子处理是提高商品种子质量，使其更易于播种，降低病虫害对种子和幼苗侵害的主要措施。种子处理技术包括物理法、化学法和生物法。物理法主要是对种子进行温度处理、电场处理、磁化处理和射线处理等。化学法是利用杀虫剂、杀菌剂和其他化学制剂对种子进行处理。生物法是利用有效微生物对种子进行处理。在商业上常用的种子处理技术包括种子引发、种子预发芽、种子包衣（包膜）、丸粒化、包壳等。在处理过程中通过添加杀菌剂、杀虫剂、微量元素、植物生长调节剂、接种激发剂和标记性着色剂等对种子作"保护处理"。

种子处理（seed treatment）是指在播种前对种子采取的各种预措手段、方法的总称，是当前农业生产中不可缺少的种子加工技术，是提高种子商品性、播种质量和播种品质的一个重要手段。种子处理技术的普及和应用已成为衡量一个国家种子科技水平高低的标志之一。广义的种子处理不仅指播种前对种子的各种预措，而且还指对种子一生，即包括从种胚的形成、发育到种子成熟收获、加工调制的种子生产过程，以及贮藏直至播种前和播种过程中人为施加于种子的各种处理措施，亦即凡是在种子一生中任何时期人为施加的各种处理方法均称为种子处理。狭义的种子处理主要是指利用物理、化学和生物处理等技术手段，为提高种子商品质量的增强处理（seed enhancement）技术，商业上种子处理主要是指狭义的种子增强处理技术。

第一节　种子处理的目的和意义

种子处理在我国以及世界其他国家都有着较长的历史，但是历史前期的相当长的一段时间内种子处理技术含量低，种子处理技术的真正长足发展是发生在最近的一百多年时间里，尤其是新技术的不断引入给种子处理技术注入了新的活力。随着工业化育苗的增加，对便易播种、出苗状况和整齐度要求的提高，而种子质量并不总是如人们所希望的那样，在理想的生产条件下或土壤条件下都表现出令人满意的出苗状态。很多因素都会对种子的出苗造成不良影响，例如，不利于精细播种的种子形状，病菌对发芽种子和生长幼苗的侵染，一些种子发芽出苗速度缓慢造成出苗不整齐，最终难以保证足够的种子发芽率和田间出苗率等。良好的种子增强处理技术可以解决种子发芽出苗中出现的问题，保证种子的播种质量，提高幼苗的健壮整齐度，这就是种子处理的目的。

一、种子处理概述

(一)我国种子处理发展简史

我国的种子处理历史悠久。大约公元前30年,我国汉代的《尹都尉书》和《氾胜之书》中就已有关于谷物药剂拌种和浸种处理方法的记载,这是世界上种子处理的最早文字记载。其中非常著名的是《氾胜之书》记载的"溲种法",也称"附子渍种",即在播种前约20d,用马骨煮出清汁,泡上含有毒性的中草药附子,加进蚕粪和羊粪,搅成稠汁浸种,浸过的种子蒙上了一层带有药味的有机质,播种以后可以防止害虫咬食种子,种子萌发后,幼苗整齐健壮。明代《天工开物·麦工》记载:"陕洛之间,忧虫蚀者,或以砒霜拌种子。"清代一些文献中也有棉种杀菌处理的相关记载。

种子处理在我国有着良好的群众基础,在长期的农业生产实践中,农民认识到种子处理的重要性,许多地区都有播前处理的习惯。但是,传统的人工拌种处理有很大的局限性,一是因为农民技术水平的限制,用药的科学性和针对性不强,使药剂拌种的防治作用受到影响;二是因为药剂种类较单一,防治面较窄;三是因为人工拌种大多采用原始、简陋的拌种工具,种子处理质量不高,由此带来很多不安全因素。

自1978年国务院提出种子"四化一供"的工作方针以来,从20世纪70年代末到80年代中期,我国先后从国外引进了60条现代化种子加工生产线,其中大多数都配套种子处理设备。1980年前后,我国对引进的种子处理设备进行消化吸收,研制出一批种子处理设备,如5B—3.0型种子拌药机和BL—5型种子拌药机等,填补了我国在该领域的空白。80年代末,我国又生产出性能良好的喷雾式和离心式拌药包衣机,并推广应用。1984年和1985年,原北京农业大学研制出24种活性成分不同、适应不同作物种子的种衣剂。其他一些农业院校和科研部门也研制生产出不同类型的种衣剂,为推广种子包衣技术提供了物质基础。实践证明,种子包衣技术效益明显,已得到政府和农业部门的广泛重视,发展前景广阔。

(二)国外种子处理发展简史

国外种子处理已有数百年的历史。公元1世纪,罗马Pling首先提出种子处理技术,即用酒和柏树叶混合防虫。一般认为Mathieu Tillet(1750)是第一个用实验证实种子处理成功的人,他用盐和石灰处理被污染的小麦种子,减弱了腥黑穗病的感染率。1755年,法国植物学家Mdu Tiuet建议使用碱液和石灰对小麦种子进行化学处理。50年后,瑞士植物学家Prevost又提出使用硫酸铜来处理种子。

20世纪中叶,国外种子处理技术发展迅速。第二次世界大战末期,美国加得森公司创始人发明了商业拌种机,随后又研制出系列种子处理设备,使种子药剂处理开始进入工业时代。20世纪60~70年代,随着世界农药工业的蓬勃发展,用于种子处理的杀虫剂和杀菌剂大量问世,同时,一些国家又研制出专用种子处理剂和种衣剂。如美国1962年最先推出专门用于种子处理的拌种剂,并于70年代中期用氯唑美和五氯硝基苯制成棉花种衣剂,1982年又采用高分子聚合物农药复合配方研制出大豆种衣剂。前苏联也于20世纪80年代初期研制出由高分子聚合物黏着剂、植物生长调节剂和三氯酚铜复配而成的种衣剂,用于棉种处理。世界上农业发达国家的种子处理普及程度很高,如美国的玉米种子和棉花种子的药剂处理率非常高;日本、新西兰、加拿大及欧美许多国家广泛应用种子包衣(包膜)(seed coating)和丸粒化(seed pelleting)技术,对甜菜、蔬菜及形状不规则的种子绝大部分都要经过丸粒化处理；很多价值高的蔬菜和花卉种子都要先经过种子引发（seed priming）后，再进行丸粒化、包壳（seed encrusting）和包膜（film coating）等处理，有的进行预发芽（pregermination）处理。

（三）种子处理技术的特点和展望

1. 种子处理技术的特点　种子处理技术是多种科学技术的集成，并随着科技领域的创新突破而进展迅速。种子处理技术不仅涉及种子科学、植物病虫害和农药科学，还涉及机械加工技术和环境保护等知识。一种新的种子处理技术的出现和应用，又会引起种子贮运、包装、田间栽培技术的相应变革。随着人们环境保护意识的增强，人们在进行种子处理的过程中既要考虑到病虫害的防治效果，同时又要考虑到尽量减少种子处理剂对自然环境的污染。

种子处理方法多种多样，其中物理法主要包括浸种、电场处理、磁化处理和射线处理等，化学法是利用杀虫剂、杀菌剂和其他化学制剂对种子进行处理，生物法是利用有效微生物对种子进行处理。如果按处理手段分类，则可分为人工处理和机械处理两种。人工处理又可分为浸种、闷种、拌种等，机械处理则有拌药、包衣和丸粒化等。按使用药剂剂型分类，则可分为粉剂处理、液剂处理。根据处理剂的组成成分分类，可分为单元型药剂处理和复合型药剂处理。

在实际应用中，根据不同作物种类种子颗粒的大小和种子形状的规则程度决定采用包衣（包膜）还是丸粒化等功能增强种子处理技术，而且根据不同地区的土壤情况和病虫害特点选择不同的化学药剂类型、微量元素、植物生长调节剂、接种剂和激发剂以及标记色彩等配方对种子进行保护性加工处理措施。一般来说，种衣剂和丸粒化的材料都由专门化的科技公司或机构研制，包括具体的加工条件和技术手段，并提供给相应的种子公司进行加工完成，向市场提供加工处理和包装完毕的拥有最大种子生产潜力和具有自己知识产权的种子（图4-1、图4-2）。

图 4-1　包膜种子
（图片来自 http：//germains. com/our-technologies/）

图 4-2　丸粒化种子
（图片来自 http：//germains. com/our-technologies/）

2. 种子处理技术的展望

（1）种子包衣（包膜）和丸粒化是商业种子处理的主要手段。种子包衣和丸粒化处理与其他药剂拌种处理相比较，具有更大的优点。第一，种子包衣所采用的种衣剂能在种子表面固化成膜，不脱落、不粘连，在土壤中遇水后只吸胀却不溶解，药剂缓释，药效长；第二，种衣剂中可以根据需要添加杀菌剂、杀虫剂、微量元素、保湿剂等有效成分，在防治病虫、调节植物生长发育和增加产量方面作用巨大；第三，采用先进的种子包衣设备，可以确保种子表面药剂分布均匀、剂量控制标准、操作安全；第四，种子经包衣处理后，种子水分增加较少，仓内存放比较安全，一年之内对种子发芽率影响不大。正是因为种子包衣具有上述优点，所以种子包衣和丸粒化处理将仍是商业种子处理的主要方法。

（2）种子处理剂向专用方向发展。我国种子处理剂在 20 世纪 80 年代以前主要是使用普通农药，而且需进行调配后才能用于种子处理。这类调配而成的种子处理剂，黏附性差、药效期短，处理后必须立即播种，否则会发生药害，并导致发芽率下降，其应用受到较大限制，一般只适用于浸种、闷种和拌种。专用种子处理剂则克服了传统种子处理剂的缺点，在种子表面的黏附性强、不易脱落，高效防治病虫，副作用小，对人畜低毒，药效稳定且持续期长。专用种子处理剂通常为胶悬剂和乳糊剂，成膜技术先进，因而在工厂化种子药剂处理中广泛应用。目前专用种子处理剂的典型剂型在我国得到大量应用的有，我国自行研制的各类种衣剂，美国生产的卫福 200FF 和 35ST 种子处理剂等，德国 Bayer 公司生产的立克秀种衣剂等。国际上著名的种子强化处理科技公司包括总部位于英国的 Germains Seed Technology 公司，位于荷兰的 Incotec 公司等，代表和领导世界种子包衣和丸粒化处理研究应用的最高水平。

（3）种子处理技术将向更广泛领域发展。随着种子处理技术的不断完善和成熟，未来提高作物的产量和抗逆性、改善品质等种子处理技术将得到迅速发展和应用，比如种子引发技术、航天诱变技术等。随着引发技术基础理论研究的深入、新方法的不断提出和技术的日趋完善，引发技术大规模商用成为可能。目前一些发达国家的高价值蔬菜种子、花卉种子和草坪草种子，在出售之前都已经实现了先经引发处理，再进行包膜和丸粒化处理，实现了种子活力、种子出苗率、整齐度等各潜在能力的最大化。近年来，随着航天技术的快速发展，太空种子处理诱变得到迅速发展。由于太空环境具有超真空、微重力、宇宙射线、宇宙磁场、高能粒子以及超洁净的特殊环境，植物种子置入其环境中处理，可引起植物染色体的畸变进而导致性状的遗传变异，从而使农作物在果实大小、营养物质含量以及抗病虫等方面得到显著改善。我国"神舟"一号至九号飞船，先后将辣椒、茄子、番茄、西瓜、黄瓜、萝卜、玉米、高粱、向日葵、蝴蝶兰、烟草、雅安黄连、西湖龙井茶和普洱等植物种子送入太空进行处理，均收到明显效果。有理由预言，随着科技领域新技术的出现，将来的种子处理技术将会融进更多领域的技术成果。

二、种子处理的目的和意义

（一）种子处理的目的

1. 提高种子活力，增加产量 种子活力（seed vigour）是指在广泛的田间条件下，决定种子迅速出苗和长成正常幼苗潜在能力的总称。种子处理如种子引发处理技术可提高种子活力，加快出苗速率，提高幼苗整齐一致性，并促进早期植株地上部分发育，获得高出苗率和成苗率，能够扩宽种子的发芽条件尤其在逆境如低温、高温、干旱、盐渍或淹水等胁迫条件下的发芽出苗能力，拥有适宜收获的表现以及获得更高的产量。

2. 刺激种子萌发和促进幼苗生长 包衣、丸粒化种子处理剂成分中大多含有微量元素，有的还含有生长素，因而能刺激种子萌发，并促进植株的生长发育。用种子处理剂处理后的种子，其幼苗长势旺盛、根系发达、叶色浓绿。

3. 防止病虫危害 含有杀菌剂和杀虫剂的多元型种子处理剂，对地下、地上病虫危害的防治效果明显。试验证明，种衣剂对地下害虫如金针虫、地老虎、蛴螬、蝼蛄等的杀伤率在 74％以上，对苗期地上害虫如蚜虫、蓟马、黏虫等的杀伤率一般为 50％～80％，对危害种子和幼苗的不益病菌也有明显的防治效果。

4. 防止种子衰老劣变 在种子贮藏过程中，由于贮藏条件的限制，很容易导致种子发生衰老劣变，因此对种子进行低温或超低温处理、利用干燥剂处理、采用偏二氯乙烯（PVDC）聚合膜进行种子包膜处理（防止湿气进入种子，而在种子萌发时又不妨碍种子摄取水分）、贮藏期间对种子进行水合处理等，可有效防止种子的衰老劣变。

（二）种子处理的意义

1. 节约用种量和方便播种 经处理后的种子活力提高后出苗率高且保苗效果好，播种量相对减少，减幅约为30％，因此可以节约用种量。处理后的种子因其适播性好而提高了工作效率，尤其是一些外形不规则的牧草种子、林木种子等经丸粒化处理后更适宜机械播种，播种量易控制，田间的种子分布也较均匀。

2. 增强商品种子的市场竞争力 我国农业向现代化农业转变的一个重要内容就是种子现代化，即提高种子的科技含量，从根本上实现种子标准化和商品化。种子处理是实现种子标准化和商品化的重要技术环节。高质量的种子经处理后更能发挥优良品种的潜力，这样就提高了商品种子的市场竞争能力。同时在种子包衣和丸粒化加工处理中，所采用的标记色彩也为种子企业保护自己的品种知识产权提供了便利。

第二节 种子的物理和化学因素处理

种子的物理因素处理，主要是指对种子进行光、电、磁、热、射线等处理；种子的化学因素处理，主要是指在播种前或在种子加工过程中，使用各种化学药剂对种子进行处理，是目前应用最广的处理方法。对种子进行物理和化学因素处理的目的，是为了提高种子活力、防止病虫害、解除种子休眠、促进种子萌发生长和防止种子衰老劣变等。

一、种子的物理因素处理

（一）温汤浸种

温汤浸种就是利用一定温度（一般为50～55℃）的水浸泡种子。温汤浸种的目的，一是打破种子休眠，促进种子发芽；二是灭菌防病，消灭种传病害，增强种子抗性。例如，番茄种子用52℃温水浸0.5h，甜椒、黄瓜、茄子种子用55℃温水浸12min，可使种子迅速整齐发芽，同时可防止番茄早疫病、茄子褐纹病、甜椒炭疽病、黄瓜角斑病和芹菜斑枯病等；大麦及小麦的散黑穗病、水稻干尖线虫病、甘薯黑斑病和棉花炭疽病及角斑病等也可用温汤浸种法处理，杀死潜伏在种子内部的病原物。温汤浸种的方法，对于不同作物、不同品种没有共用的温度，要根据具体对象经反复试验后单独确定浸种的温度和时间。

温汤浸种又分恒温浸种和变温浸种两种处理方式。恒温浸种是指在浸种过程中水温保持恒定不变。变温浸种是指种子要在两个或两个以上不同温度的水中轮换浸泡，包括冷浸日晒和冷水温汤浸种。这两种方式各有利弊，恒温浸种一般水温比较低，浸种时间长，方法简便，较为安全；而变温浸种要求的水温高，浸种时间短，灭菌效果比恒温浸种要好，但是如果温度控制不当往往会引起种子不安全问题的发生。

在温汤浸种前先把种子在冷水中浸泡几小时，称为预浸。预浸的目的是为了使病菌吸水，降低病菌的抗热力，以提高灭菌效果。预浸一般在冷水中进行，浸种时间根据具体对象来决定（表 4-1）。

表 4-1　温汤浸种防治各种病害所需的时间与温度
（孙庆泉，2001）

处理方法	防治对象	预浸		温汤处理		说明
		温度（℃）	时间（min）	温度（℃）	时间（min）	
	小麦腥黑穗病菌			54	10	
	小麦散黑穗病菌、赤霉病菌			45	3	
	甘薯黑斑病菌			51～54	10	
	大、小麦散黑穗病菌			54	10	
	棉花炭疽病菌、角斑病菌、枯萎病菌、黄萎病菌			55～56	30	最初水温 70℃左右，将棉种倒入后上下翻动，水温就会到规定范围内，浸30min。如防治黄萎病，可脱绒后再用"402" 2 000倍液浸 30min
	黄麻苗枯萎病			53	5	
	菜豆细菌性疫苗病菌			45	10	
	茄子褐纹病菌			50～55	30	
	甘薯黑胫病菌			50	20～30	
	甘蓝黑腐病菌			50	30	
	甘蓝黑斑病菌			50	25	
恒温浸种	甘蓝霜霉病菌			50	20	
	花椰菜黑腐病菌			50	18	
	花椰菜轮纹病菌			50	30	
	白菜白斑病菌			50	20	到时立即移入冷水中冷却
	白菜炭疽病菌			54	5	到时立即移入冷水中冷却，晾干播种
	白菜黑斑病菌			50	20	
	芹菜叶枯病菌			50	25	
	莴苣斑点病菌			48	30	
	莴苣腐败病菌			52	20	
	胡萝卜黑斑病菌			50	10	
	番茄溃疡病菌			55	25	
	番茄萎蔫病菌			55	20	
	番茄半身萎蔫病菌			50	30	
	番茄茎腐病菌			47.5	120	
	茄子褐纹病菌			50	30	
	茄子黄萎病菌			49	20	

· 121 ·

（续）

处理方法	防治对象	预浸		温汤处理		说明
		温度（℃）	时间（min）	温度（℃）	时间（min）	
恒温浸种	辣椒炭疽病菌			55	10	
	菜豆细菌性斑点病菌			60	20	
	蚕豆褐斑病菌			70	5	
	黄瓜细菌性斑点病菌			50	30	
	黄瓜炭疽病菌			50	20	
	葫芦蔓枯病菌			56	20	
变温浸种	水稻干尖线虫病病原线虫	冷水	24	54	10	取出用冷水冷却，摊开阴干，再催芽或播种
	水稻白叶枯病菌	45	3	58	10	先在水温接近60℃时放入，后水温降至58℃浸10min，取出用冷水冷却，再浸种催芽
	稻—炷香病菌	冷水	4	52～54	10	
	小麦散黑穗病菌、赤霉病菌	冷水（15～20）	4～6	54	10	先在50℃温水中浸1min，然后在54℃温水中浸10min，或55℃温水中浸5min，然后急速投入冷水中冷却
	小麦散黑穗病菌、条纹病菌	冷水（15～20）	4～6	50～52	7～10	
	大、小麦散黑穗病苗	44～46	3	50～52	1～2	
	大麦条纹病菌	冷水	4～5	52	10	浸种后立即把麦种取出，摊开冷却
	茄子褐纹病菌	冷水	3～4	55	15	
	红麻炭疽病菌	冷水	24	50	15～20	
	豌豆褐斑病菌	冷水	4～5	50	5	

　　我国南方防治小麦散黑穗病所用的冷浸日晒法，是将麦种先在冷水中预浸，然后在夏季烈日下暴晒，效果很好。棉花种子则有"三开对一凉"（3份开水加1份冷水）的变温烫种法。蔬菜种子采用此法处理的效果也不错。经温汤浸种处理的种子，其导热性增强，种子内外受热均匀，故能同时杀死种子表面附着的病菌和种子内部潜藏的病菌。

　　温汤浸种多在种子休眠期进行。温汤浸种的时间和温度，取决于待处理种子的耐热能力及病原物的致死温度，原则上是水温高则浸种的时间要短，水温低则浸种的时间要长。作物种子和病原物间的耐热能力差距较大，而杀死病原物的温度范围和时间与影响种苗生活力的温度范围和时间相接近，处理时应予注意。种子对温度的耐力也因作物种类和品种的不同而有差异。种子的贮藏时间和破损情况也影响耐温程度，一般陈种子与损伤的种子对温、热的抵抗力较差。

　　温汤浸种的注意事项：

　　（1）应严格控制浸种的水温和时间。要严格遵守每一种作物种子和防治对象已确定的水温和浸种时间,不能未经试验就任意改变。如果降低浸种的水温和缩短浸种时间,灭菌效果就会下降,甚至达不到灭菌的目的;提高水温或延长浸种时间,虽能增强灭菌效果,但会导致发芽率降低甚至丧失。浸种温度与浸种时间是互补的,其中一个指标达不到则不能取得预定的灭菌效果,尤其是水温。不论是恒温浸种还是变温浸种,在规定的浸种时间内水温不能下降。恒温浸种要根据水温的变化情况补加热水;变温浸种处理时间短,为避免种子下水后温度大幅度降低,投种前的水温应比规定的水温稍高一些,种子投入后迅速搅拌,使水温降至规定的温度。

(2)浸种处理后的种子要及时冷却。浸种达到规定时间后应立即捞出,并放在冷水中降温,否则种子仍处于高温条件下就相当于延长了浸种时间,会使种子发芽力下降。

(3)浸种处理后的种子要尽快晾干。有些作物的种子要晾干后才能播种,这类种子用温水浸后要及时摊晒,防止浸后种子发芽、受冷及霉烂,在春季温度低的北方尤其要注意。有些作物需催芽播种的,温汤浸种后则无需晾干,冷却后就可催芽或直接播种。利用湿种播种时要注意保墒,以避免因土壤干旱而造成芽干现象。浸过的种子若需药剂拌种时,一定要在种子晾干后进行,以免产生药害。

(二)层积处理

1. 低温层积处理 低温层积(cold stratification)处理也称低温层积催芽,是指在低温环境下(通常3~5℃),将种子和沙分层堆积的一种种子处理方法。低温层积处理可有效打破种子的胚休眠。研究表明,种子在低温层积期间,胚轴的细胞数、胚轴干重和总长度等均有增加,同时胚的吸氧量也增加。此外,脂肪酶和蛋白酶等的活性提高,种子中可溶性物质增多,这些都为种子萌发做好了物质及能量上的准备。

低温层积操作简便,即在晚秋选择在地势较高、排水良好、背风向阳处挖坑,坑深在地下水位以上、冻层以下,宽1~1.5m,坑长视种子数量而定。在坑底放厚10~20cm的石子和石砾以利排水;或铺一层石子,上面加些粗沙,再铺3~4cm厚的湿沙。坑中每隔1~1.5m插一束草把,以便通气。在层积以前要进行种子消毒,然后将种子与湿沙混合后放入坑内,种子与沙的体积比为1:3~5,或一层种子一层沙交错层积,每层厚度约5cm。沙的湿度以手握成团不出水、松手触之即散开为宜。种子堆表到离地面10~20cm时停止,上覆5cm厚的河沙和10~20cm厚的秸秆等,四周挖好排水沟。层积期间要定期检查温度、湿度及通气状况,并及时调节。

低温层积处理必须满足的基本条件:第一,较好的通风条件。第二,根据不同的种子要求确定适宜的低温(0~5℃)。第三,适当的湿度。第四,一定的时间。不同植物种子层积时间差异很大,短的只要1周,长的需要3~4个月的时间。如杏种子需150d,而苹果种子只需60d。

2. 变温层积处理 变温层积(cold-warm-cold stratification)处理是指用高温与低温交替进行催芽的一种种子处理方法。即先用高温(15~25℃)后用低温(0~5℃),必要时再用高温进行短时间的催芽。例如红松、山楂、黄栌等种子,采用低温层积处理,需要时间较长,而用变温层积处理不仅催芽效果好,而且需要的时间短。变温层积的温度和时间因植物种子种类而异。

(三)射线处理

射线处理主要指用 α、β、γ、X 射线等低剂量(2.58×10^{-2}~2.58×10^{-1}C/kg)辐照种

子的处理方法。射线处理有促进种子萌芽、生长旺盛和增加产量等作用。有试验表明，用 0.129～0.258C/kg 剂量进行射线处理，可使种子提早发芽和提早成熟。如中国科学院西双版纳热带植物园采用 $C_0^{-60}\gamma$ 射线对烤烟种子进行预处理，提高了烤烟种子的发芽势、发芽率以及植株的抗病能力，使植株生长旺盛，不仅增加了烤烟产量，而且使品质有明显提高。用 100～500 拉德（rad）剂量的 X 射线辐照甘草种子，发芽率比对照提高 60%，一年后被照植株的根产量比对照提高 100%。

用低功率激光照射种子，有提高发芽率、促进幼苗生长、早熟、增产和杀虫抗病的作用。由于激光对植物有机体有着各种复合效应（光、热、光压、电磁场等效应），种子经一定剂量的激光照射刺激后，加强了表面及内部组织的吸水性和透气性，能增强酶的活性，促进新陈代谢，提高种子发芽率，增加抗病能力，起到早熟和增产的作用。对水稻、小麦、玉米、白菜、萝卜、番茄、南瓜等种子照射试验表明，成熟期能提前 1～2 周，产量一般都能增加 20%。哈萨克斯坦利用激光产生的电磁波具有能量大、密度高、单色性好、方向性强等特点，研制出"利奥夫 1 号"激光器，专门用于处理作物种子，经照射的种子因摄入了适宜的光子而增加了细胞的生物性能，促进了种子发育。甜菜种子经照射后产量提高 20%；甜瓜种子经照射后早熟 15d，且糖分和维生素 C 含量显著提高；激光处理大麦种子可促进其发芽和幼苗生长。激光照射不仅对正常种子有积极的影响，而且还能使某些受伤害失去活力的种子再次复活，例如用激光照射泡桐种子，种子发芽率由 5%～7% 提高到 47%～49%，这对保存优良品种具有重要意义。激光照射干、湿种子均有效果，在浸种催芽后照射效果更显著。

（四）电场处理

电场（electric field）处理种子主要有低频电流处理和静电处理两种方法，但以静电处理应用较多。

1. 低频电流处理 低频电流处理（low frequency current treatment）是将种子放在绝缘的容器中，以种子或浸种水为通电介质。容器两边各放一金属片作电极板，通入低频电流（200V，50Hz），处理时间和电流强度因种子类型而异，一般电流强度为 0.1～1.0A，处理时间为 15～30min。水稻、大麦、小麦等种子预先浸种 24h 后，再经低频电流处理，种被透水性和酶活性均增强，发芽、出苗迅速，根系发达，分蘖增强。

2. 静电处理 静电处理（static treatment）是指将种子置于直流静电场中进行处理的一种种子处理方法。种子进行静电处理时，应根据作物的种类施加不同的电场，因为正负电场处理对种子的活力影响不同。例如，负电场处理莴苣种子能促进发芽，正电场则抑制发芽。青椒种子用＋200kV/m 电场处理，幼苗生长优于对照；而用－200kV/m 电场处理，则幼苗生长较差。

静电处理时，影响处理效果的参数主要有电场强度和处理时间。参数的一般选择原则是，电场强度高则处理时间短，电场强度低则处理时间长。比如玉米种子，用 167kV/m 电场处理 5min 的效果比处理 1h 好；菜椒种子用 750kV/m 电场处理 10s 发芽率提高 35%，而处理 60s 发芽率只提高 11.7%；大豆种子静电处理表明，采用 100～300kV/m 电场处理 1～10min，活力指数提高 16%～25%，出苗率提高 72.45%。

综合有关研究结果表明，处理农作物种子的最佳电场强度为±100～±550kV/m，时间为 3s～2h；蔬菜种子静电场强度为 50～250kV/m，处理时间为 1～1.5min。

种子电场处理的效应：第一，提高种子活力。种子置静电场中可被极化，能荷水平提高，种子内脱氢酶、淀粉酶、酸性磷酸酶和过氧化氢酶等多种酶的活性提高，因此能有效地提高种子活力。我国设计研制的静电种子处理机已广泛应用于蔬菜种子处理，可提高种子发芽率，改变幼苗生长状况，增强抗逆性。实践证明，种子处理后，番茄苗期立枯病、黄瓜苗猝倒病明显减少，茄果类、瓜类种子经处理后产量可提高 10% 以上，并能提高维生素 C 和糖的含量，改善品质。第二，提高种子萌发时的呼吸速率。电场处理种子会影响到种子的呼吸作用和一系列酶的活性。呼吸是生命活动的基础，呼吸速率反映种子代谢强度。静电处理过的甜菜种子呼吸速率平均提高了 $0.220mgCO_2/(g \cdot h)$；紫穗槐、刺槐、沙棘等林木种子的呼吸均有不同程度的提高，平均提高 24.9%～37.2%；用 2.6kV/m 的电场处理月见草种子 60min，种子呼吸速率增强、呼吸能力提高，保证了其他生理活动顺利进行，促进了种子的萌发。

(五) 磁场处理

随着科学技术的发展，种子的磁场处理（magnetic field treatment）已成为一项新的种子处理技术。磁场处理种子的方法主要有两种，一种是应用磁场直接处理干种子，另一种是磁化水处理。磁场直接处理是用铁、钴、镍等合金制成永久磁场，通过调节磁场的距离以获得不同的场强，将种子置于其间来处理种子。磁化水处理是指，让水以一定的流速通过磁场切割磁力线，以获得经磁场处理的水即磁化水，国外已有专门用于磁场处理种子的仪器——种子促活机。

磁场处理种子的参数主要是场强和时间。不同作物种子对场强大小的敏感极限不同，不同场强所产生的效应也不同。微弱的磁场能促进种子中酶的活化，提高发芽势。例如用 500 高斯 (GS) 磁场处理水稻种子，发芽势和发芽率分别增加 14% 和 8%；用 900GS 经 1～2 次磁场切割处理的水浸种，水稻种子发芽率可提高 34%，小麦种子发芽率提高 58%～69%。综合有关报道，一般认为粮食作物种子的适宜场强为 1 500～2 000GS，蔬菜种子为 1 000～4 000GS，瓜类种子为 2 000～4 000GS。

在水稻、小麦、番茄、菜豆等种子上的磁场处理试验表明，处理可大大提高种子的发芽势和发芽率，并刺激生根和提高根系活力。

种子磁场处理的效应：第一，可以提高种子活力。种子经磁场处理后，某些酶活性增强，内源激素含量发生变化，发芽势和发芽率提高，田间出苗率提高。其生物效应原理主要是：使细胞、生物大分子极化或磁化，改变生物大分子的构象，使酶活性发生变化；使生物体内的水结构和水的缔合状态发生变化，进而引起生理特性发生变化；改变生物膜的通透性，改变生物膜两侧的离子分布和电位；使核酸、蛋白质等分子的氢键断合。第二，提高种子萌发时的呼吸速率和酶的活性。磁场处理使种子中许多生理活性物质发生显著变化，进而导致种子萌发时呼吸速率增大、酶活性增强，种子萌发速率加快。

(六) 等离子体处理

等离子体处理（plasma treatment）是近年来发展起来的农业增产新技术。俄罗斯在该领域进行了较为深入的研究，并将等离子体种子处理装置应用于生产实际。任何气体中总有一些原子是电离的，由于带电离子的浓度低，它们之间的相互作用表现不强，在自由运动时相互之间的约束作用很小；但当气体中带电粒子浓度足够高时，带电离子之间就会强烈互作，从而使气体具有宏观电中性的性质，稍有偏离宏观电中性的扰动，就会出现很强的电荷电场，使它们迅速恢复电中性，这样的电离气体称为等离子体。等离子体是宏观电中性的物质态。等离子体中包含有磁场、臭氧、紫外线、离子等物理因子，对置于其中的种子均产生刺激效应。

我国的大连理工大学在 20 世纪 80 年代用离子注入方法处理种子，并对种子早期的生物效应进行了一些探讨中国科学院等离子体研究所应用离子注入技术在杀菌、作物品种改良及转基因方面取得了一定的成效。尹美强、马腾才等人研究发现，等离子体对小麦、番茄、大豆等作物种子有明显的刺激效应，可以促进种子发芽和幼苗生长，用 1.0A 或 2.0A 剂量等离子体处理小麦种子，可使小麦的分蘖数明显增加，产量提高 10.21％～19.73％；用 1.0～1.5A 剂量处理番茄种子，番茄产量增加最高可达 20.7％；用 1.0～2.5A 剂量处理大豆，产量可提高 9.36％～16.99％。

等离子体处理的效应：第一，可以提高种子活力。等离子体处理种子后，种子内过氧化物同工酶等多种酶的活性提高，可有效地提高种子活力，并促进种子提前发芽、幼苗生长和根系发育。第二，可以提高作物的抗旱性。种子经等离子体处理后，幼苗的超氧化物歧化酶、过氧化物酶含量及活性明显提高，脯氨酸含量明显提高，因而增强了作物的抗旱性。第三，可以快速灭菌。等离子体产生的臭氧、紫外线可迅速杀灭种子表面的致病菌，如黄瓜种子的真菌病菌、谷子黑粉病菌和玉米瘤黑粉病菌等。

（七）红外线、紫外线处理

1. 红外线处理　红外线的波长为 770nm 以上。用红外线照射已萌动的种子 10～20h，能使种皮、果皮的通透性改善，促使提早出苗，且苗期生长健壮。

2. 紫外线处理　紫外线的波长为 40～390nm。紫外线穿透力强，照射种子 2～10min，能促进酶的活化，提高种子的发芽势和发芽率。

二、种子的化学因素处理

种子化学因素处理，是指播种前或在种子加工过程中，使用各种化学药剂对种子进行的处理。该方法是目前应用最广的处理方法。

（一）肥料浸拌种处理

1. 菌肥处理　菌肥（bacterial manure）处理即利用人工对根瘤菌、固氮菌进行培养，制成粉剂后用以拌种的种子处理方法。菌肥处理的具体方法：播前选用优良根瘤菌菌种制成粉剂，在清洁容器中稀释成泥浆状，然后与种子均匀拌和，摊开晾干立即播种。根瘤菌处理时应尽量避免阳光直射，以防杀死根瘤菌；摊开晾干时也不要晾得太干燥，以免影响根瘤菌的生长繁殖。菌种用量一般为 450～600 亿单位/hm，使用根瘤菌拌种的种子不能再用其他菌剂拌种。大豆种子用根瘤菌粉剂拌种后，能促进根瘤菌较快形成。

2. 肥料拌种　肥料拌种（manure mixed with seed）的常用肥料种类主要有硫酸铵、过磷酸钙和骨粉等。硫酸铵拌种可促进幼苗生长，增强幼苗抗寒能力，在小麦地瘦、迟播的情况下效果尤为显著。

（二）药剂处理

药剂处理是指利用杀菌剂和杀虫剂处理种子。经过药剂处理，可以杀死或抑制种子外部附着的病菌以及潜伏于种子内部的病菌，并保护种子及幼芽免遭土壤仓虫和病菌的侵害，同时药剂还可以输导给植株地上部分，保护地上部分在一定时期内免受地上某些害虫和病菌的侵害。目前常用的药剂主要有杀虫剂和杀菌剂。药剂处理的方法主要有浸种、拌种、闷种、熏蒸、低剂量半干法、热化学法、湿拌法以及包衣和丸粒化等。部分种子药剂处理方法参见表 4-2。

表 4-2　作物种子药剂处理简表

(胡晋，2001)

药剂种类和规格	处理种子	防治对象	药剂浓度	处理方法	备注
代森铵（50%水溶液）	水稻、棉花、甘薯	水稻白叶枯病 棉花炭疽病、立枯病 甘薯霜霉病	1∶500 1∶250 1∶200～400	浸种 24～48h 浸种 浸种 10min	在空气中不稳定，对甘薯用过的药液可连续使用，0.5kg 药剂可浸种薯 1 250～1 500kg
代森锌（65%和80%可湿性粉剂，4%粉剂）	大豆、白菜、甘薯	大豆霜霉病 白菜霜霉病 甘薯疮痂病	0.3%～0.4% 1∶600	拌种 浸种	吸湿性强，吸水后黏成团，逐渐分解失效。在日光下不稳定，遇碱性或含铜物质更易分解
代森锰锌（70%可湿性粉剂）	棉花	棉花苗期病害	棉花种子质量的0.5%药剂进行湿拌		药量为商品量
抗菌剂 402（乙蒜素，80%乳油）	棉花、大麦、甘薯、水稻	棉花病害	1∶5 000～8 000	浸种 16～24h，捞出催芽播种	有效浓度 100～160 mg/kg
		棉花黄萎病、枯萎病	1∶1 000	55～60℃浸种 30 min	有效浓度 800mg/kg
		大麦条纹病	1∶2 000	浸种24h，捞出播种	有效浓度 400mg/kg
		甘薯黑斑病	1∶2 000～2 500	浸种薯 10min	有效浓度 320～400 mg/kg
		水稻烂秧、恶苗、稻瘟病	1∶6 000～8 000	籼稻浸 2～3d，粳稻浸 3～4d，捞出催芽播种	有效浓度 100～133.3 mg/kg
福尔马林（40%甲醛水溶液）	水稻、小麦、玉米、棉花、马铃薯、甜菜	稻瘟病、恶苗病	1∶50	浸种 3h（处理前先用清水浸 1～2d，处理后用清水冲洗，再继续浸种、催芽、播种）	①处理过的种子不可放在日光下暴晒 ②配好的溶液应放在密闭容器内，不宜放于金属容器内
		小麦腥黑穗病、秆黑粉病	1∶300	闷种 2h 随后在阴处摊晾，使药液挥发后播种	
		玉米黑穗病	1∶350	浸种 15min（处理前先用清水浸种 5～6h，处理后再用清水冲洗）	
		马铃薯疮痂病	1∶240	浸种 1.5～2h	
		甜菜褐斑病	1∶100	浸种 5min	
		棉苗病害、棉角斑病	1∶200	闷种 10h（处理后在阴处摊晾后播种）	

（续）

药剂种类和规格	处理种子	防治对象	药剂浓度	处理方法	备注
瑞毒霉（25%可湿性粉剂）	谷子、大豆	谷子白发病、大豆霜霉病	0.2%~0.3%	拌种，用种子量的0.2%~0.3%	瑞毒霉为上下传导的内吸杀菌剂
硫酸铜（蓝矾）	水稻、大麦、小麦、高粱、黍、烟草	小麦腥黑穗病、坚黑穗病，大麦坚黑穗病、褐斑病	1:250~500	浸种3~5h	
		高粱散黑穗病、黍黑穗病	0.5%	浸种1h	
		烟草炭疽病	1:100	浸种10min	取出用清水冲洗后，晒干播种
稀硫酸	紫云英	菌核病	7%~8%	用种子容量60%浸种3~4h	菌核全部杀死
多菌灵（苯胼咪唑44号）（25%或50%可湿性粉剂）	小麦、棉花、花生、甘薯	小麦腥黑穗病、秆黑粉病	1:100（50%可湿性粉剂）	有效成分156g，加水156kg，浸麦种100kg，36~48h后捞出播种	药液可连续使用
		棉花炭疽病、立枯病		100kg种子用有效成分500g拌种或250g加水250kg浸种24h	
		棉花枯萎病		浸种24h	可兼治苗期病害
		花生立枯病、茎腐病、根腐病		50%可湿性粉剂0.5%~1%拌种	100kg种子用50%可湿性粉剂500~1 000g（有效成分250~500g）
		甘薯黑斑病		50mg/kg药液浸种薯10min或30mg/kg药液浸苗基部3~5min	
敌克松（70%原粉）	玉米、高粱、棉花、烟草	玉米大斑病、小斑病、丝黑穗病	1:500	50kg种子用药100~150g拌种	
		高粱紫斑病、叶斑病		浸种	
		棉花炭疽病、立枯病		50kg棉花种子用药250~500g拌种	
		烟草黑胫病		50kg种子用药150g拌种	
硫黄粉（50%粉剂）	大麦、小麦、燕麦、高粱	小麦秆黑粉病，大麦、燕麦坚黑穗病，高粱散黑穗病		每50kg种子用药250g拌种	播前早拌较好

（续）

药剂种类和规格	处理种子	防治对象	药剂浓度	处理方法	备注
六氯苯（50%粉剂）	小麦、玉米	小麦腥黑穗病、秆黑粉病，玉米丝黑穗病		50kg 种子用药150g 拌种；亦可用药1kg 与细土7kg混用，与种子同播	
五氯硝基苯（70%粉剂）	小麦、高粱	小麦腥黑穗病、秆黑粉病，高粱腥黑穗病		50kg 种子用药100～200g 拌种	
五西合剂（用西力生1份与五氯硝基苯3份配制成的药剂）	棉花、高粱	棉花炭疽病、立枯病		50kg 棉花种子用250g 药拌种；也可用 0.5kg 药混细沙250kg，每公顷用150kg 与种子混播	防病效果比单用汞制剂好，棉苗病害严重地区可二法兼用
		高粱黑穗病		用药 0.25kg、细土 50kg 拌匀盖种	
氯硝散	棉花、玉米、粟	棉苗病害		50kg 棉花种子加水湿润后，用药150～250g 拌种	
		玉米丝黑穗病		用药 50～75g 拌干细土 50kg 盖种	
		粟白发病		每 50kg 种子用药150～250g，先加细沙 2.5～5kg 混匀后拌种	
四氯苯醌（50%可湿性粉剂）	棉花、大豆、菜豆、豌豆、甘薯	棉花炭疽病、红腐病，大豆霜霉病，菜豆炭疽病，甘薯腐烂病	1∶800～1 600	500kg 种子用药100g 拌种，甘薯用800～1 600 倍溶液浸种	不溶于水，遇碱分解，对人、畜低毒
二氯苯醌（50%粉剂，50%可湿性粉剂）	玉米、小麦、棉花、稻、豆类、蔬菜	玉米干腐病，小麦腥黑穗病，棉苗猝倒病，稻瘟病，豆类及蔬菜幼苗立枯病		拌种用药量为种子质量的 0.1%～0.3%	不能与矿油、二硝基甲酚和石硫合剂混用
皂矾（绿矾、麦矾、硫酸亚铁）	大麦	大麦条纹病、坚黑穗病、云纹斑病、网斑病	0.5%	浸种 6h	浸种后勿用清水冲洗，以免降低种子发芽率
石灰水	水稻、大麦、小麦	水稻稻瘟病、胡麻斑病、恶苗病，大麦赤霉病、条纹病，小麦赤霉病、散黑穗病	1%	35℃ 浸 1d，30℃浸 1～2d，25℃浸2d，20℃ 浸 3d，15℃浸 6d	①浸种时避免阳光直射②种子厚度不宜超过66.7cm③水层要高于种子13.3～16.7cm，切勿搅动④预先用硫酸铵浸选过的种子，不能用石灰水浸种，以免降低种子发芽率

（续）

药剂种类和规格	处理种子	防治对象	药剂浓度	处理方法	备注
稻脚青（甲基胂酸锌）（20%或40%可湿性粉剂）	棉花、黄麻、亚麻	棉苗炭疽病、立枯病，黄麻炭疽病、枯萎病，亚麻炭疽病、立枯病		50kg 种子用药 100～250g 拌种	
稻瘟净（1.5%粉剂，50%乳剂）	水稻	稻瘟病	1∶500	浸种 20h，或预浸 4～6h 再浸药液 15h	
底稻瘟（4%或40%粉剂，40%乳剂）	棉花	棉花炭疽病、立枯病	1∶800～1 000	乳油浸种 24h	浸过种的药液可连续使用
福美双（50%可湿性粉剂）	小麦、大麦、玉米、水稻、花椰菜、甘蓝、莴苣	小麦腥黑穗病、秆黑粉病，大麦坚黑穗病		50kg 种子用药 150g 拌种	
		玉米黑粉病		50kg 种子用药 250g 拌种	
		稻瘟病、稻胡麻叶斑病、稻秧苗立枯病		100kg 种子用药 0.5kg（含有效成分 250g）拌种	
		花椰菜、甘蓝、莴苣立枯病		100kg 种子用药 0.8kg（含有效成分 400g）拌种	
托布津（50%可湿性粉剂）	小麦、大麦、甘薯、马铃薯	麦类黑穗病		50kg 种子用药 100～150g 拌种	
		甘薯黑斑病	1∶200	浸种薯 10min	
		马铃薯细菌性环腐病	1∶500	浸种薯 2h	
二硝散（50%可湿性粉剂）	棉花	棉花枯萎病、黄萎病	0.2%～0.3%	在 55～60℃的温汤中浸种 30min	棉籽经预脱绒
退菌特（土习脱）（50%可湿性粉剂）	棉花、红麻	棉花炭疽病、立枯病		50kg 棉花种子用药 250～500g 拌种，或与 20 倍土混合后搓种立即播种	
		红麻炭疽病	1∶50～100	在 18℃浸种 24h	
稻宁（甲基胂酸钙）（10%可湿性粉剂）	棉花	棉花炭疽病、立枯病		50kg 棉花种子用药 250g 拌种	
萎锈灵（25%或50%可湿性粉剂，10%乳油）	大麦、小麦、高粱、红麻	大麦腥黑穗病、小麦腥黑穗病、高粱坚黑穗病、红麻立枯病	0.2%～0.3%	50kg 种子用药 100～150g 拌种，浸种浓度稍低（0.1%～0.2%）	内吸性杀菌剂，对人、畜低毒

（续）

药剂种类和规格	处理种子	防治对象	药剂浓度	处理方法	备注
克菌丹（Captan）（50% 可湿性粉剂）	小麦、燕麦、高粱、水稻、黍、大豆、芝麻、洋葱、茄子	小麦腥黑穗病、燕麦坚黑穗病、高粱坚黑穗病、谷粒黑穗病、大豆紫斑病、芝麻枯萎病、洋葱条黑粉病、茄黄萎病	50kg 种子用药 150g 拌种	在碱性溶液中易分解，对人、畜低度
粉锈宁	小麦、大麦、玉米	小麦散黑穗病、腥黑穗病，大麦散黑穗病，玉米丝黑穗病	0.1%～0.3%拌种	
辛硫磷	大麦、小麦、玉米、高粱、谷子、花生等	防治蛴螬、蝼蛄等地下仓虫	50% 乳油 100～165ml，加水 5～7.5kg，拌种 50kg	无光照条件下（施入土中）残效期很长，可达 1～2 个月，适合防治地下仓虫

1. 浸种 浸种（seed soaking）是把种子浸在一定浓度的药液里，经一定时间后，使种子吸收和黏附药剂，再取出晾干播种，从而杀灭种子表面和内部病菌的种子处理方法。浸种的优点是，操作简便，无须特殊设备，经济，对药剂物理性质的要求不高，药液可以反复使用，杀菌效果优于药剂拌种。

浸种时应注意的事项：

（1）浸种药剂具有水溶性。目前溶于水的药剂加工剂型有可湿性粉剂、水剂、乳剂和胶悬剂。应特别注意，不能用粉剂浸种，因为粉剂不溶于水，浮于水面或下沉，种子粘药不匀，达不到浸种灭菌效果。

（2）药剂的浓度和浸种时间要合理。一般浸种的药剂浓度与浸种时间有关，浓度低则浸种时间可略长一点，浓度高则浸种时间要短。若不准确掌握好药液浓度和浸种时间，就容易发生药害或降低浸种效果。

（3）均匀吸附。浸种时药液液面要高出种子 10～15cm，以免种子吸水膨胀后露出药液面，造成吸附不均匀而影响浸种效果。

（4）及时清洗晾干。浸种后要用清水及时洗去种子表面附着的药剂，并摊开晾干。

2. 闷种 闷种（seed sealed）是指用有效成分较高的药液浸湿种子或喷洒在种子表面，并充分拌匀，而后把处理过的种子堆放在一起，加上覆盖物闷熏一段时间，充分发挥药剂的熏蒸作用以提高杀菌药效的种子处理方法。该法也称半干法。闷种所选用的杀菌剂大多挥发性强，常用的闷种药剂有 40%福尔马林稀释液、抗菌剂 402 和 401 等。

闷种时应注意的事项：

（1）合理掌握药量。闷种的用药量是根据种子质量计算后得出的，一般采用每 50kg 种子加入一定量的药剂稀释液的方法。闷种用药量因种子类别而异。

（2）合理掌握闷种时间。闷种时间要根据药液浓度、种子种类和防治对象来确定。

（3）闷种后要及时播种。一般闷过的种子应在 2d 内播种。

3. 拌种 拌种（seed dress）是指用干燥的药粉与干燥的种子在播前混合搅拌，使每粒种子表面都均匀地黏附一层药粉，形成药衣或药膜，以杀死种子表面或内部的病菌的种子处理方法。拌种的具体操作是，先把一定量的种子与药剂分 3~4 次放入滚筒拌种箱内，药剂装入时应尽量散布均匀，装毕加盖，摇动拌种箱滚动拌种。拌种箱内装入的种子量应为箱子最大容量的 2/3~3/4，这样可以保证拌种箱内有一定的空间，以便种子在拌药过程中翻动，使种子与药粉均匀接触。若无拌种箱，则可用大油桶或酒坛代替，然后滚动油桶进行拌种；在种子数量很少时也可以放入广口瓶用手摇匀。

拌种时应注意的事项：

（1）药剂剂型选择。拌种时应选用内吸性强的杀菌剂，或根据具体防治对象选用杀菌效果好的剂型。

（2）合理掌握药量。拌种用药量应根据不同作物种子的要求而确定，一般用药量为种子质量的 0.2%。

（3）保证拌种质量。要使药剂全部均匀地黏附在种子表面，药粉在种子上紧紧贴附且不易脱落。

（4）防止受潮。拌种后的种子如果受潮则容易产生药害，故种子拌药后若一时不能播种，应贮放在干燥处，避免受潮。

4. 熏蒸 种子熏蒸（seed fumigating）是指在相对密闭的场所或种子容器中使用有毒气体进行杀虫和灭菌的种子处理方法。熏蒸的主要目的是灭虫，也可用于杀灭病原物。熏蒸时常用的药剂有溴甲烷、环氧乙烷、硫酰氟和二溴氯丙烷等。熏蒸时为了兼治多种病虫害，常将几种杀菌剂，或杀菌剂与杀虫剂混合熏蒸种子。著名的"五西合剂"就是将防治棉花炭疽病菌、红腐病菌的西力生与防治立枯病菌的特效药五氯硝基苯混合配成的。又如把福美双与地茂散以不同比例进行混配，混剂的增效作用也很明显。常用的种子熏蒸混剂见表 4-3。

表 4-3 种子处理用的混剂

（孙庆泉，2001）

混剂名称	组 成	防治对象
苯菌灵 F2	苯来特＋福美双	水稻恶苗病、稻瘟病、稻胡麻叶斑病、稻白叶枯病
多百	多菌灵＋百菌清	花生黑斑病、黄瓜白粉病
	多菌灵＋定菌磷	
托福（丰米）	甲基托布津＋福美双	水稻恶苗病、胡麻叶斑病、稻瘟病
萎福	萎锈灵＋福美双	大麦散黑粉病
	甲呋酰苯胺＋双瓜盐	大麦散黑穗病
五灵合剂	五氯硝基苯＋氯唑灵	马铃薯丝核菌病
百克	百菌清＋克菌丹	谷类、棉花、亚棉、花生、大豆、甜菜的丝核菌病

5. 低剂量半干法 低剂量半干法是采用非常低的药剂用量来处理种子的方法。具体做法是，先把药液尽量均匀地倒在拌种箱的壁上，然后装入种子，加盖后混合，使药剂均匀分布在种子上。低剂量半干法的用药量一般只有闷种法用药量的 1/10。由于该法的药液用量很少、浓度很高，故用此法处理过的种子水分增加不大，可以较长时间贮存。

6. 热化学法 热化学法是指用热的药液处理种子，以提高杀菌效力的种子处理方法。此法实际上是热水处理与化学处理相结合的方法。如用 55～60℃ 的 0.2% 二硝基硫氰化苯的热药液浸棉花种子 30min，或用 55～60℃ 的 2 000 倍抗菌剂 402 热药液处理 30min，来防治棉花种子携带的枯萎病菌，效果良好。由于热水促进了化学药剂的渗透作用，故增强了防病效果。此法可以减少药剂的消耗量，缩短浸种时间，所用的药液浓度一般可以比浸种用的药液浓度低几倍。此法常用于果实处理和防治种子贮期病害。

7. 湿拌法 湿拌法即用极少量的水把药粉弄湿，然后用来拌种，或者将干的药粉拌在湿种子上的种子处理方法。湿拌的目的是使种子外面能沾上更多的药剂。湿拌法常用的药剂为内吸性杀菌剂。播种后，这些内吸剂会慢慢溶解，被吸进植物体内，并向地上部分运转，能维持较久的药效。

除了上述所介绍的 7 种种子药剂处理方法外，还有种子包衣和丸粒化处理，因其内容较多，将在本章专门设节详细介绍。

（三）植物生长调节剂处理

用植物生长调节剂（plant growth regulator）激发种子内部酶活性和内源激素以促根生芽的种子处理方法。常用的植物生长调节剂有赤霉素、三十烷醇、920 增效剂（制种乐）、克黑净、穗萌抑制剂、萘乙酸和多效唑等。一般来说，通过休眠期的植物种子，在一定的水分、温度和空气条件下就可以萌发，但由于种种因素的干扰，往往影响到种子的正常发芽，如果经过植物生长调节剂处理则可以干扰种子内部变化，促进种子发芽、生根，达到苗齐苗壮的目的。

（四）微量元素处理

微量元素（microelement）处理即在微量元素缺乏地区使用微量元素来处理种子，以补偿土壤缺乏的种子处理方法。农作物的正常生长发育需要多种微量元素，但在不同地区的土壤中常常缺少某些微量元素。利用微量元素浸种或拌种，不仅能补偿土壤养分的不平衡，而且方法简便有效，增产效果显著。目前世界农业中广泛施用的微肥是硼、铜、锌、锰、钼。比如在缺锌土壤上每千克棉种拌硫酸锌 4g，可增产皮棉 131.25kg/hm^2。对种子进行微量元素浸拌种处理时，应考虑当地土壤中微量元素的含量情况，还要考虑浸种和拌种的微量元素的浓度以及浸拌种时间的长短，因为微肥浓度的高低直接影响到处理效果，不同种子对浸种时间长短要求也不一样，所以微肥处理时应事先做好预备试验，确定好最佳浓度和时间，否则达不到应有的效果。

第三节 种子包衣

种子包衣（seed coating）又称种子包膜（seed filmcoating），是指利用黏着剂将杀菌剂、杀虫剂、染料、填充剂等非种子物质包裹在种子表面，在种子表面形成一层膜，并不明显改变种子形状和大小的种子处理方法。经包衣处理后的种子称为包衣种子或包膜种子。用于成膜的物质称为种衣剂。种子包衣适合于包括玉米、小麦、大麦、大豆、向日葵、棉花和草坪草种子，以及大多数园艺作物等绝大多数的大中粒种子。

一、种子包衣技术的发展

1926 年美国的 Thornton 和 Ganulee 首先提出种子包衣。20 世纪 30 年代英国的

Germains 种子公司首次成功地研制出禾谷类作物种子的种衣剂。含有杀菌剂成分的包衣种子最初的出现就是为保护播种后出苗前种子不受土壤中的真菌侵害，防止如腐霉病、疫霉病和丝核病等病害对幼苗造成伤害。1976 年，美国的 McGinnis 进行了小麦包衣种子田间试验，取得了抗潮、抗冷、抗病、出苗快、长势好的效果，后来包衣种子逐渐推广到蔬菜作物的使用（Callan，1975）。Maude（1978）研制和推广使用了药效差异不同的长效药剂和短期药剂；又研制了高剂量药剂，药效能延长到整个作物生长季节，如防治洋葱白腐病对洋葱的危害；后来又在生产作物上推广使用了能够保护作物在生长期间对害虫的抵御，如含有毒死蜱杀虫剂成分的种衣剂在十字花科种子使用，有效抵抗了甘蓝根花蝇的危害，吡虫啉种衣剂在叶用莴苣种子上使用，可以抵抗蚜虫的危害。20 世纪 80 年代，世界上发达国家种子包衣技术已基本成熟。

我国种子包衣技术研究起步较晚。1976 年轻工业部甜菜糖业研究所对甜菜种子包衣进行了研究。1980 年毛达如等人进行了夏玉米种子包裹肥衣试验，取得显著增产效果。1980 年中国农业大学李金玉等人开始研制种衣剂，并研制出应用于多种作物的不同型号种衣剂，1991 年获发明专利。1981 年中国农业科学院土肥所研制成功适用于我国牧草种子飞播的种子包衣技术。其后，全国许多省市相继开发了种子包衣剂。近年来，我国种子包衣率明显提高。但是由于农药型种衣剂会污染土壤和造成人畜中毒，德国已禁止使用克菌丹农药型包衣剂，美国正在研究高效低毒型包衣剂、生物型包衣剂和多聚糖类种子包衣剂。可见，开发天然无毒种子包衣剂是种子包衣技术的发展趋向。

二、种子包衣的特点

（一）种子包衣

种子包衣或包膜是指利用成膜剂，将杀菌剂、杀虫剂、微肥、染料等非种子物质包裹在种子表面，形成一层薄膜的种子处理方法。种子包膜后，成为基本上保持原来种子形状和大小的种子单位。

（二）商业化种子包衣的优点

使种子作为载体——携带应用于对农作物进行保护的产品（主要是杀菌剂、杀虫剂），并将其准确、均匀地包裹在每一粒种子表面的处理技术；强劲的黏合剂，能够把所需要的杀菌剂、杀虫剂、微量元素、植物生长调节剂、接种剂、激发剂和标记色彩等保护种子的非种子物质黏合在种子表面，同时在处理期间和后期的运输、种植过程中减少粉尘暴露所造成的活性成分挥发，有利于种子在田间的发芽、出苗、生长，同时避免和减少对操作人员的伤害；提高了种子在加工包装中的"流动性"，更便于播种环节中的计量；在市场中拥有具有吸引力的产品外观、品牌等"高附加值"的产品标识，利于在知识产权领域对品种、品牌的保护；广泛应用于商业种子加工产业。

三、种衣剂的类型、化学成分及其理化特性

（一）种衣剂的类型

种衣剂按其组成成分和性能的不同分为农药型、生物型、复合型和特异型等类型。

1. 农药型种衣剂　农药型种衣剂是当前许多国家开发应用最普遍和最广泛的一种类型。该类型种衣剂应用的主要目的是防治种子和土壤病害和虫害。种衣剂中的主要成分是农药。

如美国玉米种衣剂和我国目前应用的多种种衣剂均属此类。

2. 生物型种衣剂 生物型种衣剂是应用现代生物技术研制而成的一种微生物型种衣剂。它是根据生物菌类之间拮抗原理,筛选有益的拮抗根菌,以抵抗有害病菌的繁殖、侵害而达到防病的目的。如浙江省种子公司研究成功的 ZSB 生物型种衣剂,美国开发的防治十字花科种子黑腐病菌、芹菜种传病害、番茄及辣椒种传病害的有益微生物型种衣剂。

3. 复合型种衣剂 复合型种衣剂是为防病、提高抗性和促进生长等多种目的而设计的复合配方类型。种衣剂中的化学成分有农药、微肥、植物生长调节剂或抗性物质等。目前国内开发的许多种衣剂都属这种类型。该类型的种衣剂适应范围广,易为群众接受,但缺点是针对性差。

4. 特异型种衣剂 特异型种衣剂是根据不同种子和不同目的而专门设计的种衣剂类型。如为水稻旱育秧而设计的高吸水种衣剂、蓄水抗旱种衣剂、抗流失种衣剂和调节花期种衣剂等属于此类型。

(二)种衣剂的化学成分

目前使用的种衣剂其成分主要由两部分组成,一部分为有效活性成分,另一部分为非活性成分。

1. 有效活性成分 有效活性成分是指对种子和作物生长发育起作用的主要成分,主要包括农药、微肥、植物生长调节剂、菌肥等。目前我国应用于种衣剂的农药有呋喃丹、甲胺磷、辛硫磷、多菌灵、五氯硝基苯和粉锈宁等,微肥主要有硼、锌和镁等,植物生长调节剂主要有赤霉素和萘乙酸等。

2. 非活性成分 非活性成分是指种衣剂中有效活性成分之外的配套助剂,其作用是为了保持种衣剂的物理性状。非活性成分主要包括成膜剂、交链剂、乳化湿润悬浮剂、防冻剂、渗透剂、稳定剂、消泡剂、着色剂以及丸粒化种子用的黏着剂、填充剂和染料等。

成膜剂是种子包衣剂的关键助剂,其作用是使种衣剂包被种子后能立即固化成膜,形成种衣,它在土壤中遇水几乎不溶解,但能吸胀透水透气,保证种子正常发芽生长,并使药、肥缓慢释放。如用于大豆种子的乙基纤维素(EC)、用于甜菜种子的聚吡咯烷酮等。交链剂的作用是促进成膜剂在种子表面交链固化成膜。乳化湿润悬浮剂的作用是使种衣乳化、湿润和悬浮均匀。稳定剂亦称胶体保护剂,如环糊精等。防冻剂为乙二醇等。消泡剂有正辛醇、二甲基硅油等。着色剂有若达明 B、酸性大红 GR、酸性红 G、苹果红和草绿等,按不同比例配比,可得到多种颜色。一方面可作为识别种子的标志,另一方面也可作为警戒色,防止鸟雀取食。种子丸粒化的黏着剂主要为高分子聚合物,如阿拉伯树胶、淀粉、羧甲基纤维素、甲基纤维素、乙基纤维素、聚乙烯醋酸纤维(盐)、藻酸钠、聚偏二氯乙烯(PVDC)、聚乙烯氧化物(PEO)、聚乙烯醇(PVOH)等。填充剂的材料较多,有黏土、硅藻土、泥炭、云母、蛭石、珍珠岩、活性炭、磷矿粉等。

(三)种衣剂的理化特性和商业特性

优良包膜型种衣剂的理化特性应达到以下要求:

1. 成膜性好 成膜性是种衣剂的关键物理特性,也是衡量种衣剂质量好坏的重要指标。优良包膜型种衣剂要求能迅速固化成膜(种衣剂在种子表面的固化成膜时间一般不超过15min),种子不粘连、不结块。

2. 种衣牢度高　种衣牢度是指种衣剂薄膜在种子表面黏附的牢固程度，一般用脱落率来表示，要求脱落率不高于 0.7%，避免种衣剂在种子各种处理过程中脱落损失。

3. 黏度适当，附着力均匀　黏度是种衣剂黏着在种子上牢固度的关键影响因素。不同种子的黏度要求不同，一般在 150～400mPa·s（黏度单位）之间。小麦、大豆种子要求在180～270mPa·s，玉米种子要求在 50～250mPa·s，棉花种子要求在 250～400mPa·s。保证种衣剂在包衣时准确、有效、均匀一致附着在种子批中每一粒种子的表面。

4. 细度合理　细度是成膜性好坏的基础。种衣剂细度标准为 2～4μm。要求 2μm 的粒子占 95% 以上，小于或等于 4μm 的粒子占 97% 以上。包衣后种子表面无粗糙、鳞片、粉尘和黏滞状，方便播种。

5. 良好的缓释性　种衣剂能透气、透水，有再湿性，播种后吸水很快膨胀，但不立即溶于水，缓慢释放药效，药效一般维持 45～60d。

6. 高纯度　纯度是指所用原料的纯度，要求有效成分含量要高。

7. 酸度适宜　种衣剂的酸度决定是否影响种子发芽和贮藏期的稳定性，要求种衣剂为微酸性至中性，一般 pH 6.8～7.2 为宜。

8. 贮存稳定性好　种衣剂要求冬季不结冰，夏季有效成分不分解，一般可贮存 2 年。

9. 生物活性较高　种子经包衣后的发芽率和出苗率应与未包衣的种子相仿，对病虫害的防治效果应较高。

10. 安全性　种衣剂需要对种子安全，不伤害种子；对操作人员安全，不危害健康；对环境安全，不会造成污染。

11. 外观表现良好，对市场具吸引力

四、种子包衣机械设备

一个简单完整的种子包衣处理器应包含以下四个组成部分，即喂料机械、化学药剂库传送系统、称量系统和搅拌混合系统，以保证有准确的称量系统、良好有效的混合和干燥能力、正确的产出能力和种子处理加工过程中无损耗，保证整个加工过程中的安全性。图 4-3至图 4-7 所示为种子包衣机械设备。

图 4-3　种子螺旋包衣机

图 4-4　种子螺旋包衣机

图 4-5　种子包衣仓

图 4-6　带漏斗的顶盖

图 4-7　种子包衣系统

（图片来自 http://www.ucoatsystems.com/About.html）

五、种子包衣技术

（一）包衣前的准备

为了保证种子包衣质量、降低用药成本、保证应用效果，包衣作业开始前应做好种子、机具和药剂的准备工作。

1. 种子的准备　凡是进行包衣的种子必须是经过精选加工后的种子，种子质量应达到大田用种标准。根据我国当前的生产习惯，很多包衣作业是在播种前进行，即加工后的种子先贮藏越冬，到来年春天播种时再包衣。因此在包衣前应对种子进行晾晒或烘干，使种子水分在安全贮藏水分之内。同时对种子进行一次检查，确认种子的净度、发芽率、水分都合乎要求时方可进行包衣作业。

2. 机具的准备　根据种子种类和包衣方式，选择合适的包衣机。目前种子包衣机械有种子包膜包衣机、种子丸粒分包衣机和多用途包衣机等。包衣前首先要检查包衣机的技术状态是否良好，当发现问题时应逐一解决，确认机具技术状态良好后才可投入作业。

种子包衣属于批量连续式生产，种子被一斗一斗定量地计量，同时药液也被一勺一勺定时地计量。计量后的种子和药液同时下落，下落的药液在雾化装置中被雾化后喷洒在下落的种子上，使种子包膜，最后搅拌排出。丸粒化种子则定量、定时地加入各种成分，在丸衣罐内滚动至一定体积，过筛、染色，最后完成丸粒化。因此种子包衣和丸粒化时对包衣机械有以下要求：

（1）机械密闭性好。包衣机械在作业时必须保证完全密闭，即拌粉剂药物时要保证药粉不散扬到空气中或抛洒在地面上，拌液剂药物时药液不可随意滴落到容器外，以免污染作业环境。

（2）包衣混拌要均匀。在机具性能上应能适用粉剂、液剂，以及粉剂和液剂同时使用。

要保证种子和药剂能按比例进行混拌包衣，比例能根据需要调整，调整方法要简单易行。包衣时，要保证药液能均匀地黏附在种子表面。

（3）经济高效。机具的生产造价低、效率高，与药物接触的零部件要使用防腐材料或采取防腐措施，机具具有较长的使用寿命。

3. 药剂的准备　首先应根据种子类别选择不同类型的种衣剂，还应根据加工种子的数量、配比，准备足够量的药物。对于液剂药物的准备，主要是根据不同药物的要求配制好混合液。一般液剂药物的使用说明中都会详细指出药物与水的混合比例，要按说明书中的比例进行配制。混合时一定要搅动，使药液混合均匀。

（二）种子包衣

1. 机械种子包衣　机械种子包衣是目前大批量种子包衣所采用的方法。种子包衣机分为种子包膜包衣机、种子丸粒化包衣机和多用途种子包衣机等。常用的包衣机械有 5BY-5A 型、5BY-LX 型和 5ZY-1200B 型等十几种型号。

2. 人工种子包衣　人工种子包衣主要是在缺少包衣设备或少量种子包衣时所采用的种子处理方法。

（1）大锅包衣法。把锅固定好，先放入一定数量的种子，再按比例称取种衣剂倒入锅内，然后用铲子快速翻动拌匀。

（2）瓶桶包衣法。称取 2.5kg 种子放入容量为 10kg 的有盖瓶子或小铁桶中，再称取对应比例种衣剂倒入，然后封好盖子，再快速摇动，直至均匀。

（3）塑料袋包衣法。把两个大小相同的塑料袋套在一起，称取一定数量的种子和种衣剂倒入里层塑料袋中，扎好袋口后用手快速揉搓，直至拌匀。

无论采取机械包衣还是人工包衣的方式，都必须保证包衣均匀，如果包衣不均匀，则会对局部种子产生药害。种子包衣处理后可直接装入聚乙烯编织袋中，并使用缝包机进行封口，编织袋上应有警戒标志。

（三）包衣操作的安全注意事项

第一，进行种子包衣的工作人员，严禁徒手接触种衣剂或用手直接包衣，必须借助包衣机或其他器皿来完成包衣。

第二，负责包衣处理的人员必须采取防护措施，如穿工作服、戴口罩及乳胶手套等，严防种衣剂接触皮肤，操作结束时应立即脱去防护用具。

第三，包衣过程中不准吸烟、喝水和吃食物，工作结束时要用肥皂彻底清洗裸露的脸、手，然后才能进食和喝水。

第四，包衣处理种子的地方，严禁闲人、儿童进入玩耍。

第五，包衣后的种子要保管好，严防畜禽进入场地误食包衣的种子中毒死亡。

第六，包衣后必须晾干成膜后再播种，不能在地头边包衣边播种，以防药剂未完全固化成膜而脱落。

第七，使用种衣剂时，不能另外兑水使用。

六、种衣剂的安全使用

（一）种衣剂的管理

种衣剂应装盛在贴有标签的容器内，并存放在干燥阴凉处，严禁与种子共存一处；严禁在种衣剂的搬运过程中饮食；种衣剂要由专人保管，并签订责任书；种衣剂存放处严禁闲人入内；种衣剂存放处应备有急救物品，如肥皂、碳酸钠等，以备发生意外时救护使用。

（二）种衣剂的使用

种衣剂不能同敌稗等除草剂同时使用，若先使用种衣剂，需 30d 后才能再使用敌稗；若先使用敌稗，则需 3d 后才能播种包衣种子，否则容易发生药害或降低种衣剂的处理效果。种衣剂分解速度随 pH 及温度的升高而加快，所以不宜与碱性农药、肥料同时使用，也不能在盐碱地较重的地方使用，否则容易分解失效。在搬运种子时，应检查包装有无破损或漏洞，严防种衣剂处理的种子被儿童或禽畜误食中毒。使用包衣后的种子，播种人员要戴手套及穿防护服，播种时不能饮食或徒手擦脸、眼，以防中毒，工作结束后用肥皂洗净手脸。装过包衣种子的种子袋，要严防误装粮食及其他食物、饲料。盛过包衣种子的容器，必须用清水洗净后再做他用，严禁再盛食物，洗容器的水严禁倒在河流、水塘、井池边，可以将水倒在树根、田间，以防人、畜、禽、鱼中毒。凡含有呋喃丹成分的各型号种衣剂，严禁在瓜、果、蔬菜上使用，尤其叶菜类绝对禁用，因呋喃丹为内吸性毒药，残效期长，菜类生育期短，用后对人有害。用含有呋喃丹种衣剂包衣水稻种子时，应注意防止污染水系。严禁将含有呋喃丹的种衣剂用水稀释后用喷雾器向作物喷施，因呋喃丹的分子较轻，喷施污染空气，会对人类造成危害。使用种衣剂后的死虫、死鸟，应严防家禽、家畜吃后发生二次中毒。种子出苗后，严禁用间下来的苗喂牲畜。

（三）种衣剂中毒的急救

目前多数型号的种衣剂均含有呋喃丹，呋喃丹中毒会出现头痛、神经衰弱、呕吐、瞳孔收缩、视觉模糊、肌肉震颤或发抖、四肢痉挛、流涎、出汗、拉肚等症状，中毒后不能催吐，应立即就医；触及眼睛时，须用清水冲洗 15min 或滴入一滴阿托品；弄到皮肤上，要立即用碱水冲洗。

第四节　种子丸粒化和种子包壳

一、概　　述

1941 年美国缅因州种子科技人员为了便于小粒蔬菜和花卉种子的机械播种，利用包衣种子进行机械播种。20 世纪 60 年代随着欧洲育苗业的兴起，种植者要求种子单粒化、高质量，这样便于控制株行距和播种深度，从而导致丸粒化种子的迅速商业化。

（一）种子丸粒化

种子丸粒化（seed pelleting）又称为种子丸化，是指利用黏着剂，将杀菌剂、杀虫剂、染料、填充剂等非种子物质黏着在种子外面，通常做成在大小和形状上没有明显差异的球形单粒种子单位，既有利于机械播种又能防虫抗菌的种子处理技术。因在丸粒化处理时添加了填充剂等惰性材料，种子的体积和质量在丸粒化后都有显著增加，千粒重也随着增加；同时也掩盖了种子原来的形状，即使形状不规则的种子也可做成均匀一致、表面光滑的球形，小而轻的种子变大加重后，更加容易精确播种，提高了播种的准确度。

丸粒化处理技术主要适宜于如油菜、白菜、甘蓝、胡萝卜、莴苣、洋葱、辣椒、番茄、烟草、甜菜和海棠、矮牵牛以及超甜玉米等小粒的农作物、蔬菜和花卉等种子，是目前小粒种子尤其是在蔬菜、花卉穴盘育苗生产中最重要的增强处理技术之一，它既提高了种子的易播性，又提高了其出苗表现。

（二）种子丸粒化材料

种子丸粒化材料包括作物保护剂（crop protection product，CPP）、微量元素等营养物质和着色剂等与包衣种子类似的材料和各种惰性材料组成的填充剂等。其中用于种子丸粒化填充剂的材料较为广泛，只要能形成稳定的丸粒化结构，播种时保持足够的强度，发芽时无负面影响的材料，如黏土、硅藻土、石墨、滑石粉或木质碎屑等惰性材料都满足这些条件，可作为丸粒化材料的填充剂，它可以是单一种，也可以是两种或两种以上材料混合构成。根据这些材料的种类，有时候也需要再加入甲基纤维素来加强其足够的强度。

丸粒化种子，除了填充剂的类型不同，其颗粒的大小也会最终影响到丸粒化种子的特性，如由于毛细管的粗细而影响吸入到种子内部水分的量和速率。

（三）种子包壳

种子包壳（seed encrusting）主要是为一些形状和表面不规则的种子添加一些辅助成分以修整其形状，有利于增加种子的大小和质量以免漂浮造成损失，如一些小粒牧草、草坪草种子和无土栽培的幼苗；在包壳处理过程中可同时施加苜蓿、三叶草等豆科牧草的根瘤菌作为预接种菌，施用氮肥、磷肥作为牧草、草坪草的基肥。

（四）丸粒化种子和包壳种子的优缺点

1. 丸粒化种子和包壳种子在发芽出苗期间吸湿方面表现出的优越性　目前丸粒化种子和包壳种子在种子发芽出苗的吸湿方面表现出的优越性表现在以下几个方面：加入疏水剂延缓种子吸水速率，以减轻种子发芽出苗期间低温和淹水对种子的伤害；加入吸湿剂有利于种子在干旱条件下发芽的吸水能力和速率；快速解除燕麦草、莴苣和烟草等需光种子发芽时对光的需求和敏感性；在漂浮育苗移栽系统中快速溶解种子包壳或丸粒化包裹物质，有利于提高工作效率。

2. 丸粒化种子和包壳种子的水分　在丸粒化种子和包壳种子加工处理过程中，所用的填充剂和其他混合物都会改变丸粒化、包壳种子的水分，这是因为在丸粒化过程中，水分作为溶剂和结合剂不但溶解了丸粒化的材料和黏结剂，同时水分会被种子吸收。因此，在处理过程中应控制好水分，否则就会造成丸粒化种子水分增加，缩短种子的贮藏期，降低种子的活力。

二、丸粒化种子生产的工艺流程

绝大多数的丸粒化种子在鼓状锅或盆中旋转加工处理完成，在这个过程中按照一定比例定时定量地加入丸粒化材料和水进行混合，通过适当浓度的黏结剂把丸粒化材料与种子黏结在一起，达到强硬坚固的效果（图4-8）。

（一）种子丸粒化的基本工艺

种子丸粒化的基本工艺是：种子清选→用黏着剂浸湿种子→与杀虫剂、杀菌剂、除草剂、营养物质混合→与填充剂混合搅拌→丸粒化成型→热风干燥→按粒度筛选分级→检验→计量称重→包装。

（二）种子丸粒化的基本方法

种子丸粒化的基本方法有旋转法和飘浮法。

1. 旋转法　旋转法即在水平滚筒中设置喷液管和丸衣粉输送器，清选后的种子从进料口流入滚筒，随筒身的旋转而不断滚动，同时喷液与撒粉，定时定量加入各种药剂和填充剂，经过一段时间后形成具有丸壳的种子。分层丸化时，随着丸径的增大，表面积也加大，当丸径达到预定大小时喷浓胶和撒细粉，此时可掺入不同的着色剂。丸粒化后的种子进入热风干燥器进行干燥，然后筛选分级，将合格的丸粒化种子进行计量包装。

2. 飘浮法　飘浮法即用风机把具有一定温度的空气送入丸化筒，丸化筒中的种子因受上升气流的作用而呈悬浮状态，再通过空气压缩机将粉料和助剂送入丸化筒中。在丸化筒中，种子表皮与粉末之间产生黏附力，丸径不断扩大。种子在气流中的相互撞击和摩擦使黏结牢固，外表光滑，最后形成丸粒。种子丸粒化后，要进行严格的质量检验，主要检验指标为水分、丸壳强度、发芽率、单粒率、千粒重、杀虫性和杀菌性等。

随着种子丸粒化技术的不断发展，对丸粒化经验的积累，国外一些先进的种子技术公司已经把成功生产丸粒化种子的工艺演化成为一门艺术。

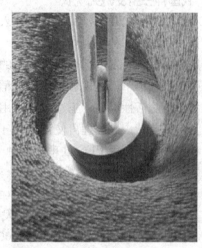

图 4-8　种子在丸粒化盆中经加工处理

（图片来自 http：//www.ucoatsystems.com/About.html）

第五节　种子引发

种子引发（seed priming）也称种子渗透调节（osmoconditioning），通过控制种子缓慢吸水，使其停留在吸胀的第二阶段，种子进行预发芽的生理生化代谢和修复作用，促进细胞膜、细胞器、DNA 的修复和酶的活化，但防止胚根伸出的一项种子处理技术。

种子引发是由英国的 Heydecker 教授于 1973 年首次提出。Heydecker 等人于 1975 年首先应用聚乙二醇（PEG）高分子渗透剂来处理洋葱和胡萝卜种子，并获得成功。目前这项技术在很多植物中已有研究与应用，包括蔬菜作物的石刁柏、茄子、甘蓝、辣椒等，粮食作物的水稻、小麦、大麦、玉米等，油料作物的油菜、花生、大豆等，以及其他如碱茅、三色堇、雪叶莲、盾叶薯蓣等。种子经过引发处理，活力增强，抗逆性增强，耐低温，出苗快而齐，成苗率高，从而间接节约种子，降低成本，提高效益。

一、种子引发的研究状况及意义

（一）国外种子引发研究和商业引发应用技术

种子引发由英国的 Heydecker 教授首次提出（1973 年）并成功应用（1975 年），之后国外对种子引发技术进行了大量的研究。目前，该技术已相当成熟，如滚筒引发（drum priming）、渗透调节（osmoconditioning）引发、固体基质引发（solid matrix priming, SMP）、生物引发（bio-priming）等已成功应用于商业生产，并申请了专利，例如美国的 S.T. S 和 INCOTEC 等公司，其引发主要应用在价值很高的蔬菜作物和花卉方面，如番茄、花椰菜、辣椒、欧芹、紫罗兰、鼠尾草、三色堇、报春花、天竺葵、仙客来种子等。现在国外的种子引发大都是生物引发，即将引发与生物拮抗菌处理有机结合，让拮抗菌在引发期间大量繁殖，布满种子表面，保护幼苗生长，免遭有害菌的侵袭，这种处理对环境无污染。现在美国已有芸薹属、胡萝卜、芹菜、辣椒、西瓜等多种蔬菜和水果的引发种子销售。

（二）我国种子引发研究现状

从 20 世纪 80 年代开始，我国的研究人员开始研究种子引发技术，在粮食作物、经济作物、蔬菜作物和花卉的种子上均有相关的研究报道，但都处于试验研究阶段，还没有在生产上大量应用，也没有开发出适合我国国情的引发工艺。如在粮食和经济作物上，贺长征等利用混合盐引发水稻种子，发现可以提高水稻的抗逆能力，使水稻种子在低温和盐胁迫下加快发芽，过氧化氢酶活性提高；王建成等利用硝酸钙溶液引发油菜种子后，可使油菜成苗率显著提高，且苗齐苗壮，此处理可使油菜种子在 20%～25% 的水分条件下表现良好，可以进行大田播种；张燕等利用 PEG 处理烟草种子，可显著提高种子发芽率和幼苗活力指数，增强种子萌发时的呼吸速率和淀粉酶活性；马金虎等用 25%PEG-6000 引发小麦、大豆种子 3d，发现种子萌发率有不同程度的提高，种子电解质外渗量明显降低。在蔬菜、花卉和牧草种子上，郑晓鹰等用 30%PEG-1000 引发处理菠菜、冬瓜和黄瓜种子，发现引发处理对其萌发都有不同程度的效果；胡晋用 PEG-8000 溶液在黑暗条件下引发莴苣种子 7d，发现该处理能显著减轻莴苣在 35℃高温下的热休眠，提高种子发芽率，显著增加种子发芽指数；靳万贵等用 25%PEG-6000 引发处理不同活力水平的一串红种子 1d，发现引发后种子发芽率比对照提高 16.12 倍；解秀娟用沙引发紫花苜蓿种子，发现该处理可以显著提高种子活力和抗盐胁迫能力。

（三）引发研究的意义

随着我国种子产业的不断发展以及与国外种子市场的接轨，国内种植者对种子质量的要求也会逐步提高，如何尽快提高种子引发质量并尽快应用于商业生产，已成为摆在我们面前的一个紧迫的问题。种子引发是一项有效的种子处理技术，经引发的种子，活力高、抗性强、耐低温、发芽快、出苗齐、成苗多。在国外，一些价值昂贵的蔬菜、花卉种子通过种子引发、丸化、包衣等一系列种子处理技术来提高种子质量已很普遍。每年我们需从国外进口大量质好价高的蔬菜和花卉种子，国内相应的品种只能占据低端市场。这其中，与我们的品种质量差有一定的关系，但也与我们的种子处理水平低有很大关联。种子加工技术落后，即使是好品种也不会卖到高价钱。为了提高我国种子加工处理水平，缩小我们与国际产品质量的差距，加快种子引发技术的使用，研制具有自主知识产权的大量种子引发工艺已成必要。

二、种子引发的原理

种子引发的原理是在实际播种前种子经引发处理后已经完成了种子发芽过程的第一个阶段，种子吸水的量控制在种子发芽的最低需水量之下，在此临界水分之下种胚不突破种皮而发芽（Heydecker 和 Coolbear，1977）。

干种子吸水依次有吸胀、滞留和胚根突破种皮后的快速吸水三个阶段。种子引发是将种子用高渗溶液浸泡处理，通过控制种子吸水进程，使种子缓慢吸收水分而停留在吸水和吸氧的发芽第二阶段（滞留阶段），此时种子处在细胞膜、细胞器和 DNA 的修复，酶活化发芽准备和适应环境的代谢状态。种子引发完成后再将种子逐步缓慢回干到种子引发处理前种子的水分状态。此阶段由于完成了一些有利于其后萌发及生长的物质代谢过程而使其萌发能力及抗逆能力有了明显提高。

三、种子引发的方法

种子引发常用的方法有液体引发、固体基质引发、滚筒引发和生物引发。

（一）液体引发

液体引发（liquid prinming）是以溶质作为引发剂，种子置于溶液湿润的滤纸上或浸于溶液中，通过控制溶液的水势，调节种子吸水量（图 4-9）。最常用的引发剂是聚乙二醇（PEG），它是一种高分子有机化合物，相对分子质量约为 6 000 或 8 000，无毒，黏度大，溶液通气性差，不能透过细胞壁进入细胞。一种改良的更加精致的 PEG 引发技术是由 Rowse 等（2001）提出的，种子在引发过程中由双层螺旋壁中的一层膜将引发种子分离出来，这个系统的好处是改善了 PEG 引发处理中的透气性问题，同时减少了 PEG 的用量。改良通气状况尤其是利于一些需氧较多的作物种子如花卉种子美女樱（Verbena），以及一些含有果胶黏液的种子如三色堇。

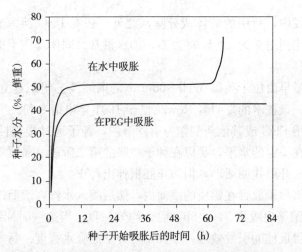

图 4-9　种子在水中和在 PEG 中吸胀过程水分的变化

很多种类物质可以用于种子的引发。应用单一药剂进行处理的，如 Na_2HPO_4、$Al(NO_3)_3$、$Co(NO_3)_2$、KNO_3、K_3PO_4、NaCl、$MgSO_4$、KH_2PO_4、NH_4NO_3、$Ca(NO_3)_2$、$NaNO_3$、KCl、丙三醇、甜菜碱、甘露醇、脯氨酸、聚乙二醇、交联型聚丙烯酸钠（SPP）；或几种药剂混

合作为处理溶液，如 $KNO_3+K_3PO_4$、$KNO_3+K_2HPO_4$、$KH_2PO_4+(NH_4)_2HPO_4$、PEG+NaCl、K_3PO_4+BA（苄基腺嘌呤）、PEG+链霉素、PEG+四环素、PEG+壳梭孢菌素、PEG+金霉素、PEG+福美双、PEG+福美双+苄基青霉素、PEG+$GA_4\sim GA_7$+乙烯利，甚至用海藻悬液进行引发。盐溶液在种子引发期间有两方面作用，首先，盐溶质作为一个渗透质调节水分进入种子；其次，盐离子可能进入胚部细胞影响预发芽代谢。

由于种子在高湿温暖的条件下极易受到真菌等微生物的侵染和危害，因此，在种子引发过程中应注意病原菌的控制。

（二）固体基质引发

固体基质引发（solid matrix priming，SMP）是通过种子与固体颗粒、水以一定比例混合在闭合的条件下，控制种子吸胀达到一定的水分，但防止种子胚根的伸出。大部分水被固相基质载体所吸附，干种子表现负水势而从固相载体中吸水直至平衡，这是一种更加精确确定适宜水分的种子引发技术。美国 Kamterter 公司发明了固体基质引发技术，并于1989年第一次利用该技术进行种子引发商品化生产。

理想的引发固体基质应具备下列条件：具有较高的持水能力；对种子无毒害作用；化学性质稳定；水溶性低；表面积和体积大，容重小，颗粒大小、结构和空隙度可变；引发后易与种子分离，比渗透引发效果好。目前常用的固体基质有片状蛭石、页岩、多孔生黏土、软烟煤、聚丙酸钠胶、合成硅酸钙、细沙等。任何种子都可以通过这种方法处理，包括大量的蔬菜、牧草及农作物种子，如黄瓜、叶用莴苣、胡萝卜、洋葱、甜瓜、甜玉米、番茄、豆类、萝卜、南瓜、豌豆、紫花苜蓿及大豆等。胡晋等利用干净的沙子作为固体引发基质，将种子与一定水分的沙子混合，建立一定的渗透势，创造一个控制水分吸收的环境，防止吸胀损伤。利用此技术引发西瓜以及蔬菜种子，促进了种子发芽，提高成苗率，幼苗齐壮，增强抗低温逆境和盐逆境能力。此方法简单，成本低，易于操作，应用前景广泛。

在固体基质引发中，所用的液体成分除水之外，还有 PEG 溶液和小分子无机盐溶液。种子与固体基质的比例通常为 1∶1.53 左右，加水量常为固体基质干重的 $60\%\sim95\%$。

（三）滚筒引发

滚筒引发体系最早由位于英国 Wellesbourne 的国际园艺组织建立，目前在某些蔬菜种子上已大规模商用。该技术的发明者 Rowse 已于1991年申请专利。

滚筒引发通常用 PEG 或其他药剂作为引发溶液，种子通过半透性膜从渗透液吸收水分保持种子内的水势在一定的水平，足以在种子吸胀的第二阶段（滞缓期，各种大分子及膜系统可在此时期修复）开展代谢活动，但防止胚根伸出种皮。

滚筒引发是先将种子放置在铝质的滚筒内，然后喷入水汽，滚筒以水平轴转动，速度为 $1\sim2cm/s$。种子在滚筒内吸水 $24\sim48h$，混合均匀一致，当这一时期结束时种子非常丰满，但表面干燥。为获得最佳的引发效应，应控制好种子的吸水程度。每一批种子的吸水量和吸水速率需采用计算机系统控制。一般而言，种子在滚筒内吸湿 $5\sim15d$，然后用空气流干燥种子。概括起来，滚筒引发包括四个阶段，一是校准确定种子的吸水量；二是吸湿，加水至校准的水平使种子吸湿 $1\sim2d$；三是培养，吸湿种子在滚筒内保持 $5\sim15d$ 以增加引发的效果；四是干燥，以便种子回复或接近引发前的水分。

（四）生物引发

生物引发是 Callan 等（1990）提出的种子处理新技术，是利用有益生物（如荧光假单细菌或金色假单胞菌）作为种子保护剂，让其大量繁殖布满种子表面，使幼苗免遭有害菌侵袭的一种种子引发技术。

生物引发的一般步骤是先将种子进行表面消毒，用成膜剂如甲基纤维素包膜种子，然后将种子放在两层发芽纸或纸巾间，在适宜的温度下缓慢吸水至一定水平，引发种子可直接播种。据报道，甜玉米种子用带有荧光假单胞菌（*Pseudomonas fluorescens*）AB254 的 1.5% 甲基纤维素悬浮液包衣，包衣种子短暂回干 2h，然后在 23℃下吸水 20h 并立即播种，能在一定程度上防止猝倒病的发生，且提高 4 周苗龄的苗高。

种子引发的方法还有很多，如水引发、起泡柱引发、搅拌型生物反应器引发等，在此不再一一介绍。

四、种子引发的条件及影响因素

一般而言，影响种子引发效果的因素有引发溶液渗透压、引发时的温度和引发时间。

（一）渗透压

引发主要是通过调节溶液的渗透压来达到目的，所以选择适合引发溶液的渗透压是引发成败的关键。最适的渗透压就是能使种子最大限度地水合而又能阻止其萌发，这对于不同的种子、不同的渗透剂在不同的浓度和温度下都是不同的。在番茄、茄子、莴苣等蔬菜上的许多研究表明，降低水分或者提高渗透介质的浓度对发芽特性有积极的影响。通常引发溶液的水势应控制在 -0.8～-1.6MPa。

（二）引发温度

引发温度与引发的时间关系密切。很多种子在同种渗透调节剂和渗透压的条件下引发的时间随温度而变化，如对卡诺拉（Canola）油菜种子，23℃时最佳引发时间是 14～16h，而 10℃时则为 60h。一般而言，较低温度下的引发对种子萌发率的提高较缓慢，但其最终能达到的萌发率却并不比较高温度下引发的低。也有研究认为，在一定温度范围内，引发时的温度对于萌发率、出苗率以及出苗率达到 50% 所需的时间无明显影响，但在不同温度下引发的种子在抗性及成苗后的生活力方面都有差别。很多研究表明，引发时的温度一般比通常该作物种子最适萌发温度稍微高些或低些，通常引发时温度应控制在 15～20℃。

（三）引发时间

对不同的种子，在不同的渗透压与温度条件下，引发时间的控制也是至关重要的。最适引发时间随温度、渗透压及种子品种的不同而异，严格地说，种子引发的最佳时间应该是指最适温度及最后渗透压条件下达到最好引发效果所需的时间。例如洋葱种子，对每一温度和渗透压的结合，随引发处理时间的延长，种子萌发率都有提高，但超过一定时间后却使萌发率有所降低，故在不同温度下洋葱种子引发的最适时间是不同的，但在各自最适的引发时间内，15℃处理比 20℃处理的相对萌发率更大些。从这个意义上讲，15℃是洋葱种子引发的最适温度，在 15℃下的引发时间才是其引发的最适时间。通常种子引发时引发时间不应超过 2 周。

除上述因素影响种子的引发效果外，溶液中氧气含量也会影响引发效果。一般而言，引发溶液中通入氧气可提高引发效果，而低氧则可能会引起负效应。但是有时低氧条件下高水势溶液引发，如纯水引发则可提高引发效果。

（四）引发后的回干温度和水分

引发种子回干条件适宜与否也会影响引发效果。虽然最好的引发效果是种子引发处理结束后立即进行播种，但这种情况很少，所以更多的是引发处理结束后需要对种子进行回干处理。干燥种子方式多种多样，常见的是将引发种子置于一定温湿度条件下的通风环境中，直到种子的水分降至接近种子未经引发处理的原始水分（根据水分吸附滞后效应，种子一旦受潮吸水，很难再回到原始水分）。Parera 和 Cantliffe（1994）报道，甜玉米种子引发处理后在 30℃或 40℃条件下回干的表现优于在 15℃或 20℃条件；Nascimento 和 West（2000）发现，甜瓜种子在 18℃、28℃和 38℃时的引发回干效果则没有差异。每一种种子的最适回干温度都不相同，需要研究并得出各自适宜的回干温度条件。据报道，胡萝卜和甜椒引发种子在 26℃下被快速干燥后可引起发芽延缓，甚至完全消除引发效应。有时为了长期贮藏，将引发种子脱水回干至较低水分，但若种子水分低于某一临界值时，则会出现负效应。如大豆引发种子回干后水分低于 6％时，发芽率明显下降。

（五）种子引发后的耐贮性

引发种子潜在的缺点即是库存贮藏期缩短，虽然有大量的文献研究说明引发种子在耐贮性方面有其各自的优缺点（Parera 和 Cantliffe，1994），但是对缩短其库存期的研究结论却是一致的（Bradford，1993）。由于引发期间许多生理生化活动仍在进行，新的核酸和蛋白质合成需要消耗一定能量，尤其是胚根尖细胞 DNA 复制，进一步提高了种胚对外界环境的敏感性。因此，引发种子不利于在较差的贮藏环境中保存，最好在当年使用，如需保存可贮存于 10～15℃的密封环境中，或相对湿度小于 30％的环境。

五、种子引发的机制和效应

（一）种子引发的生理生化机制

引发过程中种子内部会发生形态和各种生理生化变化，主要表现在以下几个方面：

（1）弱化了种子内部胚根周围的限制组织（番茄种子的胚乳帽），从而促进了胚根生长。

（2）增加细胞弹性，促进胚的生长。

（3）促进了细胞膜修复，膜的完整性提高，降低了种子内溶物外渗。即使在低温逆境下，引发种子细胞吸胀仍均匀，细胞器良好，ATP 酶在质膜上分布均匀，膜结构与功能发育正常。

（4）引起一些与种子发芽、活力和抗劣变相关酶活性的提高，如酸性磷酸酯酶、酯酶、内源 β-甘露糖酶、乙醇脱氢酶、葡萄糖-6-磷酸酶、醛缩酶、异柠檬酸裂解酶、淀粉酶、过氧化物酶、超氧化物歧化酶、过氧化氢酶等。

（5）引起种子内源激素水平变化，如 ABA 含量降低。

（6）促进 RNA 和蛋白质合成以及 ATP 的利用。

（7）活化水解酶而引起种子内蛋白质、脂肪和淀粉等贮存物的迁移。

（8）减少染色体畸变频率，修复因老化引起的染色体损伤。

（二）种子引发的分子机制

种子引发对发芽的促进效应在分子水平上也得到了进一步证实。首先，引发促进了细胞核 DNA 的合成。据报道，番茄引发种子的胚根尖端细胞核 DNA 含量明显高于未引发种子，且在胚根尖端部位处于 G_2 期（间期中合成后期）的细胞也较未引发种子多。其次，引发可引起细胞周期蛋白的变化。Carcia（1997）报道，渗透引发可加速玉米种子发芽，缩短胚部细胞周期，这可能与引发期间细胞周期蛋白 Cyclin P_{53} 和 Cyclin D 降解有关。再次，引发可诱导抗逆相关基因表达。Gao 等用 20%PEG 或 $100\mu mol/L$ ABA 溶液引发甘蓝型油菜种子，结果表明，油菜引发种子在 $100\mu mol/L$ NaCl 或低温（8℃）下发芽率明显高于未引发种子，并发现引发种子发芽率提高与引发期间水通道蛋白（质膜内蛋白，plasma membrane intrinsic protein）基因表达有关。

（三）种子引发的效应

1. 提高种子活力，促进生长　引发可提高种子活力，特别是未成熟种子和老化种子的活力。未成熟种子由于胚部尚未发育成熟，发芽率很低，通过引发，种子可以进一步实现生理成熟，从而提高发芽率。老化种子由于质膜结构受到严重破坏，细胞质物质外渗，使种子活力下降。在引发过程中，种子缓慢吸水，使细胞膜有充分时间进行修复，进行生化作用及修补老化结构，从而提高种子的活力。

种子经过引发处理，可以提高发芽率、出苗率、幼苗素质，增强抗逆性，从而间接节约种子，降低成本，提高效益。武占会等研究发现，硝酸钾（3.6%～3.9%，21～22d）引发可以提高茄子种子的发芽率、发芽势和发芽指数；吴道藩等研究表明，PEG、甘露糖、$CaCl_2$、KH_2PO_4 引发处理均可提高甘蓝种子的活力；胡小军等发现，壳聚糖（7.5mg/ml）处理可提高花生种子的发芽势和发芽率；用 PEG 处理烟草、蓖麻、一串红、芒雀草、苏丹草、沙打旺和小冠花均可不同程度地促进种子萌发，提高种子活力。

甜椒种子经 PEG 引发后，胚根长势及活力指数均明显高于对照，幼苗地上部鲜重、干重及根鲜重、干重也明显高于对照。经引发的番茄种子，出苗提早，叶面积增大，光合能力增强，植株生长量增加。$CaCl_2$ 浸种可以提高水稻活力，表现为促进生长、提高产量和品质。

2. 增强种子的抗逆性，提高逆境下的出苗　引发的另一个主要效应是增强种子的抗逆性，尤其在逆境如低温、高温、干旱、盐渍或淹水胁迫等条件下能加速发芽，提高发芽率，而且出苗整齐一致，出苗率、成苗率高，进而增加作物产量。经引发处理后的大豆种子在低温下仍保持较高的发芽率和活力指数，且畸形苗比例低。用硝酸钙溶液引发油菜种子提高了大田直播油菜的活力，20% 和 25% 的水分条件下种子的发芽指数显著提高，平均发芽天数显著缩短。25%PEG 渗调能提高苦瓜种子活力，渗调 4h，发芽率、生长势和活力指数分别由对照的 62.5%、3.05% 和 1.95% 提高到 90.6%、7.88% 和 7.15%。

3. 有利于打破种子休眠　芹菜、莴苣种子在高温下萌发时容易进入热休眠状态，通常温度在 25～30℃ 时发芽就受到抑制，当温度高于 35℃ 时很少有种子发芽。用 PEG 引发、无机盐小分子引发都能使芹菜、莴苣种子的发芽率、发芽指数及发芽势显著提高，即打破休眠。

4. 提高种子的耐脱水力　种子的耐脱水力为生产上贮藏种子提供了良好的前提条件。应用引发剂处理可以提高种子的耐脱水力。如用 PEG（-0.6MPa）对吸胀的大豆胚轴进行渗调处理，可延续其脱水性的消失；萌发的黄瓜或凤仙花种子经 PEG 处理并回干，可诱导出脱水耐性。

六、种子引发存在的问题与展望

（一）种子引发存在的问题

种子引发研究已历经了 30 多年，研究越来越深入，引发方法已日趋完善，但是仍然存在一些问题。

　　引发后种子的表面带菌量上升、耐贮性下降、寿命缩短等。在液体引发体系中，种子吸胀初期，由于细胞膜还未完全修复，种子内部可溶性物质如可溶性糖、游离氨基酸和核酸等会外渗，这些外渗物有利于微生物的繁殖。据报道，胡萝卜引发种子上胡萝卜交链孢菌（*Alternaria radicina*）的发生率高于对照；香瓜引发种子病菌感染率远高于未引发种子。引发期间微生物的大量繁殖还会导致种子发芽延缓、发芽率降低、幼苗生长速率下降。因此，在引发溶液中应添加杀菌剂以控制微生物的生长，但是添加杀菌剂用量过大会对种子发芽产生毒性。

　　引发种子干燥后，通常在播种前要贮藏一段时间，贮藏环境对引发种子效应和寿命有很大影响。一般低温（4~10℃）贮藏可延长引发种子的贮藏时间或能更长时间地保持引发效应，若引发种子水分低（保持在6％水平），再结合低温，则贮藏时间或引发效应可维持更长，而在常温或较高温度（30~35℃）下贮藏，引发种子会很快丧失生活力。在10℃及20℃条件下经3％硝酸钾引发的番茄种子可贮藏至少18个月，而在30℃下贮藏5个月发芽率降低。

　　由于种子引发效果在种和品种甚至在种子批间存在差异，以及引发剂PEG价格较昂贵等原因，使得种子引发技术的大规模商品化有一定的难度。另外，与种子引发有关的生理机制尚未明确，需要全面系统的研究探索和总结。

（二）种子引发的展望

　　种子引发技术作为一项应用技术已有40多年的历史，技术体系和理论体系也日趋完善，随着技术理论的不断成熟和完善，种子引发将会进入大规模商业应用阶段。随着生物技术的迅猛发展，种子生理学家正在努力从细胞和分子水平上论释引发机理，寻找与引发效应相关的生理、生化、生物物理和分子标记，以作为控制种子吸湿活动和提高种子质量的工具，这一领域的研究具有广阔的发展前景。

　　今后关于种子引发的研究应加强以下几个方面：在引发技术上，应注意研究开发成本低、效益高、有较好应用前景的方法。例如浙江大学胡晋教授的简单易于操作的沙引发技术（已申请专利），中国科学院北京植物园徐本美的基于渗调原理的催芽剂303，都有很好的应用效果。在理论上，应从生理生化、细胞和分子水平上进一步探讨引发的机理，种子引发技术术与种子丸粒化技术相结合。

第六节　种子预发芽处理

一、预发芽的背景

　　与种子引发相比较，预发芽就是在种子引发的过程中允许种子的胚根突破种皮，也就是在这个时间点预发芽过程结束。图4-10中描述的是预发芽过程中水分变化的时间进程。在理论上预发芽有明显的优势，即播种已发芽的种子可以节约发芽这段时间。理想状态下，这个过程中，部分种子批的种子发芽，而且这部分种子被取出让其他的种子继续发芽到胚根突破种皮。依据这个方法，只有这些发育到同一个阶段的有活力的种子才能被选择和取出，理论上拥有接近100％的出苗率和非常高的整齐度是可能的。

　　通常活力最高的种子发芽速度最快，自然在这个过程中不发芽的种子很容易被去除。

如果在预发芽结束时拥有发育程度处于完全一致的种子，自然淘汰掉不发芽的种子，结果就可以获得异常高的整齐度。

在商业上首先使用预发芽技术的是英国，主要用于田间播种的如甘蓝、韭葱和胡萝卜等蔬菜（Finch Savage，1989）。先正达种子公司率先开展规模化推广使用，首先是凤仙花种子（图4-11），随后又在三色堇种子上使用，并以"PreNova"和"PreMagic"为其商业用名（图4-12）。

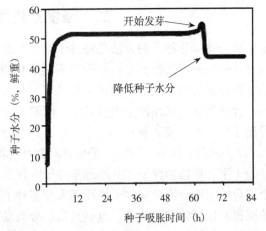

图4-10 种子预发芽过程中水分变化的时间进程

图4-11 未经处理的凤仙花种子（左）和从预发芽处理中分离出来的种子（右）
(Miller 等，2004)

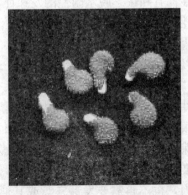

图4-12 预发芽处理的凤仙花种子（左）和三色堇种子（右）
(Miller 等，2004)

二、预发芽技术的发展

最早获得预发芽种子的方法是将种子置于一定的温度且有通气条件的水中持续几天直到种子萌发，一旦种子开始发芽，假设并不是所有种子同时开始发芽，这时就面临两个难题需要解决。首先需要把已经发芽的种子从没有发芽的种子中分离出来，其次是预发芽的种子需要采用一种适当的方式和技术进行处理、贮藏和播种。目前如何大规模分离这两种种子的技术手段属于公司的"商业秘密"，但基本是基于两种种子的密度差异来进行的（Bruggink，2005）。Taylor 和 Kenny（1985）采用在马尔特林溶液中根据其密度的不同分离已经发芽和未发芽的十字花科植物种子。其原理是种子在发芽过程中需要吸水，种子的密度就会下降，而这个适合的密度会使发芽种子漂浮而未发芽种子下沉。采用这个方法，在选择的部分中就可以获得很高比例的发芽种子。也有其他的分离发芽种子的技术设想，如依据已经出现的可见到的胚根，其长度、宽度、质量和其他一些物理性状的差异来进行分离。

另外一个难题是如何贮藏已经发芽的种子，如何采用一个适合的方式来训练和操作这些发芽的种子。预发芽的种子极端脆弱且易受到伤害，不仅是因为很容易受到机械损伤，而且种子在发芽后还失去了它的耐脱水性。Brocklehurst（1980）就试图将种子贮存在温度接近0℃的液态水里，但是时间也不能超过几天或几周，所以顺利解决发芽种子的保存问题一直是相当的复杂和困难。开始采用"液态驯化"（fluid-drilling）技术，即把将要播种的预发芽种子引入凝胶中，如果要把种子成排地播于田间，这是一种好办法，但如果要把种子精确地播于穴盘中，这种方法就行不通了（Bruggink，2005）。

Finch-Savage（1989）在研究将预发芽的种子贮存在水分降低的条件下时发现，十字花科植物种子的水分降低到20%～30%时，种子的胚根停止生长，也不再受到脱水伤害，还能在低温条件下存放相当长的时间。先正达公司的经验是在处理和播种的后期将种子处理成仍然容易受到脱水伤害的程度（Bruggink 和 van der Toorn，1997）。

预发芽种子贮存领域的突破性进展是在种子发芽后重新对耐脱水性研究（Bruggink 和 van der Toorn，1995），发现发芽的种子在特殊的温度和水分条件下会引起种子的脱水耐性增强，这种提高是依靠蔗糖含量的升高和一些保护性蛋白质的形成。Leprince 等（2000）研究种子在干燥过程中的呼吸下调，发现这个下调在拥有和缺乏脱水耐性的发芽种子中是有差异的。近来发现，重新建立苜蓿种子胚根脱水耐性与 MtDHN 和脱水蛋白有关。到目前为止，对诱发发芽种子和未发芽种子的脱水耐性产生的机制，还缺乏相关的证据。

对重新引入脱水耐性的预发芽种子，不但可以贮存于相对较高的水分之下，还可以将种子脱水至与未进行预发芽处理时类似的种子水分。前者的种子贮藏寿命较短，只有几周的时间，而所出现的脱水耐性，就会与播种期间的条件有关系，如果种子播种后暴露于空气中较长时间，这时就有可能发生损伤。相反，如果将预发芽的种子完全干燥，那么预发芽的种子就可以像普通种子那样贮存、操作，只需要注意保证种子的胚根足够短，以避免发生机械损伤。种子所具备或缺乏的脱水耐性可以通过四唑染色法来检测和判定。

采用预发芽种子主要是基于其快速的出苗能力，也不再需要发芽穴盘或其他发芽容器。因为选择了发育阶段相同的发芽种子，就会大大提高出苗的整齐度和一致性，显著提高种子的出苗率。对于获取预发芽种子的技术还处在不断的研究发展过程中，目前种子预发芽处理技术还只限于几种有限的作物和几家掌握了此项技术的公司在使用，大范围和更多作物的推广使用还需要一定的时间，还需要不断的研究和技术进步。

由于知识产权的保护，对于种子预发芽技术在我国推广使用，同样需要我国的种子科学技术工作者和种子企业的金诚合作、潜心研究，此项技术的利用将指日可待。

第七节　种子处理的其他方法

前几节介绍了种子的物理因素处理、化学因素处理、种子的包衣处理、种子引发和种子预发芽处理。除这些方法外，还有一些针对种子播种和种子本身特性而进行的种子处理方法，下面对生物处理、硬实处理、液体条播、裸粒处理、脱绒、种子带和种子毯等种子处理方法作简单介绍。

一、种子的生物处理

种子的生物处理（biological treatment）是指用微生物及其代谢产物处理种子，来抑制或杀死种传病原物，保护种子或幼苗免遭有害病原物的侵害的种子处理方法。如生物引发处理、菌肥拌种等。在我国，用于种子处理的抗菌素有 5406、农抗 769、抗生素 11874、内疗素、链霉素和木霉等。例如，棉种用抗生素 5406 拌种，可有效地防治棉苗炭疽病菌和立枯病菌的侵害，并能刺激作物生长；用抗菌素农抗 769 种子处理剂拌种，对种传的禾谷类黑穗病的防治效果可达 90％以上。在稻区，用农抗 769 制剂浸提液防治水稻恶苗病，效果也较好，方法是用农抗 769 在玉米渣子培养基上，置于 25～28℃下培养 8～10d，晒干即成产品。使用时，把此产品加水 150 倍浸 12h，过滤后取浸提液浸种，在 20～25℃下浸 2～3d 即可。

二、种子硬实的处理

硬实（hard seed）是由于种皮细胞壁或细胞内含物脱水而发生胶体变化造成的。也有人认为，植物种皮的栅状细胞内的果胶质或纤维素果胶形成的胶质特性导致种子种皮不透水，造成种子硬实，使种子难以萌发。如豆科植物种子，尤其是小粒种子，苜蓿、紫云英、草木犀等中含有相当比例的硬实种子。采取适当措施可解决种皮不透水透气的问题。

1. 机械摩擦处理　可用简单的机械法刺破或擦伤种子，或将种子与细沙相混慢捣，也可在碾米机中处理。经过处理后，种子就能很快吸水、膨胀、萌芽，并减少胚根突出种皮的障碍，提高硬实种子发芽率，一般可提高 30％～40％。不过这种处理方法要适度，如果处理过于剧烈，容易损害胚芽。

2. 温度处理　温度处理分冷冻处理和热处理两种。低温冷冻后可能促使种皮出现裂纹，解决透水问题，进而提高发芽率。对苜蓿种子，在 41℃的温度条件下热处理 5d，可降低种皮硬度，增加透水性。

3. 化学药剂处理　用硫酸腐蚀紫云英和野生大豆等豆科植物的硬实种子，可使种皮变薄。用硫酸处理一种硬实种子比例很高的热带荚果作物，只需 20min 就能提高其种子萌发率 30％～80％。种子经硫酸处理后应立即洗净，以免伤害种子本身。

4. 辐射处理　利用激光照射能使种皮划破并部分烧焦，如剂量合适能使菜豆等的种子发芽率提高。红外线照射不损伤种胚，能促进种子的萌芽。据美国在实验室实验，在射频波段的电磁波作用下，能使苜蓿种子发芽率提高 35%，红三叶草种子发芽率提高 12%。

5. 电磁场处理 将硬实种子置于电磁场中处理，也能提高种子的发芽率。

三、种子液体条播和种子裸粒处理

采用催过芽的种子播种，可以避免种子在萌发期间因田间环境条件不良而大大降低种子的发芽率和出苗率，并有利于缩短生长期。但在机械播种的情况下，发芽的种子会受到机械损伤，因此可采用液体条播的方法。液体条播是将发芽种子与胶液混合后在特制的条播机中播种，发芽种子受到胶液的保护而避免了机械的损伤。液体条播时，胶液需具有一定的黏度，促使种子均匀地悬存其中，因此在配制胶液时必须仔细地调节加入的水量，使其达到最适宜的浓度。采用的胶液可从海藻等物质中提取，胶液中还可加入一些肥料、微量元素、植物生长调节物质或其他物质。

菠菜、茼蒿等以果实为播种材料，因其果实中含有不利种子萌发的抑制物质，致使种子发芽困难；果壳易带病菌，又难以根除。为此，日本研制成功机械破壳机，能迅速安全地除去果皮，制成裸粒种子（uncovered seed）。裸粒种子已去除了保护组织，易伤种皮，增加了病原体侵入的机会，须制成薄膜包衣种子。

四、棉花种子脱绒处理

棉花种子表面附着的短绒密布在种子外围，影响种皮的透性，延缓或阻滞种子的吸水和发芽；短绒中容易携带种子病虫，而且造成棉花种子散落性差，影响播种均匀。此外，有短绒的种子密度减轻，浸在水中时浮于水面，无法进行水选，因此可采用脱绒的办法处理种子。

棉花种子的脱绒有机械脱绒和硫酸脱绒两种。硫酸脱绒的具体方法是用 92.5% 的工业用硫酸均匀地洒在棉花种子上，边洒边拌，直到棉花种子变黑为止。经脱绒的种子须立即放入水池或水缸中淘洗，然后再在清水中反复冲洗去除酸液，然后将种子捞出晒干。

棉花种子的机械脱绒可用脱绒机进行。一般而言，机械脱绒容易使种子产生机械损伤，在多次通过脱绒机的情况下更易发生严重的伤害，使棉籽的发芽率显著降低。

无论是硫酸脱绒还是机械脱绒，脱绒处理时间均宜在播种前。

五、种子带和种子毯

（一）种子带

种子带（seed tape）是用纸或其他材料制成狭带，种子随机排列成簇状或单行于其上的种子处理方法。种子带可以铺在田间种植之用。制作时将种子在胶液中浸渍，再铺在纸带上，干后将纸带卷成圆筒。使用纸带时使种子在适宜温度下吸湿促其萌发，并注意保湿。萌发后可将纸带铺在田间。小粒蔬菜和草坪草种子常用此法。

（二）种子毯

种子毯（seed mat）是用纸或其他材料制成很薄但面积较大的毯状物，种子以条状、簇状或随机散布在整片种子毯上的种子处理方法。种子毯可铺在田间种植之用。制作和使用的方法与种子带相类似，一般亦用于小粒种子。

思　考　题

1. 种子处理的概念是什么？
2. 试述种子处理的目的和意义。
3. 种子处理的物理和化学因素有哪些？
4. 什么是种子包衣和丸粒化？
5. 什么是种子引发？分别试述种子引发的生理生化和分子机制。

>>> 第五章 种子包装

种子企业将所生产的种子进行规范、合理的包装，既可有效地防止种子混杂、病虫害感染和吸湿回潮，提高种子的商品特性，保证种子的安全贮藏和运输，又可促进种子商品的销量和市场占有份额。种子的包装，既应该具备一般商品包装的共性，又应强调种子作为特殊商品的特性。本章从种子包装的作用与意义、种子包装的标准、种子包装的外观设计、包装标签的管理、种子包装的规格、种子包装的工艺流程、种子包装与品牌等方面阐述了种子包装在种子产业中的重要作用。

第一节 种子包装的作用与意义

在市场经济条件下，种子属于一种特殊商品，它在发达国家的存在已有100多年的历史。如英国早在1869年就颁布了种子管理法，随后瑞士、瑞典、法国、德国、荷兰、美国、日本等国家先后建立了种子管理体制。第二次世界大战之后，发达国家的种子业具有产业化程度高、科技含量高、商品意识强及品牌效益高等特点。种子的包装设计亦经历了一个由简到繁，再由繁到简的发展过程。即从18世纪末的粗放包装，进入到工业发展盛期的精包装（称为过度包装）；20世纪80年代末，在国际市场竞争日趋激烈的形势下，大批跨国集团公司采用更先进的科学理念，使种子包装设计进入了一个新阶段，即现代化包装（或科学包装）。

粗放包装的特点是：包装较简单，成本低，缺乏科学性。精包装的特点是：对产品品牌效益的追求与渲染，包装十分豪华，成本高，资源浪费大，对种子内涵的包装缺少科学性。现代包装是现代科技进步的结果，它着眼于农业的可持续发展和科学管理。其包装设计的特点是：注重种子的内在质量与环境条件的统一，注重社会效益与经济效益的统一；高效益，低成本，节约资源，可回收循环利用，不污染环境。有些大型跨国种业公司，其产品包装十分简洁实用，他们以种子的内在质量为根据，结合销售的合理价格，突出环保意识，形成用户满意、社会欢迎的特色品牌。

我国的种子包装设计起步较晚，经历了一个从无到有的发展过程，现正处于从简到繁的阶段。在20世纪80年代以前，种子几乎没有什么外包装。改革开放以后，随着种子销售内外环境的变化，以及市场经济逐步形成，我国开始借鉴发达国家种子管理经验和营销策略，根据我国农业生产的实际需要，进行了农业体制改革，先后颁布了《中华人民共和国种子法》《中华人民共和国主要农作物种子包装标准》及《农作物种子标签管理办法》等一系列法规与政策，提高了种子生产者的市场经营意识；采取一系列积极措施之后，我国的种子包装业进入了一个快速发展的新时期，一批有远见卓识的企业家与专业设计人员相结合，从而开创了种子包装的新局面。

种子是一种特殊商品，其生产周期较长，属季节性较强的产品，所以种子包装又具有自身的一些特点。例如，作物种类不同，种子的大小、透气性、对环境湿度等敏感程度存在差异，其包装材质的选用、包装设计的规格存在差别。

种子包装是实施种子商品保护的第一手段，是种子产品转化为商品过程中不可缺少的环节，更是市场竞争的利器，是种子商品价值增值的主要手段。种子包装作为种子企业"默默无闻的推销员"，对产品的销售和推广作用最为直观，对受众的影响力也最大。由于种子产品特有的季节属性，导致种子企业不能承载过多的媒体宣传成本，而种子产品包装因为其宣传的有效性以及成本低廉，所以成为业界主要的宣传形式，备受种子企业的重视。

一、种子包装的定义

种子包装（packaging）是指将种子盛装于某种容器或包装物之内，以便运输、贮藏和销售。在现代种子企业中，种子包装不仅对种子的促销具有重要意义，而且是商品整体观念的重要体现，它是种子生产过程中一个必不可少的工序。种子必须经过袋装、罐装、盒装方具有产品的外观形态，生产过程的完成也就是种子包装的完成，包装和生产是密不可分的。

包装一般分为运输包装和销售包装。运输包装的作用在于保护商品种子的数量和质量，一般使用麻袋或编织袋包装；销售包装是指直接与消费者见面的零售包装。除了保护商品种子外，更重要的是要按国家农作物种子包装标准执行，将品种类别、品种名称、生产许可证、经营许可证、质量标准、植物检疫证、净重、经销商等信息标注在包装袋内外。

目前的种子销售包装主要分为质量包装和粒数包装两种。一般的农作物和牧草种子采用的是质量包装，其每个包装质量，按农业生产规模，播种面积和单位面积用种量来确定容量并进行包装。例如美国大田农作物种子每袋 22.5～45kg，蔬菜、花卉种子每袋 11.25～45kg，其他小粒种子每袋 0.45～2.25kg。而我国杂交水稻种子每袋 1～5kg，玉米种子 2.5～25kg，蔬菜种子 4～200g。那些相对比较昂贵的种子一般采用粒数包装，比如每袋 100 粒、200 粒等进行包装。如玉米先玉 335 就采用粒数包装，每袋 800 粒。

另外，根据不同作物大田生产用种量的不同，又分为大包装和小包装。对于玉米、小麦、大豆等单位面积用种量大、价格较低的种子，可采用 50kg/包、25kg/包的规格进行大包装。由于中国的人均耕地面积较少，单一种植户的农作物种植面积还不大，可以根据市场需要，将单位面积用种量少的一些农作物种子如水稻、油菜、棉花和蔬菜等部分经济作物，采用 5kg/包、2.5kg/包、1kg/包、0.5kg/包等系列包装规格进行小包装，这样既美观大方又能满足种子户对播种量的需要。

二、种子包装的作用与意义

改革开放以后，随着种子市场的开放、内外环境的变化、经营主体的增多，我国种子经营主体的市场经营意识逐步提高。种子包装已成为实施商品保护的第一手段，是产品转化为商品过程中不可缺少的环节，是商品价值增值的重要方式。

(一) 种子包装的作用

1. 有助于消费者对品种的认知　种子包装上印刷的有关品种的名称、特征、特性、种子质量（如纯度、净度、水分、发芽率）及种植方法等文字或图案，是指导消费者正确使用种子商品的必要依据，能向消费者传递种子的有关信息，对消费者认知品种具有重要作用。

2. 利于树立种子企业形象　种子包装上所印有的生产单位、品种名称、企业的商标等有关文字和图案，可以有效地加深消费者对种子企业的印象，是一种无声的广告。种子包装本身是"种子商品的无声推销员"。

3. 激发购买者的购买欲望　一种图案精美、清晰、醒目的包装，能够引起消费者的浓厚兴趣，进而激发其购买欲望。好的包装不仅盛装种子，而且耐看，能引起消费者的关注。

(二) 种子包装的意义

经清选干燥和精选等加工的种子，加以合理的包装，可防止种子混杂、病虫害感染、吸湿回潮、种子劣变，保持种子的旺盛活力，提高种子的商品特性，保证安全贮藏运输以及便于销售。

1. 包装可以降低购买成本，减少购种风险　根据消费者行为理论，所有购买决定对消费者而言都是有风险的，为规避和减少风险，消费者比较倾向于购买比较熟悉且值得信赖的品牌。由于消费者不可能深入种子企业去了解种子产品，而包装作为品牌的载体之一，能向农民消费者传达有关企业及品牌种子的有关信息。在一般购买过程中，消费者首先接触到的是种子包装，他们对品牌种子的最初感知，就是包装图案的图片、文字及背景等的配置，而负责任的种子企业总会通过包装的质量、包装标签等向农民消费者准确地传递产品信息，以方便他们购买。

2. 包装可以传递产品信息和企业经营理念，起到宣传产品的作用　首先，对种子企业而言，"好马配好鞍"，好的品种需要准确的包装来宣传，通过包装可以传递产品信息。对购买者而言更是如此，他们往往缺少必要的相关知识，一般认为包装好的产品必定是好产品，劣质的产品不会用好的包装。其次，包装能传递企业的经营理念等信息，有些品种种子一上市就吸引了众多经销商及消费者的眼球，这与其高质量的包装关系密切。如以绿色为主色调能够反映出公司关注农业、关爱农民的理念，优质的材料能传递企业的经营实力、市场运作方法等。再次，包装是"无声的推销员"，能在客观上美化产品，促进销售。购买者往往对颜色有极强的反应，喜欢大红大绿等色彩，如种业公司的包装色调清新、亮丽，加上产品的艺术性摆放，一定会在众多产品中脱颖而出，首先进入消费者的眼帘，起到较好的宣传作用。在各种包装策略中，种子公司多采用统一包装策略，即对生产的各种品种的种子在包装外形上采用相同的图案、近似的色彩、共同的特征，使用户较易识别公司的种子，这样可以加深企业影响、强化品牌效应。

第二节　种子包装的标准

一、种子包装材料的选择

(一) 包装材料的种类和特性

销售包装所用材料应符合美观、实用、不易破损，便于加工、印刷，能够回收再生或自然降解的要求。运输包装材料应符合适宜运输、方便装卸、贮运空间小、堆码稳定可靠等要求。目前应用比较普遍的包装材料主要有麻袋、多层纸袋、铁皮罐、聚乙烯铝箔复合袋及聚乙烯袋等。

1. 麻袋　麻袋的强度好，透湿容易，防湿、防虫和防鼠性能相对较差。

2. 金属罐　金属罐的强度高，透视率差，但防湿、防光、防淹水、防有害烟气、防虫、防鼠性能好，适合于高度自动化的包装和封口，是一种适合的种子包装容器。

3. 聚乙烯和聚氯乙烯等多孔型塑料包装袋　聚乙烯和聚氯乙烯等多孔型塑料不能完全防湿。用这种材料所制成的袋子和容器，密封在里面的干燥种子会慢慢地吸湿，因此，这种防湿包装只有 1 年左右的有效期。

4. 聚乙烯铝箔复合袋　铝箔同聚乙烯薄膜复合制品，其防湿和防破强度较好，适用于种子包装。复合制品有多种组成形式，如铝箔/玻璃纸/铝箔/热封漆，铝箔/砂纸/聚乙烯薄膜，牛皮纸/聚乙烯薄膜/铝箔/聚乙烯薄膜。

聚乙烯铝箔复合袋，由数层组成，强度适当，透湿率极低，是较好的防湿材料。因为铝箔有微小孔隙，最内及最外层为聚乙烯薄膜，有充分的防湿效果。一般认为，用这种袋装种子，1 年内种子水分不会发生变化。

5. 纸袋　纸袋多用漂白亚硫酸盐纸或牛皮纸制皮，其表面覆上一层洁白陶土以便印刷。许多纸质种子袋系多层结构，由几层光滑或皱纹纸制成。多层纸袋因用途不同而有不同构成。普通多层纸袋的抗破力差，防湿、防虫、防鼠性能较差，在非常干燥条件下，也会干化，易破损，不能保护种子生活力。

6. 纸板盒和纸板罐（筒）　纸板盒和纸板罐（筒）也是一种广泛用于种子包装的材料。多层牛皮纸能保护种子的大多数物理品质，并且很适合自动包装和封口设备。

7. 新兴材料　为了提升企业的品牌形象，更好地促进销售，市场对种子包装材料的要求越来越高。随着新兴材料如纳米包装材料、生物高分子材料、功能性高分子材料、表面改性材料、有机光电子材料、树脂基复合材料等的产生，企业已开始利用这些材料的优势，利用它们进行种子的包装，使种子包装（器皿）不仅符合实用、美观、不易破损、便于印刷及加工的条件，还能回收再生或自然降解，以达到保护环境的要求。

（二）包装容器的选择

包装容器一般根据种子种类、种子特性、种子水分、保存期限、贮藏条件、种子用途和运输距离及地区等因素来选择。

多孔纸袋或编织袋主要针对通气性好的种子种类（豆类），或数量大、贮存在干燥低温场所、保存期限短的批发种子的包装。

小纸袋、聚乙烯袋、铝箔复合袋、铁皮罐等通常用于零售种子的包装。

钢皮罐、铝盒、塑料瓶、玻璃瓶和聚乙烯铝箔复合袋的容器可用于价格相对较高或少量种子的长期保存或品种资源的保存。

在高温高湿的热带和亚热带地区应尽量选择严密防湿的种子包装容器，且要将种子干燥到安全水分以下，封入防湿容器以防种子生活力的丧失。

二、种子包装的设计及要求

随着市场营销观念的深入人心，消费者对农作物种子的认识也上升到新的高度，除关心种子的核心利益即种子质量外，对构成种子产品组成部分之一的外在层（包装）也越来越重视。种子企业要适应市场竞争日益深化、激烈的需要，满足人们对商品消费的审美观点的转变。包装能让消费者感觉到包装产品是诚实可信的，能让消费者消除疑虑，对产品产生信任，好的产品包装则往往能起到"无声胜有声"的效果。任何一个知名品牌，总能够给消费者利益承诺，能在极短的时间内把自己的卖点凸显给消费者，比如，该作物品种的目标市场是旱地还是水地、适合密植还是适合稀植等，使消费者能够从众多同类品种中快速甄别，挑选到适合自己种植的种子。对于种子包装的设计，主要有以下几个方面事项需要注意：

（一）种子包装设计必须符合有关法规标准

农作物种子包装设计的材料、采用的文字和包装定量标准等，在正常情况下都应遵照中华人民共和国关于农作物种子包装的有关法规标准执行。其基本标准为：

（1）销售包装所用材料应符合美观、实用，不易破损，便于加工、印刷，能够回收再生或自然降解的要求。

（2）运输包装容器应符合适于运输，方便装卸，贮运空间小，堆码稳定安全的要求。

（3）应在包装的表面正确标注产品标识，明示内装物的质量信息，保护产品的可追溯性，如作物种类、种子类别、品种名称、净含量、生产厂名称和地址、收获日期、批号、产地、执行标准、生产及经营许可证编号、品种审定编号、检疫证明编号、检验结果报告编号、质量指标（纯度、净度、发芽率、水分）、栽培要点、保质期、质量级别（适用于杂交种）、药剂毒性相关警示（适用于包衣种子）、转基因种子商业化生产许可批号和安全控制措施（适用于转基因种子）等。

总体而言，种子包装设计必须讲清三句话：我叫什么名字，长得什么样子，是哪家的。这就是包装设计本身的功能要求。较好的包装设计要充分体现和挖掘品种的个性，并以高超的艺术形式表现出来。如设计水稻种子包装时，必须考虑到杂交稻、常规稻、早稻、中稻、晚稻等方面的内容，虽然都称为水稻，但是它们的生物学特征、生理特性各有异同。因此，在包装设计时，应该把常规稻种子与杂交稻种子区分开来，把早稻、中稻和晚稻种子区分开来，如果在它们的包装上不能体现出这些种子的个性特征或特点，就很容易在生产中造成巨大损失。种子包装除了突出上述的个性和形象外，还应考虑能否批量生产、包装成本是否合理、是否有利于贮藏与运输、是否方便消费者开启使用等方面。

（二）种子包装的色彩设计

俗话说：远看颜色近看花，可见色彩在设计中的重要性。种子包装以什么色彩为宜？应该说，能用在种子包装上的色彩很多，但目前市场上种子包装的色调多以绿色和红色为主。因为国内大多数消费者认同这两种色调，红色象征喜庆、胜利，绿色象征亲和、安全。同时，这两种色调与种子及人文环境本身的属性相关，具有一定的张力，能激起消费者心中的热情。特别是在种子旺销季节，这两种颜色，让人们憧憬丰收。但不同地区、不同民族，对色调的爱好亦有不同。故不同作物的品牌设计，其色调也应该多样化。近年来，随着人们的观念变化，种子市场上亦出现了诸如蓝色、黑色等为主色的包装。这种大胆的设计创新，表明消费市场的细分和多样化。

（三）种子包装的图形设计

种子包装的图形制作主要有两种，一种是摄影图片，一种是绘制图形。目前市场上种子包装的图形，90%以上是采用摄影图片。这种图片能自然、真实、清晰、直观地传递商品信息，且速度快、成本低，具有绘制图形无可比拟的优势。在种子包装设计中采取摄影图片，取样是关键。样本应该具有典型性和代表性，这样才能客观、真实地反映种子的本来面目。设计师在处理图形时，为了更生动、完美、鲜明地突出作物品种的全貌或特色，可以结合绘图制作的方法与技巧，通过对点、线、面的变化，配合文字编排和色彩的搭配，达到充分展示商品属性的目的。

（四）其他考虑

种子销售包装要留透视孔，让购买者能够直接观察种子。包装封口要牢固，以防止破包过多造成运输和销售上的不便。为了满足不同农户用种需求，还可采用多种包装规格。包装标注内容要真实，不能片面夸大宣传。栽培技术要点的说明要贴切实用，要说明种植过程中各个关键时期的技术要点、注意事项，也可进一步说明在灾害天气下的一些补救措施。

三、防伪包装

种子包装设计还包括一项非常重要的元素——防伪。防伪包装是对包装保护功能的补充与完善，防止商品在流通过程中被假冒或盗用，保护商品的合法流通。

（一）防伪包装的基本要求

1. 难仿制　要求防伪技术所涉及的设备及技术含量高，工艺复杂，具有一定的时效性，避免包装被仿制或被造假者再次利用。

2. 易识别　要求识别包装真伪的方法简单快捷，适应于广大消费者借助视觉、手感等即可识别。

3. 防伪成本适度　防伪所涉及的设备及技术投入会影响到种子包装的成本及种子销售的价格，因此要适当控制防伪成本。

（二）防伪包装技术

防伪包装技术是指以包装达到防伪目的的技术。目前种子行业常用的几种防伪包装技术，如包装结构防伪、油墨防伪、印刷防伪、包装材料防伪、电码防伪、激光打印及激光光刻、全息图防伪和其他防伪技术。在种子行业普遍采用的是全息图防伪、电码防伪、印刷防伪和油墨防伪。

1. 全息图防伪　全息图防伪就是在包装上帖激光全息图、烫金全息图、透过全息图、光聚合物全息图等防伪标识。这种防伪方式使用方便简单、成本较低，但防伪技术含量低，工艺简单，防伪效果较差，容易被仿制。

2. 电码防伪标识及电话识别系统　电码防伪标识、电话识别以及二维码等系统在种子包装上使用较多，它是通过在每一个产品上设置一个随机密码，将所有入网产品全部记录存档于防伪数据中心库，让消费者利用电话、计算机、移动通信等工具核对密码的正确与否来识别产品的真伪。但电码防伪等标识存在漏洞，多数消费者不愿意或不方便查询，这就为造假者留下了造假的机会。

3. 印刷防伪　在种子的外包装上采用多工序合印的包装品，多工序合印难度越大的包装品，防伪效果就越好。多色串印，可以一次印上多种色彩，并且中间过渡柔和，由于从印品上很难看出墨槽隔板的位置距离，故也能起到一定的防伪作用。由于印刷技术易于掌握，总体防伪效果不佳。

4. 油墨防伪　油墨防伪是指油墨联结料中加入特殊性能的防伪材料，经特殊工艺加工而成的特殊印刷油墨来防伪的技术。其具体实施主要以油墨印刷的方式印在产品商标和包装上。防伪油墨具有使用简单、成本低、隐蔽性好、色彩鲜艳、检验方便、重现性强等优点，广泛应用于产品商标和包装印刷，缺点是消费者不易识别。

（三）种子包装防伪新趋势——综合防伪包装

综合防伪包装技术是以管理科学为指导，突破纯科技防伪思想的局限，以具有极强防伪功能的包装材料为载体，有机地运用各种防伪技术和管理技术，按照假冒伪造经销劣质产品与防止假冒伪造经销劣质产品的制约规律，设计并制造出具有极强防伪多功能的包装产品和具有强制性的管理措施。综合防伪包装技术一般包括防伪科学技术、附属产品功能技术、管理技术、基础材料技术、结构形式技术、警示语技术、报废技术等七个方面。

1. 技术综合　将水印防伪技术、纤维纹理技术、油墨印刷技术及其他防伪技术集于一体，具有极难仿制的特点。

2. 附属产品功能综合　附属产品功能综合是将多种附属产品及功能综合成防伪的技术手段，按《中华人民共和国种子法》的要求，将印刷在包装容器表面的农作物种子的各种标注项目、内容及商标、警示语、广告、企业简介、促销卡、质量信誉卡等附属产品（或称附属功能）集于包装体上或分开使用，综合起来制作防伪标志，具有多重防伪和相互呼应的功能特点。

3. 管理技术综合　在技术综合和附属产品功能综合的基础上，再将外包装、标签、质量信誉卡与售种发票一起，作为企业与经销者为消费者提供售后服务（退货、换货、索赔）的必要条件，让附属产品发挥强制作用，也是防伪包装的一种技术手段，成为消费者购买产品不可缺少的一部分。这会强调经销者必须将防伪包装与产品一起卖给消费者，同时也迫使消费者像索取发票一样索取包装。这样，经销者和不法分子就不可能利用真品包装盛装假货，达到了一次性使用、启封即破坏、用后不能再用的目的。

4. 基础材料复合　将激光全息水印纸与塑料薄膜复合在一起，塑料薄膜可以是一层或两层，起到美观、防潮、耐磨和增加强度的作用，既可以作内包装材料，又可以作外包装材料。同时，利用各种防伪油墨、各种先进的印刷设备印刷包装等。

5. 结构形式技术手段　在结构形式上，可以用袋封、不干胶带封、盒封、卡封、环封、线封等多种方式予以实现。对于不同的种子，采用不同的结构来实现其防伪功能。价值较高的种子，如西瓜、油菜、棉花、芝麻等作物种子，可采用罐装、铝箔袋等较高档的材料包装环封、卡封或袋封，外包装多采用纸箱包装不干胶带封或盒封；水稻、玉米、豆类等作物种子多采用塑料袋、覆膜袋或编织袋包装袋封或线封，外包装采用编织袋线封。这些都可以使用不同的封口形式或特有封口标志来区分，并起到一定的防伪作用。例如，覆膜袋封口时，可采用滚压的形式或平压的形式，并可根据需要在封口时形成各种图案或特殊标记、商标、日期及批号等予以区分编织袋封口。现在市场上已有一种专用于防伪的缝包线。

6. 警示语技术手段　在防伪包装的显眼处或封口处加注有特殊标记的警示语，提示消费者如何识别真假商品，并在决定购买产品付款后，必须在索取发票的同时向经销者索取防伪包装，以保护自己的合法权益（凭发票和质量信誉卡享受退换货、种植服务和索赔），同时不给经销者和不法分子留下用防伪包装盛装假货的机会。

7. 报废技术手段　防伪包装的封口一旦撕开，不干胶带一旦撕下，防伪包装即报废，不能重复使用。这样，进一步加强和巩固了上述六种防伪技术手段的效果，从而达到了利用复合包装管理强制防伪技术的目的。

防伪包装技术的趋势是综合防伪包装，通过制造一种综合防伪袋或综合防伪封及附属产品来实现。随着科学技术的发展和管理水平的提高，种子防伪包装必然朝着科学技术与管理技术相结合的方向发展，最终达到易识别、成本低、综合防伪效果好、易推广的特点，为种子行业健康稳定的发展保驾护航。

四、包装标签

为保护种子生产者、经营者和使用者的合法权益，加强农作物种子标签管理，规范标签的制作、标注和使用行为显得十分重要。根据《中华人民共和国种子法》的有关规定，农业部于 2001 年 2 月 26 日发布了《农作物种子标签管理办法》，在中华人民共和国境内销售（经营）的农作物种子应当附有标签，标签的制作、标注、使用和管理应遵守该办法。该办法所称的标签是指固定在种子包装物表面及内外的特定图案及文字说明。

对于可以不经加工包装进行销售的种子，标签是指种子经营者在销售种子时向种子使用者提供的特定图案及文字说明。

（一）标签标注内容

1. 标注的基本内容

（1）农作物种子标签应当标注作物种类、种子类别、品种名称、产地、种子经营许可证编号、质量指标、检疫证明编号、净含量、生产年月、生产商名称、生产商地址以及联系方式等。

（2）作物种类应该明确至植物分类学的种。种子类别按常规种和杂交种标注，类别为常规种的，可以不具体标注；同时标注种子世代类别，按育种家种子、原种、杂交亲本种子、大田用种标注，类别为大田用种的，可以不具体标注。

（3）品种名称应当符合《中华人民共和国植物新品种保护条例》及其实施细则的有关规定，属于授权品种或审定通过的品种，应当使用批准的名称。

（4）种子产地是指种子繁育所在地，按照行政区划最大标注至省级。进口种子的产地，按《中华人民共和国海关关于进口货物原产地的暂行规定》标注。

（5）质量指标是指生产商承诺的质量指标，按品种纯度、净度、发芽率、水分指标的标注。国家标准或者行业标准对某些作物种子质量有其他指标要求的，应当加注。

（6）检疫证明编号标注产地检疫合格证编号或者植物检疫证书编号。进口种子检疫证明编号标注引进种子、苗木检疫审批单的编号。

（7）生产年月是指种子收获的时间。年、月的表示方法采用下列的示例方法：2003 年 7 月标注为 2003.07。

（8）净含量是指种子的实际质量或数量，以千克（kg）、克（g）或粒表示。

（9）生产商是指最初的商品种子供货商。进口商是指直接从境外购买种子的单位。

（10）生产商地址按种子经营许可证注明的地址标注，联系方式为电话号码或传真号码等。

2. 加注的其他内容　如出现下列情况之一的，应当分别加注：

（1）主要农作物种子应当加注种子生产许可证编号和品种审定编号。

（2）两种以上混合种子应当标注"混合种子"字样，标明各类种子的名称及比率。混合种子是指不同作物种类的种子混合物或者同一作物不同品种的种子混合物或者同一品种不同生产方式、不同加工处理方式的种子混合物。

（3）药剂处理的种子应当标明药剂名称、有效成分及含量、注意事项，并根据药剂毒性附骷髅或十字骨的警示标志，标注红色"有毒"字样。

（4）转基因种子应当标注"转基因"字样、农业转移基因生物安全证书编号和安全控制措施。

（5）进口种子的标签应当加注进口商名称、种子进出口贸易许可证书编号和进口种子审批文号。

（6）分装种子应注明分装单位和分装日期。

（7）种子中含有杂草种子的，应加注有害杂草的种类和比率。

（二）标签的制作、使用和管理

（1）标签标注内容应当使用规范的中文，印刷清晰，字体高度不得小于 1.8mm，警示标志应当醒目。可以同时使用汉语拼音和其他文字，字体应小于相应的中文。

（2）标签标注内容可直接印制在包装物表面，也可制成印刷品固定在包装物外或放在包装物内。作物种类、品种名称、生产商信息、质量指标、净含量、生产年月、警示标志和"转基因"标注内容必须直接印制在包装物表面或者制成印刷品固定在包装物外。

（3）可以不经加工包装进行销售的种子，标签应当制成印刷品在销售种子时提供给种子使用者。

（4）印刷品的制作材料应当有足够的强度，长和宽不应小于 12cm×8cm。可根据种子类别使用不同的颜色，育种家种子使用白色并带有紫色单对角条纹，原种使用蓝色，亲本种子使用红色，大田用种使用白色或蓝、红以外的单一颜色。

（5）种子标签由种子经营者根据《农作物种子标签管理办法》印制。认证种子的标签由种子认证机构印制，认证标签没有标注的内容，由种子经营者另行印制标签标注。

（6）包装种子使用种子标签的包装物的规格，为不再分割的最小的包装物。

另《中华人民共和国种子法》第三十二条要求种子经营者向种子使用者提供种子的简要性状、主要栽培措施、使用条件的说明，可以印制在标签上，也可以另行印制说明材料。

五、种子包装前的处理

（一）种子必须经过清选和精选

种子清选主要是清除混入种子中的茎、叶、穗和损伤种子的碎片、杂草种子、泥沙、石块、空瘪种子等掺杂物，以提高种子的纯度和净度，并为种子安全干燥和包装贮藏做好准备。

种子精选分级的主要目的是剔除混入的异作物或异品种种子，以及不饱满的、虫蛀或劣变的种子，以提高纯度、发芽率和种子活力，提高种子的质量级别和利用率。

（二）严格控制种子水分

种子水分的高低对种子的安全贮藏影响很大。一般新收获的种子水分高达 25%～45%。这么高水分的种子，呼吸强度大，放出的热量和水分多，种子易发热霉变，或者很快耗尽种子堆中的氧气，而导致厌氧呼吸产生大量酒精，或者遇到零下低温受冻害而死亡。因此必须及时将种子干燥，将其水分降低到安全水分，以保持种子旺盛的发芽力和活力，提高种子质量，使种子能安全经过从收获到播种的贮藏期限。玉米、小麦种子包装时的水分应掌握在13％以内，棉种水分应掌握在不高于11％，油菜、瓜类、蔬菜种子一般水分应低于8％。凡是高于安全水分（表5-1）的种子严禁包装。

表 5-1　封入密闭容器的种子上限安全水分（％）

（颜启传，2001）

农作物和牧草种子	安全水分（％）	蔬菜种子	安全水分（％）	蔬菜种子	安全水分（％）	花卉种子	安全水分（％）
大豆	8.0	四季豆	7.0	羽衣甘蓝	5.0	藿香蓟	6.7
甜玉米	8.0	菜豆	7.0	球茎甘蓝	5.0	庭芥	6.3
大麦	10.0	甜菜	7.5	韭葱	6.5	金鱼草	5.9
玉米	10.0	硬叶甘蓝	5.0	莴苣	5.5	紫菀	6.5
燕麦	8.0	抱子甘蓝	5.0	甜瓜	6.0	雏菊	7.0
黑麦	8.0	胡萝卜	7.0	芥菜	5.0	风铃草	6.3
小麦	8.0	花椰菜	5.0	洋葱	6.5	羽扇豆	8.0
糖甜菜	7.5	块根芹	7.0	葱	6.5	勿忘草	7.1
苜蓿	6.0	甜芹	7.0	皱叶欧芹	6.5	龙面花	5.7
三叶草	8.0	君达菜	7.5	欧洲防风	6.0	钓钟柳	6.5
翦股颖	9.0	甘蓝	5.0	豌豆	6.0	矮牵牛	6.2
早熟禾	9.0	白菜	5.0	辣椒	4.5	福禄考	7.8
羊茅	9.0	细香葱	6.5	西葫芦			
梯牧草	9.0	黄瓜	6.0	萝卜	5.0		
六月禾	6.0	茄子	6.0	芜菁甘蓝	5.0		
紫羊茅	8.0	番茄	5.5	菠菜	8.0		
黑麦草	8.0	芜菁	5.0	南瓜	6.0		
		西瓜	6.5	其他	6.0		

（三）进行药剂处理或种子包衣

经精选后，水分合格的种子还可进行药剂处理或包衣处理，以保证种子包装后不霉变、不虫蛀。

1. 药剂浸（拌）种　药剂浸种是指用药剂浸泡（浸湿）种子或拌种防治病虫。不同作物的种子上所带病菌不同，因此处理时应合理选用药物，并严格掌握药剂浓度和处理时间。

2. 棉籽的硫酸脱绒　棉籽硫酸脱绒有防治棉花苗期病害和黄萎病、枯萎病的作用，有利于播种。硫酸脱绒是目前防止棉花种子带菌的有效方法。同时，处理时由于用清水冲洗，可使小籽、秕籽、破籽、嫩籽及其他杂质漂在水面并清除，达到选种的目的。

3. 种子包衣　利用黏着剂或成膜剂，将杀菌剂、杀虫剂、微肥、植物生长调节剂、着色剂或填充剂等非种子材料包裹在种子外面，以达使种子成球形或基本保持原有形状，提高种子发芽期间的抗逆性、抗病性，加快种子发芽，促进成苗。

（四）注意种子标签，实行商标策略

种子标签是《中华人民共和国种子法》要求的一项主要内容。因此，要注意种子标签的内容，保证种子质量的真实性。另外，从商品角度来讲，应注意商标和商标策略。因为商标是商品的标志，是产品发展的组成部分，在市场营销中起着广泛的作用。依据《中华人民共和国种子法》的要求，在包装材料上必须用醒目的颜色印刷简单的品种栽培说明及品种名称、产地，标注作物种类、种子类别、种子经营许可证编号、质量指标、检疫证明编号、净含量、生产年月、生产商名称、生产地址以及联系方式，使用户对所购种子一目了然。

（五）选择合适的包装材料和包装规格

根据不同作物品种、粒型、用种量及种价，选择不同材料的包装物。对于玉米、小麦、大豆等单位面积用种量较大、种价较低的种子，可选用透明度好、耐磨、拉力强的聚乙烯塑料袋包装，大包装可采用50kg/包或25kg/包，在显著的位置印上各自的标识；小包装可用5kg/包、2.5kg/包、1kg/包、0.5kg/包等种子量，分别用不同规格的聚乙烯薄膜袋和牛皮纸袋。棉花和蔬菜等部分经济作物类用种量少，可用精良的铁筒、铁盒、铁罐和优质的复合膜、铝箔等包装。同时，可以根据作物种类设计包装图案，并将图案印在专用包装袋上，这样既美观大方又便于运输和保管。

（六）包装计量要准确无误

包装忌质量不足，影响农户的使用和企业的信誉。质量单位统一，包装上标注的净含量要与实际种植需种量统一起来，并在栽培技术中予以详细说明。

（七）种子包装以销售计划为依据

有些包装材料如铝箔和马口铁罐价格较贵，故进行种子包装时必须准确预测市场需求量，做到按需包装，减少因盲目包装引起包装种子积压而造成不必要的经济损失。

（八）陈种子不予包装

陈种子在发芽率、发芽势、生活力和抗逆性等方面明显不如新种子，由于长时间的存放，可能带上霉菌和病菌。所以，在种子不紧张的年份，原则上对陈种子不予包装销售；在种子紧缺年份，可标明进行销售。

第三节　种子商品包装

一、种子商品

农业种子是特殊的农业生产资料类商品。种子商品既是高新技术的载体，又是科学包装技术的产物。它是进入市场流通销售，提供农业生产所需的最基本的生物产品。种子商品特性的优劣，标志着一个国家的植物育种、种子技术和种子产业化发展的水平。

（一）种子商品的特点

种子商品作为商品经济的一个细胞，其质量要求与其他商品无异，但种子商品作为自然物本身又有其特殊性。繁殖和生产出的商品种子，必须具有优良的品种特性，同时，要有优良的种子特性，即指品种的真实性、纯度、净度、发芽率和水分等质量指标优良，具有较高的播种价值的特点。生产出大量的优良品种的优良种子，即良种，是种子生产的首要目标。利用良种进行农业生产，预期能获得高产、优质和高效的农产品。另外，作为具有生命力的种子，还表现出有别于其他商品的一些特点。

1. 群体基因型的相对一致性　这是农作物种子自然属性之一。过去有人论及种子商品的特殊性，常说它是有生命的商品。显然，有生命的商品不只是农作物种子，用于交换的种畜也是有生命的商品、种子商品的有用性不同于其他商品、不同于其他生产资料的地方，在于它是有生命的群体，在于这一群体中个体基因型的一致性。

2. 生产的时限性　一个优良品种生产过程要经过育种家种子、原种和大田用种三个阶段，全程序需要较长时间，一般繁育大田作物的生产用种需要 0.5～1 年的时间。自交种子需要一定的田间面积和自然条件，而杂交种子需要更严格的隔离条件。

3. 投入使用时空的有限性　种子可常年生产，或多年生产，但使用时为季节使用，严格来说是数日适用。作物种子每一品种都有其严格的区域性，要求适于一定光温等生态条件。甲地良种到乙地不适应，即是劣种。因此，种子的投入使用应根据农业自然区划的特点合理安排品种的种植区域。

4. 科技承载的密集性　农业生产水平的提高与科学技术的应用密不可分。种子既是遗传物质的载体，又是农业生产最基本的生产资料。种子的任何改良都会促进农业生产的发展。种子对现代科学技术的承载是无限的，堪称为科技载体型产品。通过采用现代育种技术，如基因工程技术等，在相对短的周期里创造出许多新品种。现代种子的加工，可以把化肥、农药以及植物生长素等附着于种子上，如丸化、包衣等产品，使农业生产的多次投入变成一次投入，大大提高劳动生产率。

5. 投入产出的显效性　在农业生产中，种子是一类特殊的农业生产资料，它的地位和性质与众不同。化肥等农业生产投入物都具有投入价值稳定、产出价值较高的效能，但这一效能必须通过种子才能表现出来。同样用工、同样用肥，种子特性不同，农产品的产量会大不相同。良种是诸多增产因素中的主要因素，它具有显效性。

（二）种子商品的价值

种子商品与其他商品一样，具有价值和使用价值双重性。种子商品凝结着种子科技人员的辛勤劳动，这是其本身的价值；而将种子用于播种，给农民和国家带来一定的经济效益，这就是它的使用价值。

1. 种子商品的自然属性和社会属性　种子商品发展的有用性包括其自然属性和社会属性。所谓自然属性，是指农民播种所需的优良品种和优质种子等特性；而其社会属性，是指为满足人民物质生活所需要，发展农业经济有用的、并得到消费者承认的特性。因此，种子商品的生产不仅要考虑到满足不同业主种植的需要，而且还要考虑到农业产业结构调整和人民生活水平提高的需要。这样才能使种子商品生产者获得最大的经济效益。

2. 种子商品的使用价值是经济效益的基础　种子商品只有当其使用价值得到种植业主接受和承认，并成为社会使用价值，才能表现出经济效益。种子商品产生经济效益的关键是通过其使用价值来实现的。其中种子商品的质量是使用价值的具体表现形式。种子商品质量高，商品性就好，销售数量多，经济效益就好。没有质量就没有销售的数量，没有质量也就没有经济效益。所以，种子生产公司应深刻认识到，种子商品的质量是数量的基础，又是经济效益的基础。

（三）种子商品的发展趋势

农业比较发达的国家，都很注重种子商品的发展，但由于各国情况的不同，其发展的趋势和途径不完全一样。借鉴国外种子商品发展的经验，从我国社会主义市场经济出发，中国种子产业的建设呈现以下几个发展趋势：

1. 品种多样化　随着我国工农业生产的发展和人民生活水平的提高，以及与世界各国贸易的日益增加，对农作物品种的利用要求日趋多样。从农业生产来看，由于农产品利用途径的日益增多，对于品种的要求也日趋多样。例如，玉米过去主要是用作粮食，而随着畜牧业生产的发展，有很大一部分玉米用作饲料，这样玉米不仅要有食用品种，而且还需要有饲用品种。再如大麦可以作食用、饲用和啤酒用。因此，培育多种专用型的品种，是种子生产的一种趋势。

2. 种子标准化　任何产品（商品）都有其各自的标准，作为特殊商品的种子当然也有它应该具备的标准。它是通过制定一系列先进、可行的技术标准，并在生产、使用和管理过程中贯彻执行，实现优良品种的优质种子的大面积应用推广。种子标准化的内容有：优良品种标准，种子质量分级标准，原（良）种生产技术规程标准，种子检验技术规程标准，种子包装、运输以及贮藏标准。

优良品种标准，是标明每一个优良品种具有的优良和典型的遗传特点，包括的主要内容有品种来源、生物学特征特性、生产性能、栽培技术要点、适应范围等。

种子质量分级标准，是衡量种子质量高低和贯彻优质优价的依据。标准内容有品种纯度、种子净度、种子发芽率、种子水分等。

原（良）种生产技术规程标准，能保证生产出较高质量的原（良）种。其基本内容是按照每一种作物原（良）种生产需要的栽培条件和主要技术措施，规定出具体方法、步骤和技术程序。

种子检验技术规程标准，是正确判断种子质量所采用的科学方法、步骤和程序的具体规定。种子质量是否符合规定的标准，必须通过种子检验才能得出结论，而采用不同的种子检验方法往往会得出不同的结论。为了获得准确的种子检验结果，得出正确的种子质量参数的结论，必须制定科学检验技术规程标准。

种子包装、运输、贮藏标准，是防止种子机械混杂，保证种子质量和保持种子发芽率的重要规定。它的基本点是从种子的防杂保纯和安全无损出发，对于种子包装、运输、贮藏所必需的材料、规格、条件、方法等作出明确、具体的规定。

3. 种子生产专业化　种子生产由分散的谁种地谁留种的自给自足的方式向集中的规模化、专业化的商品性生产方式发展。这是社会生产力向前发展的一个重要标志，是自给半自给农业向商品经济转化的必然趋势。它将促进种子产业和农业生产以较高的速度向前发展，加快实现种子现代化和农业现代化的步伐。

种子生产专业化和规模化的发展，反映了自然规律和经济规律的客观要求。一般选定的种子生产基地，由于在土地、气候等自然条件方面是比较适宜的，有着自然优势；同时生产基地的专业化和规模化，使得从事种子生产技术规范熟练，因而种子产量比较高、质量比较好、成本比较低。

4. 服务社会化　种子作为商品出现以后，它就再不是为种子生产者所自用，而是为全社会的粮食和其他农产品生产者所利用。那么，怎样才能把种子生产者生产出来的种子转到全社会的粮食和其他农产品生产者手里，这就有个组织工作和社会服务工作的问题。在我国社会主义市场经济条件下，从目前种子工作的实际情况出发，这种社会化的服务工作应以种子企业为主体，多渠道、多形式来承担。

5. 管理规范化　种子作为商品出现在生产和流通领域以后，涉及的方面和问题很多，因而需要很好的管理，以保护品种选育者、种子生产者、经营者和使用者的正当权益，促进农业生产的发展。

种子管理规范化，就是从农作物品种的选育、试验、审定到种子的生产、加工、检验、经营、销售和使用，都要有科学的规章、制度、法规和方针、政策的明文规定，以便使人们共同遵守，照章去办。

二、商品种子的包装规格

商品种子在经过前期处理后，必须经过合适的包装才能传递到终端消费者。其中，规范一定的规格或大小是种子包装过程中重要的环节之一。合适的包装大小不仅节约包装材料、减少种子的浪费，还将促进终端的销售。

包装规格包括两个方面，一是整件种子的包装规格。目前在国内市场，对于整件种子的包装，虽然在不同作物中存在较大差别，但在同一作物中的包装规格差别较小。其主要原因在于整件包装的目的是为了方便大批量种子的通用运输，面对的客户群体主要是中间经销商和零售商。二是终端消费的包装规格，这是本节中主要讨论的对象。面对终端消费者的种子包装规格受到多个因素的影响，但以下几个方面的原因尤其需要注意。

第一，种子种植区域单位消费者的种植规模。如在美国，种子的消费者绝大多数是大型农场主，经营的土地面积一般在 $10hm^2$ 以上（平均为 $162hm^2$）。因此，美国的大田农作物如玉米，其终端包装基本以大包装为主（$25\sim45kg$）。而在国内，不同消费者耕种土地的面积差别巨大，东北的农场与美洲农场面积相当，而在西南山区的消费者则可能种植面积不到 $0.1hm^2$。因此，包装规格需要根据不同的消费区域而调整。对于大田作物而言，以销售区域的单位消费者的基本种植单位（但一般不小于 $667m^2$），或者与基本种植单位接近的整数包装质量来设计包装大小较为合适。如杂交水稻有每袋 $1\sim5kg$，玉米每袋 $1\sim25kg$。对于山区和超大型农场用户，种子的包装可根据消费者的需求采取更灵活的包装规格。

第二，种子本身大小。种子大的作物，一般包装的质量较大，如豆类、玉米和水稻等农作物种子；而对于种子小的作物，如烟草和一些蔬菜作物，每袋一般不超过 $50g$。同一作物的不同品种，单粒种子的大小亦存在显著的变异。

第三，种子价格本身的影响。对于一些制种比较困难的作物，由于制种成本高，包装时会更加精细，一般倾向于采用小包装来提高其销售价格。此外，随着种子加工和精选质量的提高以及精量播种的需要，对比较昂贵的蔬菜和花卉种子，甚至质量控制良好的玉米种子，开始采用粒数包装，价格甚至精确到每粒。按粒包装一般与单粒机械播种的栽培方式相适应，节省了后期的间苗工作。从效益来讲，粒大的品种按粒包装销售时，利润会降低甚至不如以质量为单位包装。按粒包装对种子的质量特别是出苗率以及出苗整齐度要求非常高，而且必须按照大小进行种子分级，否则播种时容易出现大小粒同穴的情况，失去了单粒播种的意义。可以说，按粒包装不仅是种子公司对利润更高的追求，更是其对所生产的商品种子品牌形象自信的反映。为适应种子定量或定数包装的需要，种子包装机械也有相应类型，种子包装系统等内容详见本章第五节。

三、包装工艺流程

从大田收获的种子在经过清选、干燥和包衣后，一般直接进入种子包装的流程，其主要的工艺流程如下：从散装仓库输送到加料箱→称量或计数→装袋（或容器）→封口（或缝口）→贴（或挂）标签→整件封包。

随着种子综合加工机械的不断完善，种子包装工艺的自动化或半自动化已经完全成熟。种子从散装仓库，通过重力或空气提升器、皮带输送机、升降机等机械运动送到加料箱中，然后进入称量计数设备。当达到预定的质量或体积时，即自动切断种子流，接着种子进入包装机。打开包装容器口，种子流入包装容器，最后种子袋（或容器）经缝口机缝口或封口和贴标签（或预先印上），即完成了包装操作。近几年，随着人力成本的快速上升以及对种子质量要求的不断提高，国内绝大多数大中型种子加工企业已经建立了较完善的种子自动包装工艺设备。

四、包装种子的保存

包装好的种子已具备有一定防湿、防虫或防鼠等特性，但由于包装材料的制约，种子仍然会受到高温和潮湿环境的影响，会加速劣变。所以包装好的种子仍须存放在防湿、防虫、防鼠、干燥、低温的仓库或场所，按种子种类、种和品种的种子袋分开堆垛。为了便于适当通风，种子袋堆垛之间应留有适当的间隙，还须做好防火和检查等管理工作，确保已包装种子的安全贮藏，真正发挥种子包装的优越性。种仓中袋装种子的堆放详见本书第十章第一节。

种子销售季节结束后，一般会有少量种子由于各种原因仍需继续库存。如果保存得当，在2～3年内仍然满足商品种子的各项要求，就可以继续销售。但这部分种子由于包装的存在，并不利于长期的贮藏保存，而且包装上面的标签都有生产时间等标注，在重新销售时，均需要重新包装。因而，这部分库存的种子应该及时去掉外包装，返回仓库中严格保存。后期如果发现种子质量达不到商品种子的标准，必须转商（如无外包衣等处理）或作废。

第四节　种子品牌和商标

"品牌"一词来源于古挪威文字 brand，其原意是"烙印"，用火烙在某个东西上的印记。早期的人们利用这种方法来标记自己的家畜，慢慢又发展到标记手工产品。就全球范围来说，大规模的商品品牌化始于19世纪中叶。如今随着市场的日益成熟，"品牌"brand 是当今营销领域及设计领域强调最多的一个词，全球企业界已从单一的产品营销发展到品牌营销这一高级阶段，创立品牌已成为所有谋求长远发展的公司的共同选择。品牌的价值也正如美国《财富》杂志1996年所指出："品牌代表一切（The brand is the thing）。""品牌"代表着个性和价值，品牌竞争时代已经到来。

一、种子品牌和商标的含义

1. 种子品牌　与其他商品一样，种子品牌的实体包括品牌名称、品牌标志和品牌商标。种子品牌名称是指种子品牌中可用语言称谓表达的部分，如"登海""隆平"和"迪卡博"等。品牌标志是指品牌中可以被认出、易于记忆，但不能用言语称谓的部分，包括符号、图案或明显的色彩或字体。

2. 种子商标　种子商标则是标明某公司所生产或提供的种子或相关服务与其他公司同

类产品差异的显著标志。已经注册的种子品牌受法律保护，有专门的使用权，并具有排他性。上述三者的组合，可以从实体上显著区分不同种子公司产品，也是从法律途径保护种子公司利益的重要方式。

在市场经济体制下，种子像其他商品一样，必须依赖竞争才能获得更好的推广。而市场竞争实质上是同类商品的品牌竞争。创立品牌已经成为所有谋求长远发展的公司的共同选择。对于种子公司而言，品牌是种子公司种子产品质量、信誉和优良服务的象征，是种子公司的核心资产。品牌的核心价值是一个品牌的灵魂，它能够方便消费者对该品牌种子的特性等有清晰而明确的认识，从而区分其他公司的同类产品，并产生记忆和联想，进而实现促进品牌产品销售的目的。简而言之，种子的品牌反映了农户对某一公司所生产的种子的整体认知程度，是决定其是否购买该品种的重要原因。良好的种子品牌必须经过持续多年的为种植户提供优质种子和服务才能形成。

二、种子品牌的作用

1. 种子品牌是种子公司发展的最大资产　种子品牌是种子公司种子产品质量、信誉和优良服务的象征。如许多知名的种业公司都把品牌看成是商誉，集优良品种、优质种子、优良服务于一体，让品牌不断增值，家喻户晓，驰名国内外。

2. 种子品牌是凝聚职工智慧和能力的法宝　种子企业在创种子品牌过程中充分调动职工的积极性和创新能力，集中力量和智慧创品牌、保品牌。

3. 种子品牌是抢占种子市场的桥梁　一个著名的品牌意味着优良品种和优质种子，一个为种植者牢固记忆、永不忘怀的形象，从而能迅速占领种子市场，获得名牌的市场效益。

三、商标在种子营销中的作用

1. 具有识别作用　随着社会主义市场经济的进一步完善，种子市场的竞争将越来越激烈，市场中出现了多种形式的经营单位，同时种子的种类也很多，有了商标，消费者可以对不同作物的种子、同一作物不同品种或同一品种不同经销部门经销的种子方便地加以识别。

2. 具有自身推销功能　商标代表着种子部门的市场范围。种子经营部门，可通过多种手段，争创名牌商标，利用名牌在农民心目中的地位，利用名牌商标推销种子，既节省推销费用，又占领了市场、争取了顾客。尤其在引进新品种，利用原有名牌商标推销，比无商标推销要容易得多，可迅速占领市场。

3. 具有信誉功能　一个商标往往代表注册单位的信誉，种子企业通过使用自己的注册商标和相应的防伪标志，能有效地防止冒充伪造，既可防止一些不法商户损害农民的利益，同时又有利于保护自己产品的信誉。

4. 具有潜在的价值功能　通过注册商标，能使商标受到法律保护，当商标广泛得到社会认识后，是一笔无形的资产，成为可以转让买卖的企业产权。

四、种子包装设计与品牌的统一

在设计种子包装时，必须考虑包装与品牌内涵的统一。具体而言，在种子包装设计时应该考虑以下两个方面的原则。

1. 确定明确的包装设计目标　所谓设计目标，就是指在品牌发展规划和营销传播策略的指导下，根据品牌定位和品牌愿景等方面的要求，以提升品牌价值和维护品牌形象的目的为出发点，而制定的产品包装设计计划及拟达到的效果。设计目标基于公司对自己产品的认识和定位。一个具有前瞻性的设计目标，包括基本设计和延展设计两个方面。

基本设计主要基于品牌的形象注释，包括产品定位、产品价值、产品个性等，即在包装中体现品牌的核心价值。包装设计的方法，包括设计概念、设计风格、设计禁忌、设计手段、设计技巧等。

延展设计则是相对比较高级的阶段，重在品牌扩张或产品延伸时包装设计应达到的预期效果，如产品包装再设计、系列化包装设计、礼品包装设计等。它包括标志、色彩和辅助图形等在内的基本设计元素必须具有可延展的设计空间。例如，标志设计，它是一种品牌语言，是企业走向世界的品牌理念和产品核心内涵。图形符号的变化和定义，来自于经营者对文化的追求，来自于设计师对各种文化信息的筛选和取舍。把企业产品诉求与时代符号相结合，随着市场变化，新的诉求与新的图形符号元素也不断的更新变化，因此，一个企业标志、企业品牌的出现和发展，不是设计师的杜撰，一定是设计师和企业经营者合作的结晶。只有正确地表达了企业的诉求，标志设计才会得到企业、社会的认可，才能推动品牌和企业的进步，从而推动社会的进步。延展设计不仅对产品包装的未来设计提供了依据，还可以及时发现基本设计的缺陷和延展设计的障碍，以便调整设计方案，明确设计目标。

2. 包装设计的统一性和个性 一个强势品牌必须有一个清晰的、完整的品牌视觉识别系统。建立品牌的视觉识别特征是使消费者形成鲜明、牢固品牌印象的前提，也是建立品牌强势地位的最根本保障。具体到种子的外包装上，需要实现品牌名称、标志和商标的标准化。以同一品牌的统一形象来区别其他不同品牌的产品包装，以利于消费者对品牌和企业形象产生记忆力，加深认知度。随着公司规模的扩大，同一公司的产品线会不断延伸，例如隆平高科既有水稻品种，又有玉米等其他作物；即使同一作物内，会根据种植户的需求不同，还会有差异化的品种。那么在这些不同产品的设计中，就必须使用一致的设计风格，以体现不同的产品线和整个品牌的一致性，从而强化品牌形象。此外，包装设计时还必须有意识突出品牌的个性。当前的市场竞争比较激烈，如何从同一区域的同类竞争产品中脱颖而出，除了产品本身的品质外，个性化的包装设计也是大有裨益的。

目前国内的大多数种子公司对产品包装的设计更多的还是考虑基本设计方面，而对产品包装后期的延展设计则考虑较少。在种子品牌和包装领域，美国的孟山都公司非常值得国内的种子公司借鉴。该公司收购了很多种子公司，涉及多个作物种子的生产和销售，并且提供农业信息服务。该公司针对不同的作物品种，使用不同的品牌和商标，同时又根据性状和技术分别注册商标，甚至对除草剂抗性之类的转基因技术专门注册商标。这样在最终的外包装上面，会出现不同的商标组合。这些不同的商标组合都与该公司所倡导的为可持续农业发展提供解决方案的目标一致。

第五节　种子计量包装

一、种子计量包装的发展过程

《中华人民共和国种子法》颁布实施后，对商品种子提出了计量包装要求，加工后的种子通过完善的包装才能体现其商品属性。虽然种子计量包装实施年限较短，但也经历了不同的发展阶段。从称重包装的工作原理上看，种子称重包装经历了人工包装、机电结合式定量秤包装、传感器称重包装三个阶段；从计量包装的自动化程度上看，种子计量包装经历了自动称重人工上袋、封口以及全自动称重包装两个阶段。近年来国内商品种子包装以全自动包装为主，而且这一趋势越来越明显。

二、种子定量秤

重力式自动装料衡器又称定量自动衡器、定量包装秤、打包秤、打包机等，是种子加工成套设备中的末端设备，也是种子加工的重要环节。定量自动衡器作为衡器类产品中的动态衡器产品，属于国家强制检定产品范畴，生产制造企业需要持有国家技术监督部门颁发的《制造计量器具许可证》。

（一）重力式自动装料衡器的定义

重力式自动装料衡器是把散状的物料分成预先设定的，并且实际上是恒定质量的装料，并将装料装入容器的自动衡器（摘自 GB/T 27738—2011《重力式自动装料衡器》）。

自动衡器是指在称重过程中无需人工干涉，就能够按预先设定的程序自动计量。定量秤通过称重传感器将质量信号转换为电压信号，并经过 A/D（模/数）转换，由计算机进行称重控制与管理。

（二）定量秤执行标准

目前我国市场上销售的定量包装产品采用国家标准 GB/T 27738—2011《重力式自动装料衡器》，该标准等效采用国际法制计量组织（OIML）R61：2004（E）《重力式自动装料衡器》。

（三）定量秤的准确度等级

国家标准 GB/T 27738—2011 中规定，定量秤的准确度等级用 $X(x)$ 表示，它是 1×10^K、2×10^K、5×10^K 的数字序列，其中 K 为正数、负数或零。目前国内种子加工行业广泛使用的定量秤的准确度等级一般为 $X(0.2)$ 或 $X(0.5)$ 级。表 5-2 示每次装料与装料平均值的最大允许偏差。

表 5-2　每次装料与装料平均值的最大允许偏差

装料的质量值 M（g）	$X(1)$ 级的每次装料与装料平均值的最大允许偏差 MPD（以 F 的百分率或者 g 表示）	
	首次检定	使用中检验
$F \leqslant 50$	7.2%	9%
$50 < F \leqslant 100$	3.6g	4.5g
$100 < F \leqslant 200$	3.6%	4.5%
$200 < F \leqslant 300$	7.2g	9g
$300 < F \leqslant 500$	2.4%	3%
$500 < F \leqslant 1\,000$	12g	15g

（续）

装料的质量值 M（g）	X（1）级的每次装料与装料平均值的最大允许偏差　MPD（以 F 的百分率或者 g 表示）	
	首次检定	使用中检验
1 000＜F≤10 000	1.2%	1.5%
10 000＜F≤15 000	120g	150g
F＞15 000	0.8%	1%

注：①本表摘自 GB/T 27738—2011《重力式自动装料衡器》表 4。

②用 X（1）相对应的准确度值，乘以相应的准确度等级系数，即为该等级的准确度。比如，X（1）×0.2 即为 X（0.2）级相应的准确度值。

③计算平均值时的装料次数需按照国家标准 GB/T27738—2011 表 3 执行。

④从上表可以看出，同样准确度等级的定量秤，在不同的量程段的允许误差是不同的。

（四）定量秤的结构与工作原理

定量秤一般由料仓、给料装置、秤斗、卸料装置和相关称重控制部分组成，定量秤的典型结构如图 5-1 所示。其中，大给料采用自落料形式，小给料采用振动给料形式。

1. 定量秤各部分的功能

（1）料仓。定量秤系统中需要设计一个储料仓，仓内需要有充足的物料和稳定的压力，以保证定量秤给料均匀，从而保证计量精度。

（2）给料装置。给料装置是计算机定量秤系统中的关键部件，因被计量物料的物理特性不同，给料装置也有多种结构形式。

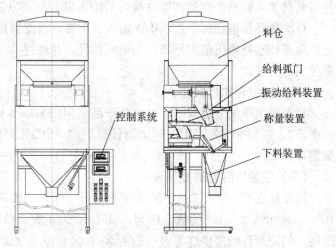

图 5-1　定量秤典型结构

①自落料式给料：使用气缸或电动机驱动弧形给料活门或插板，借助物料自身的重力，将物料从料仓中添加到秤斗内。自落料式给料方式具有结构简单、制作方便等优点，适合于流动性好的颗粒状物料，如粮食、种子、化肥等物料。

②振动式给料：振动式给料装置一般用于流动性较好的颗粒物料，其特点是给料精细、均匀。振动式给料装置的振动源可以是电磁铁、偏心电机等构成。

③绞龙给料：绞龙给料装置使用电机驱动喂料螺旋强制给料，适合于流动性较差的物料或粉状物料的供送。

④皮带给料：皮带输送式给料装置采用小型皮带输送机供送物料，适合于流动性较差的颗粒状物料或粉状物料供送。

在种子计量包装中，一般采用振动式给料或自落料式给料方式。

（3）秤斗。秤斗用来存放被计量物料（种子），通过连接一个或多个称重传感器并将传感器信号输入到计算机称重控制仪表中,实现实时在线质量信号测量,称量结束后,可以按照程序自动卸掉秤斗中的物料。

(4)卸料装置。卸料装置一般为锥形斗,用来将秤斗卸下的物料装入到相关包装容器或包装袋中;对于一些大量程的定量秤,还应设有夹袋装置,以减轻操作人员的劳动强度。

2. 定量秤的工作原理 连接在秤斗上的称重传感器将秤斗的质量信号转化为电压信号,并将该电压信号输入称重控制仪表,通过模/数(A/D)转换器件将电压信号转化为计算机可以处理的数字信号。当秤斗中的物料质量达到称重控制仪表的设定值时,称重控制仪表控制给料装置停止向秤斗给料,待秤斗稳定后取得秤斗中物料的实际质量,经过计算并根据计量误差值调整下一个称重周期的给料参数,最后卸掉秤斗中的物料完成一个称重周期。

3. 计算机定量秤自动工作的一般流程

(1)进入自动状态。由操作人员按称重控制器的"自动"键,使系统进入自动工作状态。

(2)自动零点跟踪(去皮)。称量定量秤的空秤质量,该质量值作为皮重存储在称重控制仪表中。

(3)向秤斗加料。通过启动给料装置向秤斗喂料,当秤斗中的物料质量达到设定值时,关闭给料装置停止向秤斗喂料。

(4)计算误差。停止喂料后经过数秒稳定,称重控制仪表计算定量秤本次定量误差,修正和优化下一次的给料参数。

(5)卸料。确认包装袋或其他包装容器准备好后,自动卸掉秤斗中的物料并放进包装容器内,完成一个定量称重周期。

4. 定量秤的主要参数 定量秤的主要参数包括准确度定级、称量速度和称重范围。一般最大称量与最小称量的比值小于 3。称量速度与测试物料的流动性相关。以最大量程为 5kg,单计量单元(单秤)的定量秤为例,主要参数如下:

计量范围:2.0~5.0kg。

计量速度:400~500 包/h。

准确度等级:X(0.2)。

工作环境与温度:室内,−10~35℃。

三、种子按粒计量包装

按粒进行颗粒物包装,通常有直接数粒和间接数粒两种方式。直接数粒需要设置多个数粒通道,每个通道上安装红外光幕传感器或者 CCD 传感器,设备产能低下,造价昂贵,适合花卉等用种量小、价格较高的高附加值种子,不适合用种量大的粮食作物种子计量包装。间接数粒采用一个数粒通道实时采集和计算加工后成品种子的千粒重,并将该质量通过数据接口传输到计算机称重计量设备,按照需要包装粒数所对应的质量进行种子称重计量包装。间接数粒包装设备价格适当,在种子经过精选、分级的前提下,可以满足用户按粒进行种子包装的需要。

商品种子按粒计量包装系统由在线实时数粒系统、计算机定量包装系统、自动灌装封口系统组成,通常实时在线数粒仪与多称重单元定量秤整合为一体式结构。基本配置为实时在线数粒仪、多头计算机定量包装秤、卷膜式包装机和爬坡输送机等。

四、全自动小包装系统

通常小包装是指每袋质量小于 5kg。全自动小包装系统可以分为卷膜式、直线上袋式和旋转上袋式三种形式。

（一）卷膜式全自动小包装系统

卷膜式全自动小包装系统由卷膜机、定量秤和爬坡输送机构成。

定量秤通常采用四称重单元（四头秤）结构，采用快、慢两级加料形式喂料，快加料采用气动活门结构，慢加料采用振动给料结构，充分利用了两种给料形式的优点。4 个称重计量单元独立工作，通过放料裁决逻辑控制每个称重单元放料，避免叠包现象发生。

卷膜机使用非成品包装袋材料，需要在工作中边灌装边制袋，其工作原理如下：卷膜机采用光电开关检测包装膜上的色标控制袋长，伺服电机拉膜，翻领式成型器制袋，气缸控制横向和纵向热合封口。系统配置如图 5-2 所示。

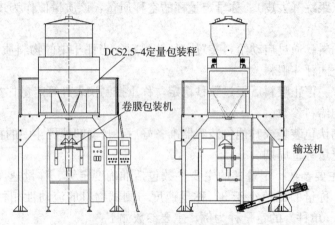

图 5-2　卷膜式全自动小包装系统

卷膜式全自动小包装系统具有生产效率高、节省人工等优点，在杂交玉米、杂交水稻种子包装中广泛采用。

卷膜式全自动小包装机主要参数如下：

计量范围：1.0～5.0kg（多个机型）。

称量速度：1 800～2 200 包/h。

准确度等级：X（0.2）。

工作环境与温度：室内，−10～35℃。

（二）直线上袋式全自动小包装系统

直线上袋式全自动小包装系统由计算机定量秤、直线上袋机、热合缝口、输送设备构成。

定量秤通常采用两称重单元（双头秤）结构，采用快、慢两级加料形式，快加料采用气动活门结构，慢加料采用振动给料结构，充分利用了两种给料形式的优点。两个称重单元独立工作，通过放料裁决逻辑控制每个称重单元放料，避免叠包现象发生。

直线上袋机由供袋库、取袋机构、送袋机构、开袋机构、套袋机构、夹袋放料机构、送包小车和热合输送装置构成。

直线上袋机使用成品包装袋，其结构及工作原理如下：

供袋库：采用双袋仓双工位结构，其中一个袋仓处于工作位置，另一个袋仓处于补袋或者待命状态，使用感应开关检测缺袋，带缓冲行程气缸驱动仓位移动。

取袋机构：采用防转气缸驱动真空吸盘组上下运动取袋。真空吸盘组吸在袋口处，每次将一只包装袋从袋仓中取出。

送袋机构：送袋机构通过气动手指夹持被取袋机构吸起的口袋，并由气缸驱动摆动的平行四边形机构将口袋拖至开袋工位。

开袋机构：开袋机构采用4个对吸的真空吸盘，将袋口打开。

套袋机构：套袋机构将安装在旋转手臂上的外撑板插入打开的袋口中，并由微型气动马达驱动夹紧装置夹持袋口，气缸驱动旋转套袋手臂将口袋放进夹袋口。

夹（放）袋机构：夹（放）袋装置采用鳄嘴状结构，张开鳄嘴式机构时将口袋夹牢在定量秤出料口，并将物料放入口袋，闭合鳄嘴式夹袋装置时装满物料的口袋放下。

送包小车：送包小车抱住装满物料的口袋，并将口袋移送到间歇式热合封口处。

热合封口装置：送包小车将装满物料的口袋抱送到热合封口处，通过气缸驱动加热块进行袋口热合。

直线上袋式全自动小包装系统，如图5-3所示。

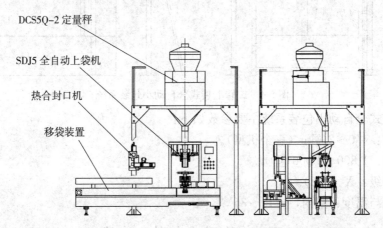

图5-3 直线上袋式全自动小包装系统

直线上袋式全自动小包装系统适应纸袋、塑料袋、编织袋等多种包装材料，在杂交玉米、杂交水稻种子包装中广泛采用。

直线上袋式全自动小包装系统主要参数如下：

计量范围：1.0～5.0kg（多个机型）。

称量速度：700～900包/h。

准确度等级：X（0.2）。

工作环境与温度：室内，-10～35℃。

（三）旋转上袋式全自动小包装系统

旋转上袋式全自动小包装系统由六工位（或八工位）旋转式上袋机、定量秤和爬坡输送机构成，通常适合1kg以下物料的定量小包装。

定量秤通常采用四称重单元（四头秤）结构，采用快、慢两级加料形式喂料，快加料采用气动活门结构，慢加料采用振动给料结构，充分利用了两种给料形式的优点。4 个称重计量单元独立工作，通过放料裁决逻辑控制每个称重单元放料，避免叠包现象发生。

旋转上袋式全自动小包装机使用成品包装袋，其主旋转轴上装有 6 组或者 8 组口袋夹持爪，在旋转中经由不同工位，实现取袋、开袋、理袋、灌装、清理、振实和封口等功能，完成全自动包装。

旋转上袋式全自动小包装系统如图 5-4 所示。

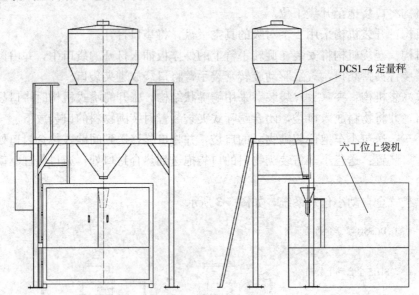

DCS1-4 定量秤

六工位上袋机

图 5-4　旋转上袋式全自动小包装系统

旋转上袋式全自动小包装系统主要参数如下：

计量范围：1.0～2.0kg（多个机型）。

称量速度：1 800～2 000 包/h。

准确度等级：X（0.2）。

工作环境与温度：室内，－10～35℃。

五、全自动大包装生产线

随着社会发展和技术进步，繁重的体力劳动逐步由机器代替。由智能定量秤、全自动上袋机、计算机检重秤、机械手码垛和缠绕膜装置组成的完整的称重包装解决方案，受到种子加工企业的高度重视。全自动大包装系统如图 5-5 所示。

全自动大包装生产线主要设备构成：

1. 定量称重部分　选用最大量程为 25kg 的 DCS25Q-2 双高速定量包装秤，计量范围为 10～25kg，该秤采用自落料和振动给料结合的混合给料形式。

2. 上袋部分　选用 SDJ25 型双伺服全自动上袋机，可以实现自动上袋、灌装、缝包，具有无袋自动报警、上袋不良自动剔除功能。

3. 倒袋部分　选用直角式倒袋机，推袋平稳可靠。

4. 检重、剔除部分　选用 FCS50 型全自动分选秤，气缸驱动推板剔除超差品，实现在

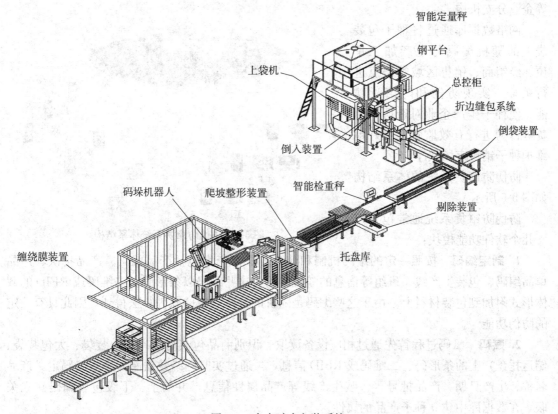

图 5-5　全自动大包装系统

线实时检重、自动分选，剔除不合格包装。

5. 整型部分　选用方辊输送及上压式两种整型形式，保证袋型平整。

6. 码垛部分　采用直角四连杆码垛机器人和自动托盘库供送设备，并配有定制抓取输送机、码垛输送机、满垛输送机。

7. 缠绕部分　选用全自动托盘在线缠绕包装机，可覆顶膜。将拉伸膜自动缠绕到托盘货物上，对货物起到防尘、防潮、防散货的包装作用。

全自动大包装生产线主要技术参数如下：

生产效率：600～800 包/h。

包装规格：10～25kg。

准确度等级：X（0.2）。

工作环境与温度：室内，−10～35℃。

六、防伪防窜货系统

种子防伪防窜货管理技术基于动态实时网络数据库和种子包装材料上的编码，这些编码可以是条形码、二维码以及 RFID 标签，进行种子生产、仓储和销售的全程管理，实现可追溯性。根据需要，这些编码可以预先印制在包装材料上，也可以在包装生产时喷印。

种子防伪防窜货管理系统通常由网络服务器、网络终端、计量包装设备、编码读入设备和相关的软件组成。一般网络服务器安装在企业总部，网络客户端安装在生产、仓储和销售等企业分支机构。

　　网络数据库通过将种子包装袋上的随机编码与生产加工单位、经销商、销售区域等信息进行关联，实现防伪和防窜货功能，使种子生产企业对造假、窜货等行为进行有效监管，更好地维护种子销售市场秩序。

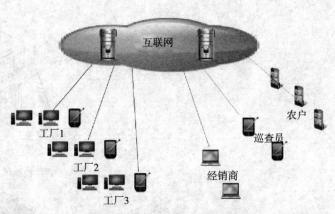

　　防伪防窜货系统的体系结构如图5-6所示。

图 5-6　防伪防窜货系统体系结构

　　防伪防窜货系统通常包含以下几个软件功能模块：

　　1. 制定编码　按照一定的编码机制和计算方法，产生包括产品编码、产品批次、产品单品编码、包装生产线、班组等信息的随机编码，这些编码以条形码、二维码或 RFID 的载体形式附加到包装材料上。由于这些编码是随机的且按一定的软件算法得到，因此具有一定的防伪功能。

　　2. 赋码　赋码过程首先通过相应设备读取、识别商品包装材料（小包装袋、大包装袋、储运托盘）上的条形码、二维码或 RFID 信息，再通过实时网络数据库为这些编码定义产品名称、生产日期、产品批号、包装生产线等产品属性信息，并与上、下级包装编码建立关联，在数据库中建立种子产品的属性。

　　3. 查询与管理　种子企业可以通过服务器上的实时网络数据库对不同区域的种子生产、仓储、销售等分支机构进行管理和监控，实现生产、销售过程的可追溯性，通过出库时关联产品的销售区域，实现防窜货。种子用户可以通过实时数据库以电话、手机短信、网络等形式，通过网络服务器进行验证，从而辨别种子的真假，实现防伪。

　　种子防伪防窜货设备，通常融合到自动包装生产线中，系统配置如图5-7所示。

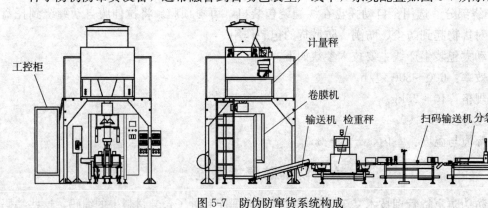

图 5-7　防伪防窜货系统构成

思　考　题

　　1. 简述种子包装的目的及意义。

2. 种子包装标准主要包括哪些内容?

3. 试述种子商品的特征特性及发展趋势。

4. 简述种子的品牌和商标的概念及作用。

5. 试述种子包装与其他散状颗粒物料定量包装的区别。

6. 定量包装秤由哪些主要部分组成? 简述定量包装秤的工作原理。

7. 典型的全自动种子包装线有哪些类型? 分别适用哪些称重范围?

8. 防伪防窜货系统(溯源)中,编码为什么要用特殊机制产生而不用顺序码?

第六章   种子加工流程与设备配置

>>>

种子加工 (seed processing) 是对种子从收获后到播种前进行加工处理的全过程。种子加工工艺取决于种子的种类和各个加工工序的组合。种子加工工艺应根据种子成熟后的特征与种子质量要求等进行综合研究分析，提出每个环节的具体要求与处理方法，结合现行的设备生产能力，完成种子加工成套设备配置内容。本章主要介绍种子加工工序、典型种子加工工艺流程以及设备配置、种子加工中心建设基本原则等内容。

第一节   种子加工工序

一、种子加工工序的分类

对于种子加工来说，种子加工工序的选择取决于种子的种类、掺杂物的性质与类别以及最终要达到的种子质量指标要求。

种子种类不同，其形态特征、化学性质、物理特性等也各不相同，因此，对其采取的加工工序与加工工艺流程也不同。种子加工工序分为三类：基本工序、特殊工序和辅助工序。基本工序包括预清、干燥、清选、精选、分级、种子包衣及称重包装；特殊工序包括种子脱粒、除芒、刷种以及棉花种子脱绒等；辅助工序包括电控、除尘、输送、暂存等。随着种子精细化加工技术的不断发展，每类种子都将形成一套切实可行的加工工艺，从而建立完整的种子加工质量体系，使得种子质量指标达到较高的标准。

二、种子加工基本工序

(一) 预清

对于任何一种种子来说，预清都是种子加工的第一道工序，主要用于种子干燥或清选前，目的是除去种子中的灰尘和特大杂物（如：秸秆、玉米芯、土块等），提高种子原料的流动性，为进一步实施种子干燥或清选奠定基础。预清原理与风筛清选机相同，主要是根据种子物理特性（悬浮特性与外形尺寸）的差异，在一台机器上实施种子风选与筛选；与风筛清选机的差异主要体现在筛面倾角较大，并且只有两层筛片（或筛片层数较多但只起两层筛片作用），生产率较高，机器结构比较简单。预清后种子质量可以达到相应的种子原料标准。随着农业生产机械化水平以及对种子质量要求的不断提高，采用预清可以清除种子收获过程中携带的各种杂质，提高种子加工成套设备的自动化程度、生产效率和种子质量。

采用预清时应注意的问题:

1. 工艺配置 要求预清能力与种子加工成套设备加工能力相匹配。如果在籽粒干燥设备之前配置预清设备,应在预清设备前、后配备一定容积的暂贮仓,以便均衡干燥过程和保证种子原料的连续均匀喂入或排放。

2. 除尘配置 除尘首先要满足种子原料风选作业要求,除去种子物料中携带的灰尘、颖壳等杂质;其次是避免机器工作过程中向加工场所扩散粉尘;第三是经过除尘器净化并排入大气中的粉尘浓度应当满足建设地点环保要求。

3. 筛片配置 在种子预清过程中,要求最大规格的筛孔尺寸(直径或宽度)应比清选时用的筛孔尺寸大 0.5~1.0mm,而最小规格的筛孔尺寸应小于清选时的筛孔尺寸,以便最大限度地提高种子获选率。

(二)干燥

种子干燥是为了减少种子内部水分,降低种子新陈代谢的机能,提高种子贮藏性能,保存种子生命活力。种子干燥有多种方法,采用人工自然晾晒是最简单、效率最低、成本最低的方法。但是,自然晾晒受天气制约,难以保证种子高质量。采用机械强制热空气干燥不仅可以实现干燥过程的机械化、自动化作业,而且操作简单省力、生产效率高,干燥过程处于可控状态,这确保了干燥后种子的高质量。由于种子是有生命的载体,对温度的变化特别敏感,在干燥过程中必须采用低温干燥、精确控温,使种子受热均匀,从而保证干燥后种子水分基本均匀一致。机械强制热空气干燥是种子加工领域正在推广应用的有效方法。

1. 种子干燥方式的选择 根据种子原料物理特性(流动性)的不同,主要采取物料静止式和物料流动式两种干燥方式。物料静止式主要用于流动性较差或流动过程中易破损的种子,如:禾本科牧草种子、瓜菜类种子、高水分玉米果穗和籽粒尺寸较大的豆类种子,以及流动性较好、但数量极少的高附加值种子,一般采取箱式干燥机或固定床式干燥机进行批次式干燥。物料流动式干燥主要用于流动性较好、数量较多的种子,如:豆科类籽粒、尺寸较大的牧草种子、玉米籽粒、小麦种子、水稻种子等,一般采取塔式干燥机进行干燥。对于塔式干燥机来说,还可以分为连续式干燥和批次式干燥。连续式干燥主要是指种子物料一次干燥至设定水分的干燥设施,用于物料水分高于安全贮藏水分 5% 以内的小麦、玉米种子等。批次式干燥机是指需要两次以上循环才能干燥至设定水分的干燥设施,用于高水分油菜、水稻种子等。当高水分种子原料数量较多时,可以采取多台批次式干燥机串联的形式,以提高干燥机的工作效率。

2. 干燥机干燥温度选择 每种种子都有特定的干燥温度,当种子温度超过极限温度时就会降低种子发芽率;种子干燥速度过快,还会使种子本身产生应力裂纹,增加种子的爆腰率和破碎率。研究表明,种子静态干燥时,热风温度不能超过种子极限温度;对于无缓苏段的连续式种子干燥而言,热风温度应控制在 40~55℃;对于多段干燥、多段缓苏的连续式种子干燥而言,热风温度应控制在 90~110℃,并确保种子温度不超过极限温度;种子的初始水分越高,选择的热风温度应该越低。如:对于水分为 30% 以上的玉米果穗而言,果穗干燥的热风温度应控制在 35℃;对于水分为 20% 的玉米籽粒而言,干燥机热风温度为 55℃时可以安全干燥,最大允许降水速率为 0.8%~1.2%。

3. 干燥后种子品质要求 发芽率和发芽势不得降低,籽粒水分不均匀度≤1%。采用干燥机干燥种子破损率增值≤0.3％，干燥不均匀度≤1％（降水5％以内时），种子外观色泽不变。

4. 干燥安全与环保要求　对于直接加热的热风干燥机而言，应确保火花不进入干燥机内，干燥后种子品质不影响种子转商的要求。采用以燃油为燃料的热风干燥时，在控制系统中必须安装熄火自动切断油路装置。采用燃煤或生物质为燃料的热源进行热风干燥时，烟尘及二氧化硫排放浓度不允许超过当地环保要求。操作人员工作环境噪声≤85dB（声压级）。

（三）清选

清选是种子加工的核心工序，利用种子在气流中临界速度的不同进行风选，按种子宽度或厚度尺寸进行筛选，按种子长度尺寸进行长度分选，进一步淘汰种子中的轻杂质、大粒、瘦小粒以及长杂、断粒和短杂，提高种子外形尺寸的均匀性、种子净度和千粒重，从而提高种子整体素质和发芽能力。

1. 种子风筛清选机　风筛清选机是种子加工生产线中最重要的主机之一，本身具有前、后吸风选系统，以提高机器风选质量；筛选部分主要按种子宽度或厚度进行分选，根据加工能力的大小，筛选部分分为单筛箱与自平衡结构的双筛箱；双筛箱主要有两种形式，一种是两个独立的单筛箱组合，在机器内部将两个筛箱相同排料口的物料进行汇总后排出；另一种是上筛箱用于淘汰大杂和细碎杂质、下筛箱用于淘汰小杂。

2. 窝眼滚筒清选机　窝眼滚筒清选机是按种子长度尺寸分选的重要设备。种子经过筛选后，仅完成了种子宽度或厚度分选，对于长粒种子而言，种子中含有的比种子籽粒长或短的杂质以及断粒没有清除掉，采用窝眼滚筒对清选后的种子进行长度分选，才能弥补平面筛片清选过程中在籽粒长度尺寸上清选的缺陷，有效地提高种子质量。在种子加工设备中，利用窝眼本身直径的大小，可以完成除长杂和除短杂的功能，提高种子清选质量。

（四）精选

重力式清选机是种子精选的典型代表，它对外形尺寸基本相同而内在质量存在差异的种子实施比重分选，得到外形尺寸和内在质量基本相近、饱满健壮的种子。重力式清选机的工作原理是利用种子在振动与气流作用下产生偏析，物料颗粒形成有序的层化现象来进行清选与重力分级。重力式清选机工作过程中，台面振动频率、台面倾角及底部鼓风量均为可调，对种子中含有的轻杂质、霉烂变质种子、杂草种子和重杂质等能够进行有效分离。根据工作台面的形状不同可分为三角台面和矩形台面。一般来说，三角台面上重杂分离效果较好，如淘汰蔬菜种子中的泥土或石子颗粒；矩形台面上轻杂分离效果较好，如淘汰谷物种子中的虫蛀粒或发芽、霉变籽粒。

（五）分级

根据种子商品化及播种的要求，种子分级机主要用于对精选后的种子按照籽粒的大小（宽度或厚度）进行分级。种子分级机分为圆筒筛分级机和平面筛分级机两种。目前，常用的分级机一般是整筒式圆筒筛，筛孔为长孔筛或凹窝圆孔筛。当需要进行种子长度分级时，可以采用窝眼滚筒进行分级。目前国内种子分级主要是玉米种子分级。

（六）种子包衣

种子包衣技术是在拌药技术基础上发展起来的一项新技术。与种子拌药的最大区别是，种子包衣剂中不仅含有杀虫剂、杀菌剂及其他微量元素，而且还含有一定数量的成膜剂，促使包敷在种子表面的药剂迅速固化。种子包衣主要是按作物品种和种衣剂类型规定的药剂与种子配比要求，实现药剂与种子的精确计量、均匀混合，使药剂均匀涂覆在种子表面，达到防止病虫害的目的。

值得注意的是，刚刚包衣后种子表面种衣剂没有完全固化，应使其处于静止状态，待种衣剂完全固化后再进行提升或计量包装作业。对于种子包衣机和供药系统应设置密闭的工作车间，配备独立的袋式除尘系统，以减轻种衣剂对工作环境及操作人员造成的危害。此外，操作人员必须采取必要的防护措施，如佩戴橡胶手套、防毒口罩等。

（七）称重包装

根据种子商品化要求，对精选、分级、包衣后的种子进行计量、装袋、包装。按照各类种子的商品化要求，种子包装分为大袋包装，10～50kg/袋，主要用于小麦、大豆、牧草等种子；中袋包装，1～5kg/袋，主要用于玉米、水稻、棉花等种子。种子计量包装主要采用半自动化计量包装和全自动化计量包装方式。

在种子包装材料、标签的使用以及包装秤计量精度等方面，国家有关部门制定了相关标准，并做出了明确规定。因此，在种子加工过程中，应及时对包装成品进行抽检，严格把关，对包装质量、计量精度等定时检测，发现问题及时处理。

三、种子加工特殊工序

任何种子在收获后都要进行一系列的处理过程，以满足种子预清、干燥、清选等加工要求。根据种子特性不同，种子处理过程也不同，主要包括以下几个方面：

（一）脱粒

脱粒是指将种子籽粒从果穗、荚果或其他果实上脱取；常用的脱粒设备有玉米脱粒机、稻麦脱粒机、牧草种子脱粒机以及茄果类取籽机等。对于玉米种子而言，主要是从制种基地收获玉米果穗，运到种子加工厂进行果穗干燥或晾晒后统一进行脱粒。一般来说，水稻、小麦等种子主要通过联合收割机直接进行收获、脱粒，然后运到种子加工厂进行干燥、清选加工。

（二）除芒

除芒工序是对常规水稻、大麦以及带芒牧草等种子进行除芒加工，该工序由相应的除芒设备来完成。除芒机为全封闭金属结构，主轴上与机体内部的拨棍为装配式结构，便于调节拨棍的角度，满足不同种子除芒的要求，排料口的开度可以根据除芒效果进行调节。除芒机工作原理是利用主轴高速转动时动拨棍与静拨棍相互揉搓，搓断种子顶部的长芒，从而达到除芒作用。

（三）刷种

刷种工序是对甜菜、胡萝卜以及带芒牧草等种子进行去壳、除芒加工，该工序由相应的刷种设备来完成。刷种机为全封闭金属结构，进料量能根据种子的刷种效果进行方便的调节，主轴上的毛刷为装配式结构，刷种筛筒上的孔径与所加工种子外形尺寸相匹配，便于更换。利用毛刷与筛筒之间的搓擦作用，能够抛光种子表面或打开种子结团。刷种机是加工茄果类种子时常用的设备，如处理掉胡萝卜种子外的种毛，打开其他茄果类种子结团等。

（四）脱绒

制种基地收获的籽棉经过轧花后，棉籽表面含有 8%～12% 的短绒。脱绒工序是对棉籽表面的短绒进行处理，使其成为"光"籽，以利于对棉籽进行清选、分级和包衣处理。采用的主要处理方法是用专业的机械脱绒设备进行脱绒处理或用浓度 10％左右的硫酸液与棉籽混合后，通过烘干使硫酸浓度增高达到碳化并脱去短绒的作用。

四、种子加工辅助工序

（一）电控

电控是种子加工成套设备的核心，它将组成种子加工成套设备中每台机器的启停控制都集中在电控柜上便于集中操作。电控柜表面上有种子加工工艺流程模拟盘与指示灯，直观显示各台机器的工作状况。所有机器启停按钮都安装在模拟盘下方，绿灯亮表示机器处于接通状态，红灯亮表示机器处于停止状态。

（二）除尘

种子清选、精选除尘系统主要根据机器工作过程中需要的风量以及建设地点环保要求选配合适的除尘装置。对于干燥设备也应在干燥机排风口安装除尘系统，以保证排放到大气中的粉尘浓度满足当地环保要求。

（三）输送

种子加工过程中籽粒输送主要有垂直输送、水平输送和倾斜输送三种情况并有相应的输送设备。

1. 垂直输送　种子物料垂直输送主要由斗式提升机和转斗式提升机来完成。对于斗式提升机来说，主要应控制给料速度和提升机皮带线速度，以减少种子籽粒破损。转斗式提升机既可以实现垂直输送，也可以完成物料水平输送。

2. 水平输送　种子物料水平输送可以选用皮带输送机或振动输送机来完成。

3. 倾斜输送　种子物料倾斜输送主要选用皮带输送机来完成，主要应控制皮带输送机的倾斜角度和皮带运行速度，皮带输送机安装倾角较大时会影响其输送能力。

（四）暂存

暂存系统主要由种子贮仓、缓冲仓等组成。根据各种种子物料休止角以及物料中杂质含量的不同，要特别注意各种仓底部的锥角，不能存在积料死角。

1. 贮仓　贮仓主要用于种子物料的贮存；一般容积较大，多采用圆仓；根据使用区域的不同，贮仓中应配置测温和通风系统。

2. 缓冲仓　缓冲仓主要用于种子物料暂存，多安装于主要加工设备进料口上方；一般容积较小，多采用方仓。

第二节　种子加工常用辅助设备

种子加工基本工序对应的相关设备就是种子加工常用的主要设备，包括预清机、种子干燥机、风筛清选机、窝眼滚筒清选机、重力式清选机、种子分级机、种子包衣机和种子计量包装设备。为了实现种子精选与处理（宽度、厚度、长度、比重分选以及种子包衣与计量包装），需要通过增加一些辅助系统将种子加工主要设备连接起来，组成一个完整的加工单元。种子加工辅助工序所对应的相关系统就是种子加工常用辅助系统，包括物料输送系统、除尘系统、集杂系统、物料暂存系统、安装检修台和电气控制系统。

一、物料输送系统

物料输送系统是种子加工设备中的重要组成部分。它的作用是输送种子，把种子加工厂中各道工序有机地连接起来，成为一个整体。

物料输送系统包括水平输送设备、垂直输送设备以及料管、料流分配器和电动阀门等。物料输送系统设计应以通顺流畅、伤种率低、简洁明快、线路最短、实用可靠为原则。

水平输送设备有皮带输送、水平振动输送、螺旋输送、刮板输送、螺旋推送等形式。皮带输送、水平振动输送具有结构简单、成本低、不伤种、易于满足种子水平输送等特点，在种子加工成套设备中应用十分广泛；螺旋输送、刮板输送容易造成籽粒损伤，主要用于杂质输送。垂直输送设备有斗式提升机和转斗式提升机两种，斗式提升机运行效率高、投资成本低，应针对不同的输送对象选择适宜的皮带线速度，减少种子籽粒破损；转斗式提升机不会对籽粒造成损伤，既可以实现垂直输送，也可以完成物料水平输送功能。料管主要借助籽粒的重力作用，使籽粒自高点向低点流动；任何料管内部不应有积料死角。料流分配器用于开启或关闭物料流或改变料流方向。

二、除尘系统

种子加工工艺中的除尘系统主要有单机除尘系统、系统除尘和种子干燥机除尘系统。

单机除尘系统是指根据种子加工成套设备中各主要设备正常运行中所选配的独立的除尘系统。系统除尘是指通过除尘管路将种子加工成套设备中两台或两台以上设备排尘口连接起来组成公用的除尘系统。种子干燥机除尘系统是指干燥机排风口处连接的除尘设备。种子加工成套设备中的除尘设备主要选用工业上成熟的、性能符合环保要求的除尘设备，如：旋风除尘、布袋除尘、脉冲除尘。或根据除尘要求采用由两种除尘设备串联组成的除尘装置，使经过除尘系统处理排入大气中的气体浓度指标满足环保要求。在除尘管路设计时应尽可能采用立体配置，减少管路损失，降低功率消耗，同时在选配风机和管路配置上尽可能降低工作环境噪声。除尘管路一般采用镀锌钢板制作，也可以选用表面喷塑处理管路，以提高使用寿命；管路连接处应密封。粉尘收集处应便于操作，避免粉尘外溢造成新的污染。

种子干燥机除尘系统在生产中所采用的除尘方式主要有三种。

1. 旋风分离器式　旋风分离器式除尘将旋风分离器卧式安装，除尘效果比较理想，但排风阻力较大，对干燥机工作质量有负面影响，而且投资较高。

2. 迷宫扩散沉降式　迷宫扩散沉降式除尘是在干燥机热排风口处建一沉降间，并在沉降间内构建迷道扩张结构，根据干燥机数量进行配置，依据干燥机干燥能力，沉降间建设尺寸为：长10～30m、宽3～5m、高5～7m，这种方式也需要一定规模投资，当种子原料中含尘较高时除尘效果仍不够理想。为了提高除尘效果，有的用户在迷道出口处增设了喷淋设备，但在使用中喷雾装置容易堵塞，水处理及水泵磨损等问题也十分突出。

3. 外接布袋式　外接布袋式除尘是在干燥机热排风口处接一个布袋，对排出的气体进行过滤，但由于排气中湿度较高，易堵塞布袋，除尘效果也不理想，但经济适用。

三、集杂系统

集杂系统是对成套设备中各主要设备分离出的杂质实行分别收集、分类贮存和充分利用的系统。集杂系统通常有三种集杂方式，包括气吸式集杂方式，由皮带输送机、螺旋输送机、振动输送机与斗式提升机组合成的机械式集杂方式以及人工袋接式的集杂方式。依据成套设备处理能力和杂质种类的不同，三种集杂方式都得到普遍应用；其中，气吸式集杂多用于水稻种子加工成套设备。采用气吸自动集杂装置时，要充分考虑杂质吸湿性及稻壳中含有的二氧化硅等对集杂管道的快速蚀损问题，集杂管应采用防腐耐磨的加衬管件，风机应配置在旋风分离器的出风端。机械式集杂多用于北方玉米、小麦种子加工成套设备，采用水平输送与垂直输送相结合，将各类杂质分别输送至暂存仓中；对于轻杂贮仓应注意杂质在仓内架空与排料不畅问题。人工袋接式集杂方式多用于处理能力较低的成套设备，当成套设备处理能力较高时，需要多个人工对集杂系统进行管理，运行成本较高。

四、物料暂存系统

物料暂存系统主要由种子贮仓、缓冲仓组成。种子贮仓根据成套设备处理能力与贮存时间的不同，设置单仓贮存规模为：50、100、150、200、300t 暂存仓，当贮存能力更大时，可以采取多仓并联的方式以解决不同规模、不同品种种子的暂存问题，每个仓中都应配置温度监测与通风系统。当种子贮仓采取多仓并联组成仓群时，应配置进料、排料输送系统，以保证贮仓系统的正常运行。设置缓冲仓主要是保证主要加工设备供料均匀稳定，缓冲仓容积一般为 $1.5\sim2.5m^3$，依据设备的处理能力进行设定，缓冲仓一般采用方仓结构。

种子暂存系统设计时应保证其具有良好的自清能力，不得留有积料死角，不得有籽粒溅出或外溢情况发生。排料门应运转灵活，不能有卡死或卡种现象。

五、安装检修台

安装检修平台通常简称为平台，是种子加工成套设备的整体骨架，主要作用是用来支撑、安装重量较轻、运行过程中振动较轻的主要设备和夹持部分辅助设备，并为操作、检修、保养主要设备和辅助设备提供方便。

平台通常有钢架平台和水泥平台两种，国内多采用单层或多层龙门架式钢架结构平台，主要由立柱、上框梁、踩板、防护围栏及步行梯等组成。采用多层平台安装主要加工设备既可以减少种子原料提升次数、降低籽粒破损，也可以节省设备安装的占地面积。

设计平台时在功能上要确保能安全、方便地完成主要设备安装、操作与检修、保养工作，结构上要有足够的强度和刚性，防止设备运行时发生共振，还要尽可能做到协调美观，方便操作人员通行。

六、电气控制系统

种子加工成套设备自动化程度高低主要取决于电气控制系统，控制系统的设计应以安全、可靠、实用、经济为原则。目前常用的电气控制系统主要有常规电器控制和特殊工艺计算机控制。

常规电器控制主要选用常规普通电器元件，实现控制主要设备及辅助设备的启动、运行模式和启停顺次、故障报警等功能，在我国应用较多，还能用于几种典型固定流程控制。

特殊工艺主要选用计算机控制，具有基本逻辑指令通用性强、编程方便灵活、功能齐全、体积小、适应性强、抗干扰性好、使用维护方便等特点，主要用于种子原料干燥、种子包衣和成品种子计量包装等系统控制。

第三节　典型种子加工工艺流程

一、工艺流程设计原则

种子加工工艺流程要通过对种子原料基本情况、种子特性以及种子产品质量要求等进行综合分析后才能确定。种子加工工艺流程不仅要求加工后种子具有高质量，还要求有较高的获选率指标，因此，选择工艺流程可以遵循四条原则：第一，根据种子原料特性和使用对象提出必要的加工工序，选用最简单的工艺流程和最少的设备配置，并且具备一定的应变能力来适应不同的加工对象（品种、原料组成、含水量）；第二，整个工艺流程应保证加工过程稳定，加工后种子质量达到相关标准；第三，重视环境指标（粉尘、噪声）的控制，不能对周边环境造成新的污染；第四，种子加工成套设备布置应从加工工艺流程、成套设备投资、设备运行监控、取样与维护方便等方面综合考虑。

二、种子加工基本工艺流程

种子加工成套设备常用的预清、干燥、清选、重力分选、包衣和计量包装等通用的加工工艺流程如图 6-1 所示。该流程仅用于籽粒状态的农作物种子，包括小麦、水稻以及玉米籽粒。

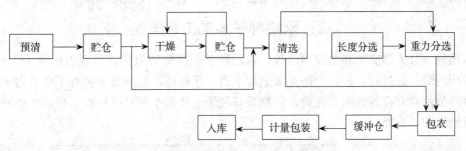

图 6-1　种子加工基本工艺流程

种子加工工艺流程描述：种子原料通过预清工序，除去其中的灰尘、秸秆和小杂，经过斗式提升机提升进入贮仓中暂存；依据种子原料的含水率选择是进行种子干燥还是直接进入种子清选工序进行清选加工；当种子水分高于安全贮藏水分时，必须进行种子干燥脱水，然后通过提升机提升进入贮仓暂存，准备进行清选加工；清选过程中可以进一步清除种子原料中的灰尘、大粒和小粒杂质，使种子原料宽度或厚度基本一致；通过长度分选工序，清除与种子籽粒长度有差异的长杂、短杂，得到外形尺寸基本均匀一致的籽粒；此部分籽粒通过重力分选，进一步淘汰与种子籽粒有差异的虫蛀、霉变籽粒和石子，得到外形尺寸基本均匀一致、饱满健壮的种子；按照种子品种和种植区域防治病虫害的要求，对加工后的种子进行种子包衣，经过缓冲仓进行短暂成膜；按照商品种子种植要求对包衣后的种子进行计量包装，送入成品库进行贮藏，即完成全部加工过程。依据不同种子特性，对种子加工基本流程中的重要工序进行调整，可以满足不同作物品种、不同种植区域以及不同质量要求的种子加工要求。

三、小麦种子加工工艺流程

小麦是农作物种子中最基本的物料。依据小麦种子特点，提出小麦种子加工工艺流程见图 6-2 所示。

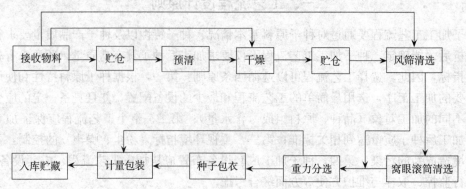

图 6-2　小麦种子的加工工艺

小麦种子加工工艺流程与种子加工基本工艺流程相同。当种子原料中杂质较少时，可以省略预清工序，将种子原料直接送入干燥机进行干燥脱水；当种子原料中杂质较少且种子原料水分符合安全贮藏水分时，可以将种子直接送入风筛清选机进行清选；选用窝眼滚筒的目的是清除小麦种子中的未脱壳麦粒或杂草种子，当种子中未脱壳麦粒极少且没有杂草种子时，可以不选用窝眼滚筒清选机。其余流程与种子加工基本工艺流程完全相同。

四、水稻种子加工工艺流程

水稻种子分为杂交稻和常规稻两种。水稻种子表面坚硬粗糙，常规水稻种子往往带芒，需要专用的除芒机进行除芒，否则无法进行下道工序处理；而杂交水稻种子中看起来似乎很瘪的籽粒依然具有很好的杂交优势，仍然是好种子。依据水稻种子特点，提出水稻种子加工工艺流程见图 6-3 所示：

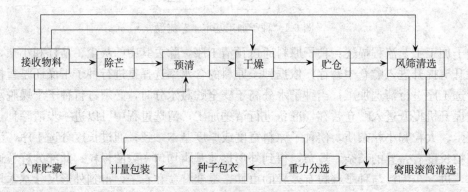

图 6-3　水稻种子的加工工艺

从水稻种子加工工艺流程图中可以看出，水稻种子加工工艺流程只是针对常规水稻种子在小麦种子加工工艺流程中增加除芒工序，其余工序完全相同。当用水稻种子加工工艺流程加工杂交水稻种子时，可以省略除芒工序；当水稻种子原料中杂质较少时，可以省略预清工序，将种子原料直接送入干燥机进行干燥脱水；当杂交水稻种子原料中杂质较少且种子原料水分符合安全贮藏水分时，可以将种子直接送入风筛清选机进行清选；选用窝眼滚筒的目的是清除水稻种子中的秸秆或脱壳米粒、杂草种子，当杂交水稻种子中没有秸秆和脱壳米粒、杂草种子时，可以不选用窝眼滚筒清选机。近年来，南方部分杂交水稻加工工艺流程中在重力清选后增加了谷糙分离工序，目的是进一步清除种子中的瘪谷和米粒，以提高种子质量。其余流程与种子加工基本工艺流程完全相同。目前水稻种子包衣仅用于水稻直播种植方式。

五、玉米种子加工工艺流程

玉米种子加工是指对成熟的玉米果穗从收获后到种子计量包装形成商品之间所采取的一系列机械化加工处理过程。玉米种子成熟后，鲜果穗水分一般为 35%～38%，为了防止种子产生冻害、霉变以及种子新陈代谢导致种子本身综合能力的降低，确保种子旺盛的生命力和出苗后的生长趋势，对玉米果穗要及时进行脱水处理，使籽粒水分达到安全贮藏指标的要求。然后根据种子质量指标要求对种子原料进行清选、精选、分级、包衣与计量包装。

目前，国内玉米种子脱水主要有三种形式。

1. 传统晾晒方式　玉米种子成熟后，由人工将玉米皮扒开，通过在杆上晾晒的方式适当降低果穗上的籽粒水分。果穗收获后，利用树枝等硬秸秆或金属网片在场院上搭建床架，将收获后的玉米果穗堆成 30～40cm 厚进行晾晒。这样既能防止因场院土地积水和水汽蒸发而使果穗返潮，还能加快脱水速度，便于阴雨天人工苫盖，翻场晾晒次数也会大大减少。当籽粒水分降到 16% 左右时，对果穗进行脱粒预清，然后将籽粒送至干燥机中脱水至安全水分。

这种处理形式的优点是：①田间扒皮晾晒，可以促进种子早熟，迅速降低种子水分；②在果穗脱水方面投入少、晾晒效率高、没有碳排放，便于在西北干旱地区推广应用。缺点是：①人工劳动强度大；②对人工素质要求高；③种子质量受天气制约。

2. 穗、粒二级干燥方式　穗、粒二级干燥工艺是将收获后的高水分玉米果穗通过皮带输送机送入果穗干燥室进行果穗干燥；当籽粒水分降到 16% 左右时，将果穗排出并进行脱粒预清；然后再将籽粒送至干燥机中进行脱水至安全水分。

穗、粒二级干燥的优点是：①与单纯的果穗晾晒工艺相比，便于对收集的果穗进行集中处理，减少冻害和霉变的发生；②与单纯的果穗干燥工艺相比，能在 60 小时之内将果穗上籽粒水分降至 16%，提高了干燥效率，减少了因干燥玉米芯而产生的能量消耗；③能够实现水分在 35%～38% 的鲜果穗一次干燥至安全水分的功能。缺点是：①对操作人员素质要求高，如果对干燥机进口温度控制不当，容易造成种子过热，导致种子发芽能力的下降；②对果穗与籽粒干燥设备的匹配性要求非常高；③在籽粒水分 16% 时进行脱粒，籽粒破损率较高，同时由于增加了籽粒干燥过程中的多次提升，籽粒破损会增加。

3. 果穗一次干燥方式　发达国家的玉米种子加工和国内大型玉米种子加工厂对高水分玉米果穗采用的加工工艺流程如图 6-4 所示。

接收物料 → 机械扒皮 → 人工选穗 → 果穗烘干 → 脱粒预清 → 籽粒暂贮

图 6-4　玉米果穗一次干燥工艺流程

优点是：①对收获后的玉米果穗实施人工选穗，可以剔除杂穗和有病害的果穗，提高种子纯度；②对高水分果穗及时采取低温干燥脱水至安全水分，可以防止种子过热，使种子免遭冻害，并减少种子本身新陈代谢过程中的能量消耗，确保种子活力；③便于实施规模化生产加工，确保种子质量的一致性。缺点是：①一次性投入大；②加工成本高。

果穗一次干燥方式工艺流程描述：将收获的玉米果穗经大型运输车辆从制种基地运至加工厂称重后，利用特殊的液压卸料设备，将果穗卸入进料振动输送机中，经振动输送机均匀给料后，使果穗经刮板式输送机均匀送至选穗车间；首先通过机械扒皮机对玉米果穗进行扒皮，经过皮带输送机送至选穗皮带，通过人工选穗，剔除各种不合格果穗，未脱净皮的果穗返回扒皮机重新扒皮；将好果穗直接输送到果穗干燥室进行果穗干燥，通过 90 小时的低温干燥作业，使籽粒水分降至 13％以下，将果穗排出输送到脱粒车间；脱粒过程中产生的玉米芯由玉米芯出运皮带机、玉米芯提升机等输送到玉米芯暂存仓，作为干燥热源的燃料；预清后的好籽粒经提升机提起输送到钢板仓群中暂贮，便于进行后续清选加工。

玉米种子清选工艺流程主要对水分符合安全贮藏指标的籽粒按种子加工基本工艺流程进行清选加工，使加工后种子质量指标符合预期要求。玉米种子清选工艺流程见图 6-5 所示。

图 6-5　玉米种子清选加工工艺流程

玉米种子清选工艺流程描述：通过风筛清选机进一步清除种子原料中的灰尘、大粒和小粒杂质，使种子原料宽度基本一致；通过重力分选，进一步淘汰与种子籽粒大小相同，比重有差异的虫蛀、霉变籽粒和石子，得到外形尺寸基本均匀一致、饱满健壮的种子；根据种子精量播种或单粒播种要求，按种子籽粒大小分两级、三级或四级，并分别输送至分级仓中暂存；按照种子品种和种植区域防治病虫害的要求，对不同级别种子进行种子包衣，经过缓冲仓进行短暂成膜；按照商品种子种植要求对包衣后的种子进行计量包装；如果对包衣后种子按每亩所需的数量进行小袋包装，还应对包装后的小袋进行归类实施大袋二次包装，便于搬运与成品运输；最后将包装后的种子送入成品库进行贮藏，即完成全部加工过程。

第四节　种子加工设备配置

一、种子加工生产规模的确定

种子加工生产规模（H）主要依据种子生产能力（Q）、种子品种的数量、允许的加工时间（T）以及企业种子基地的发展规模来确定。这里要注意，某一个品种最多允许的加工时间。

种子加工生产规模计算公式如下：

$$H = \sum Q / \sum T$$

式中：H——种子加工生产规模；

　　　$\sum Q$——年种子生产能力；

　　　$\sum T$——年允许的加工时间。

常规情况下，种子生产能力主要按制种基地面积、单位面积产量以及品种的数量等多种因素核定。种子加工时间按每天工作 10 小时，每周安排一天时间对成套设备维护保养；当种子品种较多时，应考虑更换品种时清理成套设备的时间；成套设备清理时间按机器数量的多少、加工种子籽粒的大小、机器周边清理的方便性等进行综合考虑。种子加工成套设备清理工作要按照从前向后、自上而下的方式仔细清理，避免籽粒存留导致的种子混杂。

二、成套设备配置

种子加工成套设备配置应根据确定的种子加工工艺流程、设备生产能力以及企业未来发展需求，选择与生产能力相匹配的种子加工成套设备。

目前，种子干燥机分为连续式干燥机和批次式干燥机；根据干燥原料种类的不同又分为小麦种子干燥机、水稻种子干燥机以及玉米种子干燥机、玉米果穗干燥室等；种子干燥方式、干燥机处理能力以及干燥机燃料的选择应根据种子种类、干燥机使用地点的气候条件和燃料供应情况等进行综合考虑，以便实现以最低的资金投入取得满意的使用效果。

目前，小麦干燥机、玉米种子干燥机主要采用连续式干燥机，按日处理 100、200、300、400t 等进行配置。水稻种子多采用批次式干燥机，按每批次干燥 10、20、30t 等进行配置，或采取多台干燥机串联的方式进行种子干燥。玉米果穗干燥室按照 700、800、1 000、1 200t/批与 1 500t/批等进行配置，当 1 500t/批干燥室处理能力仍不能满足果穗干燥要求时，可以采取干燥室并联方式，以满足玉米果穗干燥处理的需要。

目前，种子清选成套设备生产能力主要有：1.0、1.5、3.0、5.0、7.0、10t/h 和 15t/h 等。水稻、玉米种子清选能力相对小麦种子进行折算。

三、典型种子加工成套设备配置

（一）种子加工成套设备配置的基本要求

（1）在有效的加工期限内，设备的加工能力应与基地种子生产规模及发展阶段相匹配。

（2）选定的种子加工设备技术指标应优于《JB/T 5683—1991 种子加工成套设备　技术条件》和《GB/T 21158—2007 种子加工成套设备》。

（3）种子加工成套设备应采用全程机械化和重点工序自动化、智能化作业模式，并应符合国家环保要求。

（4）加工后的种子质量应满足种子贮藏和精量播种要求。

（5）种子加工工艺适应能力强，可满足多种加工流程。

（二）小麦种子加工成套设备配置

1. 小麦种子加工工艺流程　主要采取分时间段收购并在种子加工厂集中进行预清、干燥及清选加工作业。

种子加工厂工艺流程：按图 6-2 小麦种子加工工艺流程图。可依据种子原料情况及加工质量要求确定相应的加工工艺流程。

2. 种子加工成套设备生产能力　小麦种子预清、干燥与清选加工集中在加工厂实施。现有小麦种子干燥设备干燥能力为 300t/d，种子加工设备生产能力为 10t/h；按干燥设备每天 24h 连续工作，连续作业时间 10d 计算；种子加工设备按每天工作 8h，连续加工时间 35～50d 计算，一条生产线应满足制种规模为 533～667hm² 生产小麦种子加工要求。各工序主要生产能力见表 6-1。

表 6-1　小麦种子加工成套设备各工序生产能力

建设内容	参考指标	备　注
机械进料（t/h）	≥30	每天工作时间不超过 10h
预清（t/h）	≥30	满足快速接纳要求
干燥（t/d）	≥300	采取加工厂集中干燥处理
种子暂存（t）	500～1 000	含烘前、烘后仓
清选（t/h）	10	风筛清选机、窝眼滚筒清选机和重力清选机的加工能力均为 10t/h；窝眼滚筒清选工序依据种子原料情况确定
包衣（t/h）	≥10	依据不同地区小麦种子要求选择种衣剂
计量包装（t/h）	≥10	依据商品化要求确定包装秤规格
种子贮存（t）	2 000	成品种子贮存能力

3. 小麦种子加工成套设备建设内容　小麦种子加工成套设备建设内容应根据确定的加工工艺流程和设备加工能力选择性能可靠的定型专用设备。主要设备参考范围见表 6-2。

表 6-2　小麦种子加工成套设备选用参考范围

加工阶段	设备选用参考范围
进料	地中衡，进料装置
预清干燥	预清机，湿贮仓，干燥机，干燥热源，干燥热源除尘系统，种子水分在线检测系统，干贮仓，提升机，皮带输送机，预清除尘系统，干燥工段清理系统，干燥工段电控系统，干燥工段支架、平台
清选加工	风筛选暂存仓，风筛清选机，窝眼滚筒暂存仓，窝眼滚筒清选机，重力选暂存仓，重力清选机，提升机，皮带输送机，风筛选除尘系统，重力选除尘系统，杂料输送与收集系统，清选电控系统，清选工段支架、平台
包衣包装	包衣机暂存仓，种子包衣机，包衣后快速成膜系统，无损伤输送机，包装秤暂存仓，计量包装秤，包衣包装除尘系统，包衣包装电控系统，包衣包装工段支架、平台，精选加工与包衣包装清理系统
种子贮存	皮带输送机，叉车

（三）水稻种子加工成套设备配置

1. 水稻种子加工工艺流程

（1）常规水稻种子加工工艺流程。主要采取分时间段收购并在种子加工厂集中进行预清、干燥及清选加工。

种子加工厂工艺流程：按图 6-3 水稻种子加工工艺流程图。可依据种子原料情况及加工质量要求确定相应的加工工艺流程。

（2）杂交水稻种子加工工艺流程。依据不同地区杂交水稻种子生产情况，采取两种加工工艺。

①制种基地处理方式：主要在制种基地收购高水分水稻种子原料，经过预清、干燥后大袋包装，再运至种子加工厂进行清选加工。

②种子加工厂处理方式：主要对从不同基地收购干燥后的水稻种子原料进行清选加工，同时具备一定规模的收购周边高水分水稻种子进行预清、干燥的能力。

种子加工厂工艺流程：参照图 6-3 水稻种子加工工艺流程图。可依据种子原料情况及加工质量要求确定相应的加工工艺流程。

2. 种子加工成套设备生产能力

（1）常规水稻种子集中在加工厂统一实施预清、干燥与清选加工，现有常规水稻种子设备生产率为 5～7t/h。

（2）杂交水稻种子干燥脱水可以采用多个制种基地产地干燥和加工厂集中干燥相结合方式。杂交水稻种子加工设备生产率基本上都在 3～5t/h。

按每天加工 10h，连续加工时间 30～40d 计算，一条生产线应满足制种规模为 333.5hm² 生产水稻种子的加工要求。水稻种子加工成套设备各工序生产能力见表 6-3。

表 6-3　水稻种子加工成套设备各工序生产能力

建设内容	参考指标	备　注
机械进料（t/h）	≥20	每天工作时间不超过 10h
预清（t/h）	≥20	满足快速接纳要求
干燥（t/d）	≥200	多台干燥机工作，产地干燥与加工厂干燥相结合
种子暂存（t）	300～600	含干燥前、干燥后贮藏能力
清选（t/h）	≥5	其中，风筛选、窝眼分选和重力分选设备的加工能力 ≥5t/h；种子除芒工序依据种子原料情况和在工艺中的作用确定
包衣（t/h）	≥5	依据不同地区水稻种子加工要求进行取舍
计量包装（t/h）	≥5	依据商品化要求确定包装秤规格
种子贮存（t）	1 500	成品种子贮存能力

注：表中数值可以根据品种数量与种子产量进行调整。

3. 水稻种子加工成套设备建设内容　水稻种子加工成套设备应根据确定的加工工艺流程和加工能力选择性能可靠的定型专用设备。主要设备参考范围见表 6-4。

表 6-4　水稻种子加工成套设备选用参考范围

加工阶段	设备选用参考范围
进料	地中衡，进料装置
预清干燥	常规水稻：预清机，湿贮仓，干燥机，干燥热源，干燥热源除尘系统，种子水分在线检测系统，干贮仓，提升机，皮带输送机，预清除尘系统，干燥工段清理系统，干燥工段电控系统，干燥工段支架、平台 杂交水稻：预清机，循环式干燥机（含电控系统，干燥热源，种子水分在线检测系统等），提升机，皮带输送机，预清除尘系统，干燥工段清理系统，干燥工段电控系统，干燥工段支架、平台
清选加工	除芒暂存仓，除芒机，风筛选暂存仓，风筛清选机，窝眼滚筒暂存仓，窝眼滚筒清选机，重力选暂存仓，重力清选机，谷糙分离暂存仓，谷糙分离机，提升机，皮带输送机，除芒除尘系统，风筛选除尘系统，重力选除尘系统，谷糙分离除尘系统，杂料输送与收集系统，清选电控系统，清选工段支架、平台
包衣包装	包衣机暂存仓，种子包衣机，包衣后快速成膜系统，无损伤输送机，包装秤暂存仓，计量包装秤，包衣包装除尘系统，包衣包装电控系统，包衣包装工段支架、平台，精选加工与包衣包装清理系统
种子贮存	皮带输送机，叉车

（四）玉米种子加工成套设备配置

1. 玉米种子加工工艺流程

（1）玉米果穗一次干燥。将图 6-4 玉米一次干燥工艺流程图与图 6-5 玉米种子清选加工工艺流程图进行组合。也可依据种子原料情况及加工质量要求确定相应的加工工艺流程。

（2）玉米穗、粒两次干燥。在图 6-4 玉米一次干燥工艺流程图脱粒预清工序后增加籽粒干燥工序并与图 6-5 玉米种子清选加工工艺流程图进行组合。

种子企业可以依据建设区域的气候条件、燃料资源、技术人员情况以及对两种加工工艺技术掌握的熟练程度等进行选择。

2. 玉米制种基地规模与种子加工成套设备生产能力　667～1 000hm² 时种子加工成套设备生产能力配置。

（1）玉米果穗一次干燥种子加工成套设备各工序生产能力见表 6-5。

表 6-5　玉米果穗一次干燥成套设备各工序生产能力

建设内容	设备生产能力	参考指标
机械进料（t/h）	50	每天工作时间不超过 10h
人工选穗（t/h）	50	根据品种情况进行核减或取舍
果穗干燥（t/批）	1 000～1 500	每批干燥时间按 4d
脱粒预清（t/h）	30～50	每天工作时间不超过 10h
籽粒暂贮（t）	≥1 200	按一个品种，暂贮时间 8～10d
清选分级（t/h）	8	每年工作时间不超过 75d
包衣包装（t/h）	8＜Q＜12	按清选分级能力的 1～1.5 倍

注：表中数值可以根据品种数量与种子产量进行调整。

（2）玉米穗、粒两次干燥种子加工成套设备各工序生产能力见表 6-6。

表 6-6　玉米穗、粒两次干燥成套设备各工序生产能力

建设内容	生产能力	参考指标
机械进料（t/h）	50	每天工作时间不超过 10h
人工选穗（t/h）	50	根据品种情况进行核减或取舍
果穗干燥（t/批）	1 000～1 500	果穗干燥至 16%～18%水分；每批次干燥时间 2.5d
脱粒预清（t/h）	30～50	每天工作时间不超过 10h
湿贮仓（t/座）	200～300（2～4 座）	根据品种情况进行核减
籽粒干燥（t/d）	200～300	每天 24h 连续工作
籽粒暂贮（t）	≥1 600	按一个品种 8d 暂贮时间
清选分级（t/h）	8	每年工作时间不超过 75d
包衣包装（t/h）	8＜Q＜12	按清选分级能力的 1～1.5 倍

注：表中数值可以根据品种数量与种子产量进行调整。

3. 建设内容与配置规模

（1）玉米果穗一次干燥加工工艺设备建设内容。种子加工成套设备应根据确定的加工工艺流程和加工能力选择性能可靠的定型专用设备。主要设备参考范围见表 6-7。

表 6-7　玉米果穗一次干燥工艺成套设备选用参考范围

加工阶段	设备选用参考范围
机械进料	地中衡，液压卸车装置，进料装置，振动给料机，皮带输送机
人工选穗	分穗皮带机，调速喂穗皮带机，果穗扒皮机，选穗皮带机，穗、粒分离系统，皮带输送机，进料电控系统，选穗车间辅助装置，选穗车间清理系统
果穗干燥	上仓大倾角皮带机，干燥室进穗皮带机，双向移动小车及小车双向布料皮带机，干燥室出穗皮带机，干燥热源（热水锅炉或热风炉），热源除尘（烟气脱硫）系统，热源电控系统，干燥风机及控制系统，干燥温度控制系统，干燥室配件
脱粒预清	脱粒大倾角皮带机，脱粒预清机，玉米芯输送机，玉米芯暂存仓，杂质集运输送机，杂质暂存仓，脱粒车间脉冲除尘系统，脱粒车间电控系统，脱粒工段清理系统，脱粒车间支架、平台
籽粒暂贮	脱粒后好籽粒输送机，好籽粒数量累计系统，钢板仓进料输送机，钢板仓，仓群测温系统，钢板仓出料输送机，脱粒车间出料、仓群及仓群进出料工段支架、平台、防雨系统
精选分级	清选进料输送机，风筛选暂存仓，风筛清选机，分级机上料输送机，分级机暂存仓，分级机，分级后皮带输送机，分级后进仓提升机，种子分级仓，分级排料输送机，重力选上料提升机，重力选暂存仓，重力式分选机，重力选好料无损伤提升机，杂料输送机，杂料暂存仓，风筛选脉冲除尘系统，重力选脉冲除尘系统，精选分级车间支架、平台，精选分级电控系统
包衣包装	包衣机暂存仓，种子包衣机，包衣后快速成膜系统，无损伤输送机，包装秤暂存仓，包装秤，包衣包装除尘系统，包衣包装电控系统，精选加工与包衣包装清理系统，包衣包装工段支架、平台
种子贮存	叉车，移动式皮带输送机

（2）玉米穗、粒两次干燥加工工艺设备建设内容。种子加工成套设备应根据确定的加工工艺流程和加工能力选择性能可靠的定型专用设备。主要设备参考范围见表 6-8。

表 6-8　玉米穗、粒两次干燥工艺成套设备选用参考范围

加工阶段	设备选用参考范围
机械进料	地中衡，液压卸车装置，进料装置，振动给料机，皮带输送机
人工选穗	分穗皮带机，调速喂穗皮带机，果穗扒皮机，选穗皮带机，穗、粒分离系统，皮带输送机，进料电控系统，选穗车间辅助装置，选穗车间清理系统
果穗干燥	上仓大倾角皮带机，干燥室进穗皮带机，双向移动小车及小车双向布料皮带机，干燥室出穗皮带机，果穗干燥热源（热水锅炉或热风炉），果穗干燥热源除尘（烟气脱硫）系统，果穗干燥热源电控系统，干燥风机及控制系统，果穗干燥温度控制系统，干燥室配件
脱粒预清	脱粒大倾角皮带机，脱粒预清机，玉米芯输送机，玉米芯暂存仓，杂质集运输送机，杂质暂存仓，脱粒车间脉冲除尘系统，脱粒车间电控系统，脱粒工段清理系统，脱粒车间支架、平台
籽粒干燥	脱粒后好籽粒输送机，好籽粒提升机，湿贮仓，仓下排料皮带机，干燥前斗式提升机，籽粒干燥机，排料皮带输送机，干燥后斗式提升机，籽粒干燥热源（热水锅炉或热风炉），籽粒干燥热源除尘（烟气脱硫）系统，籽粒干燥热源电控系统，籽粒干燥温度控制系统
籽粒暂贮	好籽粒数量累计系统，钢板仓进料输送机，钢板仓，仓群测温系统，钢板仓出料输送机，脱粒车间出料、仓群及仓群进出料工段支架、平台、防雨系统
精选分级	清选进料输送机，风筛选暂存仓，风筛清选机，分级机上料输送机，分级机暂存仓，分级机，分级后皮带输送机，分级后进仓提升机，种子分级仓，分级排料输送机，重力选上料提升机，重力选暂存仓，重力式分选机，重力选好料无损伤提升机，杂料输送机，杂料暂存仓，风筛选脉冲除尘系统，重力选脉冲除尘系统，精选分级车间支架、平台，精选分级电控系统
包衣包装	包衣机暂存仓，包衣机，包衣后快速成膜系统，无损伤输送机，包装秤暂存仓，包装秤，包衣包装除尘系统，包衣包装电控系统，精选加工与包衣包装清理系统，包衣包装工段支架、平台
种子贮存	叉车，移动式皮带输送机

第五节 种子加工中心建设的基本原则

种子加工中心是种子企业实施种子预清干燥、精选加工与贮运的聚集地，是企业发展中必不可少的重要环节。国家对种子行业高度重视，鼓励种子企业实施资产重组，向做大做强的方向发展。同时，农业部确定了国家级杂交玉米、杂交水稻制种基地。种子加工中心建设已经成为种子企业发展中必须慎重考虑的重要问题。高速建设高质量的种子加工中心，可以使现代大型种子企业形成全国一盘棋，统筹规划、统一调运、统一管理，这样不仅可以赢得企业优良品种抢占市场的商机，提高企业物流系统的运行效率，而且也为企业在实现种子生产专业化、经营集团化、管理规范化等方面创造有利条件。

1. 种子加工中心建设地点应该设在企业制种中心区 良种繁育具有较强的区域性，根据现代物流理念，任何一种农产品种植与收获，根据区域的大小都有一个合理的运输半径，对于农作物种子而言，它的合理半径应该控制在 150km 之内，如果超过这个范围，就会导致运输成本的上升，影响企业的经济效益。目前，国内基本上采用的方式是种子企业与制种村或制种专业户签订良种繁育协议，由企业提供种子原料，定期安排技术人员对制种户进行技术培训，按照良种繁育操作规程指导种子生产与收获。这样，从运输距离来说，如果加工中心与育种基地距离太远，一方面，原料运输成本增高，将伤害制种户的积极性，另一方面，如果种子企业采取定点收购的方式，虽然降低了制种户的费用支出，却增加了企业的运输成本，影响企业的竞争力。因此，种子加工中心的建设地点应该设在制种区域的中心地带，以便确定合理的运输半径，降低良种收购过程中运输费用。

2. 种子加工中心建设地点应该设在交通方便的地点 良种收购与外运，不仅数量大，而且时间相对集中，如果运输不畅，就会导致大量种子滞留，有时会丧失抢占市场的机会。因此，对于年加工能力超过万吨的企业，种子加工中心建设地点应该适当远离城区，设在铁路专用线、距主要公路方便的位置。

3. 种子加工中心建设中的技术环节 种子加工涉及原料进料、预清、种子干燥、清选加工以及包衣包装等多种工序。种子加工中心建设首先应依据选定的种子品种的特点和市场需求，提出成品种子的质量指标，涉及种子水分、种子外形尺寸、发芽能力、种子活力等技术指标；其次，根据企业通过审定品种的数量、每个品种的产量、加工周期、种子基地建设和市场营销情况等因素，重点要考虑种子干燥能力、种子清选加工能力和成品种子仓储能力。

4. 种子加工中心建设基本程序 种子加工中心总体规划涉及多个部门、多个技术领域、多个相关专业，要考虑种子品种数量、各个品种的产量以及收获的具体日期、允许干燥处理的时间等内容。因此，在加工中心规划中必须考虑当前加工需求与今后发展目标，按照工艺优先、方案合理、内容完整、规模适当、考虑长远、合理布局的总体思路，遵循技术集成、优势互补、因地制宜的原则，委托有资格、有经验的专业技术咨询单位承担项目总体规划设计工作，编制项目立项建议书和可行性研究报告。在此基础上，进行工艺方案初步设计与种子加工成套设备施工图设计。

5. 种子加工中心总体规划的基本原则 种子加工中心总体规划涉及多个加工车间与加工工序内容，只有在完成各个加工工序、每个车间内工艺布置方案的基础上，才能形成总体技术初步方案。种子加工中心总体规划的基本原则：第一，必须考虑以人为本，规划安全通道，绝对保证各个加工区域内工作人员的人身安全；第二，每个车间与仓库相互独立，种子进、出料工序之间运行流畅；第三，每个车间内部种子加工设备布置满足加工工艺流程要求，便于机器操作、检修，各台机器之间不能存在难以清理的死角；为了合理地利用和减少空间，设备之间尽可能采取立式布置，减少种子提升次数，最大限度地减少种子损伤；第四，对于在高空安装的皮带输送机和斗式提升机都要安装检修平台，各个平台、通廊等位置都要安装专用通道和护栏，确保检修人员的人身安全；第五，对于玉米种子加工中心的建设，当场区地势不在同一平面时，应充分利用当地的实际情况，将果穗进料位置设计在较高地势，种子清选加工与成品库设置在地势较低的位置，以降低果穗与籽粒皮带输送机的卸料高度，缩短任何两个车间之间的距离，从而使厂区得到良好的利用，降低项目总投资。

第六节　种子加工机械术语

种子加工的目的首先是使种子达到安全水分，随后按种子形状（宽度、厚度和长度）和相对密度对种子分选，除去种子中的惰性物质，未成熟的、破碎的、遭受病虫害的种子和杂草种子；种子清选工序的选择取决于种子的类别、杂质的种类以及要求达到的种子质量标准。

常用种子加工机械术语如下。

1. 种子净度　是指种子清洁干净的程度，具体来讲，是指样品中除去杂质和其他植物种子后留下来的本作物种子重量占分析样品总重量的百分比。净度分析时将试验样品分为净种子、其他植物种子和杂质三种成分。

2. 净种子　是指送检者所叙述的种，即使是未成熟的、瘦小的、皱缩的、带病的或发过芽的种子，如能明确地鉴别出它属于所分析的种子，应作为净种子，但已经变成菌核、黑穗病孢子团或线虫瘿的不包括在内。

3. 其他作物种子　是指净种子以外的任何植物种类的种子单位，包括杂草种子和异作物种子。

4. 杂质　是指净种子以外和其他植物种子以外的种子单位和所有其他物质和构造。

5. 种子物理特性　种子在物理学方面的特性可根据其差异进行分选加工。如尺寸、形状、重量、表面粗糙程度、悬浮速度、颜色、导电性等。

6. 种子加工　对种子从收获后到播种前进行加工处理的全过程。主要包括干燥、预加工、清选、分级、选后处理、定量包装、贮存等。

7. 种子干燥　使用各种方法降低种子水分，使其达到安全贮藏要求的过程，以保持种子旺盛的发芽力和活力。种子干燥方法分为自然干燥和机械干燥。

8. 干燥不均匀度　干燥后的同一批种子物料中，最大含水率与最小含水率的差值。

9. 种子预加工　为种子清选预先进行的脱粒、取籽、脱壳、脱绒、除芒、除翅、除刺毛、清洗、磨光与破皮等各种作业。

10. 种子清选　将种子与杂质、废种子分离的过程。主要分为初清选、基本清选、精选。

11. 初清选（预清选）　为了改善种子物料的流动性、贮藏性和减轻主要清选作业的负荷而进行的初步清除杂质的作业。

12. 基本清选 采用风选和筛选对种子物料进行的以基本达到净度要求为目的的主要清选作业。

13. 精选 基本清选之后为进一步提高种子质量而进行的各种精细的清选作业。

14. 种子分级 将经清选后的种子按其相互间物理特性的差异分选为若干个等级的过程。按种子大小、种子轻重等。

15. 风选 按种子物料空气动力学特性差异进行的清选作业。

16. 筛选 按种子物料的宽度、厚度或外形轮廓尺寸差异用筛子进行的清选作业。

17. 窝眼选 用带窝眼的圆筒或圆盘等装置按种子物料长度差异进行的清选作业。

18. 种子包衣 在种子外表面包敷一层包衣剂的过程。包衣剂包括杀虫剂、杀菌剂、染料及其他添加剂等。包衣后的种子形状不变而尺寸有所增加。

19. 种子贮存 按不同贮存期限要求，将种子贮存于容器或库房的过程。包括暂时贮存、短期贮存、中期贮存和长期贮存。

20. 种子暂存 在种子加工生产线上等待加工或等待下道工序加工的种子贮存。

21. 种子加工工艺流程 种子加工采用的方法、步骤和技术路线。

22. 种子加工线 按加工工艺流程顺序连续执行所要求的各项加工作业的若干台机具的组合。

23. 种子加工成套设备 能够完成种子全部加工要求的加工设备及其配套、附属装置的总称。

24. 种子加工中心 用于种子加工的所有设备、装置、设施的总称。

25. 主要加工设备 指种子加工设备中用于生产加工的主机设备，通常包括干燥、预加工、风筛选、重力选、窝眼选、包衣机、包衣种子烘干、计量包装等设备。

26. 辅助系统 通常是指种子加工成套设备中除主要加工设备外的物料输送系统、除尘系统、电控系统、物料贮存系统、安装检修平台、集杂系统等。

27. 悬浮速度 物料在垂直上升气流中所受的气流作用力等于物料自身重力时的气流速度。

28. 筛体振幅 筛体从平衡原点到振动折回点极限位置之间的距离。

29. 筛面倾角 筛面与水平面之间的夹角。

30. 滚筒倾角 窝眼筒或卧式圆筒筛等的滚筒轴线与水平面之间的夹角。

31. 标准作物种子 在种子加工中为标定机器生产率而统一指定的作物种子，通常情况下特指小麦种子。

32. 标准生产率 以加工一定状态的种子（通常情况指小麦种子），按喂入量标定机器生产率。

33. 生产率折算系数 种子加工机具加工不同作物种子时，以加工小麦种子为标准折算各自的生产率时的系数。

34. 好种子（净种子） 符合国家标准可作播种用的种子。

35. 种子物料 未加工和处在不同加工阶段的好种子与混杂的废种子和各种杂质的总称。单机作业时投入加工的种子物料和成套设备加工时最初投入加工的种子物料又称为原始种子物料。

36. 获选率 实际选出的好种子占原始种子物料中好种子含量的百分率。

37. 破损率 加工过程中好种子的破碎损伤量占好种子总重量的百分率。

38. 包衣均匀度 用药物处理种子时，药物黏附均匀的种子数量占全部处理种子数量的百分率。

第七节 常用清选精选设备技术参数

机器技术参数是供使用者了解机器的生产能力、基本配置与相关要求，以便结合实际合理选择机器，并在使用中发挥机器的最大潜能，满足种子清选精选的需要。

一、风筛清选机主要技术参数

风筛清选机主要技术参数包括机器生产率、风量、筛箱数量、配套动力、筛片层数、筛片面积、筛片倾角、筛箱振幅、机器外形尺寸和机器重量等内容。

表 6-9 风筛清选机主要技术参数内容

内容	单位	具体参数	备注
生产率	t/h		通常按小麦种子
风量	m³/h		机器清选不同种子时需要的风量范围
筛箱数量	个		单筛箱或双筛箱
配套动力	kW		电机功率汇总
其中：喂料辊	kW		喂料电机功率，说明采用何种调速功能
筛箱振动	kW		筛箱电机功率，说明采用何种调速功能
底部吹风	kW		底部鼓风电机功率，说明采用何种调速功能
筛片层数	层		筛箱内筛片总层数
筛片面积	m²		筛箱内筛片总面积
筛片倾角	°		筛片与水平面之间的安装倾角
筛箱振幅	mm		筛箱往复运动时的最大运动距离
外形尺寸：长×宽×高	mm		便于货物运输与安装
机器重量	kg		便于货物运输和计算地面承载力

在技术参数表下面注明企业生产的圆孔筛片尺寸供货范围、长孔筛片尺寸供货范围，便于使用者选择。

二、圆筒分级机主要技术参数

圆筒分级机主要技术参数包括机器生产率、风量、筛筒直径、筛筒长度、筛筒轴心线倾角、筛筒转速、配套动力、机器外形尺寸和机器重量等内容。

表 6-10　圆筒分级机主要技术参数内容

内容	单位	具体参数	备　注
生产率	t/h		通常按小麦种子
风量	m³/h		机器清选不同种子时需要的风量范围
筛筒直径	mm		筛筒外圆直径
筛筒长度	mm		筛筒有效长度尺寸
筛筒轴心线倾角	°	1～3	筛筒轴心线与水平面之间的夹角
筛筒转速	r/min		筛筒每分钟转速或筛筒每分钟转速范围
配套动力	kW		机器电机功率
外形尺寸：长×宽×高	mm		便于货物运输与安装
机器重量	kg		便于货物运输和计算地面承载力

　　在技术参数表下面注明企业生产的圆孔筛片尺寸供货范围、长孔筛片尺寸供货范围，便于使用者选择。

三、窝眼筒清选机主要技术参数

　　窝眼筒清选机主要技术参数包括机器生产率、风量、窝眼筒直径、窝眼筒长度、窝眼筒轴心线倾角、U型槽调节范围、窝眼筒转速、配套动力、机器外形尺寸和机器重量等内容。

表 6-11　窝眼筒清选机主要技术参数内容

内容	单位	具体参数	备　注
生产率	t/h		通常按小麦种子
风量	m³/h		机器清选不同种子时需要的风量范围
窝眼筒直径	mm		窝眼筒外圆直径
窝眼筒长度	mm		窝眼筒有效长度尺寸
窝眼筒轴心线倾角	°	1～3	窝眼筒轴心线与水平面之间的夹角
U型槽调节范围	°	30～40	窝眼筒内U型槽接料边
窝眼筒转速	r/min		窝眼筒每分钟转速
配套动力	kW		机器电机功率
外形尺寸：长×宽×高	mm		便于货物运输与安
机器重量	kg		便于货物运输和计算地面承载力

　　在技术参数表下面注明企业生产的圆孔筛片尺寸供货范围、长孔筛片尺寸供货范围，便于使用者选择。

四、重力式清选机主要技术参数

　　重力式清选机主要技术参数包括机器生产率、风量、工作台面有效面积、振动频率范围、台面振幅、纵向倾角范围、横向倾角范围、配套动力、机器外形尺寸和机器重量等内容。

表 6-12　重力式清选机主要技术参数内容

内　容	单位	具体参数	备　注
生产率	t/h		通常按小麦种子
风量	m³/h		机器清选不同种子时需要的风量范围
工作台面			
有效工作面积	m²		
振动频率范围	次/min		350～600（三角形）；400～800（矩形）
台面振幅	mm		台面往复运动的距离；注明是否可调
纵向倾角范围	°		0°～10°（三角形）；2°5′～4°23′（矩形）
横向倾角范围	°		0°～6°（三角形）；0°32′～3°2′（矩形）
配套动力	kW		
台面振动电机	kW		台面工作电机功率；注明采用何种调速功能
底部风机电机	kW		风机工作电机功率；注明采用何种调速功能
振动槽排料电机	kW		排料电机功率；注明采用何种调速功能
外形尺寸：长×宽×高	mm		便于货物运输与安装
机器重量	kg		便于货物运输和计算地面承载力

　　在技术参数表下面注明企业生产的工作台面材质与目数（筛网在 1 英寸线段内的孔数）等供货范围，便于使用者选择。

五、常用种子清选精选设备考核的技术内容与指标

　　风筛清选机、圆筒筛分级机、窝眼筒清选机、重力式清选机等种子清选精选设备以及组成的种子加工成套设备，其产品质量、机器性能及加工后种子应达到的质量指标等都有相应的要求。常用的技术指标如下：

　　1. 获选率　获选率是指实际选出的好种子占选前原始物料中好种子含量的百分率，是考核种子清选设备和种子加工成套设备的重要指标。其中，风筛清选机获选率为 97.5%～98.5%，窝眼筒清选机清除长杂时获选率为 98%～99%，重力式清选机获选率≥97%，种子加工成套设备获选率为 97%～98%。其计算方法如下：

$$获选率=\frac{主排口样品中的好种子重量}{各排出口样品的好种子重量之和}×100\%$$

　　2. 破损率　破损率是指种子加工过程中好种子的破碎损伤量占原有种子总重量的百分率。此项指标一般用于种子加工成套设备。国家行业标准规定：提升机不多于 3 台时，破损率≤0.3%；提升机多于 3 台时，破损率≤0.5%；加工豆类等易破碎作物种子时，破损率指标允许增加 0.5 个百分点。计算方法如下：

$$破损率=\frac{各排出口样品中破碎种子量总和}{各排出口样品量总和}×100\%-原始种子破碎率$$

　　3. 分级合格率　分级合格率是指使用种子加工成套设备对玉米种子进行分级时的合格率，规定为≥90%。其计算方法是以标准套筛测定各级每份样品的合格籽粒量，并按下式计算：

$$分级合格率=\frac{测定样品种子合格籽粒量}{样品籽粒量}×100\%$$

4. 噪声 国家行业标准中规定，风筛清选机、重力式清选机、复式清选机的噪声均≤90dB（A），圆筒筛分级机、窝眼筒清选机噪声≤85dB（A），种子包衣机噪声≤85dB（A），种子加工成套设备噪声≤85dB（A）（计量装袋、缝包处与控制柜处的平均值）。

噪声的测量方法：测定机器噪声应该在机器正常工作时进行，用声级计在机器四周距机器1.0m、距地面1.5m的几个不同位置进行测定，一般不少于5个点。对单机来说，取最高值为噪声值[dB（A）]。对于种子加工成套设备来说，取对数平均值或算术平均值为其噪声值［dB（A）］。

5. 粉尘浓度 粉尘浓度指标用来衡量种子加工时作业环境的优劣，仅用于种子加工成套设备，国家行业标准中规定粉尘浓度值为：室内≤10mg/m³，室外≤150mg/m³。测量方法是：在计量装袋与原始物料喂料处（此外还可以再选择1～3个部位）进行测定，应在距设备或物料进、出口处1.0m，距地面1.5m的不同位置取3个点进行测定，3个点测定值的算术平均值即为所测粉尘浓度。

6. 危害农作物杂草籽清除率 危害农作物杂草籽主要指䅟子、野豌豆、野燕麦等。国家行业标准规定，风筛清选机杂草籽清除率≥80%。成套设备分两种情况：①原始粮食作物种子中含草籽量＞100 粒/kg 时，清选加工后杂草种子清除率≥90%；当粮食作物种子原料中危害作物的杂草种子含量≤100 粒/kg 时，清选加工后杂草种子≤5 粒/kg；②对于其他作物种子来说，杂草籽清除率≥80%。计算公式如下：

$$危害农作物杂草籽清除率 = \left(1 - \frac{选后草籽粒数或种子量}{选前草籽粒数或种子量}\right) \times 100\%$$

7. 净度 净度是衡量种子加工设备清选效果的一个重要指标。国家行业标准规定，当原始种子（小麦、玉米、水稻）净度为 94%～96% 时，风筛清选机选后净度≥97%，种子加工成套设备选后净度≥98%。

8. 除杂率 除杂率是考核种子清选设备清选效果的一个重要指标。窝眼筒清选机的清选效果主要用除长、短杂率来衡量。用窝眼筒清选机清除短杂时，除短杂率≥90%；用窝眼筒清选机清除长杂时，除长杂率≥95%。

重力式清选机的清选效果用清除轻、重杂率指标衡量。用重力式清选机清除轻杂时，除轻杂率≥85%；用重力式清选机清除重杂时，除重杂率≥80%。

思 考 题

1. 简述种子加工工序应考虑的主要内容。
2. 简述种子加工基本工序、辅助工序与特殊工序的主要内容。
3. 种子加工中常用辅助系统的主要内容。
4. 简述小麦种子加工基本工艺流程。
5. 简述水稻种子加工基本工艺流程。
6. 简述玉米种子加工基本工艺流程。
7. 常用小麦、水稻与玉米种子干燥形式与处理能力。
8. 简述种子加工成套设备配置的基本要求。
9. 简述种子加工中心建设基本程序。
10. 简述种子加工中心总体规划的基本原则。

種子呼吸和种子后熟是影响种子安全贮藏的重要因素。合理控制种子的呼吸作用，促进种子正常后熟，对于提高种子耐贮性、正确制定贮藏技术措施、保证种子安全贮藏具有重要意义。本章主要介绍种子呼吸作用的概念、种子呼吸的类型、影响种子呼吸的因素，后熟及后熟作用的概念及其影响因素，从而为种子安全贮藏提供理论依据。

种子从收获到播种前要经过一段时期的贮藏。种子贮藏（seed storage）的任务是采用合理的贮藏设备和先进科学的贮藏技术，人为地控制贮藏条件，将种子质量（seed quality）的变化降低到最低限度，最有效地保持种子旺盛的发芽力（germinability）和活力（seed vigor），从而确保种子的种用价值。

种子贮藏期限的长短，因作物种类、耕作制度及贮藏目的而异。比如翻秋播种的种子贮藏期较短，而作为种质资源（germplasm resources）保存的种子其贮藏期则较长。一般情况下，贮藏期短的种子不易丧失生活力（seed viability）。品质优良的种子，在干燥低温条件下，配之以科学的贮藏管理，可延长种子寿命（seed longevity），反之则可能引起种子质量下降。因此，掌握种子在一定条件下的生命活动规律，从提高种子耐贮藏性着手，创造适宜的种子贮藏条件，制定正确的贮藏技术措施并进行科学管理，对保证种子安全贮藏具有重要意义。

第一节　种子的呼吸

种子是活的有机体，与其他活的生物体一样，时刻都在进行着呼吸作用（respiration），即使是非常干燥或处于休眠（dormancy）状态下的种子，其呼吸作用仍在进行，只是强度相对减弱。种子的呼吸作用与种子的安全贮藏关系密切，因此，了解种子的呼吸作用及其各种影响因素，对控制种子的呼吸作用和做好种子的安全贮藏具有重要的实践意义。

一、种子呼吸作用

（一）种子呼吸作用的概念

种子呼吸作用是指种子内的活组织在酶和氧的参与下，将本身的贮藏物质进行一系列的氧化还原反应，释放出二氧化碳和水，同时释放出能量的过程。种子的任何生命活动都与呼吸作用密切相关，呼吸的过程是将种子内的贮藏物质不断氧化分解的过程，它为种子提供生命活动所需的能量，促使有机体内生理生化代谢过程正常进行。种子呼吸过程中释放的能量的另一部分，则以热能的形式散发到种子堆中。种子的呼吸作用是种子贮藏期间生命活动的集中表现。

在种子呼吸过程中，被氧化的物质称为呼吸基质。种子中的糖、有机酸、脂肪、蛋白质和氨基酸等化学成分均可作为种子的呼吸基质，但最直接最主要的呼吸基质是葡萄糖。不同呼吸基质在被氧化分解过程中所释放的能量不同，脂肪在呼吸氧化过程中产生的能量最多，比相同质量的蛋白质或糖类在呼吸氧化过程中产生的能量几乎高1倍。

脱离了母体的种子，其各种生命活动过程所需要的能量只能由自身的呼吸作用提供。因此，种子呼吸的结果必然会引起种子中贮藏物质的消耗。种子因呼吸作用而消耗的贮藏物质越少，则对种子的活力和生活力的影响越小。在种子贮藏工作中，既要让种子保持一定水平的呼吸作用以保证种子各种生命活动的正常进行，又要尽量将种子呼吸消耗的营养物质降到最低水平。

呼吸作用是活组织特有的生命活动，如禾谷类种子只有胚部（embryo）和糊粉层（aleurone layer）是活组织，则种子的呼吸作用主要在种胚和糊粉层细胞中进行。种胚虽然只占整粒种子的3％～13％，但它是生命活动最活跃的部分，故胚的呼吸作用是种子呼吸作用的主要组成部分，糊粉层的呼吸作用则在其次。种子经干燥后，果种皮（pericarp and seed coat）和胚乳（endosperm）细胞已经死亡，不存在呼吸作用。但果种皮与种子的通气性有关，也会影响到种子呼吸的性质和强度。

（二）种子呼吸的性质

种子呼吸的类型分为有氧呼吸（aerobic respiration）和无氧呼吸（anaerobic respiration）两类。

1. 有氧呼吸　有氧呼吸是指在有氧条件下种子中贮藏的部分有机物被彻底氧化分解为二氧化碳和水，同时释放出较多能量的过程。其过程如下：

$$C_6H_{12}O_6 + 6O_2 \longrightarrow 6CO_2 + 6H_2O + 2\,870.224kJ(686kcal)$$

　　　　　葡萄糖　　　氧气　　二氧化碳　　水　　　　　能量

2. 无氧呼吸　无氧呼吸是指在缺氧条件下种子中贮藏的某些有机物被氧化分解为不彻底的氧化产物，同时释放出少量能量的过程。其过程如下：

$$C_6H_{12}O_6 \longrightarrow 2C_2H_5OH + 2CO_2 + 100.416kJ(24kcal)$$

　　　　　葡萄糖　　　　　乙醇　　　二氧化碳　　　　能量

无氧呼吸有多种代谢途径，无氧呼吸一般产生乙醇，但马铃薯种薯块茎和玉米种子的胚进行无氧呼吸时则产生乳酸，其反应式如下：

$$C_6H_{12}O_6 \longrightarrow 2CH_3COCOOH + 4H \longrightarrow 2\,CH_3CHOHCOOH + 75.312kJ(18kcal)$$

　　　葡萄糖　　　　　丙酮酸　　　　　　　　乳酸　　　　　　能量

可见，有氧呼吸需要外界氧气的参与，并将有机物质彻底分解，释放出大量能量；而无氧呼吸则不需要外界氧气参与，只将有机物质分解为不彻底的产物，同时释放出少量的能量。

有氧呼吸和无氧呼吸在初期阶段是相同的，直到糖酵解形成丙酮酸后，由于氧的有无而形成不同途径。在有氧情况下，丙酮酸经三羧酸循环（TCA），最后完全分解为 CO_2 和 H_2O；在缺氧情况下，丙酮酸不经 TCA 循环，而直接进行乙醇发酵或乳酸发酵等。其过程示意如下：

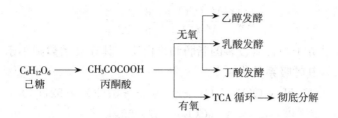

种子呼吸的性质因环境条件、作物种类和种子质量不同而异。干燥、果种皮紧密和完整饱满的种子，处于低温、干燥和密闭缺氧的条件下，以无氧呼吸为主，呼吸速率低，在通风情况下，则以有氧呼吸为主，呼吸速率高。从整粒种子或整个种子堆来看，种子在贮藏过程中，两种呼吸形式往往同时存在。种子在通风情况下虽然以有氧呼吸为主，但在种子的组织中和种堆深处，仍可能存在无氧呼吸。就整个种子堆而言，种堆外围的种子主要进行有氧呼吸，而种堆内部则以无氧呼吸为主，特别是在大堆散装种堆中表现得更为明显。若通气不良或氧气供应不足，则缺氧呼吸为主。含水量较高的种子堆中，由于呼吸旺盛，种堆内种温升高，如果通风不良就会产生大量乙醇，当其积累过多时往往会抑制种子的呼吸作用，严重时甚至使胚中毒死亡。

（三）种子的呼吸速率和呼吸系数

种子的呼吸作用常用两个生理指标来表示，即呼吸速率（respiratory rate）和呼吸系数（又称呼吸商，respiratory quotient，RQ）。

1. 种子的呼吸速率　呼吸速率是指单位时间内单位重量的种子释放出的二氧化碳或吸收氧气的毫克数，常用单位是 mg/（g·h）（以 CO_2 计）或 mg/（g·h）（以 O_2 计）。例如，玉米种子的呼吸速率为 0.003～0.014mg/（g·h）（以 CO_2 计），小麦种子的呼吸速率为 0.000 4～0.001 3mg/（g·h）（以 CO_2 计），马铃薯种薯的呼吸速率为 0.000 071～0.000 35mg/（g·h）（以 CO_2 计）。

呼吸速率用以表示种子呼吸作用的强弱。呼吸速率与干物质消耗成正相关，呼吸速率越大则干物质的消耗就越多。因此，在种子贮藏过程中，无论是有氧呼吸还是无氧呼吸，呼吸速率增强都对种子贮藏不利。种子长期处于有氧呼吸条件下，释放出的水分和热能，会加速呼吸，从而使贮藏物质的消耗增加，种子生活力下降。对较高水分的种子而言，若在贮期通风不良，则种子呼吸释放出的部分水汽就会被种子吸收，而释放出来的热能则积聚在种子堆内不易散发出来，从而加强种子的生理生化代谢作用。在密闭缺氧条件下，呼吸速率越大，产生的有毒物质越多，容易导致种子窒息而死。因此，对水分高的种子，入仓前应充分干燥。干燥种子中的大部分酶都处于钝化状态，自身代谢作用十分微弱，种子内贮藏物质的消耗极少，即使贮藏在缺氧条件下，也不容易丧失生活力。

2. 种子的呼吸系数　呼吸系数是指在单位时间内种子呼吸时释放出二氧化碳的体积和吸收氧气的体积之比。

$$呼吸系数 = \frac{放出 CO_2 体积}{吸收 O_2 体积}$$

呼吸系数是表示呼吸基质的性质和氧气供应状态的一种指标。

种子呼吸时，若消耗的基质是葡萄糖，在充分氧化时，其呼吸系数为1。

$$RQ = \frac{V\ (CO_2)}{V\ (O_2)} = \frac{6 \times 22.4}{6 \times 22.4} = 1$$

如果呼吸基质是分子中含氢较多的脂肪和蛋白质，其呼吸系数则小于1，比如甘油三油酸酯在充分氧化时，其呼吸系数为0.7。

$$(C_{17}H_{33}COO)_3C_3H_5 + 80O_2 \longrightarrow 57CO_2 + 52H_2O$$

$$RQ = \frac{V\ (CO_2)}{V\ (O_2)} = \frac{57 \times 22.4}{80 \times 22.4} = 0.7$$

如果呼吸基质是分子中含氧较多的有机酸，其呼吸系数则大于1，比如草酸在有氧条件下的呼吸系数是4，酒石酸的呼吸系数是1.6。

$$2C_2H_2O_4(草酸) + O_2 \longrightarrow 4CO_2 + 2H_2O$$

$$RQ = \frac{V\ (CO_2)}{V\ (O_2)} = \frac{4 \times 22.4}{1 \times 22.4} = 4$$

$$2C_4H_6O_6(酒石酸) + 5O_2 \longrightarrow 8CO_2 + 6H_2O$$

$$RQ = \frac{V\ (CO_2)}{V\ (O_2)} = \frac{8 \times 22.4}{5 \times 22.4} = 1.6$$

呼吸系数随呼吸基质的不同而异。实际上种子中含有各种呼吸基质，常常并不是单纯利用一种物质作为呼吸基质，所以，呼吸系数与呼吸基质的关系并不容易确定。一般而言，贮藏种子利用的是存在于胚部的可溶性物质，只有在特殊情况下受潮发芽的种子才有可能利用其他物质。

呼吸系数还与氧的供应充足与否密切相关。在进行正常的有氧呼吸时，呼吸系数等于1或稍小于1；如果种子在高温高湿下条件下进行有氧呼吸，则其呼吸系数比1小得多，因为种子进行强烈的有氧呼吸，这时消耗的呼吸基质不仅有糖类物质，还有脂肪和蛋白质等物质，需要消耗更多的氧用于分解；当氧气供应不足时，种子便进行缺氧呼吸，其呼吸系数大于1。

二、种子呼吸的影响因素

种子呼吸速率的大小受环境因素和种子本身状况的影响。环境因素中水分、温度和通气状况是主要的影响因素；本身状况包括作物种类、品种、成熟度、种子大小、完整性、生理状态和收获期。本身状况有差异的种子，其呼吸速率也有差异。

(一) 水分

种子水分（seed moisture content）是影响种子呼吸速率的重要因素，随着种子水分的提高，种子的呼吸速率增强（图7-1）。一般而言，干燥种子的呼吸作用非常微弱，潮湿种子的呼吸作用则很旺盛。因为随着种子水分的增加，种子中的酶特别是水解酶活化，将复杂的贮藏物质转变成简单的呼吸基质。所以，在一定范围内，种子水分越多，酶的活化程度越高，贮藏物质的水解越快，呼吸基质越多，则呼吸作用越旺盛，氧气的消耗量越大，放出的二氧化碳量和热量越多。因此，种子中自由水的增加是种子新陈代谢强度急剧增加的决定性因素。随着种子水分的升高，不仅呼吸速率增加，而且呼吸性质也随之发生变化（表7-1）。

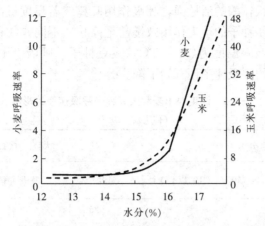

图 7-1　不同水分的玉米和小麦种子的呼吸速率［mg/（100g·h），以 CO_2 计］
(颜启传，2001)

表 7-1　100 克小麦种子其水分对呼吸速率和呼吸性质的影响
(孙庆泉，2002)

水分（%）	呼吸速率（mg/24h）		呼吸系数	呼吸性质
	消耗 O_2	放出 CO_2		
14.4	0.07	0.27	3.80	无氧
16.0	0.37	0.42	1.27	
17.0	1.99	2.22	1.11	
17.6	6.21	5.18	0.88	
19.2	8.90	8.76	0.98	
21.2	17.73	13.04	0.73	有氧

　　种子内出现自由水时，水解酶和呼吸酶的活动便旺盛起来，种子的呼吸速率增大。种子中自由水即将出现时的种子含水量称为临界水分（critical moisture content）。一般禾谷类作物种子的临界水分为 13.5% 左右（如水稻 13%、小麦 14.6%、玉米 11%）；油料作物种子的临界水分为 8%～8.5%（如油菜 7%）。

　　临界水分与贮藏种子的安全水分（safe moisture content）有密切关系。一般认为，在临界水分以下的种子可以安全贮藏，该种子安全贮藏的水分称为种子的安全水分。种子的安全水分除与临界水分有关外，还因温度而异。禾谷类作物种子的安全水分，在 0～30℃ 的温度范围内，温度一般以 0℃ 为起点，水分以 18% 为基点，以后温度每升高 5℃，种子的安全水分就相应降低 1 个百分点。在我国大多数地区，禾谷类作物种子水分不超过 14%～15% 的可以安全度过冬季和春季，水分不超过 12%～13% 的可以安全度过夏季和秋季。

（二）温度

　　温度也是影响种子呼吸速率的一个重要因素。在一定的温度范围内，种子的呼吸速率随温度的升高而增加。在低温条件下，种子的呼吸作用极其微弱；随着温度的升高，种子的呼吸速率逐渐增大；当温度升高到一定程度时，种子的呼吸速率达最大值；之后温度再升高则呼吸速率又逐渐降低直到为 0。因为在适宜的温度条件下，原生质的黏滞性较低，细胞液和细胞间隙的扩散作用活跃，酶的活性强，呼吸作用旺盛。若温度过高，则酶和蛋白质变性，原生质遭到破坏，从而使种子的生理作用减慢甚至停止。不同作物种子对温度的反应不同，禾谷类作物种子的呼吸上限温度为 45～55℃，大豆种子的呼吸上限温度为 40℃（表 7-2）。超过上限温度时，种子的呼吸速率便开始下降。

表 7-2　温度对小麦和大豆种子呼吸速率的影响

（孙庆泉，2002）

小麦种子（水分 15%）		大豆种子（水分 18.5%）	
温度（℃）	呼吸速率 [mg/(100g·24h)，以 CO_2 计]	温度（℃）	呼吸速率[mg/(100g·24h)，以 CO_2 计]
4	0.2	25	33.6
25	0.4	30	39.7
35	1.3	35	71.3
45	6.6	40	154.7
55	31.7	45	13.1
65	15.7		
75	10.3		

在 0～55℃ 范围内（图 7-2），小麦种子的呼吸速率随温度的升高而逐渐增强，温度超过 55℃ 时呼吸速率急剧下降。由此可见，水分和温度都是影响种子呼吸作用的两个重要因素，两者明显的互相制约。干燥的种子即使在较高温度条件下，其呼吸速率较潮湿种子在同样温度条件下也要低得多；同样，潮湿种子在低温条件下的呼吸速率也较高温条件下低得多。因此，在种子贮藏期间，较高水分的种子必须控制在较低的温度条件下，而较高温度条件下的种子必须控制在较低的种子水分范围内。低温和干燥是种子安全贮藏的必要条件。

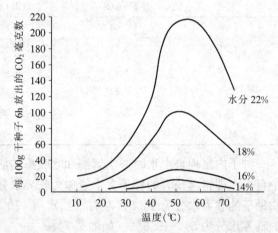

图 7-2　温度对不同水分小麦种子呼吸速率的影响

（胡晋，2001）

（三）通气状况

通气状况影响到种子的呼吸速率和性质。不论种子水分和种温高低，在通风条件下，由于氧气供应充足，二氧化碳容易散失，种子的呼吸速率大；而密闭贮藏条件下，呼吸速率则小（表 7-3）。种子水分和温度越高，则通风对呼吸速率的影响越大。高水分种子，若处于密闭条件下贮藏，由于旺盛的呼吸，很快会将种子堆内部孔隙中的氧气耗尽，种子被迫转向无氧呼吸，结果使大量氧化不完全的物质如醇、醛、酸等有毒物质积累，对种胚产生毒害，导致种子迅速死亡。因此，高水分种子，尤其是呼吸速率大的油料作物种子不能密闭贮藏，一定要注意通风。种子水分在临界水分以下的干燥种子，由于呼吸作用非常微弱，对氧气的消耗很慢，密闭条件下贮藏有利于保持种子生活力。在密闭条件下，种子发芽率随着水分的提高而逐渐下降（表 7-4）。

表 7-3　通风对大豆种子呼吸速率的影响 $[\mu g/(100g \cdot 周)$，以 CO_2 计$]$

（孙庆泉，2002）

温度（℃）	种子水分（%）					
	10.0		12.5		15.0	
	通风	密闭	通风	密闭	通风	密闭
0	100	10	182	14	231	45
2～4	147	16	203	23	279	72
10～12	286	52	603	154	827	293
18～20	608	135	979	289	3 526	1 550
24	1 037	384	1 667	704	5 851	1 863

通气对呼吸的影响还与温度有关。种子处在通风条件下，温度越高则呼吸越旺盛，生活力下降越快。生产上为有效长期地保持种子生活力，除低温、干燥外，进行合理通风或密闭也都是必要的。

表 7-4　通气状况对水稻种子发芽率的影响

（胡晋，2001）

试验材料	原始发芽率（%）	入库水分（%）	发芽率（%）	
			通气	密闭
珍汕 97A	94.0	11.4	73.0	93.5
		13.1	73.5	74.5
		15.4	71.5	19.0
珍汕 6 号	90.3	11.5	70.2	85.6
		13.0	67.0	83.0
		15.2	61.0	26.5

常温库贮藏 1 年

（四）种子本身的状态

种子的呼吸速率还受种子本身状态的影响。凡是未充分成熟、不饱满、受损伤、冻伤、受潮、发过芽、小粒和大胚的种子，其呼吸速率高；反之，呼吸速率就低。

1. 种胚的比率　胚是种子中呼吸作用最旺盛的部位，大胚种子中胚部活细胞在整个籽粒中所占的相对比例较大，其呼吸速率也较大。据试验，小麦和水稻种胚呼吸释放出的 CO_2 占整个籽粒释放出 CO_2 的 $65\% \sim 68\%$，而玉米种胚呼吸放出的 CO_2 占整个籽粒释放出 CO_2 的 93.7%。

2. 种子成熟度　未充分成熟的种子，由于其中含有较多的可溶性物质，酶的活性也较高，呼吸作用较成熟种子要旺盛得多。玉米种子蜡熟初期的呼吸速率为 $739.2mg/(100g \cdot 24h)$（以 CO_2 计），蜡熟中期的呼吸速率为 $594.7mg/(100g \cdot 24h)$（以 CO_2 计），完熟期降到 $438.4mg/(100g \cdot 24h)$（以 CO_2 计），收获并充分干燥后仅为 $8 \sim 15mg/(100g \cdot 24h)$（以 CO_2 计）。

3. 种子的饱满度和完整性　不饱满和破碎种子的呼吸速率比饱满和完整种子的呼吸速

率大（图 7-3）。因为不饱满种子中种胚所占比率较大，而破碎种子的种被破损，空气中的氧气容易进入胚部活细胞中，微生物也容易侵入籽粒内部，因而呼吸速率较高。

4. 种粒大小　同种类作物的种子，在相同体积或相同重量的前提下，小粒种子的呼吸速率较大粒种子的要大，因为小粒种子的比表面较大，接触氧气的面积较大，且小粒种子的粒数较多，胚的比率相对增加。

5. 种子冻伤状况　由于冻伤种子中含有较多的可溶性糖，因而其呼吸速率较高。

6. 受潮和发芽情况　种子浸水受潮后自由水含量增加，呼吸酶的活性相应增高，呼吸作用大为增强，即使重新干燥到原来的含水量，其呼吸速率仍较未受过潮的种子要高。发过芽的种子内可溶性物质较多，呼吸酶的活性也较强，其呼吸速率也较大。

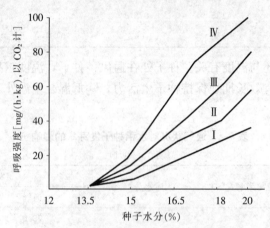

图 7-3　种子完整度与呼吸速率的关系
Ⅰ. 饱满完整粒　Ⅱ. 不饱满粒　Ⅲ. 极不饱满粒　Ⅳ. 碎粒
（胡晋，2001）

可见，为了保证种子的安全贮藏，种子入仓前应该进行清选分级，剔除杂质、破碎粒、未成熟粒、不饱满粒和虫蚀粒等，将不同状态的种子进行分级，以提高贮藏稳定性。凡受冻、虫蚀过的种子不能作种用，而对大胚种子和呼吸作用强的种子，在贮藏期间要特别注意干燥和通气。

（五）化学物质

二氧化碳、氮气、氨气以及农药等气体也会明显地影响种子的呼吸作用，浓度高时常常会影响种子的发芽率。例如，当种子堆内二氧化碳浓度积累至 12% 时，就会抑制小麦和大豆种子的呼吸作用；若提高种子水分，在二氧化碳浓度为 7% 时，对小麦种子呼吸就有抑制作用。据报道，氮气和氨气、磺胺类杀菌剂、氯化苦等熏蒸剂也会影响到种子的呼吸作用，浓度较大时会影响种子的发芽率。

（六）仓虫和微生物

如果贮藏种子感染了仓虫和微生物，一旦条件适宜，仓虫和微生物便会大量繁殖。而微生物和仓虫的呼吸速率远远大于相同重量种子的呼吸速率，仓虫和微生物活动的结果会释放出大量的热能和水汽，间接地促进种子呼吸作用（图 7-4）。同时，种子、仓虫和微生物三者的呼吸构成种子堆的总呼吸，会消耗大量氧气，释放出大量二氧化碳，也间接影响种子的呼吸性质。据试验，仓虫的氧气消耗量为等量谷物种子的 13×10^4 倍。仓虫密度越高，则其氧气消耗量越大，且随着温度增高氧气减少加快。随着仓内二氧化碳量的积累，仓虫会窒息而亡，但有的仓虫能忍耐浓度达 60% 的二氧化碳。虽然二氧化碳浓度的提高会引起仓虫的死亡，但仓虫死亡的真正原因是氧气浓度的降低。当氧气浓度降低到 2.0%~2.5% 时，就会阻碍仓虫和霉菌的发生。在密封条件下，由于仓虫本身的呼吸，使氧气浓度自动降低，从而阻碍仓虫继续发生，此即所谓的自动驱除，这就是密封贮藏所依据的原理之一（图 7-5）。

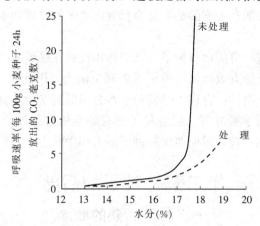

图 7-4 正常与有菌繁殖的小麦呼吸速率与水分的关系
（胡晋，2001）

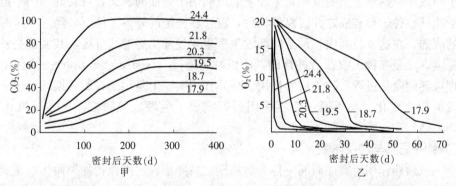

图 7-5 随不同密封时间，种子间空气中 CO_2（甲）和 O_2（乙）浓度的变化（图中数字为水分，%）
（胡晋，2001）

三、呼吸与种子贮藏的关系

种子呼吸速率的大小与种子的安全贮藏有着密切的关系。呼吸作用对种子贮藏的影响表现在两个方面，一方面是呼吸有利于促进种子后熟作用的完成，但对于通过后熟的种子仍要设法降低种子的呼吸速率；另一方面，在贮藏期间的强烈有氧呼吸或严重无氧呼吸均不利于种子的安全贮藏。贮期种子的强烈有氧呼吸或严重无氧呼吸往往会造成如下的不良后果：第一，旺盛的呼吸会消耗大量贮藏物质，呼吸作用愈强，消耗的贮藏物质也就愈多。据计算，每释放出 1g 二氧化碳就要消耗 0.68g 葡萄糖，贮藏物质的大量损耗必然会影响种子活力，并使种子重量下降。第二，种子呼吸作用生成水，在有氧呼吸时每氧化 1g 葡萄糖可生成 1.2g 水，这些水汽散发在种堆中，如果被种子吸收则使得种子的呼吸速率提高。特别是未通过后熟的种子，在后熟过程中会产生较多的水分，严重时会造成种子的"出汗"现象，这对贮藏不利。第三，种子呼吸耗氧导致种子堆内气体成分发生变化。在种子呼吸速率高而又通风不良时，种子堆的中、下层将严重缺氧，被迫进行无氧呼吸，产生一些氧化不彻底的有毒物质，而有毒物质的大量积累会毒害种胚，使种子生活力降低甚至丧失。第四，种子呼吸过程中释放的能量，除极少部分用于种子的生命活动以外，绝大部分以热能的形式散发在种子堆中，从而使种温升高，如果控制不好就会导致种堆发热，还会使仓虫和微生物的活动加强，而仓虫和微生物生命活动加剧的结果又会释放出更多的热能和水汽，进一步提高种子的呼吸速率。

在种子贮藏期间，应尽可能地将种子的呼吸作用控制在最低限度，使种子处于极微弱的生命活动状态中，这样就能有效地保持种子活力和生活力。因此，应通过一系列技术措施，包括选择健壮饱满的种子留种，合理干燥使种子水分降低到安全水分以下，控制温度低温贮藏，合理通风和密闭，科学管理等，创造种子贮藏的最适宜条件，有效地降低种子呼吸速率，减缓种子劣变的进程，较长时期地保持种子活力和生活力。

第二节　种子的后熟

一、种子后熟的概念

（一）种子后熟的概念

种子的成熟包括形态上的成熟和生理上的成熟两个方面的含义，只具其一则不能称为真正的种子成熟。种子形态成熟并脱离母株后，需要在一定的外界条件下，经过一定时间达到生理上的成熟。在这段时间内，种子内部的生理生化过程仍然继续进行，其实质是种子成熟过程的延续，又是在种子收获后进行的，所以称为后熟（post-maturation）。从种子形态成熟到生理成熟的变化过程，称为后熟作用。后熟作用实质上是种子在贮藏期间发生一系列的改善萌发的代谢变化。种子通过后熟作用后即完成了生理成熟阶段，这才是真正成熟的种子。

（二）种子后熟与种子休眠

种子完成后熟作用所需的时间，称为后熟期。后熟期长短因植物种类而异，是受作物品种的遗传特性和环境条件的交互作用影响的。比如，油菜种子在田间就已经完成后熟作用，某些大麦品种种子后熟为 14d，冬小麦种子后熟期可达 2 个月以上。一般而言，麦类种子的后熟期较长，粳稻、玉米和高粱种子的后熟期相对较短，籼稻种子的后熟期很短，在田间即可完成后熟，在母株上就可以发芽（穗发芽）。

后熟作用是种子自然休眠的一种形式，是植物在长期系统发育过程中形成的一种生物学适应性，可防止种子在不适宜生长发育的季节萌发，这对物种的繁衍保持具有重要意义。

（三）种子后熟的意义

未完成后熟的种子，往往发芽率低、出苗不整齐、田间成苗率低。提早收获的种子，后熟期更长。促进种子后熟作用的顺利完成，对提高种子的质量具有重要意义。在农业实践上为争取生长季节，通常将前作适当提早收获，以便提早播种后作。在此种情况下，可以采用留株后熟的方法，即在作物收割后让种子暂时保留在母株上，使其在母株上完成后熟，然后再脱粒。这种措施可显著提高种子品质（表 7-5），但对于已充分成熟的种子而言，收获后留株后熟与否对种子品质影响不大。留株后熟可以提高种子品质的原因是，在留株期间茎秆中的营养物质仍能输送到籽粒中去，可使千粒重有所增加（10％左右）。在有些双季稻地区，留株后熟的做法比较普遍。

表 7-5　亚麻种子不同后熟方法和种子品质的关系

（孙庆泉，2002）

处　理	乳熟期		黄熟初期		黄熟期		完熟期	
	绝对重量（g）	油（％）	绝对重量（g）	油（％）	绝对重量（g）	油（％）	绝对重量（g）	油（％）
对照	1.06	7.3	1.82	2.22	2.86	3.72	4.43	4.03
果实中后熟	1.02	11.8	1.46	2.34	3.28	3.63	4.28	3.90
茎秆上后熟	1.42	22.8	2.40	2.74	3.74	3.68	4.28	3.97

判断种子后熟作用是否完成的最简便方法，就是进行标准发芽试验，检测种子的发芽势和发芽率。发芽势可作为反映种子后熟程度的最佳指标，将检测结果与同品种已经通过后熟作用的种子相比较，如果二者数值非常接近，则表明该种子批已基本上完成后熟作用，可以供生产上应用。否则需再贮藏一段时期，等待后熟期完全通过后再行使用。促进种子后熟的方法比较多，比如加温通风可明显促进种子的新陈代谢，加速后熟，这在生长季节较短的地区尤为有效。

二、种子后熟期间的生理生化变化

处在后熟期间的种子，其内部的贮藏物质的总量变化极微，并表现出总量逐渐降低的特点。后熟期间种子的主要变化，表现在种子贮藏物质的组成比例、分子结构和存在状态等方面。总体变化方向与成熟期基本一致，即物质的合成作用占优势。随着后熟作用的逐渐完成，种子中的可溶性物质不断减少，而淀粉、蛋白质和脂肪等高分子物质不断积累，酸度降低，种子内酶的活性由强变弱。一旦种子通过了后熟期，其生理状态就进入一个新的阶段。

通过后熟阶段的种子的生理状态与后熟期有很大的差异，主要表现在以下几个方面：

①酶的活性逐渐降低，酶的主要作用在适宜条件下开始逆转，使水解作用趋向活跃。

②种子内部的低分子和可同化物质的相对含量下降，而高分子的贮藏物质积累达到最高限度，比如单糖经脱水缩合成更为复杂的糖类，即可溶性糖减少，淀粉增多，种子的吸水性增强；氨基酸态氮和非蛋白态氮减少，蛋白质含量增加且稳定性增强；脂肪酸与甘油合成为脂肪，脂肪酸减少，脂肪增加（表 7-6）。

③种子水分下降，自由水大大减少。

④细胞内部的总酸度降低。

⑤种胚细胞的呼吸速率降低。

⑥核苷酸、核酸、磷脂、植酸盐等含磷化合物积累。

⑦内源激素平衡发生变化，脱落酸（ABA）含量下降，赤霉素、细胞分裂素等生长促进物质增加。

⑧发芽力由弱转强，即发芽势和发芽率开始提高。

表 7-6　大豆种子在后熟期间的生物化学变化

(孙庆泉, 2002)

种子化学成分	百粒种子	
	试验初期	试验终期
总氮量（g）	0.227	0.319
蛋白态氮（g）	0.127	0.227
单糖和双糖（g）	0.457	0.356
不溶性多糖（g）	0.770	0.795
可溶性多糖（g）	0.106	0.169

三、影响种子后熟的因素

种子在贮藏期的后熟作用与环境条件密切相关，主要受贮藏温度、种堆湿度和通气状况等因素的影响。

（一）贮藏温度对种子后熟的影响

贮藏温度对种子后熟的作用，较高温度条件下表现为促进作用，较低温度条件下则表现为延缓作用。较高温度（不高于 45℃）有利于细胞内各种生理生化反应的进行，促进后熟，一般采用日光暴晒、热空气干燥、热进仓等措施可有效促进种子后熟。比如小麦种子收获后适当加温（40~45℃）和通风，可使种子很快完成后熟。低温尤其是零度以下的低温，会使细胞内的生理生化反应进行得非常缓慢，延缓种子的后熟，种子发芽率不能提高（表 7-7），但有些林木种子的后熟却需要较低的温度。

表 7-7　小麦种子后熟期间贮藏条件与发芽率（%）变化的关系

(胡晋, 2001)

贮藏条件	测定发芽日期（月/日）	样品编号				
		1	2	3	4	5
冷藏	11/21	38	85	14	23	26
冷藏	1/9	35	89	32	30	31
室温	1/9	99	99	93	93	87

（二）种堆湿度对种子后熟的影响

种堆相对湿度低，有利于种子水分向外扩散，会促进种子的后熟；种堆相对湿度高，种子水分向外扩散较缓慢，会延缓种子的后熟。种皮湿润能阻止水分由内层向外层的扩散，而种皮的透气性变差则不利于种子的后熟完成。

（三）种堆气体成分对后熟作用的影响

通气状况良好，而且氧气供应充足，是有利于种子完成后熟的。缺氧或二氧化碳积累过多则会延缓后熟。有研究表明，将水分为 15% 的小麦种子分别贮藏在空气、氧气、氮气和二氧化碳中，贮藏温度为 20℃，初始发芽率为 50%。经 27d 贮藏后，贮藏在空气、氧气和氮气中的种子发芽率分别是 100%、99% 和 100%，而贮藏在二氧化碳中的发芽率只有64%，说明二氧化碳能明显地抑制种子后熟的进行。

四、种子后熟与贮藏的关系

贮藏种子的后熟往往伴随着种子"出汗"现象，造成种仓的安全性降低，但是处于后熟期间种子的抗逆力却明显增强。

贮藏种子的后熟往往伴随着种子"出汗"现象。新入库的种子，由于后熟作用尚在进行中，种胚细胞内的代谢作用仍然相当旺盛，尤其是呼吸作用释放出水分和大分子物质的转化降解过程产生水，结果就使得种子的水分逐渐增多。其中一部分蒸发成为水汽，充满种子堆的间隙，一旦达到过饱和状态，水汽就会凝结成微小水滴附着在籽粒表面，这就是种子的"出汗"现象。特别是种子收获后，未经充分干燥就进仓，同时通风条件又较差，就更容易出现"出汗"现象。

种子后熟期间"出汗"会导致种仓的贮藏安全性降低。贮期种子"出汗"表明种子尚处于后熟作用过程中，生理生化代谢旺盛，种子堆内部湿度增大，以致出现自由水吸附在种子表面。这种情况可引起种子堆内水分的再分配，导致局部种子的呼吸作用加强，使得贮期的种子安全性降低。此时如果没有及时发现并正确处理则往往引起种子回潮发热，就会为微生物的孳生提供有利条件，严重时会导致种子霉变结块甚至腐烂。因此，种子的收获必须适时以避免因提早收获而造成后熟期延长的现象。刚收获、水分较高且未完成后熟的种子在进行贮藏时，必须采取摊晾、暴晒、通风相结合的贮期管理措施，降温散湿，使种子充分干燥，促进后熟作用的完成，以提高贮期种子的安全性。

应该指出的是，种子"出汗"现象和种子"结露"现象外观表象非常相似，但它们产生的原因却截然不同。"出汗"是由于种子细胞生理生化活动旺盛而释放出大量的水分所致，而"结露"则是由于种子堆周围大气中温、湿度与种子本身的温度及水分存在一定的差距所造成的。

处于后熟期间种子的抗逆力明显增强。处于后熟期间的种子，对恶劣环境的抵抗力较强，此时进行高温干燥处理或化学药剂熏蒸杀虫，对种子生活力的损害较轻。小麦种子的热进仓，就是利用未通过后熟的种子抗性强的特点，采用高温暴晒种子后趁热进仓，从而达到高温杀虫的目的。

思 考 题

1. 什么是种子的呼吸作用和种子后熟？
2. 试述种子呼吸的影响因素。
3. 试述种子呼吸对种子贮藏的影响。
4. 试述后熟期种子的生理生化变化。
5. 简述后熟对种子贮藏的影响。

>>> 第八章 种子仓库及其配套设备

种仓是贮藏种子的场所，也是贮藏期间种子生存的环境。种仓条件的好坏，直接影响到种子贮藏的安全和时限，良好的贮藏条件对于保持种子生活力具有十分重要的意义。本章主要介绍种仓的性能、选址、建造、类型、维护和主要的种仓配套设备，为种子安全贮藏提供依据。

第一节 种子仓库

种仓（seed storehouse）是贮藏种子的场所，也是种子贮藏期间生存的环境。贮藏条件良好的种仓对于保持种子生活力具有十分重要的意义。因此，要保证种子具有优良的播种品质，维持种子的遗传稳定性，建造良好的种仓是非常必要的，建造时应考虑到种子对种仓性能的要求。

一、种子仓库建设规模与项目

（一）种子仓库库容的选择

种子仓库按照使用功能可以分为种子贮藏库、中转库和综合使用库等，不同的种子仓库库容设计具有不同的特点。种子贮藏库库容按年种籽产量的 60% 确定；种子中转库库容按年中转量的 10% 确定；综合使用库库容按具体使用功能的仓容量综合确定。

（二）种子仓库建设的项目

种子仓库建设项目由生产设施、辅助生产设施、办公生活设施和室外工程等部分组成。

1. 生产设施 包括仓库、种子烘干设施、种子加工包装设备、运输设备、贮藏期间测控设备，现代化的种子仓库应设有自动控制系统，通过通风和智能设备，自动调整仓库温湿度。

2. 辅助生产设施 包括种子检验室、中心控制室、变电室、器材室、药品库、消防泵房、门卫室等。

3. 办公生活设施 包括业务办公室、会议室、食堂、宿舍等。

4. 室外工程 包括室内通路、晒场、室外水电管道、消防设施、绿化带和围墙等。

二、种仓标准和建仓条件

（一）种仓标准

1. 种仓应牢固且便于机械操作 种仓要能承受种子对地面和仓壁的压力，以及风力和不良气候的影响。建筑材料从仓顶、仓身到墙基和地坪，都应采用结实耐用的材料，同时在保证种仓坚固稳定的前提下，要为种仓内一些大型机械的使用预留足够的空间，防止在出现极端天气状况或人为不当操作时对种仓的损坏，以利于种子安全贮藏。

2. 具有防潮性能 种子具有很强的吸湿性，要求仓房应具有防潮性能。通常最易引起贮种受潮的部位是地坪返潮、仓壁和墙根透潮以及房屋渗漏。为此，种仓地坪和仓壁（至少在贮种线以下的仓壁）要用隔潮性能好的建筑材料建造（表 8-1）。种仓建造一般使用沥青，沥青的渗透系数是水泥的 1/12，防潮效果好，成本低，坚固耐用。仓房要建在高燥处，四周排水通畅；仓内地坪应高于仓外 30～40cm 以上；仓房顶部要有一定的坡度，以利于雨水、积雪融水等及时排下；屋檐要有适当宽度，仓外沿墙脚用混凝土砌泄水坡，并经常保持外墙及墙基干燥，防止雨水积聚渗入墙内。

表 8-1 建筑材料的隔热、隔湿性能

（孙庆泉，2002）

材料名称	容重 （kg/m³）	导热系数 [kJ/ (m·h·℃)]	比热容 [kJ/ (kg·℃)]	蒸汽渗透系数 [g/ (m²·h·mmHg)]
石棉水泥隔热板	300	0.33	0.84	0.052
沥青混凝土	2 100	3.76	1.67	0.001
碎石或卵石混凝土	2 200	4.60	0.84	0.006
草泥	1 000	1.25	1.05	0.025
土坯墙	1 600	2.51	1.05	0.023
黏土—稻草浆	1 000	1.25	1.05	
用干砂填充	1 600	2.09	0.84	0.022
砂岩与石英岩	2 400	7.32	0.92	0.005
形状不整齐石砌体	2 420	9.24	0.92	0.006
重砂浆黏土砖砌体	1 800	2.93	0.88	0.014
轻砂浆黏土砖砌体	1 700	2.92	0.88	0.016
油毛毡、油毡纸	600	0.63	1.46	0.000 18
水泥砂浆	1 800	3.34	0.84	0.012
石灰砂浆	1 600	2.93	0.84	0.014
石灰砂浆内表面粉刷	1 600	2.51	0.84	0.018
稻壳	250	0.75	1.84	0.060
稻草	320	0.33	1.63	0.060
砻糠	155	0.29	1.84	—
空心砖	1 500	2.30	0.92	6.90
自然干燥土壤	1 800	4.18	0.84	—
沥青	1 800	2.72	1.67	0.001

注：1g/ (m²·h·mmHg) =0.007 5g/ (m²·h·Pa)

3. 具有隔热性能 仓外温度能影响仓温和高温种温，在高温季节和高温地区，种仓的建造需要具有良好的隔热性能，以减少仓外温度的影响，使种子较长期地保持低温状态，避免贮藏期间种子出现一些不利的生理变化。大气热量传入仓内的主要途径：一方面是屋顶受热后，大量的热量通过屋面材料向仓内传递；另一方面是从门窗传入。一般365mm 厚的砖墙，隔热性能较好。据测定，房式仓壁传入热量为 41.13kJ/（h·m²），而屋面传入的热量为 667.55kJ/（h·m²），可见房式仓屋面传热要比砖墙传热大得多。但是当太阳照射墙面后，仓壁外表面温度上升，热气沿着墙面上升，易从窗户进入仓内，使温度升高。为此，对屋顶的隔热，可设顶棚，建隔热层；对仓壁的隔热可将墙表面粉刷成白色或浅色。

4. 具有密闭与通风性能　密闭的目的是隔绝雨水、潮湿或高温等不良气候对种子的影响，并使药剂熏蒸杀虫达到预期的效果。通风的目的是散去仓内的水汽和热量，以防种子长期处在高温高湿条件下而导致生活力下降。此外，在使用磷化铝等药剂对种仓进行熏蒸后，需要及时地对种仓进行通风，排出有毒气体，以避免对工作人员的人身安全造成危害。为此要求在山墙上端安装百叶窗或排风扇。

通风主要分为机械通风和自然通风两类。对于地下仓来说，一般需要采用机械通风。新建仓库要尽可能配套建设机械通风设备。规划以机械通风为主要方式的种仓，建造时要预留适合机械设备放置及工作的适宜空间，避免出现机械通风设备与种仓不配套的情况。对于地上仓，由于机械通风设备成本较高，且耗费较多的电力等能源，因此当前的种仓一般采用自然通风。自然通风是根据空气对流原理来进行的，因此，门、窗以对称设置为宜，窗户以翻窗形式为好，关闭时能做到密闭可靠。窗户位置高低应适当，过高则屋檐阻碍空气对流，不利通风，过低则影响种仓利用率。

5. 具有防虫、防杂、防鼠、防雀性能　仓内房顶应设天花板，内壁四周需平整，尽量采用光滑、摩擦系数小的材料，墙与墙及墙与仓顶、地坪所构成的夹角均为弧形，并用石灰刷白，便于查清虫迹。仓内不留缝隙，既可防止害虫栖息，又便于清理种子，防止混杂。库门需装防鼠闸，窗户应装铁丝网，以防鼠雀乘虚而入。

6. 种仓附近应设晒场、保管室和检验室等建筑物，还要有必需的消防设施　晒场用以处理进仓前的种子，其面积大小视种仓而定，一般以相当于种仓面积的 2～3 倍为宜。保管室是存放种仓器材工具的专用房，其大小可根据种仓实际需求和器材多少而定。检验室需设在安静而光线充足的地方，配备常用的检验用具。种子仓库的空间有限，由于种子颗粒状的性质，在一定的条件下，种子可能发生自燃、着火甚至是爆炸等严重事故。因此种仓附近要有充足的消防水源，并在固定位置配备足够数量的灭火器材，同时要定期检查更新灭火器材。

（二）建仓条件

建造种仓前，必须做好建前调查工作，为合理的设计和施工提供依据，创造条件。调查研究的主要内容有：

1. 地形地貌和水文地质情况　了解建仓地区的地形地貌情况，对种仓周围 100m 以内的地带进行测绘，并绘出等高线的地形图，避免种仓太靠近山体或处于地块不稳定区域，以防极端天气时发生山体滑坡、地质松动等现象。还要深入了解地质情况，如土壤的耐压力（有条件时应对原状土样进行物理力学性质的试验），建仓地点的原始情况（塌方、土坑、陷落和断层）等，并了解地面水源和地下水位的高低及变化规律。

2. 气候情况　调查该地区常年气温变化、土壤冻结的深度、相对湿度的变化、降水量、最大最小与平均风力、常年的风向及变化规律、当地的日照等，这些气候情况与种仓的设计与管理都有密切关系。例如气温和降水量的变化，会影响到处理种仓结构时是否需要设置隔热层；风力大小会影响到种仓结构是否需要特殊处理，风向则会影响到种仓朝向方位的布置，特别是山洞仓，洞口应顺应最佳通风季节的风向等。

3. 水、电、建筑材料情况　调查建仓地点的供水、排水情况；供电电源的位置与距离，允许供电量和供电时间，以及其他热源供给情况；当地的建筑材料，成本需求等。

4. 其他　贮藏的主要品种及贮藏大体时间、建仓地区的生产特点、服务的范围、种子的来源、经济来源、施工队伍等情况。同时，还要考虑到本单位的发展规划。

三、仓址选择原则和要求

（一）一般原则

在经济调查的基础上确定建仓地点，计划所建种仓的类型和大小，既要考虑该地区当前的生产特点，还要考虑该地区的生产发展情况以及今后的远景规划，使种仓布局最为合理。

（二）具体要求

1. 地势和地形　应选择坐北朝南、地势高燥处建仓，严防渗水。地势高燥的地段，可以防止种仓地面渗水或地面潮气太重。特别是长江以南地区，除山区、丘陵地外，地下水位普遍较高，而且雨水较多。因此必须根据当地的水文资料及群众经验，选择高于洪水水位的地点或加高建仓地基，避免洪水和内涝的威胁，方便排水，无水涝，场地防洪标准不低于50年一遇。

2. 地质条件　建仓地段的土质要坚实稳固，应避开有泥石流、滑坡、流沙等直接危害的地段。若有可能坍陷的地段，不宜建造种仓。一般种仓要求的土壤坚实度，每平方米面积上能承受 10t 以上的压力，如果不能达到这个要求，则应加大种仓四角的基础和砖墩的基础，否则会发生房基下沉或地面断裂而造成不必要的损失。

3. 交通方便　与交通主干道的距离不大于 1.5km，尽可能靠近铁路、公路或水路运输线，利于大型运输设备的装卸作业，便于种子运输，流向合理。

4. 应在服务地区中心建库　尽可能接近种子繁育生产基地，降低因路程远、运输过程烦杂而产生的品种混杂和种子损失，同时也减少运输费用。此外，种子仓库还要远离污染源及易燃易爆场所。

5. 具备足够的场地，但也不宜浪费土地　同时以便建立水泥晒场和相应的检验室、值班室、车库等建筑，但种子种仓规格也不宜过大，以免造成对生态环境的破坏和土地资源的浪费。

6. 在建仓时不占用或尽可能少用耕地，节约使用土地

四、种仓的保养

种仓的保养包括种仓的维护和种仓的改造两部分的工作。

（一）种仓的维护

种子入库前必须对仓房进行全面检查与维修，以确保种子在贮藏期间的安全。检查仓房首先应从大处着眼，仔细观察仓房地基有否下陷、倾斜等迹象，如有倒塌的可能，就不能存放种子。其次，从外到里逐步深入地进行检查，如房顶有无渗漏，门窗有无缺损，墙壁上的灰砂有无脱落等，如有上述情况发生，就应该进行维修。仓内地坪应保持平整光滑，如发现地坪有渗水、裂缝、麻点时，必须补修，修补完后，刷一层沥青，使地坪保持原有的平整光滑。同样，内墙壁也应保持光滑洁白，如有缝隙应予以嵌补抹平，并用石灰水刷白。仓内不能留小洞，防止老鼠潜入。对于新建种仓应作短期试存，观察其可靠性，试存结束后，即照建仓标准进行检修，确定其安全可靠后，种子方能长期贮藏。

（二）种仓的改造

在我国现有的种子种仓中，每年都有一部分种仓因地面返潮、仓壁渗水、屋顶漏雨而造成种子发热霉变的贮藏事故。由于外界环境影响、种子前处理不当、种仓管理不善等因素造成种仓建筑材料老化、仓库害虫咬噬、鼠雀影响等问题，使种仓产生较多裂缝，进而使各种影响形成恶性循环，影响熏蒸杀虫效果，不利于种子的安全贮藏。为最大限度地达到安全贮种的效果，除新建标准种仓外，对现有种仓的改造和维修也是一个重要问题。种仓的改造可以从以下几个方面考虑。

1. 改造地坪 改造地坪的目的在于防潮，便于种子就地散装。目前各地采用比较简便有效的方法有以下几种：

（1）铺砂垫坯地坪。在没有沥青的情况下可用这种做法。先将地坪清扫干净夯实，铺20cm左右厚的干砂（如地面潮湿应适当加厚），平整压实后，再铺一层土坯，用1：2.5石灰砂浆嵌缝、抹面（约1.5cm厚），稍干后，应及时用泥刀反复按摩收浆，直至不发生裂缝为止。实践证明，这种地坪既能防潮，又能防止老鼠打洞。其缺点是较易破损，必须及时修补。有的地区在地坪干透后，在表面涂一层熟桐油，则能经久耐用。

（2）沥青砂浆地坪。先在地基上铺一层石子，夯实，再铺2~3cm厚的干砂作基础。然后做两层沥青砂浆。沥青一般采用30号石油沥青，细砂要洁净，含泥量不超过3%，底层的河砂要用2.71孔/cm²的筛子过筛。每100kg砂兑30号沥青8~10kg，将捞去渣滓的沥青和细砂分别用锅加热（加热温度，沥青180℃，砂子150℃以上），用重的热烙铁压实。底层做好后再做表层。表层的河砂要用4.51孔/cm²的筛子过筛，每100kg兑30号沥青16~18kg，铺设方法与底层相同，但必须用热烙铁尽量压实，使之平坦光滑。整平后随即在表面上散一层滑石粉即成。在铺设中应注意基脚要夯紧，材料配比要适当，接头要紧实，墙的四周要适当加厚。这种地坪底层厚2~3cm，表层厚1.5~2cm，每平方米约需河砂0.02m³，沥青7kg。

（3）一油一毡干砂垫砖地坪。先将仓底整平夯实，刷一层石油沥青，铺油毛毡一层，然后用细砂稳定，上铺一层干砖，用沥青嵌缝即成。

（4）混凝土地板砖地坪。先将仓底铺碎砖或碎石块，整平压实，铺混凝土，再整平，待干燥后铺设具一定摩擦系数的地板砖，防止过滑。

2. 改造仓壁 仓壁单薄，不能承受贮藏量增多的种子的侧压力，通常在仓内加一道附墙，增强其抗压能力。仓壁透潮容易脱落，造成后续一系列影响，一般可因地制宜采用以下方法来防止仓壁脱落。

（1）粉刷石灰砂浆层。在仓房内墙粉刷石灰砂浆层，总厚2cm，分两层施工。底层用1：3石灰砂浆粉1cm厚，待其干燥后再在底层上刷一层沥青（刷沥青层的高度根据具体情况而定），然后用1：2.5石灰砂浆粉刷1cm厚的表层，最后在面层上刷一道石灰乳（用石灰膏调制）。施工时应注意石灰膏的质量，滤去渣和未化透的小石灰块，否则受潮发胀易"出痘子"。底层灰浆在墙上要压紧，嵌入砖缝。刷沥青时稠度要适宜，太稠则不易刷开，太稀则易于流淌，沥青凝固后，才能进行面层粉刷。

（2）柏油沥青防潮层。过去做仓壁防潮层，往往先刷沥青，由于溶化后的沥青温度高，仓壁潮湿，刷墙时产生大量水汽，沥青很难与墙面黏合，易脱落。故可先刷一层水柏油，使之透入砖墙内部空隙，再刷沥青，然后用喷灯吹热沥青，使之自然溶化平整，趁热在沥青面上撒一点砂，再粉刷一层 1：2.5 石灰砂浆，然后刷一道石灰乳即成。

（3）砌隔砂附墙。在仓内墙壁四周用干土坯砌一道 80～100cm 高的附墙。附墙离仓壁为 20～30cm。等墙干后，在两墙中间夹缝里灌满干砂。附墙顶面与仓壁应用干土坯砌成斜坡形，使之衔接密合。然后在墙面糊一层 1cm 左右的 1：2.5 石灰砂浆。这一办法同上面讲的铺砂垫坯地坪一样，既能防潮，又可防止老鼠沿墙打洞。

3. 改造屋面　改造屋面的目的在于防止日久失修造成屋面破损，防止雨雪渗漏，以及防虫防鼠防鸟雀，并便于密闭和药剂熏蒸。要使仓房达到无缝化，改造屋面是重要的一个方面。

（1）泥摺法。适用于民房改建种仓。先将芦苇或黄荆条等编成摺子，用铅丝将摺子钉压在屋面檩子上，再在摺下糊一层黄泥、石灰、草筋（按 4：3：2 配合），厚度以填平摺子缝隙为宜。等到半干发裂，再粉 0.5cm 厚的 1：3 石灰浆（酌加一部分纸筋），最后刷一层石灰乳。

（2）拱顶法。适用于小型民房或廒间较小的仓房。先用竹子（或黄荆条捆成约 3cm 粗的小把），在两根一字梁中间向上弯成弓形，两端固定在一字架上，弓距 75cm，顺次扎完整个廒间，每间竹弓上用 3～5 根较粗的竹片或小束芦苇连接捆紧，使之固定，再用铅丝将竹弓吊在脊梁上，然后用竹子或芦苇编成的摺子紧紧捆在竹弓上，使之成半圆形，随后用黄泥、石灰、草筋打底，再粉一层石灰砂浆，刷一层石灰乳即成。

4. 嵌缝　为了做到仓内面面光，彻底消灭害虫的潜伏场所，仓内木柱梁架和屋面板的缝隙一般都要进行嵌缝。根据多年的经验，嵌缝材料以桐油石灰较好。其作法是：先将石灰粉用 9.02 孔/cm² 的筛子过筛，再加熟桐油调制，并按石灰用量加 5% 的水和 8% 的细砂（用 9.02 孔/cm² 的筛子过筛）。这是因为加水干得快，加砂可以增加硬度，而且不易裂缝。嵌缝时要把所有缝隙先掏刮干净，大缝隙用麻筋填塞。并需横缝直嵌，直缝横嵌，务使紧实。一般要做到两刮一清（即刮两次，再用湿布抹一次），不使缝外部分沾染桐油石灰。等干燥后用砂纸打一次，使之平整光滑，再糊一层熟桐油，则可经久不裂。

对于水泥地面裂缝的修补，可先刷一道水泥浆，再用高标号水泥砂浆或水泥混凝土修补。修补沥青防潮层的裂缝，可用环氧树脂黏合剂涂抹。

第二节　种仓的类型

种仓包括多种类型，根据种仓所处的位置可以分为地上仓和地下仓。根据结构的不同，可将地上仓分为房式仓和筒式仓；其中房式仓包括平房仓、楼房仓、拱式仓；筒式仓包括砖圆仓、土圆仓、钢板圆仓、机械化圆筒仓、钢筋混凝土立筒仓和简易仓。根据种仓的控温控湿性能，按照不同的温度条件要求，又可以将种仓分为种质库（0℃以下，用于种质资源的长期保存）、低温仓（温度不高于 15℃）、准低温仓（温度不高于 20℃）和常温仓，其中低温仓应用的范围最广，又被称为恒温恒湿仓。下面分别介绍各种类型种仓的特点。

一、房 式 仓

房式仓（storehouse）是外形如一般住房的种仓（图 8-1），大多为平房，是我国目前已建种仓中数量最多、容量最大的一种仓型。因取材不同分为木材结构、砖木结构或钢筋水泥结构等多种。木材结构由于取材不易，密闭性能及防鼠、防火等性能较差，现已逐渐拆除改建。目前建造的大部分是钢筋水泥结构的房式仓。这类种仓较牢固，密闭性能好，能达到防鼠、防雀、防火的要求。仓内无柱子，仓顶均设天花板，内壁四周及地坪都铺设用以防湿的沥青层。这类种仓适宜于贮藏散装或袋装种子。仓容量 15 万～150 万 kg 不等。

房式仓的建筑形式及结构比较简单，造价较低。但其机械化程度低，流通费用较高，不宜做周转仓使用。

房式仓平面形状一般呈矩形，这样可最有效地利用种仓的面积，便于种子的直线运行，适应固定式机械的安装和作业，同时也便于移动式种子机械的移动。房式仓的跨度一般为10～20m，长度可根据需要和实际情况确定。檐口高度根据装种方式、设备情况以及仓壁的强度条件确定。袋装仓的仓壁只作围护之用，

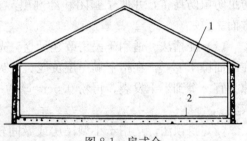

图 8-1　房式仓
1. 天花板　2. 沥青层
（毕辛华，1993）

其檐口高度较高，一般在 6m 左右。而散装仓壁要受到种子的侧压力，且其侧压力同堆高的平方成正比，故其檐高一般在 4～5m。

房式仓的主要构造由地坪、仓壁、墙基、屋面、屋顶及门窗等主要构件组成，各个构件的构造性能，直接影响整个种仓的贮藏性能，因而对这些构件有特殊的要求。

1. 地坪　地坪性能好坏直接影响种子贮藏。因此要满足如下要求：

①能防止潮气、雨水及湿气的渗透。

②能防止鼠类的侵入。

③平整光洁，不隐藏害虫，并便于熏蒸。

④能承受种仓机械的运转与碾压。

因此，地坪的材料必须有足够的坚固性、良好的防湿性，并且还要求造价便宜、修理方便。目前多采用沥青地坪，这种地坪既能较好地防止地下水的渗入，又适合于机械的移动，但必须指出，作为种仓的地坪沥青只能使用石油沥青，而不能用煤的沥青，因其含有毒物质。也有一些采用混凝土或青砖地坪，虽然这种地坪的强度和刚性较好，但不能有效防止地下潮气的渗入，故在堆置种包时必须用垫仓板将其与地面隔离，或者在混凝土上再铺设一层致密的地板砖。用木版作地坪成本较高，在使用过程中容易出现变形、裂缝和受潮等现象，并且易造成种子混杂和隐藏害虫。目前，一些常规地坪的建造方法和要求见表 8-2。

表 8-2　常规地坪的建造方法和要求

(孙庆泉，2002)

名称	常用材料	要　　求
面层	水泥砂浆、沥青砂浆、混凝土砖、砖浸沥青等	
间层	砂、沥青砂浆	
平层	水泥砂浆、混合砂浆、防水砂浆	(1) 材料和构造要有足够的强度，以免承重时产生裂缝，破坏防潮功能
防潮层	沥青砂浆、油毡	(2) 表面要求光洁，便于清扫 (3) 地基必须夯实，以免长期承受种子压力而产生沉陷
垫层	非刚性垫层——砂碎砖 半刚性垫层——各种石灰、三合土 刚性垫层——混凝土	

2. 仓壁　仓壁作为种仓的重要组成部分，应该满足以下要求：

①坚固、价格便宜、防火和防雨性能好；

②隔热性和吸湿性良好，表面平滑无孔。

砖石墙比较符合经久耐用、防雨防火等方面的要求。砖制和天然石料的仓壁的内壁面和外壁面必须要用灰浆涂抹，尤其是内壁面，借以改善仓壁的表面平滑度从而消除害虫的潜藏处。为加强仓壁的抗渗、防潮性能，可在内仓壁上刷石油沥青（10%～30%三号石油沥青和70%～90%五号石油沥青）；也可以采用其他办法刷沥青墙，例如，先在平整清洁的墙上刷一层底子油（沥青与柴油或汽油的混合物），干燥后，再刷 1～2mm 的沥青，这样能使沥青与墙胶结合良好。为了避免种子与沥青接触，改善墙面的吸湿性，减少出汗现象，可在沥青墙面上再刷一层 1～2cm 厚的 1∶2.5 的石灰砂浆。

仓壁用作抵抗种子的挡墙，仓壁的厚薄，应该视仓壁的性质以及其所承受的压力。

3. 墙基　墙基一般用混凝土、砖、石料做成。砖、石的价格便宜，应尽可能采用。墙基均深埋在地下，墙基的深度和宽度应根据土壤的耐压力计算决定。墙基及顶部应有防湿层，以切断地下水浸入墙身和进入仓内。

4. 屋面　屋面承重结构的形式及种类较多，20 世纪 50～60 年代主要采用木制屋架，尽管木屋架的构造简单，施工制作方便，但需消耗大量木材，且其耐久性、防腐、防蛀性能差，近年来很少采用。目前主要采用的是钢筋混凝土组合屋架，这种屋架节约木材，便于预制，施工较简便，结构强度、刚性及稳定性好，并且跨度较大，可不设置中柱，便于移动式机械作业。

5. 屋顶　我国广泛采用的是中瓦和平瓦做成的屋面。平瓦的屋面是在人字木架上布置橼条，橼条的中心距为 75cm，在橼条上铺有厚为 1.5cm 的屋面毛板，然后在毛板上紧贴一层二号油毛毡，然后在油毛毡上布置 2.5cm×2.5cm 的挂瓦条（即隔橼），在挂瓦条上铺置平瓦。中瓦的屋面也是类似如上的布置，不过中瓦屋面比平瓦要重，因此，目前在可能的范围内均采用平瓦。瓦屋面具有较好的隔热性，价格便宜，所以，在目前的房式仓中得到广泛的应用。但其结构比较复杂，施工较烦琐，并且重量大，必须有较强的屋架结构。

6. 门窗　种仓门窗的大小、安放位置要满足建仓的规划，避免由于规划不当而影响后期工作。门窗要选择保湿、隔热、防水、防火性能好的材料，要具有一定的硬度和韧性，避免因鼠类的长期咬噬而造成破损，保持良好的密封效果。窗户可以设计为双开的平开门窗，利于种仓的通风。

二、圆 筒 仓

圆筒仓包括多种类型，常见的主要有机械化圆筒仓、土圆仓和钢筋混凝土立筒仓等。

1. 机械化圆筒仓 机械化圆筒仓（mechanization silo）仓体呈圆筒形，筒体高大，包括进出仓输送装置、工作塔、筒仓体等（图 8-2）。进出仓输送装置的功能是将种子输送进工作塔或从筒仓体中将种子输送出来；工作塔是用来升运和清理种子的；工作塔后面设有筒仓体是用以贮藏种子的，常由几个到十几个筒仓构成筒仓群。工作塔可以是固定的也可以是移动的。筒仓一般用钢筋水泥制成，一般高 15m，半径为 3～4m，每筒仓可贮藏种子20 万～25 万 kg。筒仓内设有遥测温湿仪，自动过磅、进出仓房的输送设备，通风装置和除尘装置等机械设备。其特点是：

①一切操作均为机械化作业，便于进出仓等操作。

②高度密闭，可防除鼠害、鸟害、虫害，消毒方便，贮藏效果好。

③仓内温、湿度可以通过通风装置或自动控制仪器进行调节，易于实现种子安全贮藏。

④仓容大，占地面积小，可充分利用空间，一般只是房式仓的 1/6～1/8。

⑤造价较高，技术性强，存放的种子要求较严格，因此目前一般在大型种子加工厂有此类型种仓。

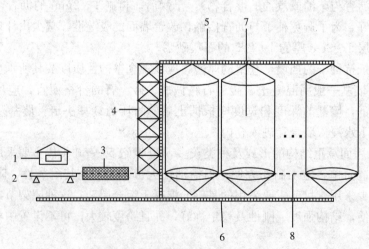

图 8-2 机械化圆筒仓

1. 控制室 2. 地磅 3. 预清装置 4. 工作塔
5. 进仓装置 6. 出仓装置 7. 仓体 8. 地平面

2. 土圆仓 土圆仓（clay formed silo）也叫土圆囤，用黄泥、三合土或草泥建成，仓体呈圆筒形（图 8-3）。

这类种仓结构简单，造价低廉，适合广大农村专业户应用。但由于其隔热、防潮性能差，一般只适用于气候干燥的地方，或作临时贮种用，不宜长期贮藏和过夏。其仓容一般为0.5 万～2.5 万 kg。由于土圆仓体积小，存放种子数量较少，一般密闭条件也不如大仓，因此仓内的种子易受大气温度的影响，变化速度较大仓为快，基本上随大气温度的升降而变化，仓内温度略低或略高于气温。表层种子因仓内空间小，易受太阳辐射热的影响，种温变化较快。据观察，土圆仓的表层种子经一个夏季和冬季的贮存，至第2年5月，其水分比入仓时增加近5％，其余各层仅增加1％～2％。因此土圆仓内表层种子贮存到第2年，因受大气温、湿度的影响较大，生活力一般较低，所以在表层30cm以内的种子，不宜作种用。

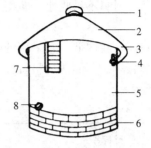

图 8-3　土圆仓外貌
1. 通气孔　2. 仓顶　3. 仓檐　4. 通风窗
5. 墙身　6. 仓基　7. 进口　8. 出口
(胡晋，2010)

3. 钢筋混凝土立筒仓　钢筋混凝土立筒仓（reinforced concrete silo）占地面积小、仓容量大、机械化程度高，具有良好的密闭、防潮、防虫、防鼠、防火性能，一般配有提升、检斤、清理、除尘、控制等设备及粮情测温系统，经济条件较好的单位还可以再配置通风熏蒸减压多功能装置，利于通风散热，对深粮层进行熏蒸杀虫，减缓进出种时的自动分级，在卸种时减载，降低保管费用，提高贮种稳定性。钢筋混凝土立筒仓的缺点是种堆高度较高，筒体较薄，贮种易受外温影响。

三、低温仓

低温仓（low-temperature storehouse）也叫恒温恒湿仓（constant temperature and humidity storehouse），是利用人为或自动控制的制冷设备及装置保持和控制种仓内温度和湿度的稳定，使种子长期贮藏在低温干燥条件下，延长种子寿命，保持种子活力的一种贮种库型。近些年来随着科学技术的进步和种子产业的发展，许多发达国家除建立高标准的国家品种资源库外，一般都建有低温仓，如日本地区性的种子库因用途不同可分为品种资源库、原种贮藏库和种子中心库。品种资源库要求贮藏时间在10年左右，贮藏的温度控制在0～5℃，湿度为30％；原种贮藏库是为大田生产服务的，贮藏期一般为3年，其温度控制在15℃以下，湿度仍保持在30％；种子中心库是直接供应生产用种的，要求与一般种仓相同，不控制温、湿度。但在仓内设有一个小贮藏库，温度为5℃、湿度为65％，以存放当年剩余的种子。我国自1978年以来在中国农业科学院和广西等地也建立了高标准的品种资源库，常年温度为－10℃，相对湿度为45％。后来在许多省级、地级、市级种子部门也相继建立了低温仓，一般标准是温度不超过15℃，相对湿度在65％以下，用于贮藏原种，自交系，杂交种等价值较高的种子，并已收到显著的经济效益。

低温仓的主体构造主要由制冷机械室、种子贮藏室和保管人员工作室等几部分组成。低温仓的基本要求是隔热保冷、防潮隔气、结构坚固、经济合理等。

（一）低温仓的隔热设施

低温仓的隔热方法是用一层导热系数很小的隔热材料进行覆盖以减少冷损失。

1. 隔热材料的选择　低温仓所用的隔热材料，应具备以下特性和要求：

（1）导热系数小。常用隔热材料的导热系数应在 $0.1～0.6kJ/（m \cdot h \cdot ℃）$。

（2）容重愈小愈好。因同一种隔热材料，容重小的其导热系数也小。如膨胀珍珠岩，其容重为 $300kg/m^3$ 时，导热系数为 $0.5kJ/（m \cdot h \cdot ℃）$；容重为 $90kg/m^3$ 时，导热系数为 $0.21kJ/（m \cdot h \cdot ℃）$。

（3）材料本身不能燃烧，或者能够自熄。如自熄可发性聚苯乙烯泡沫塑料具备离开火焰后在 2s 内自行熄灭的特点。

（4）材料不易吸水、霉烂、鼠咬和虫蛀，不散发对人体有害的气体，施工方便，价格低廉。

目前，我国低温仓采用的隔热材料有稻壳、膨胀珍珠岩、聚苯乙烯泡沫塑料、矿渣棉、膨胀蛭石等。其隔热材料特性见表 8-3。

表 8-3 几种隔热材料的性能

（孙庆泉，2002）

材料名称	稻壳	膨胀珍珠岩	聚苯乙烯泡沫塑料	矿渣棉	膨胀蛭石
导热系数 [kJ/（m·h·℃）]	0.33～0.42	0.17～0.42	0.17～0.21	0.25～0.29	0.25
容重（kg/m³）	150～350	90～300	30～50	175～250	120
防火性能	易燃	不燃	能燃，有的能自熄	不燃	—
吸湿性	大	大	小	大	较大
耐霉烂、虫蛀、鼠咬	不好	好	—	好	好

2. 隔热结构与隔热层 低温仓应尽可能限制和减少由围护结构传热而引起的冷损失，效果好的隔热结构是保持库内与其周围温差的基础。围护结构的热物理特性，特别在夏季，很大程度上是决定制冷设备操作时间长短和制冷费用大小的主要因素。因此具有良好的隔热结构对低温贮种很有好处。热消耗减少，种温的回升波动也减少。此外，严密的仓库结构，能够防止外界热、湿空气影响以及提高隔热保冷功能。仓库结构越严密，隔热保冷功能越好。

隔热层可分为静态隔热层和动态隔热层。静态隔热层是我国目前一般的围护结构构造，主要采用保温屋顶、保温墙体和地坪。保温墙大多由多层材料组成（图 8-4），用以隔热保冷。在多雨及潮湿地区宜在主墙层内侧设防潮层或隔气层。动态隔热层是为了适应种子安全和大量、长期贮藏的需要，而建造的一种隔热系统。它的四壁、仓顶、地面完全封闭在循环空气的夹层中，它能精确地保持种子库中的温度。

仓顶的结构分为两种，一种是钢筋混凝土结构，另一种是砖木结构。前一种结构的隔热保温层是采用干燥和憎水性好的聚苯乙烯泡沫塑料板或炭化软木板组成。后一种结构全部由砖砌体和木结构组成，上面敷设散装隔热保温材料如稻壳、膨胀蛭石、膨胀珍珠岩等，并在仓顶隔热层上部再覆盖塑料薄膜，与空气隔绝，现有的房式仓多属此类。屋顶受热时间长，面积大，尤其要做好隔热工作。屋顶要设天花板，在天花板上可放隔热材料，如放 30cm 厚的膨胀珍珠岩粉用以隔热。低温库仓壁有内外两层，外墙为承重墙，内墙起隔热防潮作用，两墙之间填充导热系数小的材料作为隔热层。隔热层可以是稻壳、膨胀珍珠岩、空心软木和泡沫塑料等。地坪可采用炉渣为隔热层。此外，低温低湿仓库最好不要设置窗户，以免外界温、湿透过玻璃和窗框缝隙传入库中，防止因库内外温差过大在玻璃上凝结水而滴入种子堆。必须设窗时，为了减少冷量损失，门窗均应采用隔热保温材料如聚苯乙烯泡沫塑料、聚氨酯泡沫塑料等做成的保温密封门窗，门框和窗均应嵌上橡胶密封条。低温库最好设置二道门，二道门中间有拐弯，以减少热量、水汽的进入。有条件的可以设立缓冲间，防止高温季节种子出库时结露。对开启次数较多的种子仓中的大门，必要时可装置风幕，以便阻止仓门开启时外界的热空气进入仓内。

隔热与防潮有着密切的关系。当制冷装置启动后，隔热层的温度由内到外不同程度地降低。隔热层的内表面因紧贴被隔热的冷表面，其温度降至接近制冷设备的工作温度。在隔热层降温后，隔热层中空气的体积缩小，空气中水蒸气的分压力随温度降低而降低。这就在隔热层内外有一个水蒸气分压力的差值。如果没有防潮层，大气中的水蒸气就将和空气一起进入隔热层。并且向温度更低、水蒸气分压更低的内部渗透。如果隔热材料和孔隙不完全封闭，则水蒸气可以逐渐进入隔热层最内部，直到被隔热物体的冷表面上。进入隔热层的水蒸气，在被冷冻之后变成水，就会破坏材料的隔热性能。实验表明，隔热结构受潮，其隔热性能将下降 $1/2 \sim 2/3$，致使低温库所需的冷量增加 $10\% \sim 30\%$。这是因为空气从材料小孔中排出而由水取代，而水传导的热量要比空气大 24 倍。因而含水量大的

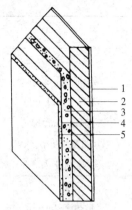

图 8-4　保温墙多层布置
1. 外表层　2. 主墙层　3. 防潮层
4. 保温层　5. 内装层
(董海洲，1997)

隔热材料的导热系数将大大提高。所以，隔热结构需要设置一层防潮层，以防止隔热材料受潮。防潮层应设置在隔热层温度高的一侧。目前国内常用的防潮层材料有两种：一种是以沥青为主的防潮材料，如二油一毡等；一种是以聚乙烯薄膜作防潮材料，由于其施工劳动条件好，工作方便，只要聚乙烯薄膜及黏结剂质量优良、价格低廉，这种材料就可大力推广应用。

（二）低温仓的制冷除湿设备

低温仓虽然有隔热、防潮的处理，但并非完全隔热和防潮。资料表明，在比较暖和的季节里，即使有厚达 7.6cm 的聚苯乙烯泡沫塑料作为隔热层，也没有绝对隔热的效果，除非每隔几天进行一次冷却处理。为此要有制冷和除湿设备。

1. 制冷设备　目前应用的制冷设备主要是制冷机。制冷机主要由四部分组成，即压缩机、冷凝器、膨胀阀和蒸发器。

工作期间，压缩机把从蒸发器中进入的制冷剂蒸气从低压变成高压送入分油器和冷凝器；制冷剂在冷凝器中被水和空气冷却后，便由饱和气态变成液态，沿管进入膨胀阀，膨胀阀又叫节流阀，起调节流量大小的作用；接着进入蒸发器，使制冷剂在蒸发器中吸收介质（空气）的热量，并由液体变成气体，压力降低；在蒸发器周围制成的冷气由风机送入贮种仓；气态低压的制冷剂再度被压缩机吸入，如此循环不息，进行连续冷却。目前，国内种仓选用的制冷设备主要有 KD-10、KD-20 和 L3.5 等型号。它们的主要技术参数见表 8-4。

表 8-4　国产几种制冷机的主要技术参数

（孙庆泉，2002）

型　　号	KD-10	KD-20	L3.5
压缩冷凝机组型号	TZS-2F10	TZS-4F10	4FS7
汽缸直径（mm）	100	100	70
汽缸活塞行程（mm）	70	70	55
转速（r/min）	960	960	1 450/1 725

（续）

型 号	KD-10	KD-20	L3.5
制冷剂	F-12	F-12	F-12
制冷剂注入量（kg）	50	75	—
制冷量（kJ/m³）	14 000～28 000	28 000～56 000	15 000
风量（m³/h）	6 000	12 000	6 500～7 000
鼓风机配用功率（kW）	3	4	2.2
冷却水耗量（m³/h）	3.5	7	5

	型式	直接蒸发式		
蒸发器	散热面积（m²）	78	48.4	96
	排数	6	4	6
	助化系数	12.6	12.3	12.3
	迎风面积（m²）	0.855	0.78	1.0

制冷量调节时，需要控制种子库中温度以达到原来设计的要求，实质上就是调整制冷装置的蒸发温度。仓温与蒸发温度的温差控制，从传热观点考虑，温差大则效果好，降温快。但温差大，就要求蒸发温度低，在一定冷凝温度下，蒸发温度低，其制冷量愈小，结果在制冷量过小的情况下，仓温降不下来。空气自然对流的蒸发器，一般为10～12℃。如KD-10型制冷机的膨胀阀孔径只有9mm，而流入膨胀阀铜管直径为16mm，因而F-12的高压液体在流入膨胀阀时产生突然收缩，阻力增大，使F-12液体由高压98 000Pa变成低压36 260Pa，它们的相应温度为40℃和5℃。当5℃的F-12雾状液滴进入蒸发器后，不断循环，就能不断地将流过蒸发器的仓温冷却到17℃左右。如果要求仓温达到±13℃，应将蒸发温度调整到0℃左右。

目前常用的制冷剂有氨（NH_3）、氟利昂12（F-12）、氟利昂22（F-22）等，表8-5列出了一些常用制冷剂的物性参数。

表8-5　常用制冷剂物性参数

（孙庆泉，2002）

制冷剂名称	化学分子式	代号		相对分子质量	标准气压下沸腾温度（℃）	临界温度（℃）	临界压力（×10³Pa）	临界比容（L/kg）	标准气压下凝固温度（℃）
		国内习用	国际通用						
水	H_2O		R-718	18.016	100.00	374.15	2 211.37	3.260	0.0
氨	NH_3		R-717	17.031	−33.35	132.4	1 128.96	4.130	−7.77
二氟二氯甲烷	CF_2Cl_2	F-12	R-12	120.92	−29.8	112.04	401.80	1.793	−155.0
二氟一氯甲烷	CHF_2Cl	F-22	R-22	86.48	−40.9	96.0	493.23	1.905	−160.0

NH_3是一种广泛使用的制冷剂。它的优点是沸点低，在冷凝器和蒸发器中压力适中，单位容积制冷量大，能溶解水，有漏气现象时易被发现，价格低廉；缺点是有毒、有刺激味，高温下易分解，有水时对铜及其合金有腐蚀性作用，与空气混合后有爆炸危险。还有一种制冷剂为氟利昂，是饱和烃类的卤族衍生物，其分子通式为$C_mH_nF_xCl_yBr_z$。氟利昂制冷

剂有 10 余种，常用的有 F-12、F-22。氟利昂制冷剂大多数无毒、无味，在制冷技术的温度范围内不燃烧，没有爆炸危险，而且热稳定性好；但其价格较昂贵，单位容积制冷量小，有明火时会分解成有毒气体，易泄漏且不易发现。由于它的安全度极高，性质优良，自第二次世界大战后，电冰箱问世，更为人们所熟知，所以仍属普遍使用的制冷剂。但是研究发现氟利昂对臭氧层有破坏作用，因此，现已逐渐停止使用。当前被推广应用的氟利昂 134a（$C_2H_2F_4$，R134a），蒸发温度为 -26.5℃，主要热力学性质与 F-12 相似，是一种新型的环保冷媒。除此之外，半导体制冷等更环保、节能、稳定的制冷新技术也正在被推广应用。

2. 除湿设备　除湿机械有冷冻除湿机和氯化锂除湿机。冷冻除湿机是用冷凝的方法除湿，即使湿空气和冷却盘接触，把空气所含的水汽冷却，变成液态水，然后分离，水从管道中排出。氯化锂除湿机，是用氯化锂作为吸收剂，喷淋在仓内吸湿，而后氯化锂再被吸收加热干燥，干燥后的氯化锂继续喷淋吸湿，由此降低种仓中空气湿度。现在国内外绝大多数是使用这种除湿机，因为它的性质稳定，吸湿能力强，波动范围小，对人体无毒害，对金属无腐蚀，而且能杀死细菌，再生能力强，吸湿变稀后的氯化锂只要加热到 70～93℃ 就可把水分蒸发，得到浓缩，又可重新循环使用。

KD-10 型、KD-20 型等都属于冷风降温机组，没有电加热器和电加湿器来调节相对湿度。其除湿方法，主要采取冷冻除湿法。在冷却过程中，蒸发器冷却的同时还进行着除湿。当空气完全与低于露点温度的蒸发器表面接触时，空气中的水汽即以结露或结霜的形式凝析出来，冷凝水经集水盘排出达到除湿的目的。蒸发温度愈低，除湿能力愈大。但应同时考虑蒸发温度过低会影响制冷量的大小和制冷机械的使用寿命。在用低温仓贮藏种子时，为了降低制冷贮种成本，种子入库前需进行自然冷却，使贮种处于低温状态。并且为了使贮种区内空气回流均匀，要求种子堆垛时在纵向和横向上留有必要通道，以便冷气顺利流通。

（三）低温仓的特殊管理

1. 低温仓的设备管理　库内主机及其附属设备是创造低温低湿的重要设施。因此，设备管理是低温仓库管理的主要内容。通常要做好下列工作：

①制定正确使用的规章制度，加强对机房值班工人的技术培训，使他们熟练掌握机器性能、设备安全技术操作规程、维修保养和实际操作技术。做到"三好"（管好、用好、修好）、"四会"（会使用、会保养、会检查、会排除故障）。

②健全机器设备的检查和保养制度。搞好设备的大修理和事故的及时修理，确保设备始终处于良好的技术状态，延长机器使用寿命。

③做好设备的备品、配件管理。为了满足检修、维修和保养的需要，要随时贮备一定品种与数量的备件。

④精心管好智能温湿度仪器。探头在库内安放要充分注意合理性、代表性。

⑤建立机房岗位责任制，及时、如实记好机房工作日志。

2. 低温仓的技术管理

（1）建立严格的仓储管理制度。

①种子入库前，彻底清仓，按照操作规程严格消毒或熏蒸。种子垛底必须配备透气木质（或塑料）垫架。两垛之间、垛与墙体之间应当保留一定间距。

②把好入库前种子质量关。种子入库前搞好翻晒、精选与熏蒸；种子水分达不到国家规定标准，无质量合格证的种子不准入库；种子进库时间安排在清晨或晚间；中午不宜种子入

库，若室外温度或种温较高，宜将种子先存放缓冲室，待后再安排入库。

③合理安排种垛位置，科学利用仓库空间，提高利用率。

④库室密封门尽量少开，即使要查库，亦要多项事宜统筹进行，减少开门次数。

⑤严格控制库房温、湿度。通常，库内温度控制在15℃以下，相对湿度控制在65％左右，并保持温、湿度稳定状态。

⑥建立库房安全保卫制度。加强防火工作，配备必要的消防用具，注意用电安全。

⑦进入低温库不能马上开机降温，应先通风降低湿度，否则降温过快，达到露点，易造成结露。

（2）收集和贮存下列主要种子信息。

①按照国家颁发的种子检验操作规程，获取每批种子入库时初始的发芽率、发芽势、含水量及主要性状的检验资料。

②种子贮存日期、重量和位置（库室编号及位点编号）。

③为寄贮单位贮存种子，双方共同封存样品资料。

（3）收集和贮存下列主要监测信息。

①种子贮藏期间，本地自然气温、相对湿度、雨量等重要气象资料。

②库内每天定时、定层次、定位点的温度和相对湿度资料。有条件的应将智能温湿度仪与电脑接口连接，并把有关信息贮存在电脑中。

③种子贮藏过程中，种子质量检验的有关检测数据。

（4）建立完备的技术档案。低温低湿库的技术档案，包括工艺流程、装备图纸、机房工作日志、种子入库出库清单、库内温湿度测定记录、种子质量检验资料以及有关试验研究资料等。这些档案是低温库技术成果的记录和进行生产技术活动的依据和条件。每个保管季节结束之后，必须做好工作总结，并将资料归档、分类和编号，由专职人员保管，不得随便丢弃。

四、地下种仓

在地下建成的种仓称为地下种仓（underground seed storage）。地下种仓在我国有悠久的历史，远在五六千年前就有地下存粮的方法，近年来又有新的发展。

（一）地下种仓的特点

1. 投资少　地下种仓不需要或需要很少的钢材、木材，在气候、土质条件好的地方均可建造，建造容易，投资少。

2. 温度稳定　有利于低温贮藏。地下种仓的仓壁、仓底和仓顶都包在不同厚度的土石层中，土层本身是一种隔热材料，导热系数较小。据测定覆土2.5m厚的种仓，常年的种温可控制在20℃以下。在土层10m以下的种仓受外温的影响很小，如种仓管理得好，可使种温常年保持在17℃以下，东北地区还可以更低些。由于温度低而稳，种子的生理代谢比较缓慢，同时可抑制仓虫和微生物的生长繁殖，使种子贮藏比较安全。

3. 密闭性好，便于熏蒸杀虫，而且不占耕地　地下仓仅需开设少量窗户，种仓密封严密。

4. 地下种仓的不足之处是难以防潮　水分不易散发，常被土石层吸收，进而影响整个种仓的湿度。因此，在地下水位较高的平原地区和低洼地区不宜采用。另外在选点设计不当时，运输有一定的困难。

（二）地下种仓类型

目前国内建造的地下种仓的类型主要有平窖式仓、立筒式或喇叭式窖仓和山洞仓等几种。

1. 平窖式仓　平窖式仓（seed cellar）多建造在崖畔或坑的周围，有的用石块和砖加固。窖壁和种子堆之间用蒿秆隔离，地面用砖铺或用灰沙、煤渣和胶土压实墁平。一面仓壁开门窗，窖顶开通气孔和进种口，窖长一般5～13m，窖内宽3～4m，窖高3～4m，窖顶离地面4～7m。种子堆高度约为窖高的2/3，贮量为5万～30万kg。也有的窖式仓直接挖在晒场的一角或室内地窖底铺干草，干草下垫草灰，四周用草绳或谷草编束围圈。种子堆上面盖草，上面再覆土或用木条搭棚。这种仓型在西北黄土高原较多。

2. 立筒式或喇叭式窖仓　立筒式或喇叭式窖仓（loudhailer seed storage）是近十几年来创建的仓型，特别是球壳顶喇叭式窖仓（即地下土圆仓），已被国家列为定型种仓（图8-5）。

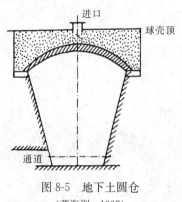

图8-5　地下土圆仓
（董海洲，1997）

该仓的仓顶为圆球壳顶，流水坡度为1：10，土质差时适当加大坡度。球壳模架用竹、木制成，根据仓容计算矢高和曲率半径，并在壳顶加设一毡二油的防水层，壳顶用砖砌成薄壳式，再用砂浆或块石分层填土夯实。仓壁坡度采用4：1，故可不做衬砌结构，只用三毡三油作防潮层，内做干砖贴面的护壁。仓壁底部设出口通道，在靠近顶壳的仓壁处，设进种口，平时作通气用。如一上口径为10m，下口径为7.25m，高7.5m，球壳曲率半径为7.25m，矢高为2m的球壳顶喇叭式窖仓，其总容积约400m³，除去球壳顶的容积后，约为324m³，散装种子高度若为5.5m，即刚好装至球壳顶底部，容量可达25万kg。

据洛阳地区试验，用该仓贮藏小麦种子经9～11年，玉米种子经4年，温度、水分和化学成分都比较正常。经11年贮藏的小麦，上层温度为14～18℃，中层13～15℃，下层13～14℃；水分10%左右，和入库时基本一样；发芽率为98%；化学成分和新小麦对比，除脂肪酸值稍高外，其他如蛋白质、脂肪、还原糖、非还原糖、酸度等基本符合规定标准。

3. 山洞仓　山洞仓（cave seed storage）一般是利用山洞改造而成，也有新开挖的。各省都有这样类型的种仓。山东省的烟台、青岛两市较多。山洞仓一般将山洞打通，即两端均可进出，便于通风和运输。洞仓宽度一般为5～8m，长度不等，有的达500m以上。仓顶为拱形。两端都是2～3层门，各层门之间相隔6～8m，门上有隔热隔潮层，密闭性能好。由于山洞的覆盖层深，山水的压力大，仓顶和仓壁都要建成双层离壁被复式，其两层之间有一定的空隙，并用沥青进行严密的两油一毡处理，便于库内不渗不漏。如烟台市的长岛县，地处海岛四面环水，但它的山洞仓由于精心施工，科学管理，十多年洞仓的温度都维持在17℃以下，相对湿度常年保持在70%以下。于1972年1月存入的小麦、玉米、大豆等种子，经9年的贮藏试验说明，山洞仓能延长种子寿命，较长期的保持种子生活力。

五、简 易 仓

简易仓（facility seed storage）利用民房改造而成。将原民房结构保留，检修堵塞仓内外各处破漏洞处，并用纸筋石灰把梁柱、墙壁抹平刷白，将地面土夯实，铺上 13～17cm 厚的干河沙，压平后，铺一层沥青纸（油毛毡），沥青纸上再铺一层土坯，并将它抹平即可（图 8-6）。注意要使仓内达到无洞无缝、不漏不潮、平整光滑的要求，并待充分干燥后，才可贮藏种子。简易仓成本低，建造简单，但坚固性较差，需要经常进行检修和维护。

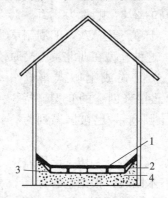

图 8-6　简易仓

1. 纸筋石灰地坪　2. 土坯　3. 沥青纸　4. 干河沙

（毕辛华，1993）

第三节　种仓设备

为提高管理人员的技术水平、工作效率和减轻劳动强度，种子种仓内应配备下列设备。

一、检验设备

为正确掌握种子在贮藏期间的动态和种子进出仓时的品质，必须对种子进行检验。检测设备应按所需测定项目设置，如数显鼓风干燥箱、低温冷柜、电动粉碎机、数粒仪、数粒板、镊子、套筛、干燥器、档案柜、样品柜、扦样器、检验工作台、药匙、坩埚钳、横格式分样器、测温仪、水分测定仪、温湿度遥测仪器、油脂分析仪、光照发芽箱、容重器、放大镜、显微镜和手筛等。温度和水分检验是种子检验过程中非常重要的两项工作，必须熟练掌握相关仪器设备的使用方法。

（一）温度检查仪器的使用

种子贮藏期间种温变化能反映出贮藏种子的安危状况，而且相当灵敏。所以对种温和仓温及时进行检测是种子贮藏管理的一项常规性任务。

检查种子仓库温度的仪器有普通温湿度计、曲柄温度计、杆状温度计和温度传感器等。

1. 普通温湿度计　一般在市场都有出售，可同时测定空气温度和湿度。可在仓库中心和四周设置多个监测点。普通温湿度计只是对仓温和空气湿度进行测定。温度测定精确度高的情况下需要对温度计进行标定。

2. 曲柄温度计　曲柄温度计又称为米温计，外有金属套，有长度刻度，里面有一支弯曲温度计，适宜于测定包装种子。

3. 杆状温度计 杆状温度计用金属制成，杆的一端有一支温度计，长度分 1、2、3m 不等。可分上、中、下分别插入种子堆，适用于测量散装贮藏种子。

4. 温度传感器 有热敏电阻、PN 结温度传感器、辐射式温度传感器、T 形热电偶传感器等。一般传感器有数据处理和网络通讯等模块配套使用。在种子入库时将传感器埋到种子堆中，通过导线或无线连接到数据处理中心上，检测的数据通过数据处理分析和存贮，随时调用监测，也可以通过网络通信系统进行远程监控。使用温度传感器监测种温简便省力而准确，精度可以达到 0.3℃左右。

检查种温时需要划区定点，如散装种子堆 100m² 面积范围内，分上、中、下 3 层，每层设 5 个检查点共有 15 处，即用 3 层 5 点 15 处的测定方法。包装种子则用波浪形设点的方法。

设点可根据种子堆的不同情况酌情增减。如堆面积超过 100m² 的，就应该增加检查点。对于平时有怀疑的区域，如靠墙、屋角、近窗处以及曾有漏雨渗水等部位，都应增加辅助点，以便更全面地掌握情况。一天内检查温度以当地时间 9：00～10：00 为好，避免外界温度的影响。除了检查种温外，还要记录仓温和气温。

（二）水分检查仪器的使用

目前种子水分检查普遍使用电阻式、电容式和红外线式传感器或手持谷物水分测定仪进行检查测定。现以各大种子公司及相关种子研究部门普遍使用的 PM-8188 电容式谷物水分测定仪为例，简要说明其使用方法。

1. 技术规格 高频电容式（50MHz），自动测定重量和计算平均值，电源自动关闭。使用温度范围为 0～40℃，测定范围：小麦、玉米、大麦 6.0%～40.0%；大豆、绿豆、谷子、高粱、油菜、红小豆 6.0%～30.0%；精米 9.0%～20.0%；稻谷 8.0%～35.0%。

2. 部件结构 PM-8188 电容式谷物水分测定仪结构如图 8-7 所示。

图 8-7 PM-8188 电容式谷物水分测定仪结构

3. 使用方法

（1）测前准备。安装上 4 个三号锌锰干电池，由于测定仪内部装有电子天平，测定时应放置在无风、无振动的水平面上使用。使用时样品温度应与水分测定仪的温度充分融合后再测定。为使测定样品能均匀投入测定部从而保证测定准确度，一定要使用自动料斗。

（2）测定操作。

①接通电源：按"开关"键，首先会显示测定仪正式型号"PM8188"等信息3s。之后会显示品种编号、品种名称、"TIME"、"％"等。

②选择品种：按"选择"键。每按一次品种编号将增加一个，按12次选择所有可测定的品种。

③将样品装入自动料斗：关闭自动料斗闸门杆，在自动料斗上部套上料斗，倒入样品直至从自动料斗中溢出（样品倒入时不要一下全倒入，在5～6s内缓慢均匀投入），水平移开料斗，刮去多余样品，使其为平满的一杯。

④安装台座和自动料斗：将自动料斗的台座安装在测定仪上，使定位槽朝前，保持水平，并注意使其不要碰到上部环盖部位。对准台座的定位槽将自动料斗安装在台座上。

⑤测定：按"测定"键，此时小数点闪烁显示（由于此时进行电子天平零点调整，不要触摸或震动仪器），当"POUR"开始闪烁，按下自动料斗按钮，开始倒入样品（闸门会用力向右外侧弹出，注意不要碰到手）。"POUR"消失，小数点闪烁4次后，显示水分值和测定次数（TIMES）。水分超出测定范围时会显示"FFF"，低于测定范围时会显示"AAA"。

⑥倒掉样品：将自动料斗的闸门向前拉倒关闭，把底部恢复到原状，从测定仪上卸下自动料斗和台座，倒掉样品。此时，水分值显示保持不变。

如果需要继续测定，重复③～⑥操作步骤。

⑦平均值的显示：测定次数在2～9次时，按"平均键"，会显示"AVE"、测定次数和平均值。再按"平均"键后，下一次测定水分时显示的测定次数将从1开始。

⑧水分值修正方法：某个品种的水分值显示与标准方法测得的结果不相符时，可在-9.9％～+9.9％的范围内进行修正。方法是：a. 确认电源已关闭，按"开关"键，在显示型号和其他内容约5s时间内，按"选择"键，再连续按"选择"键，直至所有显示消失，然后再显示出"BIAS""0.0""％"，此时修正值的初始值为0.0％。b. 按"选择"键，每按一次"选择"键，品种编号将增加一个。选择要修改的作物编号，按"测定"键，每按一次修正值增加0.1％，如果需要减少则按"平均"键。c. 按"开关"键或20s不按键，电源自动关闭并保存修改键。

检查水分同样需要划区定点，不过每个小区面积要少一点。一般散装种子以25m²面积为一小区，分3层5点15各处，设15个检查点取样。

袋装种子以垛堆大小，把样袋均匀分布在垛堆上、中、下各部，并形成波浪形设点取样。从各点取出的种子混合为混合样，然后按国家标准《农作物种子检验规程——水分测定》进行分析。如果有怀疑的检查点，所取的样品应分开进行检测。

检测方法是先用感觉法看、摸、闻、咬，即看种子色泽有无变化，摸种子有无潮湿的感觉，闻种子有无霉味，咬种子是否松脆。一般种子色泽无变化，有干燥感觉，无霉味，咬上去很松脆为安全的。完成以上感官判断后，可以用水分测定仪进行测定，或采用烘干法进行测定。

检查种子水分的周期取决于种温。种温0℃以下时，每月检查一次，在0℃以上时，每半月检查一次。每次整理种垛后也应检查一次。仓库密封性较差，遇到多雨季节，可以根据需要增加检查次数。

二、装卸、输送设备

装卸、输送设备是种子种仓的重要组成部分，不仅可减轻劳动强度、成倍提高工作效率，同时也可提高种子贮藏效率。

装卸、输送设备按照其工作原理可分为气力输送设备和机械输送设备两大类。

(一) 气力输送设备

1. 气力输送装置的特点 气力输送装置在种子加工和贮藏过程中有着广泛的应用，与机械输送装置相比，气力输送有很多优点，但也有缺点。

(1) 优点。

①结构简单，在气力输送设备中只有风机是运动部件，结构不复杂，初次投资成本也低。

②输送路线可以任意组合和变更，输送距离远，设备布置合理。

③装置密封性好，能有效控制粉尘外扬，降低粉尘爆炸的危险程度，改善了劳动条件，保证安全生产。

④不仅可以输送种子，同时还可利用气力输送装置结构形式的变化，预先进行简单的种子清选和去杂。

⑤输送过程中种子能自然降温，能避免因种温上升带来的各种不利影响。

⑥工艺过程易实现自动化。

(2) 缺点。

①动力消耗大，噪声大，弯管等部件易磨损。

②气流速度较大时对种子会造成一定程度的损伤。

2. 气力输送装置的类型 根据气流输送种子的方式，可以将气力输送装置分为吸送式、压送式和混合式三个类型（图8-8）。

(1) 吸送式。吸送式可以从几处向一处集中输送，也可以在一个气力输送系统中完成多个作业机的输送任务。机器工作时，种子输送过程是在风机吸气一侧完成的。因吸送式系统处于负压状态，因而不会尘土飞扬，保证了场地的卫生条件。吸送式能从低处及狭窄处进行输送，但输送量和输送距离均受限制。吸送式的种子进料方式较简单，对卸料器和除尘器的密封性要求较高。

(2) 压送式。压送式气力输送装置工作时，种子输送是靠风机的压出段所产生的气流压力完成的。压送式气力输送装置适用于由一点向多点大容量、长距离的种子输送，

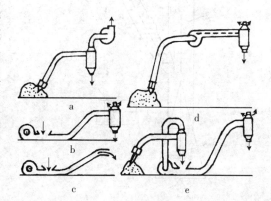

图 8-8 气力输送装置类型
a. 吸送式　b、c. 压送式　d、e. 混合式
(孙庆泉，2001)

能够防止杂质和油水侵入。分离筒结构简单，动力消耗较小，但种子对管道的磨损较重，密封性要求较高，种子供料装置较复杂，易造成尘土或种子飞扬。

(3) 混合式。混合式气力输送装置是由吸气式和压气式输送装置组合而成的，具有两种

类型的共同特点，适用于长距离种子输送，一般用在移动式气力输送装置上，这种组合式气力输送装置可以减少输送程序和设备，能节省投资。

3. 气力输送装置的构造 气力输送装置的主要构造包括接料器、输料管、卸料器和闭风器等设备。各设备的合理选择决定了整个系统工作的可靠性和经济性。

（1）接料器。接料器是用来将需要输送的种子与空气混合，并将其送入输料管的一种设备，它的结构形式对整个气力输送装置的性能有很大影响。下面分别介绍生产中常见的几种接料器。

①直方式三通接料器：这种类型的接料器是在垂直提升种子时使用，其结构如图 8-9 所示，它主要由矩形断面的自流管和输料管接合而成。接料器工作时，种子沿自流管滑下，落入从喇叭口形的进风口吸入的气流中，此处的气流速度较高，能更有效地把种子带入输料管中。为了能使种子顺着气流的方向落入，并更好地与气流混合，在自流管与输料管的接合处装一齿板，齿板折成与水平方向呈 45°夹角。当种子从自流管滑下时，先与齿板撞击而冲散，并折向上方而被气流吸走。这种接料器能使种子自由落入气流中，保证了种子与空气充分混合。为了不使空气从自流管引入，在自流管中专门设有闸板。

②诱导式三通接料器：这种类型的接料器用于种子的垂直升运，其结构如图 8-10 所示，它主要由自流管、淌板和输料管等部分组成。接料器工作时，种子沿矩形断面的自流管滑下，经圆弧形淌板转向和减速后，送入进风口的气流中。在种子落入气流的位置，风道截面最小，气流速度较高，有利于种子被带入输料管。一旦接料器堵塞，可打开插板活门进行清理。

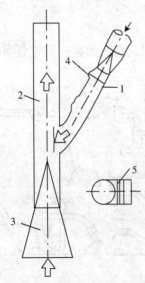

图 8-9　直方式三通接料器

1. 自流管　2. 输料管

3. 进风口　4. 闸板　5. 齿板

（孙庆泉，2001）

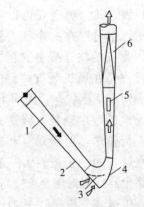

图 8-10　诱导式三通接料器

1. 自流管　2. 插板活门　3. 淌板

4. 进风口　5. 观察窗　6. 输料管

（孙庆泉，2001）

③卧式三通接料器：这种接料器适用于水平方向输送种子，其结构如图 8-11 所示，它主要由短管、弯管和隔板组成。接料器工作时，将种子从弯管引入短管，并在此与从短管右端引入的空气混合，而后进入输料管。为了避免因种子进得多而引起短管的阻塞，可用隔板

将短管分成上、下两部分，则可使短管始终保持畅通状态。

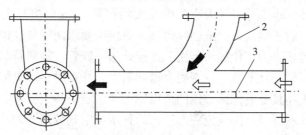

图 8-11　卧式三通接料器
1. 短管　2. 弯管　3. 隔板
（孙庆泉，2001）

④筒式接料器（吸嘴）：用气力输送装置对种子进行装卸时一般都离不开吸嘴，吸嘴的形式很多，分单筒吸嘴和双筒吸嘴两种。

单筒吸嘴（单筒接料器）构造简单，甚至可以用输料管的前端直接吸料，其吸嘴可做成直口、喇叭口、斜口和扁口等多种形式（图 8-12）。直口吸嘴（图 8-12a）形式最简单，工作时吸嘴插入种子堆，其补充空气入口易被种子堵塞，有时浓度过大也会造成输料管堵塞，压力损失较大。喇叭口式吸嘴（图 8-12b）的入口为喇叭状，可以减小空气和种子流入时的阻力，压力损失较小。其吸嘴上部装有一个可转动的补充空气入口，可调节补充空气量，使种子得到更有效的加速，从而提高输送能力。斜口吸嘴（图 8-12c）入口为一斜截面，适用于吸引残留在容器角落的种子，使用中常出现吸嘴埋入种子堆前补充空气量太大，而埋入种子堆后又无补充空气的现象。扁口吸嘴（图 8-12d）适用于各类种子的吸运。工作时，4 个支点使吸嘴与种子之间有一定的间隙，以补充空气。

双筒吸嘴（双筒接料器）是由入口端为斜口的内筒和外筒组成。吸嘴工作时，双筒吸嘴插入种子堆，空气从吸嘴上端两筒之间进入后与种子混合。为提高输送能力，使种子得到有效加速，可根据种子颗粒大小把可调补充空气入口调整到最佳位置。

综上所述，前三种形式的接料器在使用过程中往往会遇到掉料、堵塞和能量消耗大等问题，为此在设计接料器时应注意以下三点：第一，要有合理的种子注入方式，且种

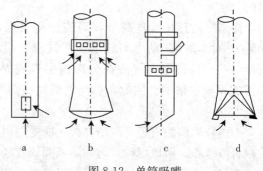

图 8-12　单筒吸嘴
（孙庆泉，2001）

子注入方向尽可能与气流方向一致，避免逆回或垂直进料，以减少能量消耗和堵塞；第二，接料器对气流要有良好的引导性能，使其流畅地进入接料器，防止涡流产生，降低能量消耗；第三，种子和气流在接料器中必须充分混合，要求种子均匀地分散在气流中，以避免掉料和堵塞。

（2）输料管。输料管是用来输送种子的管子，连接在接料器和分离筒之间。输料管多采用圆形断面，它可以保证气流在整个断面上分布均匀，使种子在管道中较稳定的输送，同时输送阻力较其他断面形状管道小，制造简单、结实、重量轻、维修方便。输料管可采用无缝钢管、玻璃管和薄钢板制作。目前多用薄钢板输料管，薄钢板厚度为 0.75～1.2mm。

薄钢板输料管安装时，管与管之间的连接有套接和对接两种方法。套接法安装时，要求每节输料管两端管径大小不等，其大小头内径大约相差 2mm，按气流方向顺次将小端插入另一管的大端。为了防止漏气，接缝必须焊接。对接法要求两输料管相接端的管径相等且有卷边，用连接卡箍连接，为了使接头严密，连接处垫一胶管。输料管制造要求尺寸精确，保证对接后接口平直、同心且不漏气，否则会增加阻力，严重时会产生堵塞。对接法与套接法相比，具有管道损失小且安装维修方便的优点。

（3）卸料器。卸料器是将随气流一起进入的种子与空气分离开来的装置，因此也称分离装置。卸料器的技术要求是生产率高、性能稳定、排料连续均匀、结构简单、维修方便且有一定的分离作用。卸料器分为分离筒卸料器和重力式卸料器。

①分离筒卸料器：又称离心式卸料器或刹克龙，它的结构简单，一般由固定不动的外圆筒、内圆筒和圆锥筒三部分组成。

卸料器工作时，种子与气流的混合物由外圆筒上部的切向进风口进入分离筒后，速度降低，种子靠惯性沿外圆筒内壁旋转而产生离心力，并在本身的重力作用下贴着外圆筒内壁按照螺旋形的轨迹运动。种子因与筒内壁有摩擦而逐渐降低速度，最后缓慢地经圆锥顶端的出料口排出；而重量轻的夹杂物在内层接近内圆筒外壁旋转下降，当其旋转到吸风口时则随同气流一起被排出。由此可见分离筒具有初步分离的作用。

从分离筒的工作过程可看出，种子主要是在离心力的作用下，与轻夹杂物和气流分开。种子的离心力越大，分离效果越好。要提高分离筒的分离效果，就必须增大离心力。离心力的大小除与种子质量有关外，还与进入分离筒的气流速度和外圆筒直径有关，种子质量大、进入分离筒的气流速度高、外圆筒的直径小则离心力就大，反之则小。所以要提高分离筒的分离效果，似乎可通过提高气流速度和缩小外圆筒直径的方法来达到目的。

提高气流速度能提高分离筒的分离效果，但过分提高气流速度将使种子通过分离筒的阻力急剧增加，动力消耗增加。试验表明，当气流速度提高到一定程度时，分离效果反而变差，这是因为气流在分离筒中形成涡流，妨碍了种子运动。另外气流速度提高，种子破碎量也增加。因此，单纯地通过提高气流速度来增加分离筒分离效果的做法是不恰当的。

缩小分离筒的直径可以增加种子所受的离心力，但这样做又会使分离筒容量减少，种子在出料口堆积，所以单纯通过缩小外圆筒直径来增强分离效果也是不恰当的。

为了防止分离筒把种子吸走，吸风口面积的大小应保证吸风口处的气流速度不超过 $3\sim4m/s$。

②重力式卸料器：重力式卸料器的工作原理是根据流体连续方程，使管道断面面积突然扩大，气流速度降低（一般降低到种子临界速度的 10% 左右），然后依靠种子的自重在气流中下落，从而进行分离。重力式卸料器一般有以下几种形式。

三角箱卸料器：其工作过程如图 8-13 所示。垂直提升的种子经变形管和活动顶盖后折向三角形沉降室中，种子在其自身的重力作用下，经压力门排出。为了避免进入三角形沉降室的种子还没来得及沉降就被气流从出风口吸出，所以在沉降室上端装有一弧形挡板，以促使种子的有效分离。

缓冲式卸料器：其工作过程如图 8-14 所示。种子与空气的混合物从输料管垂直升运进入缓冲箱。由于缓冲箱横断面突然扩大，气流速度迅速降低，种子仍靠从气流中获得的速度继续向上运动，但因缓冲式卸料器的缓冲箱高度较高，种子又受重力作用，所以种子向上的速度逐渐减小，最后种子沿缓冲箱弧形板落至料斗。在均料板的作用下，种子沿其宽度均匀分布后落入集料斗，从压力门排出，种子从料斗下降的过程中，受气流作用，轻夹杂物随同气流一起从出风口排出。从缓冲式卸料器工作过程可看出，种子对箱体顶部的撞击力较小，种子损伤小，同时起到了一定的清理作用，但其缺点是体积较大。

大弯头卸料器：其工作过程如图 8-15 所示。种子与空气混合物垂直升运经进料变形管进入矩形弯头。种子由于惯性滑向集料斗，再经料封压力门排出。种子中的轻夹杂物因惯性小而落入轻杂沉降室，气流经吸风口排出。

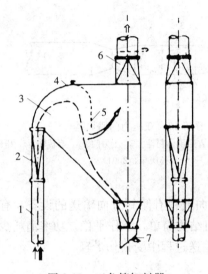

图 8-13　三角箱卸料器
1. 输料管　2. 变形管　3. 沉降室　4. 活动顶盖
5. 弧形挡板　6. 出风口　7. 压力门
（孙庆泉，2001）

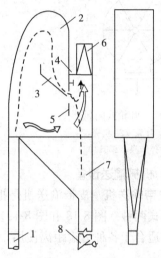

图 8-14　缓冲式卸料器
1. 输料管　2. 缓冲箱　3. 料斗　4. 均料板
5. 弧形板　6. 出风口　7. 集料斗　8 压力门
（孙庆泉，2001）

（4）闭风器。为了使种子顺利地从卸料器卸出或进入压送式气力输送装置的输料管，避免空气吸入或压出，在卸料器口或输料管口装有闭风器，目前常用的闭风器有叶轮式闭风器和压力式闭风器两种。

①叶轮式闭风器：叶轮式闭风器由叶轮和机壳组成（图 8-16）。叶轮式闭风器上端与卸料器或料斗的出口连接，下端与输料管相连。闭风器工作时，种子连续从卸料器或料斗出料口落入闭风器的叶轮格室，叶轮不断旋转并将格室中的种子从闭风器的底部排出，这样，闭风器中的种子将空气通道堵死，起到闭风作用。

为了使卸料器连续稳定工作，叶轮式闭风器的排量器的排量必须配合得当。叶轮闭风器

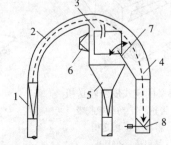

图 8-15　大弯头卸料器
1. 进料变形管　2. 矩形弯头　3. 调风阀　4. 集料斗
5. 轻杂沉降室　6. 吸风口　7. 调节板　8. 料封压力门
（孙庆泉，2001）

每分钟一般不超过 60 转。

②压力式闭风器：双压力门避风器结构如图 8-17 所示。机器工作时，种子从卸料器连续落在上压力门上，待种子略有堆积后即靠其自重压开上压力门，落入下压力门的料斗内。同样道理待堆到一定数量后又压开下压力门，种子排出。由于种子连续下落，所以上下压力门料斗上的种子始终保持一定数量，压力门开启一定角度，种子连续排出，这样就防止了空气从下面进入，起到了闭风作用。

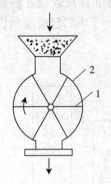

图 8-16　叶轮式闭风器

1. 叶轮　2. 机壳

（孙庆泉，2001）

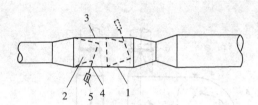

图 8-17　双压力门避风器

1. 方形筒体　2. 方形锥体料斗　3. 压力门　4. 旋转轴　5. 压砣

（孙庆泉，2001）

（二）机械输送设备

1. 皮带输送机　皮带输送机是把种子向水平方向或稍有倾斜方向输送的设备，有固定式和移动式两种（图 8-18 和图 8-19）。皮带式输送机结构简单，工作平稳，功率消耗少，运料连续，适合于各种运输距离使用，种子在装卸和输送过程中受损伤最轻。

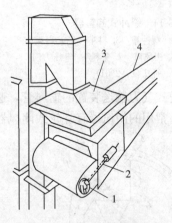

图 8-18　固定式皮带输送机

1. 皮带轮　2. 纺织橡胶带

3. 料斗　4. 输送槽

（颜启传，2001）

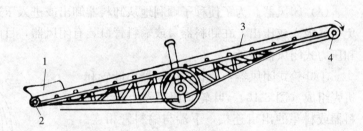

图 8-19　移动式皮带输送机

1. 接受槽　2. 牵引滚筒　3. 转动环带　4. 传动滚筒

（孙庆泉，2001）

皮带输送机在倾斜方向输送种子时，其倾斜角应比种子与皮带之间的摩擦角小 10°～18°，以防止种子沿运动反方向下滑。对于普通的光面皮带，倾斜角不超过 25°。倾斜角需要增大时，可采用特殊的高花纹皮带或增加板条，但最大倾斜角仍不能超过 45°。在皮带运输机工作过程中，为了保持工作边的平直和减少皮带张力，输送距离短或小型皮带输送机的工作面皮带常用金属板支承，皮带在金属板上滑动，而大型皮带输送器的工作面皮带要用滚轮支承。

2. 斗式升运机　斗式升运机是把种子垂直向上输送的输送装置，由皮带轮、料斗和外罩等组成（图 8-20）。机器工作时，传动机构带动上皮带轮旋转，料斗由下方或侧面舀取种子，并将其运至上方，当料斗翻转时把种子抛出，种子经出口流出。斗式升运机结构紧凑（横向尺寸小），提升高度大（可达 45～60m），生产率范围宽，工作平稳，功率消耗小，易于维修和操作，所以在种子加工机械中应用广泛。

3. 括板输送机　在散装种子的作业中，运用括板机将种子括到输送机上，可减少人工入料程序。括板机可随时移动（图 8-21）。

4. 堆包机　堆包机也叫平板升运机，在种子包装运输作业中，运用堆包机可减少人工抗袋或抬袋工作，降低劳动强度，解放劳动力，而且加速运输过程（图 8-22）。

5. 叉车、铲车　对于一些袋装堆放的种子，需要配备便捷式叉车和铲车，利于长距离运输大量种子袋。

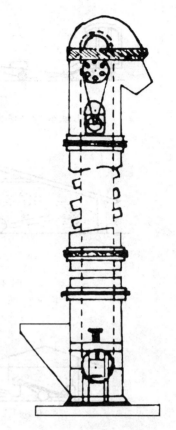

图 8-20　斗式升运机
（孙庆泉，2001）

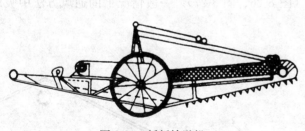

图 8-21　括板输送机
（董海洲，1997）

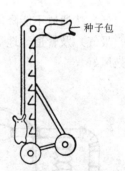

种子包

图 8-22　堆包机
（颜启传，2001）

上述几种运输机械，可以配成套连续工作。如散装种子作业中，首先由括板机将种子括入输送机，输送机将种子输送到选种机，或者用气流输送机直接将种子吸入选种装置中进行选种。在包装运输中，由平板升运机将种子包运送到输送机，再由输送机运至火车、汽车上运走或转仓等（图 8-23、图 8-24、图 8-25）。

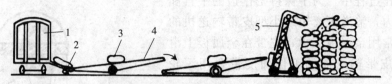

图 8-23　接受袋装种子作业

1. 火车　2. 倾斜滑板　3. 种子袋　4. 皮带输送机　5. 堆包机

（颜启传，2001）

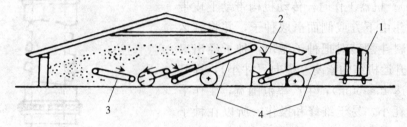

图 8-24　发放仓内散装种子作业

1. 火车　2. 斗磅秤　3. 括板输送机　4. 皮带输送机

（颜启传，2001）

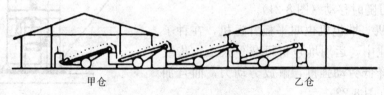

甲仓　　　　　　　　乙仓

图 8-25　输送机冷却种子作业

（颜启传，2001）

三、机械通风设备

当自然通风不能降低仓内温湿度时，应迅速采用机械通风。通风机械主要包括风机（鼓风、吸气）及管道（地下，地上两种）（图 8-26、图 8-27）。一般情况下的通风方法中吸风比鼓风好。

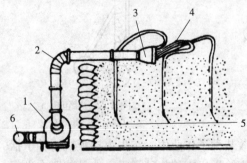

图 8-26　多管吸风机装置

1. 吸风机　2. 风管弯头　3. 空气分配头
4. 软管　5. 支风管　6. 废气出口

（颜启传，2001）

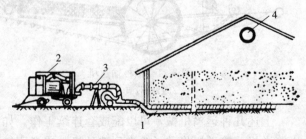

图 8-27　种子地下通风装置

1. 分气管　2. 空气推动装置　3. 通风管　4. 排气管

（颜启传，2001）

四、种子加工设备

种子加工设备包括清选、干燥、药剂处理和计量（数）包装四大部分。清选机械又分为粗选和精选两种。干燥设备除晒场外，应备有种子干燥机。药剂处理机械如消毒机、药物拌种机（图 8-28）等，对种子进行消毒灭菌，防止种子病害蔓延。种子加工设备详见本书第六章。

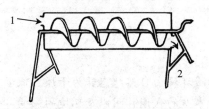

图 8-28　药物拌种机
1. 种子和农药进口　2. 出口
（颜启传，2001）

五、熏蒸设备

熏蒸设备是防治种仓害虫必不可少的。如各种型号的防毒面具、防毒服、投药器及熏蒸药剂等，还要配备一定数量的淋浴房，以便工作人员在熏蒸之后及时清洗身体和衣物。

六、其他设备、用具

仓库管理工作中的重要内容之一就是防火，因此，仓库应有消防设备，包括各种灭火器、干沙、消防栓等。此外，种仓内还应配备包装器材如打包机、封口机，各种规格的复合袋、麻袋，各种晒场用具，计量用具如磅秤、电子秤等。

思 考 题

1. 建立种子种仓时的仓址选择原则是什么？
2. 种子种仓建立的标准是什么？
3. 种子种仓改造时应注意哪些问题？
4. 种子种仓的主要类型有哪些？各有什么特点？
5. 低温仓的管理工作有哪些？
6. 种子种仓的主要设备和用具有哪些？

种子进入贮藏期后，贮藏环境由自然状态转为干燥、低温、密闭状态，但种子的生命活动并没有停止。由于种子本身的代谢作用以及环境的影响，仓内的温度、湿度逐渐发生变化，当管理不当时，种子会产生结露、发热、霉变、结块等现象。这些变化直接影响到种子贮藏的稳定性和种子的生活力。加强对结露、发热和霉变的预防和防治，不仅可以延长种子的贮藏时间，还能有效减少或避免损失，降低种子的贮藏成本。

第一节　种子贮藏期间温度和水分的变化

种子贮藏期间，影响种子贮藏寿命的最主要因素是温度和水分。仓储种子的温湿度主要受空气温湿度的影响，一般情况下，大气温湿度首先影响仓库温湿度，紧接着仓库温湿度影响到种子堆的温度和水分。所以，人们通常将大气温湿度、仓内温湿度和种子堆温湿度（水分）统称为"三温三湿"。了解和掌握"三温三湿"的变化规律，对种子的安全贮藏有非常重要的意义。

一、温度的变化

种子温度变化是种子在贮藏过程中安全状态的一个重要标志。由于种子本身的代谢作用和环境的影响，仓内温度逐渐发生变化，会出现发热、吸湿回潮和虫霉等异常情况。种子的温度在一年中随着气温而升降的现象具有一定的规律性，掌握这种规律对防止种子发热、安全保存种子有着重要的意义。

种子的温度简称种温。种温在一年四季里不是固定不变的，而是随着气温的升降而不断发生变化。在正常情况下，干燥的种子自身呼吸作用放出的热量很少，因此，种温的变化主要受外界环境的影响。外界环境对种温的影响主要来自太阳直射、辐射热以及仓壁传温三个方面。这三种影响往往会使种温逐渐升高，但当气温下降时，由于冷空气的影响或通过仓壁的传递亦可以使种温逐渐下降。

（一）种温的日变化

种温在一昼夜之间的变化称种温日变化（change of seed temperature per day）。种温日变化有一个最低值和最高值，最低值和最高值出现的时间一般比气温最低值和最高值出现的时间迟 2~3h。种温最低值一般出现在 6：00~7：00，最高值一般出现在 17：00~18：00，10：00 左右的气温、仓温、表层种温相近。种温的日变化并不十分明显，仅表现在种子堆表层 15～30cm 和沿壁四周，且变化幅度较小，一般在 0.5～1℃范围内，种子堆表面 30cm 以下的种温几乎没有变化。

（二）种温的年变化

种温在一年之中的变化称种温年变化（change of seed temperature per year）。种温的年变化较大，在正常情况下，随气温的升降而作相应的变化。如在气温上升季节（3～8 月），种温也随着上升，但种温低于仓温和气温；在气温下降季节（9 月至次年 2 月），种温也随着下降，但高于仓温和气温。由于种子的导热性较差，种温升降的速度一般要比气温慢半个月至一个月，这种现象往往表现为当气温开始回升时种温却还在继续下降，当气温开始下降时种温却还会继续上升。如每年中 1～2 月气温最低，3 月开始回升，而种温在 3 月还会继续下降，因此最低种温的出现在 3 月或 3 月以后；7～8 月气温最高，9 月开始下降，而种温在 9 月还继续上升，因此最高种温的出现在 9 月或 9 月以后。

种温年变化在种子堆各层次之间的差异也较明显。各层次之间变化的幅度受种子堆的大小、堆放方式（包装与散装）、仓库结构严密程度以及作物种类的影响。小型种子堆、包装堆放、大粒种子及仓库密闭性能差的，种温随气温变化较快，种堆各层次间的温差幅度较小，基本上随气温在同一幅度内升降；相反，种温则随气温变化较慢，种堆各层次间的温差也较明显。以大型散装仓水稻种子为例（图 9-1），其最高、最低种温出现时间往往比仓温晚一个月左右。种堆各层间的种温升降速度亦有明显差异，上层种温升降较快，每月可升降 5～6℃，中层次之，下层最慢，每月可升降 3～4℃。因此，种堆各层次间温差变幅差异较为明显，即在一年中 1～3 月下层种温最高，中层次之，上层最低；6～10 月为上层最高，中层其次，下层最低；4～5 月与 1～12 月三层种温基本上是平衡的。

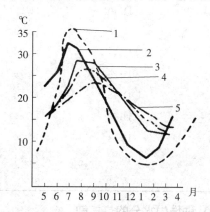

图 9-1 平房仓大量散装稻谷各层温度的年变化
1. 气温 2. 仓温 3. 上层温度 4. 中层温度 5. 下层温度
（毕辛华，1993）

（三）影响种温变化的因素

种温的变化除受外界温度的影响外，还与种子的贮藏条件、堆置方式、仓库类型、处理方法等因素有关。总的变化规律是：仓库的隔热性能愈好，种温的变化就愈小；砖、石仓要比铁皮仓库变幅小得多，高大的仓房比矮小的仓房变化要小；仓内存放的比仓外露天存放的变化要小；散存的比袋装的变化小；大堆的比小堆的变化小；种子的孔隙度小，空气流通差的，种温变化小。此外还与种子的入库季节有关，高温季节入库的种温一般偏高，低温季节入库的，种温较低。

在生产实践中，应根据种温变化的规律搞好种子的管理，如果种温的变化超出了仓温影响的范围，就必须查清原因并及时处理，以免造成不应有的损失。

二、水分的变化

种子水分的变化主要来自两个方面，一是外界大气湿度（包括仓内空气湿度）的影响，二是受种子本身含水量的影响。

（一）种子水分的日变化和年变化

种子水分的日变化，主要发生在种堆表层 15～20cm，30cm 以下变化很小。种子水分一般是每天凌晨 2：00～4：00 最高，16：00～18：00 最低。种子堆内的水分主要受大气相对湿度的影响，一年中的变化随季节而不同，在正常情况下，低温和雨季时空气的相对湿度大，种子水分较高，高温和干旱季节种子水分较低（表 9-1）。种堆各层的变化也不相同，表层的种子水分变化尤为突出，中层和下层的种子水分变化较小。但下层近地面 15cm 左右的种子易受地面的影响，种子水分上升较快。实践证明，表面层和接触地面的种子往往因水分增多发生结露、发热、霉烂现象，因此必须加强管理。

表 9-1　小麦种堆不同堆层的水分年变化

(孙庆泉，2002)

月份	表层水分（%）	上层水分（%）	中层水分（%）	下层水分（%）	相对湿度（%）
11	11.10	11.25	9.53	9.57	76
12	11.75	11.70	9.25	10.50	72
1	11.10	10.75	9.02	9.53	73
2	11.25	11.75	9.25	10.05	77
3	11.75	11.30	9.75	10.38	73
4	11.75	11.51	9.75	11.04	70
5	10.04	10.25	8.75	9.75	75
6	10.75	10.54	9.25	10.13	70
7	9.53	9.25	8.75	3.51	52

（二）种堆内水分的热扩散

种子堆的水分按照热传递的方向而移动的现象称为水分的热扩散（thermal diffusion of seed moisture），也就是种堆内的水汽总是从温暖部位向冷凉部位移动的现象，也称为水分湿热扩散现象。种堆内发生的热扩散现象是造成种堆内部水分转移和局部水分增高的一个重要原因。这是因为种温高的部位，空气中实际含水量多，水汽压力大，而低温部位的水汽压力小，根据分子运动规律，水汽压力大的高温部位的水汽分子总是向水汽压力小的低温部位扩散移动，结果导致低温部位种子水分增加。

种堆的热扩散造成局部水分增高，经常发生在阴冷的墙边、柱石周围和种堆的底部。种堆中温差越大，时间愈长，湿热扩散就愈严重。莫斯科大学用人工方法在种堆内制造局部冷却，观察水分的热扩散现象（表 9-2），结果发现，原始水分为 9.8% 的小麦，在温差为 20℃ 时经过两周，因湿热扩散亦能发芽发霉。

表 9-2　小麦种堆的热扩散

(孙庆泉，2002)

开始时种子水分（%）	终止时种子水分（%）		温差（℃）	试验时间（d）	冷却部位中的种子状态
	冷却部分	其他部分			
8.2	8.9	3.2	13.0	33	无变化

（续）

开始时种子水分（%）	终止时种子水分（%）		温差（℃）	试验时间（d）	冷却部位中的种子状态
	冷却部分	其他部分			
9.1	10.3	9.0	8.0	30	无变化
9.8	36.2	—	20.0	14	发芽发霉
14.6	22.9	13.8	14.0	33	发芽发霉
15.1	18.2		6.0	42	无变化
19.1	29.1	13.2	16.0	39	芽长、黏液多
20.5	23.1	—	6.5	14	发霉

（三）种堆水分的再分配

高水分和低水分的种子堆在一起时，种子的水分能通过水汽的解吸和吸附作用而转移，这一规律就称为水分再分配（seed moisture redistribution）。但经过再分配的种子水分，只会达到相对平衡，不会达到绝对平衡。影响种子水分再分配速度的因素很多，其中最主要的是温度，温度越高，再分配的速度越快，达到平衡的差异也随之缩小。例如水分为 15.97% 与 9.6% 的小麦混存时，在 4℃ 下经过 42d，可达到水分的相对平衡，但尚有 0.76% 的差异；在 24℃ 下经过 28d 达到相对平衡，水分的差异为 0.63%；而在 32℃ 下，只需要 14d 就可达到相对平衡，两种小麦的水分差异为 0.73%。为此，种子入库时，必须要将干湿种子分开堆放，以免干燥的种子受潮，影响贮藏的安全。

第二节　种子的结露和预防

种子在贮藏过程中，由于受温、湿度变化及水分转移的影响，在种堆内外会出现"结露"现象。种子结露现象多发生在每年 4 月和 11 月前后。种子结露以后，含水量急剧增加，种子生理活动随之增强，导致发芽、发热、虫害、霉变等情况发生。种子结露现象不是不可避免的，只要加强管理，采取措施便可消除这种现象的发生。即使已发生结露现象，也可将种子进行翻晒干燥、除水，不使其进一步发展，从而使种子不受损失或少受损失。因而，预防种子结露，是贮藏期间管理上的一项经常性工作。

一、种子结露的原因和部位

（一）种子结露的原因

当湿热的空气和较低温度的种子堆层相遇，种粒间隙中的水汽量达到饱和时，水汽便凝结在种子表面，形成与露水相似的水滴，这就是种子的结露（seed dewfall）。种子堆结露形成的原因主要是温差。这是由于热空气遇到冷种子后，温度降低，使空气的饱和含水量减小，相对湿度变大。当温度降低到使空气饱和湿度等于当时空气的绝对湿度时，相对湿度就达到 100%，此时在种子表面上开始结露。如果温度再下降，相对湿度超过 100%，空气中的水汽不能以水汽状态存在，在种子上的结露现象就越明显。把开始出现结露时的温度称为露点温度，简称露点（dew point），即水分含量一定的空气，当它达到饱和状态（相对湿度100%）时所对应的温度。

种子结露是种子贮藏过程中一种常见的物理现象，只要空气与种子之间存在温差，并达到露点时就会发生结露现象。空气湿度愈大，愈容易引起结露；种子水分愈高，结露的温差变小，种子易结露；反之，种子愈干燥，结露的温差变大，种子不易结露。种子水分与结露温差的关系见表9-3。

表 9-3　种子水分与结露温差的关系

(颜启传，2001)

种子水分（%）	10	11	12	13	14	15	16	17	18
结露温差（℃）	12~15	11~13	9~11	7~9	6~7	5~6	4	3	2

现将结露现象发生的原因细分为下列情况：

1. 表层结露原因

①季节变化导致气温上升或下降，种堆温度与室外温度相差悬殊，表层种子易受影响，发生结露。

②种面堆放器材形成通风死角，导致水分转移形成结露。

③环流熏蒸管道预理不达标或种堆随时间推移下沉，导致环流熏蒸管道接近甚至于露出种面，形成结露；新种子入仓时水分超标，未及时通风，容易导致表层结露。

2. 底层结露原因

①热种子入仓与冷地坪直接接触，产生较大温差，地坪返潮，底部种子吸湿结露。

②种堆内部湿热扩散等原因，使种堆底层水分积聚，导致底层结露。

3. 垂直层结露原因

①由于种子与垂直的墙壁、测温杆（尤其金属制品）、环流熏蒸垂直主管道等部位接触，若温差过大易发生结露。

②自动分级形成垂直杂质区，造成垂直杂质区种层的水分积聚，形成结露。

③墙壁未干或渗水，造成受影响的垂直种层内水分积聚，形成结露。

4. 局部结露原因

①种堆局部因虫、霉严重且活动旺盛，产生较大温差，形成结露。

②自动分级形成的高杂区，视杂质类型（有机杂质、无机杂质）、存在位置而定，容易吸湿导致局部结露。

③高温、高水分种子积聚区，一方面自身生理活动旺盛，产生热量，另一方面吸引虫害集聚，利于虫害生长发育，加剧积热产生，形成恶性循环，导致结露产生。

（二）种子结露的部位

仓内结露的部位，常见的有以下几种：

1. 种子堆表面结露　多半在开春后，外界气温上升，空气比较潮湿，这种湿热空气进入仓内首先接触种子堆表面，引起种子表层结露，其深度一般由表面深至3cm左右。

2. 种子堆上层结露　种堆上层结露多发生在秋、冬季节转换时期，气温下降，上层种子的温度下降，而中、下层种子温度仍然较高，湿热空气上升，遇到上层冷种子，在上层的5~30cm处与冷空气接触，易形成结露。结露的范围通常由种堆上层的中心向四周扩大。

3. 地坪结露　经过暴晒的种子未经冷却，直接堆放在地坪上，造成地坪湿度增大，引起地坪结露。也有可能发生在距地坪2~4cm的种子层，所以也叫下层结露。

4. 垂直结露　发生在靠近内墙壁和柱子周围的种子，成垂直形。前者常见于圆筒仓的南面，因日照强，墙壁传热快，种子传热慢而引起结露；后者常发生在钢筋水泥柱子周围，这种柱子传热快于种子，使柱子或靠近柱子周围种子结露（木质柱子结露的可能性小一点）。其次房式仓的西北面也存在结露的可能性。

5. 种子堆内结露　种子堆内通常不会发生结露，如果种子堆内存在发热点，而热点温度又较高，则在发热点的周围就会发生结露。另一种情况是两批不同温度的种子堆放在一起，或同一批经暴晒的种子，入库时间不同，造成温差引起种子堆内夹层结露。

6. 冷藏种子结露　经过冷藏的种子温度较低，遇到外界热空气也会发生结露，尤其在是在夏季高温时期从低温库提出来的种子更易发生结露。

7. 覆盖薄膜结露　塑料薄膜透气性差，有隔湿作用，然而在有温差存在的情况下，却易凝结水珠。结露发生在薄膜温度高的一面。

二、种子结露的预测

种子结露是由于空气与种子之间存在温差而引起的，但并不是任何温差都会引起结露，只有达到露点温度时才会发生结露现象。为了预防种子结露，及时掌握露点温度显得十分重要。预测种子的露点温度的方法有多种，常用的有以下两种。

1. 应用种子堆露点近似值检查表（表 9-4）**进行预测**　例如，已知仓内种子水分为13%，种温 20℃，查表9-4，以种子水分 13% 为纵向找，种温 20℃ 为横向找，二者的交点就是露点的近似值，即约在温度 12℃，说明种子水分 13% 时，种子与空气二者温度相差约8℃以上时，就有可能发生结露。

表 9-4　种子堆露点温度（℃）检查表

（孙庆泉，2002）

种子温度（℃）	种子水分（%）								
	10	11	12	13	14	15	16	17	18
0	−14	−11	−9	−7	−6	−4	−3	−2	−1
5	−9	−7	−5	−3	−1	0	1	3	4
10	−2	0	1	3	4	5	7	8	9
13	1	3	4	6	7	9	10	11	12
14	2	5	6	7	8	10	11	12	13
15	3	4	6	8	9	10	12	13	14
16	3	5	7	8	10	11	13	14	15
18	4	6	8	10	12	13	15	16	17
20	6	8	10	12	13	15	16	18	19
22	8	10	12	14	15	17	18	20	21
24	10	12	14	16	17	19	20	22	23
26	12	14	16	18	20	21	22	24	25
28	14	16	18	20	22	23	24	26	27
30	16	18	20	22	24	25	26	28	29
32	18	20	22	24	26	27	28	30	31
34	20	22	24	26	28	29	30	32	33

2. 应用空气饱和湿度表进行预测 在一定温度下，空气的饱和湿度为常数，当空气中实有水汽达到饱和时便能发生结露。因此，根据这种关系就可以预测露点。

例如：仓内温度为 20℃，空气相对湿度 74％，求露点。

预测方法：

（1）查饱和水汽量表（表 9-5），得出 20℃时的饱和水汽量为 $17.117g/m^3$。

（2）计算 20℃时的实有水汽量：$17.117×74％＝12.667$（g/m^3）。

（3）再查饱和水汽量表，当 $12.667g/m^3$ 为饱和水汽量时，其对应的温度在 $14～15℃$，接近 15℃，则 15℃为露点。即如果种子入库温度低于 15℃，就有可能发生结露。

表 9-5 空气的饱和水汽压和饱和水汽量

（孙庆泉，2002）

温度℃	饱和水汽压（mmHg）	饱和水汽量（g/m^3）	温度℃	饱和水汽压（mmHg）	饱和水汽量（g/m^3）	温度℃	饱和水汽压（mmHg）	饱和水汽量（g/m^3）
−19	0.35	1.170	1	4.92	5.176	21	18.66	18.142
−18	0.95	1.269	2	5.29	5.538	22	19.84	19.220
−17	1.04	1.375	3	5.68	5.922	23	21.09	20.353
−16	1.14	1.489	4	6.10	6.330	24	22.40	21.544
−15	1.25	1.611	5	6.54	6.761	25	23.78	22.795
−14	1.37	1.882	6	7.01	7.219	26	25.24	24.108
−13	1.50	1.942	7	7.51	7.703	27	26.77	25.486
−12	1.64	2.032	8	8.05	8.215	28	28.38	26.931
−11	1.80	2.192	9	8.61	8.357	29	30.08	28.447
−10	1.96	2.363	10	9.21	9.329	30	31.86	30.036
−9	2.14	2.548	11	9.85	9.934	31	33.74	31.702
−8	2.34	2.741	12	10.52	10.574	32	35.70	33.446
−7	2.55	2.949	13	11.24	11.249	33	37.78	35.272
−6	2.73	3.171	14	11.99	11.961	34	39.95	37.183
−5	3.02	3.407	15	12.79	12.712	35	42.23	39.183
−4	3.29	3.658	16	13.64	13.504	36	44.62	41.274
−3	3.58	3.926	17	14.54	14.338	37	47.13	43.461
−2	3.89	4.211	18	15.49	15.217	38	49.76	45.746
−1	4.22	4.513	19	16.49	16.143	39	52.51	48.133
0	4.58	4.835	20	17.55	17.117	40	55.40	50.625

注：1mmHg＝133.322 4Pa

三、种子结露的预防

防止种子结露的方法，关键在于设法缩小种子与空气、接触物之间的温差。具体措施如下：

1. 保持种子干燥 干燥种子能抑制生理活动及虫、霉危害，也能使结露的温差增大，从而在一般的温差条件下不至于立即发生结露。所以种子入库前一定要充分干燥，降到安全水分以下才能入库。

2. 密闭门窗保温　季节转换时期，气温变化大，这时要密闭门窗，对缝隙要糊 2～3 层纸条，尽可能少出入仓库，以利于隔绝外界湿热空气进入仓内，可预防结露。

3. 表面覆盖移湿　春季在种子表面覆盖 1～2 层麻袋片，可起到一定的缓和作用。即使结露也是发生在麻袋片上，到天晴时将麻袋移置仓外晒干冷却再使用，可防种子表面结露。

4. 翻动面层散热　秋末冬初气温下降，经常翻动种子深至 20～30cm 的表层，必要时可扒深沟散热，可防止上层结露。

5. 种子冷却入库　经暴晒或烘干的种子，除热处理之外，都应冷却入库，可防地坪结露。

6. 围包柱子　有柱子的仓库，可将柱子整体用一层麻袋包扎，或用报纸 4～5 层包扎，可防柱子周围的种子结露。

7. 通风降温排湿　气温下降后，如果种子堆内温度过高，可采用机械通风方法降温，使之降至与气温接近，可防止上层结露。对于采用塑料薄膜覆盖贮藏的种子堆，在 10 月中、下旬揭去薄膜改为通风贮藏。

8. 仓内空间增温　将门窗密封，在仓内用电灯照明，可使仓内增温，提高空气持湿能力，减少温差，可防上层结露。

9. 冷藏种子增温　冷藏种子在高温季节，出库前需进行逐步增温，使之与外界气温相接近，可防结露。但每次增温温差不宜超过 5℃。

四、种子结露的处理

当种子结露预防失误时，应及时采取措施加以补救。补救措施主要是降低种子水分，以防进一步发展蔓延造成更大的损失。在处理时，要根据具体情况深入分析，采取经济有效的处理措施，贯彻局部危种局部处理的原则，分清好坏轻重，按照"好种中不混坏种，坏种中少混好种"的要求，分别处理，处理必须彻底，防止扩大损失。同时，防止盲目翻倒，造成浪费。

1. 挖沟翻倒　对种堆上层结露的现象，根据其结露程度、部位和发生的季节，采取翻倒种面、扒沟自然通风的方式进行降温降湿。

2. 熏蒸　对因贮种害虫猖獗而引起的结露，应及时采取熏蒸措施，杀死害虫。如处于入仓过程，可利用害虫的上爬性，在种面起几个堆尖，人工筛虫灭杀，或用敌敌畏喷洒灭杀。

3. 机械通风　对种温变化引起的结露，如果范围过大，可采取整仓大功率机械通风。如果范围较小，可采取单管风机或通风机组在结露部位局部通风，及时降温散湿。

4. 过筛除杂　对因贮种中杂质过多、集中引起的结露，在通风降温散湿后，可对结露部位的种子在种面过筛除杂，进行彻底解决。

5. 取出晾晒甚至倒仓　结露严重的种子，必须取出仓外，进行晾晒或烘干。当暴晒受到气候影响，也无烘干通风设备时，可根据结露部位采用就仓吸湿的办法，也可收到较好的效果。这种方法是采用生石灰用麻袋灌包扎口，平埋在结露部位让其吸湿降水，经过 4～5d 取出。如果种子水分仍达不到安全标准，可更换石灰再埋入，直至达到安全水分为止。当全仓结露现象严重，尤其垂直层及底层结露较多时，必须倒仓处理，既可彻底解决结露的坏种，找出结露的原因，又可杜绝结露现象的再次发生。

第三节　种子发热和预防

一、种子发热的判断

在正常情况下，种温随着气温、仓温的升降而变化，且变化的幅度比较小。但有时会发生异常情况，即种温在数日内超出仓温影响的范围，呈不正常上升的现象称为种子发热（seed heating）。在种子发热过程中，种子本身的生理活性和微生物活动的加剧，消耗营养物质并产生有毒代谢物，使种子品质下降，甚至完全丧失活力。因此发热的种子一般不能作为种用。如小麦种子，当水分为 19.9％时，经过 9d 的发热，发芽率便从 88％下降到 15％，种子感菌粒迅速增加，酸值增加。大豆发热的速度更加迅速，温度升高和发芽力的丧失更快，发热第 7 天温度即上升到和小麦发热 39d 时的一样，到第 8 天完全丧失发芽力。

对于种子是否发热没有一个定量的温度指标，也不可能规定一个统一的指标，因为夏天当种温达到 35℃也不一定是发热，而在气温下降的季节则有可能就是发热。正常情况下，种子是否发热可以从以下几个方面进行判断。

（1）种温与记录比较。同一层种温与前几次检查记录对照，是否是按"三温"变化规律变化，如果不是，则应该是发热。

（2）各检查点比较。同一品种，同一批种子比较，如果温度相差 3～5℃以上则为发热。

（3）种温与仓温比较。如春夏季节仓温上升，种温出现不正常的上升，其上升幅度超过日平均仓温 3～5℃以上时可判断为发热；秋冬季节气温下降时，种温不下降，反而上升，也视为发热。

（4）检查的数据与早几年比较。一般情况下，相近年份相同季节的温度变化相近。

在判断种子是否发热时，除对比温度以外，还要检查种子的色、味、水分、虫霉情况，以作出正确的判断。

二、种子发热的原因

种子发热主要由以下原因引起：

1. 种子的生理代谢活动　种子是一个有生命的有机体，即使在比较干燥的情况下，仍不停地进行着生理代谢活动，陆续地释放出水分和热量，这些水分和热量如果得不到及时散发，不断地积聚在种子体内，就会促使种子生命活动加剧，放出更多的水分和热量，这样久而久之，就有可能引起种子发热。这种情况多发生于新收获、受潮或水分高的种子。这种发热温度上升比较慢，一般低于 50℃。

2. 微生物活动　由于种子堆内积聚了一定的水分和热量，为微生物的生长繁殖提供了有利条件，微生物在生长、繁殖过程中释放出的水分和热量，比相同条件下种子呼吸放出的水分和热量要大许多倍。因此，种子本身呼吸和微生物活动的共同作用，是导致种子发的主要原因。

3. 仓虫活动　有些仓虫如谷蠹之类，如果大量繁殖活动，也可能会促使种子发热，如当谷蠹达到 100～170 头/kg 时，能使种温达到 40℃，害虫在 30 头/kg 以下对种温影响不大。一般情况下，由于仓虫引起的发热不多见。

4. 种子堆放不合理　种子堆各层之间和局部与整体之间温差较大，造成水分转移、结露等情况，也能引起种子发热。

5. 仓房条件差或管理不当　有的仓库封闭不严密，发生渗漏情况，引起种子吸湿返潮，也是造成种子发热的原因之一。或是发生结露时未能及时发现处理，任由发展，也会引起种子发热。

总之，发热是种子本身的生理生化特点、环境条件和管理措施等综合作用的结果。种子的发热往往是由于某一个主导因素引起而带动其他次要因素所造成的，它是种子贮藏过程中发生的一种不正常现象。在生产实践中，应该细心观察研究这种表面现象，找到引起发热的原因，然后才能采取积极有效的措施加以防止，以保证种子的安全贮藏。

三、种子发热的种类

根据种子发热的部位和发热面积的大小，可将种子发热分为以下五种类型：

1. 上层发热　一般发生在近表层为 15～30cm 厚的种子层。发生时间一般在初春或秋季。初春气温逐渐上升，而经过冬季的种子层温度较低，两者相遇，上表层种子容易发生结露，使种子水分增加，导致微生物迅速生长繁殖，从而引起发热。秋季是气温下降季节，上表层种子冷却较中下层快，堆内热量向上扩散使这层种子结露，也可引起发热。

2. 下层发热　发生状况和上层发热相似，不同的是发生部位是在接近地面的种子部位。多是由于晒热的种子未经冷却就入库，遇到冷地面发生结露引起发热，或因地面渗水使种子吸湿返潮而引起发热。

3. 垂直发热　在靠近仓壁、柱子等部位，当冷种子遇到仓壁或热种子接触到冷仓壁或柱子时形成结露，并产生发热现象，称为垂直发热。前者发生在春季朝南的近仓壁部位，后者多发生在秋季朝北的近仓壁部位。

4. 局部发热　这种发热通常呈窝状形，发热的部位不固定，多是由于分批入库的种子水分相差过大、整齐度差、净度不同等所造成。某些仓虫大量聚集繁殖也可引起局部发热。

5. 整仓（囤）发热　上述四种发热现象中，无论哪种发热现象发生后，如不迅速处理，都有可能导致整仓（囤）种子发热。尤其是下层发热，管理上容易造成疏忽，最容易发展为全仓发热。

四、种子发热的预防

根据发热原因，可采取以下措施加以预防：

1. 严格掌握种子入库的质量　在种子贮藏前应充分晾晒、扬净并严格检验，使其水分、净度等达到安全贮存标准后才能入库贮存。入库前必须严格进行清选、干燥和分级，不达到标准不能入库，对长期贮藏的种子，要求更加严格。入库时，种子必须经过冷却（热进仓处理的除外）。这些都是防止种子发热、确保安全贮藏的基本措施。

2. 做好清仓消毒，改善仓储条件　贮藏条件的好坏直接影响到种子的安全状况。种子仓库应选择在地势高燥、地下水位低和向阳背风的地方建造。仓房必须具备通风、密闭、隔湿、防热等条件，以便在气候剧变阶段和梅雨季节做好密闭工作。而当仓内温湿度高于仓外时，又能及时通风，如因天气不好等原因，没有充分晾晒的种子或后熟作用时间较长的作物种子，入库贮藏初期应进行强烈通风，以降温散湿，使种子长期处在干燥、低温、密闭的条件下，确保安全贮藏。

3. 加强管理，勤于检查 应根据气候变化规律和种子生理状况，制订出具体的管理措施，及时检查仓库温湿度，及早发现问题，采取对策。如通风换气、深耙种子堆表面、翻仓倒囤、晾晒除杂等，以散潮降温。采用暴晒、冷冻等方法，恶化害虫和微生物的生存条件，同时也能直接杀死害虫和微生物。如虫害较严重或不易翻仓倒囤进行晾晒，可用80％敌敌畏熏杀或用磷化铝蒸熏。

种子发热后，应根据种子结露发热的严重情况，采用翻耙、开沟、扒塘等措施排除热量，必要时进行翻仓、摊晾和过风等办法降温散湿。发过热的种子必须进行发芽试验，凡已丧失生活力的种子，即应改作他用。

第四节　种子的霉变

种子霉变是微生物分解和利用种子有机物质的生物化学的过程。微生物在种子上活动时，不能直接吸收种子中各种复杂的营养物质，必须将这些物质分解为可溶性的低分子物质，才能吸收利用。一般种子都带有微生物，但不一定就会发生霉变，因为健全的种子对微生物的危害具有一定的抗御能力，贮藏环境条件对微生物的影响是决定种子是否霉变的关键。

种子霉变是一个连续的统一过程，也有着一定的发展阶段。其发展阶段的快慢，主要由环境条件，特别是温度和水分对微生物活动适宜的程度而定。温度、水分等条件适宜微生物发展，种子可在短期内出现霉烂，如果条件不适宜，霉变便减缓或终止。

种子霉变一般分为三个阶段：初期阶段、中期阶段和后期阶段。

1. 初期阶段 这是微生物与种子建立腐生关系的过程。种子上的微生物在环境适宜时便活动起来，利用其自身分泌的酶类开始分解种子的有机物，破坏籽粒表面组织并侵入内部，导致种子的"初期变质"。此阶段可能出现的症状有：种子逐渐失去原有的色泽，接着变灰发暗；发出轻微的异味；种子表面潮湿，有"出汗""返潮"现象，散落性降低，用手插入种堆有湿涩感；种粒硬度下降。

2. 中期阶段 这是微生物在种子上大量繁殖的过程。继初期变质之后，若种堆中的湿热逐步积累，在种胚和破损部分开始形成菌落，而后可能扩大到籽粒的全部。由于一般霉菌菌落多为毛状或绒状，所以通常所说的种子"生毛""点翠"就是生霉现象。生霉的种子已严重变质，有很重的霉味，具有霉斑，变色明显，营养品质劣变，还可能被霉菌毒素污染。生霉的种子因生活力降低，不能再作种用。

3. 后期阶段 这是微生物使种子严重腐解的过程。种子生霉后，其生活力已大大减弱或完全丧失，种子也就失去了对微生物危害的抗御能力，为微生物进一步危害创造了极为有利的条件。若环境条件继续适宜，种子中的有机物质会遭到微生物严重分解，种子霉烂、腐败，产生霉、酸、腐臭等难闻气息，籽粒变形，成团结块，以至完全失去利用价值。

实践证明，种子微生物的存在及其生命活动是影响安全贮藏的主要原因之一。在种子贮藏管理过程中，必须了解种子微生物区系的特点及其对环境条件的要求，以便采取正确的技术措施，防止种子霉变的发生。

一、引起种子霉变的微生物区系

种子微生物区系是指在一定生态条件下，存在于种子上的微生物种类和成分。种子贮存期间，微生物区系（特别霉菌）是种子霉变的主要成因。种子上的微生物区系因作物种类、品种、产区、气候情况和贮藏条件等的不同而有差异。据分析每克种子常带有数以千计的微生物，而每克发热霉变的种子上寄附着的霉菌数目可达几千万以上。

种子微生物是寄附在种子上的微生物的通称，其种类繁多，它包括微生物中的一些主要类群：细菌，放线菌，真菌类中的霉菌、酵母菌和病原真菌等。其中与贮藏种子关系最密切的主要是真菌中的霉菌，其次是细菌和放线菌。各种微生物和种子的关系是不同的，大体可分为附生、腐生和寄生三种，但大部分是以寄附在种子外部为主，且多属于异养型。由于它们不能利用无机碳源，无法利用光能或化学能自己制造营养物质，必须依靠有机物质才能生存，所以粮食和种子就成了种子微生物赖以生活的物质。

种子微生物区系，从其来源而言可以相对地概括为田间（原生）和贮藏（次生）两类。前者主要指种子收获前在田间所感染和被寄附的微生物类群，其中包括附生、寄生、半寄生和一些腐生微生物；后者主要是种子收获后，以各种不同的方式在脱粒、运输、贮藏及加工期间，传播到种子上来的一些分布于自然界的霉腐微生物群。因此，与贮藏种子关系最为密切的真菌，也相应地分为两个生态群，即田间真菌和贮藏真菌。

田间真菌一般都是湿生性菌类，生长最低湿度约在 90％以上。它们主要是半寄生菌，其典型代表是交链孢霉，广泛地寄生在禾谷类种子以及豆科、十字花科等许多种子中，寄生于种子皮下，形成皮下菌丝。田间真菌是相对区域性概念，包括一切能在田间感染种子的真菌。但是一些霉菌，虽然是典型的贮藏真菌，却可以在田间危害种子。如黄曲霉可在田间感染玉米和花生种子，并产生黄曲霉毒素进行污染。

贮藏真菌大都是在种子收获后感染和侵害种子的腐生真菌，其中主要是霉菌，这类霉菌很多，约近 30 个霉菌属。现将贮藏期间常见的种子微生物介绍如下：

(一)种子上的主要真菌

贮期种子上发现的真菌种类较多。凡能引起种子发霉变质的真菌，又称为霉菌，多属于鞭毛菌亚门、接合菌亚门和半知菌亚门的不同属。这些霉菌大部分寄附在种子的外部，部分能寄生在种子内部的皮层和胚部。许多霉菌属于对种子破坏性很强的腐生菌，但对贮藏种子的损害作用不相同，其中以曲霉属（*Aspergillus*）和青霉属（*Penicillium*）占首要地位，其次是根霉属（*Rhizopus*）、毛霉属（*Mucor*）、交链孢属（*Alternaria*）、镰刀菌属（*Fusarium*）等。它们所要求的最低生长湿度都在 90％以下，一些干生性的曲霉可在相对湿度为 65％～70％时生长。

1. 曲霉属 曲霉菌（*Aspergillus* spp.）广泛存在于各种作物的种子及粮食上，是导致贮藏种子霉变的一大类腐生性霉菌。除能引起种子霉坏变质外，有的还能产生毒素，使贮种带毒，如最具危害性的黄曲霉毒素。曲霉属隶属于半知菌亚门，种类很多，其中主要代表种类有局限曲霉（*A. restrictus*）、阿姆斯特丹曲霉（*A. amstelodami*）、白曲霉（*A. candidus*）、杂色曲霉（*A. versicolor*）、黄曲霉（*A. flavus*）、黑曲霉（*A. niger*）和烟曲霉（*A. fumigatus*）（图 9-2 至图 9-8）等。

属的形态特征：菌丝具分隔、多分枝，无色或有明亮的颜色，少数呈褐色。局部细胞膨大成厚壁的"足细胞"，其上长出与菌丝略垂直的长轴为分生孢子梗。分生孢子梗顶端膨大

图 9-2 局限曲霉的分生孢子
梗和分生孢子
（孙庆泉，2002）

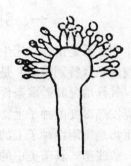

图 9-3 阿姆斯特丹曲霉的分生
孢子梗和分生孢子
（孙庆泉，2002）

图 9-4 白曲霉
（孙庆泉，2002）

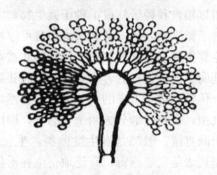

图 9-5 杂色曲霉
（孙庆泉，2002）

成球形或棍棒形的顶囊。顶囊表面着生 1～2 层小梗，呈放射状排列，小梗顶端相继形成分生孢子，分生孢子为球形、椭圆形或卵圆形，呈链状。其菌落特征为：在种子上呈绒状，初为白色或灰白色，后因种类不同，逐渐转变成乳白、黄绿、灰绿、烟灰及黑色等粉状霉。

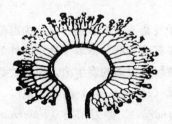

图 9-6 黄曲霉
（孙庆泉，2002）

图 9-7 黑曲霉
（孙庆泉，2002）

　　不同种类的曲霉生理差异很大。局限曲霉、阿姆斯特丹曲霉、白曲霉和杂色曲霉等属于干生性菌，孢子萌发的最低相对湿度为 62%～80%，可以在低水分种子上缓慢生长，可损坏胚部，使种子变色，并为破坏性更强的霉菌提供后继危害的条件。黄曲霉等属于中湿性菌，孢子萌发的最低相对湿度为 80%～86%。黑曲霉等属于近湿性菌，孢子萌发的最低相对湿度为 88%～89%。白曲霉、黄曲霉等生长的适宜温度为 25～30℃，黑曲霉的生长适宜温度为 37℃，而烟曲霉适宜高温，生长适宜温度为 37～45℃，45℃以上仍能生长，常在发热霉变中后期大量出现，促进种温的升高。对氧的要求：曲霉是好氧菌，但有少数能耐低

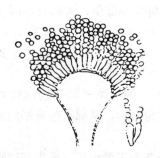

图 9-8　烟曲霉的分生孢子梗和分生孢子
（孙庆泉，2002）

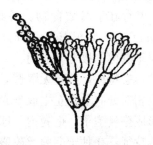

图 9-9　桔青霉
（孙庆泉，2002）

氧，危害低水分种子。白曲霉能在水分14％左右的水稻种子上生长，黑曲霉易在水分18％以上的种子上危害，黄曲霉对水分较大的麦类、玉米和花生种子等易于危害。白曲霉和黄白霉的危害，是导致种子发热的重要原因。

2. 青霉属　青霉菌（*Penicillium* spp.）在自然界中分布较广，是导致种子贮藏期间发热的一种最普遍的霉菌。

青霉属分41个系，137个种和4个变种，有些菌系能产生毒素，使贮藏的种子带毒。根据在小麦、稻谷、玉米、花生、黄豆、大米上的调查结果，危害贮藏种子的主要种类有橘青霉（*P. citrinum*）、产黄青霉（*P. chrysogenum*）、草酸青霉（*P. oxalium*）和圆弧曲霉（*P. cyclopium*）（图9-9至图9-12）等。

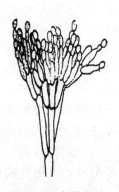

图 9-10　产黄青霉
（孙庆泉，2002）

图 9-11　草酸青霉
（孙庆泉，2002）

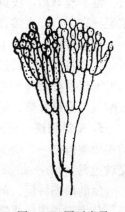

图 9-12　圆弧青霉
（孙庆泉，2002）

属的形态特征：菌丝具隔膜，无色、淡色或鲜明颜色。气生菌丝密生，部分结成菌丝束。分生孢子梗直立，顶端呈帚状分枝，分枝顶部小梗瓶状，瓶状小梗顶端的分生孢子链状。分生孢子因种类不同，有圆形、椭圆形或卵圆形。

菌落特征：初为白色松絮状或毡状，因种类不同而渐转变成青绿、灰绿或黄绿色，并伴有特殊的霉味。

生理特性：多数青霉菌为中生性，孢子萌发的最低相对湿度在80％以上，适宜于在含水分15.6％～20.8％的种子上生长，生长适宜温度一般为20～25℃。在种子上生长时，先从种子胚部侵入，或在种子破损处开始生长，可以杀死种子，使粮食变色，产生霉臭，导致种子早期发热，"点翠"生霉和霉烂。青霉菌均属于好氧性菌类。

3. 根霉菌 根霉菌（*Rhizopus* spp.）是分布很广的腐生性霉菌，大都有不同程度的弱寄生性，常存在于腐败食物、谷物、薯类、果蔬及贮藏种子上，其代表菌类有匍枝根霉（*R. stolonifer*）、米根霉（*R. oryzae*）和中华根霉（*R. chinensis*）。匍枝根霉是主要的寄附菌，隶属于真菌的接合菌亚门。

属的形态特征：菌丝无隔膜，营养菌丝产生匍匐菌丝，匍匐菌丝与基物接触处产生假根，假根相对处向上直立生成孢囊梗，孢囊梗顶端膨大成孢子囊，基部有近球形的囊轴。孢子囊内形成孢囊孢子，孢囊孢子球形或椭圆形。

菌落特征：在种子上菌丝茂盛呈絮状，初为白色，渐变为灰黑色，表面生有肉眼可见的黑色小粒点。

生理特性：根霉菌喜高湿，孢子萌发的最低相对湿度为 84%～92%。生长温度为中温性，匍枝根霉的生长适宜温度为 26～29℃，米根霉和中华根霉的生长适宜温度为 36～38℃。根霉菌具有较强的分解果胶和糖化淀粉的能力，如米根霉和中华根霉具有酒精发酵的能力。在适宜条件下，根霉菌生长迅速，在短期内能使高水分种子腐烂变质。匍枝根霉又是甘薯黑斑病的病原菌，可造成贮藏期间甘薯腐烂，严重时引起烂窖。

4. 毛霉属 毛霉菌（*Mucor* spp.）广泛分布在土壤中及各种腐败的有机质上，在高水分种子上普遍存在。该菌隶属于真菌的接合菌亚门，危害贮藏种子的主要代表菌为总状毛霉（*M. racemosus*）。

属的形态特征：菌丝无隔膜，菌丝上直接分化成孢囊梗，孢囊梗以单轴式产生不规则分枝。孢子囊球形，浅黄色至黄褐色，内生卵形至球形孢囊孢子，囊轴球形或近卵形。有性生殖经异宗配合产生接合孢子。

菌落特征：种子上菌落疏松絮状，初为白色，渐变成灰色或灰褐色。

生理特性：生长最适宜的温度为 20～25℃，生长最低相对湿度为 92%，具有较强的酒精发酵以及分解种子蛋白质、脂肪、糖类的能力。潮湿种子极易受害，而使种子带有霉味或酒酸气，并有发热、结块等现象。

5. 交链孢属 交链孢霉（*Alternaria* spp.）也称链格孢霉，是种子田间微生物区系中的主要类群之一，是新鲜贮种中常见的霉菌。隶属于真菌的半知菌亚门，其主要代表菌为细交链孢霉（*Alternaria alternata*）。

属的形态特征：菌丝无色至褐色，具分隔，分生孢子梗不分枝或少分枝，淡褐色或褐色。分生孢子串生或链状，倒棍棒形，具纵横隔膜，呈砖格状，褐色。

菌落特征：种子上菌落绒状，灰黑至黑色。

生理特性：链格孢霉菌嗜高湿、中温性。孢子萌发最低相对湿度为 94% 左右，在相对湿度 100% 时可大量发展。其菌丝常潜伏在种子皮层下，形成"皮下菌丝"。在贮种后期通常无明显危害作用。

6. 镰刀菌属 镰刀菌（*Fusarium* spp.）分布广泛，种类很多，是种子田间微生物区系中的重要霉菌之一。许多种镰刀菌可引起植物病害和种子病害，有些种类能产生毒素，使贮种带毒。隶属于真菌的半知菌亚门，其主要代表菌为禾谷镰刀菌（*F. graminearum*）。

属的形态特征：菌丝无色至鲜明颜色，具分隔，大型分生孢子镰刀形或纺锤形，稍弯曲，端部尖，具多个分隔。小型分生孢子椭圆形，单胞、无色，聚集时呈浅粉红色。

菌落特征：初为白色，棉絮状，渐变为粉红色或砖红色。

生理特性：镰刀菌为中生性，孢子萌发的最低相对湿度为 75% 以上，生长适宜温度为 24～28℃。适宜条件下，使贮种发霉变质，影响种子发芽率。

（二）种子上的细菌

细菌是种子微生物区系中的主要类群之一，属原核生物界的单细胞生物。种子上细菌主要是球菌和杆菌。其主要代表菌类有芽孢杆菌属（*Bacillus* Cohn）、假单胞菌属（*Pseudomonas* Migula）和微球菌属（*Micrococcus* Cohn）等类群中的一些种。种子上的细菌多数为附生菌，在新鲜种子上的数量约占种子微生物总量的 80%～90%，一般对种子贮藏无明显危害。但随贮藏时间的延长，霉菌数量的增加，其数量逐渐减少。

（三）种子上的放线菌

放线菌属于原核微生物。大多数菌体是由分枝菌丝所组成的丝状体，以无性繁殖为主，在气生菌丝顶端形成孢子丝。孢子丝有直、弯曲、螺旋等形状。放线菌主要存在于土壤中，绝大多数是腐生菌，在新收获的清洁种子上数量很少，但在混杂有土粒的种子上以及贮藏后期或发过热的种子上数量较多。

种子微生物区系的变化，主要取决于种子水分，种堆的温湿度和通气状况等生态环境以及在这些环境中微生物的活动能力。新鲜的种子，通常以附生细菌为最多，其次是田间真菌，而霉腐菌类的比重很小。在正常情况下，随着种子贮藏时间的延长，其总菌量逐渐降低，其菌相逐渐会被以曲霉、青霉、细菌球菌为代表的霉腐微生物取代。芽孢杆菌和放线菌在陈种子上，有时也较为突出。田间真菌减少或消失愈快，则贮藏真菌增加愈多，种子的品质也就愈差。在失去贮藏稳定性的粮食和种子中，微生物区系的变化迅速而剧烈，以曲霉、青霉为代表的霉腐菌类迅速取代正常种子上的微生物类群，旺盛地生长起来，大量地繁殖，同时伴有种子发热、生霉等一系列种子劣变症状的出现。

二、种子霉变的诱因

微生物在贮藏种子上的活动主要受贮藏时水分、温度、空气以及种子本身的健全程度和理化性质等因素的影响和制约。此外，种子中的杂质含量、害虫以及仓用器具和环境卫生等对微生物的传播也起到相当重要的作用，这些均为种子霉变的诱因。

（一）种子水分和空气湿度

种子水分和空气湿度是微生物生长发育的重要条件。不同种类的微生物对水分的要求和适应性是不同的，据此可将微生物分为干生性、中生性和湿生性三种类型（表 9-6）。

表 9-6　微生物对水分的适应范围

(孙庆泉，2002)

微生物类型	生长最低相对湿度	生长最适相对湿度
干生（低湿）性微生物	65%～80%	95%～98%
中生（中湿）性微生物	80%～90%	98%～100%
湿生（高湿）性微生物	90%以上	接近 100%

几乎所有的细菌都是湿生性微生物，一般要求相对湿度均在 95% 以上。放线菌生长所要求的最低相对湿度通常为 90%～93%。酵母菌也多为湿生性微生物，它们生长所要求的最低相对湿度范围为 88%～96%，但也有部分酵母菌是中生性微生物。植物病原真菌大都

是湿生性微生物，只有少数属于中生性类型。霉菌有三种类型，贮藏种子中危害最大的霉腐微生物都是中生性的，如青霉和大部分曲霉等。干生性微生物几乎都是一些曲霉菌，主要有灰绿曲霉、白曲霉、局限曲霉、棕曲霉、杂色曲霉等。接合菌中的根霉、毛霉等，以及许多半知菌类则多为湿生性微生物。

不同类型微生物的生长最低相对湿度界限是比较严格的，而生长最适相对湿度则很相近，都以高湿度为宜。在干燥环境中，可以引起微生物细胞失水，使细胞内盐类浓度增高或蛋白质变性，导致代谢活动降低或死亡，大多数菌类的营养细胞在干燥的大气中干化而死亡，造成微生物群体的大量减少。这就是种子贮藏中应用干燥防霉的微生物学原理。

（二）温度

温度是影响微生物生长繁殖和存亡的重要环境因子之一。种子微生物按其生长所需温度可分为低温性、中温性和高温性三种类型（表 9-7）。

表 9-7　微生物对温度的适应范围

(孙庆泉，2002)

微生物类型	生长最低温度（℃）	生长最适温度（℃）	生长最高温度（℃）
低温性微生物	0℃以下	10～20	25～30
中温性微生物	5～15	20～40	45～50
高温性微生物	25～40	50～60	70～80

三种类型微生物的划分是相对的，也有一些中间类型。微生物生长最高和最低温度界限也随人类对自然探索的深入而变化。

在种子微生物区系中，以中温性微生物最多，其中包括绝大多数的细菌、霉菌、酵母菌以及植物病原真菌。大部分侵染贮藏种子引起变质的微生物在 28～30℃ 左右生长最好。高温性和低温性微生物种类只有少数霉菌和细菌。通常情况下，中温性微生物是导致种子霉变的主角，高温性微生物则是种子发热霉变的后续破坏者，而低温性微生物则是种子低温贮藏时的主要危害者，如我国北方寒冷地区贮藏的高水分玉米上，往往能看到这类霉菌活动的情况。

一般微生物对高温的作用非常敏感，在超过其生长最高温度的环境中，在一定时间内便会死亡。温度越高，死亡速度越快。高温灭菌的机理主要是高温能使细胞蛋白质凝固，破坏了酶的活性，从而杀死微生物。种子微生物在生长最适温度范围以下，其生命活动随环境温度的降低而逐渐减弱，以致受到抑制，停止生长而处于休眠状态。一般微生物对低温的忍耐能力（耐寒力）很强，因此，低温只有抑制微生物的作用，杀菌效果很小。一般情况下，把种温控制在 20℃ 以下时，大部分侵染种子的微生物的生长速度就显著降低；温度降到 10℃ 左右时，发育更迟缓，有的甚至停止发育；温度降到 0℃ 左右时，虽然还有少数微生物能够发育，但大多数是非常缓慢的。因此，在种子贮藏中，采用低温技术具有显著的抑制微生物生长的作用。

在贮藏环境因素中，温度和水分二者的联合作用对微生物发展的影响极大。当温度适宜时，对水分的适应范围较宽，反之则较严。在不同水分条件下微生物对生长最低温度的要求也不同，种子水分越低，微生物繁殖的温度就相应增高，而且随着贮藏时间的延长，微生物能在种子上增殖的水分和湿度的范围也相应扩大。

(三)仓房密闭和通风

种子上带有的微生物绝大多数是好气性微生物（需氧菌）。引起贮藏种子霉变变质的霉菌大都是强好气性微生物（如青霉和曲霉等）。缺氧的环境对其生长不利，密闭贮藏能限制这类微生物的活动，减少微生物传播感染以及隔绝外界温湿度不良变化影响，所以低水分种子采用密闭保管的方法，可以提高贮藏的稳定性和延长安全贮藏期。

种子微生物一般能耐低浓度的氧气和高浓度二氧化碳的环境，所以一般性的密闭贮藏对霉菌的生长只能起一定的抑制作用，而不能完全制止霉菌的活动。试验证明，在氧气含量与一般空气相同（20％）条件下，二氧化碳浓度增加到20％～30％时，对霉菌生长没有明显的影响；当浓度达到40％～80％时，才有较显著的抑制作用。霉菌中以灰绿曲霉对高浓度的二氧化碳的抵抗能力最强，在浓度达到79％时仍能大量存在。此外，还应该注意到种子上的嫌气性微生物的存在，如某些细菌、酵母菌和毛霉等。在生产实际中，高水分种子保管不当（如密闭贮藏），往往产生酒精和败坏，其原因是这类湿生性微生物在缺氧条件下的活动，所以高水分种子不宜采用密闭贮藏。但种子堆内进行通风也只有在能够降低种子水分和种子堆温湿度的情况下才有利，否则将更加促进需氧微生物的发展。因此，种子贮藏期间做到干燥、低温和密闭，对种子长期安全贮藏是最有利的。

(四)种子状况

种子的种类、形态结构、化学品质、健康状况和生活力的强弱，以及纯净度和完整度，都直接影响着微生物的生长状况和发育速度。

新种子和生活力强的种子，在贮藏期间对微生物有着较强的抵抗力，成熟度差或胚部受损的种子容易生霉；籽粒外有稃壳和果种皮保护的种子与无保护的相比，不易受微生物侵入；保护组织厚而紧密的种子容易贮藏。所以在相同贮藏条件下，水稻和小麦种子比玉米种子易于保管，红皮小麦种子比白皮小麦种子的贮藏稳定性高。

贮种的纯度和净度对微生物的影响很大。组织结构、化学成分和生理特性不同的种子混杂在一起，即使含杂的量不多也会降低贮藏的稳定性，造成被微生物侵染后相互传染。种子如清洁度差、尘杂多，则易感染微生物，常会在含尘杂多的部位产生窝状发热，这是因为尘杂常带有大量的霉腐微生物，且容易吸湿，使微生物容易发展。此外，同样水分的种子，不完整粒多的容易发热霉变，这是因为完整的种子能抵御微生物的侵害，而破损的种子营养物裸露，易于吸湿，有利于微生物获得养料而生长发育。

三、种子霉变的防治

种子贮藏过程中难以将微生物全部消灭，只能加以控制。因此，防治种子霉变的首要工作是做好种子微生物的控制，主要包括以下几个方面：

1. 提高种子的质量 高质量的种子对微生物的抵御能力较强。除了选择饱满健全的种子留种，还需要提高种子的生活力，应在种子成熟时适时收获，及时脱粒和干燥，并认真做好清选工作，去除杂物、破碎粒、不饱满的籽粒。入库时注意新、陈种子，干、湿种子，有虫、无虫种子及不同种类和不同纯净度的种子分开贮藏，提高贮藏的稳定性。

2. 干燥防霉 种子水分和仓内相对湿度低于微生物生长所要求的最低水分时，就能抑制微生物的活动。为此，采用各种办法降低种子水分，同时控制仓库种子堆的相对湿度使种子保持干燥，可以控制微生物的生长繁殖以达到安全贮藏的目的。一般说，只要把种子水分降低并保持在不超过相对湿度 65％的平衡水分条件下，就能抑制种子上几乎全部微生物的活动（以干生性微生物在种子上能够生长的最低相对湿度为依据）。虽然在这个水分条件下还有极少数的几种灰绿曲霉能够活动，但发育非常缓慢。因此，一般情况下，相对湿度 65％的种子平衡水分可以作为长期安全贮藏的界限，种子水分越接近或低于这个界限，则贮藏稳定性越高，安全贮藏的时间也越长。反之，贮藏稳定性就越差。其次种子仓库要防湿防潮，具有良好的通风密闭性。在种子贮藏过程中可以采用干燥密闭的贮藏方法，防止种子吸湿回潮。在气温变化的季节还要控制温差，防止结露，高水分种子入库后则要抓紧时机通风降湿。

3. 低温防霉　控制贮藏种子的温度在霉菌生长适宜的温度以下，可以抑制微生物的活动。保持种子温度在 15℃以下，仓库相对湿度在 65％～70％以下，可以达到防虫防霉、安全贮藏的目的。这也是一般所谓"低温贮藏"的温湿度界限。控制低温的方法可以是利用自然低温，具体做法可以采用仓外薄摊冷冻，趁冷密闭贮藏，仓内通冷风降温等方法。如我国北方地区，在干冷季节，利用自然低温，将种子进行冷冻处理，不仅有较好的抑菌作用和一定的杀菌效果，而且还可以降湿杀虫。此外，目前各地还采用机械制冷，进行低温贮藏。

进行低温贮藏时，还应把种子水分降至安全水分以下，防止在高水分条件下一些低温性微生物的活动。

4. 化学药剂防霉　常用的化学药剂是磷化铝。磷化铝水解生成的磷化氢具有很好的抑菌防霉效果。根据经验，为了保证防霉效果，种堆内磷化氢的浓度应保持在不低于 $0.2g/m^3$（磷化铝 0.6 片$/m^3$）的水平。控制微生物活动的措施与防治仓虫的方法有些是相同的，在实际工作中可以综合考虑应用。如磷化铝是有效的杀虫熏蒸剂，杀虫的剂量足以防霉，所以可以考虑一次熏蒸，达到防霉杀虫的目的。

第五节　种子的衰老变化

种子同一切生物一样，要经历形成、生长、发育、成熟和死亡的过程。在贮藏期间，种子会逐渐衰老，如果不是突发性的高温、低温、冻害、机械损伤、化学药品腐蚀、毒物、高渗压物质的损害等造成的种子突然死亡，种子生命力的丧失应该看成是种子劣变（seed deterioration）逐渐加深和积累的结果。劣变后的种子一般表现为种子变色，活力下降，萌发迟缓，发芽率低，畸形苗多，生长势差，抗逆力弱，并最终导致种子生命力的丧失。

一、细胞膜的变化

细胞膜分质膜和内膜两大类。在成熟、干燥过程中，种子的细胞膜发生显著变化。种子干燥时，种子收缩，细胞壁高度扭曲，细胞核和线粒体呈不规则状态，膜遭到不同程度的破坏。这一变化大大减弱种子的生理活动，有利于种子的安全贮藏。当种子吸水后，各种成分（如糖类、氨基酸、蛋白质以及各种离子）都有渗漏，然而，这一过程非常短暂。随着水分进入，膜的水合程度增加，各种膜进行修复，很快恢复到正常状态，渗漏也得到抑制。例如大豆种子刚浸水 15min 内，其电导率迅速上升，然后变缓并维持在一定水平。Simon（1987）认为，要使膜恢复到正常的双层结构，必须有 20％以上的水分。种子吸水初期造成的渗漏，其原因是膜上的磷脂首先水合，造成膜蛋白的移位。随着水分进入，膜蛋白水合程度增加而恢复到固有位置，渗漏也就中止。

当种子发生劣变时，膜的渗漏程度较干燥种子严重。种子劣变使膜端的卵磷脂和磷脂酰乙醇胺分解解体，使膜端失去了亲水基团，因而也就失去了水合和修复功能。由于膜内部脂肪水解氧化，又使膜内部疏水基团解体，劣变种子再度吸水时，膜的修复很缓慢，甚至无法恢复到正常的双层结构，因此造成了永久性的损伤。

细胞膜的永久性损伤造成大量可溶性营养物质以及生理上重要物质（如激素、酶蛋白等）的渗漏，导致新陈代谢的正常过程受到严重影响。此外，膜的渗漏造成微生物大量繁殖，死种子和劣种子最容易长霉就是这个原因。膜是许多酶的载体以及生理活动的场所（例如呼吸作用主要在线粒体膜上进行），膜的破坏使酶无法存在，它的功能亦随之丧失。

脂肪的水解氧化不仅使膜的结构破坏，而且产生大量自由基离子，这种自由基离子既是电子供体又是电子受体，在生化反应中极为活跃，它的存在使物质的氧化分解更加快速，最终导致 DNA 突变和解体。

二、大分子变化

（一）核酸的变化

大分子主要是指对生物物质合成起关键作用的核酸。种子的劣变表现在核酸方面的反应，一是原有核酸解体，二是新的核酸合成受阻。

核酸的分解是核酸酶和磷酸二酯酶作用的结果，衰老种子中，这两种酶的活性均比新鲜种子的高。Roberts（1973）等发现，发芽率在 95％以上的黑麦草种子，胚中 DNA 含量为10.2ng/g，而对应的低活力种子只有 3.1ng/g。这一例子说明衰老种子中 DNA 开始解体。Cherry（1986）等人用不同老化程度的大豆种子和新鲜种子做发芽试验，然后测定大分子物质的含量，结果发现老化种子中 DNA、RNA 和叶绿素含量均较新鲜种子的低，且衰老越严重含量越低。

新的核酸合成受阻，首先是由于衰老种子中 ATP 含量减少，能荷降低而导致能量不足。用 ^{14}C 标记腺嘌呤渗入到大豆种子中的试验表明：新鲜种子 ATP 含量高，新合成的核酸多，衰老种子则相反。ATP 不仅是合成核酸的能源，更是合成 DNA 和 RNA 的基质。此外，核酸合成过程中必须要有 DNA 聚合酶和 RNA 聚合酶的参加，而衰老种子中这两种酶很快失活甚至分解，这也是新的核酸无法合成的原因。

核酸和蛋白质结合而形成核蛋白，它是细胞核和细胞质的主要组分。核酸降解和合成受阻的影响面是极其广泛的。Osborne（1987）指出，衰老种子中胚发生 DNA 损伤以及修复功能降低。基因的损伤必然反映为转录和转译能力的下降以及错录错译可能性的增加，因此衰老种子萌发过程中常有染色体畸形、断裂、有丝分裂受阻等情况的发生。在生产上，由衰老种子长成的幼苗畸形、矮小、早衰，瘦弱苗明显增多，最终导致产量降低。

（二）酶的变化

酶是具有生理活性的特殊蛋白质，在种子劣变过程中首先表现在酶蛋白的变性上，并最终导致酶活性的降低甚至丧失以及代谢的失调。种子劣变过程中酶活性变化研究最多是水解酶类（如淀粉酶、蛋白酶和酯酶）和氧化还原酶类（如过氧化物酶、过氧化氢酶、超氧化物歧化酶、抗坏血酸氧化酶和脱氢酶等）。Aung 等（1995）研究认为，老化种子的水解酶和氧化还原酶的活性降低。Ray 等（1990）研究发现，水稻种子经老化后，淀粉酶活性显著降低。郑光华（1984）研究表明，随着贮藏时间延长，杨树种子细胞色素氧化酶、抗坏血酸氧化酶、多酚氧化酶、过氧化物酶、过氧化氢酶和淀粉酶活性均呈不同程度的下降，其中脱氢酶活性的下降最为明显，并与种子发芽力的下降速度相平行。王玺（1990）研究表明，酸性磷酸酶活性高低与贮藏时间的长短成反相关，与种子活力成正相关。胡晋等（1996）研究发现，劣变程度低的西瓜种子脱氢酶活性较高。唐祖君等（1999）的研究表明，随着大白菜种子的老化加深，过氧化物酶、超氧化物歧化酶、脱氢酶、酸性磷酸酶、脂肪酶活性逐渐降低。番茄（刘剑华等，1999）和萝卜（高平平等，1996）的研究结果表明：不同贮藏年份种子酯酶同工酶有差异，贮藏时间短的酶带条数多且着色较深；贮藏时间较长的酶带数目较少酶带着色浅。舒英杰等（2013）研究发现，田间劣变抗性不同的大豆种子脱氢酶和酸性磷酸酶活性存在差异，抗性品种酶活性显著高于不抗品种。毕辛华等（1993）认为，酶活性因种子劣变而丧失的原因有多种解释，如某些官能团被氧化分解，酶的辅基或辅酶脱落，酶分子构象改变，酶和某种物质形成复合体以及酶本身被分解等。

然而，并非所有酶类的活性都随着种子衰老而降低，某些水解酶类的活性反而增高，例如核酸酶和酸性磷酸酯酶。据 Roberts（1987）观察，三叶草种子在不同条件下进行 15 年贮藏，在 38℃下贮藏其游离磷酸高达 $38\mu g/g$，在 22℃下贮藏只有 $11\mu g/g$。这说明在分解菲汀（phytin）过程中，前者的酸性磷酸酯酶活性高出后者两倍，表明其代谢已失调。

三、内源激素与有毒物质的积累

植物激素是种子新陈代谢的产物，同时又是其生命活动的调节者。研究表明，种子劣变往往伴随着体内赤霉素类物质含量的减少以及脱落酸类物质含量的增加。傅家瑞（1985）研究发现，发生劣变的花生种子其脱落酸积累多，而活力高的花生种子则赤霉素和乙烯含量高。在油料种子中，乙烯与种子活力密切相关。棉花、油菜等种子活力下降时亦伴随着内源乙烯的减少。在黄瓜种子人工老化过程中，乙烯的释放发生规律性的下降，并出现释放高峰期的推迟。在大豆上的研究表明，随着种子劣变程度的加深，种子中乙烯含量显著下降（Wang 等，2012）。

种子劣变是一个渐进的过程，在这个过程中会发生一系列生理生化反应，并会伴随着有毒物质的逐渐积累，使种子正常的生理活动受到抑制，最终丧失活力。如种子无氧呼吸过程中产生的乙醇和一氧化碳，蛋白质分解时产生的胺类以及脂类氧化产生的醛类（MDA）等都对种子有严重的毒害作用。研究表明，萝卜、甘蓝、洋葱、大葱、韭菜和香椿等种子在人工老化过程中，MDA 和过氧化物含量均有不同程度的升高（朱世东等，1999）。唐祖君等（1999）研究表明，处理时间相同，老化温度越高，大白菜种子中的 MDA 和芥子碱含量越高。其他的许多代谢产物，如游离脂肪酸、乳酸、香豆素、肉桂酸、阿魏酸、花楸碱等多种酚、醛类和酸类化合物、植物碱，均对种子有毒害作用。此外，微生物分泌的毒素对种子的毒害作用也不能低估，尤其在高温高湿条件下更是如此。例如腐生真菌分泌的黄曲霉素会诱发种子染色体畸变。有毒物质的积累在胚中的积累比在胚乳中的积累要多，胚是有毒物质主要的积累场所。

种子衰老的原因和机理还有多种：亚细胞结构如线粒体、微粒体被破坏，无法维持独立结构而丧失其功能；胚部可溶性养分的消耗；在贮藏温度和种子水分较高时微生物和仓虫造成的危害等。总之，种子衰老过程是一个从量变到质变的过程，在不同衰老进程上有不同的表现和特点（图 9-13），最终导致种子死亡。

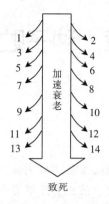

图 9-13　种子衰老现象的大致顺序

1. 呼吸作用减弱　2. 酶活性降低　3. 脂肪酸增加　4. 种子渗漏增加

5. 发芽速率减慢　6. 发芽条件变狭　7. 生长发育减慢　8. 种子耐藏性降低

9. 对恶劣环境的抗性减弱　10. 整齐度降低　11. 田间不能成苗　12. 产量降低

13. 不正常幼苗增加（实验室发芽）　14. 种子变色

（毕辛华，1993）

思　考　题

1. 什么是"三温三湿"？
2. 种子贮藏期间温度和水分的变化规律如何？
3. 试述种子结露的原因、部位及预防措施。
4. 简述种子发热的原因及其预防措施。
5. 种子霉变的微生物区系有哪些？如何防治种子霉变？
6. 种子贮藏衰老过程中会发生哪些变化？

>>> 第十章 种子贮藏期间的管理

种子贮藏期间的管理是种子贮藏的重要工作内容。做好贮藏期间的管理，对于保证种子贮藏质量、保持种子活力和生活力、防止种子混杂和发热霉变至关重要。本章从种子的入库、种仓管理制度、合理通风与密闭以及种仓的检查等方面，介绍了种子贮藏期间的管理技术和措施，为种子安全贮藏提供参考。

种子的贮藏环境直接影响到种子活力和生活力，在一定程度上决定着种子的贮藏质量。做好种子贮藏期间的管理是种子贮藏非常重要的工作内容。种子贮藏期间的管理任务，就是通过控制贮藏条件来降低种子生理代谢水平，使种子贮藏物质的损耗降低到最低限度，以保持种子的活力和生活力，防止种子贮藏期间的机械混杂、老化劣变（seed aging and deterioration）和发热霉变，保证种子的贮藏质量。

第一节 种子的入库

种子入库是种子贮藏管理的最初工作，具体包括入库前种子的准备、种仓的准备、种子的包装和堆放等内容。种子入库涉及对入库种子的质量要求、种仓贮藏条件的改善、仓内种子的堆垛方式和堆垛高度等一系列问题，是确保种子贮藏期间保持活力和生活力、免遭意外损耗、质量不降低的重要技术环节，并涉及随后的种仓管理问题，对种子的安全贮藏具有十分重要的意义。

一、入库前的准备

入库前的准备工作包括种子的准备和种仓的准备两个方面。具体来说涉及种子质量检验（seed quality testing）、种子干燥（seed drying）和清选分级（seed cleaning and classification）、种仓（seed storehouse）全面检查和维修及种仓的清仓消毒等。

（一）种子的准备

1. 种子入库的标准 入库种子必须达到入库标准方能入库。种子入库标准主要有种子水分（seed moisture content）、发芽率（germination percentage）、纯度（cultivar purity）、净度（cleanliness of seed）、成熟度（maturity）等指标。凡不符合入库标准的种子，不应急于进仓，必须经过处理后经检验达到入库标准后才能入库。

种子水分是种子贮藏稳定性的决定性影响因素，入库种子水分应不高于安全水分。不同植物种子的安全水分有着较大的差异，因此对入库种子水分的要求也不同。例如，在我国南方，籼稻种子的水分必须在13%以下才能安全越夏，含油分较多的油菜、棉花、花生、芝麻等种子的水分必须降低到8%～10%以下；长城以北和高寒地区的水稻、玉米、高粱种子的贮藏水分允许高于13%，但不能高于16%。一般而言，在相同水分条件下，油料作物种子较淀粉或蛋白质种子更难贮藏。

种子发芽率和纯度是决定该批种子是否具有种用贮藏价值的判断指标，如果种子达不到国家规定的指标则没有种用贮藏价值。国家技术监督局于2008年和2010年发布的农作物种子质量标准（GB 4404.1—2008、GB 4407.1～4407.2—2008、GB 16715.1～16715.5—2010、GB 4404.2～4404.4—2010）规定，以品种纯度标准为依据划分种子质量的级别。纯度达不到原种（foundation seed）标准的降为一级良种（high quality seed），达不到一级良种标准的降为二级良种，达不到二级良种标准的即为不合格种子。种子水分、净度和发芽率三个指标中只要有一项达不到标准即为不合格种子，就没有必要作为种子来贮藏。

种子的成熟度和净度对贮期管理影响很大，对贮期种子的稳定性亦有重要影响，因此必须达到规定质量指标方能入库贮藏。成熟度差或有破损粒、净度差的种子，由于其呼吸速率大，尤其是在含水量较高时，很易遭受微生物及仓虫的为害，种子生活力极易丧失，因此，这类种子必须严格加以清选剔除。

2. 种子入库前的分批 种子入库前要进行分批，做到"五分开"，这对保证种子贮期安全和播种品质十分重要。"五分开"是指：第一，等级不同的种子要分开。在符合种子入库标准的前提下，要将不同等级的种子分开存放，以免降低好种子的等级；第二，干种子和湿种子要分开。入库种子应按照种子水分高低分开贮藏，一个仓（囤）或种堆的水分差异不应超过1%，以防发生水分转移现象而影响到种子贮藏的安全性；第三，受潮和不受潮的种子要分开。受过潮的种子，即使种子水分再降到安全水分，其内部酶的活性依然较强，种子的呼吸速率也较大，贮藏难度较大，因此，必须分开存放；第四，新种子和陈种子要分开。新种子大多具有后熟作用，易产生"出汗"现象，而陈种子的品质多变劣，不耐贮藏，如果新、陈种子混存则会影响种子质量；第五，有病虫的种子和无病虫的种子要分开。有病虫的种子要分开堆放，以防病虫蔓延到无病虫种子中。

种子入库分批时，除了要做到"五分开"外，还要将不同品种严格分开，并将产地、收获年度、收获季节、水分及纯净度等有差异的种子分别堆放和处理，使得每批（囤）种子都应具有较强的均匀性。一般而言，不同批次的种子都存在着一些差异，一旦差异明显就应该分别堆放，或者重新加工处理后达到质量基本一致时才能并堆。如果将纯、净度低的种子混入纯、净度高的种堆，则会因纯、净度低的种子容易吸湿回潮而连带降低高质量种子的使用价值，而且还会影响种子在贮藏期间的稳定性。同样，如果将水分悬殊较大的不同批的种子混放在一起，会造成种堆内的水分转移，致使种子发霉变质。同理，种子成熟度、感病状况不一致的种子也应该分批堆放。同批种子数量较多时（如稻、麦种子超过 2.5×10^4 kg）也应分开存放为宜。

（二）种仓的准备

种仓的准备包括种仓安全检查和种仓的清仓消毒，是提高种子贮藏安全性和防止病虫孳生的重要技术环节。

1. 种仓安全性检查 种仓的安全性检查是对种仓的全面检查，主要针对种仓的牢固性、隔热性、防潮性和防鼠防雀性能等的检查，还要检查种仓有无裂缝、地坪有无破损、门窗是否牢固齐全和关闭是否灵便紧密等。

2. 清仓　清仓包括种仓清理与仓外清洁两个方面。种仓清理是将仓内的异品种种子、杂质、垃圾等全部清除，同时还要清理仓具，剔刮虫窝，修补墙面，嵌缝粉刷。仓外则应铲除种仓周围的杂草，移走垃圾，排除污水，保持仓外环境整洁。

清理仓具是指清理种仓内经常使用的围席、苦布、箩筐、种子袋等仓具，防止仓虫潜藏，一般采用剔刮、敲打、洗刷、暴晒、药剂熏蒸和开水煮烫等方法，以彻底清除仓具内藏匿的害虫和残留的种子。剔刮虫窝是指对种仓内的孔洞和缝隙等仓虫栖息和繁殖的场所进行清理，即对仓内所有的梁柱、仓壁、地坪进行全面剔刮，并将剔刮出来的仓虫、种子、杂物等予以销毁，以防感染。修补墙面是指对仓内墙皮脱落等进行及时修补，以防止害虫藏匿。嵌缝粉刷是指剔刮虫窝之后对仓内的大小缝隙使用纸筋石灰嵌缝，并将仓内墙壁刷白以便查仓时发现虫迹。

3. 消毒　种仓消毒一般采用喷洒和熏蒸药剂的方法。空仓消毒可用敌敌畏或敌百虫等药剂处理，敌敌畏的使用剂量为 80％乳油 $100\sim200\mathrm{mg/m^3}$，可用喷雾法或挂条法施药。喷雾法是用 80％敌敌畏乳油 $1\sim2\mathrm{g}$ 兑水 $1\mathrm{kg}$，配成 $0.1％\sim0.2％$ 的稀释液进行喷雾；挂条法是将宽布条或纸条浸在 80％敌敌畏乳油中，然后挂在种仓空中，行距约 $2\mathrm{m}$，条距 $2\sim3\mathrm{m}$，任其自行挥发杀虫。施药后必须密闭门窗 $72\mathrm{h}$ 以有效地杀灭仓虫。用敌百虫消毒，可将敌百虫原液稀释成 $0.5％\sim1.0％$ 的水溶液，充分搅拌后，用喷雾器均匀喷洒，用药剂量为 $30\mathrm{g/m^2}$。也可用 1％的敌百虫水溶液浸渍锯木屑，晒干后进行烟熏杀虫。用药后也要关闭门窗 $72\mathrm{h}$。也可用磷化铝进行熏蒸消毒。无论使用哪种方法杀虫，消毒后都需通风散毒。种仓消毒后，要及时清扫，并将清扫物妥善处理。

应该注意的是，如果使用敌敌畏或敌百虫消毒，则必须在补修墙面及嵌缝粉刷之前进行，特别应注意在全面粉刷之前完成。因为新粉刷的石灰在没有干燥前具有很强的碱性，易使敌敌畏或敌百虫药剂分解失效，影响消毒的效果。

4. 仓容的计算　为了合理使用和保养种仓，有计划地贮藏种子，种子入库前要计算种仓容量。种仓容量的计算应在不损坏种仓、种子和不影响操作的前提下，合理地测算出种仓的可用面积、可堆高度、堆放种子的种类、堆种容重，以正确地确定种仓的容量。

$$袋装仓容量＝可用面积（\mathrm{m^2}）×每平方米每层袋装种子质量×堆放层数$$
$$散装仓容量＝仓库容积×种子容重$$

(1) 可用面积。在袋装种仓中，可用面积是仓内总面积减去仓内走道、种堆与种堆之间、种堆与仓壁之间的面积以后，实际可堆种子的面积。可用面积与仓内总面积之间的比例，反映出种仓利用率。种仓可用面积的确定既要考虑操作的方便，又要考虑充分利用种仓仓容。在散装种仓中，一般是采取全仓灌装的方式，因此其可用面积为整仓面积减去柱子、门距和间隔的面积。

(2) 可堆高度。可堆高度一般在种仓设计时已经确定，并在仓内四壁上画出堆高线。可堆高度是根据仓房的牢固度、堆放方式具体需要来确定的。全仓散堆、围包散堆和围囤散堆的堆高一般为 $2.5\sim3.0\mathrm{m}$；袋装种堆高一般为 $7\sim8$ 袋，其中黄、红麻种子的堆放高度不超过 $6\sim7$ 袋。

(3) 仓库容积。仓库容积由可用面积乘以可堆高度计算出来。

二、种子的堆放

种子入库时，要按种子类别和级别分别堆放，防止混杂。如果条件许可，可以按种子类别不同分仓堆放。种子的堆放方式有袋装堆放（bagged stack）和散装堆放（bulk stack）两种方式。无论是哪一种堆放方式，在堆放完成后，都要在种堆垛上插放标签和卡片，并在标签上注明作物种类、品种名称、种子等级、纯度、发芽率、水分、生产年月、产地和经营单位。

（一）袋装种堆放

袋装种堆放是指用编织袋等盛装种子，然后堆放成垛。袋装堆放适用于较大容量的包装种子和多品种种子，既能防止品种间的混杂，又利于通风和管理，特别是对一些果壳脆弱的种子（如花生）、种皮疏松的种子（如油菜籽）有一定的保护作用。

袋装堆垛有实垛、非字形垛和半非字形垛、通风垛等多种方式，各种堆垛方式的确定一般是根据种仓条件、种子质量、贮藏目的、入库季节等情况科学选用。无论是采取哪种堆垛方式，一般都将垛墙距设定为0.6m，垛垛距设定为0.8m（实垛例外），这是为了种仓检查和管理的方便。袋装堆垛的垛高和垛宽，一般根据种子的质量状况和种子水分来确定。高水分种子的垛宽越小越好，高度也不宜太高，以便于种堆的散湿散热；低水分种堆垛的高度和宽度可以相对大一些。堆垛的方向应与库房的门窗通道平行，以提高种仓内通风的散湿散热效果。堆垛时袋口向垛里，以降低感染病虫害的几率和防止散口倒垛。种垛底部垫仓板，离地约20cm，利于通气，防止地坪潮湿气体直接进入种堆。

1. 实垛 实垛即袋与袋之间不留距离，有规则地依次堆放，宽度一般以4列为多（列指种袋长度），也可以堆成2、6或8列。长度据需要而定（图10-1）。堆垛两头要堆成半非字形，以防倒垛。实垛的仓容利用率较高，但对种子质量要求高，一般适于冬季低温入库的种子或临时存放的种子。

2. 非字形和半非字形垛 非字形和半非字形垛即按照非字或半非字形排列种子袋。非字形堆垛是第一层中间并列各纵放2袋，左右两侧各横放3袋，形如非字；第二层则用中间两排与两边换位；第三层与第一层相同（图10-2）。半非字形垛是非字形垛的减半。该种垛的通风性能好，种垛稳定性好，便于检查。

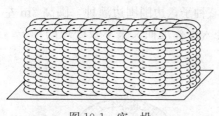

图10-1 实 垛

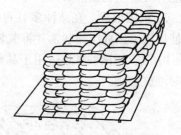

图10-2 非字形垛

3. 通风垛 通风垛即种子袋间的空隙相对较大，一般通风垛成工字形（图10-3）、井字形（图10-4）、口字形和金钱形。该垛型的垛宽不宜超过两列，垛高不宜过高，种垛的稳定性较差，堆垛时应注意安全，防止倒垛事故的发生。通风垛中的空隙较大，利于通风散湿散热，多用于高水分种子，但堆垛难度较大。

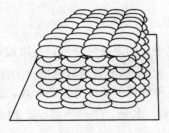

图 10-3　工字形垛

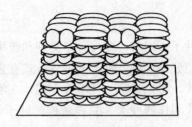

图 10-4　井字形垛

（二）散装种堆放

在种子质量好、数量多、仓容不足或包装容器缺乏时，可采用散装堆放的方式，即将种子灌入仓内。散装种堆放的仓容利用率高，温湿度变化较小，但对种子质量的要求高，适宜存放充分干燥且净度高的种子。

1. 全仓散堆及单间散堆　全仓散堆即将种子散装在仓内，此法种子数量堆得多，仓容利用率高。也可根据种子数量和管理方便的要求，将仓内隔成几个单间，或需堆放多个品种时，为避免混杂和管理方便，可将全仓隔成几个单间，进行堆放，即单间散堆（图 10-5）。种堆高度一般为 2～3m，但必须在安全线以下。贮藏期间要加强种仓管理，查仓时要注意检查结露现象或堆底种子的温湿度变化，发现问题后要及时解决。

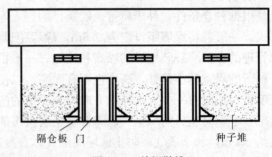

图 10-5　单间散堆

2. 围包散堆　围包散堆即把同一批种子部分装入种子袋，并把这些种子袋沿壁四周离墙 0.5m 处围垛成墙池，围包高度可至 2m 左右，墙池内灌入同批散装种子，散装种子面要低于围包高度 10～20cm（图 10-6）。围包时要袋袋紧靠、层层骑缝，使围包连成一个整体以防倒塌，同时由下而上逐层缩进 3cm 左右，形成倒斗状。围包散堆适用于仓壁不十分坚固或没有防潮层的种仓，或散落性较大的种子（如大豆、豌豆）。围包散堆可以充分利用仓容，并能有效防止机械混杂。

3. 围囤散堆　在品种多且每个品种数量又不多的情况下，通常采用围囤散堆的方式，即使用围席围成圆筒状，并将散装种子灌入圆筒内贮藏种子，边围囤边灌种，囤高 2m 左右（图 10-7）。围囤散堆还适用于品种级别不同或不符合入库标准而又来不及处理的种子，或临时堆放贮藏。

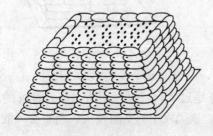

图 10-6　围包散堆

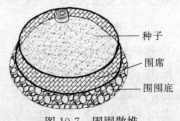

种子
围席
围囤底

图 10-7　围囤散堆

第二节　种仓管理制度和管理工作

种仓管理制度及其落实，是种子安全贮藏的重要保证。应建立健全各项管理制度，并严格执行，具体落实。只有这样才能及时发现和解决问题，避免种子损失。

一、管理制度

种子入库后，建立健全管理制度十分必要。管理制度具体如下：

1. 生产岗位责任制　种仓管理人员应具有较强的事业心和责任感，熟悉种仓日常管理的规范，业务素质和管理水平较高，并接收单位的定期考核和责任强化培训，持证上岗。

2. 安全保卫制度　种仓要建立值班制度，组织安全保卫人员巡查，及时消除不安全因素，做好防火、防盗工作，保证不出事故。

3. 清洁卫生制度　做好种仓的清洁卫生工作是防止种仓病虫害发生的先决条件。种仓内外必须经常打扫和消毒，以保持清洁卫生。仓内要求做到六面光，仓外要求做到杂草、垃圾和污水三不留。种子出仓时应做到出一仓清一仓，出一囤清一囤，严防种子的混杂和病虫害感染。

4. 查仓制度　要定期检查气温、仓温、种温、种子水分、大气湿度、仓内湿度、发芽率、种仓设施安全状况和虫霉鼠雀等情况。

5. 建立档案制度　每批种子入库都应逐项登记建档，记载每批种子的来源、数量、质量状况等，每次查仓后的结果也必须详细记录和保存，以便前后对比分析和查验，有利于及时发现种堆变化的原因，并及时采取措施。查仓记录表格式的一般设计参见表10-1。

表 10-1　仓内种子情况记录表

品种名称	入库日期	种子数量	检查日期			相对湿度(%)		气温(℃)	仓温(℃)	种堆温度(℃)																	种子水分(%)	发芽率(%)	种子纯度(%)	虫情(头/kg)		处理意见
										东			南			西			北			中							米象	谷蠹	
			月	日	时	仓外	仓内			上层	中层	下层	上层	中层	下层	上层	中层	下层	上层	中层	下层	上层	中层	下层						

查仓员：

6. 财务会计制度　每批种子进出种仓，必须严格执行出入库手续和进行数量核对，要做到账目清楚，对种子余缺做到心中有数，对不合理的损耗要追查责任。

二、管理工作

1. 防止混杂　种仓中不仅贮藏的种子种类多，而且种子出入种仓频繁，再加上有时鼠雀类在种仓内的活动，就非常容易发生种子的混杂。种子混杂带来的最直接危害就是使种子的纯度降低，特别是杂交种的亲本种子，一旦混杂则将会带来巨大的损失，进而引发种子质量纠纷。因此，为了防止混杂，出入库时散落地面的种子若不能准确确定其归属则不能再作为种用材料，种子晾晒和处理过程中一定要做好品种间的隔离防止机械混杂，要严防鼠雀类在种仓内活动。

2. 隔热防潮　根据季节变换中外界温湿度的变化特点，结合种仓内的种子水分情况，提高种仓的隔热和防潮性能，同时做好种仓的密闭和通风管理工作，使种子降温降湿，防止外界的热量和湿气进入种仓内。

3. 虫霉防治　种仓内虫霉的发生，会使种子质量严重下降，有时失去种用价值，为此在种子贮藏期间一定要加强日常的种仓检查和虫霉防止（治）工作，保证种子的安全贮藏。

4. 鼠雀防治　种仓内发生的鼠雀危害，不仅会造成种子数量的损失和对包装器材及种仓的破坏，更为严重的是会导致种子的混杂。所以在种仓管理过程中，鼠雀的防治也是非常重要的工作内容之一。

5. 防止事故　种仓管理的终极目标是"五无"种仓，即种仓内种子无混杂、无病虫、无霉变、无鼠雀、无事故。要防止种仓火灾、水淹、盗窃、错收错发和超耗等事故的发生。

6. 查仓　查仓是对贮期种子质量监控的有效手段，可以全面掌握仓储种子状况，及时发现问题和解决问题。种仓检查应有计划有步骤地进行，具体步骤是：①打开仓门后，先闻一闻有无异味，观察仓内有无鼠雀活动留下的痕迹，仓壁上是否有仓虫；②划区设点安放测温湿度仪器；③扦取样品，以便进行水分、发芽率、虫害、霉变等项目的检查；④观察温湿度测定结果；⑤察看种仓内外有无堆垛倾斜、缝隙和鼠洞；⑥对扦取的样品进行规定项目的检测，对检查结果进行分析，提出处理意见，并保证落实到位。

在种仓检查前要制定好计划，准备好相关设备，按照查仓步骤全面进行，同时做好记录，查仓结束后要立即分析结果，并制定和落实好处理意见。

第三节　种仓通风和密闭

对种仓进行合理通风和密闭，是调节种仓内种子温度、水分和氧气，从而调控仓内种子生命活动和虫霉危害的有效方法。

一、通风和密闭的目的

种仓通风（ventilation）的目的是为了给种子散湿降温，或调节种仓内的气体组成，使种子处于低温干燥的安全状态。种仓密闭（airtight）的目的是通过封闭种仓门窗、通气孔等，使种堆与外界完全隔绝，避免外热、外湿和仓虫进入仓内。种仓通风和密闭都是种子贮期管理的重要措施。

二、通风和密闭的原则与判别方法

种仓通风和密闭要遵循一定的原则，只有合理通风和密闭才能保证种子处于低温干燥的安全状态。至于采用哪种方式通风，还要根据当时的种子状态做出选择。通风和密闭的原则如下：

①当遇下雨、刮台风、浓雾等天气时不宜通风，而应密闭种仓。

②当仓外温湿度都低于仓内时，可以通风。但要注意防止寒流的侵袭，防止种堆内温差过大而造成结露现象出现。

③当仓外温度与仓内温度相同且仓外湿度低于仓内时可以通风散湿，当仓内外湿度基本相同且仓外温度低于仓内时，可以通风降温。

④仓外温度高于仓内而相对湿度低于仓内，或者仓外温度低于仓内而相对湿度高于仓内时，是否能通风就要根据当时种仓内外的绝对湿度来决定。如果仓外的绝对湿度低于仓内，可以通风；反之，则不宜通风。

举例说明：有一种仓，仓外气温为 15℃，空气相对湿度为 80％；而仓内气温为 20℃，相对湿度 65％。该情况下能否通风，则需要计算后确定。绝对湿度等于当时的饱和水汽量与当时相对湿度的乘积。查饱和水汽量表（表 9-5）知道，15℃时的饱和水汽量为 12.712g/m³，20℃时的饱和水汽量为 17.117g/m³，则种仓内外的绝对湿度分别为：

$$仓外绝对湿度＝12.712g/m^3×80％＝10.1696g/m^3$$
$$仓内绝对湿度＝17.117g/m^3×65％＝11.1261g/m^3$$

比较种仓内外的绝对湿度知，仓内的绝对湿度大于仓外的绝对湿度，据此可以判定，种仓可以通风。

⑤在一天内，傍晚可以通风，而后半夜不宜通风。

⑥一年内，在气温上升的季节（3～9 月），对于低温干燥的贮藏种子，或热进仓杀虫的种子，应以密闭为主，但对新收获的高水分种子，或晒后温度很高的种子，仍需打开门窗通风降温散湿；在气温下降季节（10 月～翌年 2 月），则应以通风为主。

三、通风和密闭的方法

（一）通风的方法

种仓通风方法有自然通风和机械通风两种，可根据种仓的设备条件和需要来选择确定。

1. 自然通风 自然通风是根据种仓内外温、湿度状况，选择有利于降温降湿的时机，打开种仓门窗，让空气进行自然对流，使仓内种子降温散湿的方法。自然通风的效果与温差、风速和种子堆装方式有关。当种仓外温低于内温时，种仓内外的空气存在压力差，空气的自然交流会使冷空气进入仓内，湿热空气被排出仓外。温差越大，则仓内外空气交换量就越多，通风效果就越好；风速越大，则风压增大，空气流量也就越多，通风效果就越好；袋装堆放种仓的通风效果比散装堆放种仓的通风效果好，小堆和通风垛的通风效果比大堆和实垛的通风效果好。

2. 机械通风 机械通风是指利用机械鼓风或吸风，通过通风管道或通风槽，将外界的干冷空气送入仓内种堆，或将仓内种堆内的湿热空气抽出，实现空气交流，达到降温降湿效果的方法。机械通风可以使种子保持适当低温和干燥的状态，多用于散装种仓。由于它是采用机械动力通风，所以通风效果比自然通风要好，具有通风时间短，降温降湿快且均匀的优点。

机械通风分风管式机械通风和风槽式机械通风两种方式。

风管式机械是由一个风机带一个或多个通风管所组成的通风系统。通风管可根据通风部位的需要自由移动。通风管一般为薄钢板卷制焊接而成，管道直径约 8cm，分上、下两段，上段长 1.5～2m，下段长 2m。风管末端 50cm 长度的范围内钻有直径为 2～3mm 的圆孔（图 10-8）。使用时将风管按等边三角形分布插入种堆内，风管间距为 2m，每根风管与仓外风机相连接。通风降温后，还需要拔去通风管以防管壁周围种子结露。

风槽式机械是由风机和通风槽组成的通风系统。根据通风槽能否移动，又分为固定式（在地下）和移动式（在地上）两种。固定式又称为地槽式，在种仓地坪下开设地槽。地槽的间距一般不宜超过种堆的高度。地槽宽度约 30cm，地槽由连接风机的一端到另一端逐渐由深变浅形成斜坡，以使种堆的风压相等。槽面可盖金属丝网或竹篾编成的透气网。移动式通风槽可制成三角形或半圆形，根据种仓形状布置在地坪上（图 10-9）。三角形通风槽可由薄铁皮制成，上有直径约 2mm 的小孔以利通气，也可用竹篾编织而成。

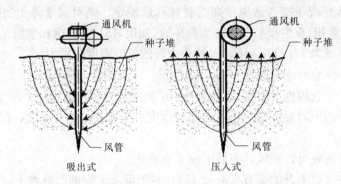

图 10-8　单管通风的两种用法

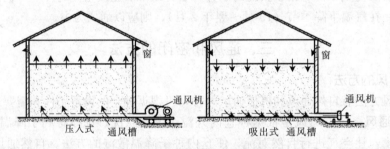

图 10-9　通风槽的两种用法

根据空气在种堆内流动方式的差异又可分为压入式与吸出式两种方式。风机的吹风口与风管相连，干燥冷空气从管道或风槽压入种堆，使种堆内的湿热空气由种堆的表面排出，这种方式称为压入式；风机的吸风口与风管相连，从管道或风槽将湿热空气吸出，而干冷空气则在副压作用下从堆表进入种堆内，这种方式称为吸出式。具体采用哪种通风方式，可根据种仓条件和种堆需要而定。最好是将风机安装成吸压兼具的两用型，以便根据通风需要灵活确定采用哪种通风方式。

机械通风应注意的事项：

①通风效果与当时的温湿度有关。当外界温湿度较低时的通风效果较好；气温与种温的温差在 10℃ 以上时的通风效果明显；相对湿度低于种子平衡水分时，通风可防止种子吸湿回潮。

②通风前将堆表耙平使种堆厚薄均匀，以免造成通风不均。

③采用压入式通风时，可在堆表铺垫处理（如铺一层草包）以防堆表结露，且在结露消

失前不能停止通风。采用吸出式通风时，需用容器在风机出口处盛接凝结水，且在水滴未止前不能停止通风，更不能中途停机，以防风管内的凝结水经管道孔流入种堆。地槽通风前可在出风口接水或铺垫吸湿。

④采用吸出式风管通风时，种堆的上、中层降温较快，而底层降温效果较差，因而在没有达到通风要求时不能停止通风。可采用先吸后压的方式，以提高通风效果。使用单管或多管通风，还应注意保证各风管的接头要严密不漏气，不能有软管或弯折等情况发生，以免影响通风效果。风管末端应控制在距地面 30～40cm 的距离，不能离地过高，否则会降低种堆底层通风效果。

⑤通风时应加强种温检查，通风管、槽的布置要合理，以避免通风死角。

⑥通风时应打开种仓的所有门窗以加快空气流通，通风结束后应将进风口关闭。

(二)密闭的方法

种仓密闭有高温密闭和低温密闭两种方法。

1. 高温密闭 高温密闭的主要目的是杀虫，适用于耐热性较强的麦类和豌豆种子。具体做法是，入库种子水分要求达到规定标准以内，经太阳暴晒或机械加温至 46～48℃时趁热入仓，入仓时应一次装满或进行压盖封闭保温处理，以避免发生结露和仓虫复苏。密闭时间一般为 7～10d。达到杀虫效果后应及时撤去覆盖物，通风降温，以免高温密闭的时间过长而影响种子生活力。无机械通风设备的大型种仓，不宜采用高温密闭。

2. 低温密闭 低温密闭的目的是降低种子的呼吸速率，延长种子寿命，抑制仓虫和微生物的繁殖生长。适用于干燥种子。低温密闭可利用自然冷却和机械冷却的方式。在严寒干燥的冬季，将种仓门窗打开，采用摊薄、翻动等方法加速种子冷却，也可将种子运到仓外场院上冷却。经低温冷却后的种子重新入库后，可在春季气温回升前闭仓，利用冬季低温使种子安全越夏。密闭时要求将种仓的门窗封堵严密，仓门口加挂隔热物。种仓检查时应早、晚入仓，以防外界温湿的侵入。若种仓条件较差，也可采用堆表压盖法隔热隔湿，并防止结露。压盖时要求做到平、紧、密、实。

第四节　种仓检查

种子入库后应定期进行检查，种仓的检查内容主要包括温度、水分、发芽率、虫霉鼠雀和仓内设施等的检查，低温种仓每天记录仓内温度和湿度，常温种仓应定期记录仓内的温度和湿度，其余检查指标也应进行定期检查，确保贮期安全状态。

一、温度和水分的检查

(一)温度检查

1. 种温变化 种温的升降受仓温的影响，仓温的升降受仓外气温的影响。仓温的变化与种仓的隔热密闭性能、种堆大小及堆垛方式有关。一般而言，种仓的隔热密闭性能差、种堆数量少、袋装堆放时，受气温影响较大，种温升降变化也较快；反之，种仓隔热密闭性能好、全仓散装堆放时，则受气温影响较小，尤其是中、下层种温比较稳定。

2. 检查方法 种温检查是使用温度测定设备来完成的。测温设备有杆状温度计、曲柄温度计、感温探头和温度自动记录仪等。无论是哪一种温度测定设备都要在安放好后，平衡一段时间后再读数。

（1）检查时间。在 9：00～10：00 进仓检查最为适宜，因为此时的气温和仓温较接近全日的平均温度，受外温的影响较小。

（2）检查部位。检查部位要根据种堆大小和堆放方式来确定。散装种堆的检查要求定层定点，袋装种子的检查要求定层定包。散装种子的种堆面积在 $100m^2$ 范围内，应将它分成上、中、下 3 层，每层设 5 个检查点（梅花形分布），共 15 处，如果种堆的面积远不足 $100m^2$ 或超过 $100m^2$，则可以相应地减增检查点数。袋装种子检查点数应根据堆垛方式、种堆大小和贮藏季节等来确定，一般采用曲线定点法确定检查点（图 10-10）。对于容易出问题的种堆部位应增设检查点。

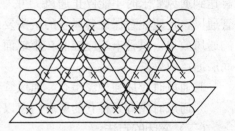

图 10-10　袋装种子温度检查点

（3）检查周期。种温的检查周期原则上应根据气候条件、种子水分和种子生理状况等来确定（表 10-2）。

表 10-2　不同季节的温度检查周期

	夏秋季		冬季种温（℃）		春季种温（℃）		
	未完成后熟	完成后熟	>0	<0	<5	5～10	>10
安全水分以下	1d 1 次	3d 1 次	5～7d 1 次	半月 1 次	7～10d 1 次	5d 1 次	3d 1 次
安全水分以上	1d 1 次	1d 1 次	3d 1 次	7d 1 次	5d 1 次	3d 1 次	1d 1 次

（二）水分检查

种子水分检查的划区定点有着明确要求。散装种子以 $25m^2$ 面积为 1 个检验区，采用 3 层 5 点 15 处的方法，设 15 个检查点取样。袋装种子的划区定点依据堆垛的大小，要求定点种袋均匀分布在种垛的上、中、下各部，并采用曲线法设点取样。将各点取出的样品混合为混合样品，然后按照国家标准（GB/T 3543.6—1995 农作物种子检验规程水分测定）进行分析。在检查过程中，对存有怀疑的检查点取出的样品则应单独分开测定。种子水分的测定仪器种类较多，有电导式水分测定仪和电容式水分测定仪等，也可以采用低恒温烘干法或高温烘干法测定种子水分。

水分检查的周期取决于种温的高低。种温在 0℃ 以下时，每月检查 1 次；种温在 0℃ 以上时，每月检查 2 次。每次整理种子以后也应进行 1 次水分检查。种仓密闭性较差，遇到阴雨、梅雨时，可以根据需要增加检查次数。种子进出仓和熏蒸杀虫前也应测定种子水分。

应该指出的是，种堆水分的变化主要受空气相对湿度的影响。种堆各层次水分的变化也存在差异，贮期堆表种子水分的变化幅度大，种堆中层和下层的水分变化幅度较小，种堆近地坪 17cm 左右的种子水分变化较大。在种子水分检查时应该注意到这些特点。

二、发芽率的检查

发芽率检查的目的是，根据发芽率的变化情况来判断种子贮藏安全状况，以便及时采取措施改善贮藏条件，避免造成损失。种子在贮藏期内的发芽率因贮藏条件和贮藏时间不同而有差异，在良好条件下短时间贮藏的种子发芽率几乎不会降低，一些有生理休眠的种子经过一段时间的贮藏后其发芽率会提高。

发芽率检查也采取定点取样的方法，一般情况下，种子发芽率每4个月检查1次。也可根据气温变化情况增加检查次数，比如在高温或低温过后或药剂熏蒸前后都应检查1次。种子出仓前10d检查1次。

将各点所取样品充分混合后，然后按照国家标准（GB/T 3543.5—1995农作物种子检验规程发芽试验）进行分析。小粒种子为100粒，大粒种子为50粒，重复4次。通常小粒种子用吸水纸做发芽床，中粒种子选用纸床和砂床，大粒种子选用砂床或纸间发芽为宜。发芽盒置于恒温箱内发芽。

三、种仓虫、霉、鼠、雀的检查

（一）仓虫的检查

1. 仓虫活动规律　害虫的活动规律随温度的变化而变化。温度在15℃以下，仓虫行动迟缓；在生命活动的温度范围内，仓虫活动随着温度的升高逐渐变得活跃。一年中，冬季低温时期的仓虫危害最小；春季气温回升时期的危害逐渐增大；夏季高温时期的危害较大，尤其在7～8月仓虫活动猖獗，危害最严重；秋季随着温度的下降，危害逐渐减小。

仓虫在种堆内的区域也因种温变化而变化。仓虫一般是向种堆中的高温区域移动，春季移向南墙的堆表33cm以下，夏季多集中在堆表，秋季移向靠北墙的堆表33cm下，冬季则移向种堆内1m以下的深处。

仓虫在种堆内的移动能力与仓虫种类有关。蛾类仓虫大多只能在堆表及表面以下30cm左右的范围内活动，甲壳类害虫则能在种堆深处活动，喜湿性仓虫会向种堆水分较高的区域移动，有些仓虫则会向杂质、破碎粒集中的部位移动。

2. 布点和检查周期　检查仓虫时要根据仓虫的习性和密度来确定取样点。散装种仓种堆面积在100m²以内的设取样点5～10个，种堆面积101～500m²的设取样点10～13个。取样时在仓虫群集处分层设点，堆高在2m以内的设2层，堆高超过2m的设3层。种堆上层用手或取样铲取样，每点取样不少于1kg；种堆中下层可用扦样器取样，每点取样不少于0.5kg。袋装种子10包以下的应逐包取样，500包以下的取样10包，500包以上的按2%取样。扦样时，每个样品不少于1kg。袋装种子取样时，应注意外层多设点，内层少设点。

检查周期根据气温和种温来确定。一般情况下，冬季温度在15℃以下时，每2～3个月检查1次；春秋季温度在15～20℃时每月检查1次，温度超过20℃时每月检查2次；夏季高温期，应每周检查1次。

3. 检查方法　对籽粒外的仓虫采用过筛检查法，即选择合适筛孔的种筛，将每个检查点所取的样品过筛3分钟将仓虫筛下来，按照每千克种子样品中的活虫头数计算虫害密度，并调查仓虫种类。在缺少筛子的情况下，可以将待检查的样品平摊在白纸上，手捡查虫。在低温期需正确判断仓虫死活状况，可将检查出来的仓虫供热，受热后爬动的为活虫。蛾类仓虫检查，可用撒种看蛾飞目测法。

对于籽粒内部的仓虫，可采用刮粒法或饱和食盐比重法或软X射线法检查。

（二）霉、鼠、雀的检查

霉烂的检查一般采用鼻闻和目测的方法，检查部位一般是种子容易受潮的底层、墙角、柱基等阴暗潮湿处，或沿门窗、漏雨、渗水等部位，以及容易结露和杂质集中的部位。检查时期的长短主要根据季节、种仓防潮隔热性能、种子水分和种子温度情况确定。

鼠、雀的检查是通过观察仓内有无鼠雀粪便和活动留下的痕迹。平时应将堆表整平以便发现活动足迹。一经发现则应予以捕捉杀灭，还需堵塞漏洞。

四、设施检查

检查种仓地坪的渗水、房顶的漏雨、墙壁粉刷层的脱落等情况，特别是遇到强热带风暴、台风、暴雨等天气，更应加强检查。同时应对门窗开闭的灵活性和防雀网、防鼠板的完好性进行检查。

思　考　题

1. 怎样进行入库种子的分批？
2. 简述种子堆放的方式。
3. 种仓管理制度包括哪几方面？
4. 试述种仓通风和密闭的原则。
5. 怎样进行种仓水分和发芽率的检查？

第十一章 种子贮藏期间的仓虫与鼠类控制

>>>

种子贮藏期间常受到多种仓虫和鼠类的危害，其危害首先表现在种子重量的减少，其次是引起种堆发热霉变，再就是受害的种子多为种胚受伤，致使发芽率降低，严重影响种子的种用价值。因此，了解各种仓虫和鼠类的生活习性和发生特点，有针对性地制定防治策略，确定防治措施，才能真正实现种仓害虫和鼠类的有效控制。

第一节 仓 虫

种仓害虫是指生活在仓库内危害贮藏种子及仓具的害虫和螨类。种子在贮藏过程中会受到多种仓虫的危害，被害虫取食过的种子特别是胚部被取食的种子将完全失去种用价值，种子受害的伤口及害虫的分泌物和排泄物会引起种子霉变、发热，进而导致种子发芽率的下降。据报道，种子遭虫害后一般发芽率可降低 30%～50%。因此，为确保种子的安全贮藏，必须重视对仓虫的防治。

全世界现已定名的仓虫（螨）有 500 多种。我国的仓虫中属于有害昆虫的有 226 种，分布广且严重危害种子的有 30 余种，本节仅介绍一些主要种仓害虫的分布、为害特点、形态特征和发生规律。

一、仓虫的种类及其生活习性

（一）玉米象

玉米象（*Sitophilus zeamais* Motschulsky）俗称象鼻虫、米牛、米象，属鞘翅目象甲科。分布遍及全世界。国内各省（区）均有分布，是我国三大贮种害虫（玉米象、谷蠹、麦蛾）之一。玉米象成虫主要为害禾谷类种子，尤以玉米、小麦、大麦及高粱种子受害最重；其幼虫主要在种粒内蛀食为害，种子受害后，种堆中的碎粒和碎屑增加，易引起后期性害虫的发生及种子霉变等继发性危害。

1. 形态特征

（1）成虫。玉米象成虫的体长为 2.3～3.5mm，圆筒形，赤褐色至暗褐色，背面刻点圆形，鞘翅常有 4 个橙红色椭圆形斑（图 11-1）。触角位于喙基部之前，柄节长，索节 6 节，触角棒节间缝不明显。

（2）虫卵。长卵形，长 0.65～0.70mm，宽 0.28～0.29mm，乳白色，半透明，上端着生一帽状圆形小隆起。

（3）幼虫。体长 2.5~3.0mm，乳白色，体肥大粗短，略呈半球形，背面隆起，腹面平坦，体上多横皱，无足，头小，淡褐色，口器黑褐色，上颚着生尖长形端齿 2 个；第 1~3 腹节背板被横皱分为明显的 3 部分，腹部各节上侧区不分叶，各生 2 根刚毛，下侧区分为上、中、下三叶，均无刚毛。

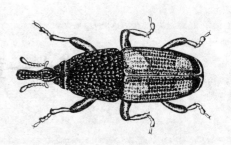

图 11-1　玉米象成虫

（仿 Balachowsky）

（4）蛹。体长 3.5~4.0mm，椭圆形，初化蛹时为乳白色，后变褐色；头部圆形，喙伸达中足基部；翅鞘伸到第 5 腹节端部；前胸背板上有小突起 8 对，其上各生褐色刚毛 1 根。腹部 10 节，第 7 节较小，其背面近左右侧缘处各一小突起，上生褐色刚毛 1 根，腹末有肉刺 1 对。

2. 发生规律　在我国北方地区 1 年发生代 1~2 代，中原地区 1 年发生 2~3 代，华东地区则为 4~5 代，华南地区 6~7 代。主要以成虫在种仓内黑暗潮湿的缝隙、垫席下以及仓外杂物下、树皮缝等环境中越冬，以幼虫在种粒内越冬者较少。越冬成虫于第二年气温回升后迁回仓内繁殖为害。

成虫羽化后 1~2d 即交配产卵。仓内成虫产卵时，雌虫先用喙在种胚部钻洞做成卵窝。然后产 1 卵于窝内，并用分泌物将卵孔封闭。雌虫每天可产卵 3~10 粒，平均一生可产卵 150 粒，多者可达 570 粒。幼虫孵化后随即向种粒内部蛀蚀。幼虫共 4 龄，1~4 龄的历期约 18d，至第四龄老熟时，种粒将被蛀蚀成空壳。幼虫老熟后即在种粒内化蛹，继而羽化为成虫，成虫爬出后再为害种子。

玉米象生长发育的温度范围为 17~34℃，最适温度为 27~31℃，适宜相对湿度为 75%~99%，适宜种子水分为 15%~20%。当温度低于 7.2℃、高于 35℃ 或种子水分低于 9.5% 时，则停止产卵。产卵所需最适种子水分为 17.5%，在种子水分不高于 8.2% 时就不能生活。玉米象较耐低温，在 -5℃ 时各虫态致死时间分别为：成虫 4d，卵 12d，幼虫 3d，蛹 4.5d。成虫在 50℃ 时，1h 便会死亡。

（二）谷蠹

谷蠹（*Rhizopertha dominica* Fabricius）属鞘翅目长蠹科。分布遍及全世界，国内各地均有分布。食性杂，可取食禾谷类、豆类、药材、林木种子等。以稻谷和小麦种子受害最重。谷蠹大发生时，常将种子蛀成空壳并引起种堆发热，易引起后期性害虫及霉菌的发生。

1. 形态特征

（1）成虫。谷蠹成虫体长 2~3mm，长圆筒形，深赤褐色至黑褐色，有光泽（图 11-2）。前胸背板覆盖头部，前半部具小钝齿数列呈同心圆形排列，后半部密布小颗粒状突起。复眼圆形，黑色。触角 10 节，末端 3 节膨大呈片状，黄棕色。鞘翅末端向后下方斜削，鞘翅纵刻点成行，着生弓形黄色短毛。

（2）虫卵。谷蠹卵长 0.4~0.6mm，长椭圆形，色乳白，一端较大，一端略尖，微弯。

（3）幼虫。体长 3~4mm，体形弯曲，初孵幼虫乳白色，老熟幼虫淡棕色；头部细小，胸部肥大，头的部分缩入前胸内；上颚着生 3 个小齿，无眼，触角 2 节；胸足 3 对，细小。全体疏生淡黄色微毛。

（4）蛹。体长 2.5~3mm，头下弯，复眼、口器、触角及翅略带褐色，其余为乳白色；

前胸背板圆形；鞘翅伸达第 4 腹节，后翅伸达第 5 腹节，自第 5 腹节以后各分节略弯向腹面。

2. 发生规律　谷蠹在种堆中主要分布于种堆的中、下层。北方地区 1 年发生 2 代，南方的广东等地 1 年可发生 4 代。成虫蛀入仓库内木板、竹器内或在发热的种堆中越冬，少数以幼虫越冬。翌年春季气温回升到 13℃左右时，越冬成虫开始活动，交配产卵，卵单粒或 2～3 粒聚产在种子蛀孔或种子缝隙内，卵外黏附粉屑等。单雌产卵量一般为 52～412 粒，平均 204 粒，产卵持续 1～2 个月。幼虫孵出后，从种胚或种子破损处蛀入，直至发育为成虫才从种粒内钻出；未蛀入种子的幼虫可取食粉屑或侵食种粒外表，也可稍大后再蛀入种子内部。幼虫一般 4 龄，少数 5～6 龄。幼虫老熟后在种子内或粉屑内化蛹。

图 11-2　谷蠹成虫
（仿白旭光）

国内大部分地区 7 月中旬前后出现第 1 代成虫，8 月中旬至 9 月上旬出现第 2 代。成虫飞翔力强，有趋光性，喜食种子胚部，导致种子发芽率降低。谷蠹成虫的耐热和耐干能力很强。发育温度范围 18.2～39℃，最高、最适和最低温度分别为 38、34 和 22℃。当种子水分在 8%～10%、温度为 35～40℃时，仍能正常发育。抗寒力很弱，在 0.6℃以下时只能存活 7d，0.6～2.2℃时存活时间不超过 11d。

（三）大谷盗

大谷盗（*Tenebroides mauritanicus* L.）属鞘翅目谷盗科。国内各地均有分布。可为害禾谷类、豆类、油料、药材、林木、烟草花卉等种子，尤其喜食谷物种子的胚部，严重影响种子发芽率。

1. 形态特征

（1）成虫。大谷盗成虫的体长 6.5～11mm，长椭圆形，略扁平，暗红褐色至黑色，有光泽。头大，呈三角形（图 11-3）。触角 11 节，棍棒状。前胸背板宽略大于长，前缘呈凹形，两前角突出，前胸与鞘翅间有细长的颈状连索相连。鞘翅基角尖，端部圆，每一鞘翅上有 7 条纵刻点行。

（2）虫卵。卵长 1.5～2mm，宽约 0.25mm，长纺锤形，略弯曲，卵壳光滑，乳白色。

（3）幼虫。体长 15～20mm，扁长形，灰白色，有光泽；各节背面多横皱，身体后半部较大；头黑褐色，尾端具黑褐色钳状臀叉一对，臀板黑褐色。

（4）蛹。体长 8～9mm，扁平，近纺锤形，乳白色至黄白色，头及前胸背板散生黄褐色长毛。

图 11-3　大谷盗成虫
（仿 Bousquet）

2. 发生规律　大谷盗在我国北方 1 年发生 1 代，在华南可发生 2 代，完成一个发育周期需要 70～400d，主要取决于取食条件和温度。多以成虫在木板缝隙内及碎屑、包装物缝隙内越冬，少数以幼虫越冬。越冬成虫在翌年 4 月开始产卵，越冬幼虫同时化蛹，5 月前后羽化交配产卵。雌虫将卵分批产于种子间或缝隙内。产卵持续 2～14

个月，单雌产卵量一般为 430～1 319 粒。成虫寿命 6～12 个月，成虫、幼虫性凶猛，除为害种子外，经常捕食其他仓虫或自相残杀。

大谷盗生长发育的最适温度为 27～28℃。耐饥、耐寒能力均强。在 15℃时，成虫能耐饥 114d，幼虫耐饥 33d。在 −9.4～−6.7℃时，成虫和幼虫均能生存数周。

(四) 绿豆象

绿豆象（*Callosobruchus chinensis* L.）属鞘翅目豆象科，俗称豆牛。分布遍及全世界，国内各地均有分布。以幼虫蛀食绿豆、赤豆、豇豆、扁豆、菜豆、蚕豆、豌豆、大豆、小豆等豆类种子以及莲子等，尤其以绿豆、赤豆和豇豆受害最为严重，种粒被蛀食后仅剩空壳。

1. 形态特征

（1）成虫。绿豆象成虫体长 2～3.5mm，近卵圆形；表皮红褐色或暗褐色，密生白、黄褐色及赤褐色细毛。头密布刻点，额部具一条纵脊，雌虫触角锯齿状，雄虫单栉齿状（图11-4）。前胸背板侧缘直形，后缘中央的一对瘤状突显著，上生白毛。小盾片纵长方形。两鞘翅近方形，鞘翅后半部横列两排白色斑纹。腹末露在鞘翅外。

（2）虫卵。卵长 0.4～0.6mm，椭圆形，稍扁平，淡黄白色，半透明。

（3）幼虫。体长 3.5mm，乳白色，肥胖多皱而弯曲；头小，缩入前胸内，淡黄色；胸足退化，呈肉突状。

（4）蛹。体长 3.0～3.5mm，椭圆形，淡黄色；头向下弯曲，触角基部被复眼包围；前胸背板前端显著尖窄，中央有一纵沟直达后胸背，腹末端肥厚，显著向腹面斜削。足和翅痕明显。

2. 发生规律 绿豆象在我国北方每年发生 3～4 代，中部地区 4～6 代，华南的广东等地可达 11 代。幼虫在种粒内越冬。翌春化蛹并发育为成虫爬出种粒。成虫寿命短，即便在适宜条件下也只能存活十多天。成虫善飞，爬行快，具假死性和趋光性。雌虫将卵产于种堆上层的种粒表面，单雌产卵量平均约 70 粒。幼虫孵化后直接穿透卵壳及与卵壳粘连的种皮蛀入豆粒内为害，直到化蛹羽化为成虫。在仓内繁殖数代后，成虫会飞到田间近成熟的豆田中产卵，卵产于豆荚裂缝内，随豆粒收获进入仓内，继续繁殖为害至越冬。完成 1 代需 20～67d。

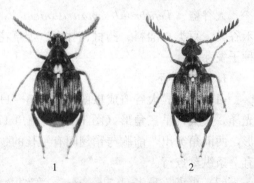

1　　　　　2

图 11-4　绿豆象成虫

（仿白旭光）

1. 雌虫　2. 雄虫

绿豆象生长发育的适温为 29.5～32.5℃、相对湿度为 68%～95%；最适温度为 31℃、相对湿度为 68%～79%；温度低于 10℃或高于 37℃时，则发育停止。

(五) 黑毛皮蠹

黑毛皮蠹（*Attagenus unicolor japonicus* Reitter）别名毛毡黑皮蠹，属鞘翅目皮蠹科。主要分布于我国东北地区，是我国北方地区的重要仓储害虫。其幼虫食性极杂，除为害禾谷类、豆类、油料、药材种子等，还危害肉干、毛皮、丝毛织物、烟叶等贮藏物。

1. 形态特征

（1）成虫。体长 3～5mm，宽 1.5～2.5mm，椭圆形，表皮暗赤褐色至黑色，密生黑褐色细毛（图 11-5）。触角 11 节，末 3 节膨大，雄虫触角末节长为第 9、10 节总长的 3～4 倍；雌虫触角末节略长于第 9、10 节的总长。前胸背板半圆形，两侧及后缘着生黄色短毛。

（2）虫卵。卵长约 0.7mm，宽约 0.3mm，椭圆形，乳白色，半透明，表面有横皱。

（3）幼虫。体长 9～10mm，长圆筒形，赤褐色或褐色，节间乳白色；身体各节密生细长的褐色刚毛；腹末簇生黄褐色毛 1 束，其长度约为 6 个腹节的总长。

（4）蛹。体长 5～8mm，宽 2～3mm，扁圆锥形，淡黄褐色；体密生淡黄褐色细毛；腹部背面第 5～7 节间各有一黑褐色口形凹陷，凹陷的前缘有微小齿突，腹末有褐色肉刺 1 对。

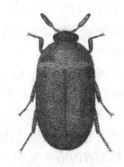

图 11-5　黑毛皮蠹成虫
（仿张生芳）

2. 发生规律　黑毛皮蠹通常 1 年发生 1 代。以幼虫在仓库缝隙、铺垫物以及杂物中越冬。翌年 5 月中旬前后越冬幼虫化蛹，6 月下旬羽化。成虫具有趋光性，善飞，爬行快。成虫不为害种子，喜飞到野外取食花蜜、花粉，并进行交尾活动。雌虫交配后数日即开始产卵，卵散产于种子表面或种表附近，产卵期短，约 7d 左右，单雌产卵量为 50～200 粒。幼虫一般为 7～12 龄，3 龄前仅取食碎屑粉末及破损种子，4 龄后可取食完整种子。

黑毛皮蠹的幼虫耐饥、耐寒力强。在缺乏食物时，可取食自身蜕皮来维持生命。在 −1.1～1.7℃ 时能生存 314d，在 −3.9～−1.1℃ 时能生存 198d。

（六）麦蛾

麦蛾（*Sitotroga cerealella* Olivier）属鳞翅目麦蛾科。世界性分布，我国各地普遍发生，是我国三大贮种害虫（玉米象、谷蠹、麦蛾）之一。幼虫蛀食小麦、大麦、燕麦、稻谷、玉米、高粱种子等，在我国麦蛾幼虫对小麦、稻谷种子的为害最为严重。受害的种子大部分被蛀食一空，严重影响种子发芽率。

1. 形态特征

（1）成虫。体长 4～7mm，翅展 8～18mm，翅灰黄色（图 11-6）。前翅披针形，通常在翅端及翅中横线处各有一若干黑色鳞片形成的小黑点；后翅菜刀形，银灰色。前后翅缘毛长，尤其是后翅的后缘毛，其长度大于后翅的宽度。头顶无毛丛，复眼黑色，触角丝状，下唇须发达，3 节，向上弯曲超过头顶。

（2）虫卵。卵长约 0.5mm，扁平椭圆形，一端较细且平截，表面有纵横的脊纹，初为乳白色，后为淡红色。

（3）幼虫。体长 5～8mm，淡黄白色，头胸部较粗肥，腹部各节依次向后逐渐变细；体光滑，略有皱纹，无斑点，刚毛细小；胸足 3 对，短小；腹足 5 对均退化成小突起，其末端着生褐色而微小的趾钩 1～3 个。

图 11-6　麦蛾成虫
（仿 Гемкиная）

（4）蛹。体长 5～6mm，黄褐色，前翅狭长，伸达第 6 腹节；各腹节两侧各生一细小瘤状突起；腹末节圆而小，其背面中央有一深褐色短而直的角刺，左右侧各有一褐色角状突起。

2. 发生规律　在我国寒冷地区麦蛾每年发生 2～3 代，温带地区 4～6 代，炎热地区或仓内环境适宜时可发生 10~12 代。以老熟幼虫在种粒内越冬，极少数以蛹及初龄幼虫在种子内越冬。越冬幼虫于翌年春季气温回升后开始化蛹。一般 5 月下旬至 6 月下旬大量羽化，成虫羽化后 1 昼夜开始交尾，交尾 1~2d 开始产卵，少部分成虫在仓内产卵于种堆表层繁殖，大部分则飞到即将成熟的麦田产卵于麦穗上，幼虫孵化后蛀入麦粒内部，随小麦收获带入仓内继续为害。

单雌产卵量为 63~124 粒最多达 389 粒。幼虫孵化后多从种子胚部或损伤处蛀入，孵化后 2~3d 内不能蛀入种子的幼虫即会死亡。被害种子内一般蛀入 1 头幼虫，玉米种粒通常每粒达 2~3 头。幼虫老熟后先在种子的一端咬出一个仅留表皮的羽化孔，然后在种子内结茧化蛹，成虫羽化后从羽化孔爬出。

麦蛾发育的适温为 21~35℃，发育起点温度为 10.3℃，成虫在 52、45 和 43℃时的死亡时间分别为 1、35 和 42min；幼虫、蛹、卵在 44℃时 6h 死亡。幼虫在 -17℃时经 25h 死亡。在种子水分 8% 以下或相对湿度 26% 以下时，麦蛾均不能发生。

（七）锯谷盗

锯谷盗（*Oryzaephilus surinamensis* L.）别名锯胸谷盗，为鞘翅目锯谷盗科。世界性分布，国内普遍分布。成虫、幼虫取食破碎的禾谷类、豆类种子、面粉等，为重要的后期性贮种害虫之一。

1. 形态特征

（1）成虫。成虫扁长椭圆形，深褐色，长 2.5~3.5mm，体上被黄褐色密的细毛。头部呈梯形，复眼圆小而突出，黑色。触角 11 节，呈棒形；前胸背板近长方形，中间有 3 条纵隆脊（图 11-7），其中边缘 2 条龙脊略弯曲（大眼谷盗边缘 2 条龙脊较平行），两侧缘各有 6 个较尖锐的锯齿突（大眼谷盗两侧的锯齿较钝）；每鞘翅有纵脊 4 条和刻点纹 10 条，鞘翅完全覆盖腹部。雄虫后足腿节腹面近端部有一小刺，雌虫则无。

（2）虫卵。长 0.7~0.9mm，宽约 0.25mm。长椭圆形，乳白色，表面光滑。

（3）幼虫。体长 3~4mm，细长而扁平，淡褐色。头部椭圆形，淡褐色。口器赤褐色。触角 3 节，长度约与头长相等，胸足 3 对，胸部各节的背面两侧均生 1 暗褐色近方形斑，腹部各节背面中间横列褐色半圆形至椭圆形斑。

（4）蛹。体长 2.5~3mm。乳白色，无毛。前胸背板近方形，两侧各有指状突 6 个。腹末呈半圆形突出，末端着生褐色小肉刺 1 对。

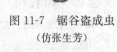

图 11-7　锯谷盗成虫
（仿张生芳）

2. 发生规律

锯谷盗 1 年发生 2~5 代，东北地区年发生 2 代，华北地区 3 代，华南地区 4~5 代。以成虫群集于种堆上部、仓库缝隙隐蔽处越冬或在仓外树皮下、树洞、砖石下、杂物中越冬。翌年春季气温回升后飞回仓内，成虫在种堆表层交尾产卵，卵散产或聚产在种子碎屑内或种堆上。每雌虫产卵量平均 70 粒。幼虫孵出后为害种子碎屑、种粒胚部。在一定的种子水分条件下，锯谷盗为害的程度，随着破碎种粒的增多而增加。在碎屑多的种堆中发育最快，在完整粒种堆中发育最慢。幼虫行动活泼，有假死性，一般幼虫有 4 龄。老熟幼虫在碎屑内化蛹。成虫能飞，爬行迅速。一般各虫态历期分别为：卵 3~7d，幼虫 12~75d，蛹 6~12d，成虫寿命 140~996d，最长可达 3 年多。锯谷盗的发育起点温度为 13.7～14.8℃，发育适宜温度为 30～35℃，相对湿度 80%～90%。在 -6.7～-3.9℃下，经过 7d 各虫态均死亡。成虫在 47℃时约经 1h 即死亡。

（八）印度谷螟

印度谷螟（*Plodia interpunctella* Hübner）俗称封顶虫，属鳞翅目卷螟科。分布遍及全世界，我国各地均有分布。以幼虫为害禾本科、豆类、油料种子、干果、药材等，其中以禾谷类种子、豆类和油菜籽种子受害为最重。幼虫尤其喜食种子胚部，影响种子发芽率，常吐丝连缀被害物及排泄物，使被连缀种子呈块状，并排泄大量粪便造成污染，幼虫还能吐丝结网封闭种堆表面，故有"封顶虫"之称。

1. 形态特征

（1）成虫。体长 5～9mm，翅展 13～16mm，体被褐色鳞片，腹部灰白色。前翅狭长，基半部黄白色，其余部分亮赤褐色，并散生黑褐及银黑色斑纹（图 11-8）。后翅灰白色。一般雄成虫体较小，腹部较细，雌成虫体较大，腹部较粗，腹末成圆孔状。

（2）虫卵。长约 0.3mm，乳白色，椭圆形，一端颇尖。卵表面有许多小颗粒。

（3）幼虫。老熟幼虫体长 10～13mm，呈圆筒形，中间稍膨大。头部赤褐色，上颚有齿 3 个，中间一个最大；头部每边有单眼 6 个。胸腹部淡黄白色，背面淡褐色。腹足趾钩双序全环。

（4）蛹。体长约 6mm，细长形，腹部略弯向背面，腹面橙黄色，背面稍带淡褐色，前翅带黄绿色。

图 11-8　印度谷螟成虫
（仿 Гемкиная）

腹末着生尾钩 8 对，其中以末端近背面的 2 对最接近且最长。复眼黑色。

2. 发生规律　在我国大部分地区印度谷螟 1 年发生 4～6 代，在温暖地区，1 年可发生 7～8 代。以幼虫在仓壁及包装物等缝隙中布网结茧越冬。翌年春季化蛹，成虫羽化后即交尾产卵，卵散产或集产于种子表面或包装物缝隙中，每雌虫产卵 40～400 粒，平均约 70 粒。产卵期长 2～17d。初孵幼虫先蛀食种子柔软的胚部，再剥食外皮。为害花生仁及玉米时，喜蛀入胚部，潜伏其中食害；幼虫常吐丝结网封住种堆面，或吐丝连缀食物成小团与块状，藏在里面取食。起初在种堆表面及上半部，进入伏天以后逐渐延至内部及下半部为害，秋末冬初季节又回到种堆上层为害。老熟幼虫多离开种堆在仓壁及包装物等缝隙处结茧化蛹，少数在种堆内化蛹。

印度谷螟发育适温为 24～30℃，在 27～30℃时完成 1 代约需 36d，21℃时需 42～56d。幼虫在 48.8℃时经 6h 死亡。各虫期在 -3.9～-1.1℃时经 90d 死亡，-12.2～-9.4℃时为 5d。

（九）粉斑螟

粉斑螟（*Cadra cautella* Walker）又名干果螟，属鳞翅目卷螟科。我国各地均有分布。食性和为害情况与印度谷螟相同。主要为害禾谷类、林木、豆类、油料及中药材种子等。

1. 形态特征

（1）成虫。体长 6～7mm，翅展 14～16mm，头、胸部灰黑色，腹部灰白色。下唇须发达，弯向上方超过头顶。前翅狭长形，灰黑色，近基部 1/3 处有一条较直而宽的灰色横纹，其外侧紧连一条与之平等的黑色横纹，在翅端 1/6 处有一条不明显的淡色小波浪斜纹（图 11-9）。后翅灰白色。

（2）虫卵。直径约 0.5mm，球形，乳白色，表面粗糙，有许多微小凹点。

（3）幼虫。老熟幼虫体长 12～16mm，头部赤褐色，前胸背板、臀板黄褐色，胴部乳白色至灰白色；胸部刚毛着生在毛片上，毛片黑褐色，腹足趾钩双序全环。

（4）蛹。体长约 7.5mm，较粗短，淡黄色，复眼、触角和足的末端均为黑褐色；腹部末端背面着生尾钩 6 个，横排成弧形，中央 4 个比较靠近，末端腹两侧还各具尾钩 1 个。

图 11-9　粉斑螟成虫
（仿 Martin）

2. 发生规律　粉斑螟在我国多数地区 1 年发生 4 代以上，以幼虫在包装物、仓内各种缝隙处结茧越冬。翌年春季化蛹，成虫交配后 1～2d 开始产卵，雌成虫将卵散产于种堆表面或包装物缝隙中。单雌产卵量 105～114 粒。初孵幼虫以碎种子、粉屑及成虫尸体为食，稍长大后，即吐丝连缀粉屑及种粒成巢，藏匿其中食害。幼虫爬行时有吐丝成网的习性。生长发育和繁殖的适宜温度为 20～33℃。粉斑螟对低温抵抗力弱，在 10℃时，成虫停止产卵，幼虫活动减弱；在 5℃时低龄幼虫 13d 全部死亡，高龄幼虫致死时间为 32d；在 0℃条件下，经 1 周各虫态即全部冻死。

（十）其他害虫

种子在贮藏期间除受到以上主要害虫的为害外，还会受到许多其他害虫不同程度的为害。常见的种类如下：

①赤拟谷盗（*Tribolium ferrugineum* Fabricius）；

②杂拟谷盗（*Tribolium confusum* Jacquelin du Val）；

③黑粉虫（*Tenebrio obscurus* Fabricius）；

④黄粉虫（*Tenebrio molitor* L.）；

⑤黑菌虫（*Alphitobius diaperinus* Panzer）；

⑥小菌虫（*Alphitobius laevigatus* Fabricius）；

⑦黄斑露尾甲（*Carpophilus hemipterus* L.）；

⑧长角扁谷盗（*Cryptolestes pusillus* Schoenherr）；

⑨土耳其扁谷盗（*Cryptolestes turcicus* Grouville）；

⑩锈赤扁谷盗（*Cryptolestes ferrugineus* Stephens）；

⑪棉红铃虫（*Pectinophora gossypiella* Saunders）；

⑫豌豆象（*Bruchus pisorum* L.）；

⑬蚕豆象（*Bruchus rufimanus* Boheman）；

⑭一点谷螟（*Aphomia gularis* Zeller）；

⑮粉缟螟（紫斑谷螟）（*Pyralis farinalis* L.）；

⑯米黑虫（*Aglossa dimidiate* Haworth）；

⑰螨类（*Curtis* Mites）。

二、仓虫的为害及传播途径

（一）种子贮期害虫的为害方式和发生特点

1. 贮期仓虫的为害方式　依害虫直接取食的方式可分为以下几种：

（1）钻蛀式为害。钻蛀式为害表现为幼虫期在种子内蛀食，使种子仅剩空壳。玉米象、麦蛾、谷蠹、绿豆象等即为钻蛀式为害。

（2）缀食式为害。缀食式为害表现为，蛾类幼虫一般能吐丝将种子或其他被害物连缀起来，形成巢穴状、隧道状或在种面上吐丝结网，幼虫潜居其中取食，如印度谷螟、粉斑螟等皆为缀食式为害。

（3）侵食式为害。侵食式为害的仓虫一般为鞘翅目害虫，均自种子外部向内侵食，多从胚部侵害，对种子发芽率影响较大，如大谷盗、一点谷螟等皆为侵食式为害。

（4）粉食式为害。粉食式为害表现为，仅以种子的碎屑、粉末为食，不能为害完整的种子，这类害虫需要依靠玉米象、谷蠹等前期性害虫开路以后才能为害，所以并称为后期性害虫，如锯谷盗、长头谷盗等皆为粉食式为害。

2. 种子贮期害虫的发生特点　由于种子贮期害虫生活在相对封闭的种仓内，因此形成了不同于其他类害虫独特的发生特点。

（1）食性杂。种子贮期害虫除豌豆象、蚕豆象食性单一外，多数仓虫的食性复杂，可取食多科植物的种子，如谷蠹、印度谷螟、粉斑螟等。

（2）繁殖快。多数仓虫具有繁殖速度快、产卵量大的特性。在适宜的环境中，多数仓虫1年可完成多代，如绿豆象在我国华南的广东等地1年最多可发生11代，大谷盗单雌产卵量可达1 300多粒。

（3）抗逆力强。种子贮期害虫为适应仓库这一特殊条件的生态环境，形成了对干燥、高温、低温和饥饿等逆境很强的抵抗力。

①耐干能力：多数的仓虫能在水分10%～14%的种子中生存，如谷斑皮蠹能在水分2%的种子中生存。

②耐热和耐寒能力：对于多数仓虫，适宜的生长发育温度为25～30℃，低于13℃或高于35℃不利于仓虫的生长发育，但对极端温度的忍受程度因仓虫种类而异，如中海粉螟成虫和在豌豆粒内的豌豆象成虫等，在60℃时能忍耐60min；谷斑皮蠹、印度谷螟等能忍受-10～-6℃的低温。

③耐饥能力：许多种子贮期害虫能长期在缺乏食物的条件下生存。如大谷盗在缺乏食物的情况下可存活2年，皮蠹类可存活3～4年，谷斑皮蠹的休眠幼虫可耐饥饿8年之久。

（4）分布广。除咖啡豆象之外，玉米象、米象、谷蠹、大谷盗、绿豆象、豌豆象、蚕豆象、麦蛾和印度谷螟都属于世界性分布的害虫。

（二）种子贮期害虫的传播途径

1. 自然传播途径

①在田间发生害虫随种子的收获传入种子仓库。如麦蛾、绿豆象等。

②种仓外环境中越冬的害虫，翌年春季羽化后飞回仓内。如玉米象、锯谷盗等。

2. 人为传播途径

①上季或往年仓库中潜伏的害虫，由于未及时清除、防治而蔓延到种子堆中为害。

②已感染害虫的种子在移库及贮藏时造成传播蔓延。

③已感染害虫的包装物、清扫用具、筛理用具及其他仓储运输工具等，在运输及使用时造成传播蔓延。

三、仓虫的防治

种子贮藏期害虫的防治必须贯彻"预防为主、防治并举、综合防治"的方针，合理利用各种防治措施，以达到防治各种仓虫生长发育和传播蔓延，保障种子安全的目的。要树立防虫重于治虫的观念。

综合防治中运用的具体措施包括清洁卫生防治、植物检疫防治、物理机械防治、生物防治和化学防治等。

（一）清洁卫生防治

搞好种子仓库的清洁卫生是预防害虫发生的根本措施。对种仓应做到"仓内六面光，仓外三不留"，即对种仓内的四壁、地面和天花板的孔洞、缝隙进行修补粉刷；对仓库附近的杂草、垃圾、污水等及时清除，使害虫无栖息场所。对于与种子接触的工具和设备等一切物品都应经常保持清洁。

除保持种仓内外的清洁外，还应加强对种仓内外的消毒处理工作。在种子入库前，可用敌百虫、敌敌畏、辛硫磷或防虫磷等农药对种仓内外及周围的晾晒场等进行喷洒消毒，在种仓周围喷布防虫药带。

种子入库后还应注意做好隔离工作，经常检查以防止害虫的感染。

（二）植物检疫防治

植物检疫（plant quarantine）是根据国家政府颁布的具有法律效力的植物检疫法律法规，并建立专门机构进行工作，目的在于禁止或限制危险性病、虫等人为地从国外传入国内，或从国内传至国外，或传入后限制其在国内继续传播的一种措施，以保障农业生产的安全发展。植物检疫分为对内检疫和对外检疫两种。

种仓害虫极易随种子的调运而四处传播，因此加强对种子贸易中调运的检疫检查工作对控制种子害虫的传播蔓延具有重要意义。

1. 对外检疫　对外检疫是对进出口的植物种用材料等实施检疫，以防止国与国之间危险性病、虫的传播蔓延。我国于 2007 年公布的《中华人民共和国进境植物检疫性有害生物名录》中规定的储种害虫有 7 种：菜豆象［*Acanthoscelides obtectus*（Say）］、瘤背豆象（四纹豆象和非中国种）［*Callosobruchus* spp.（*maculatus*（F.）and non-Chinese）］、阔鼻谷象［*Caulophilus oryzae*（Gyllenhal）］、大谷蠹［*Prostephanus truncatus*（Horn）］、褐拟谷盗（*Tribolium destructor* Uyttenboogaart）、斑皮蠹（非中国种）［*Trogoderma* spp.（non-Chinese）］、巴西豆象［*Zabrotes subfasciatus*（Boheman）］。

2. 对内检疫　对内检疫是防止国内已有的危险性病、虫从已发生的地区向外扩散蔓延，并采取措施，将局部发生的检疫对象消灭在原发地。如谷象［*Sitophilus granarius*（L.）］、蚕豆象（*Bruchus rufimanus* Boheman）、四纹豆象［*Callosobruchus maculatus*（Fabricius）］等是我国北方一些省区的仓虫检疫对象。

（三）机械物理防治

1. 机械防治　机械防治主要是利用人工或电力操作的各种机械来清除种堆中的仓虫。具体方法主要有风车除虫、筛子除虫、压盖种面或揭除表面、竹筒诱杀、离心撞击机治虫和抗虫种袋包装等。

压盖种面防虫常用的方法是春季气温回升前，用喷洒过敌敌畏农药的苦布或聚苯烯泡沫板将种堆上表面覆盖，防止种堆内的麦蛾、印度谷螟等成虫飞出种堆交尾产卵，减少害虫繁衍后代的机会，同时也可起到隔热的效果。也可用拌过敌敌畏或敌百虫等农药的稻谷壳、谷糠等作为盖顶物。盖顶要平、紧、密、实才能起到良好的防治效果。

2. 物理防治　物理防治是利用物理因素直接消灭害虫或恶化害虫的发生环境，抑制害虫发生和为害的防治措施。

（1）高温杀虫。

①日光暴晒：在夏季，利用日光暴晒可使种子温度达到 50℃ 左右，几乎所有种子贮藏期害虫都能被杀死。暴晒时应先晒好场地，然后将种子平摊在晒场上，厚度一般为 3～5cm，种面耙成波浪状，每 30min 耙翻一次。暴晒时应在晒场周围喷布防虫药带，以防害虫进场或外逃。种子暴晒后，一般要冷却到常温后再入仓，但是小麦种子可以趁热入仓密闭。

②烘干：是指利用烘干机、烘干塔等设备处理感染害虫的高水分种子的仓虫防治方法。烘干过程中应严格控制温度和处理时间，以免降低种子发芽率。如烘干小麦种子在水分 17% 以上时不超过 54℃，烘干时间以 12～30min 为宜。

③沸水烫杀：该法适用于处理感染豆象类害虫的少量豆类种子。将有虫豆类种子放入箩筐，然后浸入沸水中，浸烫时间视豆粒大小而定，一般蚕豆种子浸 30s，豌豆种子浸 25s，其发芽率基本不受影响。浸烫时要求受热均匀，取出后放入凉水中稍冷，然后摊开晾干。

（2）低温杀虫。

①仓外薄摊冷冻杀虫：在我国北方地区可以利用冬季低温直接杀死种仓中的害虫。具体做法是选择寒冷而干燥的傍晚，将种子薄摊在仓外场院上，厚度以 7～10cm 为宜，每 2～3h 翻耙一次，当平均气温在 −5℃ 左右时，冷冻一夜即可，于清晨趁冷入仓密闭，使种子保持较长时间低温状态以促进害虫死亡。种子水分超过 18% 时不宜采用此法。

②仓内通风冷冻杀虫：在仓外平均气温低于 −5℃ 的寒冷冬季，可选择干燥晴朗的夜晚打开种仓门窗，使冷空气在仓内对流，并结合耙沟、翻倒等方法，使种温降低到外界的低温状态，然后关闭门窗，进行密闭促进害虫死亡。该方法与前者相比，可以大幅度降低劳动强度。

（3）气控防治。气控防治是人为地改变种堆内的气体成分，造成缺氧环境以抑制种堆中的害虫及微生物的生长，保证种子安全的一种防治措施。据国外研究，氧气含量低于 1% 的条件下，致死锯谷盗需要 1d 以上时间，谷蠹需要超过 4d，赤拟谷盗需要 7d 以上，米象需要超过 14d。

常用的方法是先将种堆用 0.2mm 以上厚度的塑料膜密封，然后抽真空造成自然缺氧状态，也可抽空后充氮气或直接充二氧化碳。气控防治在粮食贮藏防虫中已推广使用，但在种子贮藏防虫方面还在探索之中，因种子水分高低直接影响到气控防治后的发芽率。

（4）其他物理防治方法。目前，在防治种子贮藏期害虫方面的研究比较多，除了上述的方法以外，还有高频加热、微波加热、声波治虫等。这些技术有的已在实际工作中应用，有的还处在研试阶段。电离辐射因容易造成生物损伤，不宜在种子贮藏中使用。

（四）生物防治

生物防治是指利用生物及其产物控制害虫的防治方法。目前，利用仓虫的外激素、生长调节剂、抑制剂、病源微生物、天敌昆虫以及利用种子本身的抗虫性来防治和抑制仓虫的为害发生，已取得了新的进展，有些技术也已在实际工作中被广泛应用。

1. 外激素　现已提取并人工合成的外激素有谷蠹虫的聚集激素以及谷斑皮蠹、杂拟谷盗、黄粉虫、麦蛾、红铃虫、印度谷螟等数十种害虫的外激素。这些外激素可应用于种子贮藏期害虫的防治。用外激素与诱捕器相结合，可大量捕杀仓虫，也是有效的仓虫防治方法之一。

2. 生长调节剂和抑制剂　现已发现的十几种保幼激素类似物对印度谷螟、粉斑螟、谷蠹、锯谷盗、赤拟谷盗、杂拟谷盗等害虫的防治效果较好。如 ZR-515、ZR-512 等，有效剂量为 $5\sim50\mu L/L$。生长抑制剂除虫脲（敌灭灵）对鳞翅目害虫有特效，按 $1\sim10\mu L/L$ 的用量拌入小麦种子中能有效防治谷蠹达一年之久。

3. 病源微生物　在贮种害虫的防治中应用较广泛的有苏芸金杆菌（*Bacillus thuringiensis*）和颗粒体病毒（granulosis virus，GV）。苏芸金杆菌制剂即 Bt 乳剂主要用来防治鳞翅目幼虫，如印度谷螟、粉斑螟、粉缟螟、米黑虫、麦蛾等，对鞘翅目害虫防治效果不明显。施药方式可分为种子拌药和表层施药两种。颗粒体病毒用于防治印度谷螟效果明显。每千克小麦种子中加入 1.9mgGV 粉剂（含 3.2×10^7 颗粒体/mg），可使小麦种子中印度谷螟幼虫全部死亡。

4. 天敌昆虫　寄生和捕食贮种害虫的天敌很多，如米象金小蜂、仓双环猎蝽、黄色花蝽、黄冈花蝽等均能寄生或捕食多种仓虫，它们在一定的条件下均能有效地控制害虫的发生和为害。由于天敌昆虫本身存在活虫、虫尸及代谢物等污染种子的问题，因此，目前尚未在生产上推广，但作为一种有前途的种子害虫防治措施，应该重视对天敌昆虫的研究和利用。

（五）化学防治

化学防治是指利用化学农药直接杀灭仓虫的防治方法。用于防治种仓害虫的化学农药主要有触杀剂和熏蒸剂两大类。

1. 触杀剂　在贮种害虫的防治中，触杀剂主要在两个方面应用。一是用于空仓、器具的消毒处理及布设防虫带；二是作为保护剂使用，拌入种子以保护种子在较长时期内免遭虫害。常用的触杀剂种类有以下几种。

（1）敌百虫（dipterex，分子式 $C_4H_8Cl_3O_4P$）。敌百虫属于有机磷农药，市场上的敌百虫加工剂型主要有 90% 晶体敌百虫和 30% 敌百虫烟剂等。90% 晶体敌百虫稀释 $800\sim1\,000$ 倍喷雾，可用于空仓、器材等消毒及布设防虫带，喷雾要全面，防虫带要求 30cm 宽。30% 敌百虫烟剂主要用于空仓消毒，使用前先将门窗封闭，然后按每立方米 3g 用药，密封时间不少于 72h。

（2）敌敌畏（DDVP，分子式 $C_4H_7O_4Cl_2P$）。敌敌畏是敌百虫用强碱处理后的制剂，触杀作用比敌百虫效果好，对害虫击倒力强而快。市场上的敌敌畏加工剂型主要有 50%、80% 乳油和 20% 烟剂。敌敌畏是主要的空仓杀虫剂之一，兼具触杀、胃杀和熏蒸作用。有杀虫范围广、速效的特点。常用的施药方法是喷雾，空仓消毒用 80% 乳油，加水稀释 100 倍在仓内喷洒均匀，然后密闭 3d 以上。另一种施药方法是悬挂法，即在仓库内拉绳索，绳高约 2m，绳距约 1.5m，将浸有敌敌畏原液的布条均匀地悬挂在绳索上，实仓也可用此法熏蒸。烟剂按每立方米 $2.3\sim2.5$g 剂量使用，方法同敌百虫。

敌虫块是用敌敌畏和塑料等原料制成的缓释剂型，有效成分敌敌畏占 20%～24%，又称敌敌畏缓块。使用时直接将敌虫块悬挂于仓内，一般用量按每立方米 $2\sim8$g 使用。

（3）辛硫磷（phoxim，分子式 $C_{12}H_{15}N_2O_3PS$）。市场上辛硫磷的加工剂型主要有 50%

乳油。辛硫磷主要用于仓库及器具消毒处理和喷布防虫带，一般是将50％乳油加水稀释800倍喷雾。

（4）常用的种子保护剂（protectant）。目前我国批准使用的保护剂有防虫磷、保安定、杀虫松、保粮安、保粮磷、凯安保。使用方法见表11-1。种子保护剂要在种子尚未发生虫害之前使用，拌药一定要均匀，使药剂均匀地分布在种子表面。

表 11-1　常见种子保护剂及其使用方法

（孙庆泉，2002）

药剂名称	使用范围	工作浓度（mg/kg）	使用说明
防虫磷	种子、空仓、器材、防虫线	10～30	50％乳油 3kg 药液喷 100m²，防虫线 30cm
保安定	种子、空仓消毒、种子袋	5～10	属有机磷类，防治效果优于防虫磷和敌敌畏
杀虫松	种子、仓库地面	5～10	属有机磷类，抗碱性能力较强
保粮安	种子、器材	7～10	马拉硫磷和溴氰菊酯合剂，剂型为 70％乳油
保粮磷	种子	200～400	1.01％粉剂规格，适用于种仓和农户
凯安保	种子、空仓、运具、包装物	0.5～1	溴氰菊酯类，勿与碱性物质混用

2. 熏蒸剂　熏蒸剂具有渗透性强、防效高、易于通风散失等特点。当种子已经发生害虫且其他防治措施难以奏效时，可使用熏蒸剂。常用熏蒸剂的使用方法见表11-2。

（1）常用的熏蒸剂。种仓熏蒸杀害虫应用最多的熏蒸剂是磷化铝，其主要杀虫原理是磷化铝吸收空气中的水分子，进而产生磷化氢毒气（PH_3），从而起到杀死仓虫的作用。磷化铝及其他常用熏蒸剂见表11-2。

表 11-2　几种常用种仓熏蒸剂及其使用方法

（孙庆泉，2002）

熏蒸剂种类		对象	用药量（g/m³）				密闭时间（h）	使用说明
			空间	种堆	加工厂	空仓		
磷化铝	片剂	实仓	3～6	6	4～7	0.1～0.15	120～168	种子水分要低；严防漏雨或帐幕结露；消灭一切火源
	粉剂	空仓	2～4	4	3～5			
氯化苦		加工厂	20～30	35～70	30		72	花生种仁禁用，种子水分要低
溴甲烷		种子	15～20	15～20			48	种子水分要低
二氯乙烷		种子	300～450	300～450	300～700	280～300	48	二氯乙烷与四氯化碳混用（3：4）

注：溴甲烷是一种消耗臭氧层的物质，根据《蒙特利尔议定书哥本哈根修正案》，发达国家于 2005 年淘汰，发展中国家于 2015 年淘汰。

磷化铝的剂型主要有片剂和粉剂两种。粉剂中磷化铝含量为85％～90％，为浅灰绿色的固体粉末。片剂是由 70％磷化铝、26％氨基甲酸铵、4％固体石蜡混合后压制而成，每片重约3g，可产生磷化氢气体约1g。磷化铝片剂中的氨基甲酸铵为一种保护剂，具有极强的吸湿能力，它可以随磷化铝的吸湿分解而释放出二氧化碳和氨气，这两种气体对磷化铝有稳定作用，可减缓磷化铝的分解，CO_2可辅助杀虫并能防止磷化氢的自燃。固体石蜡和硬脂酸镁为稳定剂，既能起增加药片硬度的作用，又能起适度控制磷化铝的分解速度。其分解过程如下：

$$AlP+NH_2COONH_2+3H_2O \longrightarrow PH_3\uparrow+2NH_3\uparrow+CO_2\uparrow+Al(OH)_3$$

磷化氢（PH_3）是一种无色而带蒜臭味的气体，有较强的扩散力、渗透力和杀虫力，对人毒性大，但对种子发芽影响较小。

当温度在25℃以上，空气中PH_3含量超过$26g/m^3$时，会由于混杂在PH_3中双磷的自燃而引起燃烧或轻微爆鸣。施用磷化铝过程中应掌握好用药量并做好防火工作。

①磷化铝的施药方法：

a. 常规施药方法。以56％含量的片剂为例，每吨贮种用药3～8片。种堆在3m以上时，可采用种面施药与埋藏施药相结合的方法。按总用药量计算出施药点的数目，在种堆面上均匀地布设施药点（间距1.3m）。每点将药均匀地分散在瓷盘等不能燃烧的器皿中，片剂不准重叠堆积。施药后密闭种仓，熏蒸结束散气后应及时清除药物残渣。

布袋深埋。按各点施药量将药剂装入小布袋内，每袋装片剂不超过15片（粉剂不超过25g）。用投药器把药包埋入种堆中。每个药包应拴一条细绳并留在种面外，以便熏蒸散气后按细绳标志取出药包。

袋装种堆施药。以总用药量的50％～60％在种堆上面施药，其余药剂施放在种垛间的通道上。

b. 低药量施药法。低药量熏蒸主要适用于塑料薄膜或PVC篷布严格密封的种堆，要求帷幕与种堆之间应留有一定的空间，以利于磷化氢气体扩散，同时还要注意保证帷幕内结露的水滴不能落在药剂上。

用药量一般为每吨贮种用磷化铝1片，最低不得低于0.5片。具体施药方法有：间歇熏蒸，即在使用磷化铝熏蒸时，对密闭的种堆进行两次或三次投药，每次投药间隔7d左右；气控熏蒸，即低氧（或高二氧化碳）与低药量相结合的方法，是根据低氧或高二氧化碳抑制害虫的呼吸，从而对磷化氢杀虫有增效作用的原理而设计的。

检测仓库或帷幕是否漏气常用的方法是用硝酸银试纸显色法，即用5％的硝酸银溶液浸湿白色的滤纸，在需要检查的地方挥动，若存在漏气则试纸遇空气中的磷化氢即变色，由黄色变棕褐色以致黑色，变色愈快色泽愈深则说明漏气越严重，应及时补封漏气处。显色反应过程为：

$$PH_3+3AgNO_3 \longrightarrow Ag_3P+3HNO_3$$

不论是常规施药还是低药量熏蒸，一定要掌握好熏蒸的时间。在实际工作中应根据仓温和种子水分确定熏蒸时间，当种子水分低于14％，仓温在20～25℃熏蒸2～3d，仓温15～20℃熏蒸3～4d，仓温15℃以下熏蒸5～6d。当种子水分超过14％时，熏蒸时间要相应的减少1～2d。

②磷化氢中毒的症状及急救方法：在种子熏蒸的最初20～30h内，种仓周围的25m范围内不得有人进入。磷化铝熏蒸结束后应及时通风2～3d，入库前用5％～10％硝酸银溶液浸制的试纸检验毒气，确保无磷化氢气体时方可入内，否则易引起中毒。磷化氢中毒有一定的潜伏期，一般在2h时内，偶有达到2～3d的。轻度中毒症状表现为头痛、咽干、胸闷、咳嗽、恶心、食欲减退、腹痛、窦性心动过缓、低热等；中度中毒者除表现为以上症状外，还常常伴有嗜睡、抽搐、肌束震颤、呼吸困难、肝脏损害或轻度心肌损害等；重度中毒者除

了表现中度中毒者的症状外，同时出现昏迷、惊厥、肺水肿、呼吸衰竭、明显心肌损害、严重肝损害等。

急救方法。发现中毒者，立即脱离中毒现场至空气新鲜处卧床休息，脱掉污染衣物，清洁皮肤特别是暴露部分，凡有症状者，至少观察24～48h；对意识障碍、呼吸困难的患者，立即给以氧气吸入。如中毒较重时，应及时住院抢救治疗。

（2）熏蒸程序及技术要求。

①熏蒸的准备工作：

a. 做好现场调查。主要调查害虫的虫口密度、种类、虫期和主要活动栖息部位，种子的品种、数量、用途、水分、贮藏时间、堆放形式、种温、仓温、气温、湿度，种仓的结构、密闭性能、内部机器设备以及与四周民房的距离，近期天气预报情况；测量仓库和种堆体积，确定施药量。

b. 制定熏蒸方案。根据现场调查的情况进行综合分析，制定熏蒸方案。如果仓库密闭性能差，应采用帷幕熏蒸，而不能整仓熏蒸；下雨天不可熏蒸，仓温5℃以下，不宜熏蒸；种子水分过高时熏蒸会降低种子发芽率，表11-3中列出了部分种子熏蒸时的安全水分。总之，制定熏蒸方案应本着安全、经济、有效的原则，选用药剂种类并确定合适的用药量，确定施药方法、密闭时间和防护措施，并把情况填入种仓熏蒸记录表，或测检记录簿。

c. 准备熏蒸用具和防毒面具。根据选定的药剂和施药方法，准备好施药、密封、安全防护用具和相关器材。

d. 整理种堆或熏蒸物。整仓散装种子熏蒸要扒平种面，留好走道，出入口要方便、安全。包装种子熏蒸，要堆码牢实，堆垛之间要架木板，出入口堆成梯形，以便安全行走。种仓内凡暴露的金属机器、仪表等易受腐蚀的物品，要拆卸移出或将暴露部位用机油或用塑料薄膜密封起来。

e. 对施药人员要进行具体分工，明确责任，必要时应先演练一次。大型熏蒸要与当地公安、卫生部门取得联系。如果种仓离居民区较近，要贴出告示，提醒注意。

表 11-3　熏蒸种子的安全水分（%）

（孙庆泉，2002）

熏蒸剂	种子种类													
	小麦	大麦	荞麦	籼稻	粳稻	玉米	高粱	芝麻	棉籽	菜籽	花生	绿豆	蚕豆	大豆
溴甲烷	—	12.0	12.5	—	—	12.0	12.0	7.0	14.0	8.0	—	12.5	—	—
氯化苦	12.0	11.5	12.5	12.0	—	—	7.0	—	—	8.0	—	13.5	—	—
磷化氢	12.5	13.5	12.5	12.5	14.0	13.5	12.5	7.5	11.0	8.0	9.0	12.5	12.5	13.0

②熏蒸的实施：工作人员一律戴防毒面具进行操作。正式布药时施药人员应自内向外、自上而下按计划的施药路线进行。种仓负责人必须准确清点参加作业人数，分别记载每人接触毒气的时间（从施药开始到离开现场），并在每人使用防毒面具卡上加以记录。参加熏蒸作业人员全部退出现场后，负责人再通知密封仓门。封门后，要对种仓四周进行测漏，如有毒气外漏，应及时补封。

③熏蒸后的处理：熏蒸一旦完成，必须立即进行种仓的通风散气。放气时从仓库外部开启门窗，先开上层，后开下层，先开下风方向，再开上风方向。种仓散气后，应及时将熏蒸

剂剩余的残渣、残液处理好，一般选择在离水源较远的地方挖坑深埋。然后检查熏蒸效果，并采取有效的防虫措施，以防止再感染害虫。

第二节　种仓鼠类

栖息于种仓为害的常见鼠类主要有小家鼠、褐家鼠和黄胸鼠。三种仓鼠危害种子的特点有较大差异，不同的杀鼠剂对不同仓鼠的防治效果也不同。

一、种仓鼠类及其生活习性

（一）小家鼠

小家鼠（*Mus musculus* L.）又称小老鼠、小耗子等。分布于世界各地，在我国各省市均有分布。小家鼠是种仓、种子田的主要害鼠之一，在种仓内可为害各种贮藏种子，并咬毁种子包装物和仓内使用器材等，造成种子的损失和混杂。

1. 形态特征　小家鼠为鼠科中的小型鼠，体长 55～90mm，体重 7～25g，尾长等于或稍短于体长。头较小，吻部短而尖，耳圆形（图 11-10）。乳头 5 对。毛色变化较大，并因栖息环境而异。背部毛为棕灰、灰褐或黑褐色，毛基部黑色，腹部毛为白色、灰白色或灰黄色，背腹毛界线分明。上门齿后缘有一极显著的月形缺刻，为其主要特征。

2. 生活习性　小家鼠是人类伴生种，栖息环境非常广泛，室内窝巢常以破布等柔软物质铺垫而成，室外巢则常用多种作物的茎叶和细软的草本植物筑成。常在室内外地下挖洞而居，在仓内挖洞的洞口常通往仓外。昼夜活动，但以夜间活动为主，在黄昏和黎明前活动最为频繁。食性杂，以盗食植

图 11-10　小家鼠

物种子为主，最喜食各种粮食和油料作物种子，日食量 2.3～17.0g。对水的需求量很小，以干谷物为食源时，可存活数月之久。

小家鼠的繁殖力较强，在我国南方地区几乎全年均能繁殖，春、秋两季为繁殖高峰期。一般年繁殖 5～7 胎，在北方野外每年繁殖 2～4 胎。每胎产仔 1～16 只，但以 4～7 仔居多。母鼠产后不久又可受孕，孕期 18～20d。仔鼠出生后 2～3 个月性成熟。

小家鼠常与褐家鼠和黄胸鼠等家栖鼠类栖息于同一环境，但褐家鼠、黄胸鼠均对小家鼠有抑制作用。当褐家鼠、黄胸鼠被大量毒杀后，小家鼠数量明显上升，为害更为突出。

（二）褐家鼠

褐家鼠（*Rattus norvegicus* Berkenhout）又称大家鼠、沟鼠、挪威鼠等，世界性分布，在我国除西藏局部地区外都有分布。褐家鼠是我国广大农村和城镇的最主要害鼠，不仅大量盗食各类种子，污染种子，而且毁坏种仓、种子机械、啃咬电缆、传播疾病。

1. 形态特征　褐家鼠体躯粗大，体长 120～220mm，体重 75～250g，尾长 100～160mm，明显短于体长，但超过体长的 2/3，尾毛稀，表面环状鳞节清晰可见。头小，吻短，耳短而厚，向前拉遮不住眼睛（图 11-11）。乳头 6 对。其毛色随年龄和栖息场所的变化而变化，一般体背毛色为棕褐色或灰褐色，毛基为深灰色，毛尖棕色或褐色，头部和背中央毛色较深，间生许多全黑色长毛。体侧毛色较浅。腹部毛色灰白色，毛基深灰色，毛尖白

色，与体侧有明显分界。尾部背面黑褐色，腹面灰白色。

2. 生活习性 褐家鼠是家野两栖的鼠种，其栖息地十分广泛。褐家鼠大多居住在洞穴里。室内常在仓墙缝隙、仓墙角下、仓内地坪下打洞筑巢，在野外则多于田埂、坟堆、沟边、塘边及河堤岸上打洞筑巢。洞道深而且分叉多，洞深平均1～1.5m，有2～4个洞口。有群居习性，昼夜活动，以夜间活动

图11-11 褐家鼠

为多，通常在黄昏和黎明前为活动高峰。善弹跳、游泳及潜水，不善攀爬。由于褐家鼠门齿锋利，咬肌发达，啃咬能力极强，常造成库内机械的电线、皮带等受损。性凶猛，攻击性强。食性杂，嗜食肉类物品及含水分较多的果品，在种仓内主要盗食各类种子。食量大，耐饥力强，耐渴力差，据报道，褐家鼠全年平均日食量为14.73～1.85g，平均日饮水量为12.57～2.12mL。

褐家鼠繁殖力很强，条件适宜时全年均可繁殖，春秋两季为繁殖高峰期。一年繁殖6～10胎，每胎4～10仔，最多可达14仔。母鼠产后即可受孕，孕期20～22天。仔鼠3个月即达性成熟并可交配生殖，可保持1～2年的生殖势能，平均寿命1.5～2年，长的可达3年。

（三）黄胸鼠

黄胸鼠（*Rattus flavipectus* Milne-Edwards）又称长尾鼠、黄腹鼠等。在我国已由主要栖息长江流域及其以南地区扩展到广大的北方地区，在山东、河南、山西及陕甘宁部分地区种群数量不断上升。在仓内可盗食各种贮藏种子，在种子生产田则重点为害玉米、水稻、花生、芭蕉等农作物种子，导致产量降低。

1. 形态特征 黄胸鼠与褐家鼠体形相似，但稍细小，体长130～180mm，体重75～200g。多数尾长超过体长，少数等于或略短于体长。口鼻较尖，耳大而薄，向前拉可遮住眼睛（图11-12）。乳头5对。体毛稍粗，背毛棕褐，毛基深灰色，尖端黄褐色，腹面毛色灰黄略带淡棕色，毛基为灰白色，毛尖棕黄色，尤其胸部毛色更黄，黄胸鼠名称即由此而来。背腹间毛色分界不明显。尾毛稀疏，环状鳞节显著，尾毛淡灰或褐色。

2. 生活习性 黄胸鼠亦为家野两栖鼠类，在室内，常在房屋高层部位的天花板、柱梁交界处、檐下等处营巢而居，在室内杂物堆中处也有栖息，气候温暖地区也可常年在野外栖息。室外洞穴有简易和复杂两种类型，简易洞为季节性临时洞，作物成熟时挖掘，收割后转移废弃；复杂洞多为越冬洞，巢室较多，洞道较复杂。昼夜活动，以夜间为主，在黄昏和

图11-12 黄胸鼠

黎明前最为活跃，午夜有的也活动。食性杂，主要以植物性食物为主，尤其是谷物。耐饥渴能力较强，在完全饥渴时，能生存3～6d。

黄胸鼠繁殖力强，在南方地区，全年均可繁殖，春秋为繁殖盛期。每年产仔3～4胎，每胎2～17仔，平均5～7仔。寿命约3年。食性杂，偏素食，喜欢含水分多的食物，取食后常需饮水。据报道，其日食量平均为8.41g，日饮水量平均为11.14mL。

二、种仓鼠类的危害

种仓鼠类的危害是多方面的，其对种子的危害主要表现在以下两个方面。一方面，种仓

鼠类直接取食种子，造成种子数量损耗减少，带来经济损失。据室内饲养观察，一只成年褐家鼠平均每天吃掉 18.2g 谷物，以此计算，每只褐家鼠一年要耗种 6.65kg。同时种仓鼠类在仓内活动期间还排泄大量的粪尿污染种子，使种子受潮霉变，引起种子质量的下降，严重影响种子的发芽率。另一方面，种仓鼠类大多具有搬运习性，往往引起种子的混杂，造成种子纯度下降。仓内鼠类还咬食破坏种子包装物、种子机械电缆，在种仓周围掏挖鼠洞，引起种仓密闭性能和防潮性能的下降等，这些都严重影响着仓内贮藏种子的安全。所以，防止害鼠进入种仓，杀灭仓内害鼠，都是种子仓管人员的重要工作内容之一，必须引起足够的重视，进行全面防治。

三、种仓鼠类的防控

种子仓库发生的害鼠主要为家栖鼠类，其分布广、栖息场所多，因此，防治时应注意地上地下、仓内仓外的全面防治。主要防控措施如下。

(一) 建筑防鼠

合理的防鼠建筑和设施在防鼠工作中发挥着非常重要的作用。在种子仓库建造时，应从种仓结构上考虑防止鼠类进入室内的建筑措施，使门与地面、门与门、窗与窗台的缝隙不大于 0.6cm，最好不留缝隙，以防小家鼠窜入。仓门的下端要包裹镀锌铁皮且高度要达到 30cm；种仓墙基、种仓墙壁要用水泥填缝，地面要硬化；通往仓外的管道和电线四周不能留有孔隙，种仓基部的通风口或管道口上要安装直径不能大于 1cm 铁丝网，有下水道的库房要使用专门的防鼠地漏。种仓出入口在不使用时要设挡鼠板，种仓周围要设防鼠墙。

(二) 清洁卫生防鼠

保持种子仓库内整洁、卫生，是防鼠的重要措施之一。存放种子时要尽量用包装袋且堆放整齐，要避免种子散落地面，以断绝鼠粮，库存种子应垫高、离墙各 30cm。种子入仓前出仓后对仓房的清扫必须做到干净彻底，仓内如果发现有鼠类活动痕迹，必须马上堵塞鼠洞，并进行灭鼠。在种仓外部也要搞好防鼠措施，即对种仓周围的杂草、垃圾、砖瓦石块等应及时清除，不给鼠类留下藏身之处。

(三) 物理灭鼠

根据杠杆作用、力学和电学原理制成捕（杀）鼠器械，用于灭鼠。我国利用器械灭鼠历史悠久，各地用于捕鼠的器械种类多达三百多种，这些捕鼠器械在种仓中尤其实用。器械灭鼠具有对环境不留毒害、鼠尸容易消除、灭鼠效果明显等优点。缺点是费工、成本较高。种仓内常使用的捕鼠器械有以下几种：

1. 捕鼠夹　捕鼠夹制作简单，携带、使用方便，是最常用的捕鼠工具。主要有铁板夹、木板夹、铁丝夹、钢弓夹、环形夹等。

2. 捕鼠笼　捕鼠笼可用于捕捉活鼠，据报道，鼠笼对三种家栖鼠（小家鼠、褐家鼠、黄胸鼠）的平均捕获率为 18.76%，远高于鼠夹的捕获率 5.76%。常见的有踏板式捕鼠笼（图 11-13）和倒须式捕鼠笼（图 11-14）。安放鼠笼时，应与鼠洞有一定距离，附加些伪装，可以提高捕获率；鼠笼里的诱饵应是鼠类爱吃的食物，而且要新鲜。通常安放鼠笼第一个晚上因有"新物反应"，老鼠不易上笼，2~3d 后上笼率会提高。不论是捕鼠夹还是捕鼠笼，捕鼠后应对捕鼠器及时清洗，以免影响下次的捕鼠效果。

3. 电子捕鼠器　电子捕鼠器是根据"鼠目寸光"的原理，将普通交流电转变为高压小

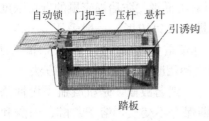

图 11-13　踏板式捕鼠笼

图 11-14　倒须式捕鼠笼

股脉冲电流，老鼠在碰到细铁丝时，会被细铁丝的高压电流击晕，电子捕鼠器会发出声光报警，把击晕的老鼠捡走后可继续通电使用。种仓中鼠类在黄昏和黎明时为活动高峰，活动频繁，此时安装电子捕鼠器的灭鼠效果最好。使用电子捕鼠器时应注意的事项为：捕鼠线必须拉紧，绝缘物绝缘要良好，安放捕鼠线时，如果地面干燥，可洒些盐水以增加与地面的通电性；鼠体触电时间过长往往会引起燃烧，而且电子捕鼠器有一定的危险性，需要专业的技术人员操作；在捕鼠器附近严禁堆放易燃易爆品。

4. 粘鼠胶　粘鼠胶的种类很多。可用松香与桐油（或蓖麻油等）按 1∶1 或 2∶1 熬制而成，其黏性可保持 10 余天。还可用有机玻璃下脚料（聚甲基丙烯酸酯）500g、松香 500g、2 号机油 500g、饴糖（麦芽糖）150g，放入锅中，充分拌匀后用文火熬煮，待混合物熔融以后就制成粘鼠胶。使用时取粘鼠胶 20～30g，涂于 15～20cm 的薄木板、铁皮、或瓷砖上，板中央留出空白区（不涂胶）放置诱饵，诱捕小家鼠时涂胶厚度相当于 2 分硬币，如黏捕褐家鼠等大型家鼠，粘板的涂胶厚度要加倍。将制成的粘鼠板平放于鼠类经常出没活动的地方，黏捕大型家鼠时应固定粘鼠板。粘鼠板使用和安放期间，要避免水、油、灰尘污染，以防失去黏性。放置粘鼠板后要经常检查，对粘捕到的鼠类及时处理。

除以上介绍的几种捕鼠器械外，还有许多有效的捕鼠器和捕鼠方法，各地种仓管理中可因地制宜选用。近年来已经生产出仿生电子猫，能像猫那样眨眼和发威，并能发出超声波脉冲刺激鼠类，使其无法忍受而逃离。该驱鼠法特别适合在种仓使用。

影响捕鼠器械捕鼠效果的因素主要有诱饵的选择、捕鼠器的布放地点和时间等，只有选用有引诱力的诱饵，才能充分发挥捕鼠器的作用。通常选用的诱饵有花生、油条、肉渣、红薯等，在种子仓库内针对鼠类的喜好，可选用含水分较多的红薯、瓜果等会取得更好的捕杀效果。捕鼠器布放的地点，应根据鼠类活动的地点、路线和鼠洞位置来确定。在种仓内可于前晚布放，次晨收回。

（四）化学灭鼠

化学灭鼠是指利用有毒化学物质杀灭鼠类的方法，也称药物灭鼠法或毒饵灭鼠法。是目前国内外灭鼠使用最为广泛的方法，化学灭鼠药物包括胃毒剂、熏蒸剂、驱避剂、绝育剂等。化学灭鼠应严禁使用毒鼠强（又名 424）、毒鼠硅、氟乙酰胺、氟乙酸盐和甘氟等国家明令禁止使用的危险杀鼠剂。在种子仓库中可直接布置毒饵诱杀或结合防治仓虫进行熏蒸防治。如用磷化铝熏蒸种子库，即可杀虫又可灭鼠。目前常用杀鼠剂种类主要有以下几种。

1. 杀鼠灵（warfarin，分子式 $C_{19}H_{16}O_4$）　是世界上使用最广的抗凝血灭鼠剂，它主要破坏鼠类的血液凝固能力，并损伤毛细血管，引起内出血，以致贫血、失血、死亡。它作用较缓慢，一般服药后 4～6d 死亡，少数个体可超过 20d，是典型的慢性药。其纯品为白色结晶粉末，无臭无味，工业品杀鼠灵略带粉红色，难溶于水。对褐家鼠的慢性毒力很强，但对小家鼠，黄胸鼠等稍弱。对猫、狗、猪较敏感，但对禽类低毒。防治褐家鼠的毒饵浓度为0.005%～0.025%；用于小家鼠和黄胸鼠的防治则需提高毒饵浓度，一般采用0.025%～0.05%的毒饵。毒饵的配制方法为2.5%的杀鼠灵1份（按重量计），饵料97份，植物油2份，再加入少量警戒色，均匀混合后即成0.025%毒饵。使用时采用多次投毒的方法。

2. 敌鼠钠盐（diphacine-Na，分子式 $C_{23}H_{16}O_3Na$）　别名敌鼠，是抗凝血类慢性杀鼠剂。其纯品为淡黄色粉末，无臭无味，无腐蚀性，长期保存不变质，溶于乙醇、丙酮和热水。有效含量不低于80%。害鼠中毒症状为精神萎靡不振，蹲缩地面，浑身发抖，口、鼻、耳、内脏出血，皮下出血导致死亡。它对小家鼠、黄胸鼠的毒力强于杀鼠灵，适口性不如杀鼠灵。对畜、禽毒力较小。但对猫、狗较敏感，并可引起二次中毒，对人的毒力也较强，可能引起中毒。用于灭鼠的毒饵常用浓度为0.025%～0.03%，采用多次投毒。毒饵的配制方法为先用80℃以上的热水将敌鼠钠盐充分溶解，然后把诱饵及染色剂倒入药液中，混合均匀制成毒饵。

3. 溴鼠灵（brodifacoum，分子式 $C_{31}H_{23}BrO_3$）　别名溴鼠隆、大隆，是目前毒力最大的一种抗凝血类杀鼠剂，具有急性和慢性两种杀鼠剂类型，是目前防治抗药鼠类效果较好的一种。原药为灰白色粉末，不溶于水，可溶于氯仿、丙酮。溴鼠灵制剂为含0.005%有效成分的毒饵，在种仓使用时，投饵点应相距约5m，每点投放毒饵20～30g。通常1次投药即可收到良好效果，必要时，隔7～10d补投1次效果更好。

4. 磷化锌（zinc phosphide，分子式 Zn_3P_2）　磷化锌为急性无机类杀鼠剂，呈灰黑色粉末，具大蒜味，不溶于水，溶于酸，有亲油性。当鼠类取食后，磷化锌在胃中与胃酸作用生成磷化氢，中毒后在3～10h内死亡，一般不超过24h。是一种广谱性杀鼠剂，并可引起二次中毒现象。磷化锌常用1%～3%的毒饵，毒饵有多种类型，在种子库中由于食源丰富、水源缺乏，使用红薯毒饵效果更好，配制方法为，将红薯（胡萝卜、苹果等）去皮，切成1g左右的小块，按饵料重的1%～3%加入磷化锌，搅拌均匀即可使用。使用时分作数堆投放在种仓内，每堆5～10g。防治种子仓库中的鼠类时，还可使用毒水，即将磷化锌配成5%～10%的毒水，放在鼠类能进行饮水的容器内，在缺水的仓库内，对褐家鼠等有饮水习性的鼠类防治效果最显著。在毒水中加少量糖可增加引诱力，提高防效。同时应在毒水中加少许红或蓝墨水做警戒色，以防发生人畜中毒事故。

5. 毒鼠磷（phosacetim，分子式 $C_{14}H_{13}Cl_2N_2O_2PS$）　别名毒鼠灵，本品为白色粉末或结晶，甚难溶于水，无明显气味，在干燥状态下比较稳定。它的主要毒理作用是抑制神经组织和细胞内胆碱酯酶，对鼠类毒力大，且选择性不强。鼠吃下毒饵经4～6h出现症状，10h左右死亡。毒鼠磷对褐家鼠、黄胸鼠的适口性较好，再次遇到时拒食不明显。毒鼠磷对鸡的毒力较弱，但对鸭、鹅毒性很强。对人、畜的毒力也强，能通过人的皮肤被吸收，使用时注意安全，配制毒饵时需带橡胶手戴、防护镜等防护用具。毒鼠磷常用浓度是0.5%～1.0%。

6. 溴敌隆（bromadiolone，分子式 $C_{30}H_{23}BrO_4$）　别名溴特隆、扑灭鼠、乐万通，原药为白色至灰色结晶粉末。是第二代抗凝血剂，对鼠类毒力很强，一次投毒可杀灭多种害鼠，并对第一代抗凝血剂产生抗药性的害鼠有效。对家栖鼠及野栖鼠均可防治。常用剂型是浓度为0.005%的毒饵，种仓内每20m²放置毒饵5～7堆，每堆2g左右。老鼠食后数天内死亡，死亡高峰一般在食药后4～6d，通常不会引起鼠群拒食。也可用于农田、住宅、仓库等处灭鼠。溴敌隆对鱼类及水生生物毒性中等。对鸟类低毒，对人畜比较安全。

（五）杀鼠剂饵料和添加剂

1. 毒饵　杀鼠剂所使用的诱饵又称饵料，凡是鼠类喜欢吃的食物都可用作诱饵。大多数害鼠为杂食性，但也有一定选择性。要求配制毒饵的诱饵要达到以下标准：第一，适口性好，鼠类喜食，比如在缺水种仓中，可选择鲜甘薯、胡萝卜、水果皮等糖分和水分较高的食物做诱饵。对褐家鼠用的诱饵中可加入少量糖、香油、食盐甚至酒等，可增加引诱力。第二，不影响药剂灭鼠的效果。第三，饵料来源广，价格便宜，使用方便。

2. 添加剂　毒饵中的添加剂主要用于改善毒饵的理化性质，增加毒饵的引诱力，提高对毒饵的警戒作用和安全性。常用的添加剂有引诱剂、黏着剂和警戒色3种，有时还要加入防霉剂、催吐剂等。引诱剂又称诱鼠剂，如毒饵加入少量鱼粉、奶粉、肉渣、油渣等引诱剂，可以提高灭鼠效果。黏着剂是用于不易溶于水或油脂的杀鼠剂，使其能均匀地黏附在饵料外面，如用整粒谷物做饵料时，常用植物油、面糊等作黏着剂，以增加药剂在毒饵上的附着量。警戒色的使用目的是防止人类误食，确保人、畜安全。常用警戒色为红色或蓝色，可用红、蓝墨水等染料。由于鼠类为色盲动物，感觉不出毒饵的颜色变化，因此警戒色不会影响鼠类取食。

在杀鼠剂的使用过程中，应特别注意安全用药和防止二次中毒。二次中毒是指家禽、家畜和天敌动物吃了中毒死鼠后，再次引起中毒死亡。防止发生二次中毒的主要措施是及时深埋或烧毁中毒死鼠，避免动物取食。目前使用的杀鼠剂大多数为广谱性，对人畜均有一定毒性，甚至剧毒。因此，在杀鼠剂的运输、贮藏和使用过程中必须注意安全。

思　考　题

1. 危害我国种子贮藏安全的主要仓虫有哪几种？
2. 仓虫传播的主要途径是什么？
3. 如何进行低温杀虫和高温杀虫？
4. 利用磷化铝熏仓时，药量计算、布药方法、闭仓时间和毒气检验的正确方法是什么？
5. 那些灭鼠药是国家明令禁止使用的？
6. 目前常用的灭鼠药有哪几种？

>>> 第十二章 种子贮藏的应用技术

为了适应种子市场的需求，较好地保存种子，使种子生活力和活力保持较高的水平，种子科技工作者探索了高技术、自动化、现代化的种子贮藏与管理技术。本章主要介绍种子贮藏领域的新技术，包括种子低温贮藏、种子超低温贮藏、种子超干贮藏、顽拗型种子贮藏和种子贮藏的计算机管理等技术。

科学技术的进步，尤其是分子生物学、分子遗传学、数量遗传学和基因工程等学科的突飞猛进，促进了种子科学和技术的发展。在种子贮藏和加工领域方面，新的理论与技术诸如种子引发、种子超干贮藏、种子超低温贮藏、核心种质的保存和计算机管理与应用正在或将在种子贮藏加工领域得到广泛应用。

第一节 种子低温贮藏技术

种子低温贮藏就是通过利用低温库，人为或自动控制种子贮藏的温度和湿度，使种子长期贮藏在低温干燥的条件下，达到延长种子寿命、保持种子有较高的生活力和活力的目的。进行低世代亲本标准种子中期（约 10 年）冷贮，可减少亲本繁殖世代，有效避免繁殖过程中的混杂退化，为亲本原种生产提供高纯度的基础种子。

低温仓库采用机械降温的方法使库内的温度保持在 15℃以下，相对湿度控制在 65％左右。经过试验和大批生产用种贮藏表明，这类仓库对于贮藏杂交种子和一些名贵种子，能延长其寿命和保持较高的发芽率。虽然，低温低湿仓库造价高，但是对现代种子贮藏非常重要。这种仓库必须配有成套的降温除湿设备。低温低湿种子库的建筑结构、设备配置、温湿度控制要求、检测技术和种子管理等技术都与常温库有所不同，低温低湿设备的选择尤为重要。

一、低温库的种类

种子低温仓库按照对种子寿命保持时间的长短不同可分为长期库、中期库和短期库三类。不同类型的种子低温库所要求设置的温度、湿度和种子水分均不相同（表 12-1）。

表 12-1 种子低温库的种类

种类	温度范围（℃）	湿度范围（％）	种子水分（％）	种子寿命（年）
长期库	−20～−10	低于 50	5～6	30～50
中期库	0～10	低于 60	6～9	10～30
短期库	15～20	55～65	低于 12	2～5

二、低温库的基本要求

种子低温仓库是依靠人工制冷降低库内温度的，如果不隔绝外来气温的影响，降温效果就差，制冷费用也大。一座良好的种子低温库必须具备以下条件。

1. 高度隔热保冷 库内的隔热保冷性能直接关系到制冷设备的工作时间、耗能及费用等方面的问题。为此，仓库的墙壁、天花板及地坪的建造，都应选用较好的隔热材料。隔热材料的性能与它的导热系数有关，导热系数越小，导热能力越差，隔热效果则越好。每种隔热材料的导热系数与它的容重成正相关，容重大，则导热系数也大。选材时应尽可能运用导热系数小的隔热材料。对某种材料又要选用容重小的作为隔热材料。

2. 隔气防潮 仓库的墙壁、屋顶及地坪容易渗透雨水和潮气，隔热层的材料也不例外。实践证明，隔热层受潮后，它的隔热性能下降 $1/2\sim1/3$，制冷量增加 $10\%\sim30\%$，不仅影响隔热制冷的效果，而且增加运行费用，因此，仓库的墙壁、屋顶及地坪都须有防潮层，以提高隔热层的功能。

3. 结构严密 仓库结构的严密程度，与防止外界热、湿空气影响，以及提高隔热保冷功能有密切的关系。结构越严密，隔热保冷功能越好。

低温库不能设窗，以免外界热、湿透过玻璃和窗架缝隙转入库内，有时因库内外温差过大，会在玻璃上结成露水而滴入种子堆。库门必须能很好地隔热和密封，如需大的进出口，则卷门比转门更好。卷门不仅更紧密，而且可以电控。库房面积不宜过大，也不能太高。如果需要建造一个较大的低温仓库，以建设多个小仓库构成为宜，因小仓库制冷时间较短，操作费用可显著降低。

低温仓库壁有内外两层，外墙为承重墙，内墙起隔热防潮的作用，两墙之间填充导热系数小的材料作为隔热层。隔热层材料可以是稻壳、膨胀珍珠岩、空心砖软木、泡沫塑料。

三、低温库的设备管理

库内主机及其附属设备是创造低温低湿条件的重要设施，因此，设备管理是仓库管理的主要内容。通常要做好下列工作。

①制定正确使用的规章制度，加强对机房值班人员的技术培训使之熟练掌握机器性能、设备安全技术操作规程、维修保养和实际操作技术。做到"三好"（管好、用好、修好）、"四会"（会使用、会保养、会检查、会排除故障）。

②健全机器设备的检查、维修和保养制度。搞好设备的及时检修和定期保养，确保设备始终处于良好的技术状态，延长机器使用寿命。

③做好设备的备配件管理。为了满足检修、维修和保养的需要，要随时储备一定数量的易损易坏备配件。

④精心管好智能温湿度仪器。

⑤建立机房岗位责任制，及时、如实记好机房工作日志。

四、低温库的技术管理

1. 建立严格的仓储管理制度

①种子入库前，彻底清仓，按照操作规程严格消毒或熏蒸。种子垛下面必须配备透气垫

架，两垛之间、垛与墙体之间应当保留一定间距。

②把好入库前种子质量关。种子入库前做好翻晒、精选与熏蒸；种子水分必须达到国家规定标准以下，无质量合格证的种子不准入库；种子进库时间安排在清晨或晚间，中午不宜进行种子入库，若室外温度或种温较高，宜将种子先存放在缓冲室，待后再安排入库。

③合理安排种垛位置，科学利用仓库空间，提高利用率。

④库房密封门尽量少开，即使要查库，也要多项事宜统筹进行，减少开门次数。

⑤严格控制库房温度。库内温度控制在15℃以下，相对湿度控制在65％左右，并保持温湿度稳定状态。

⑥建立库房安全保卫制度。加强防火工作，配备必要的消防工具，注意用电安全。

⑦种子进低温库时不能立即开机降温，应先通风降低湿度，否则降温过快达到露点，造成结露。

2. 收集与贮存下列主要种子信息

①按照国家颁布的种子检验操作规程，获取每批种子入库时初始的发芽率、发芽势、水分及主要性状的检查材料。

②种子存贮日期、重量和位置（库室编号及位点编号）。

③为寄贮单位存贮种子，双方共同封存的样品资料。

3. 收集与贮存下列主要监测信息

①种子贮藏期间，本地自然气温、相对湿度、雨量等主要气象资料。

②库内每天定时、定层次、定位点的温度、相对湿度资料。如由智能温湿度记录仪记录，则应把有关信息贮存在电脑中。

③种子贮藏过程中，种子质量检验的有关监测数据。

五、技术档案管理

种子低温库的技术档案，包括工艺规程、装备图纸、机房工作日志、种子入库出库清单、库内温湿度测定记录、种子质量检验资料及有关试验研究资料等。这些档案，是低温库技术成果的记录和进行生产技术活动的依据和条件。每个保管季节结束以后，必须做好工作总结，并将资料归档、分类与编号，由专职人员保管，不得随便丢失。

第二节　超低温和超干贮藏技术
一、超低温贮藏技术

（一）种子超低温贮藏的机理和技术

1. 种子超低温贮藏的概念和机理　超低温贮藏（cryopreservation）是指在-80℃以下的超低温中保存种质资源的一整套生物学技术。超低温采用干冰（-79℃）、深冷冰箱、液氮（-196℃）及液氮蒸气相（-140℃）等获得。由于冷源通常选用液氮，因此超低温贮藏又称液氮贮藏或 LN_2（-196℃）贮藏。从理论上来说，在超低温条件下保存的种子等生物材料，其新陈代谢活动基本处于停滞状态，因而能达到长期保存种质的目的。

生物细胞在降温过程中，随着温度的降低，细胞外介质结冰，而细胞内尚未结冰，造成细胞内外蒸汽压力存在差异。只要降温速率不超过脱水的连续性，细胞内水分不断向细胞外扩散，细胞原生质浓缩，从而降低细胞内含物的冰点，就能有效地阻止细胞质和液泡中结冰。但过度的脱水会使细胞内有害物质积累，蛋白质分子之间形成二硫键，破坏蛋白质、酶、膜的完整性，导致种子受到伤害。有人认为，植物体内的水分在降温冷冻过程中，从 -10℃ 到 -140℃ 是冰晶形成和增长的危险区，在 -140℃ 以下冰晶不再增长。如果降温速率非常快，细胞质溶液"固化"，但仍保持非结晶状态，这种现象称为"玻璃化"，对细胞不构成直接伤害。从理论上说，细胞内含物一旦发生玻璃化，就能避免细胞内结冰。在超低温（-196℃）条件下，原生质、细胞、组织、器官或种子代谢过程基本停止并处于"生机暂停"的状态，从而大大减少或停止了与代谢有关的劣变，为"无限期"保存创造了条件。

2. 种子超低温贮藏的应用和意义 20 世纪 40 年代以来，低温冷冻贮藏技术发展很快，尤其在医学和畜牧业中得到了广泛的应用。利用低温冷冻贮藏技术保存植物材料的研究，自20 世纪 70 年代以来已有较大的进展，一系列的研究证明，利用液氮（-196℃）超低温冷冻技术可以安全地保存许多植物的种子、花粉、分子组织、芽、愈伤组织和细胞等。这种保存方式用液氮作冷源，液氮罐就是冷冻器和贮藏容器，除了每隔 40～60d 补充一次液氮外，不需机械空调设备及其他管理，保存费用仅相当于种质库保存的 1/4。放入液氮保存的种子不需要特别干燥，一般收获后，常规干燥种子即可，还能免去种子的活力监测和繁殖更新，是一种节省人力、物力、财力的种子低温保存新技术，适合于长期保存珍贵稀有种质。

（二）不同种类种子对液氮低温反应的差异

利用液氮低温技术能成功保存的只是有限的物种。根据种子对液氮低温的反应，可将种子分为三种类型：①耐干燥又耐液氮的种子（desiccation-tolerant and LN₂-tolerant seed）；②耐干燥对液氮敏感的种子（desiccation-tolerant and LN₂-sensitive seed）；③对干燥和液氮均敏感的种子（desiccation and LN₂-sensitive seed）。

1. 耐干燥和液氮的种子 多数农作物、园艺作物种子都能忍耐干燥和液氮低温。目前，已有许多研究者成功地将这类种子冷却到液氮温度，再回升到室温，不损害种子生活力。但是外在因素如冷冻解冻速度，种子水分等能影响种子对液氮的反应。对超低温冷冻保存而言，种子水分可能是关键的限制因素。种子水分过高则在冷冻和解冻过程中会导致种子死亡，水分过低又会导致种子生活力的部分丧失，不同植物种子都有一个适宜的水分范围（表12-2）。

表 12-2 8 个物种不同水分的种子经 LN₂ 保存 7d 后的发芽率（%）

（石思信等，1985）

品种	水分										保存前发芽率（%）
	2%	4%	6%	8%	10%	12%	14%	16%	18%	20%	
水稻中作 75	—	—	88	85	92	97	80	86	71	13	97
绿豆 DO245-1	—	96	98	96	95	97	93	87	69	69	95
花生狮油 14	9	83	94	89	84	81	8	0	—	—	94
白菜小青口	100	100	99	100	100	100	99	99	97	80	99
六叶茄	19	88	96	93	90	90	93	84	78	69	93
汉中冬韭	75	80	73	78	70	72	77	74	73	86	86
翠菊 5-9-8	90	87	86	97	90	90	89	85	82	80	97
月见草	89	78	78	86	82	89	82	89	78	83	78

适合于冷冻保存的最高水分（high moisture freezing limits，HMFL）就是种子水分的临界值。在同一植物种中这个临界值有一个不大的变动范围，但是植物种间有明显的差异（表 12-3）。

种子水分超过适合于冷冻保存的最高水分（HMFL），冷冻到一定温度，种子死亡。例如，小麦种子水分高于 26.8%，冷冻到−7℃则发芽率下降到 25%（表 12-2）。根据试验，小麦种子水分为 5.7%～16.4%，在液氮温度−196℃冷冻保存 24 个月之后发芽率仍在 92%～96%，同对照相比没有明显差异。

表 12-3　几种作物种子冷冻时水分的临界值
（Stanwood，1985）

植物种子	水分临界值（%）	水分在临界值以下发芽率（%）	致死温度（℃）	发芽率（%）
			水分在临界值以上	
大麦	20.8（1.2）	98	−12；−13	18
菜豆	27.2（1.2）	99	−25	84
白菜	13.8（0.3）	90	−28	0
胡萝卜	21.7（1.6）	83	−25	0
花椰菜	14.2（1.1）	97	−25	0
三叶草	25.6（0.5）	95	−15	2
黄瓜	16.4（0.9）	98	−23；−26	1
羊茅	23.0（3.8）	98	−25	2
洋葱	24.7（0.8）	70	−18；−22	0
胡椒	18.6（1.2）	99	−22；−25	0
萝卜	16.8（0.9）	99	−25	4
芝麻	9.3（1.6）	97	−18；−26	0
番茄	18.5（1.6）	93	−20；−25	0
小麦	26.8（4.7）	96	−7	25

注：括号内的数值为标准差。

较多的研究报道认为，冷冻和解冻速率对多数植物种子冷冻到液氮温度影响不大。然而莴苣和芝麻种子却不一样。Roos（1981）用莴苣种子做试验，其水分接近于 HMFL 值即 19%，发现用 200℃/min 的速率冷冻几乎百分之百的成活，若用 22.2℃/min 或更低的速度冷冻，生活力明显下降。水分非常低的芝麻种子以 1～30℃/min 缓慢冷却时，几乎 100% 存活而不受水分的影响。但以 200℃/min 冷冻时，种子生活力随水分下降而下降。冷冻速率对种子生活力的影响同种子水分有关，假如种子水分在适宜范围内，则慢速或快速冷冻对多数种子的成活率没有明显影响。

在冷冻和解冻过程中由于温度的极端变化，种子要经受极大的物理压力。如果种子的细胞间质承受不了如此巨大的压力，就会产生物理损伤，种皮破裂。种子在回升至室温之前在液氮蒸气上停留一段时间也可减少破裂。因此破裂主要产生在冷冻和解冻过程中。当种子只暴露在液氮气相中（约−150℃），种子不发生破裂，小部分的破裂发生在−196～−150℃之间。亚麻、蚕豆、萝卜、大豆、紫花苜蓿等在液氮温度时都会产生一定程度的破裂现象。

2. 耐干燥对液氮敏感的种子 许多果树和坚果类作物如李属、胡桃属、榛属和咖啡属的植物种子属于这种类型。这类种子多数能干燥到水分10％以下，但是不能忍耐－40℃以下的低温。例如榛子水分可降到6％，冷冻到0～20℃不失去生活力；但是当温度降低到－40℃以下种子生活力受损。耐干燥对液氮敏感的种子多数含有较高的贮存类脂（如脂肪等），有的种含量高达60％～70％。含油量是否是引起种子对液氮敏感的因素，尚不清楚。这类种子的寿命一般少于5年。研究这类种子的保存技术非常必要，因为这类种子多属于主要经济作物种，目前还只能无性保存。如果建立了超低温冷冻保存技术，可改进这类植物种质长期保存的方法从而改良育种和繁殖技术。

3. 对干燥和液氮均敏感的种子 这类种子就是顽拗型种子，它们的寿命很短，难以用超低温贮藏方法保存。

（三）种子超低温贮藏的技术关键

根据不完全统计，已有约200个植物种能成功地贮藏在液氮温度（表12-4）。

表 12-4　液态氮（－196℃）保存后存活的一些作物种子

(胡晋等，2001)

植物种	水分 (%)	贮藏时间 (年)	发芽率（%）		备 注
			保存前	保存后	
洋葱	4.0	3.75	—	83.5	种子无细胞变异
花椰菜	4.8	3	94	97	冷却速率－200℃/min，30℃解冻，3个品种
西瓜	5.6	3	97	97	冷却速率－200℃/min，30℃解冻，5个品种
水稻	9.7	3	96	92	冷却速率－200℃/min，30℃解冻，2个品种
早熟禾	7.2	3	86	90	冷却速率－200℃/min，30℃解冻，3个品种
半边莲	9.5	1	90	88	冷却速率－200℃/min，30℃解冻，3个品种

种子超低温贮藏的关键技术问题主要有：

（1）寻找适合液氮保存的种子水分。只有在种子适宜的水分范围内，种子才能在液氮内存活。

（2）冷冻和解冻技术。不同种子的冷冻和解冻特性有差异，需分别探讨，以掌握合适的降温和升温速度。

（3）包装材料的选择。据报道，包装材料有牛皮纸袋，铝箔复合袋等。有的包装材料能使种子与液氮隔绝。如种子与液氮直接接触，有些种子会发生爆裂现象，而影响种子的寿命。

（4）添加冷冻保护剂。常用的冷冻保护剂有二甲基亚砜（DMSO）、甘油、聚乙二醇（PEG）等，最近报道脯氨酸的冷冻保护效果很好。许多研究表明，使用混合保护剂比单独使用效果更佳。使用冷冻保护剂的量应是足够到有冷冻保护作用，但又不超过渗透能力和中毒的界限。加入冷冻保护剂应在低温下进行，高温下会增加冷冻保护剂对细胞的毒害。

（5）解冻后的发芽方法。经液氮贮藏后种子的发芽方法是一个容易被研究者忽视的问题，液氮保存顽拗型种子难以成功，可能与保存后的发芽方法不当有关，致使还有生活力的种子在发芽过程中受损伤或死亡。如茶籽在超低温保存后，最适发芽方法是在5％水分

（m/m）沙床中于 5℃±1℃预吸处理 15d，然后移到 25℃发芽。预处理后的种子，细胞膜修复能力增强，渗漏物减少，发芽率提高。

液氮超低温贮藏作为一种新颖的种质保存方法，克服了其他保存方法的很多不足，但也存在涉及的试验材料面窄，长期连续使用冻存材料的再生能力衰退，组织培养后代遗传稳定性仍未解决等问题。为了提高超低温保存材料的存活率，液氮超低温贮藏技术还需进一步完善，可以从以下几个方面进行研究：①冷冻保护剂的种类和组合；②冷冻和解冻的过程；③进行影响存活诸因素的综合实验，建立理想的保存体系；④采用核磁共振和差热分析等技术提高实验的预见性。

二、超干贮藏原理和技术

（一）种子超干贮藏概念和意义

1. 种子超干贮藏的概念　超干种子贮藏（ultra-dry seed storage），亦称超低水分贮藏（ultra-low moisture seed storage）。是指种子水分降至 5％以下，密封后在室温条件下或稍微降温的条件下贮藏种子的一种种子贮藏方法。常用于种质资源保存和珍贵育种材料的保存。

2. 种子超干贮藏的经济意义　传统的种质资源保存方法是采用低温贮藏，目前据不完全统计全世界约有基因库 1 308 座，大部分的基因库都以−20～10℃、5％～7％水分的条件贮藏种子。但是低温库建库资金投资和运转费用相当高，特别是在热带地区，这对发展中国家是一个较大的负担。因此有必要探讨其他较经济简便的方法来解决种质的保存问题。种子超干贮藏正是这样一种探索中的种质保存新技术，以通过降低种子水分来代替降低贮藏温度，达到相近的贮藏效果而节约种子贮藏费用的目的。

Ellis（1986）将芝麻种子水分由 5％降到 2％，在 20℃下种子寿命延长了 40 倍，并证明 2％水分的芝麻种子贮藏在 20℃条件下与 5％水分种子贮藏在−20℃条件下的效果一样。可见，种子超干贮藏大大节省了制冷费用，节省能耗，有很大的经济意义和潜在的实用价值，是一种颇具广阔应用前景的种子贮藏方法。

（二）种子超干贮藏的研究概况

1985 年，国际植物遗传资源委员会首先提出对某些作物种子采用超干贮藏的设想，并作为重点资助的研究项目。1986 年，英国里丁大学首先开始种子超干研究。从 20 世纪 80 年代后期开始，浙江农业大学、北京植物园、中国农业科学院国家种质库也相继开展了种子超干研究并取得了一些研究结果：

1. 适合超干贮藏种子种类　除了顽拗型种子外，多数植物种子均可进行超干贮藏，但不同类型的种子耐干程度有差异。脂肪类植物种子具有较强的耐干性，而淀粉类和蛋白类耐干性相对较差，且品种间种子耐干程度差异也较大，有待深入研究。

2. 种子超干贮藏的最适水分　种子寿命随水分下降而延长，当种子水分低于某一临界值时，种子寿命将不再延长，甚至会出现种子活力下降的现象，此临界水分为种子超干最适水分。研究结果表明，种子超干的最适水分取决于种子的耐脱水性，它是种子在发育过程中获得的一种综合特性，与种子内蛋白质、脂肪、碳水化合物的积累与新物质的合成密切相关。

不同作物种子超干贮藏最适水分不同，需逐个进行试验研究。从 20 世纪 80 年代后期开始，已经研究出的不同作物种子超干水分临界值列于表 12-5。

表 12-5 不同作物种子超干水分临界值

(胡晋等，2001)

作物种子	临界水分（%）	资料来源	作物种子	临界水分（%）	资料来源
粳稻	4.4	Ellis（1992）	西瓜	1.25	季志仙（1993）
籼稻	4.3	Ellis（1992）	南瓜	2.46	季志仙（1993）
爪哇稻	4.5	Ellis（1992）	冬瓜	1.79	季志仙（1993）
白芝麻	2.0	Ellis（1986）	花生	2.0	IBPGR（1990）
甘蓝油菜	3.0	Ellis（1986）	大豆	6.9	支巨振（1991）
油菜	2.0	Ellis（1986）	大白菜	1.6	程红焱（1991）
豇豆	3.3	Ellis（1986）	萝卜	0.3	周祥胜（1991）
向日葵	2.04	Ellis（1986）	黑芝麻	0.6	周祥胜（1991）
亚麻	2.7	Ellis（1986）	甜椒	1.32	沈镝等（1994）
黄瓜	1.02	季志仙（1993）	章丘大葱	1.67	沈镝等（1994）

3. 种子干燥的适合速率 干燥速率对种子的贮藏性有影响，特别是对引发种子。一般经缓慢干燥的种子贮藏性比快速干燥的种子好。种子的干燥速率因干燥剂的种类和剂量的不同而不同。种子在 P_2O_5、CaO、$CaCl_2$ 和硅胶中的干燥速率依次递减。干燥速率对种子活力的影响尚不确定，有待深入研究。

4. 种子含油量与脱水速率的关系 种子含油量的高低与其脱水速率及耐干性能均成正相关，此系种子胶体化学特性所决定。

（三）种子超干贮藏理论基础和原理的研究

过去认为种子水分安全下限为 5%，如果低于 5%，分子失去水膜的保护作用，易受到自由基等毒物的袭击，而且在低水分条件下不能产生新的阻氧化的生育酚（VE）。现在看来，这可能由于不同种类种子对失水有不同反应所致，至少 5%安全水分下限的说法在某些正常型种子上是不适用的。

有人推测，适合超干贮藏的种子含有较高水平的抗氧剂和自由基螯合剂。已知抗氧VE、VC 等能够阻止脂氧化酶对多聚不饱和脂肪酸的氧化作用，β-胡萝卜素和谷胱甘肽以及其他酚类物质也有这种保护作用。

超干处理可阻止或延缓种子活力的下降、细胞膜结构的损伤、细胞器和遗传物质的畸变与解体、贮藏物质的大量外渗和各种酶活性的下降等，使种子活力保持较高水平。目前，自由基引起的脂质过氧化作用被公认为是种子劣变的根本原因。红花、洋葱种子超干处理后，种子活力显著高于未超干种子，其细胞内自由基的产生速度和数量低于未超干种子。此外，超干种子活力的保持与自由基清除系统完好有关。尽管在超干状态下增加了自由基与敏感区域的接触机会，尽管超氧化物歧化酶（SOD）、过氧化物酶（POD）和过氧化氢酶（CAT）等在种子极干燥状态下不能启动，但只要有大量抗氧剂等自由基清除剂的作用，仍然能有效地避免脂质自动氧化。研究表明，当种子水分降至一定程度时，细胞内水分进入一种玻璃化状态，种子的呼吸代谢降至最低水平，脂质过氧化被部分抑制，而自由基清除系统保持完好，一旦种子吸水萌动，就可协同抗氧剂共同清除自由基等毒害物质，使耐干的种子有较好的萌发效果。

由于种子超干贮藏研究的时间不长，其操作技术、适用作物、不同作物种子的超干水分确切临界值，以及干燥损伤、吸胀损伤、遗传稳定性等诸多问题，都有待深入研究，从而使这一方法尽早广泛地付诸于实际应用。

（四）种子超干贮藏的技术关键

1. 超低水分种子的获得　要使种子水分降至5％以下，采用一般的干燥条件是难以做到的。如用高温烘干，则要降低种子活力以至丧失生活力。目前采用的方法有冷冻真空干燥、鼓风硅胶干燥、干燥剂室温下干燥，一般对生活力没有影响。如张海英等（1999）用低温冷冻真空干燥处理小白菜种子1d或2d后，种子水分可降到2.9％或1.9％，在20℃温度下密封贮藏94个月，种子发芽率仍能维持在98％以上的初贮水平。

为避免种子因强烈过度脱水而造成形态和组织结构上的损伤，郑光华等找到了有效的干燥前预处理方法，使其在亚细胞和分子水平上，特别是膜体系构型的重组方面有效进行。同时采取先低温（15℃）后高温（35℃）的逐步升温干燥法，使大豆种子（对照）的干裂率由87％降为0，而且毫不损伤种子活力。

2. 超干种子萌发前的预处理　由于对种子吸胀损伤的认识不足，以往误将超干种子直接浸水萌发的不良效果归于种子的干燥损伤。为此，根据种子"渗控"和"修补"的原理，采用PEG引发处理或回干处理和逐级吸湿平衡水分的预措能有效地防止超干种子的吸胀损伤，获得高活力的种苗。

第三节　顽拗型种子贮藏技术

顽拗型（异端型）种子（recalcitrant seed）是指那些不耐干燥和零下低温的种子，也即对干燥和低温敏感的种子。这是相对于能在干燥、低温条件下长期贮藏的"正常型"（正规型）种子（orthodox seed）而言。据研究，产生顽拗型种子的植物有两大类：①水生植物，如水浮莲与菱的种子；②具有大粒种子的木本多年生植物种子，包括若干重要的热带作物如橡胶、可可、椰子，多数的热带果树如油梨、芒果、山竹子、榴莲、红毛丹、菠萝蜜种子，一些热带林木如坡垒、青皮、南美杉种子，一些温带植物如橡树、板栗、七叶树种子等。也有一些种类，其贮藏特性居于二者之间，可称为亚异端型或中间型，如银杏种子等。

一、顽拗型种子研究的意义

顽拗型种子的植物大多属于经济价值较高或珍稀植物，并蕴藏着各种潜在的、可利用的基因，是人类的宝贵的物质财富，国内外均将其列为重点研究对象。

由于人口的不断增加和工业的高速发展，导致了大面积的森林被毁。同时，由于森林火灾、全球气候变暖导致的自然灾害以及转基因污染力的加大，这些宝贵的植物资源濒临丧失。因此，许多国家都将顽拗型种子的植物作为战略资源加以研究和保护。顽拗型种子由于其贮藏特性的关系，不能采用种子库保存，即使采用水分较高的贮藏条件，保存寿命也只有几个月，甚至几周。因此，研究顽拗型种子的贮藏技术显得尤为重要。国内外对顽拗型种子贮藏技术的研究还处于摸索阶段。因为这类种子的贮藏特性种间差异性很大，即使同一种的不同变种也不一样，需逐个研究。

二、顽拗型种子的生理和贮藏特性

(一)顽拗型种子的生理特性

顽拗型种子有许多特异的特点,可概括如下:

1. 干燥脱水易损伤　种子水分干燥至某一临界值,一般为 12%～35%,种子则死亡。种子在干燥过程中常发生脱水损伤,降低种子活力。如红毛丹种子在水分 13%,榴莲在 20%就会丧失生活力。据此有人把顽拗型种子也称为干燥敏感型种子(desiccation sensitive seed)。

2. 易遭冻害和冷害　种子冻害是指零下温度对种子所产生的危害。顽拗型种子由于水分高,零下温度会使细胞内形成冰晶体而杀死细胞,从而导致种子死亡。而一些热带的顽拗型种子对温度更敏感,不但易遭冻害,而且易遭冷害。种子冷害是指温度在 0～15℃对种子产生的危害。如可可、红毛丹、婆罗洲樟种子在 10℃,芒果种子在 3～6℃就会死亡。有时冷害不是低温的直接作用,而是在种子吸胀时发生损伤,故也称吸胀损伤。

3. 属大型和大粒种子　顽拗型种子较大,因此种子千粒重通常大于 500g。如椰子、芒果千粒重 50 万～100 万 g,栗子、面包果 600～8 000g。

4. 不耐贮藏、寿命短　顽拗型种子到目前为止只能保存几个月或几年。如橡胶种子在湿木屑中,外用有孔的聚乙烯袋包装,在 7～10℃下只能保存 4 个月。

5. 多数是多年生植物,其种子成熟时水分较高　顽拗型种子虽具有上述典型特点,但并不能以此确切鉴别是否为顽拗型种子。顽拗型种子的鉴别是根据其种子贮藏的特性来鉴定的。鉴别的方法是根据是否会产生脱水损害和发生冷害及冻害,同时兼顾大粒和寿命短的特点来进行鉴定。具体的做法是先对刚收获的种子进行脱水试验,并根据测定发芽率的变化来确定其临界水分,然后再进行低温试验,最后做出评定。

种子的贮藏特性确定可以简单地以图 12-1 说明。

(二)顽拗型种子的贮藏特性

1. 影响顽拗型种子长期贮藏的因素　一般认为影响顽拗型种子长期贮藏的因素主要有以下几点:

(1)干燥损伤。干燥损伤(desiccation injury)的种子,离开母体时往往水分很高,其致死临界水分也很高,如银槭种子的致死临界水分低于 40%,可可种子是 36.7%。这样高的水分很容易引起生活力的丧失,特别是干燥时易损伤,发生干燥伤害。

(2)不耐低温、易发生冷害。所有顽拗型种子的贮藏温度都不得低于 0℃,否则就会因细胞中形成冰晶体,发生冷害(chilling injury)致死,有些种子因易发生冷害对温度的要求更高。

(3)微生物生长旺盛。一般来说,种子水分在 9%～10%以上,细菌就开始为害;种子水分 11%～14%以上,真菌开始为害。而顽拗型种子不会致死的临界水分大都在 15%以上,这给微生物的旺盛生长提供了极为有利的条件,危害的严重程度不言而喻。

(4)呼吸作用强。由于种子水分和贮藏温度高,所以种子代谢旺盛、需氧量大、呼吸作用强,这就是顽拗型种子不能密闭贮藏的原因。

(5)发芽现象。在适宜条件下,一般种子在水分 35%以上就会发芽。而由于一些顽拗型种子的致死临界水分很高(如海榄雌 *Avicennia marina* 的种胚水分要 50%才不会丧失生

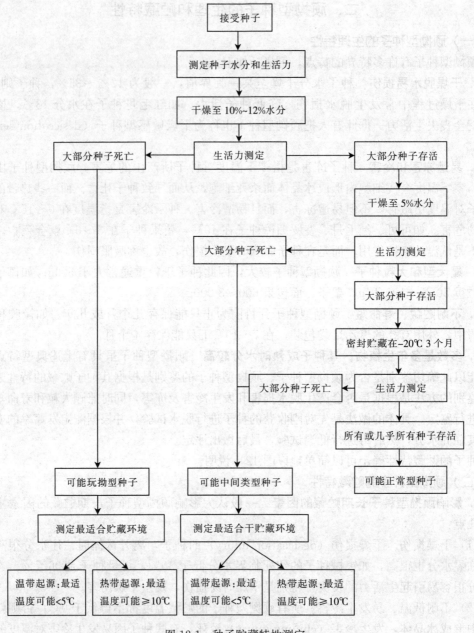

图 12-1　种子贮藏特性测定
（Hong 和 Ellis，1996）

活力），所以很容易在贮藏期间发芽。又如葫芦科的一种南瓜（*Telfairia occidentalis*）种子致死的临界水分是 40%～60%，它甚至在成熟期就在果实内发芽、长根。有一些顽拗型种子的寿命只有几周，连运输和短期贮藏都很困难。由此可见，用常规的方法进行顽拗型种子长期贮藏是不可能的。

2. 顽拗型种子贮藏的关键措施　针对影响顽拗型种子长期贮藏的因素，其主要贮藏措施可归纳如下。

（1）控制水分。对顽拗型种子来说，适宜的种子水分对保持生活力是至关重要的。贮藏时，若种子水分过高则不仅对生活力保持不利，而且很易发芽；但若水分过低，顽拗型种子则会产生脱水损伤。最好的方法是使种子水分略高于致死的临界水分。由于顽拗型种子要求水分高，要维持这么高的水分必须保湿。可采用潮湿疏松介质，如木炭粉、木屑及干苔藓等加水与种子混存，然后把它们贮藏在聚乙烯袋里。由于种子水分过高，需氧量大，因此绝对不能密封（袋口敞开或袋上打孔）。为了防止微生物、菌类的旺盛生长，贮藏前用杀菌剂处理是必要的，如采用克菌丹、0.5％氯化汞等处理。

（2）防止发芽。顽拗型种子贮藏过程中最易发生的现象是发芽。为了抑制发芽通常采用以下两种途径。

①使种子水分刚刚低于种子发芽所需的水分：Roberts 等（1984）就采用此法保存可可种子，把可可种子贮藏在盛有饱和硫酸铜溶液（相对湿度98％）的容器中，在20℃下贮藏（这样比以前报道经 8 个月贮藏后仍有 27％发芽率要好）。也有人采用如聚乙二醇（PEG）溶液等渗透调节剂来控制水势，使种子延缓发芽，但 King 等（1982）认为这种方法保存可可种子效果并不理想。

②抑制发芽或使种子保持休眠：抑制发芽通常采用抑制剂，如采用甲基次萘基醋酸对延长栗子等寿命有效，但常见的发芽抑制剂脱落酸（ABA）效果不理想。使种子保持休眠而抑制发芽的手段现在很多，如橡树、槭树等一些种子收获后由于未完成后熟而保持休眠，这种休眠可在低温下层积破除。因此这类种子收获后要避免层积处理。由于很多未成熟的果实内有抑制剂存在，而成熟果实所含的抑制剂大大减少，因此，保存这类种子可采取提早收获未成熟果实进行贮藏。有些对光敏感的种子，可采用光敏色素的转化 Pr（抑制）—Pfr（活性）调控方法，如采用远红光照射诱导种子休眠。另外，Hanson（1983）采用 Villier（1975）保存莴苣种子的方法，利用吸胀种子形式来保存菠萝蜜、榴莲、红毛丹等种子，也有一定效果。总之，可根据各类种子的特性，采用各种各样的有效措施来保存顽拗型种子。

（3）适宜低温。贮藏中另一个重要的因素是温度，尽可能适当低温对种子生活力保持越有利。根据顽拗型种子对贮藏温度的反应不同，可把顽拗型种子分为两类：一类是易遭冷害的种子，包括热带、亚热带和水生植物种子，如榴莲、芒果、红毛丹、菠萝蜜、坡垒等种子最好采用高于 15℃而低于 20℃的贮藏温度。另一类是不会产生冷害的种子，温度可低至5℃（或更低）。不管哪种类型，贮藏温度都不能低于 0℃。

三、顽拗型种子的分类

不同的顽拗型种子对水分丧失的忍耐程度有一定的差异，因而可以相对地分成低度顽拗型、中度顽拗型和高度顽拗型种子三个类型。

1. 低度顽拗型种子 这类种子在生活力丧失前可以忍耐较多水分的丧失。最初的发芽变化进展非常缓慢（慢则好，致死水分低），尽管没有外加水，变化仍继续。因而如果不脱水至非常极端，这些种子可以保持生活力相当长的一段时期。这一种类的种子可能分布在亚热带地区，有些情况下是温带地区，这些地区的环境条件不总是直接地对幼苗长成有利。能够延长最初发芽的时期与抵抗一些水分的丧失是这些种的明显优点。此外，由于这些种产地的关系，其种子有相对高的水分，可忍耐较低的温度。这种类型的例子如栎属的几个种：*Araucaria hunsteinii*（南洋杉属），*Podocarpus henkelii*（罗汉松属）。*Araucaria hunsteinii*

可以忍受水分降至21％，而不失去生活力；*Quercus alba*（栎属中最具顽拗性的）可以忍受低温贮藏，贮藏8个月后，仍能在2℃开始发芽，其证据是根的伸出。

2. 中度顽拗型种子 这类种子如可可和木菠萝（榴莲），不能忍受较多水分的丧失，发芽稍快于低度顽拗型种子。如果保持高的水分，在无外加水时，发芽过程缓慢，足以使生活力保持数周。Mumford等（1982）用PEG稀释保持稳定的水分，能将可可种子的生活力从2周延长至25周。但贮藏期结束时，发芽速率有点下降，这说明贮藏期间发芽过程已进行到足够深的程度，由于水分没有增加（无外加水），水分成了限制因素，因而导致一些代谢的破坏和混乱。此类种子主要生长在热带，在这些地区全年任何时候均有足够的水分供给发芽。在缺少外加水时，相对缓慢的发芽速率可提供对不良条件的额外抵抗（根伸出时，敏感增加，抵抗力较差）。

3. 高度顽拗型种子 这类种子（脱落后）发芽立即开始，甚至在缺少外加水时，其发芽代谢过程能非常快地继续进行着。只能忍耐非常少的水分丧失。干燥贮藏时，水分马上成了限制因素，因发芽过程越深入，需水越多。贮藏时生活力的保持是非常有限的。这种类型的种子可能脱落在热带森林或潮湿的土壤中，在这些地方一年到头有充足的水分供给连续的发芽。如海榄雌种子，当加水后，2～3d胚根就伸出，而蒲桃属的一些种则5d后胚根伸出。在缺水的条件下，两个种均在2周内丧失生活力。有些高度顽拗型种子，在种子脱落前或后，立即进行明显的下胚轴伸长。

除以上三种类型外，有一些种表面上像是顽拗型种子，但事实有忍受干至低水分的能力。如柑橘属（*Citrus*）、*Araucaria columnaris*、咖啡（*Coffea arabica*），这些被作为介于顽拗型和正常型之间的中间类型，趋向于分布在亚热带或热带地区。说其像顽拗型种子，又不能在母株上干燥，说其不像顽拗型种子又因为发芽开始前确实有抵抗干燥的能力，干至多少程度，取决于不同的种。

四、顽拗型种子贮藏的方法

（一）普通短期贮藏

这种贮藏的目的是针对影响贮藏的因素，采用一些相应的措施，解决顽拗型种子的运输和短期贮藏。保持种子水分在饱和水合度下，要求贮藏环境闭合但不密封，仍能保持气体交换；同时贮于相对低温中，防止遭受零上低温伤害；采用杀菌剂处理，置于保湿环境中。贮藏要点是：①防止干燥；②防止微生物侵染；③防止贮藏中萌发；④保持适宜的氧量供应。如日本板栗种子贮藏采用通气的罐子或用聚乙烯袋在0～3℃下贮藏，不能水分过高或过低贮藏。

顽拗型种子多属于多年生种子。其中某些林木种子要十几年才繁殖一次种子。显然通过上述的一些改善条件而延长寿命的措施对种质的长期保存仍不奏效。目前仍是通过田园连续栽培和繁殖进行保种，这不仅费工费时费钱，而且很不保险。因为田园繁殖易遭自然灾害、气候反常、病虫害和经济等的影响。所以有必要探讨新的贮藏技术。

（二）超低温保存

Grout（1980）报道了一个令人振奋的关于番茄种子液氮保存的试验结果。虽然番茄种子是正常型种子，但高水分的番茄种子可认为是仿顽拗型种子的模式。Grout以不同水分含量的番茄种子为材料，采用15％（体积比）二甲亚砜作为保护剂，他发现快速冷冻至−196℃时，水分为33.4％的种子仍有86％的发芽率；而水分高达72.3％的种子则丧失发芽力，但胚芽外植体仍有 29％存活。这个试验给用液氮保存顽拗型种子的成功增强了信心。用液氮保存顽拗型种子，以前均认为难度较大，如印度国家植物遗传资源局（NBPGR）植物组织培养库（Plant Tissue Culture Repository）的 R. Chaudhury 等（1990）用整粒茶籽超低温保存一直未获成功，认为是种子太大、水分太高、干燥敏感这几个因素影响的结果，最后转而采用胚轴为材料进行研究。1992 年，浙江农业大学对顽拗型种子进行超低温保存的研究获得成功，茶籽超低温保存的最适水分为 13.83％，在液氮内经 118d 保存，发芽率达 93.3％，且均成苗。

（三）离体保存

离体保存也称组织培养，是指把将来能产生小植株的培养物（用于种质保存最适是茎尖和胚），在容器中进行人工控制条件下培养或保存。现在应用离体保存主要采用最低限度生长方法，又称为慢生长系统（slow growth system）。这种方法适用于基因库的中期保存。即采用胚和茎尖（其他体细胞变异较大）在容器的培养基上面进行培养（贮藏）；经过一定时期，由于培养基中的水分丧失、营养物质干燥以及一些组织的代谢产物的产生，又需把离体组织转移到新的培养基上面（继代培养）。经研究，继代培养会导致变异增加，而且转移时也易导致污染等问题。因此，最理想的种质保存技术是控制条件，即只允许最小生长进行贮藏。限制离体生长的方法很多，一般可分为三种：①改变培养的物理条件，最常见的是降低容器的贮藏温度（6～9℃），也有改善容器的气体条件，如降低容器内的氧浓度；②在培养基中加生长延缓剂，如加入脱落酸（ABA）、甘露糖醇和 B_9 等；③改变培养基的成分，即通过减少正常生长的必需因子或减少营养的可给性，如降低蔗糖浓度和无机盐浓度等。对不同作物而言，离体贮藏可以弥补种子贮藏的缺陷。

（四）组织培养结合超低温贮藏

应用液氮保存生物组织在近年已有不少成功例子，保存植物成功的例子也不少，包括原生质、细胞、愈伤组织、器官、胚等。保存过程一般为：材料（如胚）分离→消毒→（防冻剂使用）→冷冻→贮藏→解冻→恢复生长（培养基上）。

影响植物种质超低温贮藏效果的因素很多，其中某个环节处理不当，就可能影响整个系统的成功，影响存活率。这些因素主要包括：

1. 植物材料的性质　植物材料基因型的差异以及冷冻前所处的生理状态，均可以显著影响它们在−196℃下冷冻后的存活能力。一般来说，小而细胞质浓厚的分生细胞比大而高度液泡化的细胞容易成活；指数生长期和滞后期的细胞抗性最强，因为这时多数细胞处在比较理想的状态（指细胞质浓厚，细胞抗性强）当中。较大的材料如茎尖、胚或试管苗，由于高度液泡化的细胞受到严重损伤，冷冻后只有分生细胞能够重新生长；幼小的球形胚比老龄胚存活力高；成熟胚或是完全不能恢复生机，或是需要特殊处理。实验证明，保存的材料以离体胚（excised embryo）和离体胚轴（excised axis）的效果最好。这两者在中文的文献中常被混为一谈，其实后者不包括子叶。如前面所述的 R. Chaudhury（1991）从茶籽分离出胚轴（0.1％氯化汞消毒 15min），干燥至 13％水分以下，经液氮贮存 17h，在培养基上培养长成 5～6cm 高的健康幼苗。

2. 冷冻前的预处理　进行预处理的目的是使培养物中更多的细胞达到这样的状态，即提高分裂相细胞的比例和减少细胞内的自由水。预处理的主要措施有：

（1）继代及同步培养。这在悬浮细胞和愈伤组织保存中应用得较多。

（2）预培养。预培养是指在添加高渗物质或冰冻保护剂的培养基中培养。如茼蒿（*Chrysanthemum coronarium*）愈伤组织在 10% 的蔗糖培养基中预培养若干天后，再以液氮贮藏，即可提高其存活力。黄皮（*Clausena lansium*）的新鲜离体胚轴在含 3% 蔗糖的木本植物培养基（WPM）上培养 3 周，再取发芽的胚轴在富含 27% 蔗糖的 WPM 上预培养 5～8d，经硅胶或高浓度蔗糖脱水，超低温保存的效果明显提高。

（3）零上低温冷驯化。Seibert 和 Wetherbee 指出，在切取马铃薯茎类进行冷冻保存之前，若先对其进行 4℃ 低温处理 3d，材料的存活率可由 30% 提高到 60%。

3. 冷冻保护剂 或者称防冻剂，在超低温贮藏生物材料中具有重要的作用。从 1949 年 Polge 等人用甘油作为精子的冷冻保护剂以来，保护剂一直是超低温贮藏研究中一个重要的方面。现在常用的冷冻保护剂有二甲亚砜（DMSO）、甘油、脯氨酸、蔗糖、葡萄糖、山梨醇、聚乙二醇（PEG）等。在以往的报道中，也有未用保护剂而存活的例子。首例真正顽拗型种子离体胚在液氮保存后存活的报道是 Normah 等（1986），他们用的是榴莲的离体胚。其方法是离体胚干燥 2～5h，水分为 14%～20%，液氮内保存 24h 后，胚存活率为 20%～69%，并形成了具有正常根、芽的幼苗。榴莲种子不能干至 20% 以下水分，否则显著降低生活力，采用离体胚干燥可将水分降至 10%，生活力仍在 80% 以上。用脯氨酸处理后，可干至 8%，生活力无大的下降。

4. 冷冻 细胞伤害主要发生在冰冻过程中。为了防止冻害，必须阻止细胞内冰晶的形成。不同的植物材料对冻害的敏感程度不一样，因此，降温的方法也不一样。常用的降温方法有：

（1）慢冻法。样品以 0.1～10℃/min（常用 1～2℃/min）的速度将温度降至 −40～−30℃ 或 −100℃，平衡一段时间后再转入液氮。这种方式对悬浮细胞和原生质体比较适合。

（2）快冻法。将样品直接放入液氮或其蒸气相中冷冻和贮藏，温度下降的速度为 300～1 000℃/min。在这样快的降温速度下，贮存物很快跨越冰晶形成区（−140℃ 以下冰晶不再增生），细胞内呈"玻璃化"状态。此法可保存含水量较少的植物材料，如花粉和种子以及高度脱水的抗寒植物的枝条等。Bajaj（1983）用此法成功地保存了花生、蔓荆（*Vitex trifolia*）和小麦的花粉胚。而花生、康乃馨等 20 多种植物的茎类生长点也已快冻保存成功。

（3）分步冷冻法。又可分为先慢后快和先快后更快两种。前一种方法更为常用，它结合了慢冻法和快冻法两者的优点。起先的慢冷逐渐使细胞失水达到保护性的脱水，形成高浓度的溶质，以防止第二步快冻时受损伤。如甘蔗愈伤组织处以 1℃/min 降至 −30℃，停留 2h 以上的慢冷，存活率很高。杨属植物愈伤组织降至 −30、−70、−100℃ 后直接放入液氮，解冻后能再生。

（4）干冻法。干燥的种子能抗冻害，但高水分种子则不能；干燥的植物组织也能抗冻害。植物组织可烘干或真空干燥，然后用液氮贮藏，一般认为真空干燥较好。

（5）滴冻法。在铝箔上的每个滴液中放一个茎尖生长点，包扎后将冰冻液滴于铝箔上，这样降温速度较一致。木薯茎尖生长点采用此法保存已获得成功。

5. 解冻 贮藏于液氮中的样品，缓慢升温时，细胞内会再次结冰，其危险区大概在 −50～−10℃。因此，理论上要求解冻时迅速通过此区域，避免细胞再次结冰而造成伤害。玻璃化溶液在解冻过程中会发生玻璃化逆转，当进一步升温到达重新结冰的温度时，小的冰晶开始熔化，水分重新分配，形成大冰晶，对细胞有机械损害。因此，快速融冰时，迅速越过再结晶的温度，使次生结冰来不及发生，会提高细胞的存活率。许多实验表明，冰冻过的植物组织培养物在35～40℃水浴中解冻比在室温（25℃±2℃）下解冻效果好。但有些研究结果与此并不一致。如松树针叶冷至−45℃后，以5℃/h解冻能存活，而以10℃/h解冻的则致死。

6. 解冻后的处理　解冻后残留于细胞内的冷冻保护剂会影响材料的恢复和继续生长，因此需要去除冷冻保护剂。在采用稀释法去除冷冻保护剂时，温度和洗出速度很重要。

7. 生活力测定及重新培养　几种特殊的染色方法，如荧光双醋酸酯法、TTC还原法、Evan's蓝法等都可测定出冷冻贮藏细胞的生活力。但仅用染色法有时并不能反映真正生活力，在实际应用中应与其他一些方法配合使用，如胚的增大，愈伤组织形成、变绿、长根或成苗测定。最终应以具有形态发生能力为准。

第四节　种子贮藏的计算机管理技术

计算机技术的飞速发展和在种子领域的应用，促使种子贮藏工作朝着自动化、现代化方向发展。种子仓库的自动化管理，可通过电脑控制各种种子仓库贮藏条件，给予不同情况的种子以最适合的贮藏措施。在仓库中应用计算机技术，我国粮食部门先于种子部门，种子部门可以加以借鉴、改进和应用。

一、种子贮藏计算机应用开发系统类型

目前国内种子仓库应用的电子计算机开发系统主要有以下两种：

1. 种情检测系统　其作用是对种子仓库的温度、湿度、水分、氧气、二氧化碳等实行自动检测与控制，有的还能检测磷化氢气体（图12-2）。

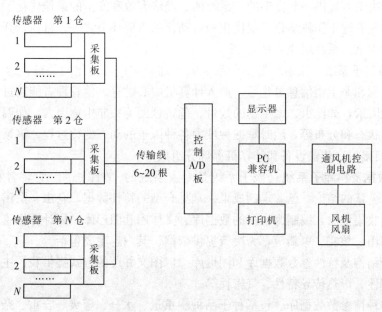

图12-2　PC兼容机测控系统

（颜启传，2001）

2. 设备调控系统　其作用是对仓库的干燥、通风、密闭输运和报警等设备实行自动化管理与控制（图12-3）。

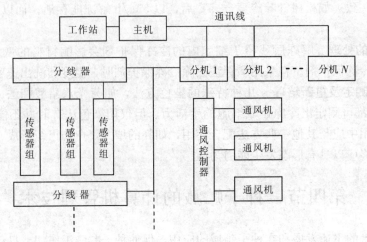

图 12-3　种情测控网络系统
（颜启传，2001）

二、种子安全贮藏专家系统的开发和应用

种子安全贮藏计算机专家系统开发是从影响种子安全贮藏的诸多环境因素的信息采集入手，通过系统的实验室实验、模拟试验和实仓实验，以及大量调查研究资料的收集处理分析，获得种子安全管理的特性参数和基本种情参数。然后将这些参数模型化，并建立不同的子系统，集合成为"种子安全贮藏专家系统"软件包。它能起到一个高级贮种专家的作用，可为管理者和决策者提供一套完整的、系统的、经济有效和安全的最佳优化贮种方案，是最终实现种子贮藏管理工作科学化、现代化和自动化的重要环节之一。目前，开发中的安全贮种专家系统由 4 个子系统组成，见图12-4。

1. 种情检测子系统　该系统是整个系统的基础和实现自动化的关键。通过该系统将整个种堆内外生物和非生物信息量化后，送入计算机中心贮存。使管理者能通过计算机了解种堆内外的生物因素，如昆虫、微生物的数量、危害程度等；非生物因素，如温度、湿度、气体、杀虫剂等状态和分布等，随时掌握种堆中各种因子的动态变化过程。该系统主要由传感器，模/数转换接口、传输设备和计算机等部分组成。

2. 贮种数据资料库子系统　该子系统是专家系统的"知识库"。它将各种已知贮种参数，如知识、公认的结论、已鉴定的成果、常见仓型的特性数据、仓虫、图谱、有关政策法规等资料数据收集汇总，编制为统一的数据库、文体库和图形库，用计算机管理起来，随时可以查询、调用、核实、更新等，为决策提供依据。其内容主要包括：

（1）种仓结构及特性参数数据库和图形库。以图文并茂的方式提供我国主要种仓类型的外形、结构特性、湿热传导特性、气密性等。

（2）基本种情参数数据库。包括种子品种、重量、水分、等级、容重、杂质和品质检验数据，以及来源、去向和用途等。

（3）有害生物基本参数数据库、图形库。以图文并茂的方式提供我国主要贮种有害生物

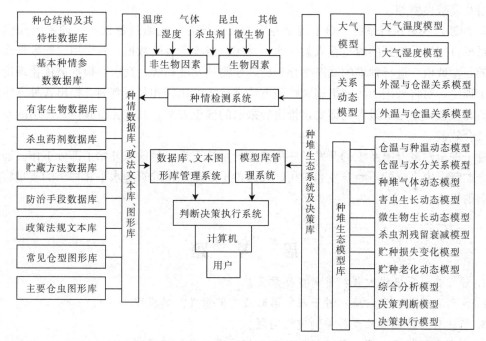

图 12-4　安全贮种专家系统
(颜启传，2001)

的生物学和生态学特性、经济意义和地理分布，包括贮种昆虫种类（含害虫和益虫），虫口密度（含死活数）、虫态，对药剂抗性，以及其他生物如微生物、鼠、雀的生物学和生态学特性等参数。

（4）杀虫剂基本参数数据库。包括杀虫剂的种类、作用原理、致死剂量、CT 值、半衰期、残留限量，杀虫剂商品的浓度、产地、厂家、单价、贮存方法、使用方法和注意事项等。

（5）防治措施数据库。包括生态防治、生物防治、物理机械防治、化学防治等防治方式的作用、特点、费用、效果、使用方法、操作规程和注意事项等。

（6）贮藏方法数据库。包括常规贮藏、气控贮藏、通风贮藏、"双低"贮藏、地下贮藏、露天贮藏等贮藏方法的特点、作用、效果、适用范围等。

（7）政策法规文本库。包括有关种子贮藏的政策法规技术文件、操作规范、技术标准等文本文件。

3. 贮种模型库系统　将有关贮种变化因子及其变化规律模型化，组建为计算机模型，然后以这些模型为基础，根据已有的数据库资料和现场采集来的数据，模拟贮种变化规律，并预测种堆变化趋势，为决策提供动态的依据。其内容主要包括：大气模型、关系模型、种堆模型等。

（1）大气模型。包括种堆周围大气的温度和湿度模型。

（2）关系模型。包括种堆与大气之间，气温与仓温和种温之间，气湿与仓湿和种子水分之间；温度、湿度与贮种害虫及微生物种群生长危害之间的关系模型。

（3）种堆模型。包括整个种堆中各种生物、非生物因素的动态变化。如种温变化，水分变化，种仓湿度变化，种堆气体动态变化，害虫种群、生长动态变化，微生物生长模型，药剂残留及衰减模型等。

4. 判断、决策执行系统　该系统是专家系统的核心。它通过数据库管理系统和模型库管理系统将现场采集到的数据存入数据库，并比较修改已有的数据，然后用这些数据作为模型库的新参数值，进行种堆的动态变化分析，预测其发展趋势；其次，根据最优化理论和运筹决策理论，对将采用的防治措施和贮藏方法进行多种比较和分析判断，提出各种方案的优化比值和参数，根据决策者的需要，推出应采取的理想方案，并计算出其投入产出的经济效益和社会效益。

种子安全贮藏专家系统的开发是一项浩大的系统工程，目前只开始了部分工作。通过种子安全贮藏专家系统的不断开发和应用，我国种子贮藏工作的管理水平和种子的质量将会得到显著的提高。

思　考　题

1. 什么是种子低温贮藏？有何重要意义？
2. 何谓种子超低温贮藏？种子超低温贮藏有何意义？其机理如何？
3. 简述种子超低温贮藏的关键技术问题。
4. 何谓种子超干贮藏？种子超干贮藏有何重要意义？其机理如何？
5. 简述种子超干贮藏的研究概况和技术关键。
6. 简述顽拗型种子贮藏的几种主要方法。
7. 目前国内种子仓库应用的计算机开发系统主要有哪两种？开发的安全贮种专家系统由哪 4 个子系统组成？

>>> 第十三章　主要作物种子贮藏技术

自然界植物种类繁多。不同种类种子不仅在物理特性上差异非常大，而且其水分和化学成分差异也非常大，因此对于贮藏条件的要求也不一致。就绝大多数的种子贮藏而言，干燥和低温是种子安全贮藏的基本原则。针对某一类植物种子而言，其安全贮藏既要考虑到其物理性的特质，又要考虑其不同状态的代谢特点，使种子在贮藏期间能够维持其本身生命活动所必需的生理代谢水平，又要将这种代谢水平降低到最低值，以保持种子的生命力和活力，这是做好种子贮藏工作所要遵循的最基本原则。本章介绍主要农作物种子的贮藏技术。

第一节　水稻、小麦、玉米、高粱种子贮藏技术

种子贮藏是利用种子仓库对种子进行三个月以上的存放和保管（见 GB/T 7415—2008）。贮藏的任务是保持种子的播种品质和商品外观品质，并严防混杂。种子从收获到应用于生产，大多要经历贮藏阶段，特别是受市场需求等因素影响，种子不能完全销售时，搞好种子贮藏工作对提高生产经营单位的经济效益、降低损失显得尤为重要。种子贮藏是种子生产经营活动的重要环节，也是救灾备荒的重要措施。水稻、小麦、玉米和高粱种子都属于禾本科植物种子，其基本特点是淀粉含量较多，对逆境的抵抗能力相对较强。把握干燥贮藏的原则，往往是最有效的安全贮藏方法。

一、水稻种子

水稻是我国第二大农作物，栽培面积在 3 000 万 hm² 左右，其中杂交水稻的种植面积占 50％以上。杂交稻国内用种量 2.5 亿 kg，加上出口和有效库存，年供种量达 4 亿 kg 以上，常规稻种植面积约为 1 300 万 hm²，用种量在 5.8 亿 kg。水稻类型和品种繁多，种植面积大，做好水稻种子的贮藏工作，对保证种子的质量、农业生产安全和提高企业经济效益具有十分重要的意义。

（一）水稻种子贮藏特性和贮藏技术

1. 水稻种子贮藏特性

（1）散落性差。水稻种子俗称稻谷，为颖果，籽粒外面包裹有内外稃，稃壳外表面粗糙被有茸毛，某些品种外稃尖端延长为芒，种子散落性较差，静止角约 33°～45°。因此对仓壁产生的侧压力较小，一般适宜高堆，能够提高仓库利用率。同一批稻谷如水分高低不平衡，

则散落性亦随之发生差异。同一品种的稻谷，通过测定其静止角可作为衡量水分高低的粗放指标。

(2) 通气性好。由于稻种的形态特征，其形成的种子堆一般较疏松，孔隙度在 $50\%\sim60\%$，较其他禾谷类作物种子为大。因此，种子堆的通气性较好，有利于稻谷在贮藏期间的通风换气或熏蒸消毒，但种子堆由于孔隙度较大也容易受到外界不良环境条件的影响。

(3) 耐热性差。水稻种子在干燥和贮藏过程中耐高温的特性比小麦差，用人工机械干燥或利用日光暴晒时，都需勤加翻动，以防局部受温偏高，影响原始生活力，而且温度控制失当，则爆腰率增加，发芽率下降，不但降低种用价值，同时也降低工艺和食用品质。稻谷高温入库，会使种子堆的不同部位出现显著温差，造成水分分层和表面结露现象，甚至导致发热霉变。在持续高温的影响下，稻谷所含的脂肪酸会急剧增高。加热对流干燥种子时应严格控制种温，种子水分在 17% 以上时，种温不超过 $43\sim44℃$，经烘干后的种子需冷却到常温后才能入仓。中国科学院上海植物生理研究所研究结果表明，在 $35℃$ 下贮藏 3 个月的不同水分的稻谷，脂肪酸均有不同程度的增加。这种在高温下贮藏的稻谷由于内部发生变质，不适宜作种用，经加工后，米质亦显著降低。

(4) 种子自身保护性强。常规稻种子的内外稃坚硬且勾合紧密，对种胚及胚乳具有较好的保护作用，同时在一定程度上保护种子免受外界环境条件变化的影响及虫霉的危害。种子吸湿缓慢，水分相对比较稳定。但内外稃裂开、遭受机械损伤或虫蚀的水稻种子则容易遭受虫霉的危害，吸湿性显著增强。

(5) 耐藏性因类型和品种不同而有明显差异。一般非糯稻种子的耐藏性较糯稻为好，籼稻种子强于粳稻，常规稻种子强于杂交稻，保持系、恢复系较不育系耐贮藏。

(6) 收获期差异大。水稻种子虽有稃壳保护，但新收获的水稻种子由于生理代谢强度大，呼吸旺盛，在贮藏开始一段时间里往往不易稳定，容易导致发热、发芽、发霉。南方早稻种子入库时，接近或正值梅雨季节，种子进仓后的最初半月内，上层种温往往突然上升，有时会超过仓温 $10\%\sim15\%$；即使水分正常的种子也会发生这种现象，如不及时处理，就会使种子堆的上层湿度越来越高，而积聚在稻谷表面形成微小液滴，即所谓"出汗"现象。晚稻种子收获后未能充分干燥，水分如超过 16% 以上，翌春 $2\sim3$ 月间，气温上升，湿度增高时，由于种子堆内部和外部存在着较大的温差，在其顶层就会发生结露发霉现象。此外，由于水稻类型、品种多，贮藏期间易引起混杂错乱，也应特别注意。

2. 常规稻种子贮藏技术要点　常规稻种子有稃壳保护较耐贮藏，只要适时收获、及时干燥、控制种温和水分、注意防虫，一般可达到安全贮藏的目的。

(1) 适时收获、及时干燥、冷却入库、防止混杂。稻种成熟阶段应根据品种的成熟特性适时收获，过早收获的种子成熟度差，瘦秕粒多而不耐贮藏。过迟收获的种子，在田间日晒夜露呼吸消耗多，甚至穗上发芽，这样的种子同样不耐贮藏。

未经干燥的稻种堆放时间不宜过长，否则容易引起发热或萌动甚至发芽以致影响种子的贮藏品质。一般在早晨收获的稻种，即使是晴天，由于受朝露影响，种子水分可达 $28\%\sim30\%$，午后收获的稻种水分在 25% 左右。种子脱粒后，要立即干燥到安全水分标准。暴晒时如阳光强烈，要多加翻动，以防受热不匀，发生爆腰现象，水泥晒场尤其要注意这一问题。早晨晒种不宜过早，事先还应预热场地，否则由于场地与受热种子温差大易发生水分转移，影响干燥效果，这种情况对于摊晒过厚的种子更为明显。采用机械烘干则温度不能过高，以防灼伤种子。

如果遇到阴雨天气，应采用薄摊勤翻、鼓风去湿、加温干燥、药物拌种等方法尽快地将种子水分降下来。加温干燥的种温不宜超过 42℃，否则会影响种子发芽力。药物拌种是一种应急措施，将药物拌入湿种子内可抑制种子的呼吸作用。据华南植物研究所试验，水分为28％籼稻种子 5 000kg 均匀拌入丙酸 4kg，在通气条件下可保存 6d。在 6d 之内能将种子干燥，基本上不影响发芽率。用 0.5kg 漂白粉拌在 500kg 稻种内，有同样效果。如果用在其他种子上，要适当降低药量或经过试验。

经过高温暴晒或加温干燥的种子，应冷却后才能入库。否则，种子堆内部温度过高，时间一长引起种子内部物质变性而影响发芽率。热种子遇到冷地面还可能引起结露。

稻种品种繁多，有时在一个晒场上同时要晒几个品种，如稍有疏忽，容易造成品种混杂。因此必须预先清理晒场，扫除垃圾和异品种种子。出晒后，应在场地上标明品种名称，以防差错。入库时要按品种有次序的分别堆放。

(2) 控制种子入库水分和贮藏温度。水稻种子在贮藏前必须达到安全水分标准才能进仓。水稻种子的安全水分标准应根据品种、贮藏季节与当地的气候特点分别拟订。在生产上，一般粳稻可高些，籼稻可低些；晚稻可高些，早中稻可较低；气温低可高些，气温高可低些；北方较南方可高些。根据试验，种子水分降低到 6％左右，温度在 0℃左右，可以长期贮藏而不影响发芽率；水分为 12％以下的稻种，可保存 3 年，发芽率仍有 80％以上；种子水分在 13％以下，可以安全过夏；水分在 14％以上，不论籼、粳稻种子贮藏到翌年6 月以后，发芽率均有下降趋势；水分在 15％以上，贮藏到翌年 8 月以后，发芽率几乎全部丧失。因此，种子水分应根据贮藏温度不同加以控制。通常是温度为 30～35℃时，种子水分应控制在 13％以下；温度在 20～25℃时，种子水分应掌握在 14％以内；温度在10～15℃时，水分可放宽到 15％～16％；温度在 5℃以下，水分则可放宽到 17％。但是，16％～17％水分的稻种只能作暂时贮藏，应抓紧降低水分，以防种子在低温条件下发生霉变。

(3) 治虫防霉。我国产稻地区高温多湿，仓虫容易滋生。通常在稻谷入仓前已经感染，如贮藏期间条件适宜，就迅速大量繁殖，造成极大损失。仓虫对稻谷为害的严重性，一方面决定于仓虫的破坏性，同时也随仓虫繁殖力的强弱而不同。一般情况，每千克稻种中有玉米象 20 头以上时，就能引起种温上升，每千克内超过 50 头时，种温上升更为明显。单纯由于仓虫为害而引起的发热，种温一般不超过 35℃，由于谷蠹为害而引起的发热，种温可高达42℃。水稻种子主要的害虫有玉米象、米象、谷蠹、麦蛾、谷盗等。仓虫大量繁殖除引起贮藏稻谷的发热外，还能剥蚀稻谷的皮层和胚部，使稻谷完全失去种用价值，同时降低酶的活性和维生素含量，并使蛋白质及其他有机营养物质遭受严重损耗。仓储害虫可用药剂熏杀，采用低温低湿条件贮藏抑制其生命活动。目前常用的杀虫药剂有磷化铝等。

水稻种子在贮藏过程中，除仓虫外，微生物也是一个导致种子变质的主要因素。种子上寄附的微生物种类较多，但是为害贮藏种子的主要是真菌中的曲霉和青霉。种子水分达到14％～15％时，霉菌就能繁殖；水分达到 16％～18％时，一般细菌和酵母菌即能繁殖，而灰绿霉素即使在 13.5％～14.5％的情况下也能繁殖。只有当温度在 15℃以下，或相对湿度低于 65％，种子水分低于 13.5％时，大多数霉菌的活动才会受到抑制。但霉菌对空气的要求不一，有好气性和厌气性等不同类型。虽然采用密闭贮藏法对抑制好气性霉菌能有一定效果，但对能在缺氧条件下生长活动的霉菌如白曲霉、毛霉之类则无效，所以密闭贮藏必须在稻谷充分干燥、空气相对湿度较低的前提下，才能起到抑制霉菌的作用。

（4）加强稻种入库后的管理。

①做好早稻种子的降温工作：新入库的早稻种子种温较高，生理活动较强，贮藏前期稳定性较差。稻种入库一般又在立秋以后，白天气温较高，夜间气温下降，形成明显的昼夜温差，影响到仓温和上层种子，以致造成上层种子水分增加。因此，在入库后的 2～3 周内须加强检查，并做好通风降温工作。在傍晚打开门窗通风，经常翻动面层种子，以利散发堆内热量。

②做好晚稻种子的降水工作：晚稻种子的干燥受气候条件限制，入库后已进入冬季低温阶段，所以种子入库时水分偏高，易引起某些低温性霉菌的为害以致影响发芽率，这是造成晚稻种子发芽率下降的主要原因。因此，晚稻种子入库时同样要严格控制水分，超过 16％ 水分的种子不能入库贮藏。即使已经入库的种子也必须做好降水工作，把水分降到 13％ 以内。水分超过 15％ 的晚稻种子应在 2～3 周内设法将水分降低，否则在第二年播种时，难以保证应有的发芽率。

③做好"春防面、夏防底"的工作："春防面、夏防底"是指春季要预防面层种子结露，夏季要预防底层种子霉烂。经过冬季贮藏的稻种，种子温度已经降低，由于水稻种子本身导热性较差，使低温可以延续很长一段时间。当春季气温回升时，种温与气温形成较大的温差，如果暖空气接触到冷种子，便会在表层种子发生结露，使表层种子增加水分，并且会逐渐向下延伸。种堆越大，上层的结露现象越是明显。所以，开春前要做好门窗密闭工作，尽可能防止暖湿空气进入仓内。对于水分低于 13％，温度又在 15℃ 以下的稻谷，可采用压盖密闭法贮藏，既可预防上层种子结露，又可延长低温时间，有利于稻种安全过夏。到了夏季，地坪和底层温度低，湿热扩散现象使底层稻种水分升高，易使底层种子霉烂。

（5）少量稻种贮藏。对于数量不多，只有几十千克到几百千克的稻种，可以采用干燥剂密闭贮藏法。通常用的干燥剂有生石灰、氯化钙、硅胶等。氯化钙、硅胶的价格较高，但吸湿后可以烘干再用。生石灰较经济，适用于广大专业户。种子存放前需选择小口，能密闭的缸、坛等容器，经检查确实无缝、不漏气、不渗水的才能使用。先在容器底层铺上生石灰，再装入种子，然后封口并放在阴凉处，可延长种子寿命数年。据试验，用籼、粳、糯三种类型共 8 个品种的稻种作贮藏，上层和底层各放生石灰 50kg，中间放稻种 100kg，再用四层塑料薄膜封口。经 3 年贮藏种子水分由原来的 12.6％～14.6％ 降低到 4.3％～5.8％，发芽率则由原来的 82.0％～97.5％ 增加到 91％～99％。而采用塑料袋贮藏的稻种，则全部丧失发芽率。

干燥剂密封贮藏，不仅适用于水稻种子，也适用于其他种子，但是对于大豆、油料种子，放生石灰的数量要适当，否则，种子干燥过度反而会影响发芽率。

（二）杂交稻种子贮藏特性和越夏贮藏技术

1. 贮藏特性

（1）保护性能差。杂交稻种子的保护性能比常规稻种子差。常规种子颖壳闭合良好，种子开颖率 1％ 左右。而杂交水稻种子颖壳闭合差，同时胚乳发育较差，组织疏松，使种子保护性能降低，易受外界因素影响，不利于贮藏。据袁世礼（2000）研究，多数水稻杂交种子的子粒裂颖率在 20％～30％，高的可达 40％～60％。随着贮藏时间的延长，裂颖种子的生活力急剧衰退，种用价值迅速降低，种子成熟后经 8 个月贮藏，裂纹粒和开裂粒的发芽率分别比正常子粒低 14％和 45％。

（2）耐热性差。杂交水稻种子的耐热性低于常规水稻种子。干燥或暴晒温度控制失当，均能增加杂交稻种子的爆腰率和破碎粒，引起种子变色，降低发芽率。同时，持续高温，使种子所含脂肪酸急剧增高，降低耐藏性，加速种子活力的丧失。早夏季制种的杂交稻种子晴天午间水泥地晒种，温度可达 60℃左右，造成种子损伤，发芽率、发芽势、发芽指数均降低。

（3）休眠期短。杂交水稻种子生产过程中需使用赤霉素。高剂量赤霉素的使用可打破杂交水稻种子的休眠期，使种子易在母株上萌动。据对种子蜡熟至完熟期间考察，颖花受精后半个月胚发育完整，在适宜萌发的条件下，种子即可开始萌动发芽。据 1989 年对收获的汕优 64 种子考察，因种子成熟期间遇上阴雨，穗上发芽种子达 23％；1990 年同品种种子虽未遇雨，穗发芽仍达 3％～5％。而常规水稻种子两年均未发现穗发芽现象。

（4）易发生霉变。不同收获期的杂交稻种子贮藏期间出现情况不同，春制和早夏制收获的种子收获期在高温季节，贮藏初期处于较高温度条件下，易发生"出汗"和霉变现象。秋制种子收获期温度已降，种子难以充分干燥，到翌年 2～3 月种子堆顶层易发生结露发霉现象。

（5）呼吸强度大。杂交水稻种子呼吸强度比常规稻种子大，贮藏稳定性差。杂交水稻生产过程中易使种子内部可溶性物质增加，可溶性糖分含量比常规种子高，生理代谢强，呼吸强度较大，不利于种子贮藏。种子收购进仓时一定要严格控制好水分，即春制夏收种子的水分 11％～12％；夏制和秋制秋冬收购种子的水分应在 12.5％以下，种子水分控制得越严格越有利于贮藏，种子的利用价值也就越高。

2. 杂交水稻种子变质规律

（1）湿度引起霉变。湿度引起杂交水稻种子霉变主要有三种情况：一是新收种子进仓后有一个后熟阶段，种子内部进行着一系列生理生化变化，呼吸旺盛，不断放出水分，使种子逐渐回潮，湿度增大，引起种子发霉变质；二是秋制种子收获时气温较低，种子难以干燥，进仓后到次年春暖，气温回升，种子堆表层吸湿返潮，顶层"结露"，发霉变质；三是连续阴雨（特别是在梅雨季节里），空气相对湿度接近饱和，水分易在种子秕壳上凝成液滴附在表面，引起种子发霉变质。

（2）发热引起霉变。一是种子贮藏期间（主要是新收获种子或受潮和高水分种子）新陈代谢旺盛，释放的大量热量聚积在种子堆内又促进种子生理活动，放出更多热量，如此反复，导致种子发霉变质；二是春季或早夏季收获的种子，初贮时处于高温季节，种子堆上层种温往往易突然上升，继而出现"出汗"现象，导致种子发热霉变；三是种子堆内部水分不一，整齐度差，出现种子堆内部发热，最终发霉变质。

（3）仓虫与病菌活动繁殖引起霉变。杂交稻种子产区的气候特点是高温多湿，仓虫螨类最易孳生。仓虫活动引起种温上升，造成发热霉变。同时仓虫腐蚀皮层和胚，使种子失去种用价值。病菌在适宜条件下能很快繁殖，为害种子，引起种子堆为害部分发热、霉变、结块，最终腐烂变质。

3. 杂交稻种子越夏贮藏技术　杂交稻种子越夏贮藏对于过剩积压或以丰补歉、平衡种子余缺具有十分重要的现实意义。其种子越夏贮藏的关键是控制种子的水分和贮藏温度。具体可以采取以下技术措施。

（1）选择合理的贮藏方式。杂交水稻种子越夏贮藏主要通过降低温度、降低湿度来保持种子的活力。生产中，可以采用机械除湿降温或到高寒干燥地区、山洞异地贮藏。选择贮藏方式时，以保证种子安全为基础，因地制宜，兼顾低成本、高效益。

（2）降低水分，清选种子。选择通风、透气良好，密闭性能可靠的仓库，准确测定种子水分，以确定其是否直接进仓密闭贮藏，或作翻晒处理。种子水分在12.5％以内的，可以采用密闭贮藏，对种子生活力影响不大。但必须对进库种子进行清选，清选的目的是除去种子秕粒、虫粒、虫子、杂质，以净化种子贮藏条件，加大种子孔隙度、散热性，减少病虫害，提高种子间通风换气的能力，为降温降湿打下基础。贮藏期间可采取常规管理，根据贮藏种子的变化，在4月中旬到下旬进行磷化铝低剂量熏蒸，种子水分在12.5％以下的，剂量控制为每立方米空间2g，种堆3g，熏蒸7d后开仓释放毒气，3h后，作密闭贮藏管理。

（3）密闭贮藏。种子水分在12.5％以下时，可采用密闭贮藏。利用杂交水稻种子在贮藏期间，因呼吸作用所释放的碳酸气的累积，以抑制微生物及仓虫活动，使种子呼吸减少到最低程度，从而发挥种子自发保藏作用。由于种子处在相对密闭条件下，故对外界温度、湿度的影响也起到一定的隔绝作用，使种子堆温度变化稳定，水分波动较小，延长种子安全贮藏的期限。密闭贮藏的最大特点是能杀死害虫及其他有害动物，在相对较高的水分条件下，防止霉菌生长和发热，可以防止种子吸湿，节省处理和翻晒种子的费用和时间。但应注意的是对高水分种子，不能采用密闭贮藏，更不能药剂熏蒸。因为水分较高的种子呼吸比较旺盛，熏蒸会使种子吸入更多的毒气，导致发芽率急剧下降。对此，应及时选择晴好天气进行翻晒。如不能翻晒，则在种子进入贮备库时应加强通风，安装除湿机吸湿，迅速降低种子的水分。随着水分的降低而逐步转入密闭贮藏。贮藏期间应增加种子库内的检查次数，种子水分在12.5％以下的，可以常年密闭贮藏；水分为12.5％～13.0％的种子，在贮藏前期应短时间通风，降低种堆内部温度与湿度后，立即密闭贮藏。每年6月至9月间，要注意防止种子发热。

（4）注意控制温湿度。外界温湿度可直接影响种子堆的温湿度和种子水分。长期处于高温高湿季节，往往造成仓内温湿度上升。如果种子水分较低，温度变幅稍大，对种子贮藏无妨碍。但水分过高，则必须要求在适当低温下贮藏。种子水分未超过12.5％，种温未超过20～25℃，相对湿度在55％以内的，能长期安全贮藏。湿度同样影响种子水分，能使种堆发热。如种子水分、温度、相对湿度均在标准范围内，则应严格控制水分、温湿度的变化。在6月下旬至8月下旬可采取白天仓内开除湿机，除去仓内高湿。22：00后或8：00左右，采取通风、换气、排湿、降温，使仓内一直处于相对低温、低湿状态，以顺利通过炎热夏季。

此外，还应加强种情检查，掌握变化情况，及时发现问题，及早采取措施处理，注意仓内外的清洁卫生，以消除虫、鼠、雀为害。

（5）采用低温库贮藏。有条件的地方，应采用低温、低湿库贮藏，可以更好地保持种子的生活力。低温、低湿库是指温度控制在15℃以下，相对湿度控制在65％以下的防热防潮库。低温、低湿库贮藏隔年种子要做到：①合理安排进、出库时间；②种子的水分降到11.5％；③种子和低温低湿库都必须消毒，杀死活虫和虫卵；④仓库的隔热、防潮性能良好；⑤备有达到温度、湿度指标的降温降湿设备，并保证电力供应正常。

二、小麦种子

小麦是我国第三大农作物，栽培面积约为 2 500 万 hm^2，常年需种量约 45 亿 kg，扣除农民自留种，需商品种子在 33 亿 kg 以上。小麦品种多，单位面积用种量大。小麦收获时正逢高温多雨季节，即使经过充分干燥，种子入库后如果管理不当，仍极易吸湿回潮、生虫、发热、霉变。因此，对于小麦种子的安全贮藏，必须引起高度重视。为了贮藏好小麦种子，必须了解小麦种子的贮藏特性，掌握科学的贮藏方法和技术。

（一）小麦种子的贮藏特性

1. 种粒的化学成分　小麦种粒各部分的化学成分与种子的贮藏性能有关，淀粉、蛋白质和糖等亲水物质含量多的种子易吸湿和霉变，脂肪多的种子则易氧化酸败。小麦种子胚部的亲水物质和脂肪含量，远远大于其他部位，这也是种子在贮藏过程中胚先衰老劣变的原因。小麦种粒各部分的主要化学成分见表 13-1。

表 13-1　小麦种粒各部分的主要化学成分（%）

（孙庆泉，2002）

化学成分	整粒	胚乳	糊粉层	胚	果皮和种皮
蛋白质（N×5.7）	16.07	12.91	53.16	37.63	10.56
淀粉	63.07	78.92	0	0	0
糖	4.32	3.54	6.82	25.12	2.59
维生素	2.76	0.15	6.41	2.46	23.73
脂肪	2.24	0.68	8.16	15.04	7.46
灰分	2.18	0.45	13.93	6.32	4.78

2. 吸湿性强　小麦种子属于颖果，稃壳在脱粒时分离脱落，果实外部没有保护物。小麦种子的胚部比例、皮层厚度与贮藏稳定性有关。其果皮、种皮较薄，通透性好，组织疏松，种子胚乳内淀粉含量高，而且含有大量的亲水物质，在干燥条件下容易释放水分，在空气湿度较大时也容易吸收水分。因此，小麦种子在暴晒时降水快，干燥效果好；反之，在相对湿度较高的条件下，容易吸湿而提高种子水分。从总体上讲，小麦种子具有较强的吸湿能力，在相同的条件下，小麦种子的平衡水分较其他麦类为高，吸湿性较稻谷为强。麦种吸湿的速度又因品种而异，在相同条件下，红皮小麦的吸湿速度比白皮小麦慢，硬质小麦吸湿能力比软质小麦弱，大粒小麦比小粒、虫蚀粒弱。麦种在吸湿过程中还会产生吸胀热，产生吸胀热的临界水分为 22%，水分在 12%～22% 时每吸收 1g 水能产生热量 336J；水分越低，吸湿产生的热量越多。所以，干燥的麦种一旦吸湿不仅会增加水分，还会提高种子堆温度。

3. 容易生虫霉变　小麦种子吸湿后体积胀大，粒面变粗糙，容重减轻，千粒重加大，散落性降低，淀粉、蛋白质水解，可溶性糖含量增加，容易遭受微生物的侵害，利于仓虫繁殖，有时会引起种子发热霉变，使种子丧失生活力。为害小麦种子的仓库害虫主要有麦蛾、玉米象、谷蠹、印度谷蛾等，特别是麦蛾和玉米象为害最为严重。被害的籽粒往往有孔洞或被蛀蚀一空，完全失去种用价值。因此，小麦种子的贮藏特别应注意防潮、防虫和防病菌等"三防"工作。

4. 耐热性强　小麦种子具有较强的耐热性，特别是未通过休眠的种子，耐热性更强。但种子耐热性与籽粒水分有密切关系。试验表明，小麦种子水分在17％以下暴晒，温度若在较长的时间内不超过54℃，则不会降低发芽率；水分在17％以上时，在种温不超过46℃的条件下进行干燥和热进仓，也不会影响种子的发芽率。根据小麦种子这一特性，实践中常采用高温密闭杀虫法防治仓虫。但是，小麦陈种子以及通过后熟的种子其耐高温能力下降，不宜采用高温贮藏，否则会降低种子发芽率。

5. 通气性差　小麦种子的孔隙度一般在35％～45％，通气性较稻谷差，适宜于干燥密闭贮藏，保温性也较好，不易受外温的影响。但是，当种子堆内部发生吸湿回潮和发热时，则湿热的排出也相对困难。

6. 呼吸速率较大　小麦种子如果在贮藏过程中吸湿回潮，随着种子水分的增高，种子的呼吸速率增大。在麦类中，小麦的呼吸速率增高较快，仅次于大麦，在贮藏期应特别注意。

7. 休眠期长　小麦种子有较长的休眠期，一般需要经过1～3个月的时间后才具有较高的发芽率。但休眠期的长短因品种不同，通常是红皮小麦比白皮小麦长，冬性品种较春性品种休眠期长。春性小麦有30～40d的休眠期，而冬性小麦有60～70d，强冬性小麦在80d以上。其次，小麦种子的休眠期与成熟度有关，充分成熟后收获的小麦种子休眠期短；提早收获的小麦种子休眠期较长。小麦种子在休眠过程中，由于比较旺盛的呼吸以及物质的合成作用都不断释放水分，这些水分聚集在种子表面便会引起"出汗"，严重的甚至使种子堆出现结顶和发热霉变现象。有时还因种子的后熟作用引起种温波动，即通常所说的"乱温"现象。这些都是小麦种子贮藏过程中需要特别注意的问题。当通过休眠期后，小麦种子贮藏的稳定性增强。

（二）小麦种子贮藏技术要点

1. 充分干燥　小麦种子安全贮藏时间的长短，取决于种子水分、温度和贮藏设备的防潮性能，但关键在于种子水分。小麦种子安全贮藏水分与温度的关系见表13-2。一般而言，小麦种子入库水分应掌握在10.5％～11.5％，贮藏期间应控制在12.0％以下。贮藏水分不超过12％，种温不超过25℃，小麦种子可安全贮藏。当种子水分达到13％，种温到30℃时，种子发芽率就会下降，水分越高发芽率下降越快。另外，当种子水分达到14％～14.5％，种温升高到21～23℃时，如果管理不善，就有可能发生霉变；当种子水分达到16％，即使种温在20℃以下也仍有发霉的可能。

经验表明，小麦种子即使在低温条件下密闭贮藏，同样需要保持干燥。例如水分为11.3％的麦种在15～20℃条件下，贮藏12个月发芽率完好；水分为14.0％的麦种，贮藏5个月，发芽率便开始下降；种子水分为16.5％的麦种，贮藏2个月，发芽率便下降。所以，小麦种子收获后要趁晴好天气及时出晒或采用机械烘干，将种子水分降到12.0％以下贮藏。

表13-2　小麦种子不同温度条件下的安全贮藏水分

（董海洲，1997）

温度（℃）	0	5	10	15	20	25
安全水分（％）	17	16	15	14	13	12

2. 密闭防潮　小麦收获时正值高温多雨季节，即便经过充分干燥，入库后如果管理不当，仍易吸湿回潮、生虫、发热、霉变，贮藏较为困难，必须引起重视。但密闭贮藏的小麦种子对水分要求十分严格，必须控制在12％以内才有效。超出12％便会影响发芽，水分越高发芽率下降越快。据试验，水分为11％、13％和15％的麦种，在室温条件下同样用铁桶密封贮藏。经过1年半后，水分为11％的麦种发芽率仍能保持在94％以上，水分13％的种子发芽率下降到69％，失去种用价值，而水分为15％的麦种，经过一个高温季节发芽率便下降，1年半后发芽率全部丧失。即使在低温条件下密闭贮藏麦种，同样需要保持干燥。如温度在15～20℃，水分为11.3％的麦种，经12个月贮藏，发芽率完好；水分14％的麦种，贮藏5个月，发芽率便开始下降；如果水分在16.5％，仅贮藏2个月，发芽率便下降。所以，麦种收获后要趁高温天气及时干燥，将水分降到12％以下，将种子堆密封贮藏并关闭门窗。密闭贮藏既能避免受潮湿空气的影响，又能预防种子吸湿而生虫。

3. 压盖防虫　此法适用于数量较大的全仓散装种子，对于防治麦蛾有较好的效果。具体做法：先将散装种子堆表面耙平，然后用经过暴晒和清洁消毒处理的篷布或编织布、塑料薄膜等物覆盖，以起到防潮和防虫作用。覆盖要做到"平整、严密、压实"，即要求覆盖平坦而整齐，每个覆盖物之间的衔接处要严密，没有脱节或凸起，待覆盖完毕再将覆盖物用细绳紧密捆扎或在覆盖物上面压一些有分量的东西，使覆盖物与种子之间没有间隙，以阻碍仓虫活动及交尾繁殖。对包装种子应按规格堆放，密闭门窗。

压盖时间与效果有密切关系，一般在入库以后和开春之前效果最好。但是种子入库以后采用压盖，要多加检查，以防休眠期"出汗"发生结顶。到秋冬季交替时，应揭去覆盖物降温，但要防止表层种子发生结露。如在开春之前采用压盖，应根据各地不同的气温状况，必须确保在越冬麦蛾羽化之前压盖完毕。压盖后如能使种子保持低温状态，则防虫效果更好。

4. 热进仓　热进仓是利用小麦种子耐热性强的特点而采用的一种贮藏方法，对于杀虫和促进种子后熟作用有很好的效果。具有方法简便、节省能源、不受药物污染等优点，而且不受种子数量的限制。热进仓的具体做法是，选择晴朗天气，将小麦种子进行暴晒或机械加热使种子水分降至12％以下，种温达到46℃以上不超过52℃，此时趁热迅速将种子入库堆放，并需覆盖篷布、麻袋等2～3层密闭保温，将种温保持在44～46℃，经7～10d之后掀掉覆盖物，进行通风散温直至与仓温相同为止，然后密闭贮藏即可。

热进仓具有很多优点。该方法简便易行，可以起到杀虫灭菌和促进后熟的作用，节省能源；温度和水分相对稳定，没有突然上升或下降的现象出现，对种子发芽率没有明显影响；杀虫效果好，因为仓虫在45℃时会处于热昏迷状态，若温度再高即可致死，所以入库时温度掌握在46℃左右，一般仓虫都可以杀死。

小麦种子热进仓操作注意事项：

（1）严格控制水分和温度。麦种热进仓成败的关键在于水分和温度，水分高于12％会严重影响发芽率，一般可掌握在10.5％～11.5％。温度低于42℃杀虫无效果，温度越高杀虫效力越大，但温度越高、持续时间越长对种子发芽率的影响也越大。一般掌握在种温46℃，密闭7d较为适宜。如果暴晒种温达到50℃以上时，将麦种拢成2 000～2 500kg的大堆，保温2h以上，然后再入库，这样种子堆温度均匀、杀虫效果更好。

（2）入库后严防结露。经热处理的麦种温度较高，库内地坪温度较低，二者温差较大，种子入库后容易引起结露或水分分层现象。种堆上下表层种温受仓温影响而下降，与堆内高温产生温差使水分分层，应防止这两部分种子的生虫和霉变。一般情况下，麦种入库前需打开门窗使地坪增温，并铺垫经暴晒过的稻草或油菜秸秆，以缩小温差。入库时无论麦种数量多少均应一次完成，以免造成种子之间的温差。入库后应在种堆表面上加覆盖物，密闭门窗，既可保温又可预防结露。

（3）杀虫后应适时降温。高温密闭杀虫达到预期效果后，应迅速通风降温。因为长时间的高温密闭虽然杀虫效果好，但容易导致种子发芽率降低。但如果降温时间拖得太长，小麦种子受外界温湿度影响会增加水分，也有可能感染仓虫。

（4）合理采用热进仓。只有未通过休眠期的种子才具有较高的耐热性，才可采用热进仓贮藏法。对已经通过休眠期的种子则不能采用热进仓的方法，否则对发芽率会有较大影响。所以，热进仓贮藏在麦种收获后立即进行较为适宜。

5. 低温密闭贮藏　低温密闭贮藏既能降低种子呼吸强度，延长种子寿命，又能抑制仓虫和微生物的繁殖。保持种子温度在 15℃ 以下，仓库内相对湿度在 65%～70% 以下，可以达到防虫、防霉、安全贮藏的目的。

控制低温的方法可以利用自然低温法和通冷风降温法。前者是仓外薄摊冷冻，趁冷密闭贮藏。后者是机械制造冷气吹到库内将种子进行低温贮藏。在我国北方地区，可利用自然低温法，在冬季通过翻仓、通风措施将种温降到 0℃ 以下，再入库密闭贮藏。这种方法对消灭种子堆中的越冬仓虫有较好的效果，并能延缓外界高温的影响。据有关资料，用这种方法贮藏 4 年的小麦种子，种温较低，尤其是下层种子温度可保持至 18～20℃。冷风降温法，即使用低温库或恒温恒湿库保存小麦种子，其贮藏效果更为理想。但采用低温密闭贮藏法，要特别注意种子的水分要低，防止高水分种子在该低温下遭受冻害降低发芽率。

6. 化学杀虫　热进仓与低温密闭都是防治小麦害虫的有效方法，如在缺乏条件的单位，应注意仓虫检查和化学杀虫。检查为害小麦种子贮藏的害虫，一般气温在 25℃ 左右，每 20d 进行一次，扦样方法与水分测定扦样方法相同，样品量为 1kg，用铝制套筛筛选，仔细观察，计算每千克害虫头数。对出现的麦蛾成虫、玉米象、谷蠹、大谷盗、赤拟谷盗等，不管密度大小，应立即用药剂熏蒸扑灭，防止后患。

熏蒸剂具有渗透性强、防效高、易于通风散失等特点。当种子已经发生害虫且其他防治措施难以奏效时，便可使用磷化铝熏蒸防除（详见本书第十一章）。对于散装种子：①根据每立方米 5g 的用药量（包括空间与种子）计算所熏蒸仓库的总用药量；②要对仓库的窗、门缝隙用塑料薄膜、报纸、糨糊等进行过细的密封工作；③选有丰富经验的投药员带好防毒面具进行播点投药，按各点施药量将药剂装入小布袋内，每袋装片剂不超过 15 片，粉剂不超过 25g。用投药器由里向外把药包埋入种堆中。每个药包应拴一条细绳，其一端留在种面外，以便熏蒸散气后取出药包。种堆在 3m 以上时，可采用种面施药与埋藏施药相结合的方法，熏蒸时间一般 10d 左右。袋装种子，可购买磷化铝片剂，均匀塞入种子袋中密闭熏蒸杀虫。9 月后，气温逐渐下降，可作为通风换气季节。

7. 少量种子的贮藏　对于少量育种材料或保留样品常采用如下方法：

（1）将少量的种子进行充分干燥后装入牛皮纸袋、布袋或塑料袋中贮藏；对于几十公斤到数百公斤的种子，可放在缸（罐）内贮藏，缸（罐）底铺垫充分干燥的草木灰，种子上面再覆盖干燥的 10～15cm 厚的草木灰，然后用塑料薄膜包好缸（罐）口即可。这种方法保存的种子，在室温下一般经 2～3 年不会变质。若放在低温如地下窖仓或窖仓内，保持时间可以更长。

（2）把充分晒干的种子，装在玻璃瓶或铁罐内，加盖蜡封贮藏，并在罐（瓶）内放入少许干燥剂，其中加入少量指示硅胶（即用氯化锂处理过的，未处理的为白色半透明状，处理的为蓝色）。干燥的硅胶有吸湿作用，外观处理过的硅胶如果变为粉红色，表示外渗水分或种子渗出水分，使空气湿度达到了 40%～50%，需将种子取出晒干再存放。这样贮藏的种子，若置于低温（5℃）下贮藏，可经几年到几十年不丧失生活力。

（3）对于选留的单穗种子的保存，有的地方采取带穗贮存法。即在挂藏室或保管室内，用竹竿或木棍等搭成 4～5 层的架，将麦穗 100 个左右捆成把，两把捆在一起挂在架上。然后用杀虫剂喷洒墙壁和地面用以消毒杀虫，喷后关严门窗，以后每隔 10～15d 喷洒一次，每 1～2 个月用熏蒸剂熏蒸房间一次，并保持室内适当温度。播种前，将穗子取出，喷施适量水分，使其变潮，防止断穗和落粒。

三、玉米种子

玉米是我国主要作物之一，目前我国玉米的播种面积、总产量有逐年增加的趋势，近几年全国播种面积稳定在 3 500 万 hm^2 左右，每年全国的用种量约 11.8 亿 kg，加上有效库存约 5.5 亿 kg（含国家备用玉米种子），每年有约 17.3 亿 kg 的玉米种子需要贮藏，因此做好玉米种子的贮藏工作意义重大。

（一）玉米种子的贮藏特性

玉米种子在植物学上为颖果，籽粒的外部形态依类型不同而有较大差异，有顶部凹陷的马齿型，有顶部光凸的硬粒型，也有表面皱缩的甜质型。但不论哪种类型的种子都具有如下贮藏特性：

1. 玉米种子原始水分大，成熟度不均匀 我国玉米杂交种种子生产主要集中在西北地区和东北地区，其次是华北和西南部分地区，仅河西走廊玉米的制种产量就占到全国的 60% 以上。在西北和东北地主产区，种用玉米种子大都在 9 月中下旬收获，而这些地区从 9 月 20 日至 10 月上旬陆续出现初霜冻，留给玉米种子自然脱水、干燥的时间非常有限，加上目前杂交玉米胚乳多为粉质，脱水慢，致使新收获的玉米种子水分一般在 20%～35%，即使在秋收时日照好、雨水少的情况下，玉米种子水分也在 17%～22%。由于玉米种子的原始水分大，在霜冻早来的年份会造成很大的冻害损失，受冻的种子常出现数条裂纹，严重影响贮藏质量。另一方面，由于同一果穗不同部位的种粒因授粉时间不同而导致发育程度不同，顶部种粒往往成熟度偏低，脱粒时容易损伤。成熟度低或受伤的种子在贮藏过程中更容易遭受微生物和仓虫为害。

2. 玉米种胚大、呼吸旺盛 玉米种子在禾谷类作物中属于大粒大胚种子，胚部体积约占种子体积的 1/3，重量占全粒的 10%～12%，而且玉米种子胚部组织疏松，含有较多的蛋白质、可溶性糖，较胚乳部分更容易吸水。由于玉米种胚大、吸水性强，因此即使在同样条件下，玉米的呼吸速率也远比其他禾谷类作物种子呼吸速率大。如在同样的种子水分（14%～15%）和温度（25℃）条件下，玉米的呼吸强度约为小麦的 8～11 倍，因此，玉米在贮藏期间较其他禾谷类种子更容易发热变质。

3. 玉米胚部含脂肪多，容易酸败 普通玉米种子的脂肪含量为 3%～5%，但主要集中在胚部，胚部脂肪含量高达 30%，占全粒的 77%～89%。由于种胚脂肪含量高，易发生氧化酸败，因而酸度高于胚乳部分。据测定，玉米种子在 13℃ 和相对湿度 50%～60% 条件下贮藏 30d，胚乳酸度为 26.5，而胚部为 211.5；在温度 25℃，相对湿度 90% 条件下贮藏 30d，胚乳酸度为 31.0，胚部则高达 633.0。这正是玉米种子贮藏在常温条件下种胚容易酸败的一个重要原因。

4. 玉米胚部带菌量大，容易霉变 玉米胚部富含营养物质，易被微生物分解利用，因此完整种粒的霉变常常是从胚部开始的。据测定，玉米经过一段贮藏期后，其带菌量比其他禾谷类种子高得多。如正常稻谷携带孢子个数，每克干重样约为 9.5 万个以下，而正常干燥玉米却携带 9.8～14.7 万个孢子。为害玉米的微生物多半是青霉和曲霉。当玉米种子水分达到一定值时霉菌开始生长繁殖，胚部会长出许多菌丝体和不同颜色的孢子，俗称"点翠"。这也是玉米较难贮藏的原因之一。玉米种子霉变的临界水分与温度见表 13-3。

表 13-3 玉米种子发生霉变的临界水分和温度

(孙庆泉，2002)

临界水分（%）	13	14	15	16	17	18	19	20
临界温度（℃）	30	27	24	27	18	15	12	9

（二）玉米种子贮藏技术要点

玉米种子安全贮藏技术的关键是提高入库质量，降低种子水分。西北和东北地区常采用"站秆扒皮降水"的方法，能提早成熟，加快脱水，有利于种子的安全贮藏。据报道，北方玉米种子水分在 13% 以下不超过 25℃，南方玉米水分在 12% 以下不超过 30℃，都可以安全度夏。另一方面，贮藏温度对玉米种子生活力也有直接影响，随着温度的升高种子的呼吸强度也相应增强。据报道，在种子水分为 14% 时，温度由 5℃ 升高到 15℃ 时，马齿型玉米种子的呼吸强度增加 35 倍。高的种子水分和高的贮藏温度极易引起玉米种子发热霉变，使其很快丧失生活力；而水分高、温度低时又易引起种子冻害（表 13-4）。

表 13-4 低温处理对玉米种子发芽率的影响

(孙庆泉，2002)

冷冻速度	水分（%）	不同低温处理后的发芽率（%）					
		-5℃	-10℃	-15℃	-20℃	-25℃	-30℃
缓慢冷冻	14	87	80	71	74	79	72
	16	80	77	63	42	40	20
	18	78	67	53	29	17	8
	20	79	66	56	20	7	5
	22	78	54	31	16	5	2
	24	74	56	32	13	4	1
骤然冷冻	14	80	78	76	70	52	47
	16	78	73	66	54	30	14
	18	74	44	42	20	6	4
	20	76	40	43	12	2	2
	22	29	34	19	5	2	2
	24	36	31	17	3	3	1

玉米种子贮藏方法主要有穗藏法和粒藏法两种，具体采用哪种方法要依据当地的气候特点、种仓条件和种子入库质量而定。常年相对湿度较低的地区如我国的西北地区和东北地区，常采用穗藏法；常年相对湿度较高或仓房条件较好的地区多采用粒藏法。根据试验，玉米穗轴的不同部位，以及玉米粒放在不同的相对湿度条件下，其平衡水分会有明显的变化。在空气相对湿度低于80%的情况下，穗轴水分低于玉米粒；当相对湿度高于80%时，穗轴水分高于玉米粒。因而相对湿度低于80%的地区可采用穗藏，相对湿度超过80%的地区则以粒藏为宜。

1. 穗藏法　如前所述，北方玉米收获后可利用的晾晒时间较短，种子的水分普遍较高，水分高的果穗脱粒时，籽粒的抗击打能力弱，破损率高，不利于安全贮藏。果穗贮藏的方式除避免脱粒伤种的弊端外还有其独特的优点。首先，新收获果穗穗轴内的营养物可以继续输送到子粒内，促使籽粒充分后熟和充实。其次，玉米种子采取穗藏方式，种堆的孔隙度比较大，可达51%左右，贮藏期间便于空气流通和水分散失，并且穗轴吸湿性强，可较好地保持籽粒干燥，经过一个冬季的自然通风也可将水分降至安全水分以内，翌春脱粒后可直接加工销售或再进行种粒密闭贮藏。再者，种粒在穗轴上着生紧密，尤其是种胚包埋在穗轴上，能较好地受到穗轴保护，减免虫、霉发生为害。除果穗两端的少量种粒可能感染霉菌和被虫蛀蚀外，果穗中间的种子其生活力基本不受影响。

玉米种子果穗贮藏法有挂藏和堆藏两种方式。在正式贮藏之前，应先进行初步干燥降水和去劣，即贮藏前果穗要经过7～10d晾晒处理，经初步干燥后，使籽粒水分降到20%以下，同时在晾晒过程中将未完全成熟，水分太高，受虫、鼠侵害和霉变果穗淘汰。

（1）挂藏。将果穗苞叶编成辫，或用细绳将无苞叶的果穗，逐个联结在一起，挂在避雨通风防晒的地方。有的采用搭架并设防雨棚挂藏（俗称玉米楼子），也有的将玉米果穗围绕在树干上挂成圆锥形，在圆锥体顶端披草防雨等。

（2）堆藏。是在露天选地势高且干燥，排水通风良好地方，用高粱秆等高秆植物秸秆围成高2～3m、直径3～4m的圆形仓，仓底铺30～40cm厚的干树条或秫秸，仓顶部用秫秸或草席做成圆锥形遮雨棚，将去掉苞叶的果穗堆在圆形通风仓内越冬。也可在防雨棚里或房顶、仓顶上加苫布贮藏。

在北方冬、春干旱少雨雪的气候条件下，由于穗藏中的果穗空隙大，通风好，穗轴和籽粒经过一个冬季自然风干，籽粒水分可降到12%～14%以下，次年春季再脱粒入仓或直接清选加工销售。穗藏法的主要弊端是鼠害较重，占地面积较大。

2. 粒藏法　玉米种子粒藏法即将脱粒后的玉米种子入种仓贮藏。此法仓容利用率高，如果种子仓库密闭性能好，种子又处在低温干燥条件下，则可以长期贮藏而不影响生活力。玉米种子粒藏法的技术要点如下：

（1）降低种子水分，干燥贮藏。严格控制种子入库水分，是做好粒藏玉米种子的关键。据试验，在常温贮藏条件下，玉米种子水分直接影响到贮藏后的发芽率（表13-5）。利用房式仓贮藏粒藏玉米种子时，入库种子的水分必须控制在14%以下。入库后要严防种子吸湿回潮。

（2）低温密闭贮藏。玉米种子的低温密闭贮藏，即将干燥到安全水分以下的玉米种子冷天降温后入仓，并在种仓内尽可能长时间地保持种子低温的方法。具体做法是，一般选择冷凉天气，将种子搬出仓外摊晾或仓内通风降温处理，当种子温度降低到一定程度后，再在仓内种堆表面覆盖麻袋或干净无虫的大豆、麦糠、干沙等尽量保持种子低温。实践证明，经过低温密闭处理的种子在夏季到来时，露天种囤内的种子温度比仓内种子温度上升快，不压盖又比压盖的上升要快，尤以种仓内压盖干沙的低温保持效果最好（表13-6）。但这种压盖法较为费工，适用于一般的中、小型种仓。在大型种仓内，由于种子贮藏量大，可用聚苯烯泡沫板、麻袋、棉毯等压盖保持种子低温。在秋冬交替季节种堆温度升高时应及时倒仓通风降温，以防结顶，再进行低温密闭贮藏。

表13-5　玉米种子贮藏期发芽率（％）变化情况

（陈丁红等，2001）

处理	检查日期（日/月）											终检比初检下降（％）
	20/2	20/3	20/4	20/5	20/6	20/7	20/8	20/9	20/10	20/11	20/12	
高水分密封藏	96.0	95.7	95.8	95.8	94.8	67.0	67.0	59.5	43.2	38.2	25.0	71.0
低水分密封藏	97.5	96.8	97.5	96.8	97.3	94.3	94.3	94.0	93.5	93.8	94.5	3.0
高水分透气藏	96.0	95.3	95.8	65.5	94.3	88.9	88.9	84.3	78.1	78.1	72.5	23.5
低水分透气藏	96.8	96.8	95.8	96.5	95.5	93.5	93.5	89.0	86.9	86.9	85.5	12.0

注：高水分种子（15.6％），低水分种子（12.6％）。

表13-6　种仓内与露天、压盖与不压盖玉米种子贮藏效果的比较

（孙庆泉，2002）

种子贮藏方式	水分（％）	入库时间	冷风降温后的最低种温（℃）	当年6月底种温（℃）	种子状况
露天种囤	16.4	1月15日	1	18～26	生白菌丝
普通种仓内不压盖	15.1	2月18日	−2	11～22	稍有绿斑
普通种仓内压盖青豆	15.3	1月15日	−4	11～17	正常
普通种仓内压盖干沙	16.5	1月15日	0	10	正常

（3）通风贮藏。通风是种子贮藏期间管理上必不可少的技术措施，其目的是降低种仓温度和散失水汽。在我国北方的干燥地区，由于冬季干旱雨水少，可将仓内潮热的种子运出仓外利用自然通风的办法降低种子水分和种温，降水后再入仓贮藏，有良好的贮藏效果。但使用这种通风散湿方法时，要注意种子的水分对应的低温下限以防发生种子冻害，一般当平均气温低于−5℃、种子水分超过18％时不宜采用此法。

在我国南方温暖湿润地区，玉米种子的安全贮藏一般是采取低水干燥密闭贮藏的方法。

除上述主要的贮藏方法外，对于量少但价值高的玉米种子或种质资源还可进行超干贮藏（ultradry storage），即把种子水分用硅胶干燥法降至4％～5％，然后密封于容器或袋中在室温下贮藏。该法可大幅度延长种子寿命，而且简便易行、高效低耗。

四、高粱种子

高粱是世界五大谷类作物之一，也是我国主要的杂粮作物，主要产于东北地区，其次是华北地区，种植面积较大，类型也较多，有粒用、糖用、饲用和粮食兼用等类型。为配套制种，还有不育系、保持系和杂交种等。高粱种子本身含淀粉、蛋白质较多，为热性粮食，容易发酵。且秋季高粱入库往往因水分大、杂质多，即使在冬季严寒季节也会造成发热霉变。

因此，要了解高粱种子的贮藏特性，做好高粱种子的贮藏工作。

（一）高粱种子的贮藏特性

1. 种粒结构与化学成分 高粱种粒一般外被颖壳，内有种皮、胚和胚乳等。其主要化学成分见表 13-7。

表 13-7 高粱种子的主要化学成分

(胡晋，2001)

种粒部分	粗蛋白（%）	粗脂肪（%）	粗纤维（%）	无氮浸出物（%）	灰分（%）	钙（%）	磷（%）
整粒	7.4~11.4	2.8~4.5	1.0~8.0	64.2~73.9	1.8~4.9	0.02~0.19	0.11~0.41
糠层	10.3	9.2	10.0	54.5	6.0	0.37	0.68
颖壳	2.2	0.5	26.4	44.8	17.4	—	0.11

高粱种子种皮内具有不同含量的色素和单宁。色素以花青素为主，其次是类胡萝卜素和叶绿素。一般淡色种子花青素很少或没有。单宁含量在抗鸟害的杂交高粱中可达 2.36%~7.25%。由于单宁的存在，高粱种子对鸟、虫和霉菌有防御作用。但单宁有致癌性，食用品种以含单宁少或不含为宜。单宁含量在蜡熟期比完熟期高，经低温（−2℃）贮藏可以减少。种皮里的单宁既可以渗到果皮里使种子颜色加深，也可以渗入到胚乳中使之发涩。胚乳中的淀粉分直链淀粉和支链淀粉。直链淀粉能溶于水，支链淀粉不溶于水。一般粒用高粱品种直链淀粉与支链淀粉之比为 3:1，称为粳型。蜡质型胚乳却几乎全由支链淀粉组成，也称为糯高粱。此外，据研究，高粱种粒内还含有 20 种以上的甲基甾醇、脱甲基甾醇和三萜烯类物质，这些物质对动物有很强的生理作用，如能降低消化率和氨基酸的利用率等。

2. 水分高、杂质多、易霉变 北方地区高粱种子收获期间，气温往往受早霜的影响而下降，此时种子未熟粒较多，种子水分高不易干燥，新收获的高粱种子水分一般在 16%~25%。高粱种子种皮内含有的单宁能够提高种皮的透水性，导致种子极易吸湿。种子在收获时经常混入护颖等杂质，既易吸湿，又易堵塞种堆孔隙，不利于通风散湿，贮期若遇到不适的条件则很容易发热霉变。高粱种子发热的速度较快，开始时种面首先湿润（出汗），颜色变得鲜艳，之后堆内逐渐结块发湿，散落性降低，一般经过 4~5d 后即可发生白色菌丝；如再经 2~3d，种温即迅速上升，胚部出现绿色菌落，种皮和胚乳间由于单宁氧化而呈现紫圈，种粒表面变黑，种堆结块明显，若不及时处理，则约 15d 后种温可上升到 50~80℃，种子会发生严重霉变。

（二）高粱种子贮藏技术要点

1. 除杂降水 高粱种子在收获脱粒后杂质较多，必须进行清选除杂，以保证种子堆的通透性，并减少吸湿和虫病发生。降低种子水分，使种子保持干燥，这是做好高粱种子贮藏的关键。高粱种子入库前要保证在安全水分以内（水分小于 13%），仓库内不要装得过满，种子堆、垛要与墙有一定距离，避免返潮，便于检查。对于较湿的高粱（水分在 14%以上），应注意 1~3 月天气变化，天气寒冷时不必过早挪动。4 月初风多气爽，应通风倒晒使其干燥，水分降低到 14%以下过筛入仓。"伏期"后谷物返潮，倒仓反而容易增加水分和温度，检查时发现发热，可在早晚通风倒仓。影响高粱种子安全贮藏的除水分外还有温度。我国东北地区高粱种子的相对安全水分与温度的关系见表 13-8。

表 13-8　高粱种子的相对安全水分

(胡晋，2001)

温度（℃）小于	30	25	20	15	10	5
水分（%）	13	14	15	16	17	18

2. 低温密闭　高粱种子入库要求冷进仓，否则会产生"回热"现象。晒干的高粱种子，需扬净冷凉后方可入库，并低温密闭贮藏。据东北地区经验，在低温季节清理除杂后入库的高粱种子，水分为 14.5%～15.0%的，也可以安全度夏。又据吉林省试验，2 月低温入库的高粱种子水分 14.6%，种堆上部温度为 -10℃，中部为 -6℃，到 8 月种堆上部种温为 20℃，中部为 16℃，可安全度夏；另一高粱种子水分 14.4%，3 月入库，种温 2℃，到 8 月发生变化，种温达到 23℃，已稍有发热，并使种子水分增加到 15.2%。还有报道，少量种子在充分干燥后于低温下密闭贮藏，17 年后还可保持 98%的发芽率。

以高粱种子为主要为害对象的仓虫主要有米象、印度谷蛾和麦蛾等，虫害多发生在距种堆表层 5～10cm 处，种堆下部很少见。在种子入库前要做好清仓消毒工作，在夏季要做好防潮隔热工作，在气温下降季节要防止种子结露。

第二节　油菜、棉花、大豆、花生、向日葵种子的贮藏技术

这类种子的基本特点是含油量较高，对逆境的抵抗能力相对较差，种子易酸败，不耐贮藏，易劣变。

一、油菜种子

油菜种子属不耐贮藏的种子，为达其安全贮藏的目的，就必须掌握它的贮藏特性，并严格控制贮藏条件，加强管理和检查。

（一）油菜种子的贮藏特性

1. 吸湿性强　油菜种子的种皮较薄，子叶嫩，籽粒细小，暴露的比面大，胚部比例较大，容易吸湿回潮，遇到干燥天气也容易释放水分。

2. 通气性差，容易发热霉变　油菜籽粒细小，近似球形，种子堆的孔隙度小，密度较大，一般在 60%以上，通气性较差。大多数品种在收获后需通过一段后熟期，在此期间种子代谢作用特别旺盛，释放出的热量很多，同时收获时种子混杂的破碎粒、空瘪粒、粉尘、破碎的果壳较多，造成不易散热和散湿，在高温季节容易发热霉变。

3. 脂肪含量高，易酸败　油菜籽含油率高，一般在 40%～45%，在高温高湿的环境，脂肪易被分解而产生游离脂肪酸，使酸价增高，而不饱和脂肪酸会再自动氧化裂解成短碳链的醛、酮、醇类物质，引起发热和酸败，使种子的发芽率降低。

（二）油菜种子在贮藏期间的变化

1. 水分的变化　在通常贮藏条件下，油菜种堆里水分再分配现象比其他作物种子更为明显。就散装种子而言，其入库水分不论较高（12%～13%）或较低（8%左右），经过高温季节的贮藏期，上、中、下三层的水分都将逐渐趋于平衡，差距不超过 0.5%。若为袋装，

其水分再分配现象将受到一定限制。

2. 酸价和含油量的变化　油菜种子在贮藏期间，由于脂肪酶的作用，脂肪被分解而产生游离脂肪酸，积累在种子内部，因而使酸价增高。尤其在高温高湿情况下，这种变化过程进行得更快，结果使含油量随着贮藏期的延长而逐渐下降。如在低温低湿条件下，这一变化过程将大大延缓。

3. 生活力变化　水分较高的油菜种子进仓后如通风不良，生活力很易丧失，尤其在散装堆放较高的情况下。在北方干燥低温条件下，贮藏的油菜种子的发芽率和含油量呈逐年下降趋势，在开始的3～4年降低比较缓慢，到5年以上，显著下降，根本不能作为种子用。在南方高温多湿地区，油菜种子的生活力更难保持，如果需长期贮藏，必须采取措施，使其不受外界环境的影响。比较简便的方法就是将油菜种子与生石灰密封在白铁罐里，使水分降到6%～7%以下，则经5年的贮藏时间，也能保持发芽率在80%以上。

4. 发热生霉　油菜种子收获后，正当高温多湿的梅雨季节，然后是炎热夏季，对保藏种子很不利。油菜种子含油量高，胚细胞在物质代谢过程中耗氧很快，在相同的温湿度条件下，其呼吸强度较其他作物种子为大，释放出来的热量多，在高温季节很容易发热霉变。尤其在高水分情况下，只要经过1～2d时间，种子堆就发热严重，而且发热时间往往持续很久，会引起更为严重的种子酸败。引起油菜种子发热生霉的因素除水分与温度外，含杂质多少也有一定关系，杂质过多使油菜种子堆通气不良，妨碍散热散湿，也易引起发热生霉。

（三）油菜种子贮藏技术要点

1. 适时收获，及时干燥　油菜种子收获以花薹上有70%～80%的角果呈现黄色时为宜。太早嫩籽多，水分高不易脱粒，内部欠充实，难贮藏；太迟则角果容易爆裂，籽粒散失，造成产量损失。脱粒后经过筛选，清除泥沙杂质，干燥后贮藏。

2. 控制种子入库水分　油菜籽的入库水分应视当地气候特点和贮藏条件而定，按大多数地区一般的贮藏条件，水分可控制在9%～10%以内；在高温多湿地区，或仓库条件较差的，种子水分应控制在8%～9%以内。

3. 合理堆放　散装油菜籽堆放高度随种子水分的多少而增减。水分在7%～9%时，可堆1.5～2.0m高；水分在9%～10%时，只能堆1～1.5m高；水分在10%～12%时，堆高只能在1m左右。水分超过12%的，不能入库。散装种子可将表面耙成波浪形或锅底形，增大种子与空气的接触面，以利种子堆内湿、热的散发。

油菜籽如用袋装贮藏，应尽可能堆成各种形式的通风桩，如井字形、工字形或金钱形等。种子水分在9%以下时可堆高10包，9%～10%的可堆8～9包，10%～12%只能堆6～7包，水分超过12%时，高度不宜超过5包。

4. 控制种温　油菜种子的贮藏温度，应根据季节严格进行控制，夏季种温一般不宜超过28～30℃，春秋季不宜超过13～15℃，冬季不宜超过6～8℃。种温与仓温相差如超过3～5℃就应采取措施，进行通风降温。

5. 定期检查　贮藏期间隔日检查一次种温的变化，一旦发现种温升高或种温与仓温相差太大，应及时采取通风降温等补救措施。

二、棉花种子

棉花种子（棉籽）种皮厚而坚硬，一般在种皮表面附有短绒，导热性差，在农作物种子中属于长命种子类型。在低温干燥条件下贮藏，棉花种子寿命可达 10 年以上；在高温高湿条件下，棉花种子则很容易变质，生活力在几个月内完全丧失；在自然条件下贮藏，棉籽的发芽率、发芽势、生活力很容易下降。棉花包衣种子在自然条件下贮藏，种子发芽势和发芽率每年递减 1%～6%，第一年发芽势低于 80% 的种子，第二年就失去了种用价值。因此做好棉花种子的贮藏工作十分重要。

（一）棉花种子的贮藏特性

1. 棉花种子的结构和化学成分 棉花种子分为种壳（包括内种皮和外种皮）、胚乳遗迹（包在胚外的白色薄膜）和胚三部分。胚具有胚根、胚轴、胚芽和子叶。种壳外面又有由外种皮的表皮部分细胞分化而成的短绒。棉花种子各部分的化学成分见表 13-9。

表 13-9 棉花种子各部分的主要化学成分

(董海洲，1997)

棉花种子部分	蛋白质（%）	脂肪（%）	纤维素（%）	碳水化合物（%）	灰分（%）
整粒	20.2	22.5	23.3	25.5	4.4
棉仁	38.2	37.3	3.5	21.5	7.0
种皮	6.2	2.7	42.0	42.0	3.0

棉花种子的两片子叶折叠在种子内，占整粒种子干重的 53% 左右。有些品种子叶上分布有许多腺体（油点），腺体在棉花抵抗病虫侵染方面能起一定作用。腺体能分泌棉酚，棉酚含量的高低与品种有关。据研究，中棉品种种子棉酚含量约为 1.27%，草棉约为 1.44%，陆地棉约为 1.33%，海岛棉为 1.2%～1.7%，巴西木棉约为 1.72%。新鲜健康种子中的腺体一般呈浅红色或红黄色，陈种子则因棉酚被氧化而变为暗褐色，因此可以根据腺体的色泽来辨别棉花种子的新陈程度。

2. 成熟度和水分差异较大 由于在同一株上棉花从开花到种子完全成熟，延续时间长达 2～3 个月；甚至同一棉铃中因授粉和营养条件的不同，种子的饱满度也有差别。尤其是成熟收获时，正值北方地区的秋雨季节，往往不能及时干燥。这种成熟度和水分不同的棉花种子，往往造成贮藏中种子发芽率和脂肪酸变化，影响到安全贮藏。

3. 成熟种子耐藏性好 棉籽的耐藏性与成熟度有密切的关系。一般霜前花轧出的棉籽成熟度较高。成熟的棉花种子，种皮结构致密而坚硬，外有蜡质层，内容物质充实饱满，可防御外界温湿度的影响，加上种皮内含有约 7.6% 的鞣酸物质，具有一定的抗菌作用，故耐藏性好。但是，未成熟种子的种皮疏松皱缩，抵御外界温湿度影响的能力则较差，寿命也较短。

霜后花轧出的棉籽，种皮柔软，内容物质松瘪，成熟度较差，在相同条件下，水分比霜前采收的棉籽为高，生理活性也较强，因此耐藏性较差，通常不作为留种用。棉籽的不孕粒比例较高，据统计，中棉占 10% 左右，陆地棉占 18% 左右。此外，棉籽经过轧花后机械损伤粒比较多，一般占 15%～29%，特别是经过轧短绒处理后的种子，机损率有时可高达 30%～40%。上述这些种子均不耐贮藏。

棉花种子入库前要进行一次检验，其安全入库标准为：水分不超过 11%～12%，杂质不超过 0.5%，发芽率在 80% 以上，无霉烂粒，无病虫粒，无破损粒，霜前花籽与霜后花籽应分开。

4. 通气性差易发热　棉籽上的短绒约占种子重量的 5.5％，通气性差，保温性好。如果棉花种子入库温度较低，则能延长低温时间，相反，堆内的湿热也不易向外散发。短绒易吸附水分，在潮湿条件下易滋生霉菌，相对湿度在 84％～90％时霉菌生长很快，并放出大量的热量，积累在种子堆内不易散发，最高可达 60～70℃，引起种子堆发热。

5. 容重小抗挤压　棉花种子籽粒较大，带有短绒，壳与种仁之间有空隙，因此，棉花种子堆的孔隙度较大，容重较小，贮藏时占用仓容大。棉花种子种壳坚硬，约占整粒重量的 34％，加上种壳与棉仁之间有空气层，抗挤压性能较好。因此，棉花种子在贮藏中可压紧压实，这样可节约贮藏仓容。

棉籽表面的短绒，特别容易吸湿，带菌量也多。为了杀灭棉籽所带的病菌，防止种子吸湿，提高贮藏的安全稳定性，通常对棉籽进行硫酸或泡沫酸脱绒处理。脱绒处理时可结合用水冲洗余酸液，进行一次种子水选，将秕籽、破籽、未熟籽剔除，待晾晒后再入库，可有效提高棉籽安全贮藏的稳定性。也可用脱短绒机将短绒除去。脱绒处理后的种子，播种时比较方便，吸水发芽能力也有所提高。但脱绒的棉籽在贮藏中容易发热，需加强检查和适当通风。

6. 脂肪多易酸败　棉花种子的脂肪含量较高，占种子重量的 20％左右，其中不饱和脂肪酸含量比较高，约占 70％～80％，易受高温、高湿的影响而使脂肪酸败。特别是霜后花轧出的棉籽，不饱和脂肪酸含量达 80％以上，种皮薄，水分高，生理活性强，更易酸败而丧失生活力。

（二）棉花种子贮藏技术要点

棉花种子从轧出到播种约需经过 5～6 个月的时间。应选择霜前花的棉籽做种用，并严格控制入库种子质量，贮藏期间必须控制好温度和湿度，否则就会引起棉籽胚中游离脂肪酸增多，呼吸旺盛，微生物大量繁殖，以致发热霉变，丧失生活力。除了在轧花时要减少破损粒、提高健籽率外，还应掌握以下技术环节。

1. 合理堆放　棉花种子可采用包装和散装。一般来说，小包装好于大包装，大包装好于散装。无论是包装还是散装，小垛好于大垛。堆放不宜过高，一般只可装满仓库容量的一半左右，最多不能超过 70％，以便通风换气。在我国北方，散装时必须压紧，可采用边装边踏的方法压实，以免潮气进入堆内使短绒吸湿回潮；在华中及华南地区，堆放不宜压实。棉花种子入库最好选择在冬季低温阶段，以延长库存种子的低温时间。但是当堆内温度较高时，则应倒仓或低堆，并在种子堆内设置通气装置，以利通风散热。

2. 严格控制水分和温度　棉花种子的贮藏要坚持低温干燥的原则，理想的条件是仓内温度不高于 15℃，相对湿度不超过 65％。我国棉花种植地域跨度大，气候条件差异大，贮藏方式应因地制宜。华北地区冬春季温度较低，当棉籽水分在 12％以下时，贮藏方式可以采用露天围囤散装堆藏；若冬季气温过低，需在外围加一层保温层，以防棉籽受冻害。水分在 12％～13％的棉籽，要注意经常测温，以防发热变质。水分在 13％以上，则必须晾晒，使水分降低后才能入库。降低棉花种子水分，不宜采用机械烘干法，以免引起棉纤维燃烧。华中、华南地区，温度、湿度较高，必须有相应的隔热防潮仓库及设备，采用散装堆藏法的安全水分要求达到 11％以下，堆放时不宜压实，仓内需有通风降温设备，在贮藏期间，保持种温不超过 15℃。长期贮藏的棉花种子水分必须控制在 10％以下。

3. 熏蒸杀虫　棉籽入库后的主要害虫是棉红铃虫，幼虫由田间带入，可在仓内继续蛀食棉籽胚部，蛀食的部位因湿度较高而容易诱致其他仓虫和真菌的繁殖。幼虫在仓内越冬，到翌年春暖后羽化为成虫飞回田间。因此，棉籽入库前如果发现有棉红铃虫，可在轧花后进行高温暴晒杀虫，或用热气熏蒸棉花种子，这样不但可以杀死棉红铃虫，同时也可促进棉籽的后熟和干燥，有利于安全贮藏。热熏时，将 60℃ 左右的热空气通入种堆约 30min（或热空气通过种堆 5min，再装袋闷 2h），使整个种堆受热均匀，检查幼虫已死即可停止。也可用溴甲烷熏蒸，熏蒸方法与熏蒸谷类种子一样。或在仓内沿壁四周堆高线以下设置凹槽，在槽内投放杀虫药剂，当越冬幼虫爬入槽内时便会中毒死亡。此外，还可用杀螟松、马拉硫磷等药剂拌种。

4. 加强管理

（1）温度检查。在 9～10 月应每天检查一次；入冬以后，水分在 11% 以下，每隔 5～10d 检查一次；水分在12%以下则应每天检查。测温时应在不同层次布点，定时定点进行观测。

（2）注意防火。由于棉花种子带有短绒，本身含油量又高，遇到火种容易引起燃烧，而且在开始燃烧时往往不易察觉。在管理上要严禁火种接近棉籽仓库，仓库周围不能堆放易燃物品。工作人员不能带打火机、火柴等物入库，更不能在库内吸烟。

5. 光籽的保管　脱绒棉籽又称光籽，光籽在脱绒过程中种皮一般都受到机械磨损或硫酸腐蚀，透水性增加，比较容易受外界温湿度的影响，耐藏性降低，在贮藏过程中容易引起发热现象。所以，对光籽应加强管理，多检查，堆放应采用包装通风垛或围囤低堆等形式。

6. 少量棉籽的贮藏　对于一些稀有种质资源或具有特殊价值材料，可采用低温、冷冻或超低温等贮藏方法。将棉花种子密封于塑料袋中在 0～5℃ 低温下贮藏，耐藏性会明显增强，但要严格控制种子吸湿。冷冻贮藏的贮藏温度一般控制在 -30～-5℃。据 Stewart（1976）报道，干燥的棉花种子低温贮藏 25 年仍具有生活力；水分低于 10% 的棉花种子冷冻贮藏 37 年仍具有发芽能力。据 Wheeler（2000）报道，棉花种子在 -150℃ 左右液氮环境中不直接与液氮接触贮藏 180d，种子发芽率和田间表现不受影响。超低温贮藏的棉花种子水分以 4%～12% 为宜，高于 12% 会显著影响种子的发芽率。

（三）包衣棉花种子的贮藏方法

脱绒包衣棉籽在一般贮藏条件下容易吸湿回潮，所带种衣剂中的剧毒农药容易渗入种子内部，导致种子活力下降，所以一般不应作长期贮藏。但是如果采取针对性方法进行安全贮藏，一年后种子发芽率和田间出苗率可基本保持原有水平，仍能使用。包衣棉籽带有剧毒，会发出刺激性气味，应单独贮藏。

在夏秋两季，脱绒包衣棉籽容易吸潮和发热，导致发芽率降低。因此，必须堆成通风垛，在种垛的上、中、下各处均匀放置温度计以掌握温度的变化情况。高温潮湿季节必须每天检测一次，棉种温度不能高于 20℃。如有异常，迅即采取倒仓或通风降温等措施。有条件的最好放入低温库保存，确保种子安全越夏。

脱绒包衣棉籽的种皮脆且薄，机械损伤多，如压力过大往往出现种皮破裂的情况。因此，仓储中袋装种子堆高不应超过 2m。

三、大豆种子

（一）大豆种子的贮藏特性

大豆种子富含蛋白（40% 左右）和脂肪（20%），种皮相对较薄，种胚较大，无胚乳。

因此其贮藏特性不仅与禾谷类作物种子差别比较大，而且与其他豆类种子也有所不同。在农作物中，大豆种子属于比较难贮藏的一类。

1. 吸湿性强 大豆种子子叶中含有大量蛋白质，种皮较薄，发芽口较大，因而具有较强的吸湿性。但是在干燥条件下，大豆种子的解吸能力也较强。有试验表明，在种温20℃相对湿度为90％的条件下，大豆的平衡水分可达20.9％，而同样条件下禾谷类作物种子的平衡水分则在20％以下；在种温20℃相对湿度为70％条件下，大豆种子的平衡水分仅为11.6％，而禾谷类作物种子的平衡水分则在13％以上。因此，大豆种子若在潮湿的条件下贮藏，极易吸湿膨胀。大豆吸湿膨胀后，其体积可增加2～3倍，对贮藏容器能够产生很大的压力，所以大豆种子晒干以后必须在相对湿度70％以下贮藏，否则容易超过安全水分，影响安全贮藏。

2. 易丧失生活力 种子水分、温度、种皮色泽以及贮藏时间等对大豆种子活力的影响很大。大豆种子发芽率随着水分的升高而降低（表13-10）。Toole等对2个大豆品种的研究表明，高水分种子（大粒黄水分为18.1％，耳朵棕水分为17.9％）在温度30℃条件下贮藏1个月后，大粒黄种子的发芽率仅为14％，而耳朵棕种子的发芽率则为0，已经完全死亡；在温度10℃以下贮藏1年，大粒黄种子和耳朵棕种子的发芽率分别为88％和76％。自然风干种子（大粒黄水分为13.9％，耳朵棕水分为13.4％）在温度10℃条件下贮藏4年，大粒黄种子和耳朵棕种子的发芽率分别为88％和85％。低水分种子（大粒黄水分为9.4％，耳朵棕水分为8.1％）在温度30℃条件下贮藏1年，大粒黄种子和耳朵棕种子的发芽率分别为87％和91％；在温度10℃条件下贮藏10年，大粒黄种子和耳朵棕种子的发芽率分别为94％和95％。

表 13-10 水分对大豆发芽率的影响

（金文林，2003）

种子水分（％）	发芽率（％）	备 注
9.4	78	
10.5	67	
12.6	41	最初发芽率85％，在25℃条件
14.6	4	下，封闭容器内贮藏3个月
15.5	1	
16.6	0	

大豆种子的活力，在一定温度范围内随着贮藏温度的升高而降低（表13-11）。在低温条件下，大豆种子的呼吸速率较小，对活力的影响也较小；但是在高温条件下，大豆种子的呼吸速率明显变大，而且随着种子温度的升高对活力的影响也越来越大，高温条件下贮藏的种子活力更容易丧失。即使大豆种子保持在安全水分时，种温过高也容易导致生活力丧失。

表 13-11 贮藏温度对大豆种子发芽率及种子活力的影响

（高平平等，1996）

品种	贮前发芽率（％）	−4～0℃低温贮藏			4℃低温贮藏			常温贮藏		
		发芽势（％）	发芽率（％）	活力指数	发芽势（％）	发芽率（％）	活力指数	发芽势（％）	发芽率（％）	活力指数
闪金豆	99.0	97.0	97.0	174.6	86.0	87.0	117.5	3.0	3.0	1.1

（续）

品种	贮前发芽率（%）	−4~0℃低温贮藏			4℃低温贮藏			常温贮藏		
		发芽势（%）	发芽率（%）	活力指数	发芽势（%）	发芽率（%）	活力指数	发芽势（%）	发芽率（%）	活力指数
小黑豆	99.0	94.0	95.0	367.7	88.0	91.0	232.9	3.0	3.0	1.6
小白豆	89.0	82.0	82.0	227.6	79.0	79.0	298.4	2.0	2.0	0.8
钢鞭豆	90.3	72.0	75.0	135.9	64.0	65.0	74.8	0.0	0.0	0.0
紫皮豆	98.0	93.0	95.0	266.0	92.0	95.0	172.6	2.0	2.0	0.8

实际上，大豆种子的水分、温度和通风状况都会直接影响到大豆种子的呼吸作用。大豆种子的水分越高、温度越高，其呼吸速率就越大，其生活力的丧失就越快（表 13-12）。有研究表明，当大豆种子水分为 10% 时，种温 0℃ 条件下的呼吸速率为 100mg/（kg·24h）（以 CO_2 计）；种温 24℃ 通风条件下的呼吸速率为 1 073mg/（kg·24h）（以 CO_2 计），增强了 10 多倍，而不通风条件下的呼吸速率仅为 384mg/（kg·24h）（以 CO_2 计），增强不到 4 倍。大豆种子呼吸速率增强，释放出的水分和热量又进一步促进呼吸作用，很快就会导致贮藏条件的恶化而影响到种子的生活力。

表 13-12　温度对大豆呼吸速率的影响

（金文林，2003）

贮藏时间（月）	水分（%）	呼吸速率 [mg/（kg·24h），以 CO_2 计]		
		38℃	25℃	20℃
3.5	13.8	10.6	12.8	2.8
3.5	14.9	12.5	20.5	3.6
3.5	15.8	24.9	25.5	7.8
3.5	16.9	72.8	44.2	7.8

大豆种子的种皮色泽对大豆生活力也有影响。种皮色泽越深的大豆种子，其生活力越能保持长久，这一现象在其他豆类作物种子中也有，其原因是深色种子的种皮组织较为致密，代谢强度较弱。黑色种皮大豆种子保持发芽力的时间较长，黄色种皮大豆种子保持发芽力的时间较短因而更容易丧失生活力。

贮藏时间对大豆种子发芽力也有很大影响，表现为随着种子贮藏时间的延长发芽率降低，尤其是贮藏时间超过 2 年的种子，发芽率下降尤为明显（表 13-13）。

表 13-13　贮藏时间对大豆种子发芽率的影响

（谢皓等，2003）

大豆品种	发芽率（%）			备　注
	贮藏 1 年	贮藏 2 年	贮藏 3 年	
早熟 18	99	96	76	
科选 93	99	98	71	
中黄 18	97	92	69	自然干燥后常温贮藏
科丰 14	98	94	67	
中黄 17	99	97	70	

3. 破损粒易生霉变质　大豆种子多为椭圆形、扁圆形、长圆形、肾形和球形，种皮光滑坚韧，散落性好，种堆通气性好，同时种皮含有较多纤维素，对虫霉有一定抵抗力，表现了大豆种子耐贮藏的一面。但是，由于大豆种子皮薄粒大，干燥不当时种皮易损伤，因而易遭病菌侵害，表现了大豆种子不耐贮藏的一面。在大豆种子田中，虫害和早霜容易侵食和为害，而虫蚀粒、冻伤粒以及机械破损的种粒，其呼吸速率比完整种粒大得多。据试验，大豆种子水分在15.8%时，破碎粒的呼吸速率较完整粒的约大7倍，且受损伤的暴露面易吸湿，往往成为虫霉侵害的入口，这就大大降低了种子贮期的稳定性。

4. 导热性差　大豆种子含油脂较多，而油脂的导热率很小。所以大豆种子在高温干燥或烈日暴晒的情况下，不易及时降温，以致影响种子生活力和食用品质。大豆种子贮藏期间可利用其导热性差的特点以增强贮藏的稳定性，即大豆种子进仓时，必须干燥而低温。仓库严密隔热性能好，则可较长时间保持低温状态，不易导致生活力下降。

5. 易走油变性　大豆种子的脂肪含量比较高，一旦经过贮期高温（25℃以上），或水分在13%以上时，就会发生种粒变软现象，严重的可以发生油脂酸败，使脂肪游离出来，并渗到种皮外面形成斑痕，子叶呈蜡状透明，俗称"走油"，"走油"会严重影响种子的生活力。同时由于大豆种子的蛋白质含量也比较高，所以大豆种子在高温高湿条件下贮藏时非常容易引起变性，直接导致种子生活力的下降。

（二）大豆种子的贮藏技术要点

1. 充分干燥　充分干燥对大豆种子来说尤为重要。一般要求长期贮藏大豆种子的水分应在12%以下，超过13%就有霉变的危险。大豆种子子叶的细胞排列紧密，毛细管较细，因此其失水速度较慢，而种皮疏松失水较快，这样就造成子叶和种皮的干燥速度不一致，所以快速干燥容易引起种皮开裂，进而影响到贮藏的稳定性。因此，大豆种子的干燥有其特殊性，应该特别予以注意。

大豆种子干燥的常用方法有带荚晒干、脱粒晒干和机械烘干三种方法。带荚晒干是指适时收获（响声收获）后，豆荚留在收割后的母株上，摊在晒场上暴晒3~5d，等到豆荚壳干透有部分爆裂时再行脱粒，这样可有效防止种皮裂纹和皱缩现象。脱粒晒干是针对一些高水分大豆种子而言的，为了加快失水速度，往往采用暴晒升温的方法，但要注意晒种温度不宜超过44~46℃，以防走油、脱皮和横断等现象出现而影响种子活力，晒干以后应冷却降温，降为常温后再分批入库。机械烘干具有降水快、不受外界环境条件限制等优点，但容易出现焦斑和破皮种粒，引起光泽减弱，脂肪酸含量增加。若在机械烘干过程中的种温达到50~60℃以上，则会引起蛋白质变性。因此，大豆种子机械烘干时一定要考虑种子水分的高低，合理掌握烘干温度与烘干时间，一般烘干机出口处的种温应低于40℃。

干燥后的大豆种子还应进行精选，进一步剔除破损、瘦秕粒、虫蚀粒、霉变粒、冻伤粒等异常豆粒以及其他杂质，以提高入库种子质量和主场的稳定性。

2. 低温密闭　由于大豆种子导热性差、不耐高温，所以应该采取低温密闭的贮藏方法。一般做法是，在寒冬季节将大豆种子充分降温后，再将种仓密闭，种堆表面加一层压盖物隔热，使大豆种子长期处于低温密闭的状态，可以安全贮藏。也可以将种子存入低温仓、准低温仓、地下种仓，实现低温密闭贮藏。但是地下库一定要做好防潮除湿工作。干燥的大豆种子对低温的敏感性较差，因此贮藏期间很少发生低温冻害。

3. 适时通风散湿　新收获的大豆种子入库后，还需要进行后熟作用，其间释放出大量的湿热，若不及时散发出去则极易引发热霉变。为达到长期安全贮藏的目的，大豆种子入库后3～4周，应及时进行倒仓通风散湿，并结合过筛除杂，以防止出汗、发热、霉变、走油等异常情况发生。

我国南方春大豆7～8月收获到次年3～4月播种，其贮藏期处在秋、冬、春季节，秋季高温不利于大豆种子安全贮藏，冬、春季一般多雨，空气湿度大，露置的种子容易吸潮。因此，少量的种子最好用坛或缸盛装密封，大量的种子只要在安全水分范围内，用麻袋包装放在防潮的专用仓库里贮藏即可。

包衣的大豆种子要注意低温密闭贮藏，张文明（2001）研究表明，包衣大豆种子经适度干燥降水后低温密闭贮藏可以保持其种用价值，降水方法以日晒为宜，低温（0～5℃）贮藏的适宜种子水分为10%左右。

四、花生种子

花生荚果果壳坚厚，成熟后不易开裂，每个荚果中一般有2～4粒种子，种子俗称花生米或花生仁，种皮有粉红、红、红褐、紫、黑、白、红白或紫白相间等不同颜色，胚中两片肥厚的子叶占种子总重量的90%以上。花生种子含有丰富的油分和较高的蛋白质，种子中脂肪含量高达40%～50%，蛋白质含量为25%～36%。花生种子由于含油分较高，易发生酸败，因而不耐贮藏。

（一）花生种子的贮藏特性

1. 干燥缓慢，易发热生霉 花生的荚果刚收获时含水量可达40%～50%。由于颗粒较大，荚壳较厚，而且子叶中含有丰富的蛋白质，水分不易散发。秋花生收获时正值秋季冷凉季节，种子干燥速度较慢，有时日光暴晒4～5d后仍不能达到安全水分要求，造成种子入库时水分偏高。春花生收获时正值夏季高温，种子干燥速度较快，但如果荚果干燥过度，则质地会变松脆，不耐压，容易开裂，吸湿性也会增强。花生种子后熟期较长，种子在后熟期间会放出较多的水汽和热量。此外，花生荚果收获于土中，带有泥沙杂质，一经淘洗，荚壳容易破裂，更难晒干，且在贮藏期间更容易引起螨类和微生物的为害。上述原因均会引起花生种子水分过高，在贮藏过程中容易遭受外界高温、潮湿等不良影响，出现发热霉变、走油、酸败、含油率降低以及生活力下降等不良现象。据生产实践经验，花生荚果水分11.4%，同时温度升到17℃时，即滋生霉菌，引起变质。花生种子易受黄曲霉危害，产生的黄曲霉毒素对人畜都有致癌作用，种子一旦大量感染黄曲霉素，则完全失去种用和食用价值。

2. 原始水分高，易受冻害 花生种子的安全水分应控制在9%～10%以下，但种子刚收获时其水分较高。花生荚果收获期一般正值晚秋凉爽季节，如果天气情况不好不能及时收获，易造成子房柄霉烂，荚果脱落遗留在土中，或由于子房柄入土不深，所结荚果靠近土壤表面，这都可能遭到早霜的侵袭，使种子冻伤。实践表明，花生植株在-1.5℃时即受冻枯死，-3℃时荚果即受冻害。另外，花生种用荚果收获后未能及时晒干，种子水分超过15%，气温降到0℃以下时，也容易造成冻害而丧失生活力。尤其在我国东北地区，秋季低温天气来得早，花生不易晒干，更易遭受冻害。受冻的花生种子，色泽发暗，质地发软，有酸败气味，生活力和食用品质均显著下降。据赵增煜和王景升（1978）研究，水分38.4%～45.2%的花生种子，在-3～-2℃条件下处理12h，发芽率明显降低；水分24%的种子在-6℃条件下存放3d，发芽率显著下降。

因此，在纬度较高的地区，花生种子贮藏最突出的问题是早期受冻和翌年安全度夏问题，一般花生产区的花生种子如果贮藏不好则发芽率仅为50%～70%。

3. 种皮薄，含油多，对高温敏感 花生种子的种皮薄而脆，如果日晒温度较高，则会引起种皮皱缩、色泽变暗，加上暴晒时多次的翻动也会导致种皮破裂和增加破碎粒，从而使吸湿性增强，容易诱发虫霉，降低贮藏稳定性和种子品质。若未充分晒干又遭连阴雨天气，则种皮会失去光泽，子粒发软。花生种子含油分40%～50%，在高温、高湿、机械损伤、氧气、日光及微生物的综合影响之下，很容易发生脂肪酸败。花生种子还含有较多的蛋白质，在高温条件下蛋白质容易变性。这些都是花生种子容易丧失生活力的重要影响因素。

4. 荚壳具有保护作用 花生荚果果壳坚厚，成熟后不易开裂，对种子具有很强的保护作用。种子有荚壳保护，不易被虫霉为害；荚果组织疏松，一经晒干则不易吸潮，受外界不良气候条件的影响较小，种子水分相对稳定，贮藏安全性好。因此，带壳贮藏是种用花生的常用贮藏方法，有利于保持花生种子的生活力。

（二）花生种子在贮藏期间的变化

1. 脂肪酸的变化 花生种子在贮藏期间的质量稳定情况，可根据种子脂肪酸含量的变化来判断。花生种子进仓初期尚处在后熟过程中，仍进行着物质合成作用，脂肪酸含量稍有下降的趋势；此后随着贮藏时间的延长而逐渐升高，升高的速度主要取决于当时的种子水分和温度。当种子水分为8%，温度为20℃以下时，脂肪酸含量的变化基本稳定；当种子温度增高到25℃时，脂肪酸含量则显著增加，种子的出苗率也迅速下降。种子的酸价和出苗率呈负相关，据报道，凡受机械损伤、受冻害及被虫蚀的子粒，其酸价的升高更为明显（表13-14）。当脂肪酸含量升高到一定程度时，种子则完全丧失生活力。

另外，范国强等（1996）对花生种子老化与蛋白质变化关系的研究指出，随着种子老化的加深，种子内的一种蛋白质（多肽）的含量逐渐增加，也可作为鉴别花生种子老化程度的指标。林鹿等（1996）则认为贮藏蛋白质中花生球蛋白与种子活力有更为密切的关系。

表 13-14 花生种子不同贮藏时间和方法的酸价与出苗率

（孙庆泉，2002）

品种名称	贮藏时间（年）	贮藏方法	种子酸价	出苗率（%）
徐州 68-4	1.5	麻袋果存	0.82	28
		冰箱粒存	0.50	65
		冰箱果存	0.48	65
		密闭果存	0.36	77
	0.5	麻袋果存	0.20	94
花 17	1.5	麻袋果存	0.90	34
		冰箱粒存	0.51	65
		冰箱果存	0.41	73
		密闭果存	0.37	73
	0.5	麻袋果存	0.26	83

2. 浸油的变化 随着花生种子中脂肪酸含量的逐渐增高，当种子温度超出一定限度时，就会发生浸油现象。浸油后的花生种子，种皮色泽变暗，呈深褐色，子叶由乳白色转变为透明的蜡质状，食味不正常，严重的还伴有腥臭味。据吉林省试验结果，花生浸油的临界水分

和温度与是否带壳贮藏有密切关系。花生种仁水分在8％、种子温度升至25℃时即开始出现浸油现象，而花生荚果水分达10％、种子温度升到30℃时才开始出现浸油现象。水分和温度越高，则浸油现象发生越严重。此外，种堆通风条件和种子堆放部位，也会对浸油现象的出现产生影响。通风贮藏浸油出现的温度一般低2～4℃，贮藏在同一个围囤种仓内的花生种子，一般都是从囤的外围种子开始出现浸油现象。当温度达到25℃时，围囤外部的花生种子出现浸油现象，而围囤内部的花生种子表现为正常状态，并无浸油现象发生。

3. 发热生霉　花生种子很容易发热生霉，霉变首先从未熟粒、破损粒、冻伤粒开始，逐渐扩大影响至完好种子。发热生霉现象的发生主要取决于种子的水分和温度。用囤藏、散藏、袋藏等一般贮藏方法贮藏花生种子，水分在8％以下时不会发热生霉。据山东莒南测定，水分9.2％的花生种仁，温度上升到36～41℃时，种堆表层约0.4m厚度的种子就会生霉，表面变黑。据秦皇岛市观察结果，在密闭性能较差的种仓内，到了7月种堆表层的花生种子吸湿，水分从8.5％上升到10％，往往引起生霉。试验资料表明，花生种子温度保持在20℃以下时，可以稳定贮藏，无发霉现象发生。引起花生种子霉变的临界水分与温度大致关系见表13-15。

表 13-15　花生荚果发生霉变的临界水分和温度

（孙庆泉，2002）

临界水分（％）	6	7	8	9	10
临界温度（℃）	34	32	28	24	16

（三）花生种子贮藏技术要点

1. 适时收获及时干燥　种用花生荚果要适时收获，适时是指保证达到适当的成熟度且无冻害发生。生产实验证明，75％左右的花生荚果充分成熟时可作为适宜的收获时间。留种的花生一般要比商品花生提早收获2～3d，选择晴好天气收获。晚熟花生品种应在寒露至霜降之间收获完毕，以防遭受霜冻。研究表明，刚收获的荚果一经霜冻发芽率便会大幅度下降。花生植株拔起后，最好整株带荚晾晒，晾晒几天后摘下荚果，再行晒干。这样不仅种子干燥快，且有助于植株中的养分继续向种子中转移，促进后熟。花生植株在田间晾晒时，一般荚果向阳或荚果朝外堆垛晾晒5～8d，荚果上泥色变白后即可摘果。花生摘果后若种子水分还高，则需再晾晒3～5d，堆积1～2d缓苏，使种子内部的水分进一步向外扩散，之后再晒一次就可达到安全水分的要求。生产上鉴别花生晒干的经验标准是，摇动荚果内有响声，剥开果壳，用牙咬种仁发脆，手搓种皮易脱掉（种仁水分在10％左右）。在使用机械干燥时，荚果种温应控制在32℃以下，并注意防止破损。

2. 干燥密闭　较长期贮藏的花生荚果，其水分必须降到8％以下，温度控制在20℃以下，且在春暖前密闭起来，以减少外界温湿度的影响。种仁贮藏需要在雨季来临前密闭仓房，保持种子处在干燥条件下，达到安全贮藏的目的。

3. 荚果贮藏　种用花生一般采用荚果贮藏。荚果贮藏具有许多优越性，其缺点是占用仓容较大，约为种仁贮藏所占仓容的两倍以上。

种用花生荚果最好用袋装法贮藏，剔除破损及未成熟荚果后，水分控制在9％～10％以内，堆垛温度不宜超过25℃，堆垛高度一般以7个标准麻袋为宜。如果进行短期保存，也可采用散堆法，但种堆内需要设置通气筒，堆高也不宜超过2m。花生种子后熟期较长，入库初期还继续进行后熟作用，因此要注意定期检查仓库内的温湿度，注意通风以排湿降温，必要时进行倒仓倒垛。翌年播种前，花生不宜过早脱壳，否则会影响种子发芽率，一般花生剥壳时间在播种前10d左右为宜。

4. 种仁的贮藏　作为食用或工业用的花生，一般采用种仁贮藏，占用库容较小。花生种仁的贮藏更为困难。为了避免破损，需待荚果干燥后再行脱壳。脱壳后的种仁水分在10%以下可安全过冬，水分在9%以下能贮存至翌年春末，若要安全度过夏季则水分必须在7%以下。花生种仁安全贮藏的临界水分和温度见表13-16。

表 13-16　花生种仁安全贮藏的临界水分和温度

（孙庆泉，2002）

临界水分（%）	7	8	9	10
临界温度（℃）	28	24	20	16

花生种仁的吸湿性较强，吸湿后很容易生霉。生霉首先从破碎粒、未熟粒及冻伤粒开始，以后会逐渐发展到整个种粒。因此，对充分干燥的花生种仁一般应在春暖前密闭种仓贮存。具体方法是，在种堆上先盖上一层席子，再盖上麻袋，也可以盖上干河沙，目的就是为了保持低温、干燥的状态。

五、向日葵种子

向日葵是世界和我国的四大油料作物之一，我国主要分布在"三北"地区和云贵高原的部分地区，其中播种面积最大的省区是内蒙古，约占全国播种面积的1/3以上。向日葵具有耐旱、耐盐碱的特点，是许多地区挖掘耕地潜力和农民创收的重要作物。根据用途，向日葵可分为油用型和嗑食型（食用型）两种。

（一）向日葵种子的贮藏特性

向日葵种子在植物学上称为瘦果，俗称葵花籽，是由果皮（壳）和种子组成。果皮分三层：外果皮膜质，上有短毛；中果皮革质，硬而厚；内果皮绒毛状；种子由种皮、两片肥大的子叶和胚组成。根据种子的结构特点，在贮藏特性上表现为如下几点。

1. 果皮坚硬，籽孔隙度大，便于通气散热　葵花籽有较厚而硬的果皮，特别是油用型葵花籽的硬壳层基本上是由碳素组成，果皮除对籽仁有支撑保护作用外，还对害虫的蛀入有阻止作用。葵花籽还具有体轻、粒大的特点，种堆的孔隙度高达60%～80%，居各主要作物种子之首，通气性能好，有利于堆内水热散发。

2. 种子有明显的后熟作用　向日葵种子收获以后有明显的后熟作用，后熟所需要的时间随温度高低而异，少则几天，多则几十天。在后熟过程中，籽仁中的游离脂肪酸与甘油结合转化为甘油三酯，氨基酸转化为蛋白质。葵花籽后熟可减少呼吸，有利于安全贮藏。据前苏联有关资料报道，将新收获水分为6.0%、含杂率1.58%、破损率1.0%的葵花籽在温度低于20℃的仓库中贮藏80d后，发芽率由原来的59%升高到93%，含油率提高了0.5%～1.0%，这可能是由后熟作用所致。

3. 种子破损率高，易氧化酸败　向日葵种子脱粒有手工和机械两种方式。当种子收获量较少时，通常是将葵花盘（头状花序）收割到无纺布或麻质苫布上用木棒或向日葵茎秆敲打花盘脱粒，这种脱粒方式种子的破损率较低；但大面积生产向日葵种子时主要用脱粒机脱粒，脱粒机利用轴上金属拨齿的碰撞、击打进行脱粒，由于收获期种子的水分较高，抗击打能力较弱，尤其油用型种子的果皮较薄更容易破壳或脱皮，皮壳破损后由于内果皮吸湿性强的绒毛和富含蛋白质（约 30%）的种仁吸潮，种子水分增加，呼吸作用增强，放出更多热量，导致发热霉变。与此同时，富含油脂（40%～60%）的种仁中解脂酶活性增强，分解脂肪，产生游离脂肪酸，使酸价增大进而影响发芽率，果皮破损越严重，籽仁的氧化酸败作用越强。据前苏联《油脂工业》介绍，将含 12.7% 的破损葵花籽和完整的葵花的装入含氧气的钢瓶中，在室内贮藏，定期抽样测定油脂的酸值、过氧化值、羰基化合物以及呼吸强度。结果表明：含破损葵花籽的钢瓶样品中，由于破损粒直接与氧气接触，其呼吸强度大，氧化产物多，从而导致葵花籽贮藏物质大量消耗，羰基化合物、过氧化值和酸值升高。

（二）向日葵种子的贮藏要点

1. 去杂降水　入库前的葵花籽中含有破碎的茎叶、花盘、萼片、皮壳碎屑等，杂质含量一般在 1.5% 左右，有的高达 2.0%～4.0%。由于杂质上不仅附有微生物、虫卵等，而且杂质的水分远高于种子。这些杂质妨碍空气流通，导致发热，所以入库前葵花籽一定要清杂、去劣，清洁度要达到 98% 以上。

葵花籽贮藏的安全水分因种子含油率不同而异，一般油用型种子的安全水分为 9.0%，嗑食型种子为 11.0%。在实际工作中可根据以下公式计算葵花籽的安全水分。

$$安全水分（\%）=（1-葵花籽含油率）\times 15\% \times 100$$

2. 降温贮藏　待去杂晾晒的葵花籽降至安全水分后，先放在室外高燥地坪上预冷，等到气温、种温下降到 -5℃ 左右时再进仓贮藏，或室外作囤贮藏。入仓后密闭好库房或囤。这种自然降温法能有效地减弱葵花籽地呼吸强度，抑制微生物的生长繁殖，冻杀仓储害虫以减少贮期为害。

3. 合理堆放　用房式仓贮藏葵花籽时，堆放得不可太高太厚，一般麻袋堆堆放层次冬季不应超过 6 层，其他季节不超过 4 层。散装堆放厚度冬季不超过 2.5m。其他季节不超过 1.5m。不同水分的葵花籽不能混贮，葵花籽仓库内不得存放农药化肥等。

4. 适时通风散湿　在常温条件下，当葵花籽皮壳水分超过 15%，或油用葵花籽仁水分超过 10%，食用葵花籽仁水分超过 12% 都不能长期贮藏。当贮藏中的葵花籽水分超过安全水分时，要及时通风、散热除湿。温度也是葵花籽安全贮藏的重要因素之一，温度与水分密切相关，并相互制约。见表 13-17。

表 13-17　葵花籽安全水分与温度的关系

（宋万喜等，1993）

温度（℃）	5	10	15	20	25	30
食用葵花籽水分（%）	12.0	11.5	11.0	10.5	10.0	9.5
油用葵花籽水分（%）	10.5	10.0	9.5	9.0	8.5	8.0

第三节　蔬菜种子的贮藏技术

我国的栽培蔬菜有 230 余种，其中种植面积较大的有 70～80 种。根据食用器官的不同可分为五类，即根菜、茎菜、叶菜、花菜和果菜。蔬菜种子的种类繁多，种属各异，其特征和生理特性差异很大，寿命也长短不一，不同蔬菜种子对贮藏条件的要求也各不相同。若贮藏不当，将会使种子失去种用价值，造成经济损失。因此，掌握蔬菜种子贮藏技术，做好蔬菜种子贮藏工作显得尤为重要。

一、蔬菜种子的贮藏特性

1. 种子类型多，贮藏条件要求差别大　蔬菜种子种类繁多，其形态特征和生理特性很不一致，因此对贮藏条件的要求也各不相同。除少数水生蔬菜（菱、茭白）的种子属顽拗型种子外，其他种子都是正常种子，都可以采用低温干燥的方式进行较长时间的贮藏。以营养器官作播种材料的蔬菜，其种子贮藏需要特定的温度、湿度、光照和气体条件，以保证其不萌芽、不失活，如山药和马铃薯种薯需窖贮，大蒜种蒜则需挂藏、架藏等。

2. 种粒大小差异悬殊　蔬菜种子的大小差异悬殊，有千粒重小于2g的细小粒种子，如芹菜、莴笋等；有千粒重在2~10g的小粒种子，如白菜类、茄果类和葱蒜类；有千粒重在10~100g的中粒种子，如黄瓜、甜瓜等；有千粒重在100~1 000g的大粒种子，如豆类等。所以，蔬菜种子在包装材料、包装方式和贮藏方式等方面的要求也不尽相同。

3. 寿命长短不一　蔬菜种子的寿命长短差异非常大。加滕（1967年）将蔬菜种子寿命分为3类：一是长命种子，茄子、番茄和西瓜等；二是常命（中命）种子，稍长命种子如萝卜、芜青、白菜、大白菜、黄瓜和南瓜等，稍短命种子如甘蓝、莴苣、辣椒、豌豆、菜豆、蚕豆、牛蒡和菠菜等；三是短命种子，葱、洋葱、胡萝卜等。短命种子若改变贮藏环境寿命也可大大延长，如洋葱种子一般贮藏1年就变质，但在水分降至6.3%，密封，-4℃条件下贮藏7年发芽率仍为94%。

二、蔬菜种子的贮藏条件

蔬菜种子的贮藏期限，与种子的遗传特性、个体发育状况、加工过程中的损伤等因素有关，但与温度、种子水分及环境相对湿度的关系最大。一般在高温高湿条件下，种子容易丧失生活力；在低温干燥条件下，贮藏时间较长。各种蔬菜种子贮藏条件、时间和发芽率的关系见表13-18。

表13-18　主要蔬菜种子贮藏条件、时间和发芽率的关系

（孙庆泉，2002）

蔬菜名称	贮藏条件	贮藏时间	贮后发芽率（%）
番茄	水分5%，密闭贮藏	10年	83
	水分5%，-4℃，密闭贮藏	10年	97
	水分5%，-4℃，密闭贮藏	15年	94
茄子	一般室内贮藏	3~4年	85
	水分5.2%，密闭贮藏	5年	87
	水分5.2%，密闭贮藏	10年	79
	水分5.2%，-4℃，密闭贮藏	10年	84
辣椒	一般室内贮藏	2~3年	70
	水分5.2%，密闭贮藏	5年	61
	水分5.2%，密闭贮藏	7年	57
	水分5.2%，-4℃，密闭贮藏	10年	76

（续）

蔬菜名称	贮藏条件	贮藏时间	贮后发芽率（%）
菜豆	一般室内贮藏	2~3 年	95
	相对湿度 50%，10℃贮藏	8 个月	80~90
	相对湿度 80%，26.7℃贮藏	8 个月	0
	相对湿度 35%，17℃贮藏	4 年	50
莴苣	一般室内贮藏	3~4 年	80
	水分 4.1%，密闭贮藏	3 年	88
	水分 4.1%，−4℃，贮藏	5 年	94
	水分 4.1%，−4℃，密闭贮藏	7 年	91
洋葱	一般室内贮藏	1~2 年	80
	常温，水分 6.3%，密闭包装	5 年	89
	−4℃，水分 6.3%，密闭包装	7 年	92
	−4℃，水分 6.3%，密闭包装	10 年	78
菠菜	一般室内贮藏	2~4 年	70
甘蓝	一般室内贮藏	3~4 年	90
萝卜	一般室内贮藏	3~4 年	85
大白菜	一般室内贮藏	3~4 年	90
蔓菁	一般室内贮藏	4~5 年	95
黄瓜	一般室内贮藏	2~3 年	90
南瓜	一般室内贮藏	3~5 年	95
西葫芦	一般室内贮藏	4 年	95
西瓜	一般室内贮藏	4~5 年	95
胡萝卜	一般室内贮藏	2~3 年	70
	水分 5.4%，−4℃贮藏	7 年	67
芹菜	一般室内贮藏	2~3 年	75
韭菜	一般室内贮藏	1~2 年	80
大葱	一般室内贮藏	1~2 年	80
茴香	一般室内贮藏	2~3 年	60

三、蔬菜种子贮藏技术要点

1. 做好清选 蔬菜种子种粒小、重量轻，清选相对困难。种粒细小、种皮带有茸毛短刺的种子易黏附混入菌核、虫瘿、虫卵、杂草种子等有生命杂质以及残叶、碎果、种皮、泥沙、碎秸秆等无生命杂质，这会使种子在贮藏期间很容易吸湿回潮，还会传播病虫杂草，因此在种子入库前要对种子充分清选，去除杂质。蔬菜种子的清选对种子安全贮藏、提高种子的播种质量具有重要意义。

2. 合理干燥 蔬菜种子在干燥时，可采用日光干燥法或热空气干燥法。采用日光干燥时须注意：晒种时小粒种子或种子数量较少时，不要将种子直接摊在水泥晒场上或盛在金属容器中置于阳光下暴晒，以免温度过高烫伤种子。可将种子放在帆布、苇席、竹垫上晾晒。午间温度过高时，可暂时收拢堆积种子，午后再晒。在水泥场上晒大量种子时，不要摊得太薄,并要经常翻动,午间要防止温度过高。也可以采用自然风干方法,将种子置于通风、避雨的室内自然干燥,此法主要用于量少、怕阳光暴晒的种子(如甜椒种子)以及植株已干燥而种果或种粒未干燥的种子。

3. 正确包装 大量种子的贮藏和运输可选用编织袋和布袋包装。金属罐和盒适于少量种子的包装或大量种子的小包装,外面再套装纸箱可作长期贮存,此法适于短命种子或价格昂贵种子的包袋。纸袋、聚乙烯铝箔复合袋、聚乙烯袋、复合纸袋等主要用于种子零售的小包装或短期的贮存。含芳香油类蔬菜种子如葱、韭菜类,采用金属罐贮藏效果较好。密封容器包装的种子,水分要低于一般贮藏水分。

4. 大量和少量种子的贮藏方法 大量的蔬菜种子与农作物贮藏的技术要求基本一致。留种数量较多的可用编织袋包装,分品种堆垛,堆下加垫仓板以利于通风。堆垛高度一般不宜超过6袋,细小种子如芹菜不宜超过3袋。隔一段时间要倒包翻动一下,否则底层种子易压伤或压扁。可采用低温库贮藏,利于种子生活力的保持。

少量蔬菜种子的贮藏方法很多,可以根据不同的情况选用。

(1)整株和带荚贮藏。成熟后不自行开裂的短角果(如萝卜、辣椒等),可整株拔起风干挂藏;长荚果(如豇豆等)可以连荚采下,捆扎成把,挂在阴凉通风处逐渐干燥,至农闲或使用前脱粒。这种挂藏方法的种子易受病虫损害,保存时间较短。

(2)干燥器内贮藏。干燥器可以采用玻璃瓶、小口有盖的缸瓮、塑料桶、铝罐等,在干燥器底部盛放干燥剂(如生石灰、硅胶、干燥的草木灰及木炭等),上放装有种子的纸袋或布袋,然后加盖密闭。干燥器存放在阴凉干燥处,每年晒种一次,并换上新的干燥剂。这种贮藏方法,保存时间长,发芽率高。目前我国各科研单位应用比较普遍。

(3)低温防潮贮藏。经过清选已干燥至安全水分以下的蔬菜种子,可放在密封容器内或用铝箔袋、塑胶袋小包装,放在低温干燥条件下贮藏。如无特殊低温设备,可将种子严密小包装后放于家用冰箱冷藏室,但需要注意当地的电力供应状况,不要经常停电,否则温度的剧烈变化反而会缩短种子的寿命。也可将上述贮藏种子的干燥器放在低温库房内,种子可贮藏更长时间。

(4)超干常温密闭贮藏。种子超干贮藏是指将种子水分降至5%以下,密封后置于室温条件下或稍微降温的条件下贮藏的一种方法,常用于种质资源保存和育种材料的保存。干燥方法为将种子装于布袋中,放在盛有变色硅胶的干燥器内,种子与硅胶重量比为1:10。隔3d翻动一次,10d后取出,可使种子水分降至3%左右。播种时需进行种子回湿处理,将超干种子依次放在盛有$MgCl_2$饱和溶液的干燥器中1d,饱和$NaCl$溶液中2d,水中3d,以此取得水分平衡后再萌发。与传统的低温贮存相比,超干常温密闭贮藏可以节约能源、减少经费,而贮藏效果相同或者更好。多数正常种子可以进行超干贮藏,但各类作物的种子存在不同的超低水分临界值,当种子水分低于某水分,种子寿命便不再延长,甚至会出现干燥损伤。

5. 包衣种子贮藏 种子包衣后贮藏,可防止病虫侵害。蔬菜包衣种子贮藏要求可参照粮食作物包衣种子的贮藏要求,要严防吸湿回潮。

6. 蔬菜种子的安全贮藏水分 蔬菜种子的安全水分因种子类别不同而异,一般保持在8%~12%为宜。不结球白菜、结球白菜、甘蓝、花椰菜、叶用芥菜、根用芥菜、萝卜、莴笋、番茄、辣椒、甜椒、黄瓜种子水分不应高于8%;芹菜、芫荽、茄子、南瓜种子不应高于9%;胡萝卜、大葱、韭菜、洋葱、茴香、茼蒿种子不应高于10%;菠菜种子不应高于

11%。在南方气温高、湿度大的地区应严格掌握蔬菜种子的安全贮藏水分，以免种子发芽率迅速下降。当种子水分过高时，生活力会很快下降。一些常见蔬菜种子的安全贮藏水分见表13-19。

表 13-19　常见蔬菜种子的安全贮藏水分

(孙庆泉，2002)

蔬菜种子名称	水分（%）不高于	蔬菜种子名称	水分（%）不高于
番茄	8～12	南瓜	8～11
茄子	7～11	丝瓜	9
辣椒	7～12	菠菜	8～11
甜椒	7～11	花椰菜	7～9
韭菜	7～11	芹菜	8～11
葱	7～12	芫荽	11
黄瓜	9	苋菜	8
冬瓜	9～11	茼蒿	8～11
莴苣	7～11	萝卜	9～11
甜菜	8	毛豆	9
不结球白菜	7～11	豇豆	9～12
结球白菜	7～11	豌豆	10～11
芥菜	7	菜豆	10～12
甘蓝	7～10	蚕豆	10～13
香瓜	9～11		

四、几种常见蔬菜种子的贮藏技术

（一）白菜、甘蓝类蔬菜种子的贮藏技术

1. 白菜、甘蓝类蔬菜种子的贮藏特性

（1）吸湿性强。白菜、甘蓝类蔬菜种子，种皮脆薄，组织疏松，表面积大，很容易吸湿回潮。在夏季比较干燥的天气，相对湿度在60%以下，种子的水分可降到7%～8%；当相对湿度在80%以上时，种子水分可达到10%以上。在相对湿度较高的地区和潮湿季节，要注意防止种子吸湿。

（2）通气性差，容易发热霉变。白菜、甘蓝类蔬菜种子成熟后呈红褐色或灰褐色，圆球形稍扁，直径1.8～2.0mm，千粒重3.0～3.5g。种堆密度大，通气性差。由于种子种皮松脆，子叶较嫩，种子不坚实，在脱粒和干燥过程中容易破碎或收获时混有泥沙等，往往使种子堆的密度增大，不易向外散发热量，所以容易发热霉变。

（3）种子含油分多，易酸败。白菜、甘蓝类蔬菜种子的脂肪含量较高，在贮藏过程中，脂肪中的不饱和脂肪酸会自动氧化成醛、酮等物质，发生酸败。尤其在高温的情况下，这一变化过程进行更快，导致种子发芽率降低，失去种用价值。

2. 白菜、甘蓝类蔬菜种子贮藏技术要点

（1）适时收获，及时干燥。白菜、甘蓝类蔬菜种子，在花薹上有70%～80%的角果呈

现黄色时收获最好。太早收获的，嫩籽多水分高，不易脱粒，较难贮藏；太迟收获的，角果易爆裂，种粒散落造成损失。脱粒后应及时干燥。

干燥可采用：①日光干燥法：选择晴朗天气，清理好晒场，扫除泥沙、石块及异品种种子，晒场预晒增温后将种子薄摊在晒场上，摊晒厚度不宜超过 5cm，耙成波浪形以提高干燥效果。在晒种过程中要勤翻，一般 1h 翻动一次，一直晾晒至种子水分达到要求为止（水分在 7%～8%）。

②热空气干燥法：采用加热设备加热空气，用热空气进行种子干燥。该法干燥速度快，效率高，受气候因素影响小，但操作技术要求较高。白菜、甘蓝类蔬菜充分成熟的种子一般采用 50～60℃，干燥 4～5h。

采用热空气干燥种子时，应注意如下几点：a. 不可将种子直接接触空气加热器，以免烤种；b. 干燥时应慢慢提高空气温度；c. 对于水分高的种子，需采用多次间隔干燥，以免一次失水过多、过快而造成种皮龟裂。

（2）做好清选分级。刚采收的种子群体成分很复杂，其中除了有不同饱满程度和完整度的本品种种子外，还混杂有植物残骸、泥沙、虫瘿、菌核、杂草种子等，这都会影响到种子贮藏的稳定性。因此，必须做好种子的清选分级工作。

（3）大量种子的贮藏。白菜、甘蓝类蔬菜种子的大量贮藏与其他蔬菜种子贮藏的方法一样，在大型的种子仓库都采用袋装，分品种堆垛，每一堆下垫有木架以利于通风。堆垛排列应与仓库通风方向同向，种子包距仓壁 0.5m，垛与垛之间应留出 0.6m 宽的走道，以便于通风、检查。贮藏期间应做好合理通风、防潮隔湿、低温密闭等工作，并及时检查温度、水分、仓库仓虫、种子发芽率变化情况。

（4）少量种子的贮藏。白菜、甘蓝类蔬菜种子少量贮藏比大量贮藏应用更为广泛，目前的主要方法如下。

①在低温、干燥、真空条件下贮藏：目前比较先进的贮藏方法是人工控制温湿度及通风条件，使种子处在低温、干燥、真空的条件下贮藏。该法的包装方法很多，最常见的方法是将种子装在塑封的纸袋内，或者将种子装在双层防潮塑铝袋内，或者放在真空的密封罐内。罐藏 3～4 年，其发芽率仍在 90% 以上。

②在干燥器内贮藏：将精选晒干的种子放在纸袋或布袋中，贮藏于干燥器内，干燥器存放在阴凉干燥处。该法贮藏的种子，一般每年晒种一次，并及时更换干燥剂。

③铝箔袋加铜版纸覆膜袋双层包装贮藏：铝箔袋加铜版纸覆膜袋贮藏就是利用低水分种子发芽率降低慢的特性，将干燥的种子密封装入铝箔袋中长期贮藏的方法。研究表明，在夏季晴天的条件下经过 1～2d 的晾晒，大白菜种子的水分约为 6.5%，装入密封性强的铝箔包装袋内的种子，正常温度条件下贮藏 2～3 年仍可达到国家规定的质量标准（水分不高于 7%，发芽率不低于 85%），如果贮存于低温条件下，一般可保存 5～8 年。

（二）茄果类蔬菜种子的贮藏技术

茄果类蔬菜包括番茄、辣椒、茄子。由于其种子形态特征和特性基本相同，其种子贮藏方法也基本相同。

1. 茄果类蔬菜种子的贮藏特性　茄果类蔬菜种子由种皮、子叶、内胚乳和胚等部分组成。茄果类蔬菜种子扁状，微皱，似肾形、卵圆形或圆形；种脐部分凸起，内壁和侧壁厚，而外壁很薄；种皮坚硬，表面有一层角质层，可防外界温湿度的影响，因而有较好的耐藏性；种子的大小、千粒重等因品种的不同而有差异，一般千粒重为 5～7g；种子寿命 5～7年，最佳发芽年限为 2～3 年。

2. 茄果类蔬菜种子贮藏技术要点

（1）适时采种。番茄采种要在种果采收后，放置待后熟 1～2d 再取种。取种方法是将种果用小刀切开或用手掰开，把果肉连同种子一起挤入非金属容器内，然后在 25～35℃下发酵 1～2d，每 3～4h 搅拌一次，待上部果液澄清后，种子沉到缸底，用手抓有沙沙的爽手感则表明发酵已完成。将上部液体倒掉，用清水冲洗种子数遍，捞出在散射光下晾干。辣椒种子采种要采摘完全成熟的种果，采摘回的种果必须在阴凉干燥处堆放 2～3d 完成后熟后才能取籽。取籽时忌用铁器，尽量防止胎座和辣椒皮渍湿种子，拣去杂质后均匀地摊晾在阴凉干燥处，这样的种粒黄亮新鲜，商品性好。茄子采种要在果实种皮变褐黄色、果实变硬而有弹力时采收，采收后放在阴凉处后熟 10d 左右，待果实成熟后用粉碎机粉碎，水洗，也可将茄子装在编织袋内用木棒槌打，打碎后水洗，洗净后用脱水机甩干，然后放在席子上摊薄晾晒。晾晒时不要放在水泥地或金属器具上暴晒，也不能在中午阳光直射下长时间晾晒，以免降低发芽率。

（2）干燥降水。茄果类蔬菜种子晾晒时，不宜放在水泥地、铁器上直接晾晒，也不要在塑料薄膜上晾晒，因为水泥场及塑料薄膜吸热后温度较高，又不透风，易烤坏种子。应放在纱网、凉席等上面晾干，不要在太阳下暴晒。晒种时每 1～2h 翻动一次，分 2～3 次晒干为好，每次晒半天。晒种时应注意，不是种子越干越好。当种子水分降到 8% 以下（用牙咬有响声）即可。茄果类蔬菜种子普通贮藏时水分在 8% 以下，密闭容器贮藏为 4.5%。水分过低往往会导致种子生活力下降、发芽率降低。

（3）大量种子的贮藏。茄果类蔬菜种子的大量贮藏，常采用普通贮藏的方法，又称开放贮藏法，即将充分干燥的种子用布袋、无毒塑料编织袋等盛装，分品种堆垛，每一堆下垫上木架，以利于通风。堆垛排列应与仓库通风同一方向，种子包距仓壁 0.5m，垛与垛之间应留出 0.6m 宽的通风走道。贮藏期间应做好合理通风、防潮隔湿、低温密闭等工作，并及时检查温度、水分、仓库仓虫、种子发芽率等。此种贮藏方法的安全贮期为 1～2 年，是我国北方的主要贮藏方法。

（4）少量种子的贮藏。

①密闭贮藏法：即把种子干燥到符合密闭贮藏要求的水分标准，再用密闭容器或包装材料密封起来进行贮藏。密闭贮藏法隔绝了种子与外界的气体交换和水分交换，使种子贮藏期间容器内氧气含量减少，二氧化碳含量增加，将种子呼吸抑制在微弱状态，使种子基本保持在密闭前的干燥状态，并抑制好气性微生物的活动，从而延长种子寿命。密闭贮藏一般应配合低温条件，不能放在高温条件下。在温度变化大、多雨的地区，这种贮藏方法更有实用价值。密闭贮藏的容器，目前用的主要是玻璃瓶、干燥箱、缸、铝箔袋、聚乙烯袋、锡铁罐、塑料罐或纸罐等。密闭贮藏茄果类蔬菜种子的安全水分为 4.5%。

②真空贮藏法：真空贮藏是将充分干燥的种子密闭在近似真空的容器内，使种子与外界隔绝，不受外界湿度的影响，抑制种子的呼吸作用，强迫种子进入休眠状态，从而达到延长种子贮藏寿命的目的。真空贮藏的容器，目前常采用真空罐。真空罐规格因罐材及贮藏要求而异，种子装罐体积为 3/4，留 1/4 空间。装罐后，真空罐应放置在低温环境下贮藏。采用真空贮藏，甜椒种子可贮藏 10 年以上。采用真空贮藏，茄果类蔬菜种子的水分应约为 4.5%。

③低温除湿贮藏法：在大型种子贮藏库中，装备制冷机和除湿机等设施，把库温降到15℃以下，库湿降到50％以下，从而达到安全贮藏种子的目的。其贮藏原理是利用低温和低湿抑制种子的呼吸及微生物的活动。一般在15℃以下即能达到良好效果，仓虫开始冷麻痹，微生物活动及种子呼吸都很弱。

茄果类种子入库贮藏前要注意：

a. 种子要分级。应根据种子的质量进行分级，不同级别的种子要分开贮藏。

b. 种子要挂标签。种子要分品种、分级别，按生产单位和取样代号贮藏。包装袋内外要有标签，并标明种子生产单位、生产日期、种子数量、品种名称和取样代号等，然后入库。

（三）瓜类蔬菜种子的贮藏技术

瓜类蔬菜常见的有黄瓜、西瓜和甜瓜等，现以黄瓜为例，对瓜类蔬菜种子的贮藏作一介绍。

1. 黄瓜种子的贮藏特性 黄瓜种子形状扁平，呈长椭圆形，黄白色，种子千粒重22～42g。种子由于有坚固的种皮保护，受外界温度水分影响较小，较耐贮藏，种子寿命也较长，一般可贮藏2～5年。有的品种干燥后贮藏10年后种子仍有发芽力。黄瓜种子的安全贮藏水分为8％。将干燥的种子经50℃处理3d，80℃处理1d，对种子的发芽率影响不大，而且还可以防治黄瓜病毒病。

2. 黄瓜种子贮藏技术要点

（1）适时采种。种瓜达生理成熟即老熟后（瓜皮变黄），及时采摘，置于防雨处后熟5～7d。采种时，用刀将种瓜纵剖，挖出胎座和种子，放入盆或缸等非金属容器内，不要加水，令其自然发酵。气温15～20℃时需3～5d，气温25～30℃时只需1～2d。在发酵过程中，见大部分种子与黏膜分离而下沉时，即停止发酵。用清水搓洗干净，然后放在草席或麻袋布上晾晒。

（2）干燥降水、清选包衣。黄瓜种子晾晒时，不宜放在水泥地、铁器上直接晾晒，应放在草席或麻布上晾晒。将种子摊薄，每1～2h翻动一次，直至晾干。干种子手感扎手，折断种子不连皮，则达到干燥要求。干种子的水分应在8％以下。干种子先用手不断搓，直到种粒分开，再用筛子筛、簸箕簸以清除杂质，完成初选。种子初选后，再用精选机进行精选，选出来的饱满种子用种衣剂进行包衣、晾干至水分8％以下，即可包装、贮藏。

（3）大量种子的贮藏。黄瓜种子大量贮藏时，采用普通贮藏的方法，即将充分干燥的种子用布袋、无毒塑料编织袋等盛装，分品种堆垛。每袋种子拴系标签，堆下垫木架以利通风。堆垛排列应与仓库通风同一方向，种子包距仓壁0.5m，垛与垛之间留0.6m宽的通风走道。贮藏期间应做好合理通风、防潮隔湿、低温密闭等工作，并及时检查温度、水分、仓库仓虫、种子发芽率等。不要用聚乙烯塑料袋装，同时要防止烟气熏蒸。

（4）少量种子的贮藏。少量种子贮藏，可用密封的瓷罐或铁桶。有条件时可将干燥后的种子装入铝箔袋或铜版纸复合彩袋中密封，然后贮放在通风、干燥、阴凉处保存。具体贮藏技术可参照茄果类蔬菜少量种子的贮藏技术。

（四）大蒜种蒜的贮藏技术

1. 大蒜种蒜的贮藏特性 大蒜具有明显的休眠期，休眠深度随品种而异，一般为2～3

个月。设法创造适宜休眠的环境条件达到抑制幼芽萌发生长和腐烂的目的，是大蒜种蒜贮藏的关键。贮藏温度与种蒜萌芽有密切关系，在 $10\sim15℃$ 温度下萌发最快，$20\sim25℃$ 次之，$0\sim5℃$ 再减慢，$-3\sim0℃$ 或 $35℃$ 时，在 4 个月内不萌发。低温刺激会打破休眠，$2\sim25℃$ 的室温环境中大蒜容易发芽；北方大蒜可忍受 $-7℃$ 低温，高于 $5℃$ 易萌芽，高于 $10℃$ 易腐烂。湿度维持在 $65\%\sim70\%$，太干易失水，太湿容易生根和表皮滋生霉菌。贮藏环境中的 O_2 浓度在不低于 2% 的情况下，愈低抑制发芽的效果愈明显；能耐高浓度的 CO_2，CO_2 浓度在 $12\%\sim16\%$ 时有较好的贮藏效果。

2. 种蒜的采收和采后处理　适时收获是种蒜安全贮藏的重要前提。大蒜成熟时，外部鳞片逐渐干枯成膜，可防止内部水分蒸发和隔绝外部水分的进入，具有耐热、耐干的特性。若收获过晚，则种蒜的鳞片容易开裂，并会促使小芽萌动生长，对贮藏不利；若收获过早，则成熟度不够，产量低，贮藏损耗大，易干瘪。

收蒜头时，松软地直接用手拔出，硬地用锨挖或使用简易挖掘机械，就地将根系剪掉。传统的干燥方法用太阳晒，起蒜后运到晒场上，后一排的蒜叶搭在前一排的头上，只晒秧不晒头，防止蒜头灼伤，经常翻动，$3\sim5d$ 茎叶干燥后贮藏。若有条件的地方，在大蒜收获后，稍加晾晒，去掉叶片，可以使用干燥机或采用自制烘房，温度控制在 $30\sim40℃$，相对湿度为 $50\%\sim60\%$，进行快速干燥约 $10d$ 而使鳞茎进入休眠期，这个过程叫预藏。此法因大蒜移动少不易碰伤，可以降低播种后田间病害发生率。

3. 种蒜的贮藏病害

（1）生理性病害。

①生根：即须根在贮藏期间从鳞茎底部长出，使蒜头重量减轻并导致腐烂率提高。一般认为生根是贮藏环境湿度过高引起的。

②萌芽：度过休眠期的种蒜，遇高温高湿条件便萌芽生长，养分向生长点转移，鳞茎发软中空，品质下降。贮藏过程中应避免前期低温后期高温，以抑制鳞茎萌芽。食用大蒜在休眠结束前用 γ 射线照射可抑制萌芽，但种蒜上使用可能引起遗传突变。

（2）病理性病害。

①青霉病：青霉病是种蒜贮运中的主要病害，是由半知菌亚门丝孢纲青霉属的产黄青霉引起的。冷害和蒜蛆为害是青霉病发生的重要诱因。染青霉病的蒜头外部出现淡黄色的病斑。

②干腐病：干腐病是由半知菌亚门丝孢纲曲霉属黑曲霉真菌引起的。被害蒜头外观正常，无色泽变暗或腐烂迹象，但蒜皮内部充满黑粉，极似黑粉病的症状，最终导致整个蒜头干腐。

（3）防治方法。①贮藏前对贮藏场所及贮藏用具消毒灭菌；②适时采收；③贮藏过程中，及时剔除病腐、机械损伤的蒜头；④贮藏过程中加强贮藏环境条件管理。

4. 大蒜种蒜的贮藏方法

（1）简易贮藏。种蒜的简易贮藏不需要特殊的工艺设备，也不需要固定的贮存场所，可以因地制宜实施，安全贮藏时间可达 $7\sim8$ 个月。

①挂藏：整株晾晒，使叶片变软，然后每 $30\sim60$ 个蒜头一组编成蒜辫，每两组合在一起（切忌打捆），挂在通风良好的屋檐下或室内（不宜挂得太密）进行贮存，有条件的地方放入通风库贮存则更好。管理上注意勿使蒜头受潮、淋雨。

②架藏：对贮存场地要求较高，通常要选择通风良好、干燥的室内场地，在室内放置木制或竹制的梯架，架形有台形梯架、锥形梯架等，然后将编辫好的蒜头分岔跨于横隔上，不要过密。

③窖藏：此法在我国东北等寒冷的地区效果较为理想。贮藏窖多数为地下式或半地下式，窖址一定要选在干燥、地势高、不积水、通风好的地方，窖内温度由窖的深浅决定。大蒜在窖内可以散堆，也可以围垛。最好是窖底铺一层干麦秆或谷壳，然后一层大蒜一层麦秆或谷壳，不要堆得太厚，窖内设置通气孔。

（2）通风库贮藏。种蒜通风库贮藏要求建筑隔热性能好和具有通风设备，利用库内外的温度差异和昼夜温度的变化，进行通风换气，使库内保持比较稳定适宜的贮藏环境。贮藏过程中，若外界温度太高可在进气口放置冰块。若库内温度太低可在进气口设置火炉，来保证库内稳定的贮温。

（3）机械冷藏。低温冷藏是种蒜安全贮存的最佳方式，冷库内要保持恒定温度在 $-1\sim3℃$，相对湿度 $50\%\sim60\%$，若湿度过高可在库内墙根处放吸湿剂。入库前需预冷，在预冷间进行或将大蒜置于阴凉通风处降温，使其温度接近冷藏温度；出库时，种蒜应先缓慢升温，并注意通风，以缩小库内外温度差，防止种蒜鳞茎表层结露。

（4）气调冷藏。冷库中的温度控制在 $0℃\pm1℃$，空气相对湿度控制在 $70\%\sim75\%$，冷库内设架放置装有种蒜的小袋或铺设大帐。目前国内一般采用限气冷藏，有小袋冷藏和大帐封垛冷藏 2 种类型。用 $0.06\sim0.08mm$ 厚的聚乙烯塑料薄膜制成小袋或用 $0.15\sim0.23mm$ 厚的聚乙薄膜制成长方形大帐，帐子的大小根据贮藏量决定，控制袋/帐内气体成分组成为：氧气 $3\%\sim4\%$，二氧化碳 $5\%\sim6\%$。

第四节　马铃薯和甘薯种薯的贮藏技术

马铃薯和甘薯种薯为营养器官种用材料，本身水分高，呼吸旺盛，对贮藏环境的湿度和温度都有着严格的要求。下面分别详细介绍马铃薯和甘薯种薯的贮藏技术。

一、马铃薯种薯

（一）马铃薯种薯的贮藏特性及贮期变化

1. 马铃薯种薯的贮藏特性　马铃薯是我国主要的粮食和蔬菜作物，在东北、华北、西北和西南地区种植非常普遍。马铃薯的繁殖方式分为有性繁殖和无性繁殖，生产上主要采用无性繁殖，自然情况下，马铃薯用种薯（块茎）繁殖。种薯贮藏不当不但会引起疫病蔓延和种薯腐烂，而且还会加速种性退化。要做好马铃薯种薯的贮藏工作，需充分了解其贮藏特性。

（1）木栓化现象。种薯的皮层较薄，收获搬运时容易擦伤，进而引发贮期染病腐烂。新收获的种薯尚处后熟阶段，呼吸旺盛，并伴随着大量水分、CO_2和热能的释放，重量逐渐减轻。此阶段，块茎擦伤处会形成木栓质保护层，该保护层能防止水分损耗以及各种病原菌的侵入。木栓质保护层的形成需要同时具备以下几个条件：第一，温度在 $15\sim20℃$，相对湿度在 $85\%\sim95\%$；第二，氧气供给充足；第三，贮藏在漫射光下或黑暗环境中。一般当种薯入窖 $1\sim2d$ 后就开始形成，当条件适宜时只需 $5\sim7d$ 就可形成致密的木栓质保护层，有利于马铃薯种薯的贮藏。

（2）呼吸作用。呼吸作用是种薯收获后具有生命活动的重要标志，既可以维持种薯生命活动的有序进行，增强其耐贮性和抗病性，同时也会导致种薯的营养消耗、失水、组织老化、重量减轻和品质的下降等。呼吸作用过强，会使种薯有机物过多地被消耗，含量迅速减少，块茎品质下降，同时呼吸产生的呼吸热，提高了薯堆温度，导致种薯提前发芽，影响后续播种品质。

（3）蒸腾作用。马铃薯种薯收获后，其体内水分就开始向外"蒸发"，产生"出汗"现象，即在种薯表面形成微小的水滴或薄薄的一层水膜。"出汗"现象发生的原因有：第一，新收获的种薯在入窖初期的呼吸作用旺盛，造成种薯体内自由水蒸发严重；第二，当种薯从低温处移到高温处时，空气中的水汽凝结在种薯表面；第三，种薯表层的温度降至露点而出现结露。前两种"出汗"情况对种薯贮藏影响较小，但最后一种结露情况则表明贮藏措施不当，而且会影响到种薯贮藏的安全性，有可能引发霉烂、病害蔓延或块茎发芽，因此，在贮藏管理过程中要进行铺垫和吸潮处理，及时更换铺垫材料。

（4）休眠现象。马铃薯种薯结束生长时，块茎积累了大量的营养物质，原生质内部发生了巨大的变化，生理活动变慢，新陈代谢降低，呼吸作用变弱，水分蒸腾减少，生命活动进入相对静止状态，自身养分消耗量减少。对于马铃薯种薯贮藏而言，休眠是一种有利的生理现象。

生理休眠期有两种情况：一是自然休眠期，即马铃薯种薯处于能够发芽的条件下，由于生理原因而不能萌芽；二是被迫休眠期，即种薯休眠期已过，但外界环境条件不利于芽的萌动和生长，使其仍然处于休眠状态。如控制好温度，可以按需要促进其迅速通过休眠期，也可延长被迫休眠。休眠期的长短主要与种薯品种和贮藏环境因素有关。一般而言，充分成熟块茎的休眠期比未充分成熟块茎的休眠期要短；大薯的休眠期比小薯短；大田生长后期若遇土壤干旱则会缩短休眠期。在适宜的低温条件下，薯块的休眠期较长，一般 0.5～2℃ 可显著延长休眠期至 2～4 个月左右，甚至可达 6 个月以上。

（5）冷害与冻害。冷害是冰点以上的不适宜低温对马铃薯种薯造成的伤害。马铃薯种薯的冷害临界温度为 0℃，长期贮藏在这一温度下，马铃薯种薯将会发生冷害。冻害是冰点以下的低温对种薯造成的伤害。马铃薯的冰点温度约为 -0.6℃。

冷害的症状主要表现为表皮出现凹凸斑，内部组织发生褐变，进而腐烂；冻害的症状主要表现为组织发生褐变，解冻后汁液外流，严重者会导致腐烂。大部分冷害症状在低温环境或冷库内不会立即表现出来，而是产品运输到温暖的地方或销售市场时才显现出来。因此，冷害所引起的损失往往比我们所预料到的更加严重。当外界温度降至 0℃ 以下时，种薯贮藏必须注意保温，以预防冷害、冻害的发生。

2. 马铃薯种薯贮藏条件

（1）温度。马铃薯种薯贮藏期间的温度阶段控制决定着贮期安全。种薯的温度与薯块呼吸放热、薯块本身温度、窖土温度等热源有关。在种薯贮藏初期，即入窖后 10～15d 内，种薯温度应保持在 15～20℃，相对湿度保持在 90% 左右，以利于种薯木栓质保护层的形成。进入冷却时期，即入窖后 15～30d 或更长时间，种薯的呼吸作用和蒸发作用逐渐减弱，须加强通风以排除薯堆中所积累的热量，最好能将种薯温度降到 2～4℃，这样到翌年春天天气转暖后也能使种薯长期保持一定低温，降低温度的变化幅度。种薯出窖前需做回温处理，处理温度为 10～15℃，放置 3～5 周以刺激出芽，同时最好有适当的散射光照射。

（2）湿度。适宜的贮藏湿度是减少种薯损耗、保持块茎新鲜的重要条件。贮藏窖内湿度与种薯贮藏量、窖内温度和通风条件等因素密切相关。种薯贮藏窖内的相对湿度应保持在85％～90％。如果湿度过低，种薯重量会大幅降低，而且会变软和皱缩；反之，湿度过高则促使薯块过早发芽和形成须根，并会引起上层块茎出汗，形成大量水滴附着在块茎表面，导致病害蔓延和薯块腐烂。因此，种薯贮藏期间的湿度控制一定要适当。

（3）通风。通风可以调节种薯贮藏窖的温湿度，有利于薯堆内部的热量散失，保证充足的氧气供薯块进行正常的呼吸，防止窖内积累过量的 CO_2，避免无氧呼吸和 CO_2 毒害的发生；适当的通风还能够促进薯块表皮木栓化的形成。当窖外温度低于窖内温度时，进行及时通风是必要的。但当窖外温度降到0℃以下时，应慎重采取通风措施。通风还可以使贮藏窖内部的温湿度达到平衡，对防止种薯出汗和病害蔓延都起到一定的作用。

（4）光照。散射光照射对种薯重量没有显著影响，但能促使叶绿素及茄素的形成，对种薯的阶段发育起一定作用。如果没有适宜的贮藏条件，种薯常会在贮藏期间发芽，如不能及时处理将会消耗大量养分，降低种薯质量。如果贮藏窖内无法控温，应把种薯转入散射光下贮藏，可抑制薯芽的生长速度。如果芽太长将影响播种，据统计，掰掉1次芽会减产6％左右，掰掉2次芽减产可达17％。

（二）马铃薯种薯贮藏技术要点

1. 贮藏设施类型 我国马铃薯种薯贮藏主要在北方地区，常见的贮藏设施有井窖、窑窖、自然通风贮藏库和机械通风贮藏库。

（1）井窖。一般选择地势高、地下水位低、土质坚实、排水良好、管理方便的地方挖窖，是北方农户普遍采用的一种贮藏设施。井窖建造时，通常先挖一直径0.7～1m，深2～2.5m的窖筒，然后在筒壁下部一侧横向挖窖洞，高1～1.5m，宽1.5～2m，窖顶离地面的距离在1.2m以上，窖长可根据贮藏量而定，窖洞顶部呈弓形，贮藏量一般在5t以下。或将窖筒旋挖成灌型，直接贮藏种薯。这种窖的深浅和大小，根据当地气候条件和贮藏量的多少而定。一般来讲，窖筒愈深，窖温受外界气温变化的影响愈小，窖温愈恒定。这类窖的优点是造价低，建窖灵活机动，窖温受外界气温变化的影响小，窖温比较恒定。缺点是通风透气性差，腐烂率高，贮藏量小，劳动强度大，出入不方便。因此，除少数特殊地区外，井窖已较少用于种薯贮藏。

（2）窑窖。一般选择在山坡、土丘或排水良好的地方挖窖。先在山坡、土丘或平地上挖一横断面，然后根据土质挖成高2～2.5m，宽2～2.5m，长6～15m的窑洞，在窑洞的两侧再挖窖洞贮藏薯块，窖洞的多少和大小根据贮藏量而定，贮藏量一般在10～50t。这类窖多见于土质适宜挖窑的山区和丘陵地区，北方及西北地区比较普遍。经济条件允许的地方可将窑窖顶部用砖砌成拱形，增强窖的安全性。这种窖的优点是造价较低，贮藏量较大，易保持窖内湿度，出入方便。缺点是通风透气性差，土质松软的窖安全性差。

（3）自然通风贮藏库。主要选择在地势平坦、交通方便的地方建库，库的类型视当地气候和立地条件而定，一般有地上式、半地下式和地下式三种。其中，地上式和半地下式在库顶和四周壁加保温层，而地下式因深厚的土层可以保温，仅需在库顶加盖覆土用于保温。北方地区的贮藏库多建成南北走向，有利于贮藏库保温。库的大小按贮藏量的多少而定，单库贮藏量一般在50～200t。贮藏库长10～20m，宽3～9m，高2.5～5.0m。在经济比较发达的地方，库体全部采用砖混结构，库顶有平顶和拱形顶两种形式。这种贮藏库可由多个小库组成库群，库群呈非字形或半非字形分布，库长根据每个小库的贮藏量及数量而定，总贮藏量一般在 1 000t 以上。这种库的优点是坚固耐用，通气性好，容量大，出入方便，便于检查，适于大量贮藏。缺点是库温易受外界温度变化的影响，尤其在北方，进入严冬季节，如果管理不到位，种薯易发生冻害。

（4）机械通风贮藏库。机械通风贮藏库是借助机械通风系统将库内的热量传送到库外，不受气候条件和生产季节所限，一年四季均可用于马铃薯种薯的贮藏。先进的机械通风贮藏库内部设有温湿度传感器，可以实时检测窖内温湿度。库内地面设有通风系统，采用大功率风机自动送风，可保证库内具有良好的通风效果。在建设资金充足的条件下，可加装机械制冷和气体分散装置，实现库内温湿度的恒定。机械通风贮藏库的建筑结构科学合理，贮藏容量可大可小，装运方便，库内温湿度及气体成分可以随时自动调节，并可利用数字化系统实现远程监控，但该库建设投资大，设备复杂，管理技术要求较高。

2. 贮藏技术　由于我国南北方秋冬季的温度差异大，因此马铃薯种薯的贮藏方法也存在差异。我国南方地区和山东省一般是一年两季，春夏播种，夏季的种薯贮藏比较困难，夏季高温往往导致块茎活力快速下降和病害的发展蔓延，因此通风、降温是夏收马铃薯种薯贮藏的重点。对于自然通风库，要合理选择通风时间，避免外界高温造成窖温的升高。我国东北地区由于贮期气温较低，贮藏管理不当易发生冻害，所以防冻保温是种薯贮藏的一个工作重点。但无论南方贮藏还是北方贮藏都要注意以下两点：

（1）预贮和预冷。种薯收获后，还未充分成熟，块茎的表皮尚未充分木栓化而增厚，收获时的创伤尚未完全愈合，新收获的块茎、伤薯呼吸强度还非常旺盛，会释放出大量的 CO_2 和热量，多余的水分尚未散失，致使块茎湿度大、温度高，如立即入窖贮藏，块茎散发出的热量会使薯堆发热，易发生病害造成烂薯。因此新收获的种薯必须进行预贮。

预贮是为了促进薯块伤口的愈合，加速其木栓层的形成，提高薯块的耐贮性和抗病菌能力。预贮的方法是将挑拣合格的马铃薯置于阴凉、通风的场所堆放贮藏，薯堆不宜太厚，一般在 0.5m 左右，宽不超过 2m，上面应用苇席或草帘遮光。预贮的适宜温度为 10～18℃，空气相对湿度为 80%～90%，时间一般为 5～7d，可根据空气的干燥程度适当调整预贮时间。夏收马铃薯正遇 7、8 月高温，如果没有恒温贮藏库，一般无法达到上述预贮温度，夏收后可先摊放在避光通风处 2～4d，然后再入窖堆放或装袋贮藏。

预冷是为了迅速除去薯块表面的田间热和呼吸热，冷却到适宜贮藏的低温状态。预冷处理有两种方法：自然预冷法和人工预冷法，自然预冷法是指将马铃薯用网袋包装或散堆后，利用夜间低温冷空气来除去马铃薯的田间热。人工预冷法最常用的为冷库预冷和强制冷风预冷。

（2）分类贮藏。种薯贮藏设施应具备坚固、安全、防寒、隔热、保温等功能，采用强制通风贮藏库（窖）或恒温贮藏库贮藏种薯会更好。种薯贮藏应做到专库（窖）专用，同一库（窖）不能存入多个品种或多种级别，特别是试验品种、原原种、原种都应该单存单放，以防混杂和传染病害，影响种薯纯度和质量。

马铃薯品种不同，休眠期也不同；同一品种，成熟度不同，休眠期也不同。如果将休眠期较长的马铃薯与休眠期较短的马铃薯贮藏在一起，其休眠期会缩短。

种薯必须装袋或木箱贮藏，避免不同品种种薯发生混杂。木箱贮藏方式能够有效利用窑内空间，减少压力对薯块的伤害，且具备运输方便的特点。自然通风库贮藏种薯不能超过窑内高度二分之一，薯堆高度一般不超过1.5m，否则会造成空气流通不畅、温度过高、氧气供应不足，薯堆内块茎易发生腐烂或黑心现象。强制通风库内薯堆高度不能超过窑内高度三分之二，薯堆高度一般不超过2m。袋装马铃薯适宜的码放层数一般为6～8层。

（三）马铃薯种薯贮藏管理

要合理利用门、通风口、换气扇等设施使贮室内气流均匀，块茎表面温湿度一致，达到控温、排湿、换气的目的。贮藏设施内要设置温度计、湿度计等仪器，定期观察，以便及时准确了解设施内基本情况，有针对性地采取管理措施；最好能配置温湿度自动记录仪，减少管理人员进入设施次数，降低内部温度波动。有条件的可根据设施大小安装控温、控湿设备，建造恒温气调库。

种薯贮藏环境的合理调控有利于抑制贮藏期间病虫害的蔓延，降低贮藏成本，确保种薯安全贮藏。贮藏环境的调控因种薯级别、贮藏时间长短、品种特性而异。

我国北方地区马铃薯种薯贮藏，在12月初以前一般以降温为主，减少种薯"出汗"现象的发生，当外界气温达−10℃时需关闭通风孔道停止通风，进入保温阶段。12月上旬至2月初以防寒保温为主，仅可在晴天中午适量通风，此阶段内外温差大，贮藏设施顶部易产生冷凝水，甚至发生"结霜"现象，顶层种薯表面容易产生"结露"现象。这段时间要视贮藏设施内温湿度变化情况，在种薯表面覆盖草帘、麻袋片等吸湿保温，一般覆盖一层草帘即可增温1℃左右，另要视覆盖物干湿情况及时更换干燥的，使种薯表面保持干爽。2月上旬至出库这段时间只可在早晚少量通风换气，以防热气入侵，造成库温升高。若后期降温困难则可将种薯置于散射光下，抑制种薯幼芽伸长。

播种前30d左右适当通风露光，提高温度，促芽萌发生长。具体温度调控除利用制冷设备和增加覆盖物外，可利用设施外冷空气结合通风换气进行，降温应在设施内外温差达1～4℃时进行，每天降温控制在0.5℃，以保降温的同时不致产生"结露"现象；温度调控结合空气交换进行，主要考虑通风时间与通风均匀度，尽可能优化通风方式使薯块表面产生均匀气流移走水分；空气调控主要调节设施内CO_2和O_2，增加设施内O_2，排出CO_2，以防厌氧呼吸和黑心病产生，并可排散其他有害气体的累积；种薯在散射光下贮藏较在黑暗条件下保存期可延长1～3个月，尤其当贮藏后期设施内气温升高时，置种薯于散射光下，在10～15℃室温下较长时间贮藏，只长成短壮芽，对播种有利。

二、甘薯种薯

甘薯又称地瓜、红薯等，在我国的栽培面积仅次于水稻、小麦和玉米，居第四位。我国北方的华北地区和南方的许多省份均有较多种植，其主要的留种材料是种薯（块根）。

（一）甘薯种薯的贮藏特性及其贮期变化

1. 甘薯种薯的贮藏特性 甘薯种薯体积较大，块根组织幼嫩，水分高，薯皮薄，在收获或运输过程中易碰伤受损，增加病菌感染机会，同时甘薯种薯不耐低温，易遭受冷害，因此，了解甘薯种薯的贮藏特性是做好贮藏管理的重要前提。在甘薯种薯的贮藏过程中，最容易发生的就是种薯烂窑（cellar-mashing），烂窑的主要原因有冷害、热害、病害、缺氧、湿害与干害等。

(1) 种薯冷害。冷害是指种薯温度在10℃以下时薯块的细胞原生质活动停滞，影响正常的生理代谢而发生的种薯伤害现象。冻害即种薯温度在0℃以下时，薯块内部细胞间隙结冰，引起组织破坏而发生的种薯伤害现象。研究表明，受冷害或冻害的薯块由于生理代谢异常，当温度回升时，其呼吸速率骤然上升而改变细胞的透性，细胞中的钾离子等大量流失，细胞液不能保持正常的浓度，细胞氧化作用和磷酸化作用受到削弱，新陈代谢作用受到破坏，致使种薯块的抗病力降低，进而发生病害，造成烂窖。受冷害的薯块组织，其吸水能力减弱，薯块组织中的氯原酸增多，因此在接触氧气时容易褐化。把受冷害的薯块横切时，用手挤压时感觉发软且切面流出稀薄液体。受冷害轻的薯块会产生"硬心"现象，严重者带有苦味，薯块的维管束附近出现红褐色，后来变为棕褐色，被俗称为"黑筋"。薯块受冷害后并不马上发生腐烂，一般要经过一定时间后才发生。例如在4～5℃时发生的冷害，要在半个月后才开始腐烂；6～7℃时发生的冷害，要在20d后才表现出受冷害症状，30d后发生部分烂薯，40d后发生大量烂薯。

导致种薯冷害发生的原因为：第一，入窖前受冷害。主要原因是种薯收获过晚，或收刨后不能当天入窖而在窖外受冷害，这种情况往往在入窖后15～20d发生腐烂；第二，种薯贮藏期间受冷害。主要原因是薯窖保温较差，井窖的井筒过大、过浅。这种冷害一般在12月至翌年1月的低温期间发生，2月天气转暖时（立春前后）开始发生大量烂薯，烂薯多在窖口或由上而下发生。

防治烂薯的最佳办法就是，要做到适时收获种薯，窖内温度要保持在10～15℃，在窖外寒冷季节做好种窖的保温工作，以避免冷害的发生。

(2) 种薯热害。种薯贮藏期间管理不当，当种薯温度超过20℃时，即会造成热害烂种现象。如果此时不及时控制，往往会造成全窖种薯烂掉。

(3) 种薯病害。甘薯在贮藏期间的主要病害是软腐病、黑斑病和茎线虫病，其次为镰刀菌干腐病、青霉病等。发病的原因是薯块感染病菌、拐子带菌或病窖传染等。薯块受冻害、淹害或缺氧时，也常发生软腐病。黑斑病在贮藏初期气温较高时，发病较重，后期气温较低，病害发展较慢。因此，入窖前应严格精选不破皮、不受伤和不带病的薯块。

(4) 种薯湿害或干害。在贮藏初期，气温较高，薯块常出现呼吸高峰，种薯堆内水汽多、温度高，在薯堆表面遇冷时，水汽凝结成水附着于表层的薯块表皮上，即为"发汗"，产生湿害，或因薯块淹水造成湿害。研究表明，水淹36h的薯块坏烂率可达10%～20%，水淹72h的坏烂率可达30%以上。受湿害较轻的种薯与正常的种薯不易区分，但若用为育苗则湿害种薯不能发芽生根，且会腐烂。如果窖内温度过低，薯块的细胞原生质失水过多，会造成生理萎蔫，引起酶的活性失常和有机物分解加速，出现皱皮、"糠心"等干害症状，也容易发生腐烂。为了防止种薯的干害或湿害，窖内相对湿度保持在85%～90%为宜，同时还要注意排水防淹。

(5) 种窖缺氧。在甘薯贮藏初期，由于种薯温度较高，其呼吸速率也较大，窖内的氧气消耗较快，此种情况下如果封窖过早或装放薯块过满，很容易导致窖内种薯因缺氧而烂窖。

2. 甘薯种薯的贮期变化

(1) 种窖贮藏条件的变化。在甘薯种薯的贮藏过程中，要密切注意种窖温度、湿度和气体成分的变化情况。

①种窖温度：种薯入窖后，种薯温度逐渐升高，入窖约 10d 即种薯贮藏初期的种温达最高点，此时也是薯块呼吸高峰；随后种温又逐渐下降，在入窖约 20d，种温进入平稳期。在甘薯种薯窖藏过程中，随着种薯温度的提高则呼吸速率也变大，呼吸放热量会同时增大，当温度上升超过 20℃时则容易发生热害；如果种薯贮藏温度低于 10℃则又会发生冷害或冻害（表 13-20），造成烂薯；种薯温度 13℃时，薯块呼吸速率居中，最适于种薯的安全贮藏。

表 13-20　薯块呼吸速率与温度高低的关系

（孙庆泉，2002）

温度（℃）	0	5	7	8	9	13	15	18	20
呼吸速率［mg/（500g·24h），以 CO_2 计］	29	65	93	160	170	198	203	229	375

②种窖气体成分：种薯窖内气体含氧气多时可提高薯块呼吸速率；二氧化碳含量多时则可降低呼吸速率。在贮藏期间薯窖密闭，种薯块根的呼吸作用会使窖内氧气逐渐减少，二氧化碳气体逐渐增加，当窖内气体中氧气与二氧化碳含量分别为 15％与 5％时，可有效地降低呼吸速率，减少贮藏期间的薯块对养料的消耗，而且对控制病菌的活动和提高薯块耐贮藏的能力有益。

③种窖相对湿度：窖内相对湿度的高低对薯块呼吸速率也产生影响。窖内相对湿度低于 80％时，呼吸速率增大，薯块营养消耗也随之增加，种薯的耐贮能力降低；反之，相对湿度高于 80％时，种薯呼吸速率较低，释放出的二氧化碳也少。有研究表明，25℃种窖的相对湿度分别为 95％、75％和 52％时，种薯的呼吸速率分别为 16.4、21.7 和 37.2mg/（100g·h）（以 CO_2 计），即种薯的呼吸速率随着相对湿度的降低而提高。

（2）种薯新薯皮的形成。薯皮由木栓细胞组成，具有防止病菌侵入和减少水分散失的作用，使种薯块内部呼吸平稳，增加耐贮性。薯块皮部受伤后，在适当环境条件下形成愈伤组织，能阻止病菌侵入，还能增加薯块的抗冷性与耐藏性。种薯伤口附近表层细胞的细胞壁加厚木栓化，形成愈伤组织，愈伤组织形成的快慢与当时的温度和相对湿度有关，在高温、高湿的条件下形成较快，反之则慢。研究证明，相对湿度在 93％以下条件时，愈伤组织的形成在 12.5℃时约需 25d，21℃时需要 4d，31.7℃时仅需要 2d。此外，愈伤组织的形成速度还受薯块伤口深浅程度影响，其中碰伤伤口比切伤伤口的愈伤组织形成要慢。

（3）种薯化学成分的变化。

①水分的变化：甘薯薯块水分较多，一般为 65％～75％，高的可达 80％。在贮藏过程中薯块水分损耗一般为 5％～8％，多的可达 20％以上。种薯贮藏期间失水的多少与贮藏的环境条件密切相关，深井窖的窖温比较稳定，温度一般为 11～16℃，相对湿度在 90％左右，在这种高湿低温的条件下，种薯失水仅为 1％～2.5％；浅窖在贮藏初期的温度较高、湿度较低，失水多达 5％～13.7％。

②果胶质（pectic substance）的变化：薯块中含有的原果胶质能巩固细胞壁，使薯块组织坚硬，使种薯具有一定的抗病能力。在种薯贮藏中，一部分原果胶质转变为可溶性的果胶质，组织变得松软，抗病能力下降，但薯皮附近的原果胶质减少（表 13-21）。

表 13-21　种薯薯块受冷害与果胶质含量的关系

(孙庆泉，2002)

种薯类型	测定部位	原果胶质（%）	可溶性果胶质（%）
正常种薯	薯块中心	0.67	0.42
	薯皮附近	0.94	0.24
受冷害种薯	薯块中心	1.38	0.13
	薯皮附近	0.68	0.12

（二）甘薯种薯贮藏技术要点

1. 贮藏方法　甘薯种薯的贮藏，首先要适时收获，一般应在气温 10℃ 以上（地温 12℃）时收刨完毕，不能收刨太早，同时也要防止冷害和冻害。出土时应尽量避免损伤，在运输过程中要尽量减少破损，破损的块根不宜作种用。甘薯种薯的贮藏一般都采用窖藏法。

（1）窖址的选择。种薯窖址要选择避风向阳和排水良好的地方。入窖前要将种窖打扫干净。曾经发过病的种窖要进行消毒杀菌，即把窖壁土刮去一薄层并清除出窖外，再在窖内点燃硫黄后严封窖口熏蒸一天，硫黄使用量为 2～3g/m³，然后打开窖口，通入新鲜空气后才能让新的种薯入窖。

（2）种薯的挑选。为了防止甘薯贮藏期间发生腐烂，在种薯挑选时，要严格精选后入窖。凡是带病的、破伤的、虫咬的、受淹的、受冷害或烂拐子的均要挑出，不能入窖。收刨时，在田间边刨边选，入窖前再行复选。窖内装放甘薯一般以占窖空间的 2/3 为宜，不能过满。

（3）贮藏窖型的选择。贮藏种薯的窖型，应根据当地的土质松紧和地下水位的高低，因地制宜地选择。现把我国北方常用的几种主要贮藏窖型介绍如下。

①高温大屋窖：高温大屋窖贮藏种薯的优点很多。大屋窖高温能使伤口很快愈合，有利于控制黑斑病和镰刀菌干腐病，有利于提高甘薯抗软腐病和耐低温的能力，腐烂率大幅度下降，种薯在育苗时发病率也较低；大屋窖高温处理可促使薯块不定芽萌发，育苗能提早 2～3d 出苗，出苗率提高 10% 以上。但是大屋窖高温窖也有缺点，由于在高温处理期间的窖温高、湿度低，所以容易发生发芽和"糠心"现象。

高温大屋窖坚实牢固，窖内温度均匀一致，便于保温防寒，通风散热排湿时也很通畅。高温大屋窖分地上式与半地下式两种。地上式适用于水位高的地区，高温处理后通风降温较快；半地下式的窖底比地面低 1m 多，保温较好，甘薯种贮一般多采用半地下式。窖内温度升降快慢的控制取决于窖容的大小。

高温大屋窖墙厚 1m，从窖底到屋檐高 2.2m，土墙或砖墙，屋顶起脊，窖门高 1.8m 开在南墙的中心或旁边，旁门设在山墙的中间以便于出入和检查。每间屋在南北墙的屋檐下设对口窗（高 30cm、宽 15cm）或在两边山墙的高处各开一窗。走道上开两个天窗，在每间屋子的南北墙基各设一个 15cm² 的通气孔。在通气降温后，把对口窗或山墙的窗与通气孔堵死。去烟道设在走道的中间，内口大小 10～25cm²，两边用直砖或薄坯砌成，靠炉的一边占全部长度的 1/3，上盖厚坯，前后坡度相差 15～20cm，为半地下火道；其余 2/3 的长度上面盖瓦或铁片，没有坡度，设在地面上以利传热。回烟道内口约 18cm²，设在周围墙基部内，坡度是 10°。炉子进火口的坡度为 30°～40°，烟道泥好后只要试火不漏烟即可进行高温处理。两个烟囱设在墙内，靠近火炉的两边，烟囱要高出窖顶。在大屋窖旁边盖一小房为设置炉子的地方。

种薯在窖内分放在走道两边，距离去烟道 30cm 以上，以防热害。为了使薯堆内热气传播速度快，装放种薯时墙种之间应该要留出空间，垛底设通风隔板，窖墙用一定厚度的植物秸秆隔离。种薯堆底部一般 2m²。两个分堆之间用秸秆隔开，并留下 12cm 的空间。种薯堆高 1.5～1.8m。每个薯堆的中间安放一个直径 18cm 的通气笼，再横放 1～2 个通气笼。靠着走道一边的薯堆每装放约 30cm 高时，平排约 10cm 的带根玉米秸或秫秸，根向外放防止薯堆向外倒塌。

②发悬大窖（永久窖）：发悬大窖多用砖或石砌成，坚固耐用。发悬大窖的构造分非字形和半非字形两种。非字形窖的走道设在窖中间，贮藏洞在走道的南边，走道为东西向设置。洞顶用砖发悬，厚约 30cm，窖顶加土约 1m 厚，墙厚约 1m。

③崖头大窖（山洞窖）：崖头大窖一般设在土质坚硬和有崖头的地方，其建造成本低，每窖可贮藏种薯 1 万～1.5 万 kg。

④深井窖：深井窖的优点是保温保湿性好，建窖简便，省工省料。缺点是通气不良，管理不便，贮藏量少。深井窖的井筒深 3.5m 以上，井筒上口直径为 75cm，下口直径为 90cm，有利于保温。在井筒底部两边挖洞贮藏种薯。

⑤棚窖：棚窖适合于地下水位高、土质疏松、土层薄的地区，其缺点是保温、保湿性较差，需要年年拆建，管理不便。窖的建造具体为：坑深约 1.8m，坑宽约 1.5m，坑长因贮藏量而定，窖顶每隔 75cm 横放木柱一根，上铺干的植物秸秆厚约 15cm，盖土厚约 30cm，每隔 1.2m 设置一个通气孔，并留一窖口。

2. 贮藏期间的管理　甘薯在贮藏期间要保持合适的温度、湿度和氧气，其中温度最为重要。在管理上，应掌握"前期通气降温，中期保温防寒，后期平稳窖温"的原则。

（1）贮藏初期管理。甘薯在贮藏期间最适的温度是 12～13℃，但在入窖后 20 多天内，窖温因薯块呼吸速率大而升高，故应注意通气降温和排湿，即需要打开窖口或气窗、气眼降温。但是，遇寒流时应注意保温。

高温大屋窖中，装好种薯后要立即加温，关闭门、窗和气眼，力争在 18～24h 内使种薯的种温上升至上层 38～40℃、中层 36～37℃、下层 34～35℃，保持四昼夜。在加温时，当温度上升到 35℃时，要烧小火，以免温度过高热坏种薯。如果下层温度已达 38～40℃，且比上层还高 10℃以上时则需停火，等到上下层的温度比较接近时再行烧火。靠近炉子的火道两边如果温度高过 42℃，可用坯或砖挡住火道两边，即可控制过高的温度。经过四昼夜的高温处理后，将门、窗、气孔全部打开，力争在 7～24h 内使窖温下降到 15℃以下。贮藏初期开始加温后要做到升温快，如果长时间停留在 20～30℃，则黑斑病菌繁殖快且种薯发芽多；降温时，如果降温速度慢也容易造成发芽。在开始加温的 2～3d 内，如果发现种堆表面处于潮湿状态，则可打开天窗 10～15min 排潮降湿，防止发芽或霉烂。在开始加温的 2～3d 以后，窖内相对湿度常常低于 50%，容易造成薯块失水"糠心"，可在火道上泼水调理。甘薯贮藏初期，为了防止湿害，可在薯堆上覆盖一层干草，以缓和表层薯堆湿度的变化，防止水汽凝结在种薯的表面。

（2）贮藏中期管理。种薯入窖后 20 多天至翌年 2 月为贮藏中期，该期内外界气温较低，要注意保温防寒以防止冷害和冻害发生。窖温下降到 13℃时，大窖与棚窖要关严门窗、堵住气眼，深井窖可盖严实通风口。种薯堆上盖草的保温效果较好，浅窖盖草厚约 18cm 即可起到保温的作用。加温大屋窖的冬季窖温下降到 10℃时，可小火加温至 13℃。

（3）贮藏后期管理。2 月初以后，气温逐渐回升，但此时常有寒流；另外，经过长期贮藏后甘薯抵抗不良环境的能力较弱，故仍应保持适当的温度和湿度。

在甘薯种薯贮期管理中，要测定记载窖温、堆温和定时检查种薯情况。一般在小雪前每天早上与傍晚测温 2 次；大雪前每 3～5d 检查 1 次；大雪后选择无风的晴天入窖检查。大屋窖高温处理时，要在窖内前、中、后和上、中、下设置 6～9 个测温点，开始加温时，约每 2h 测温 1 次，温度上升到 35℃时，约每 1h 测温 1 次。入窖检查时，如发现薯堆表层有个别腐烂，须取出烂薯。如果窖口或表层种薯腐烂，这往往是由冷害造成，需把烂薯取出后做好保温工作。如果薯堆内外腐烂的数量较多，不能继续贮藏，应及时早处理，不能倒窖，以免增加病菌传染的机会，造成更大的损失。

进窖时，为了避免发生缺氧"闷气"的事故，应打开窖口，先试以灯火，火不灭有氧时才能进窖检查。

第五节　小杂粮种子的贮藏技术

小杂粮是小宗粮豆作物的俗称。泛指生育期短、种植面积小、种植地域性强、种植方法特殊、有特种用途的多种粮豆。主要有荞麦、莜麦、大麦、谷子、糜子等杂粮及绿豆、豌豆、蚕豆、红小豆、芸豆、扁豆等杂豆。目前，小杂粮生产已成为改善国民饮食结构、调剂生活和全面营养的重要手段。小杂粮是经济作物，也是营养保健品，在我国作为重要的出口农产品，主要分布在中西部地区。由于小杂粮种子分布广泛、种类繁多、大小不一，种子的形态特征和生理特性也不一致，贮藏要求也不相同。如果贮藏不当，会使种子失去种用价值。了解这些种子的贮藏特性，掌握其贮藏技术，是做好小杂粮种子贮藏工作的基础。

一、小杂粮种子的贮藏特性

（一）小杂粮种子一般的贮藏特性

1. 种子类型杂、大小不一　小杂粮种子种类繁多，大小不一，其形态特征和生理特性各不相同，使得其对贮藏条件的要求也不相同。如谷子、糜子等种子相对较小，种子形状近圆形，种堆通气性差；蚕豆等种子相对较大，种皮较厚，较少发生发热霉变现象。

2. 耐藏性较好　除少数小杂粮种子，如莜麦种子，大多数小杂粮种子具有完整的皮壳，本身具有较好的耐藏性。如谷子种子有完整的颖壳且比较坚硬；荞麦有完整的皮壳，在贮存中能缓和湿度和温度的影响；杂豆类种子通常种皮较厚，且脂肪含量较低。这些结构有利于其进行贮藏。

3. 营养丰富，易遭虫鼠危害　与大宗粮豆比较，小杂粮的蛋白质高、脂肪低、碳水化合物低、热量低、膳食纤维高（表 13-22），具备高蛋白、低脂肪、高纤维的保健食物源要求。此外，小杂粮还含有大宗粮豆不具有的特殊营养素，如黄酮苷、亚油酸、2,4-顺式肉桂酸、酚类及矿质营养 Mg、Fe、Zn、Ca、Se 等。丰富的营养使小杂粮种子极易感染虫鼠害。

表 13-22　大宗粮豆与小杂粮营养素含量的比较

（中国预防医学科学院营养与食品卫生研究所，1991）

粮种		蛋白质（%）	脂肪（%）	碳水化合物（%）	热量（kJ/100g）	膳食纤维（%）
大宗粮豆	小麦	11.2	1.5	71.5	1 471.36	2.1
	水稻	7.7	0.6	76.8	1 433.74	0.6
	玉米	8.7	3.8	66.6	1 400.3	6.4
	大豆	32.8	18.3	30.5	1 747.24	7.0
	平均值	15.1	6.05	61.35	1 513.16	4.03
小杂粮	燕麦	15.0	6.7	61.6	1 534.06	5.3
	甜荞	9.3	2.3	66.5	1 354.32	6.5
	苦荞	9.7	2.7	60.2	1 270.72	5.8
	糜子	1.36	2.7	67.6	1 458.82	3.5
	绿豆	21.6	0.8	55.6	1 320.88	6.4
	小豆	20.2	0.6	55.7	1 291.62	7.7
	豌豆	23.0	1.0	54.3	1 329.24	6.0
	蚕豆	24.6	1.1	49.0	1 270.72	10.9
	芸豆	21.4	1.3	54.2	1 312.52	8.3
	扁豆	25.3	0.4	55.4	1 362.68	6.5
	豇豆	18.9	0.4	58.9	1 316.7	6.9
	平均值	18.42	1.82	58.09	322.36	6.71

（二）几种常见小杂粮种子的贮藏特性

由于一些小杂粮在形态特征和生理特性上相似，因此在贮藏方面有相同之处。如谷子和糜子相似，绿豆和红小豆相似，现以代表性种子为例进行介绍。

1. 谷子种子的贮藏特性　谷子种子本身较耐贮藏，但种子中含有杂质和不成熟粒较多，种堆的孔隙度较小，当谷子种子水分高于安全水分时，种堆内的湿热不易散发，管理不当可能发热和霉变，因此了解谷子种子的贮藏特性尤为重要。其贮藏特性是由其本身的形态特征、内部构造及所含化学成分决定的，主要的贮藏特性如下：

（1）耐藏性好、耐热性强。谷子种子有完整的颖壳（即内、外稃），且比较坚硬，对虫、霉的侵害有一定的抵抗能力，并能减轻外界温、湿度和不良气体（如药物熏蒸等）的影响，所以耐贮性好。谷子种子耐热性强，一般在烈日下暴晒或初期发热时，生活力并不受多大影响。

（2）原始水分低、种堆通气性差。谷子多种植在干旱地区或旱地，原始水分较低，一般谷子种子的水分能降到12%以下。即使在东北地区秋雨较多，气温较低时，其水分也不超过14%～16%（指完熟期后）。在内蒙古地区，最低水分能降到9%～10%。谷子种子种粒小、表面积大，含脂肪少，容易干燥，一般千粒重为2～4g，形状多为圆形或近圆形，种堆空隙度小，杂质较多，通风换气阻力大，不易散发湿热。

（3）种子发热霉变规律。谷子种子的发热霉变与其形态、构造及化学成分有关，还与温度、水分及所含杂质等有关。若在贮藏前未充分干燥，水分在13%以上或在贮藏期间空气相对湿度大于 65%，种子吸湿返潮，呼吸增强可能引起发热霉变；种子的后熟作用也会加速呼吸，种堆湿热增加，但由于种堆空隙度小、通气性差，促使温度上升、水分增加，也可能引发发热霉变；种堆含未成熟种粒和杂质较多时，不仅造成通气不良，妨碍降温散湿，还有利于微生物繁殖，破坏种子的内含物，也会引起种子发热霉变。温度愈高、水分愈大、杂质愈多，则种子发热霉变愈快、愈严重。谷子种子发热霉变时，种粒表面开始湿润，散落性降低，粒色鲜艳，3～4d 后开始发热，种温继续升高，种皮颜色加深，种胚发红，经 7d 左右后种胚开始出现灰白色菌丝，以后逐渐扩展并颜色加深，渐渐变成墨绿色，有霉味，种子呈黄褐色，失去生活力。此时若不及时处理而任其继续发展下去，温度仍能升高，谷子种子逐渐结块成团直至腐烂。所以，及时晾晒通风是防止发热霉变的重要管理措施。

2. 荞麦种子的贮藏特性　根据荞麦种子的化学组成和形态结构，主要的贮藏特性如下：

（1）耐藏性好。荞麦种子具有完整的皮壳，在贮存中能缓和荞麦种子的吸湿和温度的影响，对虫、霉有一定的抵抗能力。荞麦种粒的结构也很特殊，子实由果皮、种皮、胚乳和胚 4 部分组成。果皮较厚，占种粒重的 25%～30%。种皮很薄，紧附胚乳。胚发达，占比重大，位于种粒中央，薄大而扭曲，横断面成 S 形，故荞麦种粒的结构有利于贮存。

（2）种粒一致性差。荞麦种子结实期长达 20～40d，种粒成熟度差异极大，收获期仍有 20%～40% 的种粒尚未完全成熟，故不利于贮存。

（3）脂肪和蛋白质含量高。荞麦种子比一般禾谷类种子含有的脂肪和蛋白质含量要高很多。高蛋白种子对高温的抗性较弱，高温会导致蛋白质水解和变性，游离氨基酸含量增加，酸度增加，结构变得松散，蛋白质由溶胶变为凝胶，溶解度降低，从而加速了荞麦种子的老化；脂肪易于水解，转变为游离脂肪酸，导致霉菌繁殖，游离脂肪酸进一步氧化则生成戊醛、己醛等挥发性物质，加速了种子品质的下降。

（4）易劣变。荞麦种子在贮存中受贮存期和贮存环境的影响，虽未发热霉变，但由于酶和呼吸等生理作用，种粒本身的形态、颜色、气味等发生变化，种粒结构松弛、生活力减弱、品质变劣，这种现象称为种子的陈化。陈化过程中，种粒化学成分发生变化，以脂肪变化最快，淀粉次之，蛋白质变化较缓慢。脂肪发生水解，转变为游离脂肪酸。淀粉水解为麦芽糖和糊精。麦芽糖和糊精继续水解为还原糖，还原糖继续水解则生成 CO_2 和 H_2O 或产生乙醇和乳酸等氧化不彻底的产物。蛋白质也发生水解变为游离氨基酸。这些变化导致种粒品质变劣，失去利用价值。

3. 莜麦种子的贮藏特性　根据荞麦种子的化学组成和形态结构，主要的贮藏特性如下：

（1）种子蛋白质和脂肪含量较高，易遭虫鼠为害。莜麦种子含有丰富的蛋白质和脂肪，营养价值高，易遭鼠害，为害的鼠类主要有褐鼠、黑鼠和小家鼠。此外种粒没有颖壳保护，皮层薄，组织松软，易损伤，易招虫害。除少数豆类专食性虫种外，几乎所有的贮粮害虫都能侵蚀，其中以玉米象和麦蛾等害虫为害最为严重。

（2）易发热霉变。莜麦种子发热霉变的速度很快。发热初期茸毛脱落，种粒失去光泽，种温升高，如不及时处理则在 3～5d 内即可导致霉变。莜麦种子霉烂后呈灰褐色，硬度明显降低。

（3）种粒大小不一致，易混入杂质。莜麦穗部不同小穗或同一小穗的不同部位种粒成熟度极不一致，导致种粒大小差异很大，故易混入杂质。莜麦是在冬季收获入库，气温下降到 0℃以下，在晒场上碾打、晾晒时易混入冰雪，加上在仓储过程中品质差、杂质多、通风不良，自身呼吸所产生的水分和热量得不到及时散失而积蓄起来，使混入莜麦内的冰雪融化，导致呼吸旺盛和微生物大量繁殖，迅速导致莜麦发热霉变。

4. 蚕豆种子的贮藏特性 蚕豆种粒较大，其子叶含有丰富的蛋白质和少量脂肪，种皮比较坚韧。和花生、大豆相比，它是豆类中较耐藏的一种。蚕豆种子晒干后在贮藏期间很少有发热生霉现象，更不会发生酸败变质等情况。经常遇见的问题是仓虫为害和种皮变色。具体贮藏特性如下：

（1）虫害。蚕豆种子的主要仓虫是蚕豆象。蚕豆象一年发生一代，以幼虫蛀食豆粒，严重时被害率可达90％以上。通常以成虫隐蔽在仓房角落隙缝里或田间枯枝草丛里越冬，翌年3月间成虫产卵于刚发育的嫩荚上，孵化后，幼虫钻入豆粒内逐渐成长。蚕豆成熟收获后带入种仓内继续为害，到8月初羽化为成虫，从豆粒内穿小孔飞出，躲藏在仓库内越冬。到来年蚕豆开花结荚时，又飞到田间交尾产卵，孵化幼虫蛀食豆粒。这样循环往复，使蚕豆种子品质下降，生活力很快丧失。目前在生产上采取田间杀虫和仓内防治结合的技术措施，可以大大降低或完全防止蚕豆象的为害。

（2）种皮变色。蚕豆种子的种皮颜色因品种而不同，但大体上可分为青皮蚕豆和白皮蚕豆两个类型。青皮蚕豆的种皮青绿色，如老品种阔板青、香珠豆、牛踏扁等；白皮蚕豆的种皮呈苹果色，如大白蚕、大秆白等。但也有少数品种的种皮呈紫红色，如嘉兴地区的紫皮蚕豆。在贮藏过程中，青皮蚕豆或白皮蚕豆种子往往随着贮期的延长而变色。变色一般在内脐和侧面隆起部分先出现，开始呈淡褐色，以后范围逐步扩大，由原来的青绿色或苹果绿色转变为褐色、深褐色以至红色或黑色。蚕豆变色不很严重时，种粒仍能正常发芽，但变色较深且贮藏时间较久的则不易再做种用。

蚕豆种子种皮变色的原因是蚕豆种粒内含有的多酚氧化物质及酪氨酸等参与氧化反应。其发展速度除与温度、pH有直接关系外，还受光线、水分及虫害的影响。当温度达到40～44℃，pH在5.5左右时，氧化酶的活性最强；而在强光、高水分及虫蚀的情况下，酶的作用更为活跃，因而促使蚕豆变色加快，色泽加深。从散装的种子堆来看，上层表面易受到水、温、光的综合影响，所以首先变色，且变色程度较其他部分更为严重，在60cm以下，变色程度逐步减轻。通常夏季高温，变色较多，而冬季则变色较少；水分在11％～12％时变色较少，水分在13％以上变色较多。豆粒遭受虫害的，也容易引起变色。

5. 绿豆种子贮藏特性

（1）散落性好。绿豆种粒形状有圆柱形和球形两种，根据种粒大小，还可分为大、中、小粒3种类型，一般百粒重在6g以上者为大粒型，4～6g为中粒型，4g以下为小粒型。按其种皮色泽，绿豆又分为有光泽（明绿豆，有蜡质）和无光泽（毛绿豆，无蜡质）两种。种粒散落性好，种堆孔隙度小。

（2）易发生虫害。绿豆种子难以贮藏保管，主要是因为绿豆容易遭受绿豆象的为害。绿豆象繁殖迅速，每年繁殖4～6代，如气候条件适宜，可在田间或室内交替繁殖10代以上，危害严重。以幼虫在豆粒内越冬，翌年春天化蛹，羽化为成虫，从豆粒内爬出。成虫善飞，在仓内产卵于豆粒上，每颗豆子一般1～6粒，多者10粒以上。常常将绿豆种粒蛀蚀一空。绿豆种子被害率一般为11.3％～47.7％，高者可达95.0％以上。

6. 豌豆种子的贮藏特性 豌豆子叶的化学成分与蚕豆相似，含有丰富的蛋白质和少量的脂肪，较含脂肪丰富的大豆等种子容易贮藏。但与蚕豆种子相比，颗粒小、密度大，种皮不够坚韧，因此其耐贮性不及蚕豆种子。根据其本身的形态特征及化学成分，豌豆种子的贮藏特点主要有：

（1）虫害。豌豆象是豌豆种子的主要害虫。据调查，豌豆种子的一般虫害率约为 30%，最严重的可达 90%，造成的重量损失一般轻度被害的约 15%，严重的达 40% 左右。豌豆象是在豌豆开花结荚期间产卵在嫩荚上。幼虫孵化出来咬破豆荚，侵入豆粒中，以后随着豌豆收获带入仓库，继续在豆粒中发育，化蛹，最后羽化为成虫，隐匿在仓库隙缝、屋檐瓦缝里越冬。到翌年豌豆开花期又飞到田间交尾产卵，开始新一轮的为害。

（2）散落性好。豌豆种子的容重约为 800g/L，密度 1.32～1.40，静止角在 21°～30°，散落性好，孔隙度小。若大量散装会对仓壁或其他容器壁产生较大的侧压力，因此在种仓库建筑时必须考虑其坚牢性。

7. 芸豆种子的贮藏特性　芸豆在贮藏中表皮易出现褐斑，俗称锈斑。芸豆的贮藏适温为 8～10℃。温度过低容易发生冷害。一般在 0～1℃ 下超过 2d，2～4℃ 下超过 4d，4～7℃ 下超过 12d，都会发生严重的冷害，将受低温冷害的芸豆放置高温环境下 1～2d，表面就会产生凹陷和锈斑等变化。贮藏温度高于 10℃ 以上时，种子易老化和腐烂。

芸豆对二氧化碳较为敏感。当空气中的二氧化碳含量在 1%～2% 时，对锈斑产生有一定的抑制作用，二氧化碳含量超过 2% 时，会使芸豆锈斑增多，甚至发生二氧化碳中毒。

二、小杂粮种子贮藏技术要点

（一）小杂粮种子一般的贮藏技术要点

1. 防止发热霉变　大多数小杂粮种子耐藏性较好，但在管理不善、通风不畅等情况下，都可以引起种子发热，进一步会发生霉变，导致种子丧失生活力。具体预防措施为：

（1）严格入库种子质量。一些小杂粮种子种粒一致性差，必须严格入库标准，坚持未成熟的、穗发芽的、受潮受冻的、感病和受药害的种子不留种，并严格清选分级，剔除瘦瘪粒、破碎粒、虫蚀粒及各类杂质，特别是要控制水分在规定的安全水分以下，做到不符合质量标准规定的种子不入库贮藏。

（2）加强管理，勤于检查。根据气候变化和种子生理状况制定出具体的管理措施，及时检查，发现问题及时采取措施。做到合理的通风和密闭。判断能否通风的原则：①仓外温湿度都低于仓内；②仓内外温度相同，但仓外相对湿度低；③仓内外湿度相同，但仓外温度低。可采用自然通风或机械通风。也可采用上下层倒垛、翻仓、通风等措施降温散热。

2. 防治虫鼠及微生物　大多数小杂粮种子易遭虫鼠为害。入库种子要做到严格检疫防治虫害。一般采用高低温杀虫、机械除虫、化学药剂等方法防治。其中化学药剂防治具有高效、快速、经济等优点，同时由于药剂的残毒作用，还能预防虫害感染。另外，仓鼠在种子贮藏期间对种子的危害也较大，应做到防、治结合，一是堵漏补洞；二是投放毒饵杀鼠；三是放置粘鼠板杀鼠。但要注意及时清理死鼠。为害贮藏种子的微生物主要是真菌中的曲霉和青霉。一般将仓库内温度降低到 8℃，相对湿度控制在 65% 以下，种子水分低于 13.5% 时霉菌会受到抑制。霉菌对空气的要求不一，分好气性和嫌气性等类型。密闭贮藏必须在种子充分干燥、空气相对湿度较低的前提下才能起到抑制霉菌的作用。一般应检查库房墙角阴暗潮湿部位及杂质集中的部位。

（二）几种常见小杂粮种子的贮藏技术要点

1. 谷子种子贮藏技术要点　贮藏谷子种子时，除遵照一般种子安全贮藏原则外，还应针对其贮藏特点和质变规律，采取相应的综合贮藏技术。

（1）适时收获。适时收获是保证种子质量的重要环节，收获时期要根据种子的成熟度来决定，一般以蜡熟末期或完熟初期收获最好，此时谷粒坚实，颖及稃全部变黄，种子水分在20％左右。收获过早种粒不饱满、青粒多、水分高，种粒干燥后皱缩，在堆放过程中易发热生霉；收获过迟，谷壳口松易落粒，杂质偏多。

（2）后熟处理。通过后熟的谷种呼吸较弱，内部物质的代谢强度和水分都较低，耐贮藏；未经后熟的谷种，呼吸较强，水分较高，常会引起种堆间隙空气湿度大、温度高，为微生物和仓虫的生长发育和为害创造了条件，因而不耐贮藏。所以，收获后应进行后熟处理。一般选择晴天收获，植株割倒后，散放于田间摊晒。然后捆成捆，使穗头朝上在田间立码晾晒。

（3）干燥除杂。将谷穗切下后平铺在场上晾晒，厚度以10~15cm为宜。应选择晴朗天气进行脱粒，切勿潮湿脱粒，以减少破碎粒。脱粒后继续晾晒，并进行风选、筛选、严格去杂。脱粒后晾晒，应先将晒场预热，这是因为谷种颗粒光滑而细小，有效面积大，如晒场未预热而进行晾晒，会造成谷种堆表层和底层吸热散湿不均衡，贮藏时容易发生质变。晾晒时，应薄摊、勤翻。通过晾晒除杂，使其水分下降到13％以下，净度达97％以上。暴晒后必须摊晾降温后，再入库贮藏，以防种堆内温度过高，余热长期不散，而引起不良变化。

（4）适时通风密闭。低温干燥能抑制种堆内各种生物的生命活动，使种堆处于稳定状态。据测定，当谷种水分在13％以下，温度不超过25℃时，或当谷种水分达到并保持与相对湿度不超过65％的相对平衡条件时，就能抑制谷种堆内各种生物的生命活动，使种堆处于稳定状态。种子收打入库后，正值气温下降季节，应利用干燥寒冷的冬季，翻仓倒囤，充分通风，降温散湿，彻底清杂。一般应使种温降至-10℃左右，以冻死病虫害。在春季气温回升以前，密闭仓库门窗，并在种堆上压盖消毒后干燥的芦席、麻袋或草袋，再在上面压盖重物以进行密闭，这样不仅能隔绝外界高温的影响，保持低温干燥状态，同时还能防止病虫害的侵入。

2. 荞麦种子贮藏技术要点

（1）干燥除杂。由于荞麦种粒的成熟度极不一致，收获期仍有20％~40％种粒尚未完全成熟，因此收获后应充分暴晒，也可采取烘干的方法，使种子水分降低到安全水分（不超过13％），这样种子贮期吸湿较少，则一般不会发生霉变。如果种子水分在14％以上，当种温达到30℃时，经年贮存，种子的发芽率降低，种子陈化加快；同时荞麦种粒中还混有破碎粒、杂草种子和其他类型的杂质，破碎粒、杂草种子吸湿性强，原始水分高，增加了种堆的湿热。所以，荞麦种子在贮存前必须进行清理除杂工作。

（2）合理堆放。大量荞麦种子贮藏时，一般采用散堆存放的方法。散堆贮藏时，仓房的防潮、隔热性能要好，以防种堆受潮发热霉变。荞麦种子的贮藏，也可进行包装堆放，即用麻袋、草袋、编织袋等装好，然后堆垛存放，这种方法利于通风降温降湿，保持荞麦种子的清洁和纯度，但占用仓房面积大，一般作临时性存放。

（3）低温贮藏。低温贮藏是当前种子贮藏的最好方式。库房应具备良好的隔热性能，表面可刷成白色或浅色，门窗要严密，防止外界热量进入库房。在贮藏过程中要适时通风，以促进籽粒中的气体交换，降温散湿，防止种堆发热、霉变。有时需要密闭，以减少种籽粒与外界空气接触，避免外界温度、湿度影响及虫、螨为害。在使用熏蒸剂时，密闭还可以增进杀虫效果。因此库房要具备良好的通风和密闭性能。我国大多地区荞麦种子收获处于晚秋，应充分利用干燥寒冷的冬季，翻仓倒囤、充分通风、降温散湿，利用低温杀死种堆内的仓虫。

（4）防治仓虫和微生物。荞麦种子中虫、螨一般是感染来的。荞麦种子经打场和初期贮存，很容易感染仓虫。为害荞麦种子的仓虫很多，以麦蛾和米象最烈。虫、螨不仅蛀食种子，而且在取食、呼吸、排泄和变态等生命活动中，散发热量和水分，造成种子结露、发芽、发热和霉变，促进了霉菌的滋生。防治仓虫的发生与繁殖，与清理仓房、杜绝虫源有关，但荞麦种粒水分与仓虫滋生关系甚密。防止荞麦种子生虫，最好是收后暴晒。荞麦种子生虫后，夏季"晒热入仓"，冬季低温冷冻杀虫也有效果。在条件许可地区，也可用熏蒸剂杀虫。

（5）特殊情况下的管理。

①荞麦种子贮存中雨、露、水湿的处理：遭遇雨、露、水湿的荞麦种粒，呼吸作用较强，附着的微生物也多，容易发热和霉变。遭雨淋，水分在14％以上的荞麦种子，在气温较高的夏季，即使袋装单批存放、经常通风也容易变质，遭雨淋的种子最好用阳光暴晒或烘干。

②发热的处理：荞麦种子温度失常发热后，不论是后熟作用还是水分高所引起的，均应立即处理。最好的处理办法是日晒或烘干，如无条件及时日晒或烘干，则应立即摊晾降温散水。

③霉变的处理：荞麦种子霉变后，品质降低，单独存放另作处理，绝不能混入好种子中。

3. 莜麦种子贮藏技术要点

（1）干燥除杂。莜麦种粒成熟度极不一致，导致收获后种堆中有大量的未充分成熟的种粒，种子原始水分较大。加之莜麦在秋冬季收获入库过程中，种子在晒场上碾打晾晒时易混入冰雪，种子脱水较慢，因此应充分晾晒保证种子水分降低到13％以下。莜麦种粒大小极不一致，导致混入的杂质量增加。所以，要做好莜麦种子的干燥除杂工作。莜麦种子的等级指标见表13-23。

表 13-23　莜麦质量等级划分指标

（董海洲，1997）

等级	容量最低指标（g/L）	不完善粒（%）	杂质（%）		水分（%）	色泽气味
			总量	其中矿物质		
1	680					
2	650	6.0	2.0	0.5	13.5	正常
3	620					

（2）低温贮藏。莜麦种子在冬季入库，因此要充分利用高寒地区"寒冷、干燥、风大"的特点，对莜麦种子进行低温密闭保管。首先要求保证入仓莜麦种子的质量，把好水分、杂质两大关。莜麦种子入仓后应加强管理，充分利用冬季和初春的寒冷季节通风降温，入夏前

进行密闭保管，并应对仓房采取一些隔热措施，以保持较长的低温状态。在仓储过程中要加强检查，发现问题后要及时处理。

（3）严防冰雪混入。莜麦种子在晒场上碾打、晾晒时，易混入冰雪，在整晒的过程中要防止冰雪混入。预防的方法是：在风雪天要将晒场上的莜麦拢堆覆盖，防止冰雪混入种堆。场上种堆如有结露现象，则应充分摊晾后再装袋，入仓时严加检查，防止混有冰雪的莜麦入仓。

（4）防治虫鼠。莜麦营养美味，极易遭受鼠害。应做好防鼠工作，定期检查捕鼠器，及时清理捕获的老鼠。此外，同荞麦种子一样，莜麦种子也易感染仓虫，在条件许可的情况下可用熏蒸剂杀虫。

4. 蚕豆种子贮藏技术要点

（1）防治蚕豆象。根据蚕豆象为害蚕豆种子的规律，防治应采取生产单位与贮藏单位相互协作、田间防治和仓内防治并举的综合防治体系。在具体操作上要紧紧抓住两个关键时刻：一是在蚕豆开花期，此时正是成虫集中田间活动交尾时期，需抓紧田间杀虫以防止产卵，一般可用2％杀螟松粉剂或2.5％敌百虫粉剂每亩1.5～2.5kg进行田间植株喷洒，杀虫效果较好；另一个时期是收获以后到7月底以前，此时正是幼虫发育和化蛹期，需抓紧入库前后杀虫以防止成虫羽化。

蚕豆贮藏，多采用两种方法杀虫：开水浸烫和药剂熏蒸。开水浸烫法是将蚕豆放箩筐或竹篮里，约占容积1/2，浸入正在滚着的开水中浸烫25～28s，边浸边搅拌使热度均匀。取出后，放入冷水中浸凉，立即摊晾干燥，一般杀虫效果可达100％。但必须注意蚕豆的原始水分须在13％以下，浸烫时间掌握在30s以内，烫后随即冷却晒干，否则可能会影响发芽力。另一种是用药剂熏蒸法，即将蚕豆密封在仓库内，投入氯化苦或磷化铝片剂2片，然后密闭72h也可杀死全部仓虫。剂量按每立方米蚕豆700kg计算，用氯化苦50～60g或磷化铝3片。此法比较简便，但必须注意安全，预先做好充分准备工作，防止发生意外。蚕豆秸是隐藏蚕豆象的重要场所，须在7月底即羽化成虫以前全部烧掉，以减少后患。种子水分在12％以下的，可用氯化苦或磷化铝；水分超过12％的种子，不宜用氯化苦，以免影响发芽力。熏蒸时间最好在7月底以前，否则成虫一经羽化完成，就从种子里穿孔飞出，藏匿在各种隐蔽地方，不但使本批种子受到严重损失，而且使蚕豆在来年开花期间的被害范围更为扩大。

（2）防止种皮变色。影响蚕豆变色的主要因素是光线、温度和水分。因此，要防止蚕豆变色，应该从避光、低温和干燥三方面着手。上海市试验结果表明①低温防止变色的效果好：蚕豆收获后应充分应用冬季低温实行冷冻密闭贮藏，从而减轻贮藏时期蚕豆的变色程度。通常贮藏在5℃以下的条件下能减少变色程度，在-4℃低温下贮藏6个月不变色；②氧气和蚕豆变色关系不很明显：将蚕豆装入牛皮纸袋，外套塑料袋，密封，抽真空93 325.4Pa（700mmHg），对减缓变色表现有一定效果。但真空密闭保藏对保持蚕豆生活力有一定的损害；③避光贮藏（装在涂墨汁的牛皮纸袋，再加套一层塑料袋，密闭）对防止变色效果显著，方法简便易行，可供生产上广泛的应用。浙江农业大学曾用去氧剂密封贮藏蚕豆，可明显降低种子的变色百分率。目前农村生产单位贮藏蚕豆种子，数量一般不很大，多采用囤藏法，水分晾晒到11％左右，表面用草包覆盖以减少吸潮，对防止变色有一定作用。用等量干河沙与蚕豆分层压盖法，对控制虫害及防止变色都很好效果。也可采用谷糠贮藏法，亦有同样效果。具体做法是：在蚕豆种子入库时，先在囤底垫 30～50cm 的谷糠，摊平，放 10cm 厚的蚕豆一层，然后上面再铺 3～5cm 的谷糠。这样一层谷糠一层蚕豆种子地相间铺平，到适当高度时再在表面加盖 30cm 厚的谷糠一层。另一种保藏方法是用新鲜干燥的谷糠，按 1 筐蚕豆、2 筐谷糠的比例拌匀藏在篾囤中，囤底要垫一层谷糠，囤的周围和种子堆表面都应加谷糠一层以防潮隔热，囤高以 1.5～2m 为宜。采用上述方法时，须注意以下几点：①蚕豆种子水分必须控制在 12％以下；②所用谷糠须干燥无虫，新鲜清洁，垫底的和表层覆盖的谷糠应厚实。覆盖的谷糠要经常检查，如发现结露返潮，应及时更换；③每次检查完毕，须立即照原状覆盖严密；④围囤边沿空隙部分须灌注谷糠以杜绝仓虫通过。

5. 绿豆种子贮藏技术要点　要安全贮藏绿豆种子，除了适期采收、充分晾晒、水分降到 14％以下之外，最为重要的就是防治绿豆象。

（1）日光暴晒杀虫。炎夏烈日，在晒场温度不低于 45℃时，将新绿豆种子薄薄地摊在水泥晒场上暴晒，每 30min 翻动一次，使其受热均匀并维持在 3h 以上，可达到杀死幼虫的目的。

（2）密闭杀虫。绿豆种子量较多时，可用密闭法杀虫。具体做法是，在绿豆种子收获后抓紧晾晒，使其水分降至 14％以下。装入种囤，再在囤外层围上大一圈的粮囤，在两囤夹层及囤上填塞麦糠，压紧密闭，闷杀仓虫。半个月左右，杀虫率可达 95％以上。待消灭绿豆象之后，再拆囤晾晒，然后入仓保管。

（3）开水浸烫。开水浸烫适用于少量绿豆种子的贮藏。具体做法是，将绿豆种子用纱布包好或装入小竹篮里，放入沸水中浸烫 1min 左右，立即取出摊薄晾晒。也可把绿豆种子放在盆子里，将沸水倒入盆中，浸烫 5～10min，然后捞出晒干。开水浸烫法杀虫效果很好，并不影响绿豆的发芽力。但要求绿豆要干燥，并掌握好浸烫时间。用这种方法最好在收获后 10～15d 内进行，这时绿豆象正处在幼小时期，正是消灭它的大好时机。时间长了，绿豆象成虫从豆粒内钻出，则防治已晚，成虫飞出后又能继续繁殖为害。

（4）低温处理。低温处理的方法主要有两种。

①利用严冬自然低温冻杀幼虫：在严冬选择晴冷天气，将绿豆种子摊放在水泥场上，层厚 6～7cm，每隔 3～4h 翻动一次，夜晚架盖高 1.5m 的棚布以防霜浸露浴，经 5 昼夜以后，除去冻死虫体及杂质，趁冷入仓密闭，即可达到冻死幼虫的目的。

②利用电冰箱、冰柜或冷库杀虫：把绿豆种子装入布袋后，扎紧袋口，置于冷冻室，温度在 −10℃以下，经 24h 即可冻死幼虫。对于红小豆种子也可用此法处理。

（5）熏蒸杀虫。当在种仓内大量贮藏绿豆种子时，可采用药剂熏蒸法防治绿豆象。

①敌敌畏熏蒸：将敌敌畏装入小瓶中，用纱布封口，放在绿豆种子堆的表层，将仓库密封 5～7d 后取出敌敌畏瓶，密封种仓，可保证杀虫率在 95％以上。每 100kg 绿豆种子需用 80％的敌敌畏乳油 10mL。

②磷化铝熏蒸：500kg 绿豆用 3～5 片药，放在粮袋空隙处。当气温 12～15℃时，需 5d 时间；16～20℃时，需 4d；20℃以上时，需 3d 时间。熏完后需通风放气 7d。

③氯化苦熏蒸：1m³ 种仓容积用药 35～50g，在室温 36～45℃条件下密闭 72h。磷化铝和氯化苦都是剧毒药品，使用时必须严格执行安全操作规程。

6. 豌豆种子贮藏技术要点

（1）防治豌豆象。豌豆种子贮藏技术的关键是防治豌豆象。豌豆种子刚收获后，呼吸作用非常旺盛，产生大量热能，用密闭保温法可使种温很快升高，经过一定时间后即可杀死潜伏在豆粒内的豌豆象幼虫。同时豌豆象在高温下强烈呼吸作用所产生的大量 CO_2，也能促使其幼虫窒息死亡。此法具体步骤是：当豌豆收获后，晴天晒干，使水分降到 14％以下，当种温晒到相当高时趁热入囤密闭，使在密闭期间温度继续上升达到 50℃以上。入仓前预先在仓底铺一层谷糠（先经过消毒），压实，厚度须在 30cm 以上。糠面垫一层席子，席子上围一圆囤，其大小随豌豆数量而定，然后将晒干的豌豆种子倒进囤内，再在囤的外围做一套囤。内外囤圈的距离应相隔 30cm 以上。在两囤的空隙间装满谷糠，最后囤面再覆盖一层席子，席上铺一层谷糠，压实，厚度须在 30cm 以上。这样豌豆上下和四周都有 30cm 厚的谷糠包围着。密闭的时间一般为 30～50d，随种温升高程度加以控制。豌豆种子密闭后的前 10d，须每天检查种温和虫霉情况；10d 以后，可每隔 3～5d 检查一次。豌豆在密闭前后，均须测定发芽率。上述方法除囤边部位有时有少数仓虫未杀死外，其他部位能达到 100％的杀虫效果，而且经过这样处理的豌豆种子发芽率并未降低，理化特性也不受影响，但必须抓紧在豌豆收获后尽快进行处理。

消灭豌豆象亦可采用开水烫种法，即把豌豆种子（水分在安全标准以内）倒入竹筐内，浸入沸水中，速用棍搅拌，经 25s，立即将竹筐提出放入冷水中浸凉，然后摊在垫席上晒干贮藏。处理时要严格掌握开水温度，烫种时间不可过长过短，开水须将全部豌豆浸没，烫时要不断搅拌。

（2）合理包装。贮藏豌豆种子时，最好用麻袋包装，以减少对仓壁、囤壁的侧压力。在堆放时，不要超过安全线，并注意不要倾向仓、囤的一侧，以防墙裂囤塌。

7. 芸豆种子贮藏技术要点 影响芸豆种皮产生锈斑的主要因素是温度和二氧化碳。因此要防止芸豆种皮产生锈斑应该有适宜的温度和二氧化碳浓度。在种堆中必须设有通气孔，或在塑料袋内放入适量的消石灰以吸收二氧化碳，以免造成锈斑增多。

思 考 题

1. 试述水稻种子的贮藏特性和杂交稻种子越夏贮藏技术要点。
2. 试述小麦种子贮藏技术要点。
3. 试述玉米种子的贮藏特性。
4. 油菜种子的贮藏特性有哪些？试述油菜种子的贮藏技术要点。
5. 大豆种子的贮藏特性有哪些？试述大豆种子贮藏技术要点。
6. 简述棉花种子的贮藏特性及贮藏技术。
7. 花生种子为什么一般进行荚果贮藏？
8. 试述向日葵种子的贮藏要点。
8. 试述蔬菜种子贮藏的技术要点。
9. 简述甘薯种薯的贮藏特性及贮藏期间的主要变化。
10. 蚕豆种子和绿豆种子的贮藏要点有何不同？

主 要 参 考 文 献

白光旭，2008. 储藏物害虫与防治［M］. 2版. 北京：科学出版社.

毕辛华，戴心维，1993. 种子学［M］. 北京：中国农业出版社.

毕元洪，马玉亭，毕洪波，2007. 浅谈玉米种子的贮藏与保管［J］. 辽宁农业职业技术学院学报（1）：4-5.

卜连生，沈又佳，周春和，2003. 种子生产简明教程［M］. 南京：南京师范大学出版社.

曹崇文，朱文学，1998. 种子的干燥［J］. 农村实用工程技术（10）：22-23.

陈光杰，徐碧，1998. 物理防治储粮害虫研究［J］. 粮油仓储科技通讯，1：33-34.

陈海军，冯志琴，孙文浩，2012. 如何规避玉米种子加工中心建设中存在的问题［J］. 中国种业（8）：
    30-31.

陈海军，冯志琴，孙文浩，2010. 玉米种子加工工程技术聚集与模式研究［J］. 中国种业（8）：40-42.

陈海军，冯志琴，孙文浩，2010. 玉米种子加工工艺与设备配置研究［J］. 中国种业（11）：22-24.

陈海军，2006. 种子加工中心建设中值得注意与思考的问题［J］. 中国种业（6）：13-15.

陈立云，2001. 两系法杂交水稻的理论与技术［M］. 上海：上海科学技术出版社.

陈丕元，2009. 浅谈应急储备种子仓库管理［J］. 福建农业科技（1）：88-89.

陈品良，贺善安，金炜，杜仲，1990. 秤锤树花粉的超低温储藏研究［J］. 植物学报，32（4）：288-291.

成广雷，2009. 国内外种子科学与产业发展比较研究［D］. 泰安：山东农业大学.

丁建武，兰盛斌，张华昌，2005. 减少粮食产后损失对确保我国粮食安全的重要性［J］. 粮食储藏，34
    （2）：49-50.

董海洲，1997. 种子贮藏与加工［M］. 北京：中国农业科技出版社.

段爱娜，1995. 对搞好南方杂交水稻种子隔年贮藏之浅见［J］. 种子，80（6）：49 51.

付宗华，钱晓刚，彭义，2003. 农作物种子学［M］. 贵阳：贵州科技出版社.

傅家瑞，1985. 种子生理［M］. 北京：科学出版社.

高晗，周荣，2005. 种子的温度和发热［J］. 种子科技（4）：226-227.

高平平，乔燕祥，李莹，1996. 贮存温度对大豆种子活力影响及其生理效应［J］. 华北农学报，11（4）：
    114-118.

高荣岐，张春庆，2010. 作物种子学［M］. 北京：中国农业出版社.

巩振辉，张菊平，等，2004. 茄果类蔬菜制种技术［M］. 北京：金盾出版社.

谷铁城，马继光，2001. 种子加工原理与技术［M］. 北京：中国农业大学出版社.

顾建勤，2012. 种子加工贮藏技术［M］. 天津：天津大学出版社.

郭杰，黄志仁，徐大勇，1998. 中国种子市场学［M］. 北京：中国农业大学出版社.

郭泽伟，刘会芬，李景芬，2003. 种子包装八注意［J］. 中国种业，2：31.

国务院办公厅，2011. 国务院关于加快推进现代农作物种业发展的意见［J］. 科技导报，5：5-7.

过山，孙茜，2008. 品牌竞争时代包装设计策略［J］. 中国包装工业，5：11-13.

郝建平，时侠清，2004. 种子生产与经营管理［M］. 北京：中国农业出版社.

贺长征，阎富英，等，2004. 种子引发技术［J］. 天津农林科技（4）：15-16.

胡达明，1997. 杂交水稻种子的贮藏特性及其技术［J］. 中国农业科学，13（5）：72.

胡晋，龚利强，1996. 超低温保存对西瓜种子活力和生理生化特性的影响［J］. 种子（2）：25-29.

胡晋，谷铁城，2001. 种子储藏原理与技术 [M]. 北京：中国农业出版社．

胡晋，王世恒，谷铁城，2004. 现代种子经营与管理 [M]. 北京：中国农业出版社．

胡晋，2001. 种子贮藏加工 [M]. 北京：中国农业大学出版社．

胡晋，2001. 种子贮藏与加工 [M]. 北京：中国农业大学出版社．

华祝田，吕庭友，2004. 高大平房仓储粮中结露现象的综合防治 [J]. 粮食与食品工业，11（4）：4950.

黄雄伟，田智军，王连生，许建华，2004. 储粮有害生物及防治技术 [J]. 储粮有害生物及防治技术，3：24-27.

简令成，孙德龙，孙龙华，1987. 甘蔗愈伤组织超低温保存中一些因素的研究 [J]. 植物学报，29（2）：123-131.

蒋家月，王兆贤，陈龙英，等，2001. 玉米种子耐贮性试验初报 [J]. 种子世界，1：27.

金文林，2003. 种业产业化教程 [M]. 北京：中国农业出版社．

靳祖训，2011. 中国粮食储藏科学技术成就与理念创新 [J]. 粮油食品科技，1：1-5.

黎子明，2014. 种子加工设备现状与研究方向 [J]. 农业开发与装备，2：62-64.

李海燕，2012. 葵花籽贮藏现状调查 [J]. 农业与技术，32：12.

李君兰，2003. 大蒜贮藏技术 [J]. 农业科技通讯，10：38.

李灵芝，王丽娜，刘志强，等，2003. 贮藏时间对大豆种子活力和若干性状的影响 [J]. 油料作物学报，25（2）：25-28.

李隆术，赵志模，2000. 我国仓储昆虫研究和防治回顾与展望 [J]. 昆虫知识，37（2）：84-88.

李明，姚东伟，等，2004. 园艺种子引发技术 [J]. 种子，9：59-63.

李少杰，2013. 谈种子加工机械行业存在的问题与解决对策 [J]. 农机使用与维修，12：8-9.

李稳香，田全国，2003. 种子检验与质量管理实用教程 [M]. 长沙：湖南科学技术出版社．

李云，李嘉瑞，1995. 杏种子和种胚的超低温保存研究 [J]. 种子，6：14-17.

李自学，2010. 玉米育种与种子生产 [M]. 北京：中国农业科学技术出版社．

梁一刚，文张生，1992. 向日葵优质高产栽培法 [M]. 北京：金盾出版社．

梁一刚，1984. 安全贮藏向日葵种子 [J]. 山西农业科学，1：50-51.

林汝法，2002. 中国小杂粮 [M]. 北京：中国农业科学技术出版社．

刘建敏，董小平，等，1997. 种子处理科学原理与技术 [M]. 北京：中国农业出版社．

刘巨元，张生芳，刘永平，1997. 内蒙古仓库昆虫 [M]. 北京：中国农业出版社．

刘巨元，1996. 内蒙古自治区仓库害虫普查与应用研究 [J]. 植物检疫，4：202-204.

刘克礼，2008. 作物栽培学 [M]. 北京：中国农业出版社．

刘美良，陈庆，2004. 种子贮藏期间的发热与防控 [J]. 农业与技术，24（3）：144-145.

刘学权，2003. 浅谈种子包装生产与质量管理 [J]. 种子世界，11：10-12.

刘英武，刘浪，2007. 试论农作物种子包装设计 [J]. 湖南农业科学，4：161-162，166.

麻浩，孙庆泉，2007. 种子加工与贮藏 [M]. 北京：中国农业出版社．

马尚耀，曲文祥，苏菊萍，2010. 杂交玉米种子生产技术 [M]. 北京：中国农业科学技术出版社．

马晓辉，王殿轩，李克强，等，2008. 中央储备粮中主要害虫种类及抗性状况调查 [J]. 粮食储藏，1：7-10.

孟庆华，张冬梅，董合忠，2003 棉花种子贮藏技术研究进展 [J]. 山东农业科学（6）：47-48.

庞声海，1983. 种子加工机械 [M]. 北京：中国农业机械出版社．

曲永祯，2002. 种子加工技术及设备 [M]. 北京：中国农业出版社．

阮松林，2001. 种子引发和包衣对水稻种子发芽和幼苗耐逆性的生理效应 [D]. 杭州：浙江大学．

尚哲峰，2011. 粮食仓储中害虫防治研究 [J]. 湖南农机，38（5）：221，227.

沈宏，2006. 谈种子的仓库管理 [J]. 中国种业，7：19-20.

宋万喜，赵玉清，王耀忠，等，1993. 葵花子储藏有关问题的探讨 [J]. 粮油仓储科技通讯，1：23-26.

宋志刚，2002. 种子包装与营销 [J]. 种子科技，5：11.

孙庆泉，2001. 种子加工学 [M]. 北京：中国科学技术出版社．

孙庆泉，2010. 种子加工原理与技术 [M]. 北京：科学技术出版社．

孙庆泉，2002. 种子贮藏 [M]. 北京：中国农业科学技术出版社．

孙群，胡晋，孙庆泉，2008. 种子加工与贮藏 [M]. 北京：高等教育出版社．

孙致良，杨国枝，1993. 实用种子检验技术 [M]. 北京：中国农业出版社．

唐为民，张旭晶，巫幼华，等，2000. 国内外储粮害虫防治技术研究的新进展 [J]. 四川粮油科技，3：29-31.

陶诚，2004. 油脂与油料储藏研究进展 [J]. 中国油脂，29（10）：11-15.

王长春，1997. 种子加工原理与技术 [M]. 北京：科学出版社．

王成俊，1985. 作物种子贮藏 [M]. 成都：四川科学技术出版社．

王殿轩，白旭光，周玉香，赵英杰，2008. 储粮昆虫图解 [M]. 北京：中国农业科学技术出版社．

王海洋，王正方，2009. 浅谈种子包装的意义与设计要求 [J]. 内蒙古农业科技，3：104-105.

王景升，1994. 种子学 [M]. 北京：中国农业出版社．

王君，2013. 探析我国种子包装设计的创新与发展 [J]. 包装工程，6：100-102，112.

王君晖，黄纯农，1994. 玻璃化—园艺作物茎尖和分生组织超低温保存的新途径 [J]. 园艺学报，21（3）：277-282.

王利平，于正江，1989. 超低温保存小麦谷子种子对发芽率和发芽势的影响 [J]. 种子，5：12-14.

王许玲，2010. 种子加工贮藏技术 [M]. 北京：中国农业大学出版社．

王彦荣，2004. 种子引发的研究现状 [J]. 草业学报，4：8-12.

王亦南，魏永立，1997. 种子干燥设备的选型方法及建设程序 [J]. 种子科技，6：28-30.

王郁民，李嘉瑞，1991. 果树种质的超低温保存 [J]. 自然杂志，14（1）：19-23.

谢皓，陈学珍，钱宝玉，等，2003. 贮藏年份对大豆种子活力及农艺性状的影响 [J]. 北京农学院学报，18（4）：281-284.

徐洪富，许永玉，2000. 农作物病虫害综合防治 [M]. 北京：中国农业科技出版社．

颜启传，成灿土，2001. 种子加工原理和技术 [M]. 杭州：浙江大学出版社．

颜启传，2001. 种子学 [M]. 北京：中国农业出版社．

杨武德，石建国，2001. 现代杂粮生产 [M]. 北京：中国农业科技出版社．

杨苑，2009. 浅谈种子包装 [J]. 种子科技，5：10.

尹美强，2006. 磁化弧光等离子体对种子生物学效应的研究 [D]. 大连：大连理工大学．

尹文雅，王小平，周程爱，2002. 仓储害虫的为害及化学防治现状 [J]. 湖南农业科学，6：54-56.

张存信，1990. 谷子种子综合贮藏技术 [J]. 种子，2：52.

张存信，1998. 花生种子综合贮藏技术 [J]. 花生科技，3：19-22.

张鲁刚，2005. 白菜甘蓝类蔬菜制种技术 [M]. 北京：金盾出版社．

张培杰，张佐治，1997. 油菜种子贮藏技术要点 [J]. 种子科技（3）：46.

张卫华，郝丽珍，等，2004. 种子引发及其效应 [J]. 种子（6）：49-50.

赵养昌，1966. 中国仓储害虫 [M]. 北京：科学出版社．

赵玉巧，赵英华，等，1998. 新编种子知识大全 [M]. 北京：中国农业科技出版社．

郑光华，1990. 实用种子生理学 [M]. 北京：农业出版社．

中国预防医学科学院营养与食品卫生研究所，1991. 食物成分表 [M]. 北京：人民卫生出版社．

朱德泉，曹发海，2004. 微波技术在种子干燥中的应用 [J]. 农机科技推广，1：38.

朱明，陈海军，1999. 种子加工中心的总体规划与设计 [J]. 农业工程学报，3：5-10.

朱耀强，贾素贤，夏永星，2014. 葵花籽储藏的难点及对策研究 [J]. 粮食流通技术，2：29-30.

朱州，2005. 中国种子产业发展研究 [D]. 武汉：华中农业大学.

GB/T 12994—2008 种子加工机械术语 [S].

GB/T 21158—2007 种子加工成套设备 [S].

JB/T 5683—1991 种子加工成套设备技术条件 [S].

JB/T 9790—2000 风筛式种子清选机技术条件 [S].

NY/T 1142—2006 种子加工成套设备质量评价技术规范 [S].

NY/T 366—1999 种子分级机试验鉴定方法 [S].

NY/T 372—2010 重力式种子分选机质量评价技术规范 [S].

Bajaj Y P S, 1983. Production of normal seeds from plants regeneration from the meristems of Arachis hypogaea and Cicer arietinum cryopreservation for 20 months [J]. Euphytica, 32：425-430.

Bruggink G T, Ooms J J, Van der Toorn, 1999. Induction of longevity in primed seeds [J]. Seed Science Research (9)：49-53.

Fu J R, Huang X M, Song S Q, 2003. Sucrose pretreatment increases desiccation tolerance in wampee (*Clausena lansium*) axes [M] //The biology of seeds：recent research advances. CABI Publishing：345-353.

Hu J, Guo C G, Shi S X, 1994. Partial drying and post-thaw preconditions improve the survival and germination of cryopreserved seeds of tea (*Camellia Sinensis*) [J]. Plant Genetic Resources Newsletter (98)：25-28.

Li P H, Sakai A, 1978. Plant cold hardiness and freezing stress-mechanisms and crop implications [M]. New York, London：Academic Press.

Mantell S H, Smith H, 1983. Plant biotechnology [M]. London：Cambridge University Press.

Mcdonald M B, Kwong F Y, 2004. Flower seeds biology and technology [M]. CABI Publishing UK.

Stanwood P C, 1985. Cryopreservation of seed germplasm for genetic conservation [M] //Cryopreservation of plant cells and organs (K. K. Kartha, ed) . CRC Press.

Steven P C G, Yasutaka S, Geert S et al, 2003. Gene expression during loss and regaining of stress tolerance at seed priming and drying [M] //The Biology of Seeds：Recent Research Advances, CABI publishing：279-287.

Tonko Burggink G. Flower Seed Priming, 2005. Pregermination, Pelleting and Coating.

图书在版编目（CIP）数据

种子加工与贮藏/麻浩主编 . —2 版 . —北京：
中国农业出版社，2017.2（2023.6重印）
普通高等教育农业部“十二五”规划教材　全国高等
农林院校“十二五”规划教材
ISBN 978-7-109-22705-7

Ⅰ.①种… Ⅱ.①麻… Ⅲ.①种子－加工－高等学校
－教材②种子－贮藏－高等学校－教材 Ⅳ.①S339

中国版本图书馆 CIP 数据核字（2017）第 019685 号

中国农业出版社出版
（北京市朝阳区麦子店街 18 号楼）
（邮政编码 100125）
责任编辑　李国忠　胡聪慧
文字编辑　田彬彬　蔡　菲

北京通州皇家印刷厂印刷　新华书店北京发行所发行
2007 年 8 月第 1 版　2017 年 2 月第 2 版
2023 年 6 月第 2 版北京第 3 次印刷

开本：787mm×1092mm 1/16　印张：24.75
字数：660 千字
定价：59.50 元
（凡本版图书出现印刷、装订错误，请向出版社发行部调换）